可持续农业土壤管理

土壤与农业可持续发展国家重点实验室　著

科学出版社

北京

内 容 简 介

土壤是农业之本，维持地力一直是保证农业收成的关键。《可持续农业土壤管理》一书的作者是土壤与农业可持续发展国家重点实验室的科研人员，本实验室长期从事服务可持续农业的土壤科学研究，并根据实验室多年对服务农业的认识和总结写成此书。本书结合国内外相关的土壤管理实践，凝练出我国典型农业生产体系中的可持续土壤管理模式，并分析其理论基础，以期为推广相关研究工作、服务农业可持续发展做出"土壤与农业可持续发展国家重点实验室"的回答。

本书内容充实，切合实际，图文并茂，具有较强的可读性。可供农林、土壤、环境、生态领域的科技工作者参考；也可供广大自然科学工作者及大、中院校师生参考阅读。

图书在版编目（CIP）数据

可持续农业土壤管理/土壤与农业可持续发展国家重点实验室著. —北京：科学出版社，2021.10

ISBN 978-7-03-063994-3

Ⅰ. ①可…　Ⅱ. ①土…　Ⅲ. ①耕作土壤–土壤管理–研究　Ⅳ. ①S155.4

中国版本图书馆 CIP 数据核字（2019）第 288216 号

责任编辑：周　丹　沈　旭/责任校对：杨聪敏
责任印制：师艳茹/封面设计：许　瑞

科学出版社 出版
北京东黄城根北街 16 号
邮政编码：100717
http://www.sciencep.com
北京九天鸿程印刷有限责任公司 印刷
科学出版社发行　各地新华书店经销
*
2021 年 10 月第 一 版　　开本：787×1092　1/16
2021 年 10 月第一次印刷　　印张：28
字数：664 000
定价：398.00 元
（如有印装质量问题，我社负责调换）

作 者 名 单

前　言　张甘霖
第一章　颜晓元　尹　斌　汪　玉　夏龙龙　夏永秋
第二章　孙　波　梁　音　庄舜尧　徐仁扣　李九玉　赵学强
　　　　沈仁芳　高　磊　彭新华　李忠佩　刘　佳　蒋瑀霁
　　　　李孝刚　王兴祥　樊剑波
第三章　赵炳梓　马东豪　张丛志　张先凤　徐基胜
第四章　陈增明　何铁虎　罗如熠　黎　烨　丁维新
第五章　杨劲松　姚荣江　王相平　刘广明　谢文萍　张　新
第六章　潘贤章
第七章　段增强　王慎强
第八章　段增强　董珊珊
第九章　谢祖彬　张广斌　蔺兴武　刘　琦
第十章　杜昌文　马　菲　徐雪斌　周健民
第十一章　王一明　彭　双
第十二章　向海涛　李振旺　杜昌文
第十三章　彭新华

序

农业是人类维系自身生存和发展的基础。大力推动农业可持续发展，是实现"五位一体"总体布局和建设美丽中国的必然选择。土壤是支撑国家粮食安全与生态文明建设的重要战略资源，是农业之本。可持续的土壤管理，是提高养分利用率、降低土壤利用过程中土壤养分耗散和流失，实现粮食产量、质量及生态环境安全，是实现碳中和、防控农业面源污染、保护生物多样性必不可少的手段，是农业可持续发展成功与否的基础。土壤管理得当，能够不断改良土壤，维持农业繁荣和文明延续；反之，如果土壤管理不善，也可能会造成农业失败乃至文明的衰退。

然而，在世界各地，由于自然背景和社会经济条件的差异，生产目标、资源和资本状况，以及由此带来的技术投入水平千差万别，从而导致了在实际生产实践中缺少对不同的类型普遍适用的土壤管理模式。特别是在中国，由于人多地少，人均耕地面积小，粮食安全和农产品供应的压力大，可持续的土壤管理要努力做到既要实现相对高产，又要保护好生态环境。我国区域生产条件和水土资源禀赋千差万别，生产过程中可能面临包括水肥利用率低下、环境污染严重、温室气体排放、水土流失、土壤酸化、土壤肥力退化、土壤障碍因子多、地力水平低、资源质量差等各种问题。可持续的土壤管理涉及的技术多样，这些技术的单项或综合运用，应该在我国农业可持续发展中发挥关键作用。

土壤与农业可持续发展国家重点实验室是我国土壤科学领域唯一的国家重点实验室。长期以来，实验室围绕国家粮食安全、生态环境安全等重大战略需求，发展土壤科学理论和关键核心技术，为我国土壤资源合理利用、粮食安全保障和生态环境保护提供科技支撑。实验室结合我国农业生产实际，在包括单季稻区、亚热带山地丘陵区、黄淮海平原、黑土区、盐碱地区等典型农业生产体系中，在农田土壤地力提升、土壤障碍因子消减、土壤养分高效利用、中国土壤基层分类与数字化管理、固碳减排、农业废弃物资源化研究等相关领域开展了一系列卓有成效的研究工作。获得了包括国家重点基础研究发展计划（973 计划）、国家高技术研究发展计划（863 计划）、国家重点研发计划、国家科技基础性工作专项、国家科技支撑计划、公益性行业科研专项重大项目和国家自然科学基金重大、重点项目等一大批国家重大科技任务的支持。近 10 年来，获得了包括"黄淮地区农田地力提升与大面积均衡增产技术及其应用"等在内的 25 项各级科技奖项，在相关研究工作方面有很好的研究基础和研究成效。

即将出版的《可持续农业土壤管理》一书，由土壤与农业可持续发展国家重点实验室集全室之力撰著，凝练了其团队多年来对服务农业的认识和总结。该书以我国大多数土壤类型为对象，以多年的研究工作为基础，对我国典型农业生产体系下不同土壤和不同作物类型下的土壤管理模式进行了系统整理，希望能为从事相关工作的科研工作者和农业从业人员提供参考，为未来进一步探索可持续土壤管理模式提供基础，为中国农业可持续发展做出贡献。

中国工程院院士、中国科学院南京土壤研究所研究员

2021 年于南京

前　言

1. 土壤管理与农业可持续性

人类自从告别渔猎和采集时代，农业就成为维系其自身生存和发展的基础。自原始农业开始，无论是在美索不达米亚还是东亚地区，作物的驯化和种植就是农业的核心，因为这是人类有目的地将太阳能转化为驱动社会发展的能量的经典形式。正是在农业发展的过程中，人类不断累积了对作物和土壤之间关系的认识，而土壤作为农业成功与否的基础，受到高度关注。

农业对土壤的依赖和土壤对农业的制约是一个矛盾体的两面，在短短的一万年左右的农业历史中，既有因土壤管理不善造成农业失败乃至文明衰退的情况，如两河文明的式微、美国的黑风暴肆虐和中亚地区大规模不当灌溉导致的土壤盐渍化；也有类似数千年稻作历史得以延续的成功，这种成功构成了中华文明灿烂辉煌的基石。历史的经验和教训让我们不得不思考土壤与农业之间的关系。

可持续发展理念的提出是人类正视自身活动的理性思考的体现。自 20 世纪中叶，在经历了较大规模工业化之后，以化石能源消耗，包括大规模农机使用和化肥农药投入，为重要特征的农业生产方式逐渐成为世界农业的主流和风尚。化石能源驱动的农业的成功，为养活日益增长的地球人口做出了巨大的贡献，整体而言，悲观的马尔萨斯人口论在农业的成功面前似乎也变成杞人忧天。但是，化石能源驱动的农业带来的环境问题逐步显现，以《沙郡年记》（*A Sand County Almanac*）、《寂静的春天》（*Silent Spring*）等为代表的前驱性的反思，面对退化的环境以及由此带来的对人类的威胁，他们提出了新的土地伦理观，强调人对土地的负责任关系。20 世纪 80～90 年代，在数十年农业产量持续提升之后，国际社会终于意识到以高投入为基础的农业最终会遇到产量难以提升的瓶颈，同时如果不能解决其带来的环境问题，这种农业模式也终将难以为继。以墨西哥湾严重富营养化、欧美各国地下水普遍硝酸盐超标、世界上诸多地区土壤酸化严重等为标志的农业污染和土壤退化等事实，促使人们开始思考新的农业模式。

就中国而言，由于人口不断增长和消费结构不断升级，农业水土资源利用面临的压力日益增加，《谁来养活中国》这样的声音在国际上开始出现。在这样的背景下，可持续农业（sustainable agriculture）作为可持续发展（sustainable development）的重要组成部分，一经提出，立即受到包括中国在内的国际社会的普遍认同，因为只有可持续的发展才是正确的发展方式。可持续发展是平衡产出和环境的发展，是满足现代需求的，同时不以牺牲未来世代利益为代价的发展，是具有道德的发展。

然而，即使这一理念得到了最广泛的认同，可持续农业在实践上却没有任何形式是被普遍接受的模式，其主要原因是在不同的自然背景和社会经济条件下，无论是生产目标，还是资源和资本状况，以及由此带来的技术投入水平，在世界各地千差万别。国际上一度兴起的低投入可持续农业（low input sustainable agriculture, LISA）可以说代表了在可持续农业模式上的重要探索，并产生了深远的影响。LISA 的基本思路还是降低投入，以总的经济和环境效益为先而不是产量优先。但是，LISA 在已经采用较高投入的发达国家并没有被广泛采纳，因为传统的高投入换取高产出的生产模式以及相应的生产体系和市场模式很难适应这种变化。而在欠发达地区，比如撒哈拉以南的非洲地区，LISA 的实践也并不成功，因为对于那些资源匮乏的农民来说，可持续生计（sustainable livelihoods）远比环境问题重要。在欧美等发达国家，LISA 事实上更多地体现在耕作方式的改变上，采用少、免耕技术（minimum or zero tillage）的农业实践得到了较多农场主的认可，发展颇为迅速，因为这种技术的应用很大程度上减少了农机的使用，节约了农机投入和燃料消耗，从而降低了成本，不但在总体效益上实现了平衡，同时对改善土壤压实状况和保护土壤生物多样性有较明显的作用，这也在客观上达到了保护土壤的目标。

对于中国而言，直到最近，维持高产还是农业的首要目标。在过去十多年中，虽然有生态高值农业等新农业理念的提出和初步实践，以高投入为特征的集约农业仍然是我国农业的主流。在过去的三十多年内，我国化肥、农药消费总量持续上升，平均单位面积使用量也远超世界平均水平，由此带来的负面环境效应，从面源污染、土壤酸化、大气污染到生物多样性受损等各方面都被广为报道，乃至化肥的使用在一定程度上被污名化。不可否认的是，"十三五"以来国家关于农药和化肥减量施用的重大决策是充分注意到上述负面效应之后放弃产量优先的必然对策。毕竟，在化肥施用量较高的趋势下，我国的化肥养分利用率却不高。需要指出的是，我国的化肥投入在不同区域和不同种植制度之间有很大的不同。有研究表明，过去一段时间以来化肥消耗量的增加很大程度上归因于设施农业中化肥用量的增加，而在常规谷物生产中，无论是单位面积用量还是总用量都基本维持在稳定的水平。

2. 可持续土壤管理的实质

什么样的土壤管理是可持续的土壤管理？其实，从原理上来看，这并不是一个十分复杂的问题。

首先，可持续的土壤管理必须是能实现相对高产和稳产的管理。无论是像中国这样始终将粮食安全摆在国家安全重要位置的刚性要求，还是在欠发达地区粮食自给有困难的情形，土壤管理的首要目标就是实现较高的产量。即使对于强调效益的农业经营模式，产量仍然是保证效益的最可靠前提。在某种程度上，要实现稳产难度更大，因为影响作物产量的要素远不止土壤一个，但良好的土壤管理可以使生产系统有较好的弹性，稳定地保证作物生长所需的水、肥、气、热等条件，并可在一定程度上抵御或缓解其他要素出现胁迫时的风险和不利影响。

其次，可持续的土壤管理是不使土壤退化的管理。土壤是具有很强缓冲能力的固-液-气三相复杂体系，同时又具有高度的生物多样性。土壤的缓冲能力源于其级联式的组分形态转化特征，这些转化对外源质子、电子，乃至物理和生物冲击都具有极大的缓冲效应。正因为这种缓冲能力的存在，土壤的利用和管理只要维持在这种缓冲作用可逆的范围内，土壤就不至于明显退化。在有目的的培育下，土壤的缓冲能力可以得到强化。

虽然在不同的耕作体系下，土壤受到的冲击程度有差异，但数千年来得以持续利用的耕作体系比比皆是。然而，当土壤的缓冲能力被不断侵消，其退化就不可避免，长此以往必成不毛之地。对于土壤退化的方式，除了侵蚀、压实、贫瘠化、酸化、盐碱化等物理、化学途径之外，土壤生物和生物多样性越来越受到重视，维持土壤生物多样性和活力已经成为国际公认的土壤管理的重要目标。因此，可持续土壤管理的艺术就是维持乃至提高土壤平衡（缓冲）能力的管理，是不至于导致土壤退化的管理。

再者，可持续的土壤管理是生产要素效率较高而环境溢出效应最小的管理。长期的农业化学田间试验早就证明，作物对养分的响应存在一个高点（拐点），当养分投入超过这个拐点之后，存在所谓的"奢侈吸收"。事实上，多余的养分除了一部分储存于土壤之外，都随径流、渗漏或者气体挥发（释放）等形式进入水体或者大气环境中。概括来说，土壤养分管理在过去半个世纪以来，经历了产量优先阶段、经济效益（投入产出收益）优先阶段和目前正被越来越普遍接受的综合效益优先——综合考虑产量、经济和环境效益阶段。如果将对环境造成的负效益考虑进整体效益中，依据不同的边际条件，有些生产系统的综合效益甚至是负的，这正是可持续土壤管理应该避免的情形。如果从更广泛的环境含义来看，温室气体的排放也是一种环境溢出过程，在农田土壤管理过程中，以适当的有机物料、化学肥料和土壤水分运筹，降低 CH_4、N_2O 等温室气体的排放，同时不降低作物产量，也是可持续土壤管理应该追求的目标。

最后，可持续的土壤管理还具有社会经济的维度。土壤管理所采用的技术在多大程度上能被接受和应用，既受技术本身成本因素的制约，也受技术简便性、与原有耕作方式的衔接和协调性、使用者的认识水平等因素的影响。因此，可持续农业的实践远不止技术的简单应用，还需要从成本效益、应用示范、培训等各个环节进行系统的社会经济适用性分析和推广。

3. 服务于可持续农业的土壤管理实践

维持地力一直是保证农业收成的关键。就我国而言，追溯原始农业发展的历史，以精耕细作和养分归还为核心的用地、养地智慧，成就了数千年来不断延续的中华文明，并成为世所公认的成功经验。"治之得宜，地力常新"，我们的祖先无论是在半干旱区的黄土高原，还是在湿润的东南季风区，都发展出了适合区域特点的养分"回田"技术、水利工程与灌排技术和梯田建筑技术，通过这些技术的应用，不断改良土壤，维持了数千年来农业的繁荣，至今还具有重要的启示意义。

自 20 世纪 70 年代末以来，我国的农业生产发生了较大的变化，其中最为突出的是化肥和农药的普遍使用。如前所述，化肥大量使用的负面效应逐步显现，甚至变得突出，在新发展理念和发展格局的推动下，世界各国都迫切需求可持续的农业发展模式。不过，在研究层面，前瞻性的可持续土壤管理研究和相关探索早就得以开展，并针对不同的区域特点提出了和发展了相关的理论与技术；在实践层面，各地农民也发展了诸多的模式，充分利用了自然资源，符合生态的原理，获得了较高的产出。将这些土壤管理的理论及实践进行归纳和总结，无疑对我国农业的可持续发展具有一定的价值。

服务于农业可持续发展的管理必然具有前述可持续土壤管理的实质特征。这些土壤管理实践所涉及的技术多样，概括来说，有提升土壤有机质含量和地力的技术，包括各种秸秆还田、少免耕、有机-无机配合施用、有机废弃物管理等；有主要防止土壤侵蚀退化和提升有机质含量的模式，如增加覆盖、增施有机肥、改良结构等；有以化肥减施和养分减排为目标的稻田综合管理技术，侧重于经济效益和环境效益的综合考量；有优化水分管理以改良土壤，或者以减缓温室气体排放的同时不降低产量为目标的水分-养分-有机物料综合管理技术模式。这些技术的单独或综合运用，为改良土壤、增加产量、减少投入、降低环境影响等，提供了可用的选择。

以服务农业为己任一直是我国土壤学研究的优良传统。土壤与农业可持续发展国家重点实验室自成立之初，就明确提出将农业可持续发展中的土壤问题作为其研究的重点，在跟踪国际科学前沿的同时，开展土壤学的创新研究，并一直紧密结合我国的农业生产实际。本书正是在总结实验室各方向研究成果的基础上，结合国内外相关的土壤管理实践，凝练出我国典型农业生产体系中的可持续土壤管理模式，并分析其理论基础而完成的，以期为推广相关研究成果、服务农业可持续发展，做出"土壤与农业可持续发展国家重点实验室"的回答。

目　录

第1章　单季稻区环境友好型农业生产模式

1.1　单季稻区农业生产面临的问题与治理进展

单季稻在我国的不同区域均有分布，其中长江中下游区域分布最为广泛。由于该区域热量充足，一般第一熟为麦类、油菜、蚕豆、绿肥等冬作物，第二熟为单季中晚稻，而以稻麦两熟最为普遍。实现单季稻区水稻的可持续发展，对提高我国粮食安全保障能力和发展可继续农业起着举足轻重的作用。

目前，我国单季稻生产面临很多问题，从水稻生产可持续发展来看，主要包括高产不高效、水肥利用率低下、环境污染严重、温室气体排放等方面。以太湖地区为例，20世纪80年代初期，该地区在单季晚稻上氮肥的平均施用量已达200kg/hm² 左右，稻谷的平均产量达到 6.5t/hm² 左右。2000 年以来，该地区的氮肥平均施用量增至 300kg/hm² 左右，稻谷的平均产量超过 8t/hm²。20年左右的时间中，虽然产量增加了23%，但是肥料用量增加了50%（朱兆良等，2010）。目前，太湖地区水稻生产中氮肥投入高于270kg/hm²的农户占83.33%，磷肥（P_2O_5）投入高于90kg/hm²的农户占23.34%，农民施肥仅凭经验，存在很大的随意性。肥料的高投入导致氮肥利用率只有30%～35%，磷肥利用率为10%～20%，大量的氮磷损失进入大气（NH_3、NO_x、N_2O）和水体（PO_4^-、NO_3^-、NH_4^+）。据"十一五"不同污染源调查结果，农业面源污染对水体氮磷的贡献分别高达 38%和23%，远高于工业源和生活源贡献。同时，稻田也是温室气体 CH_4 和 N_2O 的主要排放源，我国稻田 CH_4 每年排放量约为 6.02Tg，占农业活动 CH_4 排放总量的 37.75%（Huang et al.，2006）；稻田 N_2O 每年排放量约为35.7Gg，占我国农田总排放量的 7%～11%（Gao et al.，2011）。

针对上述单季稻生产中存在的问题，在国家和地方项目的持续支持下，各项治理技术取得了较大进展。朱兆良（2006）提出了适合我国农村实际的宏观控制与点的测试相结合的最佳施氮量。在太湖地区，协调农学、环境与经济的单季稻推荐施氮量为 180～230kg/hm²（N），较农户常规情况减少 20%～30%的氮肥用量（Xia and Yan，2012）。传统速效肥释放速度快，新型缓控施肥技术，如脲酶抑制剂、硝化抑制剂、包膜肥料、大颗粒尿素，在不同程度减缓了肥料的释放速度，不仅减少了养分损失，而且提高了肥料利用率。如缓控施肥能使氮径流损失减少50%左右，氨挥发损失减少15%～30%，淋洗损失减少35%左右，温室气体减少 5%～40%（Wang et al.，2015；Zhao et al.，2015a）。应用农业废弃物替代部分化肥技术在水稻不减产条件下，也能达到减少化肥投入，减少6%～28%的径流损失。如采用稻-紫云英、稻-黑麦草、稻-蚕豆等轮作措施可比传统的稻麦种植减少氮素径流总损失的25%～40%（Zhao et al.，2015b）。其他治理措施还有氮高效基因型水稻培育技术、节水灌溉-水肥一体化技术、生物质炭技术、氮肥运筹技术等，这些技术的实施提高了农民的经济收益，初步建立了肥料绿色增产增效综合调控途径并构建了高产高效的区域调控模式。下面以太湖地区单季稻为例，重点阐述高产与氮肥高效利用栽培技术模式、稻麦轮作体系磷素高效利用技术模式、水旱轮作体系生态高值与周年温室气体减排生产技术模式。

1.2 单季稻高产与氮肥高效利用栽培技术模式

目前，我国单季稻的氮肥施用量（N）平均为 180kg/hm^2，比世界平均施用量多 75%，而我国稻田氮肥利用率仅为 30%～35%。在集约化高产区，氮肥的利用效率更低（FAO, 2007; Smil, 2004; 王宏广，2005; 彭少兵等，2002）。如何既能增加水稻单产又可同时提高氮肥利用率，一直是我国农业科技工作者密切关注的问题。从 20 世纪 80 年代开始，朱兆良院士课题组先后在我国单季稻主产区之一的太湖流域，开展了兼顾水稻高产和环境保护双重目标的稻田适宜施氮量的研究，以对稻田氮肥施用总量进行控制；并以适宜施氮量的推荐为重点，提出了太湖地区单季稻生产中能协调高产和环境保护的优化施氮和提高氮肥利用率的原理和方法，对其农学和环境效应做出了评估（李荣刚等，2003; 朱兆良，1998）。同期，凌启鸿教授课题组以水稻叶龄模式和作物群体质量调控为基础，集成了水稻精确定量栽培技术，应用该精确定量栽培技术可使水稻单产和氮肥利用率达到较高的水平（Ying et al., 1998a, 1998b; 邹长明等，2002; 敖和军等，2008; Peng et al., 1996; Dobermann et al., 2002; 刘立军等，2006; 贺帆等，2007; 凌启鸿等，2007; 凌启鸿，2008; 杨建昌等，2006; 顾铭洪和汤述翥，2001; Yang et al., 2002）；在此基础上，依托国家重点基础研究发展计划（973 计划）项目（2009CB118603）的资助，中国科学院南京土壤研究所与扬州大学农学院进一步开展了联合研究，探讨了水稻高产与氮素养分高效利用等多种技术相结合的新型水稻栽培技术模式和稻田养分综合管理与协调模式，可为我国单季稻地区的水稻高产与氮肥高效利用进行科学理论和实际生产的指导。

1.2.1 单季稻土壤供氮量以及区域氮肥适宜用量推荐

1.2.1.1 单季稻氮肥用量

苏南常熟单季稻的氮肥使用量达到 300kg/hm^2（N），有的甚至高达 350kg/hm^2（N）。常熟从 2000 年至今的施氮量比 20 世纪 80 年代太湖地区的施氮量增加了 101kg/hm^2（N），增产 1494kg/hm^2，但单位施氮量的增产效果降低（表 1-1）。

表 1-1 不同时期的水稻产量和氮肥增产效果的比较

地点及时间	施氮量/（kg/hm^2）（N）	产量/（kg/hm^2）	增产量/（kg/kg）（施用 N）
太湖地区（20 世纪 80 年代）	199	6518	32.8
苏南常熟（目前）	300	8012	26.7

1.2.1.2　土壤对当季作物的供氮量

农田的环境来源氮量增加，稻田的自然供氮量和基础产量出现明显增高。2003 年至 2006 年，常熟无氮区水稻平均产量达 6229kg/hm²，比 20 世纪 80 年代太湖地区增加了 941kg/hm²，稻田自然供氮量平均增加了 43kg/hm²（N）。农田土壤自然供氮能力受环境来源氮的影响，环境来源氮量包括大气干湿沉降氮量、稻季灌溉水带入氮量，来源氮量分别为 33kg/（hm²·a）（N）和 56kg/（hm²·a）（N），总环境来源氮量为 89kg/（hm²·a）（N），其中，麦季为 15kg/hm²（N），稻季为 74kg/hm²（N），稻季供氮量相当于当前常熟稻田自然供氮量（119kg/hm²）的 62%、农民施氮量的 25%。由于环境来源氮量多，所以对农田土壤自然供氮量的贡献增加（图 1-1、表 1-2）。

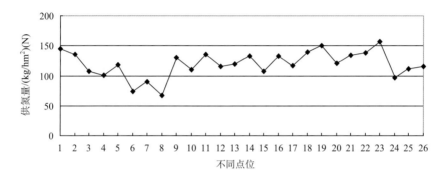

图 1-1　26 个水稻试验点土壤与环境供氮量

表 1-2　常熟单季晚稻土壤供氮量（田间无氮区）

地点	年份	试验田块数	供氮量/（kg/hm²）（N）	产量/（kg/hm²）
太湖地区	1982～1985	27	76±16	5288±765
苏南常熟	2003～2006	26	119±22	6229±885

1.2.1.3　水稻不同氮肥使用量与产量

我们于 2004～2006 年在常熟进行了 21 个水稻田间试验。如图 1-2 所示，随着氮肥使用量的增加，水稻产量渐增，但增势减缓；至最高产量后，如果继续增加氮肥使用量，产量反而下降，肥料成本增加但净收入减少，而且通过各种损失途径自农田进入环境的氮量（氮肥损失量）迅速增加，增大了环境压力。因此，必须寻找一个既能获得高产，又能达到最高经济收入和最低环境压力的氮肥使用量，即确定一个适宜的氮肥使用量，以达到社会效益、经济效益和环境效益的统一。

1.2.1.4　不同施肥方法氮肥使用量和产量

氮肥使用量与产量存在一些规律，无论优化处理还是习惯处理，在一定范围内对水稻增施氮肥均有增产效应。当氮肥使用量在 200kg/hm²（N）内时，水稻产量随氮肥使用

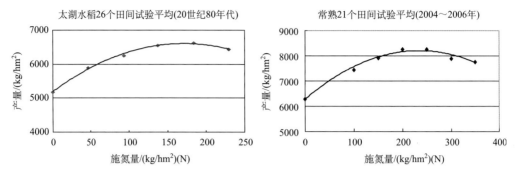

图 1-2   不同施氮量对水稻产量的影响

量增加而增加；当氮肥使用量超过 200kg/hm² （N）时，增加氮肥使用量不能使水稻增产；当氮肥使用量在 300～350kg/hm² （N）时，各点田间观察都出现明显的倒伏，因而减产。这说明过多施用氮肥对水稻造成了毒害作用，不利于其生长，使产量降低。从经济角度考虑，过量使用氮肥增加了生产成本，且由于产量较低也降低了其生产效应。表 1-3 表明，在不同氮肥管理模式下优化施肥法的氮肥用量比习惯施肥法的氮肥用量可节氮 13.1kg/hm² 和 16.4kg/hm²，两者产量差异不大。

表 1-3   不同施肥方法下单季晚稻氮肥使用量和产量

试验时间	情形	施肥方法	氮肥使用量/ （kg/hm²）（N）	产量/ （kg/hm²）
2003 （*n*=5）	最高产量时施氮量	习惯施肥法	227.5	8180
		优化施肥法	211.1	8109
	适宜施氮量	习惯施肥法	182.0	8087
		优化施肥法	168.9	8028

注：习惯施肥法指基肥有水层混施，追肥有水层撒施；优化施肥法指基肥无水层混施，追肥"以水带氮"深施。氮肥品种为尿素。

1.2.1.5   水稻增产效果与氮肥表观利用率

如表 1-4 所示，随着氮肥施用量的增加，单位施氮量的增产量趋于降低，这不仅是由于氮肥利用率的降低所致，还与过量施用氮肥时偏生产效率的明显降低有密切关系。

表 1-4   水稻上尿素的氮素利用率和偏生产效率与其施用量的关系

地点及时间	试验数	施用量 / （kg/hm²）（N）	产量 / （kg/hm²）	增产量/ （kg/kg） （施用 N）	氮肥表观 利用率/%	偏生产效率/ （kg/kg） （多吸 N）
太湖地区 （1981～1982 年）	26	0	5175	—	—	—
		47	5895	15.6	34.7	45.0
		93	6255	11.7	33.9	34.5
		138	6255	10.1	31.4	32.2
		185	6630	7.9	28.6	27.6
		230	6435	5.5	24.3	22.7

续表

地点及时间	试验数	施用量/（kg/hm²）(N)	产量/（kg/hm²）	增产量/（kg/kg）（施用 N）	氮肥表观利用率/%	偏生产效率/（kg/kg）（多吸 N）
常熟（2004~2006 年）	21	0	6295	—	—	—
		100	7442	11.5	34.8	33.0
		150	7927	10.9	35.7	30.5
		200	8269	9.9	34.4	28.8
		250	8271	7.9	31.4	25.2
		300	7897	5.3	26.7	19.9
		350	7772	4.2	26.4	15.9

　　2003 年至 2006 年，常熟地区的基础产量比 20 世纪 80 年代太湖地区的基础产量高了 941kg/hm²，当时太湖地区生产条件下的氮肥适宜用量为 111kg/hm²（N），适宜用量的产量为 6615kg/hm²，而 2000 年后生产条件改变，以 26 块田的试验结果所示，常熟氮肥适宜用量为 199kg/hm²（N），适宜用量的产量为 8270kg/hm²，比 20 世纪 80 年代的太湖地区氮肥适宜用量增加 88kg/hm²（N），氮肥适宜用量的产量增加 1655kg/hm²，每施 1kg 氮增产稻谷 10.3kg，低于太湖地区 11.9kg（表 1-5）。因此，减少氮肥施入稻田后的损失，提高其利用率和增产效果是有很大潜力的。

表 1-5　不同历史时期适宜施氮量时的氮肥增产效果

地点及时间	试验数	产量/（kg/hm²）			增产/（kg/kg）（施用 N）	氮肥利用率/%	偏生产效率/（kg/kg）（多吸 N）
		无氮区	适宜用量时	增产			
太湖地区（20 世纪 80 年代）	27	5288	6615[111kg/hm²(N)]	1327	11.9	35	34
苏南常熟（2003~2006 年）	26	6229	8270[199kg/hm²(N)]	2041	10.3	34（n=21）	28.8（n=21）

　　在太湖地区（20 世纪 80 年代），当氮肥用量由 47kg/hm² 增加到 230kg/hm² 时，氮素利用率由 34.7% 下降到 24.3%；在苏南常熟（2004~2006 年），当氮肥用量由 100kg/hm² 增加到 350kg/hm² 时，氮素利用率由 34.8% 下降到 26.4%。氮肥适宜用量下的氮素利用率分别为 35%（太湖地区）及 34%（苏南常熟）（图 1-3）。

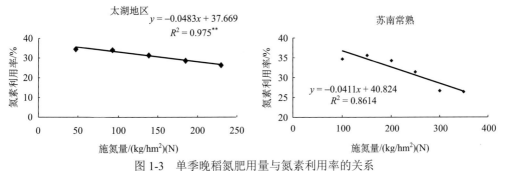

图 1-3　单季晚稻氮肥用量与氮素利用率的关系

1.2.2 单季稻高产与氮肥高效利用的三因养分管理技术

该技术可概括为因地（基础地力）、因色（叶色）、因种（品种类型）的"三因"养分管理技术。技术参数确定方法如下。

1.2.2.1 因地

因地：根据基础地力和目标产量确定总施氮量。

总施氮量=（目标产量－基础地力产量）/氮肥农学利用率

1. 目标产量

参考在正常栽培条件下当地或田块收获的实际产量，确定目标产量。

2. 氮肥农学利用率

目前，单季粳稻的氮肥农学利用率[施用每千克氮增加的稻谷产量（AE）]，粳稻为 8～11kg/kg，籼稻为 9～12kg/kg。根据试验结果，应用实地氮肥管理技术，AE 可达 14～18kg/kg。因此，在试验和示范应用中，AE 确定为 15kg/kg（稻谷/N）。

3. 基础地力产量（不施氮区产量）

根据 161 个田块氮空白区试验的产量水平将地力分为 3 类（表 1-6）。

（1）低地力：正常栽培下产量<7.5t/hm²，基础地力产量粳稻为 4.20t/hm²，籼稻为 4.60t/hm²；

（2）中地力：正常栽培下产量≥7.5t/hm² 且<9.0t/hm²，基础地力产量粳稻为 4.95t/hm²，籼稻为 5.25t/hm²；

（3）高地力：正常栽培下产量≥9.0t/hm²，基础地力产量粳稻为 6.30t/hm²，籼稻为 6.55t/hm²。

如果需要在中地力的田块达到 9.0t/hm² 的产量，则粳稻施氮量=（9000－4950）/15=270kg/hm²；籼稻施氮量=（9000－5250）/15=250kg/hm²。

如果需要在高地力的田块上获得 9.0t/hm² 的产量，则粳稻施氮量=（9000－6300）/15=180kg/hm²；籼稻施氮量=（9000－6550）/15≈163kg/hm²。

表 1-6 不同地块基础地力产量（不施氮区产量）

地点	施氮区产量/（t/hm²）	地力分类	田块数	粳稻基础地力产量/（t/hm²）		籼稻基础地力产量/（t/hm²）	
				变幅	平均	变幅	平均
连云港	<7.5	低	12	3.45～4.50	4.20	3.90～4.95	4.65
	≥7.5,<9.0	中	31	4.35～5.25	4.95	4.65～5.60	5.25
	≥9.0	高	14	4.95～6.60	6.30	5.20～6.80	6.50
扬州	<7.5	低	11	3.42～4.52	4.22	3.85～4.98	4.60
	≥7.5,<9.0	中	37	4.25～5.18	4.86	4.50～5.65	5.21
	≥9.0	高	12	4.90～6.65	6.21	5.15～6.75	6.45

续表

地点	施氮区产量/（t/hm²）	地力分类	田块数	粳稻基础地力产量/（t/hm²）		籼稻基础地力产量/（t/hm²）	
				变幅	平均	变幅	平均
无锡	<7.5	低	8	3.52~4.58	4.25	3.95~4.98	4.67
	≥7.5,<9.0	中	22	4.45~5.32	5.01	4.74~5.70	5.29
	≥9.0	高	14	5.08~6.75	6.36	5.28~6.95	6.58
平均	<7.5	低	31	3.42~4.58	4.20	3.85~4.98	4.60
	≥7.5,<9.0	中	90	4.25~5.32	4.95	4.50~5.70	5.25
	≥9.0	高	40	4.90~6.75	6.30	5.15~6.95	6.55

1.2.2.2　因色

因色：根据叶色对追肥使用量进行调节。

通过田间试验和大田调查等方式，对 32 个粳稻品种和 14 个籼稻品种产量在 9.0t/hm² 以上不同生育期叶绿素测定仪测定的叶色值（SPAD）和叶色卡（LCC）叶色值进行分析，确定了分蘖肥、穗肥和粒肥施用的 SPAD 值，粳稻分别为 40、39 和 38，对应的 LCC 值为 3.5~4.0；籼稻的分蘖肥、穗肥和粒肥施用的粳稻 SPAD 值分别为 38、37 和 36，对应的 LCC 值为 3.0~3.5（表 1-7）。

表 1-7　产量 9.0t/hm² 以上不同生育期叶色值

类型	生育/叶龄期	SPAD 值		LCC 值	
		范围	平均	范围	平均
粳稻	分蘖期[1]	38.4~43.2	40.2	3.3~4.0	3.56
	倒 4 叶	36.8~41.3	38.7	3.0~3.7	3.48
	倒 3 叶	37.2~42.5	39.3	3.2~3.9	3.52
	倒 2 叶	37.5~42.8	39.2	3.2~3.9	3.51
	破口期[2]	36.1~39.6	37.7	3.0~3.7	3.47
籼稻	分蘖期[1]	35.6~40.5	38.4	2.8~3.5	3.21
	倒 4 叶	34.4~39.5	37.2	2.6~3.5	3.10
	倒 3 叶	35.5~39.3	37.4	2.7~3.6	3.13
	倒 2 叶	35.6~39.4	37.2	2.7~3.6	3.15
	破口期[2]	34.6~39.1	36.1	2.5~3.2	2.94

注：（1）机插秧或抛秧稻移栽后 12~15 天测定；（2）全田 10% 抽穗。

1.2.2.3　因种

因种：根据品种源库特征或穗型大小确定穗肥施用策略。

研究表明：在相同的叶色情况下，品种的类型不同，穗肥的施用对产量有明显影响（表 1-8）。根据研究结果，确定了小穗型品种（每穗颖花数≤130 粒）重施促花肥；大穗型品种（每穗颖花数≥160 粒）保（花肥）、粒（肥）结合；中穗型品种（130 粒<每穗颖花数<160 粒）促（花肥）、保（花肥）结合。

表 1-8　不同类型品种施用穗肥对产量的影响

品种类型	施肥期	颖花数 / （×10⁴ 朵/ m²）	结实率/%	千粒重/g	产量/（t/hm²）
大穗型 每穗颖花数≥160 粒 （两优培九、连稻 6 号、常优 3 号）	不施穗肥	4.08c	77.5c	27.4a	8.69d
	倒 4 叶[(1)]	5.09a	70.35	26.5b	9.49c
	倒 3 叶	4.76b	75.7d	26.8b	9.66bc
	倒 2 叶	4.67b	82.4b	27.9a	10.74a
	破口期[(2)]	4.10c	86.5a	27.5a	9.75b
小穗型 每穗颖花数≤130 粒 （武 2635、徐稻 3 号、徐稻 5 号）	不施穗肥	3.48d	88.5a	27.5a	8.47d
	倒 4 叶[(1)]	4.05a	87.8a	27.4a	9.74b
	倒 3 叶	3.87b	88.2a	27.6a	9.42b
	倒 2 叶	3.75c	88.5a	27.7a	9.22b
	破口期[(2)]	3.50d	89.6a	27.8a	8.72c
中穗型 130 粒<每穗颖花数<160 粒 （淮稻 11、盐粳 30237、宁粳 3 号）	不施穗肥[(1)]	3.92b	82.5c	26.8a	8.67c
	倒 4 叶	4.48a	82.1d	26.7a	9.82a
	倒 3 叶	4.27a	84.1	26.5a	9.52a
	倒 2 叶	4.32a	84.1a	26.6a	9.66a
	破口期[(2)]	3.95b	84.5b	26.7a	8.91c

注：（1）每期施用尿素 150kg/hm²；（2）全田 10%抽穗；倒 4 叶为促花肥，倒 2 叶为保花肥，破口期为粒肥。同栏同品种类型内不同字母者表示在 $P=0.05$ 水平上差异显著。

1.2.3　单季稻高产与氮肥高效利用的全生育期轻干湿交替灌溉技术

根据水稻不同生育期需水特点，确定了各生育期节水灌溉的低限土壤水势指标（图 1-4），并建立了全生育期轻干湿交替灌溉技术：

（1）从移栽至返青建立浅水层；

（2）返青至有效分蘖临界叶龄期前 2 个叶龄期（$N–n–2$），进行浅湿灌溉，低限土壤水势为–5～–10kPa；

（3）$N–n–1$ 叶龄期至 $N–n$ 叶龄期，进行排水搁田，低限土壤水势为–15～–25kPa 并保持 1 个叶龄期；

（4）$N–n+1$ 叶龄期至二次枝梗分化期初（倒 3 叶开始抽出），进行干湿交替灌溉，低限土壤水势为–15～–25kPa；

（5）从二次枝梗分化期（倒 3 叶抽出期）至出穗后 10 天，进行间歇湿润灌溉，低限土壤水势为–5～–10kPa；

（6）从抽穗后 11 天至抽穗后 40 天，进行干湿交替灌溉，低限土壤水势为–10～–15kPa；各生育期达到上述指标即灌 3～5cm 浅层水，地下水位低、砂土地及多穗型粳稻品种取上限值；地下水位高、黏土地及大穗型杂交籼稻等取下限值；常规籼稻和杂交粳稻取中间值。

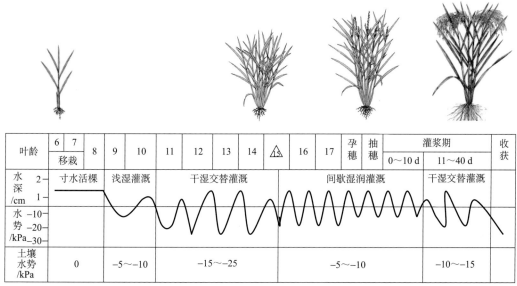

叶龄	6	7	8	9	10	11	12	13	14	⚠	16	17	孕穗	抽穗	灌浆期		收获
	移栽														0～10 d	11～40 d	
水深/cm	寸水活棵			浅湿灌溉		干湿交替灌溉					间歇湿润灌溉				干湿交替灌溉		
水势/kPa																	
土壤水势/kPa	0			−5～−10		−15～−25					−5～−10				−10～−15		

注：各生育期达到上述指标即灌3～5 cm浅层水，地下水位低，砂土地及穗数型粳稻品种取上限值，地下水位高、黏土地及大穗型杂交籼稻等取下限值；籼稻和杂交粳稻取中间值。

图 1-4　水稻高产高效灌溉模式

1.2.4　单季稻高产与氮肥高效利用的其他相关技术

1. 机插壮苗培育与足穗移栽技术

技术要点：①精播匀播、软盘或硬盘育秧。每盘播干谷 100g、秧大田比 1∶80。②大田整平，耢田 18～24h 后进行机插秧。③秧龄控制在 20 天内，栽足基本苗，株行距 30cm×11.7cm，每亩[①]1.6 万～1.8 万穴，每穴 3～4 苗，每亩基本 7 万～8 万苗。

2. 麦秸秆全量还田技术

技术要点：收割机收割麦子时将秸秆切碎并均匀铺撒在田里，上水后用拖拉机将秸秆旋入土中，耢平且表土沉实后用插秧机插秧。

3. 叶面肥喷施技术

技术要点：在乳熟期叶面喷施 KH_2PO_4 促进籽粒灌浆，浓度为 5g/L，用量为 1500L/hm²。促进籽粒充实，提高结实率和弱势粒粒重。

---

① 1 亩≈666.67 m²。

4. 病虫害综防低毒低残留农药使用技术

技术要点：进行水稻病虫害区域性预测预报，使用低毒、低残留、高效、安全、环保型化学农药与生物农药协同利用技术。重点推广应用防治稻螟、稻纵卷叶螟等重大虫害的生物农药"阿栋"及检测氯磺隆、克百威、三唑磷残留的酶联免疫速测技术（含试剂盒）。

1.2.5　单季稻高产与氮肥高效利用组合措施下氮素氨挥发与淋溶损失特征

我国单季稻生产中氮肥用量大，损失率高，损失到环境中的活性氮对空气和水体环境带来严重影响。因此，以太湖地区稻麦轮作的水稻季为研究对象，以当地农民常规栽培、施肥和水分管理为对照，考察在优化的水稻栽培技术、水分和肥料管理技术的不同组合模式下，稻田氮素向大气和水体环境迁移的通量，为制定实现水稻高产和环境友好的稻田综合管理措施提供科学依据。

试验共设立了空白（CK）、当地常规栽培（N300-CT）、增产增效（N270-HE）、再高产（N375-HY）、高产高效（N300-HY）与再高效（N225-HE）六个处理。氮肥为尿素，磷肥为过磷酸钙，钾肥为氯化钾。N300-CT 氮肥分 3 次施用，基肥：分蘖肥：保花肥=6：2：2；N270-HE、N375-HY、N300-HY 和 N225-HE 的氮肥分 4 次施用，基肥：分蘖肥：促花肥：保花肥=5：1：2：2；N375-HY 与 N300-HY 在基肥施用时期加入腐熟菜籽饼肥 2250kg/hm^2。除 CK 和 N300-CT 外，其余处理均采用间歇灌溉，具体为：从稻秧移栽至分蘖期，灌溉至田面水深 2～3cm，随后自然落干，土壤水势降至–10kPa 时再次进行灌溉；分蘖末期，排水烤田；抽穗初期，除了土壤水势下限为–25kPa 外，灌溉方式与分蘖期相同；拔节期，采取与分蘖期相同的灌溉方式；成熟期，当土壤水势下降至–15kPa 时，灌溉 2～3cm。CK 及 N300-CT 处理的栽培密度为 20cm×20cm，其他处理为15cm×20cm。

不同处理的氨挥发通量变化趋势相同，主要发生在施氮后的 3～5 天内，氨挥发量在施肥后第 1～2 天达到峰值，之后，氨挥发量迅速下降，至第 5～7 天，氨挥发量已经下降至与对照无异。在整个生育期的 3～4 次施肥期，以基肥和分蘖肥施用后氨挥发量峰值最高，持续时间长。施氮量高的两个高产处理 N375-HY 和 N300-HY，氨挥发量峰值显著高于其他处理。值得注意的是，两个高产处理均加入了有机肥腐熟菜籽饼，高产处理的N300-HY 与常规处理的 N300-CT 所施尿素量相同，但基肥施用后，高产处理氨挥发量峰值较常规处理明显增加，这与该处理施肥后第二天田面水较高的铵态氮浓度和 pH 有关。

氨挥发量随施氮量增加而增加（图 1-5），且主要发生在基肥期和分蘖肥期，这两个时期的氨挥发量占整个生育期氨挥发量的 80%。高效处理 N270-HE 和 N225-HE 的氨挥发损失量和损失率低于常规处理（$P<0.05$），高产处理 N375-HY 氨挥发损失量和损失率高于常规处理（$P<0.05$）。水稻季通过氨挥发损失掉的氮素，高产处理 N375-HY 和 N300-HY 氨挥发损失量平均为 52.5kg/hm^2（N）和 38.1kg/hm^2（N），占施氮量的 14.0% 和 12.7%；高效处理的 N270-HE 和 N225-HE 的氨挥发损失量分别为 23.5kg/hm^2（N）

和 15.9kg/hm^2（N），占施氮量的 8.7%和 7.1%；而当地常规栽培处理的氨挥发损失量和损失率分别为 36.2kg/hm^2（N）和 12.1%。与常规处理相比，高效处理 N270-HE 和 N225-HE 氨挥发损失率降低了 38%和 70%。

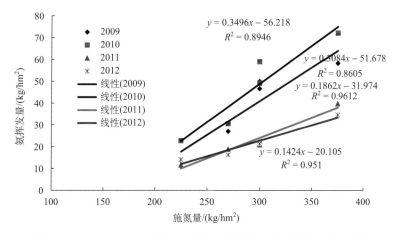

图 1-5　2009～2012 年四个水稻季氨挥发量与施氮量的相关关系

用单位稻谷产量的氨挥发量可更好地反映施肥带来的产量及环境双重效应。采用了协同的水分、肥料和栽培管理措施的高效处理 N270-HE 和 N225-HE 有助于减少单位稻谷产量的氨挥发损失量（表 1-9）。与当地常规栽培处理相比，高效处理 N270-HE 和 N225-HE 单位产量的氨挥发强度分别降低了 42%和 57%，而高产处理 N300-HY 降低了 25%。然而，高产处理 N375-HY 由于施氮量过高，单位产量的氨挥发强度比当地常规处理增加了 5%，比高效处理 N270-HE 和 N225-HE 增加了 82%和 160%。这些表明，过量增加氮肥投入虽然可以在一定程度上增加水稻产量，但加剧了对环境的负面影响，如气态的氨挥发损失引起的一系列的环境问题（大气污染、水土富营养化、土壤酸化和物种多样性减少等）。因此，采用适宜的施氮量（在本书中，以 N270-HE 处理中的施氮量为宜），结合优化的水分管理（干湿交替的灌溉措施）、肥料运筹（前氮后移、增施叶面肥）、栽培管理措施（壮秧、密植），可兼顾产量和环境效应，既增加稻谷产量，也有效降低了单位稻谷的氨挥发损失。综上所述，氨挥发量可作为衡量稻田高产高效栽培模式环境影响的重要指标。

表 1-9　水稻季不同栽培模式下稻谷产量及单位产量的氨挥发量（单位：kg/t（NH$_3$-N））

处理	2009 年水稻季	2010 年水稻季	2011 年水稻季	2012 年水稻季
N300-CT	8.06（6.40）	8.86（5.53）	8.40（2.74）	8.70（2.59）
N270-HE	9.05（2.97）	10.54（2.88）	9.80（1.92）	10.00（1.62）
N225-HE	10.90（1.59）	12.50（2.33）	11.80（1.24）	12.20（1.50）
N375-HY	10.50（5.33）	11.80（5.76）	10.80（3.36）	10.90（2.84）
N300-HY	8.60（4.22）	9.70（4.99）	9.30（1.92）	9.40（1.96）

注：括号内为单位产量的氨挥发量[kg/t（NH$_3$-N）]。

　　稻田径流跟降雨密切相关,降雨为随机性事件,径流损失氮量受施肥与径流发生时间间隔影响。田面水仅在施肥后3～5天内维持较高的氮浓度,施肥一周后田面水中氮浓度与不施氮处理无异,因此,若径流排水发生在施肥3～5天后,氮素径流损失很低。本书采用径流池的方法收集测定了3个水稻季的氮素径流损失。研究结果表明,稻田径流排水带走的氮素量较低,而且各栽培模式间差异不明显,各处理径流损失氮量为0.7～10.0kg/hm² (N),占施氮量的0.3%～3.3%。

　　土壤淋溶液中 NH_4^+-N、NO_3^--N 和 TN 浓度随土壤深度的增加而降低,土壤淋溶液中无机氮以硝态氮为主,铵态氮浓度很低。90cm 深度处土壤淋溶液中 NH_4^+-N 的浓度很低,不大于0.2mg/L (N)(图1-6)。土壤水溶液中铵态氮浓度较低的原因主要在于,带正电的 NH_4^+ 易被吸附在带负电的土壤颗粒表面。在各土壤深度处,不同处理间铵态氮的浓度通常无统计学上的差异(P < 0.05)。

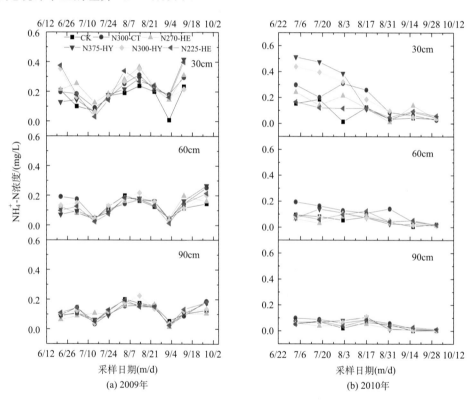

图1-6　2009年和2010年水稻生育期土壤水溶液中铵态氮浓度的动态变化

　　硝态氮在稻秧移栽初期2～3周内的浓度较高,这个时期土壤水溶液中高浓度的硝态氮主要来自淹水泡田之前的小麦季土壤中的硝化反应,积累在土壤中的硝态氮易随渗漏水向下迁移,此后,硝态氮的浓度逐步降低(图1-7)。与铵态氮相似,在各土壤深度处,不同处理间硝态氮的浓度一般也不存在统计学上的差异(P <0.05)。

　　与硝态氮相似,土壤水溶液中总氮浓度在稻秧移栽初期最高。这可能主要与稻秧移栽初期土壤水分优势流的形成有关。此后,总氮浓度显著降低,一般均不大于3mg/L(N)。

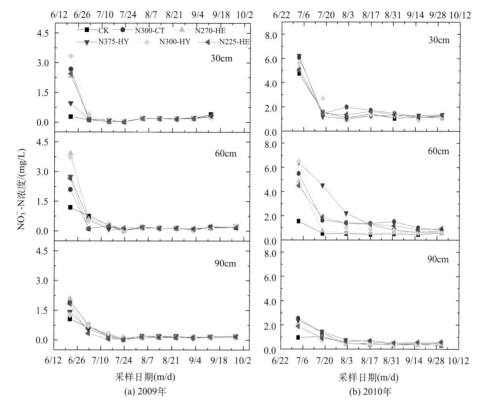

图 1-7 2009 年和 2010 年水稻生育期土壤水溶液中硝态氮浓度的动态变化

不同栽培模式下稻田淋溶液中氮浓度无显著性差异，受施氮量影响不明显。原因可能是在太湖地区发育完全的水稻土在淹水条件下可以在地表以下 15~20cm 处形成一层结构致密的犁底层，犁底层水分渗漏速率较低，因而在很大程度上限制了当季施入氮肥的影响。

在整个水稻生育期，以土壤水分平均垂直渗漏速率为 5mm/d 计，渗漏总量平均为 6.5×10^3 mg/hm^2。则 2009~2012 年水稻生育期不同处理铵态氮淋溶损失量均极低，仅为 0.12~2.2kg/hm^2，各处理间不存在统计学上的差异。硝态氮淋溶损失量远高于铵态氮，为 2.0~6.4kg/hm^2（图 1-7），这是由于 NO_3^- 受带负电的土壤颗粒和土壤胶体的静电排斥作用，而且硝酸盐具有很高的水溶性，所以 NO_3^- 易随渗漏水向下迁移，各处理间硝态氮淋溶量也不存在统计学上的差异，但施氮处理通常均大于空白处理。这表明长期持续施用氮肥可能增加硝态氮的淋溶贡献。总氮淋溶损失量稍高于铵态氮与硝态氮之和，表明土壤淋洗液中有部分有机氮。总氮淋溶损失量（3.1~9.7kg/hm^2）年际之间存在差异，可能主要与前作（小麦）生育期内氮肥管理措施不同有关。通常情况下，高产处理 N375-HY 和 N300-HY 的总氮淋溶损失量最高，常规处理和高效处理依次降低，但处理间的差异并不显著。这些结果表明，大部分淋失的氮素可能来自土壤有机氮的矿化作用或早期结合进入土壤有机氮库的肥料氮的再矿化。这可能与淹水稻田中肥料氮特有的迁移转化过程有关。氮素淋溶取决于作物吸收及相关的氮素迁移转化过程，尿素水解产生的铵态氮聚

集在田面水中，其中一部分很快被作物吸收；相当大一部分铵态氮通过氨挥发和硝化-
反硝化途径损失至大气环境中，只有很小一部分当季施入的肥料氮被淋失。此外，在太
湖地区，淹水条件下于地表以下 15～20cm 处形成一层结构致密的犁底层，犁底层水分
渗漏速率较低，阻止了氮素向下淋洗（图 1-8）。

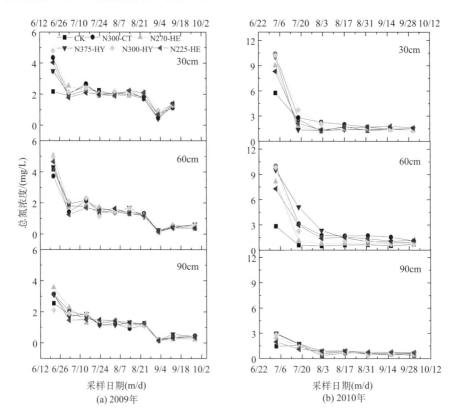

图 1-8　2009 年和 2010 年水稻生育期土壤水溶液中总氮浓度的动态变化

　　根据中国科学院南京土壤研究所多年来对我国单季稻主产区之一的太湖流域土壤氮
素的研究成果，采用以无氮区当季作物吸收氮量为主、辅以矿化培养与各种化学测定方
法相结合的手段，提出了兼顾水稻高产和环境保护双重目标的稻田适宜施氮量，以对稻
田氮肥施用总量进行控制；以适宜施氮量的推荐为重点，建立了太湖地区单季稻生产中
能协调高产和环境保护的优化施氮和提高氮肥利用率的原理和方法；并与扬州大学农学
院单季稻高产与氮肥高效利用的水稻高产栽培技术相结合，依据水稻叶龄模式和作物群
体质量调控为基础，集成了水稻精确定量栽培技术，应用该精确定量栽培技术，建立了
水稻高产与氮素养分高效利用等多种技术相结合的新型水稻栽培技术模式和稻田养分综
合管理与协调模式，进行了大田示范试验且取得了很好的成果；同时在氮肥损失定量化
上，率先在同一田块同步测定了氨挥发、径流、渗漏、干湿沉降、作物吸收等途径的氮
量，避免了用不同地点测定值计算带来的误差，较准确地评估了农田氮素的去向，为农
业面源污染控制措施的制定提供了科学依据。

1.3　稻麦轮作体系磷素高效利用技术模式

土壤磷素是作物生长的主要营养限制因子之一。由于磷在土壤中易固定而转变为作物难利用态，因此磷肥的施用是保证土壤有效磷库和维持作物高产的最主要途径（MacDonald et al., 2012）。在稻麦轮作区，农田化学磷肥投入量持续大量增加，导致土壤磷收支特征自 20 世纪 80 年代开始由亏缺转为盈余，且盈余面积不断扩大。据前期土壤调查，与 1982 年土壤普查资料相比，太湖流域主要类型水稻土全磷及有效磷（Olsen-P）含量在过去 30 年间不断提高，大部分农田土壤均处于磷盈余状态（汪玉等，2014）。而当土壤磷素过量累积时，磷可通过地表径流及渗漏淋溶等途径流失，进而加重水环境污染负荷。已有研究表明，除了人畜禽排泄物等农村磷污染源，集约化农作区也是水体中磷的最主要来源，其中大部分的总磷来源于农田，农田土壤磷素的过量积累及流失已成为水体富营养化的重要贡献源之一（高超等，2001）。

稻麦轮作体系的显著特征是水旱干湿交替变化，因此在水稻季淹水条件下土壤磷的有效性会提高，而小麦为旱作，从淹水到落干的过程磷的有效性则会降低。因此，需要在一个轮作周期中统筹考虑不同作物季磷肥的分配，充分利用残留磷肥的后效。考虑到当前农业生产中普遍存在肥料养分利用率低、资源浪费严重、面源污染突出等问题，减少磷肥用量，提高肥效是重要之策，并且符合国家当前化肥减施增效的战略要求。

1.3.1　稻麦轮作体系磷素高效利用技术模式下作物产量变化及经济效益

在当前稻麦轮作区的高磷投入及土壤磷富集情况下，我们重新讨论和实践了"旱重水轻"的减磷措施，提出在富磷水稻土区域实施"稻季不施磷仅麦季施磷"的磷素高效利用模式。试验主要基于中国科学院常熟农业生态实验站宜兴基地与常熟市农业科学研究所磷肥减施定位试验。该试验始于 2010 年稻季（图 1-9）。试验处理主要包括水稻和小麦季均施磷（PR+W）、麦季施磷稻季不施磷（PW）、稻季施磷麦季不施磷（PR）及水稻和小麦季均不施磷（Pzero）空白对照四组处理。且在江苏润果农业发展有限公司进行了 60 亩的示范试验。到目前为止，该稻麦轮作体系磷素高效利用技术模式仍能够达到

图 1-9　中国科学院常熟农业生态实验站宜兴基地与常熟市农业科学研究所磷肥减施定位试验

稳产的效果（图 1-10）。据初步估算，即使是一个稻季不施磷，就节约经济成本计算，每公顷可节省 60kg P_2O_5，按太湖流域 1530 万亩水稻土计算，相当于节约 6.16 万 t P_2O_5，再按过磷酸钙（12% P_2O_5，600 元/t）折算，每年可直接节约肥料投入成本 3.08 亿元。因此，在当前稻麦轮作体系下，探索根据不同水稻土类型和土壤磷累积的水平进行"旱施水不施"或"旱重水轻"的施磷制度具有十分重要的意义。

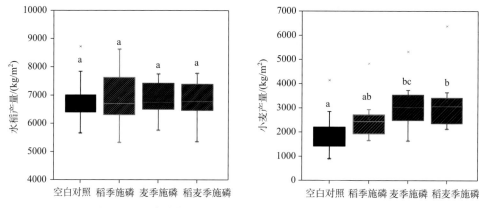

图 1-10 稻麦轮作体系磷素高效利用技术模式作物产量变化

不同字母表示不同处理间的差异水平

1.3.2 稻麦轮作体系磷素高效利用技术模式下土壤磷供给过程

水稻土中有效磷源究竟有多少最终能进入土壤溶液被作物吸收？近年来，有报道认为薄膜扩散梯度技术（DGT）是测定磷生物有效性的一种新方法（Degryse et al., 2009）。DGT 对磷的富集过程是模拟目标离子在环境中的迁移和生物吸收的过程，测定的是土壤中可溶性磷含量（Ding et al., 2010）。因此，我们应用薄膜扩散梯度技术原位动态监测不同生育期水稻根系附近可溶性 P、Fe 的分布情况，发现该磷肥减施方式依旧能够维持土壤中的有效磷源供给，水稻根际土壤中磷供给充足，且磷的移动与释放受铁循环控制（图 1-11）。在稻季淹水条件下，对比稻季施磷肥处理，稻季不施磷处理土壤仍可提供充足的有效磷。同时，一维 DGT 结果显示根际土壤可溶性 P、Fe 的富集位置和变化趋势相似，表明了根际 P-Fe 的耦合释放过程。DGT 显示可溶性 P 平均浓度与土壤 Olsen-P 和水稻 P 浓度呈显著正相关关系，表明 DGT 适用于评估稻田土壤磷素生物有效性，可以用来估算土壤磷供应与作物磷吸收的关系。试验结果直观地展示了稻季淹水条件下根际土壤的供磷水平，从土壤磷供应-作物磷吸收角度阐述了稻麦轮作体系农田磷肥减施的可行性。

此外，为深入探究根际土壤 P-Fe 的耦合效应活化机制，设计了不同磷水平盆栽试验，在前期试验的基础上将高分辨率透析（HR-Peeper）和薄膜扩散梯度技术（DGT）结合起来，同时获取可溶性活性 P（soluble reactive P, SRP）、可溶性 Fe（II）和 DGT 可溶性 P、Fe 的一维分布。结果表明：不同磷水平处理下水稻根系附近均出现明显的 SRP、Fe 消耗，尤其在低磷处理条件下更为显著，而 DGT 可溶性 P、Fe 结果没有显著消耗。二维 P 分布情况更加清晰、直观地呈现了根际土壤 P、Fe 消耗的空间异质性（图 1-12）。低磷

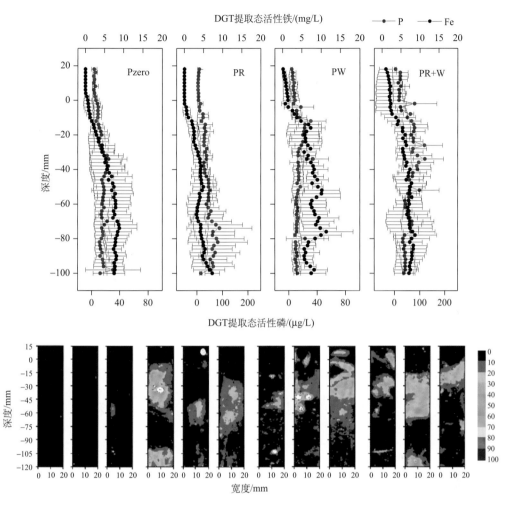

图 1-11　稻麦轮作体系磷素高效利用技术模式土壤根际 DGT-P/Fe 供给

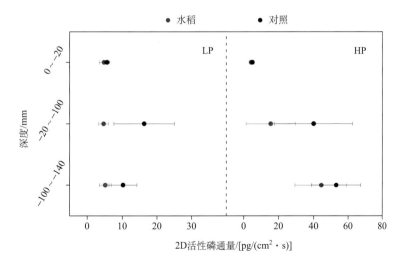

图 1-12　高磷（HP）、低磷（LP）根际土壤不同深度二维磷分布平均通量

条件下根表铁膜铁含量更高，表明水稻植株具有适应性代谢反应，根系通气组织泌氧将根际可溶性 Fe（soluble-Fe）氧化，增加铁膜来适应低磷土壤中的磷供应。且 Peeper-P、Fe 和 DGT-P、Fe 均有显著的正相关关系，结合一维 P、Fe 分布峰值位置，可表明铁循环在调控土壤磷素消耗过程中发挥关键作用。此外，通过计算，发现高磷处理下 Fe/P 比值较低，进一步表明了高磷土壤中磷释放的风险和强度相对较高。磷从根际土壤释放至孔隙水中最终被作物吸收的这一过程也阐明了在稻麦轮作区域实施磷肥高效利用的机理。

1.3.3　稻麦轮作体系磷素高效利用技术模式下土壤磷周转过程

　　然而，在稻麦轮作区域实施稻季不施磷麦季施磷的磷肥减施，①满足作物生长需求的土壤磷阈值是多少？②稻麦轮作周年土壤中磷素赋存形态及转化过程变化特征如何？回答上述科学问题，对稻麦轮作农田科学施磷与保障粮食安全生产具有重要的实际指导意义。

　　由于稻麦轮作区土壤类型不同，环境条件也有差异，目前关于土壤磷素阈值的研究较少。因此，研究太湖流域主要农田土壤在满足作物磷素营养需求的同时又不导致土壤磷素累积造成水环境污染的磷素阈值十分必要。分析太湖流域宜兴市（YX）及常熟市（CS）十种水稻土的作物产量与土壤速效磷关系，结果如图 1-13 所示。发现在该稻麦轮作区域，水稻生长土壤速效磷阈值范围在 4.19～5.24mg/kg；小麦生长土壤速效磷阈值范围在 7.00～16.80mg/kg。对于作物来说，土壤速效磷超过阈值范围时，作物对施肥响应很小。因此，从作物所需磷阈值方面阐述了在稻麦轮作区实施磷肥减施的必要性。

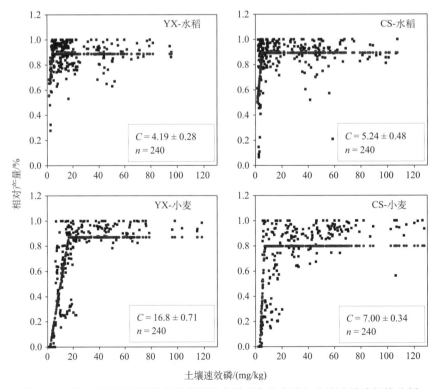

图 1-13　稻麦轮作体系磷素高效利用技术模式作物产量与土壤速效磷阈值分析

此外，我们按照修正的 Hedley 分级方法，结合 ^{31}P-NMR 以及土壤磷酸盐氧同位素技术，进一步分析了稻麦轮作周年土壤中磷素赋存形态和组成，探析了土壤中磷素的转化过程，发现不同磷肥处理以及不同磷含量土壤对土壤中磷库（包括 resin-P、NaHCO$_3$-Pi、NaOH-Pi、NaOH-Po、HCl-P）有显著影响（$P<0.05$）。土壤类型与处理对 resin-P、NaHCO$_3$-Pi 及 NaOH-Po 具有极显著相关性（$P<0.01$）。该区域土壤中，活性磷组分（resin-P、NaHCO$_3$-Pi 及 NaHCO$_3$-Po）占总磷的 5.64%～24.3%，中等活性磷组分（NaOH-Pi、NaOH-Po）占总磷的 12.2%～37.2%，稳定态磷组分（HCl-P、残留态 P）占总磷的 41.0%～82.1%。进一步通过 ^{31}P-NMR 分析（图 1-14）发现，该区域土壤消耗的主要是无机磷库，有机磷库无显著变化。

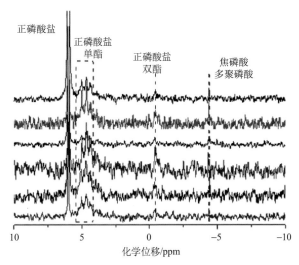

图 1-14　稻麦轮作体系磷素高效利用技术模式土壤 ^{31}P-NMR 分析

黑色线条分别表示高磷、中磷、低磷土壤，彩色线条分别表示高磷、中磷、低磷土壤不施磷肥

稻麦轮作土壤磷库周转微生物的作用如何？进一步通过高通量测序分析（图 1-15），发现细菌群落结构主要分为两类（A 和 B），不同类型土壤微生物丰度不同。通过不同磷肥处理及不同磷含量土壤对微生物变化响应的双因素方差分析，九种产生变化的主要微生物种类受磷肥处理影响最大。宜兴市土壤主要受 Sphingobacteria 及 Alphaproteobacteria 影响，常熟市土壤则主要受 Acidobacteria Gp6、Actinobacteria、Anaerolineae 及 Betaproteobacteria 影响（$P<0.05$）。进一步分析不同磷肥处理、初始磷含量及土壤理化性质与微生物的变化关系，发现不同磷肥处理的相关性最高，其次是土壤基本理化性质，最后是土壤初始磷含量（图 1-16）。

1.3.4　稻麦轮作体系磷素高效利用技术模式下环境效应分析

农业中磷肥的应用在很大程度上增加了土壤磷素，为农业生产带来了巨大的效益。但随着磷肥的长期大量施用，土壤中的磷的含量、迁移转化状况和土壤供磷能力都改变

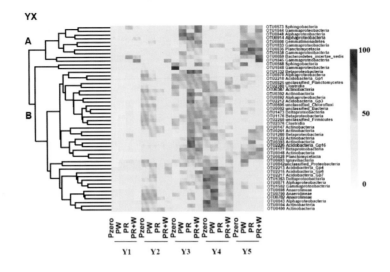

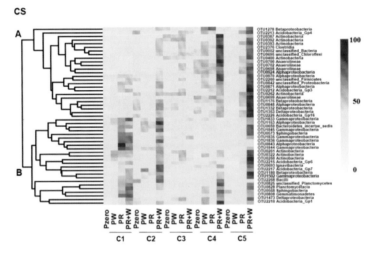

图 1-15　稻麦轮作体系磷素高效利用技术模式土壤细菌群落变化

了。水体富营养化是当今世界水污染治理的难题之一，而磷是大多数淡水水体中藻类生长的主要限制因子（Qiu，2010）。地表径流是农田土壤磷素流失的主要途径。地表径流中的磷包括溶解态磷（dissolved P，DP）和颗粒态磷（particulate P，PP）。其中，溶解态磷是可被藻类直接吸收利用的，主要以正磷酸盐形式存在；颗粒态磷则是藻类能持续生长的潜在磷源，包括含磷矿物、含磷有机物及吸附在土壤颗粒上的磷。土壤磷素随径流流失的量在其他条件相同的前提下，可随土壤有效磷含量增加而提高，但在土壤有效磷含量达到一定累积水平之前，随径流流失的磷量增加非常有限，一旦达到临界值后随径流流失的磷量便会迅速增加，这个临界值称为土壤磷素的环境警戒值（break point）。曹志洪等（2005）的研究结果表明，太湖地区水稻土磷素环境警戒值为 25～30mg/kg（以 Olsen-P 为准）。

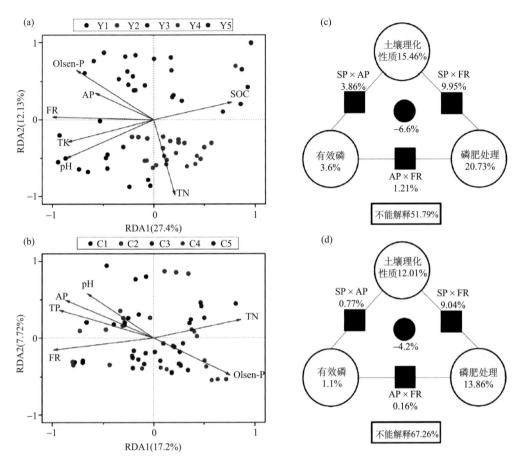

图 1-16　稻麦轮作体系磷素高效利用技术模式下土壤细菌群落变化与土壤理化性质
以及磷肥处理的关系

SP, FR, AP 分别表示土壤理化性质、磷肥处理及有效磷

　　因此，在稻麦轮作体系中控制磷素迁移非常必要。基于太湖流域水稻土磷肥减施长期试验，通过观测稻麦轮作体系周年径流损失变化发现：与稻麦轮作均施磷肥处理相比，稻季施磷麦季不施磷、麦季施磷稻季不施磷及稻麦季均不施磷处理都能降低径流中磷的损失量（图 1-17）。麦季施磷稻季不施磷的减磷措施在稳产的同时可以有效降低土壤速效磷及径流中总磷浓度，从而降低水环境污染风险。

　　综上所述，在稻麦轮作区实施的"稻季不施磷仅麦季施磷"的磷素高效利用模式具有农学效应、环境效应及经济效应，是一项可以在稻麦轮作区推广实施的磷素高效利用模式。

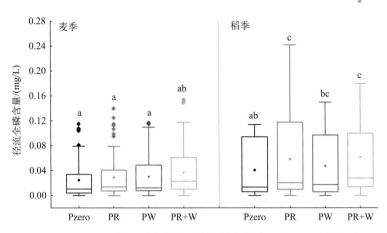

图 1-17　稻麦轮作体系磷素高效利用技术模式下径流总磷损失量

1.4　水旱轮作体系生态高值与周年温室气体减排生产技术模式

　　水稻是我国主要的粮食作物之一，我国稻田面积占耕地总面积的20%以上。虽然在粮食安全方面占有重要地位，在环境方面稻田却是甲烷（CH_4）和氧化亚氮（N_2O）等温室气体的重要排放源。据估算，我国水稻生产过程中 CH_4 和 N_2O 的年排放量分别约为7.4Tg（CH_4）和32Gg（$N_2O\text{-}N$），共约占我国农田温室气体总排放的22%（Yan et al., 2005, 2009）。除此之外，水稻田间生产过程中大量的氮肥投入，特别是在集约化农业生产区域，加剧了活性氮向生态环境的输入强度，从而损害了生态系统的服务功能，并对人体健康造成了威胁（Xia and Yan, 2012; Xia et al., 2016a）。

　　太湖地区是我国单季稻的主要集约化生产区域之一，水旱轮作（夏季水稻-冬季小麦）是该区域主要的水稻生产轮作制度。得益于集约化的生产方式，太湖地区部分田块的水稻产量可以达到8000kg/（$hm^2\cdot a$），甚至更高（Ma et al., 2013; Zhao et al., 2015a）。然而，水稻如此高产的代价却是环境损失的不断加剧。水稻收获后，大量秸秆的直接还田虽然促进了土壤有机碳的积累，却也同时引起了稻田 CH_4 的大量排放（Shang et al., 2011; Xia et al., 2014）。而且研究发现，秸秆直接还田对于有机碳积累的促进效应远远小于对于稻田 CH_4 排放的促进效应（Xia et al., 2014; Liu et al., 2014）。除了稻田 CH_4 的大量排放之外，水旱轮作体系中氮肥的大量投入及不合理的氮肥管理措施造成活性氮的大量排放，加剧了空气污染及水体富营养化等环境问题（Ju et al., 2009）。因此，减少太湖地区水稻生产过程中温室气体和活性氮的排放，探索一套可持续发展的水旱轮作水稻生产体系迫在眉睫。

1.4.1　氮肥合理减量技术

　　太湖地区稻麦轮作体系的氮肥年投入量为550～600kg/hm^2（N），其中稻季氮肥的用量就高达 300kg/（hm²·a）（N）（Zhao et al., 2012）。大量的氮肥投入及不合理的氮肥管理措施，使该地区氮肥的当季利用率仅为 30%左右，远低于发达国家的氮肥利用率水平，这也意味着施入稻田的大部分氮肥会以活性氮形式损失并进入环境（Xia et al., 2016a）。太湖地区大量田间试验的结果表明，稻季 NH_3 挥发与氮肥施用量呈正相关关系，而其他三种活性氮（氮淋溶、径流及 N_2O 排放）均随氮肥施用量的增加而呈现指数式的增加（图 1-18），麦季活性氮的损失呈现了类似的规律（夏永秋和颜晓元，2011）。因为，合理的氮肥减量是减少太湖地区水稻生产生态负荷，打造可持续生态农业的关键一步。

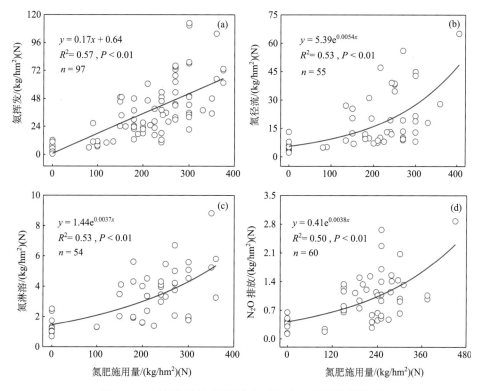

图 1-18　太湖地区稻季活性氮损失与氮肥施用量的关系

常熟站为期两年的氮肥试验结果表明，水稻产量并不随氮肥用量的增加而一直增加，高量氮肥的施用反而降低了水稻产量（表 1-10）。相较于当地传统的氮肥用量[300kg/（hm²·a）（N）]，减少氮肥用量 20%反而提高了水稻产量 2.1%，与此同时，化学氮肥的当季利用率提高了 10.3%。这是因为高量氮肥的施用[300kg/（hm²·a）（N）]会造成土壤酸化等问题，这会胁迫水稻根系发育及对氮素的吸收利用，从而导致水稻产量降低（Xia et al., 2016b）。然而，如果在减少 20%氮肥用量的基础上[240kg/（hm²·a）（N）]继续减少氮肥用量到 180kg/（hm²·a）（N），则会显著降低水稻产量 10.1%，降低氮肥利用率 28.9%。主要原因在于，过量的氮肥减量会导致土壤供氮不足，延缓水稻根系发育及其对氮素的吸收，从而影响水稻的产量（Xia et al., 2016c）。因此，因地制宜地制定氮肥减量策略是确保粮食安全，提高氮肥利用率的关键。

表 1-10　2013～2014 年太湖地区不同氮肥施用量对水稻产量、氮肥利用率、温室气体排放和碳足迹的综合影响

年份	处理	产量 / (Mg/hm²)	NUE/%	CH₄ / (kg/hm²)	N₂O/ (kg/hm²) (N)	GHG 排放 / (kg/hm²) (CO₂)	碳足迹/ (kg/kg) (CO₂/籽粒)
	N0	4.83	—	306	0.08	8601	1.78
	N120	7.08	23.40	317	0.1	9845	1.39
2013	N180	7.65	28.12	288	0.13	9568	1.25
	N240	8.27	33.61	273	0.14	9670	1.17
	N300	8.03	30.63	305	0.16	10927	1.36
	N0	5.92	—	307	0.02	8711	1.47
	N120	7.60	23.86	352	0.09	10805	1.42
2014	N180	7.77	21.19	291	0.24	9795	1.26
	N240	8.88	35.54	318	0.34	10972	1.24
	N300	8.76	32.07	344	0.53	12169	1.39
	N0	5.37d	—	307a	0.05b	8656	1.614
	N120	7.34c	23.63	335a	0.09b	10322	1.4
平均	N180	7.71bc	24.66	290a	0.18ab	9679	1.263
	N240	8.58a	34.58	295a	0.24ab	10321	1.24
	N300	8.40ab	31.35	324a	0.35a	11550	1.39

注：NUE 指氮肥利用率；GHG 指温室气体排放；不同字母表示处理间有显著差异（$P<0.05$），下同。

田间观测试验结果表明，化学氮肥的施用可以抑制稻田 CH_4 的排放（Xie et al., 2010; Yao et al., 2013），或者促进 CH_4 的排放（Pittelkow et al., 2013; Banik et al., 1996），亦或是对于 CH_4 的排放不产生明显的影响（Xia et al., 2014）。通过对 72 组田间观测数据的整合分析，Linquist 等（2012）发现低氮肥施用量[小于 79kg/hm²（N）]可以促进稻田 CH_4 排放；高氮肥施用量[大于 249kg/hm²（N）]可以抑制稻田 CH_4 排放；当氮肥施用量约为 140kg/hm²（N）时，稻田 CH_4 排放不受氮肥施用的明显影响。常熟站的试验结果显示，相比于当地稻季传统的氮肥用量[300kg/（hm²·a）（N）]，减少氮肥用量 20%降低了稻季 CH_4 排放量 9%（表 1-10）。对于 N_2O 排放而言，减少氮肥用量 20%降低了稻季 N_2O 排放量 31.4%。如果从生命周期的角度考虑，氮肥合理减量技术对于稻田生态系统温室气体减排的效果更加明显，因为氮肥的生产过程已被认定为温室气体的热点排放源。研究表明，我国氮肥生产的温室气体排放系数平均约为 8.3kg/kg（CO₂-eq/N）（Zhang et al., 2013）。就常熟站的氮肥试验而言，从生命周期的角度考虑，氮肥合理减量（20%）能够将太湖地区传统水稻生产的碳足迹降低 10.8%（表 1-10）。此外，太湖地区的活性氮随氮肥用量增加呈现线性或者指数的增加（图 1-18），因此合理地减少氮肥用量同样可以显著地降低水稻生产过程中的活性氮排放。常熟站的肥料试验结果显示，相比于当地传统的氮肥用量[300kg/hm²（N）]，氮肥合理减量（20%）能够显著降低太湖地区水稻生产过程中 NH_3 挥发的 19.8%，降低氮淋溶的 27.4%，降低氮径流的 19.9%，降低总氮损失的 21.3%，进而降低水稻活性氮足迹的 10.15%（表 1-11）。

表 1-11　2013～2014 年太湖地区不同氮肥施用量对水稻活性氮排放及氮足迹的影响

处理	NH$_3$ 挥发 /(kg/hm^2)(N)	N 淋溶 /(kg/hm^2)(N)	N 径流 /(kg/hm^2)(N)	N$_2$O 排放 /(kg/hm^2)(N)	NO$_x$ 排放 /(kg/hm^2)(N)	氮损失 /(kg/hm^2)(N)	氮足迹/(g/kg) (N/籽粒)
N0	0.64	5.39	1.44	0.07	3.96	11.50	2.14
N120	21.04	10.30	2.24	0.12	5.62	39.32	5.36
N180	31.24	14.25	2.80	0.21	6.44	54.93	7.12
N240	41.44	19.70	3.50	0.27	7.26	72.17	8.42
N300	51.64	27.24	4.37	0.38	8.07	91.69	10.92

氮肥的合理减量是减少稻田温室气体和活性氮排放的简单易行的技术措施。但是，如何确定氮肥减少量以及氮肥用量对粮食安全和减排的影响呢？测土配方是确定稻田最佳氮肥用量的关键方法。这种技术主要通过计算目标产量的需氮量与作物根区无机氮含量的差值并结合土壤氮的矿化能力来确定氮肥用量（Huang et al., 2013）。全国范围内的大量田间试验结果表明，测土配方法确定的氮肥用量比农民传统的氮肥施用量平均低 28%（Xia et al., 2017）。就稻田而言，与传统的氮肥用量相比，测土配方法确定的氮肥用量可以提高水稻产量 1.33%，提高氮肥利用率 20.37%，显著降低稻田 NH$_3$ 挥发 28%，降低 N$_2$O 排放 40.8%，降低氮淋溶 30.4%，降低氮径流 29.6%。因此，全面推广测土配方施肥是太湖乃至全国稻作区域减少温室气体和活性氮排放，推动可持续农业发展的重要途径。

1.4.2　秸秆优化还田技术

众所周知，秸秆还田是提高土壤肥力，确保粮食安全的重要农田管理措施。对于稻田生态系统而言，如何选择合理的秸秆还田方式直接关系到农田固碳减排的效果。对于太湖地区而言，由于机械化程度发达，作物籽粒被收割机收获后，秸秆部分会被全部还田。大量的秸秆还田促进了土壤有机碳的积累，却也同时为土壤产甲烷菌提供了丰富的底物，从而激发了稻田 CH$_4$ 的大量排放（Xia et al., 2014; Liu et al., 2014）。常熟站长期秸秆还田的试验结果显示，秸秆还田产生的固碳效应远小于促进 CH$_4$ 排放产生的温室效应（Xia et al., 2014）。因此，秸秆合理还田是稻田生态系统固碳减排的关键。相比于新鲜秸秆直接还田，将秸秆好氧发酵后还田不但不会影响固碳效果，还能够显著减轻对稻季 CH$_4$ 排放的激发效应。

常熟站秸秆还田的试验结果显示，相比于直接还田，秸秆好氧发酵后还田能够显著降低稻田 CH$_4$ 排放量 6%～35%，与此同时能够提高土壤固碳速率 21%～39%（表 1-12）。主要原因在于，好氧发酵过程中，作物秸秆中容易被分解的碳组分，如半纤维素和纤维素等，被微生物分解利用进而产生 CO$_2$。这使发酵秸秆的 C/N 比值降低，并提高了难分解碳组分（如木质素）的含量。这些存留在发酵后秸秆中的难分解碳组分，不易被土壤中的产甲烷菌利用，从而使 CH$_4$ 的排放量降低（Khosa et al., 2010）。而且，发酵后的秸秆具有较高含量的木质素和酚类化合物，这些物质能够促进木质纤维素和半纤维素聚合

表 1-12 秸秆直接还田和发酵后还田对稻田 CH_4 排放和土壤固碳的影响

处理	秸秆直接还田		秸秆发酵还田	
	CH_4 排放 /（kg/hm²）（CH_4）	固碳速率 /[t/（hm²·a）]（C）	CH_4 排放 /（kg/hm²）（CH_4）	固碳速率 /[t/（hm²·a）]（C）
N0	266.5	0.40	178.5	0.54
N120	288.3	0.46	186.5	0.64
N180	241.7	0.63	212.3	0.76
N240	224.2	0.68	210.3	0.87

物的形成，从而抑制微生物的分解（Khosa et al., 2010），并减少土壤原有有机碳的矿化，促进土壤有机碳的积累（Fan et al., 2014）。此外，研究结果表明，发酵后的秸秆碳转化为土壤有机碳的效率是新鲜秸秆碳转化效率的 2 倍（Mandal et al., 2008）。研究发酵系统中的秸秆还田对稻田 CH_4 排放的影响，必须同时考虑发酵过程中的温室气体排放（Linquist et al., 2012）。在秸秆的发酵过程中，为了确保好氧发酵环境，必须使作物秸秆在发酵罐内一直处于滚动状态，同时确保新鲜空气的及时注入，以抑制发酵过程中 CH_4 的产生。

虽然好氧发酵过程会产生大量的 CO_2，但是这部分 CO_2 不能纳入温室气体的计算之中，原因在于发酵秸秆中的碳来源于光合作用固定的大气中的 CO_2，好氧发酵过程中微生物将这部分碳分解，重新归还到大气环境中。为了充分利用秸秆好氧发酵时产生的大量 CO_2，可以进一步搭建"秸秆好氧发酵-CO_2 资源利用系统"（图 1-19）：将发酵过程中产生的 CO_2 通过管道系统输送到温室大棚中，对蔬菜（如黄瓜）进行 CO_2 施肥，提高其光合作用效率，促进产量的增加。常熟站秸秆好氧发酵-CO_2 资源利用系统的结果显示，利用发酵过程中产生的 CO_2 对温室黄瓜进行施肥，能够提高 56% 黄瓜的产量（图 1-20）。除了秸秆发酵还田以外，将作物秸秆在非水稻生长季（小麦季）还田，既能促进土壤有机碳的积累，又能避免对稻田 CH_4 排放的激发效应，从而有利于稻田土壤温室气体的减排（Nayak et al., 2009; Yan et al., 2003; 蔡祖聪等，2009）。

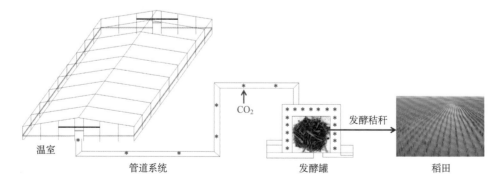

温室　　管道系统　　发酵罐　　发酵秸秆　　稻田

图 1-19 常熟站秸秆好氧发酵-CO_2 资源利用系统

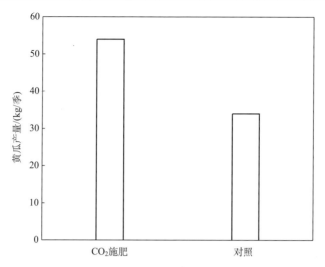

图 1-20 常熟站秸秆好氧发酵-CO_2 资源利用系统蔬菜产量

1.4.3 水稻轮作制度优化技术

由于社会经济因素的影响，太湖地区传统稻麦轮作的面积正在减少。研究发现，试验所在地江苏省的冬季作物种植面积在 1999～2009 年减少了 37%。由于小麦的产量往往较低及小麦品质的问题，当地的部分农民开始用经济价值较高的豆科作物（如蚕豆）来代替小麦的种植。相比于传统的稻麦轮作，水稻与豆科作物的轮作模式也是减少太湖地区稻田生态系统温室气体和活性氮排放的重要农业生产模式。首先，豆科作物具有固氮作用，因此在这一作物季避免了化学氮肥的施用，从而可以减少使用这一部分氮肥所排放的温室气体。其次，相比于太湖地区传统的麦季[氮肥用量 225kg/hm^2（N）]，没有氮肥投入的豆科作物季往往只有少量的活性氮排放，因此也实现了活性氮的大幅度减排。常熟站为期三年的试验结果显示，将稻麦轮作替换为水稻-蚕豆或者是水稻-紫云英轮作，能够在确保水稻产量的前提下减少年氮肥投入量的 53%～60%，从而显著降低氨挥发 31.3%～38%和氮径流损失 82.1%～86%（Zhao et al., 2015b）。事实证明，经济效益是驱动农民改变传统田间管理方式的主要因素之一，任何减排措施都不应以损失农民的经济效益为代价。与传统的稻麦轮作制度相比，水稻-蚕豆轮作还能够显著提高农民 17%的净经济收益，因此这种水稻种植制度具有大规模推广应用的潜力。

1.4.4 减排优化技术集成化应用

氮肥合理减量、秸秆优化还田及水稻轮作制度优化是目前减少太湖地区稻田生态系统温室气体和活性氮排放有效的农业管理措施。这些减排技术或措施的单一运用，往往无法考虑到温室气体之间以及温室气体与活性氮之间彼此消长的关系，因此很难达到综合减排的效果（Xia et al., 2018）。而且，单一的减排措施往往会对作物产量及农民的经济收益造成影响，从而不利于减排措施的实际推广。因此，将这些单一技术集成化应用不仅可以确保粮食安全,而且能够有效全面地降低稻田生态系统温室气体与活性氮排放,推动水稻生产的可持续及环境友好化发展。

常熟站田间试验的结果显示,与传统的稻麦生产模式相比,通过集成氮肥合理减量(20%)、秸秆优化还田(秸秆好氧发酵后还田)和水稻轮作制度优化(稻麦轮作优化为水稻-蚕豆轮作)三种措施,可以将稻田生态系统的温室气体总排放量显著降低 41%,将活性氮总排放量显著降低 44%,将碳足迹显著降低 25%,将活性氮足迹显著降低 21%,将总环境损失显著降低 42%,将净经济环境效益显著提高 44%(表 1-13)。总而言之,减排措施集成(氮肥合理减量、秸秆优化还田及水稻轮作制度优化)是实现太湖地区水旱轮作体系生态高值与温室气体、活性氮有效减排最有效的农业生产技术模式。

表 1-13　三种减排措施集成对于太湖地区传统稻麦轮作体系温室气体、活性氮排放及环境经济效益的综合影响

项目	传统管理措施	三种减排措施集成
温室气体排放/[kg/(hm^2·a)](CO$_2$-eq)	12340a	7288b
活性氮排放/[kg/(hm^2·a)](N)	146.7a	82.7b
总环境损失/[元/(hm^2·a)]	6028a	3518b
碳足迹/(kg/kg)(CO$_2$-eq/籽粒)	1.38a	1.04b
氮足迹/(g/kg)(N/籽粒)	11.1a	8.8b
净经济环境效益/[元/(hm^2·a)]	18216b	26249a

参 考 文 献

敖和军, 王淑红, 邹应斌, 等. 2008. 不同施肥水平下超级杂交稻对氮、磷、钾的吸收积累. 中国农业科学, 41(10): 3123-3132.

蔡祖聪, 徐华, 马静. 2009. 稻田生态系统 CH$_4$ 和 N$_2$O 排放. 合肥: 中国科学技术大学出版社.

曹志洪, 林先贵, 杨林章, 等. 2005. 论"稻田圈"在保护城乡生态环境中的功能 I. 稻田土壤磷素径流迁移流失的特征. 土壤学报, 42(5): 97-102.

高超, 张桃林, 吴蔚东. 2001. 农田土壤中的磷向水体释放的风险评价. 环境科学学报, 21(3): 344-348.

顾铭洪, 汤述翥. 2001. 两系亚种间杂交水稻育种及其理论基础//卢兴桂, 顾铭洪, 李成荃. 两系杂交水稻理论与技术. 北京: 科学出版社: 100-132.

贺帆, 黄见良, 崔克辉, 等. 2007. 实时实地氮肥管理对水稻产量和稻米品质的影响. 中国农业科学, 40(1): 123-132.

李荣刚, 杨林章, 皮家欢. 2003. 苏南地区稻田土壤肥力演变、养分平衡和合理施肥. 应用生态学报, 14(11): 1889-1892.

凌启鸿. 2008. 中国特色水稻栽培理论和技术体系的形成与发展——纪念陈永康诞辰一百周年. 江苏农业学报, 24(2): 101-103.

凌启鸿, 张洪程, 丁艳锋, 等. 2007. 水稻高产精确定量栽培. 北方水稻, (2): 1-9.

刘立军, 徐伟, 桑大志, 等. 2006. 实地氮肥管理提高水稻氮肥利用效率. 作物学报, 32(7): 987-994.

彭少兵, 黄见良, 钟旭华, 等. 2002. 提高中国稻田氮肥利用率的研究策略. 中国农业科学, 35(9):

1095-1103.

汪玉, 赵旭, 王磊, 等. 2014. 太湖流域稻麦轮作农田磷素累积现状及其环境风险与控制对策. 农业环境科学学报, 33(5): 829-835.

王宏广. 2005. 中国粮食安全研究. 北京: 中国农业出版社.

夏永秋, 颜晓元. 2011. 太湖地区麦季协调农学、环境和经济效益的推荐施肥量. 土壤学报, 48: 1210-1218.

杨建昌, 杜永, 吴长付, 等. 2006. 超高产粳型水稻生长发育特性的研究. 中国农业科学, 39(7): 1336-1345.

朱兆良. 1998. 我国氮肥的使用现状、问题和对策//李庆奎, 朱兆良, 于天仁. 中国农业持续发展中的肥料问题. 南昌: 江西科学技术出版社: 38-51.

朱兆良. 2006. 推荐氮肥适宜施用量的方法论刍议. 植物营养与肥料学报, 12(1): 1.

朱兆良, 张绍林, 尹斌. 2010. 太湖地区单季晚稻产量-氮肥施用量反应曲线的历史比较. 植物营养与肥料学报, 16(1): 1-5.

邹长明, 秦道珠, 徐明岗, 等. 2002. 水稻的氮磷钾养分吸收特性及其与产量的关系. 南京农业大学学报, 25(4): 6-10.

Banik A, Sen M, Sen S P. 1996. Effects of inorganic fertilizers and micronutrients on methane production from wetland rice (*Oryza sativa* L.). Biology and Fertility of Soils, 21: 319-322.

Degryse F, Smolders E, Zhang H, et al. 2009. Predicting availability of mineral elements to plants with the DGT technique: A review of experimental data and interpretation by modelling. Environmental Chemistry, 6(3): 198-218.

Ding S M, Xu D, Sun Q, et al. 2010. Measurement of dissolved reactive phosphorus using the diffusive gradients in thin films technique with a high-capacity binding phase. Environmental Science & Technology, 44(21): 8169-8174.

Dobermann A, Witt C, Dawe D, et al. 2002. Site-specific nutrient management for intensive rice cropping systems in Asia. Field Crops Research, 74: 37-66.

Fan J L, Ding W X, Xiang J, et al. 2014. Carbon sequestration in an intensively cultivated sandy loam soil in the North China Plain as affected by compost and inorganic fertilizer application. Geoderma, 230: 22-28.

FAO. 2007. Statistical databases. Food and Agriculture Organization (FAO) of the United Nations.

Gao B, Ju X T, Zhang Q, et al. 2011. New estimates of direct N_2O emissions from Chinese croplands from 1980 to 2007 using localized emission factors. Biogeosciences, 8: 3011-3024.

Huang T, Gao B, Christie P, et al. 2013. Net global warming potential and greenhouse gas intensity in a double-cropping cereal rotation as affected by nitrogen and straw management. Biogeosciences, 10: 13191-13229.

Huang Y, Zhang W, Zheng X H, et al. 2006. Estimates of methane emissions from Chinese rice paddies by linking a model to GIS database. Acta Ecologica Sinica, 26(4): 980-987.

Ju X T, Xing G X, Chen X P, et al. 2009. Reducing environmental risk by improving N management in intensive Chinese agricultural systems. Proceedings of the National Academy of Sciences, 106: 3041-3046.

Khosa M K, Sidhu B, Benbi D. 2010. Effect of organic materials and rice cultivars on methane emission from rice field. Journal of Environmental Biology, 31: 281-285.

Linquist B A, Adviento-Borbe M A, Pittelkow C M, et al. 2012. Fertilizer management practices and greenhouse gas emissions from rice systems: A quantitative review and analysis. Field Crops Research, 135: 10-21.

Liu C, Lu M, Cui J, et al. 2014. Effects of straw carbon input on carbon dynamics in agricultural soils: A meta-analysis. Global Change Biology, 20: 1366-1381.

Ma Y C, Kong X W, Yang B, et al. 2013. Net global warming potential and greenhouse gas intensity of annual rice-wheat rotations with integrated soil-crop system management. Agriculture, Ecosystems and Environment, 164: 209-219.

MacDonald G K, Bennett E M, Taranu Z E. 2012. The influence of time, soil characteristics, and land-use history on soil phosphorus legacies: A global meta-analysis. Global Change Biology, 18(6): 1904-1917.

Mandal B, Majumder B, Adhya T, et al. 2008. Potential of doublecropped rice ecology to conserve organic carbon under subtropical climate. Global Change Biology, 14: 2139-2151.

Nayak D R, Babu Y J, Datta A, et al. 2009. Methane oxidation in an intensively cropped tropical rice field soil under long-term application of organic and mineral fertilizers. Journal of Environmental Quality, 36: 1577-1584.

Peng S, Garcia F V, Laza R C, et al. 1996. Increased N-use efficiency using a chlorophyll meter on high-yielding irrigated rice. Field Crops Research, 47(2-3): 243-252.

Pittelkow C M, Adviento-Borbe M A, Hill J E, et al. 2013. Yield-scaled global warming potential of annual nitrous oxide and methane emissions from continuously flooded rice in response to nitrogen input. Agriculture, Ecosystems and Environment, 177: 10-20.

Qiu J, 2010. Phosphate fertilizer warning for China. Nature, 10.

Shang Q Y, Yang X X, Gao C M, et al. 2011. Net annual global warming potential and greenhouse gas intensity in Chinese double rice-cropping systems: A 3-year field measurement in long-term fertilizer experiments. Global Change Biology, 17: 2196-2210.

Smil V. 2004. Ending hunger in our lifetime: Food security and globalization. Issues in Science and Technology, 20(2): 93-95.

Wang S, Zhao X, Xing G, et al. 2015. Improving grain yield and reducing N loss using polymer-coated urea in southeast China. Agronomy Sustainable Development, 35: 1103-1115.

Xia L L, Lam S K, Chen D L, et al. 2017. Can knowledge-based N management produce more staple grain with lower greenhouse gas emission and reactive nitrogen pollution? A meta-analysis. Global Change Biology, 23: 1917-1925.

Xia L L, Lam S K, Wolf B, et al. 2018. Trade-offs between soil carbon sequestration and reactive nitrogen losses under straw return in global agroecosystems. Global Change Biology, 12: 5919-5932.

Xia L L, Ti C P, Li B L, et al. 2016a. Greenhouse gas emissions and reactive nitrogen releases during the life-cycles of staple food production in China and their mitigation potential. Science of the Total Environment, 556: 116-125.

Xia L L, Wang S W, Yan X Y. 2014. Effects of long-term straw incorporation on the net global warming potential and the net economic benefit in a rice-wheat cropping system in China. Agriculture, Ecosystems and Environment, 197: 118-127.

Xia L L, Xia Y Q, Li B L, et al. 2016b. Integrating agronomic practices to reduce greenhouse gas emissions while increasing the economic return in a rice-based croppiong system. Agriculture, Ecosystems and Environment, 231: 24-33.

Xia L L, Xia Y Q, Ma S T, et al. 2016c. Greenhouse gas emissions and reactive nitrogen releases from rice production with simultaneous incorporation of wheat straw and nitrogen fertilizer. Biogeosciences, 13: 4569-4579.

Xia Y Q, Yan X Y. 2012. Ecologically optimal nitrogen application rates for rice cropping in the Taihu Lake region of China. Sustainable Science, 7: 33-44.

Xie B H, Zheng X H, Zhou Z X, et al. 2010. Effects of nitrogen fertilizer on CH_4 emission from rice fields: Multi-site field observations. Plant and Soil, 326: 393-401.

Yan X Y, Akiyama H, Yagi K, et al. 2009. Global estimations of the inventory and mitigation potential of methane emissions from rice cultivation conducted using the 2006 Intergovernmental Panel on Climate Change Guidelines. Global Biogeochemical Cycles, 23: GB2002.

Yan X Y, Cai Z C, Ohara T, et al. 2003. Methane emission from rice fields in mainland China: Amount and seasonal and spatial distribution. Journal of Geophysical Research, 108: D16, 4505.

Yan X Y, Yagi K, Akiyama H, et al. 2005. Statistical analysis of the major variable controlling methane emission from rice fields. Global Change Biology, 11: 1131-1141.

Yang J, Peng S, Zhang Z, et al. 2002. Grain and dry matter yields and partitioning of assimilates in japonica/indica hybrid rice. Crop Science, 42: 766-772.

Yao Z S, Zheng X H, Dong H B, et al. 2013. A 3-year record of N_2O and CH_4 emissions from a sandy loam paddy during rice seasons as affected by different nitrogen application rates. Agriculture, Ecosystems and Environment, 152: 1-9.

Ying J F, Peng S B, He Q R, et al. 1998a. Comparison of high-yield rice in tropical and subtropical environments I. Determinants of grain and dry matter yields. Field Crops Research, 57: 71-84.

Ying J F, Peng S B, Yang G Q, et al. 1998b. Comparison of high-yield rice in tropical and subtropical environments II. Nitrogen accumulation and utilization efficiency. Field Crops Research, 57: 85-93.

Zhang W F, Dou Z X, He P, et al. 2013. New technologies reduce greenhouse gas emissions from nitrogenous fertilizer in China. Proceedings of the National Academy of Sciences, 110: 8375-8380.

Zhao M, Tian Y H, Zhang M, et al. 2015a. Nonlinear response of nitric oxide emissions to a nitrogen application gradient: A case study during the wheat season in a Chinese rice-wheat rotation system. Atmospheric Environment, 102: 200-208.

Zhao X, Wang S Q, Xing G X. 2015b. Maintaining rice yield and reducing N pollution by substituting winter legume for wheat in a heavily-fertilized rice-based cropping system of southeast China. Agriculture, Ecosystems and Environment, 202: 79-89.

Zhao X, Zhou Y, Wang S Q, et al. 2012. Nitrogen balance in a highly fertilized rice–wheat double-cropping system in southern China. Soil Science Society of America Journal, 76: 1068-1078.

第2章 亚热带山地丘陵区生态农业实践

2.1 亚热带山地丘陵区生态农业面临的问题与治理进展

我国亚热带山地丘陵区主要包括云贵高原以东和长江以南的 10 省区（湘、赣、浙、闽、桂、粤、琼及鄂、苏、皖南部），土壤面积约 113 万 km^2，占全国土地总面积的 11.8%。这一地区广泛分布着铁铝土（ferralosols）和富铁土（ferrosols），包括砖红壤（3.9%）、赤红壤（17.5%）、红壤（55.8%）、黄壤（22.8%）。非地带性土壤主要包括紫色土、石灰土和水稻土，还分布着棕壤、暗棕壤、漂灰土、山地草甸土、火山灰土、滨海盐土、潮土等（全国土壤普查办公室，1998）。

亚热带山地丘陵区水热资源丰富（年均气温 15～28℃，≥10℃积温 5000～9500℃，年均降水量 1200～1500mm，高温多雨，湿热同季），农业生产和经济发展潜力很大，以光、温、水为指标的气候生产潜力是三江平原的 2.63 倍，黄土高原的 2.66 倍，黄淮海平原的 1.28 倍。本区山地、丘陵、平原比例大致为 26%、65% 和 9%，植被包括南亚热带雨林、中亚热带常绿阔叶林和北亚热带常绿落叶混交林，是我国水稻、油料、经济林果（柑橘、香蕉、荔枝、杧果、龙眼等）和经济作物（茶叶）的重要产区，历来在我国农业持续发展和生态环境建设中发挥着重要作用。由于自然因素和人类不合理的利用，本区面临水土流失、土壤酸化、土壤肥力和生态功能退化、人工林衰退等过程，造成土地生产力下降，限制了气候生产潜力的发挥，制约了红壤区域特色经济作物和经济林果的发展（南方红壤退化机制与防治措施研究专题组，1999；赵其国，2002a）。

红壤肥力退化和季节性干旱导致作物生产力低下。亚热带山地丘陵区中、低肥力土壤的面积比例分别为 40.8% 和 33.3%；林旱地土壤中有机质和全氮处于中度贫瘠化水平的面积分别占 53.2% 和 62.7%，速效磷处于严重贫瘠化水平的面积占 77.8%。本区大部分酸性土壤 pH<5.5，过量施用氮肥加剧了土壤酸化，同时旱坡地由于侵蚀和有机肥投入低导致土壤有机质含量下降（何园球和孙波，2008）。本区受季风气候控制，具有高温多雨、干湿季明显的特点。降水集中在 4～6 月，且多暴雨；7～8 月降水量减少，蒸发量大，造成水热不同步，经常出现伏旱、伏秋连旱等季节性干旱问题，影响作物生长。本区粮食单产仅为全国平均的 72.7%，通过改良退化土壤，可以提高红壤生产力，充分发挥红壤区水热资源。

土壤环境污染状况严重影响了农业生态安全。本区集约化畜禽养殖业发展迅猛。2007年生猪年出栏 2.8 亿头，家禽 41.0 亿只，可利用的畜禽排泄物有机肥超过 3 亿 t；同时，还有近 2 亿 t 的水稻秸秆资源。目前，畜禽养殖业无序排放导致的土壤环境污染状况严重，需要合理利用有机肥资源，集成秸秆快速腐熟技术、畜禽排泄物安全处理和合理施用技术，发展种养结合优化模式和技术体系，提高种养系统内养分循环利用水平和产出效益，促进种养模式的健康发展（孙波，2011）。

水土流失影响了"山水田林湖草"系统的可持续发展。亚热带山地丘陵区降水量高，集中在 4～6 月，多为大暴雨，降水侵蚀力指数高；加上坡地农业开发利用强度大，导致极易发生水土流失。2011 年第一次全国水利普查表明，红壤区水土流失面积为 16 万 km^2，（中华人民共和国水利部，2013）每年因水土流失带走的氮、磷、钾总量约为 $1.28×10^6$ t（赵其国，2002a）。南方 7 省区崩岗总数超过 22 万个，崩岗密度可达 380 个/km^2，红壤崩岗年均产沙量约为 $6.72×10^7$ t，但普遍存在"远看青山在，近看水土流"的景象，林下水土流失严重（水利部等，2011）。需要根据亚热带山地丘陵区的水热条件和地形特征，发展水土流失阻控技术和生态模式，保障区域生态安全。

从 20 世纪 80 年代起，中国科学院、中国农业科学院和相关农业院校及地区农科院联合攻关，在土壤质量演变、农田养分管理、中低产田改良、耕地质量调控和沃土工程等国家重点基础研究发展计划、国家科技支撑计划和公益性行业（农业）科研专项的支持下，相继实施了红壤退化治理和地力提升的研究和示范，主要包括红壤侵蚀、酸化和肥力退化机理及其恢复重建机制（赵其国，2002a；何园球和孙波，2008），南方红黄壤丘陵中低产地综合治理研究和农业可持续发展研究（中国农业科学院，2001），退化土壤恢复重建与季节性干旱防御关键技术研究（赵其国，2002b），东南丘陵区持续高效农业及农林复合发展模式与技术研究（徐明岗和黄鸿翔，2000；张宝文，2005），中南贫瘠红壤与水稻土地力提升关键技术模式研究与示范（曾希柏，2003；徐明岗等，2005），南方丘陵岗地红黄壤区沃土技术模式研究与示范（王伯仁等，2015），南方低产水稻土改良技术研究与示范（周卫，2015），绿肥生产与利用技术集成研究与示范（曹卫东和徐昌旭，2010）。通过长期研究取得了一批国家科学技术进步奖二等奖的成果，推动了红壤退化治理和生态农业的发展。

"南方红黄壤地区综合治理与农业可持续发展技术研究"成果：阐明了南方 6 类区域（红壤岗地、红壤低丘、红壤中高丘陵、紫色土丘陵、赤红壤丘陵、黄壤高原）水土流失规律和允许侵蚀量，建立了分区生态整治技术；解析了坡地集水-节水灌溉-避旱栽培抵御季节性干旱的原理，提出了发挥工程水库-土壤水库作用的防御旱涝灾害对策；揭示了低产田（渍潜田和贫瘠旱地）的障碍因素与土壤侵蚀、酸化和肥力衰减的退化机理，提出以多元多熟间套种技术、高效三元结构种植技术和调整鱼塘水体氮磷比技术为代表的优质高产高效种养技术；构建了基于优质粮经饲主导产业与产业化经营的农业高效开发模式，提出了南方红黄壤地区的农业发展战略。

"中国红壤退化机制与防治"成果：提出了红壤退化防治技术体系，包括侵蚀红壤的快速绿化与水土保持技术，退化土壤的肥力恢复与优化施肥技术，丘陵岗台地的立体种养模式及配套土壤管理技术，酸性土壤改良治理技术，蓄、保、灌结合防御季节性干旱的综合配套土壤管理技术，带动了区域农业结构调整和特色农业发展。

"南方红壤区旱地的肥力演变调控技术及产品应用"成果：明确了红壤旱地酸化、盐基流失和养分贫瘠与非均衡化特征，建立了基于土壤母质的旱地分类施肥管理新思路，构建了红壤区旱地改土培肥与生产力提升的综合调控技术体系，研发了抵御干旱和平衡供应养分的旱地专用复合肥、多功能调理型复合肥和生物-化学复合调理剂。

"南方低产水稻土改良与地力提升关键技术"成果：建立了低产水稻土质量评价指

标体系，基于"瘦、板、烂、酸、冷"障碍因素消减原理，研发了黄泥田有机熟化、白土厚沃耕层、潜育化水稻土排水氧化、反酸田酸性消减及冷泥田厢垄除障等低产水稻土改良技术，研制了用于低产水稻土改良的高效秸秆腐熟菌剂、精制有机肥、生物有机肥、生物碳基改良剂、反酸田碱渣类改良剂、潜育化水稻土消潜剂及水稻专用肥等新型产品，集成了土壤改良、高效施肥、水分管理、适宜品种选择、高产栽培等技术，形成了黄泥田、白土、潜育化水稻土、反酸田及冷泥田的改良与地力提升技术模式。

"我国典型红壤区农田酸化特征及防治关键技术构建与应用"成果：发现红壤pH 在 1995～2008 年平均下降 0.6 个单位，pH≤5.5 的农田面积增加 7000 万亩；揭示了氮肥是红壤酸化的驱动因素（贡献占 66%），有机肥通过碱性物质中和、络合活性铝及增加酸缓冲能力阻控酸化；建立了主要作物的酸害阈值，提出了控制酸化的化肥和有机肥（猪粪）合理配比，确定了不同酸度条件下石灰施用量方案；提出了"极强酸性土壤降酸治理、强酸性土壤控酸增产、酸性土壤调酸增效及弱酸土壤阻酸稳产"的防治模式。

"红壤退化的阻控和定向修复与高效优质生态农业关键技术研究与试验示范"项目在赣东北、湘东、闽西南、粤东和桂西丘陵区研究了红壤侵蚀、酸化、肥力退化过程及其阻控原理（孙波，2011；徐仁扣，2013），提出了退化红壤的化学改良-大团聚体培育-生物群落构建的综合修复理论，建立了基于碱渣、生物质炭、有机肥与化肥结合的土壤酸化长效阻控技术体系，集成了土壤养分和生物功能的协同提升技术，包括基于土壤肥力和离散型施肥模型的油菜-花生平衡施肥技术、红壤旱地猪粪激发式样秸秆还田技术、基于 $FeSO_4$ 和碱渣配施的秸秆田间快腐技术、防治花生连作障碍的复合菌剂和中药材间作技术等。针对不同侵蚀程度的花岗岩红壤劣地，从剧烈侵蚀到轻度侵蚀构建了 4 种快速恢复群落模式，包括剧烈侵蚀的水保草覆盖模式、乔灌草混交模式、补植乡土植物模式和经济林生草覆盖模式；针对大面积人工纯林生态改造，确定了 80%速生丰产林和 20%生态乡土林的林分改造模式，建立了林下植被管理配套技术；在红壤流域尺度上，结合水肥一体化技术和特色水果标准化生产技术，建立了林果-草-农-牧-沼综合经营模式，包括江西、湖南、福建、广西和广东的葡萄-花生-猪-沼、油茶/柑橘-西瓜-猪-沼、杨梅/茶树-猪-沼、任豆-牧草-牛-沼、脐橙/番木瓜/柚-猪-沼等模式。

亚热带山地丘陵区兼有生态脆弱区和农业主产区（水稻、油菜、柑橘等）的特色，面临巨大的资源-环境-人口压力，人均耕地面积小，中低产田比例大，耕地质量退化严重，制约了区域农业的可持续发展。针对本区域保障粮食安全、保护生态环境和应对全球变化的多重目标，应以常规化学农业为基础，融合生态循环农业、有机农业、智慧农业等农业发展模式的科学理念（赵其国和段增强，2013），基于红壤不同区域的自然和社会经济条件，充分发挥区域水热资源丰富的优势，创新中低产田改良技术体系（曾希柏等，2017），完善生态高值农业模式的发展原则、关键技术体系、配套政策法规和管理体系，提高农业综合生产能力，支撑亚热带山地丘陵区粮食安全生产、农村经济发展与生态环境建设。

2.2　红壤侵蚀治理和生态经济型开发利用模式

亚热带山地丘陵区水土流失严重，2011 年第一次全国水利普查表明，该区水土流失面积达 16 万 km² （中华人民共和国水利部，2013）。经过几十年的治理，水土流失状况总体呈好转趋势（赵其国，2006）。其中，生态经济型开发利用模式突出"科技领先，坚持生态，突出管理，长效治理"，实现"国家要生态、地方要发展、群众要致富"的有效结合，走出了一条水土保持与生态经济产业培育相结合的新路子，取得了显著的生态环境和经济效益。

2.2.1　基于亲水性聚氨酯材料 W-OH 的崩岗生态治理模式

崩岗系统包括集水面、崩岗壁、崩积体、崩岗沟底和冲积扇等子系统，目前结合生物和工程措施建立了 5 种崩岗治理模式："大封禁＋小治理"的崩岗生态恢复模式，"治坡、降坡和稳坡"三位一体的崩岗生态恢复模式，"反坡台地＋经果林种植"的崩岗开发利用模式，"规模整理为建设用地"的崩岗开发利用模式及"先期有效拦挡＋后续综合开发利用"的模式（林盛，2016）。

完善的崩岗立体开发综合治理技术体系可以归纳为"上截、中间削、下堵、内外绿化"模式（图 2-1）。①上截：在崩岗顶部外沿左右，布设天沟（水平沟），截断上方坡面径流，控制集水坡面的跌水动力条件，防止坡面径流进入崩岗内，固定沟头，防止崩岗溯源侵蚀。②中间削：对崩岗内的陡壁进行等高削级，降低崩塌面的坡度，截短坡长，以减缓土体重力和径流的冲刷力。③下堵：在崩岗沟口处修筑谷坊进行堵口，以防止泥沙外流，制止沟底继续下切。根据崩岗的不同形态布设拦蓄工程，如爪形崩岗宜采用谷坊群；条形崩岗宜从上到下分段筑小谷坊，节节拦蓄；其他类型的崩岗可在崩岗口修建

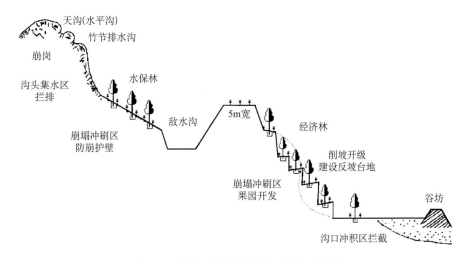

图 2-1　经济开发型崩岗治理模式示意图

容量较大的谷坊；在崩岗群的汇水处，布设拦沙坝，对崩积体一般采用削坡，填平侵蚀沟，整地后种植植物。谷坊高度一般在2～5m，以采用石谷坊为主（陈世发，2009）。

新型亲水性聚氨酯材料W-OH具有减小入渗、增加抗侵蚀的能力，可以应用于南方红壤区的崩岗治理。首先基于水流功率划分崩岗集水坡面的侵蚀敏感区，然后建立不同分区的W-OH施用浓度：对Ⅰ级侵蚀敏感区（水流功率<10kg/s^3），可以施用浓度为3%的W-OH溶液；对Ⅱ级、Ⅲ级和Ⅳ级侵蚀敏感区（水流功率10～40kg/s^3），可以施用浓度为4%的W-OH溶液；对Ⅴ级侵蚀敏感区（水流功率>40kg/s^3），可以施用浓度为5%的W-OH溶液。针对崩岗侵蚀的不同部位和水土流失风险，建立了崩岗沟头、台地边坡和水平台地三类工程治理技术，在福建长汀和江西赣州大型花岗岩崩岗区，利用W-OH结合工程和植被措施进行生态综合治理试验示范，取得了显著的开发治理成效（图2-2，图2-3）。

图2-2 江西赣州花岗岩红壤崩岗沟头治理效果

图2-3 江西赣州花岗岩红壤台地边坡治理效果

崩岗沟头防护技术：崩岗侵蚀的主导影响因素是崩岗沟头水流能量和土壤特性，在崩岗沟头（图 2-2）消除沟头和边壁不稳定土体，压实疏松土壤，喷洒 7%浓度的 W-OH 溶液，确保 W-OH 固结之后形成强度较高的保护层，提高沟头土壤的抗侵蚀能力和稳定性。同时将上方汇入沟头的水流进行改道，减少径流对沟头的冲刷。

工程台地边坡防护技术：崩岗经过工程治理之后的边坡存在较高的水土流失风险，在崩岗等高削级的台地边坡采用浓度为 5%的 W-OH 溶液进行防护处理，以增强表层土壤的抗侵蚀能力，同时减少水分入渗，提高边坡土体的稳定性（图 2-3，图 2-4）。

水平台地农业开发综合治理技术：崩岗等高削级的台地承载了大量的上方汇水，尽管其坡度较低，但仍存在一定的水土流失风险，且高强度的水分入渗也会导致土体不稳定而发生坍塌。在台地种植果桑和杨梅等经济林果，可以提高台地的稳定性，有效利用崩岗区土地资源，提高水土流失治理的综合效益。针对花岗岩粗颗粒物质保水保肥能力差的问题，施用沸石以提高果树根系周围土壤的保肥能力，同时采用 3%浓度的 W-OH 溶液进行处理，以提高土壤的保水能力。考虑到果树根系土壤可能被松土和除草等活动扰动，应将溶液喷在根系下层，然后用土壤将其盖住，这样形成的保水层不会被破坏（图 2-3，图 2-4）。

图 2-4　基于 W-OH 材料的崩岗治理（左）与台地果树种植保水保土保肥技术（右）

2.2.2　生态茶园建设模式

生态茶园是指产地生态环境良好、管理绿色高效、茶叶优质安全、经济效益高、可实现持续健康发展的茶园。建设生态茶园，有利于营造适宜茶树生长的理想地域小气候，促进生态平衡；有利于提高茶园水土保持能力，改善茶园土壤物理性质，恢复地力；有利于茶园有益生物的繁衍，有效控制和减少病虫害发生，提高茶叶产量和品质。

生态茶园模式包括茶树与经济作物、经济林果、防护林间作套种和复合种植，构建乔-灌-草复合生态系统（韩文炎等，2018）。

（1）茶树-经济作物套种：在幼龄茶园中，套种草本经济作物（如花生、黄豆、中药材等），提高茶园土壤的保水能力，提高茶苗存活率，每亩可增加经济效益 200 元左右。

（2）茶树-经济林果间作：在茶园中，混合种植经济林果（如桃、柿、橡胶树、柏树等），以混合种植柿树为例，其综合经济效益比单一茶园增加了30%～50%。

（3）茶树-防护林复合种植体系：在茶园周边及园内，种植防护林（如托叶楹、杉木、湿地松、泡桐、合欢等），可以改善茶园小气候条件，增强茶树抗旱能力，提高茶树育芽能力。在高山茶区，通过在山顶、山腰营造防护林带，可以减缓地表径流，减少水土流失。

生态茶园的建设内容包括茶园路网建设、茶园排蓄水系统建设、等高梯田茶园建设、防护林及遮阴树种植、茶园梯壁留草种草、茶园行间铺草。福建省总结出了适宜茶区种植的树种和草种（表2-1）。在福建省安溪县，采用"茶园周边有林、路边沟边有树、梯岸梯壁有草、茶园内沟外埂"的立体种植模式，运用前埂后沟、田面工程和截、排、蓄、灌等地表径流调控手段，建设排水沟、蓄水沟、田间道路，2012年起建设了2667hm²生态茶园示范区，促进了水土流失治理，改善了生态环境；并对陡坡茶园实施了退茶还林，种植了红豆杉、桂花等珍贵树种和观赏花卉，建立了复合生态茶林模式。

表2-1　适宜福建省茶区种植的树种和草种

用途	可选树种、草种学名
茶园防护林、空闲地和陡坡等	乔木：杨梅、火力楠、合欢、马尾松、杉木、木麻黄、桉、任豆；灌木：木槿、山茶
茶园行道树	乔木：凤凰木、杜英、火力楠、合欢、深山含笑、木麻黄、任豆；灌木：木槿、山茶
茶园遮阴树	乔木：杨梅、香椿、银杏、苦楝、油茶；灌木：木槿、山茶、紫玉兰
茶园行间覆盖	闽育2号圆叶决明、白车轴草、阿玛瑞罗平拖落花生、羽叶决明、豇豆
茶园梯壁护坡	百喜草、闽育2号圆叶决明、阿玛瑞罗平拖落花生、爬地兰、狗牙根
茶园路面保护	百喜草、宽叶雀稗

2.2.3　生态经济型竹林开发利用模式

竹林是快速恢复侵蚀区植被的有效措施，其中雷竹林集约覆盖经营模式及毛竹林高效经营模式是适合红壤侵蚀区生态经济型开发利用模式。竹子为禾本科竹亚科（Bambusoideae）植物，共有70多个属，1200多种。全球竹林面积2200万hm²（王兵等，2008），中国是竹类资源最为丰富，竹林面积大、产量多、栽培历史悠久、经营水平高的国家。竹子是常绿浅根性植物，对水热条件要求高，我国亚热带山地丘陵区水热资源丰富，适合多种竹子生长，在福建、江西、浙江、湖南等省，竹林面积均超过30万hm²（方伟等，1994）。

在海拔较高地区，可选择种植毛竹，根据生产条件的便捷性选择不同的经营目标，高海拔区以种植生态型毛竹林为主，中海拔区以种植笋用毛竹林为主，低海拔区则可以种植笋材两用型毛竹林。与毛竹不同，雷竹适合种植于低海拔（＜300m）的红壤侵蚀区，可以为平原地区提供优良高产高效笋用竹，提高农户经济收益。

雷竹（*Phyllostachys praecox* cv. Prevernalis）是我国特有的一种优良笋用竹种，具有出笋早、出笋期长、产量高、笋味鲜美、经济价值高等特点，主要分布在浙江省德清、余杭、临安等地。自 1990 年以来，基于稻壳等覆盖酿热增温的雷竹保护性栽培技术生产反季节竹笋，取得了显著的经济效益（图 2-5）。雷竹新造林在 5 年成林后，可以进行覆盖经营。一般林地每年分 3 次施肥，时间分别为 5 月中旬、9 月中旬和覆盖前（12 月前后），每年总共施用无机复合肥约 2.5t/hm^2 和尿素约 1.2t/hm^2。覆盖时，通常先在地表加一定量的鸡粪或猪粪，后覆盖 10～15cm 稻草（约 40t/hm^2），再覆盖 10～15cm 的砻糠或碎竹叶（约 55t/hm^2）。次年三四月份揭去未腐烂的砻糠或碎竹叶（约留 2/3），下层的稻草则经过一个冬春的发酵和雨雪水的淋泡已基本腐烂入土，移出的覆盖物可以留置到冬季用于覆盖（周国模等，1999；罗华等，2000）。与常规种植相比，雷竹林覆盖经营可净增收 3.3～3.9 倍（蔡荣荣等，2007），同时快速提升土壤肥力。土壤有机质含量可增加 1.2～2.4 倍，土壤全磷、有效磷和有效钾含量显著增加（黄芳等，2011；孙晓等，2009）。

　　毛竹林在我国亚热带山地丘陵区分布广泛，通过科学集约的经营措施，如合理施肥、翻耕、调整立竹结构、合理采伐等，可以培育成为材用、笋用、纸用、笋材两用等丰产林，同时，结合林下种植和养殖技术，可以显著提高毛竹林经营的生态和经济效益。浙江的毛竹林林下养鸡模式通过在毛竹纯林中养鸡，可以减少约 1/3 的饲料投入，增加约 25%的收益，并可增加 10%左右的毛竹林材产量（图 2-6）。浙江的毛竹林林下种植中药

图 2-5　覆盖经营的雷竹林（左）及雷竹笋（右）

图 2-6　毛竹林林下养鸡模式

材模式，在高郁闭度（0.56～0.82）的毛竹林中，种植耐阴适生的大叶苦丁茶与草珊瑚等，可增加毛竹纯林固碳量（图 2-7）。

图 2-7　毛竹林林下种植中药材模式

2.3　红壤酸化和铝毒防控技术与模式

我国亚热带山地丘陵区主要分布酸性土壤，随着近年来大气酸沉降的加剧和化肥的过量施用，土壤酸化速度显著加快。据调查，我国亚热带地区 301 个农田采样点土壤的平均 pH 已由 20 世纪 80 年代的 5.37 下降至 5.14（粮食作物种植土壤）和 5.07（经济作物种植土壤）（Guo et al., 2010）。根据全国农业技术推广服务中心 2015 年公布的 2005～2014 年全国测土配方施肥土壤基础养分数据（全国农业技术推广服务中心，2015），湖南省（120 个县市区）、广西壮族自治区（104 个县市区）、浙江省（74 个县市区）和广东省（94 个县市区）的农田土壤平均 pH 低于 5.5 的分别占 29.2%、28.8%、41.9%和 54.3%。江西省 91 个县市区中土壤平均 pH 低于 5.5 的占 92.3%，还有 18.7%的县市区土壤平均 pH 低于 5.0；福建省已公布的 41 个县市区中 85.4%的土壤平均 pH 低于 5.5，31.7%的土壤平均 pH 低于 5.0。酸化使土壤固相中的铝活化并释放进入土壤溶液，对农作物根系产生毒害，导致农作物减产和农产品品质下降（沈仁芳，2008）。同时，土壤酸化伴随土壤肥力下降。因此，治酸需要同时消减铝毒和提升土壤肥力。

2.3.1　无机改良剂与有机改良剂配施改良土壤酸度提高作物产量

施用石灰等碱性物质是改良土壤酸度的传统方法，将有机肥或作物秸秆与无机改良剂配合施用，可以同时改良酸度和肥力。研究人员在 2013 年于安徽郎溪研究了碱渣、有机肥和两种农作物秸秆配施（隔年施用改良剂）酸度改良和作物增产效果（图 2-8）。4 年的试验结果表明，单施花生秸秆、油菜秸秆和有机肥对土壤酸度的改良效果不太显著，对红薯的增产效果不明显，但显著提高了油菜籽产量；单施碱渣显著提高了土壤 pH、降低了土壤交换性铝，大幅度提高了油菜籽产量，也显著提高了红薯产量（Pan et al., 2019）。将碱渣与花生秸秆、油菜秸秆和有机肥配合施用，虽然与单施碱渣相比，对土壤酸度的改良效果没有显著提升，但进一步提高了油菜籽和红薯的产量，对油菜籽的增产效果更显著（表 2-2）。

施用改良剂中和了土壤酸度，促进了作物对养分的吸收，是作物增产的主要原因之一。与单施无机改良剂相比，碱渣与有机改良剂配合施用显著促进了油菜对氮素的吸收（图 2-9），同样也促进了对磷、钾养分的吸收（Pan et al., 2019）。

图 2-8　安徽郎溪土壤酸度改良田间试验中施用不同改良剂的油菜长势比较

表 2-2　有机和无机改良剂单施及配施对红壤酸度和作物产量的影响

试验处理	土壤 pH	土壤交换性铝/（mmol/kg）	油菜籽产量/（kg/hm²）	红薯产量/（kg/hm²）
对照	4.37±0.03c	43.76±2.21a	381.1±10.7h	6113.2±249.6e
花生秸秆	4.41±0.01c	44.93±1.96a	843.2±44.7f	6449.4±224.6de
油菜秸秆	4.38±0.02c	42.65±2.19a	613.2±53.6g	6113.2±49.9e
有机肥	4.40±0.03c	41.03±0.26a	1631.6±26.8e	6704.2±679.5cde
碱渣	4.75±0.02a	27.21±1.22b	1941.8±74.5d	7152.5±349.4bcd
碱渣+花生秸秆	4.73±0.03a	28.77±0.79b	2058.6±35.8c	7641.5±249.6ab
碱渣+油菜秸秆	4.75±0.03a	28.99±1.99b	2430.9±53.6b	8069.4±249.6a
碱渣+有机肥	4.82±0.04a	25.18±1.34b	2606.1±17.9a	7549.8±174.7ab

注：同一列数据中不同小写字母代表试验处理之间差异显著（$P<0.05$），下同。

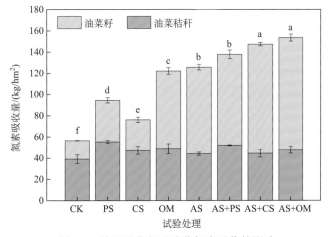

图 2-9　施用改良剂对油菜氮素吸收的影响

CK：对照；PS：花生秸秆；CS：油菜秸秆；OM：有机肥；AS：碱渣

土壤中铝离子（Al^{3+}）和活性羟基铝[$Al(OH)_n^{(3-n)+}$]毒性较高，有机络合态铝毒性很低。施用改良剂降低土壤溶液中有毒形态铝的浓度，可缓解铝毒，促进作物增产。试验表明（表 2-3），施用有机肥和作物秸秆后，有机物料在分解过程中增加了土壤可溶性有机碳的含量，使溶液中部分 Al^{3+} 转化为低毒的有机铝络合物；施用碱渣显著提高了土壤 pH，降低了毒性铝的浓度；碱渣与有机肥配施综合了降低 Al^{3+} 浓度和形成低毒有机铝络合物的作用。从油菜长势看（图 2-8），碱渣与有机肥和油菜秸秆配施促进油菜生长的作用优于单施有机肥或秸秆，这种配施模式中的碱渣是氨碱法生产纯碱的工业副产品，不含有害物质，其效果与石灰、石灰石粉或白云石粉相似。

表 2-3 施用有机和无机改良剂对土壤溶液中有机络合态铝和毒性铝浓度的影响（单位：μmol/L）

铝形态	对照	花生秸秆	油菜秸秆	有机肥	碱渣	碱渣+花生秸秆	碱渣+油菜秸秆	碱渣+有机肥
络合态 Al	98b	185b	176b	230b	19c	31c	34c	35c
Al^{3+}	1022a	236bc	508b	166c	7d	5d	7d	2d
$Al(OH)_n^{(3-n)+}$	18a	9b	13ab	6b	2c	1c	1c	1c

2.3.2 化肥与有机肥长期配施阻控酸化技术

严重酸化的土壤改良成本很高，如果对酸化敏感的土壤（6.5>pH>5.5、黏粒和有机质含量偏低的土壤）实施预防酸化措施，则事半功倍。我国农田土壤酸化的主要原因是长期过量施用铵态和酰胺态氮肥（全国农业技术推广服务中心，2015），未被植物吸收利用的铵态氮在土壤中发生硝化反应并释放质子，加速土壤酸化。1990 年在湖南祁阳建立了第四纪红黏土红壤的化肥和有机肥施肥试验，除对照外，施用等氮量试验（300 kg/hm²），采用玉米-小麦轮作方式。从 18 年间土壤 pH 的变化曲线（图 2-10）看，不施肥的土壤 pH 基本维持不变；单施 N、NP 和 NPK 化肥的土壤 pH 逐渐下降，10 年后土壤 pH 由起始时的 5.7 降至 4.4～4.7（蔡泽江等，2011）。在澳大利亚棕红壤上开展的定位施肥试验也观测到类似现象，施用硝酸铵[80kg/hm²（N）]、每年种一季小麦，14 年后土壤 pH 由起始时的 6.12 降低至 4.8（Xu et al.，2002）。猪粪有机肥含有一定量的碱性物质，可以中和土壤铵态氮发生硝化反应产生的 H^+。红壤旱地长期配施有机肥与 NPK 化肥（图 2-10）可以提高土壤 pH，阻控施用化肥导致的土壤酸化。

长期施用有机肥可以提高土壤有机质含量，从而提高土壤的酸缓冲能力和抗酸化能力，这是减缓土壤酸化的另一重要机制。土壤的酸缓冲能力一般用 pH 缓冲容量（pH buffer capacity, pHBC）来表征，其含义为将单位质量土壤的 pH 降低或提高 1 个单位所需酸或碱的数量。土壤 pHBC 的数值越大，相同酸加入量下土壤酸化速率越慢。湖南祁阳红壤和贵州贵阳黄壤的长期施肥试验结果（表 2-4）表明，与不施肥的对照相比，长期配施有机肥与 NPK 化肥提高了土壤 pHBC，黄壤提高了 60%，红壤提高了 66%（Shi et al.，2019）。将 NPK 化肥与有机肥按合理比例配施，既能保证农作物正常生长对养分的需求，又能维持土壤酸碱度长期稳定，能很好阻控亚热带地区农田土壤酸化。该技术已成为农业农村部酸化土壤改良的主推技术。

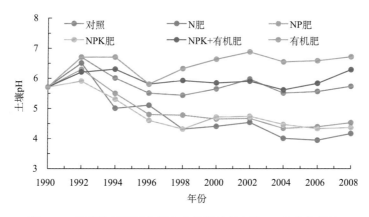

图 2-10　长期施用不同化肥和有机肥处理土壤 pH 的变化趋势

表 2-4　长期不同施肥处理土壤的基本理化性质和 pH 缓冲容量（Shi et al., 2019）

土壤	处理	pH	OM/（g/kg）	CEC/（cmol/kg）	pHBC/[mmol/（kg·pH）]
黄壤	对照	6.53d	36.6bcd	19.40b	31.30c
	NPK	6.25e	35.6cd	19.38b	33.04c
	NPKM	7.27b	50.1ab	23.30a	49.95b
	M	7.44a	59.0a	23.82a	56.61a
红壤	对照	5.33g	12.3e	10.90d	18.25d
	NPKM	5.53f	27.9d	14.90c	30.32c

注：OM 为有机质；CEC 为阳离子交换量；pHBC 为土壤 pH 缓冲容量；同一列数据小写字母不同表示处理间差异达到 $P < 0.05$ 显著性水平。

2.3.3　生物质炭在红壤酸度改良和酸化阻控中的应用

由农作物秸秆等农业有机废弃物经低温热解制备的生物质炭一般呈碱性，可用于酸性土壤的改良。生物质炭还可同时提高土壤阳离子交换量（CEC）和交换性盐基阳离子含量，提高土壤肥力。田间试验结果表明，施用生物质炭提高了油菜籽的产量，其中油菜和花生秸秆生物质炭比稻壳生物质炭的增产效果更强（李九玉等，2015）（图 2-11）。由于生物质炭表面含丰富的有机官能团，施用生物质炭还能提高土壤的 pHBC（图 2-12），提高土壤的抗酸化能力（Shi et al., 2017）。因此，施用生物质炭可以在治理土壤酸化的同时，阻控和减缓土壤的再酸化。

目前，生物质炭的制备成本较高，适合改良种植经济作物（烟草和蔬菜等）的酸性土壤。山东棕壤试验表明，施用 2250kg/hm² 和 4500kg/hm² 的稻壳炭，土壤 pH 由对照的 4.19 提高至 4.55 和 4.64，烟苗移栽 30 天后烟叶产量分别提高 8.2% 和 34.7%（管恩娜等，2016）。在江苏南京黄棕壤上的试验表明，连续 3 年种植 9 季蔬菜，单施化肥处理的土壤 pH 由 5.50 下降至 3.91，而化肥与小麦秸秆炭配施处理的土壤 pH 由 5.50 降至 4.78（李双双等，2018）。显然，生物质炭对化肥引起的蔬菜地土壤酸化起到了很好的减缓作用。

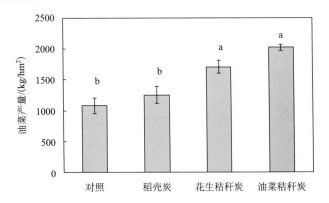

图 2-11 红壤旱地施用生物质炭对油菜籽产量的影响

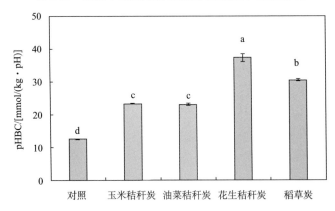

图 2-12 红砂岩红壤旱地秸秆生物质炭对土壤 pH 缓冲容量（pHBC）的影响

2.3.4 利用植物本身遗传潜力提高酸性土壤生产力

酸性土壤中存在限制植物生长的多重共存胁迫因子，包括铝毒、锰毒、低磷胁迫、钙镁缺乏等（Zhao et al., 2014）。筛选对酸性土壤多重逆境胁迫因子抵抗能力强的植物种类或品种，解析不同植物对酸性土壤适应能力差异的机制，利用这些机制对植物进行改良和品种选育，在酸性土壤上种植适应能力强、经济效益高的植物，是酸性土壤可持续利用的一个重要策略。

胡枝子是一种耐酸性耐瘠薄土壤的豆科植物，不同种类的胡枝子对酸性土壤的适应能力差异很大。胡枝子属二色胡枝子种（*Lespedeza bicolor*），耐铝性强，在铝胁迫下根系能够分泌苹果酸和柠檬酸，将生长介质中的毒性铝离子络合，降低了铝对胡枝子的毒害；而截叶铁扫帚种（*L. cuneata*）不耐铝，在铝胁迫下不分泌有机酸（Dong et al., 2008）。二色胡枝子和截叶铁扫帚在铝胁迫下分泌有机酸差异的分子机制是二色胡枝子中 LbALMT1 基因表达量高，且铝胁迫大幅度诱导了 LbALMT1 基因表达（陈志长，2010）。二色胡枝子在酸性土壤上可以生长，添加石灰降低铝毒后，由于其较耐铝，生长并没有显著改善，但是当施入磷肥后，生长显著改善，且在同时使用磷肥和石灰的条件下生长最好（图 2-13），表明在酸性土壤上种植胡枝子时，需要同时消减铝毒和低磷胁迫因子

（孙清斌等，2009）。

图 2-13　不同胡枝子种类对酸性土壤和磷肥的生长响应

+Ca：施用石灰；+P：施用磷肥；+P+Ca：施用石灰和磷肥

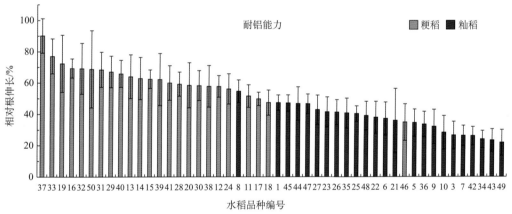

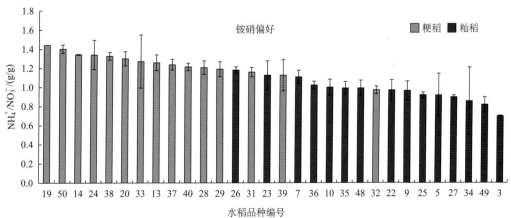

图 2-14　不同水稻品种耐铝能力与铵硝偏好差异

选育种植耐铝且氮高效植物也是防控红壤酸化和铝毒的一种策略。提高作物氮肥利用率,可以减少氮肥施用量,减缓土壤酸化(赵学强和沈仁芳,2015)。粳稻耐铝能力一般高于籼稻,粳稻一般偏好铵态氮,而籼稻偏好硝态氮(图 2-14)。水稻耐铝能力与铵态氮偏好能力之间存在极显著正相关关系,即耐铝水稻品种偏好铵态氮,不耐铝水稻品种偏好硝态氮(Zhao et al., 2013)。由于酸性土壤硝化作用较弱,施入的铵态氮肥转化为硝态氮的速率较慢,所以在酸性土壤种植偏好铵态氮的植物可以协同提高植物的耐铝能力和对铵态氮的利用能力,从而提高氮肥利用率,减少氮肥施用,减缓土壤酸化(Zhao and Shen, 2018)。

2.4　红壤耕层季节性干旱防控模式

2.4.1　亚热带山地丘陵区季节性干旱发生特征

我国亚热带山地丘陵区降雨主要集中在 4~6 月,占年降雨量的 60%以上,每年 7~9 月份的降雨很少,而同期太阳辐射很强,蒸散发量高于降雨量,加之红壤保水性能弱,连续 10 天没有降水就会发生干旱(王峰,2017),导致红壤区伏旱、秋旱和伏秋连旱发生频率高、强度大。例如在江西省鹰潭市余江区,重旱每七年一遇,中旱每两年一遇(洪文平,2007),季节性干旱的发生严重影响了农业的高产、稳产。

江西省鹰潭市孙家农田小流域花生地土壤水分动态监测(图 2-15)表明,2017 年和 2018 年度均出现一定程度的干旱,主要发生在 7~9 月的浅层土壤。5cm 深度处的土壤含水量在 7~9 月的大部分时间低于 60%的田间持水量,部分时段甚至低于凋萎含水量,20cm 深度处的土壤含水量在 7~9 月也时常低于 60%的田间持水量,50cm 深度及以下的土壤含水量在各个时期均高于 60%的田间持水量。这表明,红壤地区的季节性干旱主要发生在耕层,如果农作物根系较浅(如花生),极易受到季节性干旱的威胁。

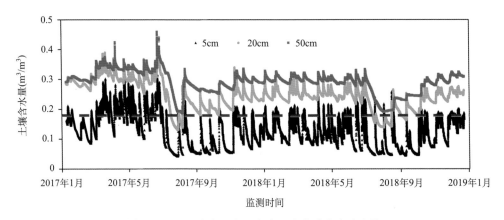

图 2-15　江西省鹰潭市孙家农田小流域花生地土壤
水分动态(虚线为 60%田间持水量)

2.4.2　农业管理措施对红壤季节性干旱发生程度的影响

2.4.2.1　土地利用方式对土壤水分的影响

果园和种植一年生的农作物是南方低丘岗地农业主要的土地利用方式，柑橘根系分布范围广、表土扰动少、生物量大，而花生则相反，因此，土地利用方式显著影响 0～50cm 深度土层水分的变化。监测结果显示柑橘园 5cm 和 20cm 深度土壤层的水分含量显著高于花生地，而 40cm 深度处则无显著差异（图 2-16）。这主要是由于一方面柑橘通过茂密的树冠，减少了土壤水分蒸发，另一方面柑橘园可以有效降低土壤侵蚀，在红壤低丘区柑橘园的地表径流量只有花生地的 20%（吕玉娟等，2014）。而深根系的柑橘可以消耗更多深层次的土壤水（Tahir et al., 2016），导致在更深土壤层次柑橘园高土壤水的优势消失。

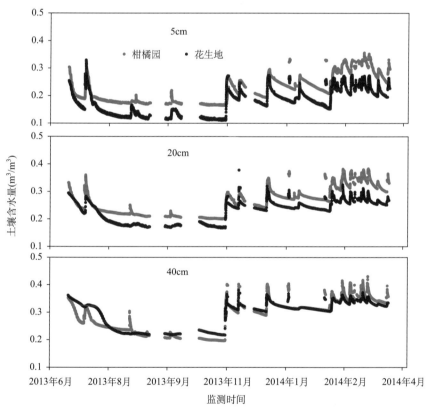

图 2-16　柑橘园和花生地利用方式下不同土层土壤水分的季节性变化

2.4.2.2　耕作措施对土壤水分的影响

耕作措施是改良土壤结构的有效方法，深松可以提高土壤有效水库容，增强抵抗季节性干旱的能力，提高作物产量（黄尚书等，2017）。在江西省鹰潭市孙家农田小流域设置了旋耕 15cm、粉垄 20cm 和粉垄 40cm 三个处理，发现深松技术可以显著提高季节性干旱期 0～50cm 深度处的土壤含水量。尽管 0～50cm 深度处平均土壤含水量在湿润的 5～6 月提升不大，三个处理分别为25.2%、26.7%和26.3%，但是在干旱的 7～10 月，粉垄 20cm 和粉垄 40cm 使 0～50cm 深度处土壤含水量提高了 10%（图 2-17）。深松除了可以改善土壤水分状况外，也可以改善深层土壤的孔隙状况和结构，进一步提升水分的有效性（邓智惠等，2015；李荣和侯贤清，2015）。因此，深松技术可以提高农作物抵御季节性干旱的能力。在孙家农田小流域的产量数据显示，深松大大提高了红薯的产量，相对于传统的旋耕，粉垄 20cm 和粉垄 40cm 处理下红薯产量分别增加 89%和 117%（图 2-18）。不同耕作制度影响水势的日变化，免耕较常耕，水分胁迫更强，作物更容易发生季节性干旱胁迫（张斌等，1999）。因此，在季节性干旱频发的红壤地区，深松是更值得推广的一种耕作制度。

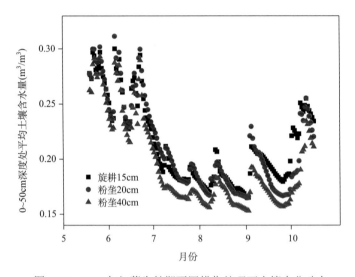

图 2-17 2018 年红薯生长期不同耕作处理下土壤水分动态

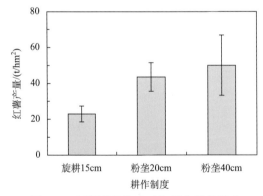

图 2-18 不同耕作深度对红薯产量的影响

2.4.2.3 有机物料添加对土壤水分的影响

施用有机肥是改善红壤结构的有效措施（潘艳斌等，2017）。在红壤坡耕地，施用猪粪对土壤水分的提升幅度远大于生物质炭,与施用氮磷钾肥的对照相比,施入2000kg/hm²(C)猪粪可使土壤水分提升幅度达到26.9%,而以生物质炭形式施入等量的碳使土壤水分提升幅度只有8.2%(图2-19)。特别是在花生生育期和季节性干旱的重叠期,与单施氮磷钾肥处理相比,生物质炭处理只提高了2.3%的土壤水分,土壤含水量从13.7%提高到14.0%。这主要是由于生物质炭提高了土壤的斥水性,降低了土壤的持水性,在坡耕地上大量的生物质炭会随径流流失,对土壤结构的改良效果也非常有限(Peng et al.,2016),因此,添加生物质炭对红壤坡耕地增强季节性干旱抵御能力的效果有限。

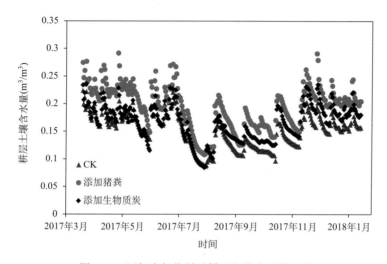

图 2-19　添加有机物料对耕层红壤水分的影响

2.4.2.4　秸秆覆盖措施对土壤水分的影响

在湿润的红壤地区,秸秆覆盖可以减少土壤蒸发,显著提高耕层土壤含水量。在江西省鹰潭市余江区黄柏源张家的监测表明,相对于无秸秆覆盖的花生地,秸秆覆盖可以使15cm深度处土壤含水量提高15%,将平均含水量从15.3%提高至17.6%(图2-20)。稻草覆盖的效果和覆盖量有密切关系,研究发现当稻草覆盖量由3750kg/hm²减少至一半时,秸秆对0~20cm深度处土壤含水量的提高幅度从14.7%降低到3.0%(熊德祥和武心齐,2000)。监测数据还显示,在季节性干旱期与花生生育期重合的时间段(6月25日~8月3日),秸秆覆盖仅提高10%土壤含水量,提高幅度显著低于花生收获后干旱期(2017年9月15日~10月15日)的20%。这说明在花生发育期,秸秆覆盖所增加的土壤水分有很大一部分在干旱期被花生生长所消耗,这也是秸秆覆盖使花生产量显著增加的重要原因,增产幅度达到了60%。秸秆覆盖也可以提高红壤地区玉米的产量(李亚贞等,2014)。

2.4.3　季节性干旱的防控模式

从土壤层面上来讲,"深松+中施+上覆"是有效防控季节性干旱发生的管理模式。深耕是指翻耕深度超过传统的耕层,通过深松快速改变土壤结构,增加有效水库容;上

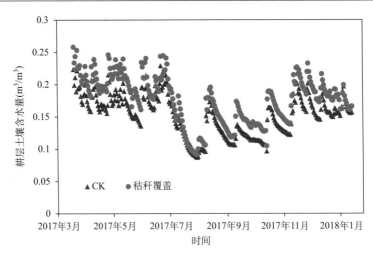

图 2-20　秸秆覆盖对耕层土壤水分的影响

覆是指在地表覆盖秸秆等物质，减少水分蒸发损耗，改善干旱期土壤水分状况；中施是指在"新耕层"施入有机肥，配合深耕，提高土壤耕层团聚体稳定性和肥力，增加土壤的持水性能。通过这个"三位一体"的防控措施，可以在很大程度上改善红壤雨后黏闭、晴后干裂的状况，起到稳产增产的作用。

从作物层面上来讲，夏季作物早播，深浅根系作物间作的作物管理模式可以进一步提升对季节性干旱的抵御能力。研究发现，将玉米播种时间前移不会对玉米产量带来不利影响，反而有利于关键生育期避开季节性干旱期，而延迟播种会使玉米减产，播种时间延后 15 天和 30 天，玉米减产幅度将达到 23.3%～52.6%（王峰，2017）。深根系作物和浅根系作物的间作可以更加合理地提升根系的空间配置，减少干旱期作物对水分的竞争，提高作物的抗旱性能。

2.5　瘠薄红壤旱地和水田地力提升技术与模式

2.5.1　红壤稻田地力提升技术

红壤稻田约占南方红壤区耕地总面积的 80%，水耕熟化是提高红壤稻田生产力的常用措施（李忠佩等，2003）。由于大部分的红壤稻田都是由宜农荒地或旱地开垦而来，因此旱改水种稻年限较短的红壤水稻土熟化程度较低、肥力质量较差，大多仍属中低产田范畴（Chen et al., 2018；李忠佩等，2007）。虽然种植水稻可以明显提高有机物质的归还量，但由于水热资源丰富、干湿交替明显、利用强度较大，其有机物质周转速率也明显较快（江春玉等，2014；陈晓芬等，2019），因此土壤有机碳含量低、有机碳库亏损仍是当前限制南方红壤稻田作物高产的首要障碍因子。此外，红壤稻田还普遍存在酸化严重、养分贫瘠、质地黏重、耕层浅薄等制约水稻生产的关键土壤问题（郑圣先等，2011）。

2.5.1.1　种植利用冬绿肥

种植冬绿肥是在单季稻或双季晚稻收获前后播种绿肥，翌年单季稻或双季早稻移栽前将绿肥翻压还田，可配套绿肥栽培、绿肥翻压减氮增效、稻田绿肥机械化生产等技术（图 2-21）。种植绿肥可在冬季吸收稻田残留养分，绿肥翻压后改善了土壤养分状况，提供了丰富的新鲜碳源，促进土壤有机质的周转和更新，增加和激发土壤微生物的数量和活性，还可改善土壤的物理性质，如降低容重、增加孔隙度等（焦彬，1980；曹卫东等，2017）。

图 2-21　红壤稻田冬绿肥紫云英盛花期和机械化翻压还田

2.5.1.2　秸秆还田

我国南方红壤区水稻秸秆十分丰富，秸秆年产量约 2 亿 t，秸秆还田也是提升红壤稻田地力的一项主推技术（图 2-22）。通过秸秆还田能有效增加土壤有机质含量，提升地力，增加作物产量（成臣等，2018）。在江西鹰潭的研究（表 2-5）表明，红壤荒地开垦种稻 20 年后，秸秆还田处理下，耕层土壤有机碳、全氮、全磷、碱解氮和有效磷的含量较不施肥对照分别提高 32.4%、20.2%、42.9%、18.6% 和 85.0%，水稻单产则提高 96.7%；如果秸秆还田再配施适量氮肥，红壤稻田地力及作物产量的提升效果则更加明显（陈晓

图 2-22　红壤稻田水稻留高茬收获和秸秆机械化还田

表 2-5　秸秆还田对红壤稻田土壤养分和水稻产量的影响

处理	有机碳 / (g/kg)	全氮 / (g/kg)	全磷 / (g/kg)	碱解氮 / (mg/kg)	有效磷 / (mg/kg)	水稻产量 / (kg/hm²)
不施肥对照	9.19	0.89	0.28	85.75	3.34	2172
秸秆还田	12.17	1.07	0.40	101.68	6.18	4272
秸秆还田+氮肥	13.42	1.21	0.41	111.48	6.02	5578

芬等，2015）。由于水稻秸秆 C/N 比值很高，稻田也长期处于淹水厌氧环境，因此秸秆还田不当可导致秸秆微生物腐解与作物生长竞争氮素养分、增加甲烷排放等负面影响（周江明等，2002），需要确定秸秆适宜还田量、还田方式、配施氮肥等配套技术。

2.5.1.3　施用有机肥

我国畜禽粪便中氮、磷养分量分别相当于同期化肥总施用量的 79%和 57%（郭冬生等，2012），将畜禽粪便及其堆腐产物作为有机肥施用，既可消除养殖污染，又可减少化肥用量、显著提升地力。与作物秸秆相比，施用畜禽粪便对红壤稻田地力提升速度更快、效果更加明显。在江西进贤的研究表明，施用畜禽粪便有机肥的前 5 年，其土壤有机碳增幅最快，年均为 5.54%，而同期不施肥或单施化肥处理的土壤有机碳年均增幅仅为 1.21%～1.80%；连续施用畜禽粪便有机肥约 20 年后，土壤有机碳库基本稳定，而不施肥或单施化肥处理的土壤，有机碳库在耕种 30 年后仍未稳定，处于亏缺状态（黄庆海，2014）。施用畜禽粪便有机肥还可显著增加土壤养分含量、改善土壤酸度、提高土壤生物活性、调节土壤物理结构（Liu et al., 2018）。施用畜禽粪便有机肥需要集成畜禽粪便高效安全发酵和沼渣、沼液安全农用技术。

2.5.1.4　稻田种养结合

种养结合技术是在保障水稻正常生长前提下，利用稻田湿地环境开展水禽或水产养殖，形成季节性的农牧渔种养结合模式（王强盛等，2019）。种养结合可以协同提升稻田地力，发展绿色和无公害水稻，增加农民收入。最常见的稻田种养方式是稻田养鸭和稻田养鱼（图 2-23），鸭、鱼生长活动及排泄物可有效提高稻田土壤肥力，增加土壤有机

图 2-23　红壤稻田养鸭和稻田养鱼技术

质及氮磷钾养分含量，还可改善土壤团聚结构、降低土壤容重（禹盛苗等，2014）。此外，也有研究表明，稻田种养结合可显著减少 CH_4 排放（周玲红等，2018）。近年来，除了稻田养鸭和养鱼，还发展了稻田养蛙、养虾、养蟹和养鳖等多项稻田种养结合技术。

2.5.2　红壤稻田地力提升模式

2.5.2.1　红壤稻田冬季覆盖种植模式

发展红壤稻田冬季覆盖作物生产，可充分利用稻田冬闲期间的光、温、水、土资源，有利于减少冬闲稻田的养分流失、增加土壤碳氮蓄积、促进土壤微生物活动，还可在一定程度上替代化肥施用，抑制农田杂草生长，确保粮食作物生产安全，最终增加单位面积作物产量。

我国南方红壤区根据各地气候特征、农业发展现状及生产生活需求，常见的稻田冬季覆盖种植模式主要包括：

（1）"肥-稻-稻"模式，即在晚稻收获前后种植冬绿肥，翌年早稻移栽前将绿肥翻压还田用作肥料，并适当减少早稻季的化肥施用量。红壤稻田常见的冬绿肥有紫云英、黑麦草、肥田萝卜等。

（2）"油-稻-稻"模式，即在晚稻收获后种植早熟冬油菜，翌年收获油菜后移栽早稻。

（3）"薯-稻-稻"模式，即在晚稻收获后种植早熟马铃薯，翌年收获马铃薯后移栽早稻。

（4）"菜-稻-稻"模式，即在晚稻收获后种植时令蔬菜，常见的有日本高菜、蚕豆等。在湖南长沙的研究（表 2-6）表明，冬季种植绿肥、油菜和马铃薯，红壤稻田土壤的有机碳、全氮、全磷、有效磷、微生物生物量碳（MBC）和微生物生物量氮（MBN）的含量较冬闲处理分别提高 7.0%～9.4%、3.0%～11.4%、2.5%～9.9%、3.2%～21.7%、14.3%～114.9% 和 50.8%～101.2%（唐海明和肖小平，2017）。

表 2-6　红壤稻田冬季覆盖种植模式对土壤养分和微生物生物量的影响

处理	有机碳 /（g/kg）	全氮 /（g/kg）	全磷 /（g/kg）	碱解氮 /（mg/kg）	有效磷 /（mg/kg）	MBC /（mg/kg）	MBN /（mg/kg）
冬闲-稻-稻	12.80	1.32	0.81	159.0	30.9	185.4	48.6
绿肥-稻-稻	13.90	1.47	0.84	163.7	36.3	398.5	97.8
油菜-稻-稻	13.70	1.36	0.83	131.0	31.9	251.1	75.0
马铃薯-稻-稻	14.00	1.43	0.89	120.0	37.6	212.0	73.3

2.5.2.2　红壤稻田生态种养结合模式

稻田生态种养结合基于现代生态学原理，利用先进的生态技术，将种植业中水稻浅水的生态环境加以利用，通过对其生态系统的改良，与鱼、虾、蟹、鳖、鸭、蛙等生物共同构成一个较完整的生态系统，使其互利共生，实现养殖业与种植业的共同发展，提高稻田综合利用率，增加经济效益，同时起到保护生态环境的作用，是一种有潜力的、不断发展的生态农业模式。红壤稻田采用生态种养结合的模式可改善土壤肥力状况、培肥地力。例如，中国水稻研究所的试验结果（表 2-7）表明，稻鸭共作提高了 0～15cm 深度处耕层土壤有机质和氮磷钾养分含量，降低了容重，增加了土壤总孔隙度和非毛管孔隙度（禹盛苗等，2014）。

表 2-7 稻鸭共作对红壤稻田耕层土壤（0～15cm）肥力的影响

处理	有机质 / (g/kg)	全氮 / (g/kg)	速效磷 / (g/kg)	速效钾 / (g/kg)	容重 / (g/cm³)	总孔隙度 /%	非毛管孔隙度 /%
稻鸭共作	35.2	2.00	40.1	103.4	1.26	50.5	6.66
CK	33.1	1.90	37.9	97.9	1.29	49.6	6.24

2.5.3 瘠薄红壤旱地地力提升技术

2.5.3.1 秸秆猪粪配比激发式还田和秸秆生物质炭培肥技术

施用秸秆及其生物质炭可改善土壤物理性质（容重、含水量、孔隙度等）和化学性质（pH、阳离子交换量等），从而影响微生物种群组成和多样性，提高土壤微生物活性（如碳代谢速率）。秸秆 C/N 值比微生物 C/N 值高，通过调节 C/N 值，接种高效腐解微生物，可以促进秸秆腐解。第四纪红黏土红壤的长期试验研究结果（图 2-24）表明：施 NPK 肥处理并施用玉米秸秆生物质炭[1000kg/hm² （C）]以及秸秆猪粪配比激发式还田[1000kg/hm² （C），秸秆碳∶猪粪碳=9∶1]可以降低土壤 pH，提高土壤总有机碳和氮磷钾养分含量。

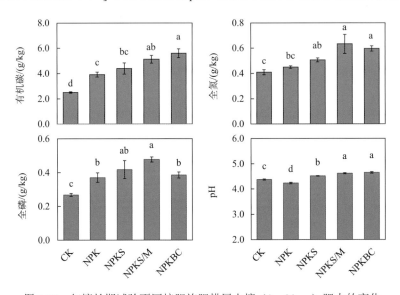

图 2-24 红壤长期试验不同培肥施肥耕层土壤（0～20cm）肥力的变化

CK：对照不施肥；NPK：施氮磷钾化肥；NPKS：NPK+玉米秸秆还田 1000kg/hm²（C）；NPKS/M：NPK+玉米秸秆猪粪配比激发式还田 1000kg/hm²（C）；NPKBC：NPK+玉米秸秆生物质炭 1000kg/hm²（C）

2.5.3.2　多年生豆科绿肥培肥技术

在中亚热带南方红壤丘陵区，适合旱地种植的绿肥品种较多（图 2-25）。果园生草种植中，冬绿肥多采用光叶苕子（*Vicia villosa* var. *glabrescens*）、黑麦草（*Lolium multiblorum* Lam.）、肥田萝卜（*Raphanus sativus* L.）、油菜（*Brassica chinensis* L.）、鼠茅（*Vulpia myuros*）等，夏绿肥用竹豆（*Phaseolus calcaratns* Roxb）等，多年生绿肥如圆叶决明（*Chamaecrista rotundifolia*）等较为缺少。田间试验表明，热带—南亚热带多年生豆科绿肥阿玛瑞罗平拖落花生（*Arachis pintoi* cv. Amarillo）、光叶落花生（*Arachis glabrata* Benth.）、热研 2 号柱花草（*Stylosanthes guianensis* cv. Reyan No.2）难以适应中亚热带气候，闽育 2 号圆叶决明（*Chamaecrista rotundifolia* cv. Minyu No.2）和竹豆为适生豆科绿肥，并能有效压制杂草（图 2-26）。种植绿肥和割草还田后显著提高了土壤有机质和全氮的含量，以及速效钾和速效磷的含量（表 2-8）。

图 2-25　亚热带红壤丘陵区适合种植的绿肥品种

图 2-26　红壤果园夏季间作竹豆和圆叶决明等及冬季间作肥田萝卜和鼠茅等绿肥

表 2-8　种植绿肥对土壤 pH 和养分含量的影响

处理	有机碳/（g/kg）	全氮/（g/kg）	速效磷/（mg/kg）	速效钾/（mg/kg）	pH
不种绿肥	19.8±0.36b	1.05±0.04b	12.9±2.90b	87.5±21.3b	5.30±0.25a
种植绿肥	22.1±0.25a	1.13±0.02a	19.2±2.74a	127.5±19.5a	5.18±0.40a

2.5.3.3　红壤肥沃耕层构建模式

红壤旱地玉米-绿肥（光叶苕子）轮作模式，可以充分利用冬季绿肥提高土地利用指数，防止水土流失（图 2-27）。在改良红壤酸度的基础上，绿肥还田与合理配施秸秆、猪粪、蚯蚓生物肥等相结合，可以快速提升瘠薄红壤的有机质和养分含量，如土壤全磷含量提高 15%～59%。对新垦红黏土红壤的 3 年改良试验表明，绿肥轮作结合秸秆猪粪配比激发式还田显著提升了土壤肥力（图 2-28），玉米平均产量达到 8932kg/hm²，结合生物肥达到 7997kg/hm²，比施用 NPK 化肥提高了 44%～61%。

图 2-27　红壤旱地玉米-光叶苕子轮作模式

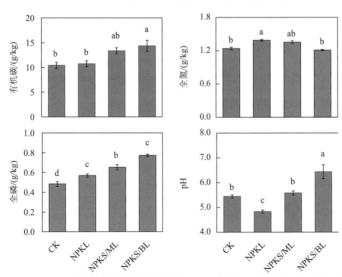

图 2-28　绿肥轮作结合秸秆激发式还田和生物肥对红壤肥力的影响

CK：不施肥；NPKL：氮磷钾化肥+石灰；NPKS/ML：NPK80% N+秸秆猪粪配施 20% N +生物质炭+石灰；NPKS/BL：NPK 80% N+秸秆生物肥配施 20% N +石灰

2.6　红壤连作障碍消减技术和高产高效种植模式

2.6.1　红壤区花生连作障碍机制和消减技术原理

南方红壤丘陵区是我国的花生主产区之一，连作重茬往往导致花生产量降低、品质变劣、生育状况变差及病虫害严重等诸多生产问题，严重制约了我国红壤区花生产业的可持续发展（王兴祥等，2010）。调查表明，随连作年限增加，花生根腐病、叶斑病、锈病的发病率成倍上升，青枯病和白绢病也从无到有，使花生减产 50% 以上（王明珠和陈学南，2005）。植物连作障碍机制包括化感作用、病原菌增多、土壤微生物区系恶化和土壤养分失衡等。根际作为植物-土壤相互作用的关键微域，是连作障碍发生发展的主要场所。花生根系分泌物中含有大量的糖类、氨基酸类及酚酸类物质，花生根系分泌物中酚酸类物质进入土壤后一般不会积累到直接产生毒害作用的浓度（Li et al., 2013, 2014），但酚酸显著提升了土壤伯克霍尔德菌属（*Burkholderia* sp.）的丰度，其产生植物生长素的能力较弱；同时伴随着潜在的病原性真菌（镰刀菌属）增加和有益菌群（放线菌、绿僵菌属等）的降低，根际微生物群落促生功能的多数基因丰度明显降低，恶化了根际微生态功能对宿主植物的服务能力，导致连作障碍下花生生长不良、抗性下降（Li et al., 2015, 2019）。因此，连作障碍是由土壤微生态系统内部多个因子综合作用引起的，需要针对其主要诱因建立连作障碍土壤消减的关键技术和途径。

2.6.1.1　利用异种植物之间的化感作用克服连作障碍

一些植物品种的根分泌物能够抑制土传病原菌，因而科学合理地进行间、混、套种，可以达到对土传病原菌的植物天然调控，消减连作障碍的病害。我国学者针对花生间作模式进行了大量探索，如花生+玉米、花生+旱稻等间作模式（姚远等，2017; Shen and Chu, 2004）。但是，由于红壤丘陵区土壤肥力较低、季节性干旱严重，在南方红壤旱地采用花生+玉米的间作模式往往难以达到预期的产量和经济效益。

研究表明，花生+茅苍术（*Rhizoma areactylodis lanceae*）间作模式，能够显著增加花生产量，具有较高的经济效益（Dai et al., 2013）。茅苍术间作后花生连作土壤革兰氏阴性菌种类和数量明显增多，而真菌数量显著降低（戴传超等，2010）。最近，进一步的研究揭示了茅苍术间作缓解花生连作障碍的主要作用途径，与茅苍术地下挥发性萜类物质调控土壤微生物区系、显著抑制连作土壤病原真菌的增殖，地上挥发烯类物质提升花生抗性有关（Li et al., 2018）。茅苍术是我国传统常用大宗中药材品种之一，具有较高的市场价值。因此，在红壤区实施中药材+花生的种植模式可有效缓解连作障碍的危害，为维护花生产业持续健康发展、实现农民增收提供了一条出路（图 2-29）。

2.6.1.2　利用有益微生物资源对连作障碍的缓解机制

由于土壤微生物和植物病害发生的相互关系，可通过添加有益微生物或拮抗菌等手段防治连作障碍下病害的发生。然而，生物菌剂对连作障碍的消减作用受其他因素（如

图 2-29 南方红壤旱地花生与中药材间作模式

土壤环境等）的影响较大，特别是红壤区土壤胶体的强烈吸附作用和季节性干旱、高温等特点，向土壤中添加的外源微生物，如果不能适应农田土壤的环境，则很难与土著微生物竞争，不易定殖，效果将大打折扣（王兴祥等，2010）。

内生菌（endophyte）是存在于健康植物的茎叶中，形成不明显侵染的一类真菌。应用此种类型的生物菌剂可以避免土壤环境因素对其的制约作用。研究表明，接种内生菌枫香拟茎点霉（*Phomopsis liquidambari*，B3）可有效缓解花生连作障碍。内生菌 B3 接种到连作花生土壤中，一方面可长时间定殖花生根际，并有效侵入花生体内产生调控效应，另一方面可显著减少根际酚酸类物质，优化花生根际微生物区系，进而使花生发芽率显著提高、根部结瘤数增加，令生长状况显著改善，花生增收 20%以上（Chen et al.，2013；王宏伟等，2012）。

2.6.1.3 利用种间优势克服连作障碍

在明确植物抗病机制的遗传特性基础上，将抗病基因转入优良的作物品种基因中可培育出高产优质的品种，同时在田间条件下抑制病害发生，克服连作病害。但绝大多数抗病基因只对单一的病原菌有效，很多时候新的抗病品种也会促进病原菌的抗逆性及新病菌的发展，因此通过抗病育种控制连作病害非常困难。

不同品种间根系分泌物有差异，不同品种的轮换种植可以避免某些化感物质持续诱导特定病原微生物的增加。研究发现，花生根系分泌物的浓度与病原菌生长发育显著相关，感病花生品种的根系分泌物对病原菌的促进程度显著高于抗病品种（Li et al.，2013）。采用不同品种花生进行轮换种植的大田实验发现，与同一品种连作处理相比，不同品种之间轮换种植增产幅度在 10%～35%之间（图 2-30、图 2-31）。因此，筛选区域适宜性的高产品种进行轮换种植是缓解花生连作障碍的重要模式。

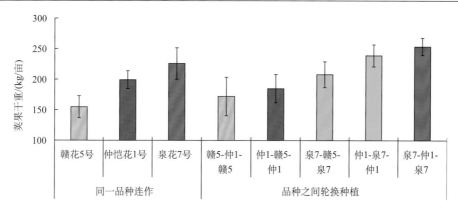

图 2-30　品种花生轮换种植对花生产量的影响

图 2-31　花生品种泉花 7 号（左）在赣花 5 号（右）在连作障碍红壤旱地上的生长状况

2.6.1.4　施用具有特定功能的生物有机肥

生物有机肥是指由特定功能微生物与主要以动植物残体（如畜禽粪便、农作物秸秆等）为来源并经无害化处理、腐熟的有机物料复合而成的一类兼具微生物肥料和有机肥效应的肥料。生物有机肥施用后能产生多种活性物质溶解土壤中难溶化合物，可提高土壤肥力并有利于农作物吸收养分；产生抑菌物质和生长调节因子减少作物病虫害的发生，并促进作物稳健生长。内生菌 B3 与有机物料结合，组建了能有效缓解花生连作障碍的生物有机肥。田间施用这种生物有机肥（图 2-32）可显著改善土壤微生物区系，提高土壤生物活性，促进花生生长，抑制病害，增产 30% 以上（李孝刚等，2014）。

2.6.2　红壤旱地花生高产高效栽培管理

基于红壤丘陵区花生连作障碍机理、消减原理及技术措施，集成了以阻控连作障碍为核心的花生高产高效种植技术体系：①选育高产高抗品种，实行轮换种植，如泉花 7 号、中花 16、仲恺花 1 号等品种轮换种植，种植密度为 1.8 万～2.0 万株/亩。②合理施用碱性材料改良土壤酸度，研制了酸性土壤复合改良剂（150kg/亩），每 5 年施用 1 次。

图 2-32 生物有机肥对红壤区花生连作障碍调控效果图

③施用具有调节连作土壤微生物区系功能的专用有机肥（100～130kg/亩）。④实施氮肥减量后移并配合化控，防治连作花生早衰，一般氮肥用量为 7～8kg/亩（其中有机肥替氮 30%）、磷肥（P_2O_5）为 5.5～6.5 kg/亩、钾肥（K_2O）为 9～10kg/亩、硼砂为 1～1.2kg/亩、钼酸铵为 0.7～1kg/亩，其中氮肥在基肥和下针期各 50%，下针期配合喷施 30g/亩壮饱安进行化控。⑤通过合理覆盖保水防御干旱，协调应用农业、生物、物理和化学等技术综合防治病虫害。

2.7 红壤小流域养分资源循环利用的立体种养模式

2.7.1 亚热带山地丘陵区种养结合模式对土壤质量和经济效益的影响

种养结合是将畜禽养殖产生的粪污作为种植业的肥源，而种植业又为养殖业提供饲料，并消纳养殖业的废弃物，使物质和能量在动植物之间进行转换的循环式农业。亚热带山地丘陵区的一种典型模式是"猪、沼、果"生态循环种养模式（黄宇，2018），以小流域为单元，以沼气为中心将畜牧业、沼池建设、种植业（果）有机地结合统一，因地制宜地制定"三沼（沼气、沼渣、沼液）"综合利用途径，围绕主导产业对农业资源开展多维度利用，提高农产品质量、增加农民收入，促进水土流失治理和生态环境建设（张洪江等，2016）。种养结合模式的生态农业对土壤改良的作用途径主要是通过养殖业粪污的合理处理，循环至种植业替代化肥，达到培肥土壤，提高生产力的效果。在一个养殖业发达的种养结合生态系统中，不靠增加化肥投入，即可获得土壤肥力持续提高及作物增产的效果（马兴林等，1999）。

种养结合模式由于种养环节的有效连接及食物链的有效延长，提高了种养系统内部物质的多级利用，所以在降低了生产投入的基础上达到总效益的增加。江西现有农村户用沼气池保有量为 103.9 万户，占总农户数的 13%；兴建大、中型沼气工程 250 处，"猪-沼-果（菜、鱼等）"沼气生态农业生产示范户为 34.2 万户，模式面积为 9.5 万 hm^2，年产沼气 4 亿 m^3，年开发能源能力为 28 万 t 标煤，每年为农民增收 10 亿元以上。目前，累计推广了南方"猪、沼、果（菜、鱼、稻、茶、花卉）"生态模式 1.8 万户，应用面积累计 7.5 万 hm²，平均每亩增收 200～500 元，平均每户年增收 3000～5000 元，累计直接经济效益达 4 亿元以上，对农村经济的发展和生态环境改善起到了积极的作用（吕新放，2014）。

江西省赣州市在 150 万亩脐橙园发展生态果园，实行山、水、田、林、园综合配套，推广"山顶戴帽、山腰种果、山脚穿裙、山底养殖"立体开发模式，全面实施了"果园养猪，猪粪入沼气池发酵，沼液喷果"的"猪-沼-果"生态模式（图 2-33）。近年来，赣州市建成 110 万亩省级无公害水果基地，集成推广"天上点灯、树间挂虫、地面栽草、园中养鸡"绿色生产模式，在果园中安装频振式杀虫灯诱捕害虫，引进捕食螨防治红蜘蛛，栽培白车轴草、竹豆和圆叶决明等抑制杂草，果园林下散养土鸡。在寻乌县文峰乡岗背村，果农采用这种模式，每年每亩节约成本 230 元、减少打药次数 10 次，每亩增产 20%以上，实现了节本增收、提高果实品质、保护生态环境的目的。

图 2-33　江西省赣州市红壤丘陵区发展生态脐橙果园

2.7.2　红壤区小流域典型种养结合模式应用

中国科学院鹰潭红壤生态实验站在充分借鉴国内外有关红壤退化防治与生态农业的理论和技术的基础上，结合多年来在红壤肥力演变、调控及退化红壤肥力和生态功能修复与重建等方面的研究积累，研发和集成了种养结合的立体模式、猪-沼-果（稻、作物）种养食物链模式及畜禽废弃污染物循环利用经济模式等模式，同时配套研发了红壤旱地猪粪尿安全消纳量评价、畜禽粪尿与秸秆和化肥合理配施等关键技术（图 2-34）。

在"顶林-腰果-谷农-塘鱼"经典模式的基础上，构建了红壤丘陵区种养结合的生态农业模式，包括基于有机肥利用的立体种植模式——马尾松-果树-花生-水稻立体种养模式、以旱地花生为主导作物的轮作和间作地块立体布局模式、基于沼气工程的猪-沼-柑橘/经济作物/水稻种养食物链模式。种养结合的生态农业模式基于畜禽粪尿与作物秸秆

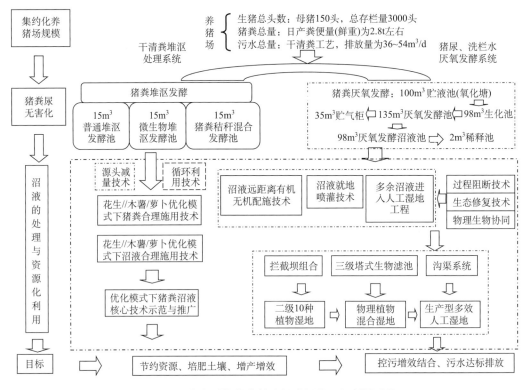

图 2-34　中小型集约化养猪场粪污处理与利用系统

配比及沼气产气量和养分转化间的关系，确定了不同物料的最佳配比；基于不同菌种、不同填充料堆肥进程中堆体的肥力和生物化学变化特征，提出了畜禽废弃物高温堆肥技术；基于堆肥、沼渣、沼液施入农田后对土壤理化性质和农作物生长的影响，建立了畜禽粪尿有机废弃物循环利用模式。上述模式在鹰潭核心示范区进行了试验（图 2-35），

图 2-35　红壤丘陵区的种养结合生态农业模式示范区

可以提高土地资源利用率 42%，提高土壤 pH 0.4～0.92 个单位，显著增加土壤肥力，提高猪粪利用率 30%～50%，减少化肥用量 35%，降低总肥料用量 10%～15%，减少泥沙损失 18.4%～30.8%，减少径流量 15.7%～35.5%，减少青枯病病原菌数量 40%，增产花生 10%～57%，每亩节本增收 110～200 元，总体经济效益增加 15%～20%。

此外，针对养殖场配套沼气工程中沼液存在严重的二次污染问题，研发了红壤丘陵区沼液周年消纳模式。播种施肥期，沼液通过铺设管道或沼液车运输进行远距离施用，沼液化肥配施显著提高了花生各生育期生物量、氮/磷素利用率及产量，其中产量较单施化肥显著增产 10.8%～19.4%。沼液还田 2 年后，优化配施处理土壤有机质、活性有机质含量及碳库管理指数（CMI）均显著高于其他处理，提高了土壤综合生产力。同时，沼液配施还大大提高了微生物总量及土壤微生物群落代谢活性，随着沼液还田量增加，花生各生育期脲酶、脱氢酶活性和硝化强度不断提高。该模式中沼液化肥配施成为提高土壤养分库的重要措施。而对于非施肥期间产生的沼液，则采用加盖沼液池存储及生态滤池-人工湿地组合工艺系统消纳相结合的模式（图 2-36）。过剩沼液通过生态滤池和人工湿地消纳，沼液中 COD、TP、TN、NH_4^+-N 的去除率分别为 62%、74%、62% 和 63%，符合《畜禽养殖业污染物排放标准》（GB 18596—2001），湿地出水水质较好。对比分析表明在生态滤池-人工湿地组合工艺中，人工湿地对污染物的去除起主要作用，生态滤池起辅助作用。

图 2-36　生态滤池-人工湿地组合沼液消纳系统

坚持系统观念，促进绿色种养、循环农业发展，是提高农业资源利用效率、保护农业生态环境、促进农业绿色低碳发展的重要举措，是推进乡村振兴，助力 2030 年碳达峰、2060 年碳中和的重要支撑。2020 年我国已经按规划建设了 300 个种养结合循环农业发展示范县，基本实现作物秸秆、畜禽粪便的综合利用，畜禽粪污综合处理利用率达到 75% 以上，秸秆综合利用率达到 90% 以上。目前，南方红壤区相继开展了养殖场标准化建设、沼气工程建设、秸秆综合利用等项目，也取得一定建设成效，但仍然存在单项措施多，技术体系不够完善；种养业废弃物处理利用率低，有效利用运营机制缺乏；失衡脱节严重，种养衔接不够紧密等一系列问题。种养结合模式推进的总体效果并不显著，尤其在一些种养大县，各类种养业废弃物产生集中、量大，使当地的环境承载压力更大。因此，建立新型的适合不同地域气候、土壤、植被条件和管理水平的种养结合循环农业模式迫在眉睫。"十四五"期间，农业农村部规划在湘、赣、浙、鄂、苏、皖、粤等17个畜牧大省和粮食蔬菜主产区，以推进粪肥就地就近还田利用为重点，以培育粪肥还田服务组织为抓手，以县为单位整县开展粪肥就地消纳、就近还田补奖试点，扶持一批粪肥还田利用专业化服务主体，形成养殖场户、服务组织和种植主体紧密衔接的绿色循环农业发展模式。

参 考 文 献

蔡荣荣, 黄芳, 孙达, 等. 2007. 集约经营雷竹林土壤有机质的时空变化. 浙江林学院学报, 24(4): 450-455.

蔡泽江, 孙楠, 王伯仁, 等. 2011. 长期施肥对红壤pH、作物产量及氮、磷、钾养分吸收的影响. 植物营养与肥料学报, 17(1): 71-78.

曹卫东, 包兴国, 徐昌旭, 等. 2017. 中国绿肥科研60年回顾与未来展望. 植物营养与肥料学报, 23(6): 1444-1455.

曹卫东, 徐昌旭. 2010. 中国主要农区绿肥作物生产与利用技术规程. 北京: 中国农业科学技术出版社: 1-282.

陈世发. 2009. 红壤典型小流域水土流失演变规律及治理范式研究. 福州: 福建师范大学.

陈晓芬, 李忠佩, 刘明, 等. 2015. 长期施肥处理对红壤水稻土微生物群落结构和功能多样性的影响. 生态学杂志, 34(7): 1815-1822.

陈晓芬, 刘明, 江春玉, 等. 2019. 红壤性水稻土不同粒级团聚体有机碳矿化及其温度敏感性. 土壤学报, 56(5): 1118-1120.

陈志长. 2010. 铝胁迫下胡枝子根系分泌有机酸的分子机制和不同氮素形态对胡枝子铝毒的影响. 南京: 中国科学院南京土壤研究所: 15-40.

成臣, 汪建军, 程慧煌, 等. 2018. 秸秆还田与耕作方式对双季稻产量及土壤肥力质量的影响. 土壤学报, 55(1): 247-257.

戴传超, 谢慧, 王兴祥, 等. 2010. 间作药材与接种内生真菌对连作花生土壤微生物区系及产量的影响. 生态学报, 30(8): 2105-2111.

邓智惠, 刘新梁, 李春阳, 等. 2015. 深松及秸秆还田对表层土壤物理性状及玉米产量的影响. 作物杂志, 6: 117-120.

方伟, 何均潮, 卢学可. 1994. 雷竹早产高效栽培技术. 浙江林学院学报, 11(2): 121-128.

管恩娜, 管志坤, 杨波, 等. 2016. 生物质炭对植烟土壤质量及烤烟生长的影响. 中国烟草科学, 37(2): 36-41.

郭冬生, 彭小兰, 龚群辉, 等. 2012. 畜禽粪便污染与治理利用方法研究进展. 浙江农业学报, 24(6): 1164-1170.

韩文炎, 李鑫, 颜鹏, 等. 2018. 生态茶园的概念与关键建设技术. 中国茶叶, 40(1): 10-14.

何园球, 孙波. 2008. 红壤质量演变与调控. 北京: 科学出版社: 1-375.

洪文平. 2007. 南方红壤丘陵区两种季节性干旱判断方法对比分析. 青海科技, (3): 24-27.

黄芳, 金炳华, 孙达, 等. 2011. 集约经营雷竹林序列的土壤磷素含量与组分. 土壤学报, 48(2): 347-355.

黄庆海. 2014. 长期施肥红壤农田地力演变特征. 北京: 中国农业科学技术出版社: 1-211.

黄尚书, 钟义军, 叶川, 等. 2017. 深松与压实对红壤坡耕地土壤物理性质的影响. 土壤通报, 48(6): 1347-1353.

黄宇. 2018. 小流域综合治理新设计研究——猪沼果模式. 环境科学与管理, 43(3): 72-74.

江春玉, 李忠佩, 崔萌, 等. 2014. 水分状况对红壤水稻土中有机物料碳分解和分布的影响. 土壤学报, 51(2): 325-334.

焦彬. 1980. 绿肥在我国农业生产中作用的简述. 中国土壤与肥料, (5): 16-18.

李九玉, 赵安珍, 袁金华, 等. 2015. 农业废弃物制备的生物质炭对红壤酸度和油菜产量的影响. 土壤, 47(2): 334-339.

李荣, 侯贤清. 2015. 深松条件下不同地表覆盖对马铃薯产量及水分利用效率的影响. 农业工程学报, 31(20): 115-123.

李双双, 陈晨, 段鹏鹏, 等. 2018. 生物质炭对酸性菜地土壤 N_2O 排放及相关功能基因丰度的影响. 植物营养与肥料学报, 24(2): 414-423.

李孝刚, 王兴祥, 戴传超, 等. 2014. 不同施肥措施对连作花生土传病害及产量的影响. 土壤通报, 45(4): 930-933.

李亚贞, 肖国滨, 肖小军, 等. 2014. 培肥和耕作措施季节性干旱下对红壤剖面水分变化和产量的影响. 水土保持研究, 21(6): 78-83.

李忠佩, 李德成, 张桃林, 等. 2003. 红壤水稻土肥力性状的演变特征. 土壤学报, 40(6): 870-878.

李忠佩, 吴晓晨, 陈碧云. 2007. 不同利用方式下土壤有机碳转化及微生物群落功能多样性变化. 中国农业科学, 40(8): 1712-1721.

林盛. 2016. 南方红壤区水土流失治理模式探索及效益评价. 福州: 福建农林大学: 1-131.

罗华, 许英超, 刘跃平, 等. 2000. 富阳市雷竹覆盖技术的应用. 浙江林业科技, 20(4): 81-83.

吕新放. 2014. 南方"猪、沼、果"生态模式在新形势下的推广应用. 安徽农学通报, 20(21): 80-81.

吕玉娟, 彭新华, 高磊, 等. 2014. 红壤丘陵岗地区坡地产流产沙特征及影响因素研究. 水土保持学报, 28(6): 19-23.

马兴林, 林治安, 杨守信, 等. 1999. 种养结合对农田养分投入及土壤肥力的影响. 土壤肥料, (3): 18-21.

南方红壤退化机制与防治措施研究专题组. 1999. 中国红壤退化机制与防治. 北京: 中国农业出版社: 1-495.

潘艳斌, 朱巧红, 彭新华. 2017. 有机物料对红壤团聚体稳定性的影响. 水土保持学报, 31(2): 209-214.

全国农业技术推广服务中心. 2015. 测土配方施肥土壤基础养分数据集(2005—2014). 北京: 中国农业出版社: 1-533.

全国土壤普查办公室. 1998. 中国土壤. 北京: 中国农业出版社: 1-1253.

沈仁芳. 2008. 铝在土壤–植物中的行为及植物的适应机制. 北京: 科学出版社: 1-258.

水利部, 中国科学院, 中国工程院. 2011. 中国水土流失防治与生态安全: 南方红壤区卷. 北京: 科学出版社: 1-275.

孙波. 2011. 红壤退化阻控与生态修复. 北京: 科学出版社: 1-466.

孙清斌, 董晓英, 沈仁芳. 2009. 施用磷、钙对红壤上胡枝子生长和矿质元素含量的影响. 土壤, 41(2): 206-211.

孙晓, 庄舜尧, 刘国群, 等. 2009. 集约经营下雷竹林种植对土壤基本性质影响. 土壤, 41(5): 784-789.

唐海明, 肖小平. 2017. 多熟种植模式下双季稻田生态功能特征研究. 长沙: 湖南科学技术出版社: 1-173.

王兵, 魏文俊, 邢兆凯, 等. 2008. 中国竹林生态系统的碳储量. 生态环境, 17(4): 1680-1684.

王伯仁, 李冬初, 周世伟. 2015. 红壤质量演变与培肥技术. 北京: 中国农业科学技术出版社: 1-253.

王峰. 2017. 亚热带红壤-作物系统对季节性干旱的响应与调控. 武汉: 华中农业大学: 1-135.

王宏伟, 王兴祥, 吕立新, 等. 2012. 施加内生真菌对花生连作土壤微生物和酶活性的影响. 应用生态学报, 23(10): 2693-2700.

王明珠, 陈学南. 2005. 低丘红壤区花生持续高产的障碍及对策. 花生学报, 34(2): 17-22.

王强盛, 王晓莹, 杭玉浩, 等. 2019. 稻田综合种养结合模式及生态效应. 中国农学通报, 35(8): 46-51.

王兴祥, 张桃林, 戴传超. 2010. 连作花生土壤障碍原因及消除技术研究进展. 土壤, 42(4): 505-512.

熊德祥, 武心齐. 2000. 减缓丘陵红壤旱地季节性干旱影响的综合配套技术. 水土保持通报, 20(4): 31-32.

徐明岗, 黄鸿翔. 2000. 红壤丘陵区农业综合发展研究. 北京: 中国农业科技出版社: 1-236.

徐明岗, 文石林, 李菊梅. 2005. 红壤特性与高效利用. 北京: 中国农业科技出版社: 1-248.

徐仁扣. 2013. 酸化红壤的修复原理与技术. 北京: 科学出版社: 1-274.

姚远, 刘兆新, 刘妍, 等. 2017. 花生、玉米不同间作方式对花生生理性状以及产量的影响. 花生学报, 46(1): 1-7.

禹盛苗, 朱练峰, 欧阳由男, 等. 2014. 稻鸭种养模式对稻田土壤理化性状、肥力因素及水稻产量的影响. 土壤通报, (1): 151-156.

曾希柏. 2003. 红壤化学退化与重建. 北京: 中国农业出版社: 1-256.

曾希柏, 李永涛, 林启美. 2017. 低产田改良新技术及发展趋势. 北京: 科学出版社: 1-322.

张宝文. 2005. 全国粮区高效多熟十大种植模式. 北京: 中国农业出版社: 1-184.

张斌, 张桃林, 赵其国. 1999. 干旱季节不同耕作制度下作物-红壤水势关系及其对干旱胁迫响应. 土壤学报, 36(1): 101-110.

张洪江, 张长印, 赵永军, 等. 2016. 我国小流域综合治理面临的问题与对策. 中国水土保持科学, 14(1): 131-137.

赵其国. 2002a. 中国东部红壤区土壤退化的时空变化、机理及调控. 北京: 科学出版社: 1-332.

赵其国. 2002b. 红壤物质循环及其调控. 北京: 科学出版社: 198-277.

赵其国. 2006. 我国南方当前水土流失与生态安全中值得重视的问题. 水土保持通报, 26(2): 1-8.

赵其国, 段增强. 2013. 生态高值农业: 理论与实践. 北京: 科学出版社: 1-294.

赵学强, 沈仁芳. 2015. 提高铝毒胁迫下植物氮磷利用的策略分析. 植物生理学报, 51(10): 1583-1589.

郑圣先, 廖育林, 杨曾平, 等. 2011. 湖南双季稻种植区不同生产力水稻土肥力特征的研究. 植物营养与肥料学报, 17(5): 1108-1121.

中国农业科学院. 2001. 红黄壤地区综合治理与农业持续发展研究. 北京: 中国农业出版社: 1-613.

中华人民共和国水利部. 2013. 第一次全国水利普查水土保持情况公报. 中国水土保持, (10): 2-3.

周国模, 金爱武, 何钧潮. 1999. 覆盖保护地栽培措施对雷竹笋用林丰产性能的影响. 中南林学院学报, 19(2): 52-54.

周江明, 徐大连, 薛才余. 2002. 稻草还田综合效益研究. 中国农学通报, 18(4): 7-10.

周玲红, 魏甲彬, 成小琳, 等. 2018. 南方冬季种养结合模式对双季稻田 CH_4 和 CO_2 排放的影响. 生态与农村环境学报, 34(5): 433-440.

周卫. 2015. 低产水稻土改良与管理: 理论·方法·技术. 北京: 科学出版社: 1-353.

Chen X, Liu M, Kuzyakov Y, et al. 2018. Incorporation of rice straw carbon into dissolved organic matter and microbial biomass along a 100-year paddy soil chronosequence. Applied Soil Ecology, 130: 84-90.

Chen Y, Wang H W, Li L, et al. 2013. The potential application of the endophyte *Phomopsis liquidambari* to the ecological remediation of long-term cropping soil. Applied Soil Ecology, 67: 20-26.

Dai C C, Chen Y, Wang X X, et al. 2013. Effects of intercropping of peanut with the medicinal plant *Atractylodes lancea* on soil microecology and peanut yield in subtropical China. Agroforestry System, 87(2): 417-426.

Dong X Y, Shen R F, Chen R F, et al. 2008. Secretion of malate and citrate from roots is related to high Al-resistance in *Lespedeza bicolor*. Plant and Soil, 306(1-2): 139-147.

Guo J H, Liu X J, Zhang Y, et al. 2010. Significant acidification in major Chinese croplands. Science, 327(5968): 1008-1010.

Li X G, de Boer W, Zhang Y N, et al. 2018. Suppression of soil-borne *Fusarium* pathogens of peanut by intercropping with the medicinal herb *Atractylodes lancea*. Soil Biology and Biochemistry, 116: 120-130.

Li X G, Ding C F, Hua K, et al. 2014. Soil sickness of peanuts is attributable to modifications in soil microbes induced by peanut root exudates rather than to direct allelopathy. Soil Biology and Biochemistry, 78: 149-159.

Li X G, Ding C F, Liu J G. 2015. Evident response of the soil nematode community to consecutive peanut monoculturing. Agronomy Journal, 107: 195-203.

Li X G, Jousset A, de Boer W, et al. 2019. Legacy of land use history determines reprogramming of plant physiology by soil microbiome. The ISME Journal, 13: 738-751.

Li X G, Zhang T L, Wang X X, et al. 2013. The composition of root exudates from two different resistant peanut cultivars and their effects on the growth of soil-borne pathogen. International Journal of Biological Sciences, 9(2): 164-173.

Liu J, Liu M, Wu M, et al. 2018. Soil pH rather than nutrients drive changes in microbial community following long-term fertilization in acidic ultisols of southern China. Journal of Soils and Sediments, 18(5): 1853-1864.

Pan X Y, Li J Y, Deng K Y, et al. 2019. Four-year effects of soil acidity amelioration on the yields of canola seeds and sweet potato and N fertilizer efficiency in an ultisol. Field Crops Research, 237: 1-11.

Peng X, Zhu Q H, Xie Z, et al. 2016. The impact of manure, straw and biochar amendments on aggregation and erosion in a hillslope ultisol. Catena, 13(8): 30-37.

Shen Q R, Chu G X. 2004. Bi-directional nitrogen transfer in an intercropping system of peanut with rice cultivated in aerobic soil. Biology and Fertility of Soils, 40(2): 81-87.

Shi R Y, Hong Z N, Li J Y, et al. 2017. Mechanisms for increasing the pH buffering capacity of an acidic ultisol by crop straw derived biochars. Journal of Agricultural and Food Chemistry, 65(37): 8111-8119.

Shi R Y, Liu Z D, Li Y, et al. 2019. Mechanisms for increasing soil resistance to acidification by long-term manure application. Soil and Tillage Research, 185: 77-84.

Tahir M, Lv Y, Gao L, et al. 2016. Soil water dynamics and availability for citrus and peanut along a hillslope at the Sunjia Red Soil Critical Zone Observatory (CZO). Soil and Tillage Research, 163: 110-118.

Xu R K, Coventry D R, Farhoodi A, et al. 2002. Soil acidification as influenced by crop rotations, stubble management and application of nitrogenous fertiliser, Tarlee, South Australia. Australian Journal of Soil Research, 40(3): 483-496.

Zhao X Q, Chen R F, Shen R F. 2014. Co-adaptation of plants to multiple stresses in acidic soils. Soil Science, 179(10-11): 503-513.

Zhao X Q, Guo S W, Shinmachi F, et al. 2013. Aluminum tolerance in rice is antagonistic with nitrate preference and synergistic with ammonium preference. Annals of Botany, 111(1): 69-77.

Zhao X Q, Shen R F. 2018. Aluminum-nitrogen interactions in the soil-plant system. Frontiers in Plant Science, 9: 807.

第3章 黄淮海平原土壤地力提升与可持续利用

3.1 黄淮海平原主要土壤类型及存在问题

3.1.1 黄淮海平原区域概况

黄淮海平原地跨冀、鲁、豫、苏、皖、京、津五省两市,面积达 32 万 km^2,其中耕地面积占 56%。每年生产的粮食占全国粮食总产量的 32.2%~35.9%,其中,近十年玉米平均产量占全国的 27.7%,小麦平均产量占全国的 76.3%,该地区是我国最大的粮食生产基地。黄淮海平原地势平坦,主要由黄河、海河、淮河和滦河冲积而成,耕地面积约占全国总耕地面积的 31.2%(杨勇等,2017)。黄淮海平原系北亚热带和中温带的过渡带,大部分地区属暖温带季风型大陆性气候,具有冬季寒冷雨雪少、春季干旱风沙多、夏季炎热雨集中、秋高气爽日照足的显著特点(顾庭敏等,1991)。该平原年均温 8~15℃,无霜期 190~220 天;热量资源丰富,≥0℃积温为 4100~5400℃,≥10℃积温为 3700~4700℃;降水量不够充沛,但集中于生长旺季,地区、季节和年际间差异较大,年降水量为 500~1000mm,且主要集中于 7~9 月。自 1960 年以来,黄淮海平原地区气候变暖明显,其年平均降水量下降了 0.842mm,年平均气温升高了 0.02℃,且最低温度比最高温度升高快(阿多等,2016)。

黄淮海平原耕作历史悠久,各类自然土壤均已熟化为农业土壤,平原地带性土壤为棕壤或褐土,而非地带性土壤主要包括潮土、草甸土、砂姜黑土、水稻土等。从山麓至滨海,土壤发生明显变化。沿燕山、太行山、伏牛山及山东山地边缘的山前洪积-冲积扇或山前倾斜平原发育有黄土(褐土)或潮黄垆土(草甸褐土),平原中部为黄潮土(浅色草甸土),冲积平原上尚分布有其他土壤,如沿黄河、漳河、滹沱河、永定河等大河的泛道有风沙土;河间洼地、扇前洼地及湖淀周围有盐碱土或沼泽土;黄河冲积扇以南的淮北平原未受黄泛沉积物覆盖的地面,大面积出现黄泛前的古老旱作土壤——砂姜黑土;淮河以南、苏北、山东南四湖及海河下游一带分布有水稻土(中国科学院南京土壤研究所,1994)。

在黄淮海平原众多的土壤类型中,潮土分布最为广泛,现有面积达 2.5 亿亩,主要由黄河冲积物发育而来,是受地下潜水作用,经过耕作熟化而形成的一种具有腐殖质层(耕作层)、氧化还原层及母质层等剖面构型的半水成土壤(郭斗斗等,2014),因有夜潮现象而得名。潮土主要特征是地势平坦、土层深厚,腐殖质积累过程较弱;同时由于潮土质地轻、耕性良好、矿物养分丰富,具有较大的利用和改造潜力。

砂姜黑土是我国最典型的低产土,根据全国第二次土壤普查资料的分析,其在黄淮海地区的皖豫鲁苏 4 省 119 个县均有分布,总面积达 5567 万亩,其中在安徽省 22 个县分布面积 2471.5 万亩,河南省 46 个县分布面积 1993.1 万亩,山东省 37 个县分布面积

743.0 万亩,江苏省 14 个县分布面积 359.4 万亩。砂姜黑土的耕层土壤有机质含量普遍小于 1.5%,土壤质地黏重,黏土矿物以 2∶1 型胀缩性强的蒙脱石为主,具有干缩湿胀、结构性及耕性差等特征(詹其厚和顾国安,1996)。

3.1.2 黄淮海平原潮土和砂姜黑土主要障碍因子

2019 年黄淮海区域的河北、山东、河南、江苏、安徽五省,以全国 30.1%的耕地生产了全国 35.5%的粮食(4710 亿斤[①]),特别是中南部的河南、江苏、安徽三省,以全国 18.6%的耕地,生产了全国 21.8%的粮食(2891 亿斤)(中华人民共和国国家统计局,2020),成为国家粮食安全建设的中流砥柱。然而分析发现黄淮海区域中南部三省产能的增加主要是通过提高粮食作物复种指数到 1.2 获取的,这主要与黄淮海区域中南部大量分布诸如砂姜黑土、沙性潮土等中低产土壤密切相关。中低产田之所以产能低,是因为土壤障碍因子多,地力水平(等级)低。因此,在本小节中,将重点讨论影响潮土与砂姜黑土综合地力的主要障碍因子。

3.1.2.1 潮土

砂粒含量高而黏粒含量低、耕层浅薄。基于河南省封丘县域范围的土壤调查结果显示,砂质壤土和粉砂土的分布比例超过 59%,其中砂粒含量达到 71%,同时调查区域 50%以上土壤的耕作层厚度小于 18 cm。

土壤团聚结构难以形成。由于细质地土壤颗粒具有较大的比表面积,土壤颗粒胶结有机物形成水稳性大团聚体(Regelink et al., 2015),同时这些团聚结构抵抗外界破坏力的程度也随土壤砂粒含量减少而有所增加(Gentile et al., 2013)。

土壤有机质含量偏低。有机质是评估土壤肥力的重要指标之一(曹志洪和周健民,2008)。一方面,砂粒含量高使潮土通气性能好,土壤呼吸强度大,加快了土壤 C、N 的周转,导致潮土有机质含量低且难以积累(张金涛等,2010);另一方面,土壤结构在团聚体不断分散和聚集的过程中逐渐形成(彭新华等,2004),而有机质的矿化和累积与团聚体的分散和聚集过程往往同时进行(Zhang and Horn, 2001)。

3.1.2.2 砂姜黑土

砂姜黑土因土壤剖面有砂姜层和残留黑色层而得名,但砂姜黑土不一定都是低产土,低产土必须伴有障碍因子,如"干坚实、湿黏闭、土壤僵板、结构和耕性差"等,其形成主要由下列土壤性质所致:①耕作层—犁底层—50cm 深度处土层中黏粒(<2μm)含量≥30%;②土壤中黏土矿物以膨胀的 2∶1 型蒙脱石为主;③耕层土壤有机质含量小于 1.5%;④有很多深度超过 25cm、宽度≥1cm 的裂缝。根据上述性质对黄淮海平原所有砂姜黑土土种进行了评估,发现有 34 个土种伴有障碍因子,需要改良,总面积达 3413 万亩,其中,安徽省 1959.5 万亩,河南省 888 万亩,山东省 210 万亩,江苏省 355.5 万亩。

---

① 1 斤=0.5kg。

3.1.3 水肥资源利用现状

水肥资源是限制作物产量的两大因子，也是实现可持续农业实践所面临的两大主要难题。黄淮海平原作为我国的主要粮食生产基地之一，以全国 30.1%的耕地产出了 35.5%的粮食。为了满足日益增长的粮食需求，盲目追求高产，过量投入水肥的现象在该地区十分普遍。而黄淮海平原又是全国水资源、人口、耕地资源分布最不平衡的地区。水肥资源的不合理利用不仅导致水肥利用效率低下、地下水位下降、水资源枯竭，还会造成严重的农业环境污染，从而影响作物的品质、威胁人类的健康，与农业的可持续发展背道而驰。

不同的灌溉方式直接影响作物对水分的利用效率。经典的农业生产系统模拟模型（APSIM）结果表明，充分灌溉条件下黄淮海平原的小麦水分利用效率平均为 1.53kg/m^3；非充分灌溉条件下（仅满足作物水分需求的一半）降低为 1.41kg/m^3；作为对比，雨养条件下小麦的水分利用效率则只有 0.77kg/m^3（陈超等，2009）。但是过量灌水会导致水分利用效率低下。为了单方面追求作物产量的提高，过量灌水的现象仍普遍存在，如河北地区冬小麦夏玉米水分利用效率仅为 1.14kg/m^3（王慧军等，2010）。为了提高作物水分利用效率，实现农业的可持续发展，区别于传统漫灌，农业节水灌溉技术（如滴灌和微喷）在我国包括黄淮海平原迅速发展。滴灌通过少量多次灌水，按照作物水分需求规律将灌溉水准确输送到作物根系，通常与精准施肥技术结合使用，以达到节水高产的效果（Singandhupe et al., 2003）。微喷是在传统喷灌和滴灌的基础上发展起来的一种新型灌溉方式，利用微喷带将水喷射到空中，形成细小雾滴，喷洒到作物根系，其设施也相对简单廉价（何昕楠等，2019）。研究表明，滴灌可提高冬小麦水分利用效率 38%（白珊珊等，2018）。小麦越冬期水分利用效率及成穗率、单株分蘖数在微喷方式下均最高，滴灌次之，漫灌最低（党建友等，2019）。目前来看，黄淮海平原水资源的不合理利用，一方面因为水资源严重短缺、灌溉工程老化、灌溉技术落后，另一方面也和作物生长与降水之间的耦合性差、种植结构不合理有关（蔡典雄和武雪萍，2010）。如冬小麦生长需水需肥的关键时期为 3～5 月，但黄淮海平原大部分地区该时期的降水不足 80mm，其降水量的 80%都集中在 6～9 月；而夏玉米季节降水量偏多又不能被作物充分利用，造成水资源在一定程度上的浪费。

除了水资源的不合理利用之外，过量施肥现象在黄淮海平原也较为普遍。黄淮海平原小麦-玉米轮作体系中氮、磷、钾的年投入量已分别达到 573kg/hm^2（N）、80kg/hm^2（P）和 82kg/hm^2（K），由此造成氮盈余 166kg/hm^2（N），磷盈余 29kg/hm^2（P），而钾素亏缺 65kg/hm^2（K）（李俊良等，2003）。该地区大部分施用的肥料都是化肥，有机肥施用比例较低。以山东省惠民县为例，该县化肥施用比例达到 86%，有机肥仅占 14%（崔振岭，2005）。施用的肥料又主要以氮肥为主，单季作物的施氮量可达到 300kg/hm^2（N），但肥料利用率只有 20%左右，高达 14%～45%的氮素通过氨挥发、淋溶和反硝化途径损失（Liu et al., 2003；Cui et al., 2010）。而研究发现该地区小麦的最佳施氮量应控制为 179kg/hm^2，玉米略高，为 202kg/hm^2，即可达到作物的最高产量，并能保持氮平衡（Zhang et al.，2018b）。因此，当前黄淮海平原小麦-玉米轮作体系中的氮肥施用量已远远超过作物的氮肥需求量（朱兆良和张福锁，2010），农田生态系统中氮素的不断盈余给环境带来了较大压力。

　　农业实践中，水分和肥料管理对作物的生长发育存在互补耦合效应，以肥调水、以水促肥是作物增产的主要途径之一。因此，水肥一体化技术在黄淮海平原得到大力推广和发展。水肥一体化是利用管道灌溉系统，将肥料溶解在水中，同时进行灌溉与施肥，适时、适量地满足农作物对水分和养分的需求，实现水肥同步管理和高效利用的节水农业技术。农业部办公厅于 2016 年印发了《推进水肥一体化实施方案（2016—2020 年）》，要求到 2020 年该技术在全国推广总面积达到 1.5 亿亩，新增 8000 万亩，其中华北地区推广小麦、玉米微喷水肥一体化技术 2000 万亩。黄淮海地区比较成熟的为膜下滴灌水肥一体化模式，指采用地膜覆盖配合微灌/喷灌和管道施肥措施（李永梅等，2018）。以河南省为例，2011~2013 年温县和杞县应用滴灌施肥技术在当地示范推广了 5 万多亩，同时在许昌、封丘和灵宝开展微喷灌溉施肥，示范推广了 20 多万亩（刘戈，2014）。利用水肥一体化技术可同时提高水分和肥料的利用率，实现作物的高产。李格等（2019）通过河北廊坊的两年田间试验发现在滴灌施肥条件下，玉米最适宜的氮和磷施用量分别为 180kg/hm^2 和 90kg/hm^2，氮磷钾的肥料利用率可分别达到 51.21%、28.88% 和 67.75%，远大于 2013 年农业部在《中国三大粮食作物肥料利用率研究报告》中报道的全国玉米的肥料平均利用率——氮肥、磷肥、钾肥利用率分别为 32%、25% 和 43%。研究还发现，采用水肥一体化技术，施肥量只需要控制在当地施肥量的 70%，即可提高小麦产量 18.7%（白珊珊等，2018）。

3.2　秸秆还田快速培肥技术

3.2.1　秸秆还田与土壤性质变化

　　中国是秸秆资源最为丰富的国家之一，全球每年秸秆产出量约为 44 亿 t，我国的产出量高达 8 亿多吨（车莉，2014），其中粮食作物秸秆产量占 70% 以上。秸秆还田是秸秆利用的有效途径之一，大量研究已经表明，秸秆还田对土壤物理、化学、生物等性质有多方面的影响。

1. 土壤有机质

　　秸秆的主要成分是纤维素、半纤维素、木质素及蛋白质等。秸秆还田后，秸秆中易分解有机物质，主要是蛋白质、可溶性有机碳、纤维素等最先被微生物矿化和同化；随后秸秆进入缓慢的降解过程，主要是残留在土壤中的氮素及难分解物质在微生物的进一步作用下进行缓慢且复杂的变化过程，形成难以分解的腐殖物质，从而提升并更新土壤有机质（Heitkamp et al.，2012）。Powlson 等（2008）通过模拟研究发现秸秆还田 100 年能够使粉质黏壤土有机碳增加 20400kg/hm^2。

2. 土壤氮磷钾含量

秸秆本身含有丰富的氮素，具有较高的 C/N 值，作为外源氮施入土壤后，能够增加土壤的氮含量，诱导微生物固氮，从而减少土壤氮素损失，提高了氮的利用率（赵峥等，2018；李亚鑫等，2018；马永良等，2003）。秸秆还田可以有效地提高土壤中全氮含量，随着秸秆还田年限的增加，土壤中全氮量增加（马芳霞等，2018；李月华等，2005）。

秸秆中 60% 以上的磷呈离子态，虽然相对于碳、氮释放较快，但其含量低，故释放量少，因此秸秆还田对土壤磷素的影响主要是间接作用（戴志刚等，2010）。一方面，秸秆还田过程中分解作用产生的二氧化碳和有机酸等促进了有机磷的矿化，活化了土壤中的磷，进而提高了土壤中有效磷的含量（孙星等，2007）；另一方面，秸秆还田对土壤磷素具有活化作用，这种作用主是因为秸秆还田提高了与磷素循环相关的土壤微生物量和土壤酶活性（战厚强等，2015；范丙全和刘巧玲，2005）。徐忠山等（2019）分析 2 年大田试验结果表明，秸秆还田能够使碱性磷酸酶的活性增加 10.89%～64.20%，同时还出现了具有吸磷特性的细菌。

作物秸秆中的钾素含量高且主要以离子态存在，易溶于水，在所有养分中释放速度最快，因此秸秆还田可以补充农田土壤钾素的亏缺。戴志刚等（2010）发现，水稻杆、小麦杆、油菜杆中的钾素在培养 12 天后释放速率均达到 98%。多数相关研究表明，秸秆还田能够增加土壤中速效钾含量，提高土壤供钾能力。劳秀荣等（2003）发现，秸秆还田能够显著增加土壤速效钾的含量，并与秸秆还田量呈正相关关系，秸秆还田对土壤速效钾的亏缺有积极的作用，即使在不施钾肥的条件下，也能在一定程度上维持土壤钾素的平衡。谭德水等（2007）研究认为，河北潮土与山西褐土经秸秆还田后，土壤中的水溶性钾、非特殊吸附钾、非交换性钾和矿物钾含量均有不同程度的提高。

3. 土壤生物性质

土壤中微生物分布广、数量大、种类多，是土壤生物中最活跃的部分，通常 1g 土中就包含几亿到几百亿个微生物。秸秆中含有丰富的有机物质和养分，可以为微生物带来丰富的营养，促进微生物的生长和繁殖，提高微生物活性和数量。李纯燕等（2017）的研究结果表明，与秸秆不还田相比，秸秆还田次年玉米成熟期土壤细菌、真菌和放线菌数量均显著提高，分别提高 36.46%、22.10% 和 23.55%。高大响等（2016）发现，与不还田对照相比，秸秆还田后 30 天土壤中细菌数量显著增加，而真菌和放线菌数量显著减少；秸秆还田后 60 天和 90 天，土壤细菌、真菌、放线菌数量均增加，说明秸秆还田对土壤微生物群落变化的影响具有复杂性和多样性。韩新忠等（2012）研究认为，不同秸秆还田量处理对土壤微生物量碳、氮量均有积极作用，在秸秆还田量为 50%（3000kg/hm²）的时候提升作用最为显著，分别增加了 46.3% 和 91%。秸秆还田不仅可以增加土壤中微生物的数量，还可以改善土壤中微生物群落的结构和功能。樊俊等（2019）发现，秸秆还田对土壤微生物群落多样性的影响不大，但能显著提高微生物群落的丰富度；另外，秸秆还田降低了植烟土壤硝化功能菌属和反硝化细菌的相对丰度，增加了土壤固氮细菌属微生物相对丰度。周文新等（2008）研究认为，稻草还田能提高土壤微生物群落碳代谢能力（AWCD）和功能多样性，促进土壤微生物群落结构和功能的改善；同时还发现，稻草还田处理土壤微生物所利用的碳源主要包括 β-甲基-D-糖化物、甲基丙酮酸、D-木糖醇等 9 种物质。邓巧玲等（2018）的研究结果显示，与秸秆不还田相比，秸秆还田能够显著提高土壤微生物群落碳源代谢能力，并且改变微生物群落结构组成，主要表现为增加土壤中革兰氏阳性菌、革兰氏阴性菌和丛枝菌根真菌含量，降低放线菌和真菌含量。

3.2.2 黄淮海平原秸秆还田技术

3.2.2.1 激发式秸秆还田技术

激发式秸秆还田技术主要针对秸秆直接还田后分解速度慢、当季养分转化效率低、土壤有机质和农田地力提升迟缓等问题而构建。其原理为添加外源激发剂（有机、无机物或生物菌剂等）使秸秆还田土壤中的分解秸秆微生物快速繁殖、活性快速增强，从而达到秸秆快速降解的目的。精制有机肥（鸡粪、猪粪）含有大量的活性有机质和大量腐解微生物，在秸秆还田时加入土壤，可起到接种外来腐解微生物种群和激发土著腐解微生物种群的作用，使腐解微生物大量繁殖，促进秸秆快速分解和转化，不仅能提高当季小麦产量，而且能快速培育土壤地力，降低化肥的施用量。位于河南封丘典型潮土上的田间试验结果表明，在秸秆还田土壤上施用占氮肥用量 17%的商用鸡粪后，土壤易利用碳库和速效氮含量显著增加（表 3-1），表示施用鸡粪加速了秸秆分解转化；进一步的微生

表 3-1　激发式秸秆还田技术对土壤易利用碳库和速效氮含量的影响

项目	秸秆处理（M）				施肥量（F）				交互作用
	显著性	M0	M	Mc	显著性	F200	F160	F120	M×F
TOC/（g/kg）	**	7.06b	7.72b	8.59a	NS	8.05	7.80	7.52	NS
TON/（g/kg）	*	0.88b	0.93ab	1.01a	NS	0.98	0.93	0.90	NS
POC/（g/kg）	**	1.67b	2.01a	2.25a	NS	1.99	1.90	2.04	NS
PON/（g/kg）	**	0.15b	0.19a	0.21a	NS	0.19	0.18	0.17	NS
OPOC/（g/kg）	**	1.37b	1.64b	2.13a	NS	1.66	1.76	1.72	NS
OPON/（g/kg）	**	0.11b	0.13b	0.16a	NS	0.14	0.13	0.13	*
DOC25/（mg/kg）	NS	214	195	192	NS	203	204	193	NS
DON25/（mg/kg）	*	5.49b	7.06ab	7.77a	NS	7.44	7.10	5.78	NS
DOC80/（mg/kg）	*	704b	913a	770ab	NS	750	831	806	NS
DON80/（mg/kg）	**	15.1b	17.1b	24.4a	NS	19.7	18.2	18.8	NS
MBC/（mg/kg）	**	151b	140b	186a	NS	161	160	156	NS
NO3-N/（mg/kg）	*	7.00a	4.65b	6.18ab	*	7.49a	5.38ab	4.95b	NS

注：M0 表示施用化肥，不施用秸秆；M 表示秸秆还田[秸秆粉碎至长度≤5cm，其碳投入为 0.678kg/（m²·a），且施用化肥；Mc 表示秸秆还田[秸秆粉碎至长度≤5cm，其碳投入为 0.678kg/（m²·a），施用占氮肥用量 17%的鸡粪从而增加 58g/（m²·a）、77g/（m²·a）或 96g/（m²·a）的碳投入；F120、F160 和 F200 分别表示当季氮肥施用量为 120kg/hm²、160kg/hm² 和 200kg/hm²；TOC 表示土壤全有机碳；TON 表示土壤全有机氮；POC 表示土壤颗粒有机碳；PON 表示土壤颗粒有机氮；OPOC 表示土壤闭蓄态颗粒有机碳；OPON 表示土壤闭蓄态颗粒有机氮；DOC25 表示 25℃时提取的土壤可溶性有机碳；DON25 表示 25℃时提取的土壤可溶性有机氮；DOC80 表示 80℃时提取的土壤可溶性有机碳；DON80 表示 80℃时提取的土壤可溶性有机氮；MBC 表示土壤微生物生物量碳；NO3-N 表示土壤硝态氮。显著性水平为* = P < 0.05；* * = P < 0.01；NS = 无显著性差异，表中数据为平均值±标准差，三种覆盖处理或三种施氮比例处理后的不同字母表示不同处理间差异显著（P < 0.05）。

物群落组成分析发现,鸡粪通过刺激本土微生物生长,导致土壤微生物群落组成发生改变。因此,除了随有机肥添加而增加的碳源能激发微生物生长和刺激微生物活性外,有机肥通过刺激本土微生物生长导致的微生物组成变化同样是造成土壤易利用碳库和速效养分变化的主要原因(Zhao et al., 2016)。

基于上述研究,我们构建了"冬麦田激发式秸秆还田技术",该技术被农业部科技教育司于 2012 年遴选为 150 项轻简化实用技术之一,并编制成挂图,供有关管理部门、基层农技推广部门和广大农民参考使用。在现代农业产业技术示范基地中推广使用时,技术要点如下。

(1)秸秆粉碎覆盖保墒:前茬作物收获后,立即用秸秆还田粉碎机将秸秆粉碎至小于 5cm 的长度,覆盖在土表进行保墒。

(2)耕作播种前查墒:为保证小麦出齐苗和精制有机肥的激发效果,在耕作播种前进行查墒,如果土壤含水量低于田间持水量的 70%,要进行补墒(不超过农田持水量的80%),防止水分不足影响有机肥激发效果、小麦出苗和播种后灌溉导致的扑苗。

(3)掌握好化肥和精制有机肥的配比和用量:确定足墒后的下一步是施肥。淮河以北灌区小麦高产适宜施肥量是氮肥(纯 N)为 225~250kg/hm^2,磷肥(P$_2$O$_5$)为 80~100kg/hm^2,钾肥(K$_2$O)根据情况进行补充,一般在 65~80kg/hm^2。用作激发的精制有机肥(鸡粪和猪粪)用量控制在 1500kg/hm^2 左右能充分发挥作用,其大部分养分能被当季小麦利用,总化学氮肥用量可减少 15kg/hm^2,因此,实际化学氮肥用量为 210~235kg/hm^2。磷肥、钾肥和精制有机肥全部作为基肥均匀撒施在覆盖秸秆的地表,氮肥中的 110~135kg/hm^2 用量作为基肥,其余 100kg/hm^2 用作拔节期的追肥。

(4)及时耕翻和耙地:施肥后要及时进行翻耕,耕翻深度在 20~25cm,以防止氮肥的挥发损失,同时使精制有机肥混入土壤,与秸秆、土壤保持紧密接触,降低通氧量,形成腐解微生物激发繁殖环境;并进行耙地,消除大土块,保持田地平整,为播种做好准备。

(5)浅垄沟精播匀播:如果墒情很足(接近田间持水量的 80%),允许在耕翻耙地后有 2~3 天的间歇,如墒情在田间持水量的 70%,要及时播种。播种时采用带有镇压轮的精播机进行浅垄沟均匀条播,行距控制在 22~24cm,下种深度控制在 3~4cm,以达到垄沟墒情好利于出齐苗壮苗,垄体增温利于微生物繁殖和秸秆分解转化。

(6)适时冬灌:秸秆激发式快速转化取决微生物的推动,减少干旱胁迫是保持腐解微生物活性的关键,而小麦高产也需要避免干旱的威胁,因此,要做好田间水分管理,特别是适时冬灌,在足墒播种情况下,如果到 12 月底降雨小于 50mm,要进行冬灌,以防止早春干旱。

3.2.2.2　基于田间原位堆腐的秸秆行间掩埋还田技术

秸秆覆盖和翻压还田是最普遍的方式。有研究结果显示,这些常规秸秆还田方式虽然可以提高土壤有机碳含量,但是短期内有降低产量的情况,并且存在水分养分渗漏增加、播种困难、出苗率低下、秸秆腐熟缓慢等弊端,还会产生与生化他感效应有密切关系的病虫草害。为了解决这些问题,我们通过田间试验提出了基于田间原位堆腐的激发式秸秆还田技术。其原理是在田间开沟进行秸秆集中深还，表面再覆土镇压，使秸秆在腐解时热量难以散失，在田间形成一条自然的秸秆堆腐带，在腐熟秸秆提高土壤有机质的同时促进作物产量的提升，同时将堆腐效应和激发效应耦合起来（图3-1）。

图3-1　基于田间原位堆腐的秸秆行间掩埋还田技术过程

该技术主要解决生产实践中的以下问题：①常规秸秆堆肥耗时久，原位堆腐在作物生长时能够利用堆肥效应进行腐熟；②大量秸秆堆肥困难，该技术能利用作物生长的行间空间进行堆肥；③秸秆腐解较慢，该技术能利用激发效应促进秸秆降解；④避免作物生长过程中根系和秸秆直接接触，降低与生化他感效应有密切关系的病虫草害等。技术要点如下：

（1）田间秸秆粉碎。在作物收获后，利用秸秆粉碎机进行秸秆的粉碎。

（2）田间行间开沟。进行行间开沟，行间距离及开挖深度需根据作物品种、种植密度、秸秆还田量进行调整。为了操作方便，一般选择播种玉米前掩埋小麦秸秆，播种小麦前掩埋玉米秸秆，行间距离为60cm，开挖深度为30cm。

（3）秸秆田间原位堆腐和激发式秸秆还田。先将粉碎的秸秆掩埋进沟间（图3-1），再将有机肥（精制造粒鸡粪）混匀施入秸秆中，然后进行覆土及镇压（图3-1）。在玉米-小麦轮作高产旱地土壤中，我们推荐施氮肥 210kg/hm^2（N），播种时在秸秆上撒播 33.6 kg/hm^2（N）的鸡粪，玉米季剩余氮肥分别在拔节期和灌浆期以 4∶6 追肥，小麦季剩余氮肥在返青期追肥；磷肥施用量为 157kg/hm^2（P_2O_5）；钾肥施用量为 105kg/hm^2（K_2O）。在土壤肥力较低的条件下，我们推荐施氮肥 270kg/hm^2（N），其余鸡粪、磷钾肥按相应比例施加。整个生育期，秸秆行间堆腐式还田的同时配施鸡粪，调节土壤的C/N值，而且鸡粪不仅带来更多的促进秸秆腐解的外源活性微生物，为土壤本身的土著微生物提供更多的能源和降解底物，对提高整体土壤微生物代谢活动起到激发式的"引爆效应"，加速秸秆的降解和土壤有机质的累积，并对本底土壤稳定有机质的养分释放有正激发效应。

（4）播种。播种并镇压，保证播种均匀，播深一致，覆盖严密，播后要适时浇水，以加速土壤沉实和秸秆腐解。

该技术适宜于大范围种植、秸秆量大且秸秆覆盖还田影响出苗的壤质和砂质土壤地区，过于黏重的土壤不易开挖、平整；田块坡度大、易干旱、低洼渍涝田及病虫害严重的田块，不宜进行田间原位堆腐的激发式秸秆还田。

3.2.2.3　秸秆还田与稳定性有机碳联合施用技术

土壤有机质含量是决定潮土肥力的重要指标之一。土壤有机质主要指土壤腐殖质，包括非腐殖物质和腐殖物质。非腐殖物质主要指与有机残体的有机组分相似的普通有机化合物，如糖、蛋白质、木质素等，来自微生物改变的植物化合物/微生物合成的有机物质，占有机质的 20%～30%；腐殖物质主要指经微生物作用后，由多酚和多醌类物质聚合而成的含芳香环结构的、新形成的黄色至棕黑色的非晶型高分子有机化合物，包括胡敏酸（HA）、富里酸（FA）、胡敏素（HM），它们占土壤有机质的 60%～80%（Xu et al.，2016）。因此，HA、FA、HM 代表的是土壤中最不易被微生物利用、最为稳定的那部分土壤有机质，表示土壤中人为添加结构和性质与腐殖物质类似的有机物料，使土壤有机质含量在短期内可迅速提高。

木本泥炭是由木本植物残体在水分过多、通气不良、气温较低的沼泽环境中，经过长期累积而形成的一种不易分解、稳定的有机物堆积层。木本泥炭作为一种天然的优良有机物料，具有腐殖酸含量高、纤维素丰富、疏松多孔、比表面积大、保水保肥能力强等优点（孟宪民，2006）。郑延云等（2019）的研究结果表明，木本泥炭腐殖质含量高达862.7g/kg，并且通过扫描电镜发现木本泥炭腐殖质各组分的微形态特征与土壤相似。通过在河南封丘典型潮土上的田间试验发现，与不施用任何有机物料（CK）、单独施用秸秆（R）、秸秆和木本泥炭联合施用（RMT）相比，单独施用木本泥炭（MT）的玉米地上部生物量降低了 10%以上（图 3-2）；RMT 处理不仅作物生物量高，且土壤有机质含量显著增加（表 3-2），玉米生育期的土壤呼吸速率也显著提高（图 3-3），这可能与 RMT 处理的微生物群落发生变化导致的微生物功能发生显著变化有关。

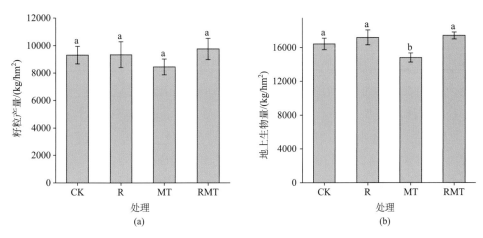

图 3-2　秸秆与木本泥炭联合施用对玉米籽粒产量和地上部生物量的影响

误差线表示标准差；不同字母表示处理间的显著差异（邓肯法，$P<0.05$）

表 3-2 秸秆与木本泥炭联合施用对土壤理化性质的影响

处理	SOM/（g/kg）	TN/（g/kg）	AP/（mg/kg）	NO₃-N/（mg/kg）	C∶N
CK	6.04±0.84b	0.64±0.04a	13.24±0.07b	16.73±0.48b	5.48±0.67c
R	6.94±0.40b	0.58±0.14a	10.12±0.95c	15.61±2.17b	7.20±1.82bc
MT	10.83±3.02a	0.61±0.14a	18.42±2.85a	24.03±3.28a	10.22±1.23a
RMT	9.45±1.70a	0.61±0.12a	11.44±0.84bc	24.63±2.84a	9.13±1.81ab

注：SOM 表示土壤有机质；TN 表示全氮；AP 表示有效磷；NO₃-N 表示硝态氮；C∶N 表示碳氮比。表中数据为平均值±标准差，同列不同字母表示不同处理间差异显著（邓肯法，$P<0.05$）。

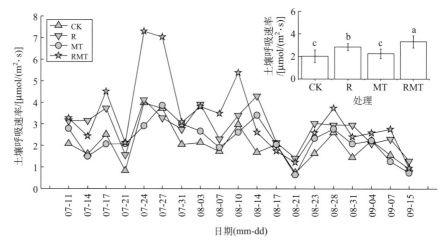

图 3-3 秸秆与木本泥炭联合施用对土壤呼吸速率动态变化影响

折线图表示整个玉米生育期土壤呼吸速率的动态变化，柱状图表示整个玉米生育期土壤呼吸速率的平均值

综上，秸秆还田与稳定性有机碳联合施用技术的要点为：秸秆全量还田，增施富含稳定性有机碳的木本泥炭。技术效果包括：①富营养型的黄单胞菌属丰度显著增加，该菌优先利用新鲜有机质而促进秸秆分解；②当季有机质含量提升 0.34 个百分点；③当季增产 22%，N、P、K 肥利用率分别提高 15 个百分点、6 个百分点和 33 个百分点。

3.2.2.4 秸秆还田与粉煤灰联合施用技术

导致砂姜黑土障碍因子形成和产量低下的内因是较低的有机质含量、大量的黏粒及2∶1 型膨胀性黏土矿物，这些因素使砂姜黑土在脱水时具有很高的内聚力，湿润时膨胀黏闭。而外因是土壤水分的剧烈变化引起障碍因子的发生。因此，改良技术的原理是降低内聚力和控制障碍因子形成的外围环境。针对上述内外在成因，建立了秸秆还田与粉煤灰联合施用技术。其主要原理为：①添加粗质或惰性物质降低内聚力；②采用秸秆还田提高有机质含量，形成团聚化耕层，降低内聚力作用点。

位于安徽省涡阳县楚店镇宋徐村的典型砂姜黑土上的秸秆还田田间试验结果显示，在深耕（35～40cm）基础上添加粉煤灰（5t/亩），或粉煤灰和有机肥（替代 20%化肥氮）同时添加，显著增加了玉米籽粒产量，尤其是粉煤灰和有机肥同时添加处理的表现更为明显（图 3-4）；同时，粉煤灰处理有增加作物的速效养分含量和作物潜在可利用的养分含量的趋势（表 3-3）。

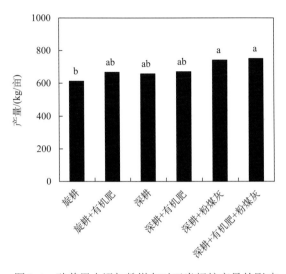

图 3-4　砂姜黑土添加粉煤灰对玉米籽粒产量的影响

表 3-3　粉煤灰添加对玉米灌浆期养分含量的影响（2015 年 8 月 16 日）

处理	硝态氮 /（mg/kg）	铵态氮 /（mg/kg）	速效磷 /（mg/kg）	速效钾 /（mg/kg）	pH
深耕+有机肥+粉煤灰	60.15a	5.25a	61.09a	309.1a	5.32a
深耕+粉煤灰	37.49b	4.37a	52.229ab	291.3a	5.71a
深耕+有机肥	36.61b	3.32a	43.94b	265.6a	5.25a
深耕	30.31bc	2.35a	43.54b	175.7b	5.23a
旋耕+有机肥	14.49c	3.27a	48.89ab	243.9ab	5.37a
旋耕	10.36c	4.00a	43.19b	281.4a	5.34a

处理	DOC（25℃） /（mg/kg）	DOC（80℃） /（mg/kg）	DON（25℃） /（mg/kg）	DON（80℃） /（mg/kg）
深耕+有机肥+粉煤灰	67.55ab	464.0ab	73.35a	53.77a
深耕+粉煤灰	64.80ab	454.7ab	43.73b	53.68a
深耕+有机肥	74.85a	472.4a	43.31b	50.83a
深耕	56.36b	387.2b	36.70b	43.50b
旋耕+有机肥	70.35ab	437.9ab	23.49b	48.48ab
旋耕	64.14ab	420.2ab	20.17b	48.04ab

3.3　保护性耕作技术

3.3.1　保护性耕作的概念

保护性耕作的概念最早源于 20 世纪 30 年代席卷美国东部和加拿大西部的"黑风

暴"事件，为了区别于传统的翻耕、保护生态环境和促进农业可持续发展，人们开始探索一种新的耕作制度，即保护性耕作（conservation tillage）（Page et al., 2013）。迄今为止，保护性耕作在国际上尚无统一定义。美国对保护性耕作进行定义经历了 3 个阶段：第一阶段是 20 世纪 60 年代，将保护性耕作定义为少耕，即通过减少耕作次数和留茬来减少土壤风蚀（Schertz, 1988；Mannering et al., 1987）；第二阶段是 20 世纪 70 年代，美国水土保持局对保护性耕作进行了补充和修正，将保护性耕作定义为不翻耕表层土壤，保持农田表层有一定残茬覆盖的耕作方式，并且将不翻耕表层土壤的免耕、带状间作和残茬覆盖等耕作方式划入保护性耕作范畴；前两个阶段虽然涉及作物残茬覆盖，但都没有明确残茬覆盖量的问题；而第三阶段是 20 世纪 80 年代，把保护性耕作定义为一种作物收获后保持农田表层 30% 及以上残茬覆盖，最终达到防治土壤风蚀的耕作模式和种植方式（Uri, 1999）。全球气候、土壤类型多样，种植制度变化大，则保护性耕作技术类型繁多，美国对保护性耕作的定义也难以概括全貌（高旺盛，2007）。

　　我国的保护性耕作发展较晚，从 20 世纪 60 年代起步，共经历了单项技术的试验研究、秸秆还田和少免耕等配套技术的试验研究及保护性耕作的示范推广等过程（Wang et al., 2007），其目标功能也从最初的风沙治理、水土保持发展到如今的节能减排、地力培育。同国外保护性耕作的概念相比，我国的概念内涵更为广泛。张海林等（2005）和高旺盛（2011）在对保护性耕作的定义中均指出：保护性耕作是一项能够通过少耕、免耕、地表微地形改造以及地表覆盖、合理种植等综合配套措施，达到"少动土"、"少裸露"、"少污染"并保持"适度湿润"和"适度粗糙"的土壤状态，从而减少农田土壤侵蚀、保护农田生态环境并获得生态效益、经济效益及社会效益协调发展目标的可持续农业技术。其核心技术包括少耕、免耕、缓坡地等高耕作、沟垄耕作、残茬覆盖耕作、秸秆覆盖等农田土壤表面耕作技术及其配套的专用机具；配套技术包括绿色覆盖种植、作物轮作、带状种植、多作种植、合理密植、沙化草地恢复及农田防护林建设等。根据对土壤的影响程度可以将保护性耕作技术细分为三种类型：一是以改变微地形为主的等高耕作、沟垄种植、垄作区田、坑田等技术；二是以增加地面覆盖为主的等高带状间作、等高带状间轮作、覆盖耕作（包括留茬或残茬覆盖、秸秆覆盖、砂田、地膜覆盖等）等技术；三是以改变土壤物理性状为主的少耕（含少耕深松、少耕覆盖）、免耕等技术。总的来说，保护性耕作主要包含七大共性技术，分别为少免耕与合理轮耕技术、地表覆盖技术（包括生物质覆盖、非生物质覆盖等）、改变微地形技术（包括等高种植、垄耕等）、保证全苗技术、稳产高效技术、病虫害杂草防除技术及适宜机具技术。随着人们对保护性耕作技术认识的进一步加深，其概念也逐渐明晰。

3.3.2　我国保护性耕作的发展现状及存在问题

　　我国在几千年的农耕历史中，始终重视用地养地相结合，重视土壤保护与合理利用。但是，真正意义上开展保护性耕作技术和理论的研究始于 20 世纪 60 年代。在吸收国外保护性耕作先进技术的基础上，针对中国农业生产实际，经过 50 多年的理论研究和科研实践，在保护性耕作理论和技术方面取得了较多的成果。据统计，自"六五"以来，中国科学家先后研究并提出了陕北丘陵沟壑区坡地水土保持耕作技术、渭北高原小麦秸秆全程覆盖耕作技术、小麦高留茬秸秆全程覆盖耕作技术、旱地玉米整秸秆全程覆盖耕作技术、华北夏玉米免耕覆盖耕作技术及机械化免耕覆盖技术、内蒙古山坡耕地等高种植技术、宁南地区草田轮作技术及沟垄种植技术，为中国大面积推广应用保护性耕作技术奠定了良好的基础（高旺盛，2007）。进入 21 世纪以来，我国先后在北方 38 个县启动了保护性耕作示范推广项目，2009 年农业部和国家发展改革委联合印发了《保护性耕作工程建设规划（2009—2015 年）》，如今保护性耕作已经纳入国家发展规划，2017 年国务院印发的《全国国土规划纲要（2016—2030 年）》中关于分类保护的一章就提出"加强北方旱田保护性耕作"，而农业部联合国家发展改革委、科技部、财政部和国土资源部等部委印发的《全国农业可持续发展规划（2015—2030 年）》也明确指出要将保护性耕作作为增加土壤有机质和提升土壤肥力的重要措施。截止到 2017 年，全国保护性耕作技术推广应用面积已经突破一亿亩，各级政府通过构建保护性耕作长效发展机制，共同促进了我国农业可持续发展。

保护性耕作虽然在我国得到了重视与长足的发展，但是，以往的研究在研究范畴上过窄，有些基础较好的技术缺乏系统性、长期性和针对性，导致目前我国保护性耕作在关键技术研究上还存在很多问题尚未解决。

首先，从保护性耕作发展区域布局重点的总体规划来说，我国目前还未形成真正有区域特色的保护性耕作技术体系。针对中国的不同区域特点，应充分发挥保护性耕作的保土、培肥、节水和增产稳产作用。总体来说，应重点研究北方水蚀区、北方风蚀区、东北退化区、华北缺水区、南方丘陵区、南方稻草富集区六大典型区域，针对区域关键问题，结合共性关键技术，组合形成有区域特色的关键技术体系，并开展保护性耕作研究与示范。

其次，就土壤耕作技术而言，尽管种类较多、技术基本成熟，如东北的深松、垄作、少耕和免耕，华北的夏作免耕和麦玉两作全程免耕，长江中下游地区的轻型耕作、少耕和免耕等；但是，已有的这些耕作技术缺乏系统性和针对性，导致目前它们在调节土壤耕层养分、水分、土壤结构等关键功能方面，以及研究机械化/半机械化、不同耕法有机结合等关键问题上没有进一步的突破与创新。

再者，从保护性耕作配套技术发展趋势来说，迄今为止，我国尚未形成与种植制度相适应的土壤耕作体系和轮耕制，缺少适合不同地区、不同种植制度的保护性耕作专用配套机具。秸秆覆盖地表导致土壤难于耕作，同时，当覆盖量达到一定程度时既可抑制杂草生长，又能影响农作物的播种和出苗，如何协调二者之间的矛盾是有待解决的问题。此外，施肥特别是有机肥施用、作物残茬覆盖引起的病虫草害变化、大量使用除草剂和农药造成的环境污染、土壤表面处理技术及与其他农艺技术措施综合配套等问题都急需解决。

与国外主要应用于一年一熟区的保护性耕作技术相比，我国的保护性耕作多应用于一年两熟甚至一年多熟制区域，需要同时考虑产量效应和经济效益。一般来说，国外保护性耕作的作业机具大多具有技术先进、自动化程度高、配套拖拉机功率大、机型庞大、造价昂贵等特点，其作业规模主要适合大型农场，并且以环境保护和生态修复为重要目标。相比之下，我国面临巨大的人口、资源压力，农业生产模式以一家一户小面积种植为主。因此，国外的保护性耕作技术和机具均不适合我国农业生产需要，当前适合我国国情的保护性耕作技术体系和配套机具仍然比较缺乏。

3.3.3　黄淮海平原主要的保护性耕作技术类型、原理及效果

黄淮海平原是我国重要的粮食主产区，该地区粮食作物的主要种植方式是冬小麦-夏玉米轮作一年两熟制。针对该区域水资源矛盾突出、地下水超采严重、地下漏斗多、土壤肥力低下且受制于一系列生产力障碍因子，粮食高产压力大、农业生产难以持续发展等区域特点，形成了以节水培肥稳产为特色的保护性耕作技术体系，可以实现土壤的"少动土"、"少裸露"并保持"适度湿润"和"适度粗糙"等土壤状态，对挖掘"节水"、"固碳"、"沃土"和"稳产高产"等潜力具有独特的生态经济作用（Zhang et al.,2018a；胡春胜等，2018；张海林等，2005）。目前该地区正在研究和推广应用的关键保护性耕作技术模式如下。

3.3.3.1　深免间歇性翻耕耦合秸秆还田技术

黄淮海平原小麦-玉米两熟区自20世纪90年代以来长期进行秸秆全量还田和土壤少免耕耕作，长期沿用同一耕作措施暴露出不少新问题，如犁底层变浅、耕层土壤容重增加、下耕层养分贫化，影响土壤养分供应、作物根系生长，阻碍了农作物持续增产。长期秸秆还田，使表层土壤的秸秆覆盖层越来越厚，虽然起到了保护土壤和保墒效应，但阻碍了化肥向根系层的下渗，秸秆的表聚减缓了灌溉水的流动速度，增大了灌溉量。为克服长期保护性耕作中存在的不足，有必要探索可持续的土壤轮耕模式的可行性。由于降低了土壤扰动程度，深免间歇性翻耕较连续性翻耕有利于减少对土壤物理结构的破坏；同时，与完全免耕的土壤相比，深免间歇性翻耕土壤因为受到间歇性耕作的影响，耕层土壤容重显著降低，土壤水、肥、气、热因子得到明显改善，进而有利于提升农田土壤地力和实现农作物高产稳产（Zhang et al.,2018a）。秸秆作为我国最为丰富的农业生产资源之一，不仅是重要的有机输入源，而且其还田以后有利于保存土壤水分、调节土壤极端温度和刺激微生物活性，在培育农田土壤地力方面发挥着重要的作用（Derpsch et al.,2014）。当前，在黄淮海平原夏玉米种植季，人们普遍采取夏作免耕播种技术，然而，在冬小麦播种前，按每隔2～4年深耕一次、其余年份均免耕的深免间歇性耕作技术已经逐步推广开来；在2010年以后，秸秆还田在我国普遍得到推广与重视，也成为黄淮海地区最为流行的一项培肥地力的生产措施。深免间歇性翻耕耦合秸秆还田技术的要点包括：间歇性耕作制度仅用于小麦种植季，而玉米种植季均采取免耕播种，土壤翻耕深度为20～22cm；小麦和玉米秸秆均还田，其中小麦秸秆被粉碎为6～7cm长的碎片，而玉米秸秆被粉碎的尺寸为2～3cm，所有的作物秸秆均于土壤翻耕前覆盖还田。

基于河南封丘不同耕作与秸秆管理长期定位试验，研究结果表明，无论秸秆还田与否，降低翻耕频率较连续性翻耕处理能够显著增加0～10cm深度土层>250μm大团聚体的质量比例，增加率高达18.0%～37.9%；同时，与秸秆不还田处理相比，秸秆还田也显

著促进了 0～10cm 和 10～20cm 深度土层土壤大团聚化进程（Zhang et al., 2018a）。随着土壤翻耕频率降低，土壤容重逐渐增大，饱和导水率则显著减小，秸秆还田在一定程度上减弱了耕作模式对土壤容重和饱和导水率的影响程度（舒馨等，2014）。与常规耕作模式相比，以少免耕为主的保护性耕作制度能够引起土壤养分物质发生表聚，故有利于 0～10cm 深度表层土壤碳氮磷养分物质的积累，但是对 10～20cm 深度亚表层或更深层次的土壤来说，降低翻耕频率对土壤基础养分储量没有影响甚至表现出负效应；相反，秸秆还田作为外来有机输入源，对土壤碳氮磷养分物质的累积起着显著的促进作用（表 3-4）。对比不同耕作与秸秆管理下的农作物产量，发现以深免间歇性翻耕耦合秸秆还田处理下的小麦和玉米产量最高（图 3-5）。事实证明，以深免间歇性翻耕耦合秸秆还田为主的保护性耕作制度在培育农田土壤地力和增加农作物产量过程中的潜力最大。

表 3-4　不同耕作与秸秆管理下 0～10cm 和 10～20cm 深度土层土壤基础养分的平均储量及其方差分析

试验处理	0～10 cm									
	有机质 /（Mg/hm²）	全氮 /（Mg/hm²）		碱解氮 /（×10⁻³ Mg/hm²）		全磷 /（Mg/hm²）		速效磷 /（×10⁻³ Mg/hm²）	
		−S	+S	−S	+S	−S	+S	−S	+S
常规耕作	18.2b	1.07b	1.27b*	79.8b	92.1b*	1.29b	1.27b	17.3a	17.3b
间歇性翻耕	20.8a	1.12ab	1.43a*	88.0a	110.5a*	1.46a	1.51a	19.2a	31.6a*
完全免耕	21.1a	1.13a	1.40a*	92.7a	103.3a	1.21c	1.46a*	15.9a	32.5a*
秸秆移除	18.6B	—		—		—		—	
秸秆还田	21.4A	—		—		—		—	
ANOVA									
耕作模式（t）	$P<0.001$	$P<0.001$		$P<0.001$		$P<0.01$		$P<0.01$	
秸秆管理（s）	$P<0.001$	$P<0.001$		$P<0.001$		$P<0.05$		$P<0.001$	
t×s	NS	$P<0.01$		$P<0.05$		$P<0.05$		$P<0.01$	

试验处理	10～20cm						
	有机质 /（Mg/hm²）	全氮 /（Mg/hm²）	碱解氮 /（×10⁻³ Mg/hm²）		全磷 /（Mg/hm²）		速效磷 /（×10⁻³ Mg/hm²）
			−S	+S	−S	+S	
常规耕作	17.7a	1.06a	71.8a	76.7a	1.16a	1.18a	13.5a
间歇性翻耕	14.5b	0.93b	52.3b	78.3a*	0.96b	1.18a*	11.0b
完全免耕	14.4b	0.89b	51.3b	60.5b*	1.01b	1.03b	12.9a
秸秆移除	14.8B	0.88B	—		—		10.9B
秸秆还田	16.3A	1.04A	—		—		14.0A
ANOVA							
耕作模式（t）	$P<0.01$	$P<0.01$	$P<0.001$		$P<0.001$		$P<0.05$
秸秆管理（s）	$P<0.05$	$P<0.001$	$P<0.001$		$P<0.01$		$P<0.05$
t×s	NS	NS	$P<0.05$		$P<0.01$		NS

注：ANOVA 表示方差分析；−S 表示秸秆全部移除；+S 表示秸秆全部还田；同列不同小写字母表示土壤基础养分储量在不同耕作模式之间差异显著；同列不同大写字母表示三种耕作模式下的平均养分储量在两种秸秆管理方式之间差异显著；*表示相同耕作模式下土壤养分储量在两种秸秆管理方式之间差异显著（$P<0.05$）；NS 表示处理间差异不显著。

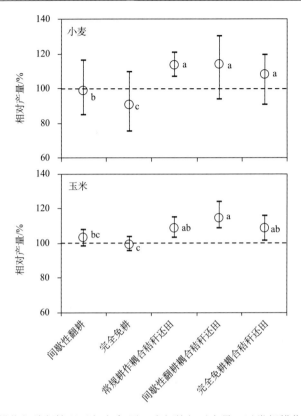

图 3-5　不同耕作与秸秆管理下冬小麦/夏玉米籽粒相对产量（以常规耕作处理下的小麦
和玉米产量分别看作 100%）

3.3.3.2　玉米整秸秆行间覆盖小麦全免耕播种技术

针对黄淮海平原缺水地区农田生产效益偏低和地下水严重超采导致的生态环境问题，建立以节水、高产、固碳为特色的保护性耕作技术体系成为维持农田生产力可持续的重要举措（胡春胜等，2018）。常规耕作对土壤有压实作用，而保护性耕作通过改善土壤结构，能有效提高土壤储水孔隙率、导水率、田间持水量和有效水含量，同时秸秆覆盖又能有效减少土壤蒸发，具有开源与节流双重节水机制。长期免耕减少了土壤的扰动而降低了土壤碳的矿化率，土壤碳的累积主要固定在土壤大团聚体的颗粒有机碳中，固定态碳首先进入活性易分解有机碳库，然后缓慢转入稳定碳库。目前，在黄淮海平原缺水区，人们多采用玉米整秸秆覆盖于小麦行间、小麦免耕播种的种植模式，基本实现小麦玉米全程全量秸秆机械化覆盖和土壤无效蒸发趋于零。

河北栾城的长期保护性耕作定位试验结果表明，在传统耕作模式下，冬小麦不同生育时的土壤蒸发量均最大，其平均日蒸发量为 0.90mm/d，较玉米秸秆覆盖小麦全免耕播种模式增加 73.1%～100%，同时，后者较前者也显著提高了小麦抽穗前土壤 50cm 深处土层蓄水量（陈四龙等，2006）。以玉米秸秆行间覆盖小麦全免耕播种为主的保护性耕作实施 6 年后，耕层土壤容重和团聚体的稳定性均相应提高，储水孔隙的数量也显著增加

（胡春胜等，2018），说明传统翻耕转变为保护性耕作达到一定时间后，将有利于改善土壤相关水力学参数和总体土壤质量。分析土壤的固碳速率后发现，不同耕作措施下 30cm 以下深度土层土壤有机碳含量没有显著性差异，但是免耕耦合秸秆还田处理下 0～30cm 深度土层的有机碳储量要显著大于传统耕作模式（Dong et al.，2009）。因此，在黄淮海平原缺水地区实施以玉米整秸秆行间覆盖小麦全免耕播种为主的保护性耕作技术对促进固碳、减排、节水、提高土壤质量等生态效益发挥了重要的作用。

3.3.3.3　深旋松耕耦合秸秆还田技术

针对黄淮海平原北部高产农区连年旋耕导致土壤耕层变浅、犁底层变厚变硬、通气透水性差、土壤生产能力下降等问题，采用间隔深松耕的方法能够在一定程度上打破犁底层、降低土壤容重、增加通透性、提高土壤的保水能力和养分有效性，为作物根系生长创造良好的条件，进而有利于农作物的高产稳产（Abu-Hamdeh，2003；张海林等，2003；Martin-Rueda et al.，2007；宋日等，2000）。然而，在实践上间隔深松整地最深为 30cm（王志霞和于芳，2010），对打破犁底层虽有一定效果，但对土壤疏松的贡献程度有限，不能有效解决土壤耕层变浅、犁底层变厚变硬的问题。深旋松耕作法是一种新型的土壤耕作方法，主要结合了深松、旋耕和翻耕三种耕作方法的优点，可将农田土壤垂直旋磨粉碎，在打破犁底层的同时还能不翻动土壤的结构而使土壤松软，达到高产节水的目的（杨雪等，2013；李轶冰等，2013）。其技术要点为深旋松耕机深旋松耕土壤 30cm→缺口耙耙地→播种玉米→玉米收获后旋耕机旋耕→播种冬小麦→冬小麦收获后留茬不进行任何耕作→贴茬播种夏玉米。

河北吴桥的大田定位试验结果表明，不同耕作模式对土壤蓄水量的影响较大，深旋松耕作法表现出利于降水入渗、储蓄更多水分的优势，在冬小麦返青期，深旋松耕下 0～50cm 深度土层土壤蓄水量较常规旋耕和间隔深松分别增加 11.69mm 和 10.56mm（杨雪等，2013）；同时，在玉米生育期内，深旋松耕下土壤总耗水量比旋耕和深松分别减少了12.2%～16.4% 和 10.2%～14.5%（李轶冰等，2013）。土壤容重对深旋松耕作法响应十分敏感，该耕作制度实施一年半之后，0～30cm 深度土壤容重显著低于常规旋耕和间隔深松两种耕作制度（杨雪等，2013）。不同的耕作制度通过改变土壤理化性质，进一步影响作物生长状况和产量。以冬小麦为例，研究指出深旋松耕下小麦花期的群体叶面积指数较常规旋耕和间隔深松分别提高了 52.0% 和 39.2%，干物质积累量分别提高了 26.8% 和16.9%，灌浆 30 天的籽粒干重分别提高了 11.4% 和 10.4%，因此深旋松耕下的作物产量要显著高于旋耕和深松耕作（杨雪等，2013）。综合考虑农业生产效益和生态环境效应，采用以深旋松耕耦合秸秆还田为主的保护性耕作技术可以维持黄淮海平原北部高产农区农田生产力的可持续性。

基于我国当前基本国情，产量效应仍然是影响保护性耕作技术应用和推广的主要因素。应该根据区域特点，结合特色种植模式，因地制宜地选择既能保证农作物高产稳产，又能改善生态环境的保护性耕作技术模式，最终实现农业生产的可持续性发展。

3.4 农业水氮资源高效利用技术模式

3.4.1 黄淮海平原农业水氮资源利用现状

黄淮海平原属暖温带半干旱季风型气候区，降水量少，且年内、年际分布极不均匀。年内降水多集中在夏季（6～9月），占全年降水量的65%～85%，而最少的四个月（11～次年2月或12～次年3月）降水量仅占全年的3%～10%。黄淮海平原年平均气温为10～15℃，全年1月温度最低，为-1.8～1.0℃；7月温度最高，为26～32℃。南北气温差异较大，东西温差不明显。全年日照时数为2400～3100h，无霜期在200d以上，水面蒸发量为1100～2000mm。

黄淮海平原是我国重要的粮食主产区，该地区粮食作物的主要种植方式是小麦-玉米轮作，冬小麦于每年10月上旬播种，次年6月上旬收获；夏玉米于每年6月中旬播种，9月下旬收获。3～5月是冬小麦的关键生育期，但降水量不能满足冬小麦的水分需求；6～9月是夏玉米生育期，雨热同季，降水基本可满足夏玉米的水分需求。所以，黄淮海平原冬小麦生产依赖灌溉，而夏玉米生产与降水也密切相关。每年春天黄淮海平原都需要大量地下水或地表水进行农田灌溉。由于地表水资源量极其有限，地下水实际上是农业灌溉用水的主要来源（Fang et al., 2010）。

良好的灌溉条件是保障黄淮海平原粮食高产稳产的基本条件。中华人民共和国成立以来，该地区积极推进灌溉配套与节水改造工作，对中低产田进行连片开发，建设高标准基本农田，初步形成了田成方、林成网、渠相通、路相连、旱能浇、涝能排、基础设施配套、服务功能完善的连片高标准农田。经过多年的投入和建设，农业生产条件得到明显改善，有效灌溉面积持续增加。目前，黄淮海平原农业用地面积约为8850万hm²，其中灌溉面积为6530万hm²，农业耗水量约占本地区总用水量的70%（Lin et al., 2000）。以河南省为例（图3-6），

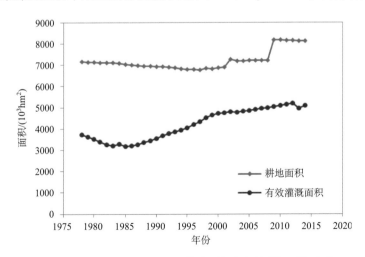

图3-6　1978～2014年河南省耕地面积和有效灌溉面积变化

1978～2014 年尽管耕地面积变化较小,但有效灌溉面积自 1985 年的 319.0 万 hm² 增长至 520 万 hm²,有效灌溉面积占总耕地面积的比例由 45%增长至 65%。通过节水改造,农田用水效率提高,农田灌溉每亩用水量逐渐降低,因此在有效灌溉面积持续增加的情况下,农田灌溉用水量相对稳定,保持在 100 亿～120 亿 m³(河南省统计局,2015)。

　　氮素是对作物生长具有重要影响的大量营养元素之一,黄淮海平原土壤的自身供氮能力并不能满足本地区高强度的农业生产需要。因此,外源性氮的输入,尤其是氮肥施用,对黄淮海平原农业生产的贡献举足轻重。中华人民共和国成立以来的 50 年间(1949～1998 年),我国氮肥产量和使用量都不断攀升,粮食产量也不断刷新历史纪录,粮食年产量与氮肥年施用量之间的相关系数高达 0.9(朱兆良,2008)。根据陈新平和张福锁(2006)的研究结果,1996 年以来黄淮海平原小麦-玉米轮作体系化肥氮的平均用量达到 550kg/(hm²·a)(N)。目前,华北地区轮作体系中氮素年总输入量为 666kg/hm²(N),年总输出量为 539kg/hm²(N),农田土壤氮素年盈余量达 127kg/hm²(N),这些盈余的氮素可能以各种形态储存于土壤中(图 3-7)。农田生态系统氮素的来源,除氮肥和有机肥的施入外,还有大气干湿沉降、灌溉水和生物固氮等输入形式。其中,化肥氮比例最高,占总氮量的 83%(朱兆良和张福锁,2010)。除了作物吸收和土壤残留,氮素可通过氨挥发损失到大气中,或通过硝酸盐淋溶进入水体,二者分别占黄淮海平原氮素输出中的 27%和 19%(朱兆良和张福锁,2010)。总体来看,黄淮海平原小麦-玉米轮作体系氮肥用量已远远超过当前作物产量水平的氮肥需求量,氮肥利用效率只有 30%～35%(Zhu and Chen, 2002)。长期过量施用氮肥不仅导致土壤质量降低、氮肥经济效益低下,而且损失的氮或进入大气或进入地表水和地下水,对生态环境造成重大影响。因此,如何合理地进行氮肥的施用和管理,在保障粮食安全的前提下进一步提高氮肥利用率,减少因过量氮肥施用对环境造成的危害仍是本地区需要解决的重大问题。

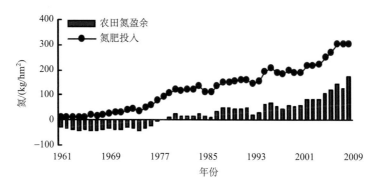

图 3-7　1961～2009 年中国农田氮肥投入及氮盈余(张卫峰等,2013)

　　近几十年来,由于灌溉和化肥投入的增加,黄淮海平原冬小麦和夏玉米的产量和水分利用效率都得到极大提高(图 3-8)。对于灌溉良好的农田,其谷类作物的平均水分利用效率为 1.0～1.9kg/m³,达到全球同类农田平均水平(Fang et al., 2010)。但灌溉不均匀、灌溉量不足,土壤养分、虫害和杂草管理不当仍是制约本地区大部分农田水分利用效率进一步提高的主要原因。例如,河南省封丘地区谷类作物的水分利用效率从中华人民共和国成立之初的 0.23kg/m³ 增加到 21 世纪初的 0.90kg/m³（徐富安和赵炳梓，2001），但整体仍较低，且空间变化较大。所以，本地区作物水分利用效率仍有很大的提升空间。氮肥利用率在很大程度上与水分利用率密切相关。过量灌溉会导致硝态氮淋失增加，灌溉不足则作物生长受限，氮素吸收率也相应下降。故水分利用率的提高也必然在一定程度上促进氮素利用率的提高，水分利用率提升是黄淮海平原水氮资源高效利用的关键。

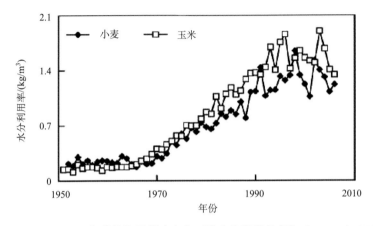

图 3-8　1951～2006 年黄淮海平原小麦和玉米水分利用率变化（Mo et al., 2009）

当前，黄淮海平原农业背景和面临的问题已与中华人民共和国成立初期大为不同，如长期"井灌井排"措施下，盐碱问题在大部分地区已不复存在，但区域地下水位持续下降，地下水漏斗大面积发展（张光辉等，2012），地下水资源的可持续性成为新的问题；农业效益不高，劳动力大量流失，作物收种虽已实现机械化，但灌溉、追肥和打药仍严重依赖人工作业，水肥管理质量难以进一步提高。当前，黄淮海平原不仅应从"藏粮于地"的国家战略角度出发，大力推进农田土壤质量提升和地力培育，更为迫切地是如何从农户层面解决丰产、提质和增效的问题。近几年，农村土地流转集中给农业现代化带来新的机遇和挑战，若能解决农民认识和技术上的不足和问题，充分发挥现代大农业的管理优势和成本优势，水氮利用效率必然会得到进一步提高，本地区农业生产必将再上新的台阶。

3.4.2　冬小麦-夏玉米农田耗水规律及水资源高效利用模式

3.4.2.1　冬小麦-夏玉米农田耗水规律及水资源供需矛盾

潮土区降水少，且年内分配不均。水分是制约本地区粮食生产最为重要的因素之一。本地区当前农业水资源利用效率不高，揭示冬小麦-夏玉米轮作系统作物各生育期耗水规律是提高水资源利用效率的重要前提。基于河南封丘试验站 1996 年开始建立的大型蒸渗仪系统，我们对作物耗水过程进行了长期观测，获得了冬小麦-夏玉米轮作系统的多年耗水数据。要达到全年每亩 1t 以上的产量，作物全年需水量为 830mm，其中玉米季需水 358mm，降水基本能满足作物的水分需求；小麦季需水 473mm，仅靠降水是不够的，必须通过灌溉获取亏缺的 311mm 水分（图 3-9）。小麦季和玉米季降水的年际变异相差不大，均在 40%左右，但在灌溉条件下，小麦季耗水的变异要明显小于玉米季（图 3-10 和图 3-11）。玉米在丰水年易受水涝影响，枯水年同样需要灌溉（图 3-11）。

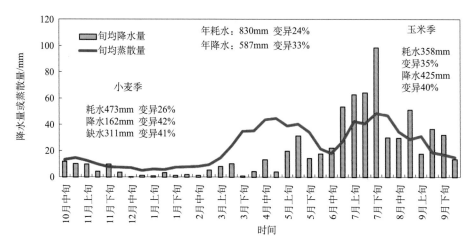

图 3-9　1999～2011 年作物各生育期旬均耗水和降水情况对比

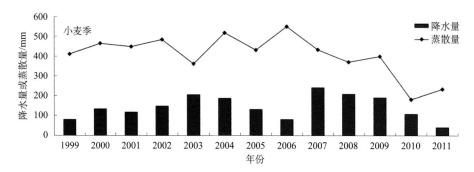

图 3-10　1999～2011 年小麦季耗水和降水情况对比

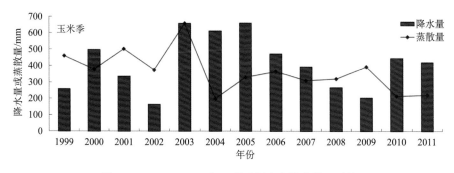

图 3-11　1999～2011 年玉米季耗水和降水情况对比

就整个华北地区而言，近几十年的气候条件发生了显著变化，温度升高，降水变少，变异增强，粮食作物生产的不确定性增加。根据 1956～2009 年的气象资料，黄淮海平原多年平均降水量为 538mm，枯水年降水量不足 400mm，丰水年则大于 800mm（张光辉

等，2012）。20 世纪 50～70 年代为降水偏丰期，时段（1956～1979 年）平均年降水量为
608.1mm；80 年代以来为降水偏枯期，时段（1980～2009 年）平均年降水量为 528.6mm，
相对 1956～1979 年年均降水量减少 13.07%。自 1980 年以来，偏枯年份明显增多，年降
水天数、极端强降水量、降水频数和强度也随之减少，呈干旱化趋势（张光辉等，2012）。

　　黄淮海平原农田灌溉面积的快速增长给粮食作物带来持续增产的同时，作物耗水量
也大幅增加，本地区水资源供需矛盾日益加大。华北地区耕地面积占全国的比例为
16.96%，但水资源却只占全国的 2.25%（马颖卓，2019），并且由于气候变化和过度
开采，黄淮海平原水资源量呈逐年下降趋势。黄淮海平原 1980～2009 年平均总水资
源量为 325 亿 m^3/a，相对于 1956～1979 年均值减少 28.92%，总水资源累计减少量为 1411
亿 m^3（张光辉等，2012）。

　　河南省封丘县是典型的沿黄井灌区，在黄河水资源全流域统一分配后，近些年引黄灌水
量已很少，地下水是本地区灌溉水的主要来源。黄河河床在本地区高于沿岸地面，黄河是地
下水的主要补给来源，但长期开采地下水仍使本地区地下水位持续下降。1980 年以来，封
丘地下水位年均下降 0.29m，目前已经深达 12m 左右（图 3-12）。随着地下水位持续下降，
封丘地区农田水循环呈现新的模式，根区以下普遍开始出现干燥化的趋势（图 3-13），并且

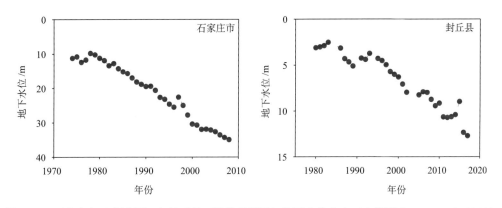

图 3-12　石家庄市（井灌区）和封丘县（沿黄井灌区）地下水位动态（右图引自 Fang et al., 2010）

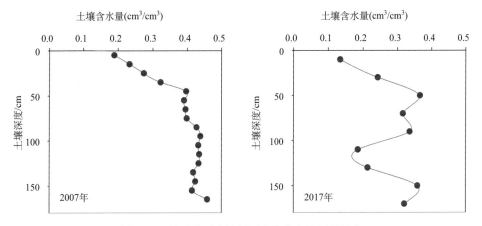

图 3-13　封丘地区土壤剖面水分分布特征的演变

3.4.3　冬小麦-夏玉米农田氮素利用规律及高效利用模式

3.4.3.1　冬小麦-夏玉米氮素利用规律

1. 黄淮海平原小麦-玉米轮作体系需氮规律

小麦是需肥较多的作物。小麦对氮的吸收有两个高峰：一是在出苗到拔节阶段，吸收氮占总氮量的40%左右；二是在拔节到孕穗开花阶段，吸收氮占总氮量的30%~40%，在开花以后仍有少量吸收。磷的吸收以孕穗到成熟期最多，约占总吸收量的40%。钾的吸收以拔节到孕穗、开花期最多，占总吸收量的60%左右，到开花时对钾的吸收达到最大量。因此，在小麦苗期，应用适量的氮肥和一定的磷、钾肥，促使幼苗早分蘖、早发根，培育壮苗。拔节到开花是小麦吸收养分最多的时期，需要较多的氮、钾，以巩固分蘖成穗，促进壮秆、增粒。扬花以后应保持足够的氮、磷，以防脱肥早衰，促进光合作用产物的转化和运输，促进麦粒灌浆饱满，增加粒重（朱兆良和张福锁，2010）。

玉米在幼苗期植株体内氮素需求较低，吸氮过程受反馈抑制。拔节期以后，植株进入快速生长阶段，整株吸氮速率提高，土壤氮素总体供应逐步成为限制因素，生长对氮吸收产生正反馈调节。开花后进入籽粒建成期，籽粒建成作为一个重要的库，成为反馈调节氮吸收的主导因素。氮素供应不足严重影响雌穗的发育，开花-吐丝期间隔时间加长，授粉不足，籽粒结实率差，籽粒数显著减少。后期吸氮速率逐渐变缓，吸收量也逐步减少。因此，玉米一般轻施苗期肥，早施、重施拔节，后期酌情施用粒肥（朱兆良和张福锁，2010）。

2. 黄淮海平原小麦-玉米轮作体系农田氮收支

黄淮海平原是我国典型的高投入高产出农业生产体系。黄淮海平原小麦-玉米轮作体系农田每年的氮素输入为化学氮肥545kg/hm²、有机肥带入的氮68kg/hm²、降水带入农田的氮21kg/hm²、灌溉带入农田的氮15kg/hm²、非生物固氮15kg/hm²、种子带入的氮5kg/hm²，氮素年输入总量669kg/hm²；每年的氮素输出为作物收获带走的氮311kg/hm²、氨挥发损失120kg/hm²、硝化-反硝化损失18kg/hm²、淋洗损失139kg/hm²，氮素年输出总量588kg/hm²。由此推算，华北地区小麦-玉米轮作体系农田氮素处于盈余状态，氮素年盈余量为81kg/hm²（表3-5）（朱兆良和张福锁，2010）。

表 3-5　黄淮海平原小麦-玉米轮作体系中氮素循环与平衡模式（朱兆良和张福锁，2010）

项目	N/（kg/hm²）	所占比例/%
化肥	545	81
农家肥	68	10
非生物固氮	15	2
降水	21	3
灌溉	15	2
种子	5	1

项目	N/（kg/hm^2）	所占比例/%
收入小计	669	
作物收获	311	53
氨挥发	120	20
硝化-反硝化	18	3
淋洗	139	24
支出小计	588	
平衡（=收入−支出）	81	

3.4.3.2 氮肥高效利用技术模式

1. 以实时监测或模型为基础的氮素管理

针对农田土壤氮素时空变异大、作物氮素吸收与根层土壤氮素供应难以同步的问题，从根层土壤养分调控的思路出发，以高产优质小麦和玉米的生长发育规律、氮素需求规律和品质形成规律为基础，以根层土壤氮素调控为主要手段，在充分考虑土壤和环境的氮素供应的同时，针对氮素资源特征实施有效的管理策略，实现作物养分需求与养分资源供应的同步，达到高产、优质、资源高效利用和环境保护的目的（朱兆良和张福锁，2010）。

技术要点：①根据高产作物不同生育阶段的氮素需求量确定根层土壤氮素供应强度的目标值（范围）；②根层土壤深度随作物生育进程中根系吸收层次的变化而变化，并受施肥调控措施的影响；③通过土壤和植株速测技术对根层土壤氮素供应强度实施动态监测；④通过外部的氮肥投入将根层土壤的氮素供应强度始终调控在合理的范围内。具体操作：根据小麦和玉米在不同生长发育阶段对氮素的需求规律，确定不同阶段所需氮素供应量，通过根层土壤氮素供应的实时快速测定表征土壤氮素供应，不足部分由化学氮肥补齐，以此实现土壤、环境氮素供应和氮肥投入与作物氮素吸收在时间上的同步和空间上的耦合，最大限度地协调作物高产与环境保护的关系。以黄淮海平原小麦-玉米轮作体系为例，其目标总产为 12t/hm^2（小麦、玉米各 6t/hm^2）的氮素实时监控技术指标（Chen et al., 2006; Zhao et al., 2006）如图 3-15 所示。"以根层养分调控为核心"的氮素实时监控技术的田间验证和调整完善试验表明，在黄淮海平原的小麦-玉米轮作体系中，氮肥实时监控技术可以在保障作物高产的条件下，大幅度提高氮肥利用率，降低环境污染的风险。

2. 缓控释肥料技术

肥料释放养分的时间和强度与作物需求之间的不一致是造成养分利用率低的原因之一。缓控释肥料是采用各种机制对肥料水溶性进行调控，有效延缓或控制了肥料中养分的释放速率，实现肥料养分供应与作物吸收相吻合。缓控释肥料起着延缓养分释放、延长肥效的作用。控释肥料则集促释和缓释为一体，能够调控养分供应速度，如脲醛肥料。

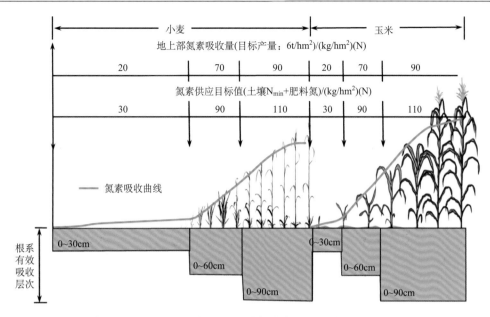

图 3-15　以根层养分监测为基础的小麦-玉米轮作氮素实时调控模式（朱兆良和张福锁，2010）

缓控释肥料的作用在于在作物生长初期可以有效减缓养分释放，减少养分尤其是氮素淋溶和挥发损失，提高氮肥利用效率和作物产量。但是，缓控释肥料的释放特性受作物营养特性、土壤性质、肥料性质、水分、温度等环境因素的影响，不同控释肥料养分释放的特性存在很大不同，如有机氮控释肥开始养分释放很快，而后期释放很慢。因此，需要根据作物需肥特点、土壤性质和气候条件等，研发适宜区域作物、土壤和气候等特点的肥料种类。另外，Ding 等（2015）在河南封丘站的研究发现，由于小麦生长季降水较少，用硝基肥料硝酸磷肥替代尿素可以实现小麦产量提高 12.3%，氮肥利用率从 28.8% 增加到 35.9%，同时 N_2O 排放量从尿素处理的 0.49kg/hm^2（N）减少到 0.28kg/hm^2（N）。

3. 脲酶抑制剂和硝化抑制剂

尿素是我国施用最多的一种氮肥，占氮肥总用量的一半以上。然而，尿素施入土壤后，在脲酶作用下，水解产生 NH_3，在潮土等碱性土壤上易引起 NH_3 挥发，造成巨大的经济损失和环境污染。脲酶抑制剂通过延缓尿素水解，延长施肥点处尿素的扩散时间，降低了土壤溶液中 NH_4^+ 和 NH_3 的浓度，减少氨挥发损失。目前，脲酶抑制剂的种类有一百多种，包括醌类、酰胺类、多元酸、多元酚、腐殖酸、甲醛等。应用较为广泛的是 n-丁基硫代磷酰三胺（NBPT）和氢醌（HQ），其中，NBPT 在碱性土壤上对 NH_3 挥发损失抑制效果较好，而 HQ 因与其他脲酶抑制剂相比，价格低廉，受到广泛关注。脲酶抑制剂与硝化抑制剂联用则可以减缓 NH_4^+ 向 NO_3^- 转化，减少氮素淋溶损失，同时也抑制了 N_2O 产生，提高氮肥利用率。最常见的硝化抑制剂有双氰胺（cyanamide 的二聚物，简称 DCD）和 2-氯-6-（三氯甲基）吡啶（nitrapyrin）。Owens（1981）对 nitrapyrin 研究发现，施用硝化抑制剂 nitrapyrin 与对照（不施用）相比，NO_3^- 的淋溶损失由 48% 降低到 35%。Ding 等（2011）在河南封丘站的试验表明，脲酶抑制剂 NBPT 和硝化抑制剂 DCD

联用或单用玉米季可以减少 N_2O 排放 37.7%～46.8%。

4. 水氮耦合增效

水氮耦合是通过协同促进作用促进作物生长及提高对水氮的高效利用。从 2005 年开始，河南封丘农业生态试验站开展了长期的水氮耦合试验研究，明确了当地常规农业耕作模式下不同水氮处理的农田氮素收支平衡状况（Huang et al.，2015）。封丘地区年均大气氮沉降量在 31.8kg/hm² （N），约占农田生态系统外源性氮输入总量的 10%左右，年均氨挥发损失总量为 53.2kg/hm² （N），占施氮量的 6%～10%，反硝化损失量在 1.3～18.7kg/hm² （N）之间，硝态氮淋失量与施肥量、降水量、灌水量及其在土壤中的累积量密切相关，其值约占施氮量的 3%～21%。氨挥发主要发生在玉米季追肥后（图 3-16），追肥后及时灌溉可有效降低氨挥发，反硝化损失和硝态氮淋失也主要发生在高温多雨的玉米季。施氮量低于 190kg/hm² （N）时，土体中无机氮基本无残留，并且处于亏损状态；施氮量高于 190kg/hm² （N）时，土体无机氮累积非常明显（图 3-17），考虑作物产量和环境效应，当地单季最佳施氮量应在 190kg/hm² （N）左右。

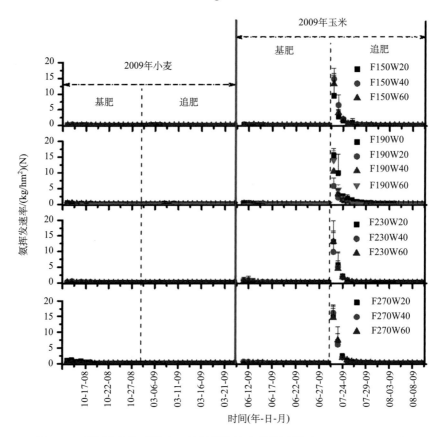

图 3-16　不同水氮处理的农田日氨挥发速率变化过程（Huang et al.，2015）

F 为施肥，F 后的数字表示每公顷施氮量；W 为灌溉，W 后的数字表示灌溉时预期达到田间持水量的土层厚度；如 F150W20
表示施氮量为 150 kg/hm² （N），每次灌水量使表层 20 cm 土层达到田间持水量

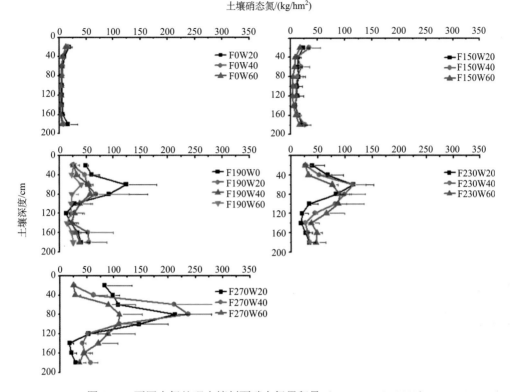

图 3-17 不同水氮处理土壤剖面硝态氮累积量（Huang et al., 2015）

F 为施肥，F 后的数字表示每公顷施氮量；W 为灌溉，W 后的数字表示灌溉时预期达到田间持水量的土层厚度；如 F150W20
表示施氮量为 150 kg/hm²（N），每次灌水量使表层 20 cm 土层达到田间持水量；F0W20 表示不施氮肥，每次灌水量使表
层 20 cm 土层达到田间持水量

5. 农田养分精准管理技术

精准农业是根据每一操作单元的具体情况，精细准确地确定田间物资投入量，并进行田间管理，将传统低效型的生产方式转变为低耗、高效的生产方式，从而节约大量的物质资源，也有效地保护生态环境。精准施肥是依据作物生长的土壤状况和作物的需肥规律，适时、适量地进行施肥，以满足作物不同时期对养分的需求，以最少的肥料投入达到最大的经济效益，提高化肥利用率，改善农业生态环境。精准施肥首先要进行土壤养分数据和作物生长状况数据的采集，运用 GIS 做出农田空间属性的差异性变化，再依据施肥决策分析系统结合作物生长模型得到施肥决策，最后通过全球定位系统和变量施肥控制技术实现精确施肥，达到提高肥料利用效率和作物产量的目的。

参 考 文 献

阿多，熊凯，赵文吉，等. 2016. 1960～2013 年华北平原气候变化时空特征及其对太阳活动和大气环境变化的响应. 地理科学, 36(10): 1555-1564.

白珊珊，万书勤，康跃虎. 2018. 华北平原滴灌施肥灌溉对冬小麦生长和耗水的影响. 农业机械学报, 49:

269-276.

蔡典雄, 武雪萍. 2010. 中国北方节水高效农作制度. 北京: 科学出版社.

曹志洪, 周健民. 2008. 中国土壤质量. 北京: 科学出版社.

车莉. 2014. 农作物秸秆资源量估算、分布与利用潜力研究. 大连: 大连理工大学.

陈超, 于强, 王恩利, 等. 2009. 华北平原作物水分生产力区域分异规律模拟. 资源科学, 31: 1477-1485.

陈四龙, 陈素英, 孙宏勇, 等. 2006. 耕作方式对冬小麦棵间蒸发及水分利用效率的影响. 土壤通报, 37(4): 817-821.

陈新平, 张福锁. 2006. 小麦-玉米轮作体系养分资源综合管理理论与实践. 北京: 中国农业大学出版社.

崔振岭. 2005. 华北平原冬小麦-夏玉米轮作体系优化氮肥管理——从田块到区域尺度. 北京: 中国农业大学.

戴志刚, 鲁剑巍, 李小坤, 等. 2010. 不同作物还田秸秆的养分释放特征试验. 农业工程学报, 26(6): 272-276.

党建友, 裴雪霞, 张定一, 等. 2019. 灌溉方法与施氮对土壤水分、硝态氮和小麦生长发育的调控效应. 应用生态学报, 30: 1161-1169.

邓巧玲, 何俊峰, 李继福, 等. 2018. 长期秸秆还田对水旱轮作土壤结构及微生物多样性的影响. 长江大学学报(自科版), 15(2): 14-18, 40.

樊俊, 谭军, 王瑞, 等. 2019. 秸秆还田和腐熟有机肥对植烟土壤养分、酶活性及微生物多样性的影响. 烟草科技, 52(2): 12-18+61.

范丙全, 刘巧玲. 2005. 保护性耕作与秸秆还田对土壤微生物及其溶磷特性的影响. 中国生态农业学报, 13(3): 130-132.

高大响, 黄小忠, 王亚萍. 2016. 秸秆还田及腐熟剂对土壤微生物特性和酶活性的影响. 江苏农业科学, 44(12): 468-471.

高旺盛. 2007. 论保护性耕作技术的基本原理与发展趋势. 中国农业科学, 40(12): 2702-2708.

高旺盛. 2011. 中国保护性耕作制. 北京: 中国农业大学出版社.

顾庭敏, 朱瑞兆, 林之光, 等. 1991. 华北平原气候. 北京: 气象出版社.

郭斗斗, 黄绍敏, 张水清, 等. 2014. 多种潮土有机质高光谱预测模型的对比分析. 农业工程学报, 30(21): 192-200.

韩新忠, 朱利群, 杨敏芳, 等. 2012. 不同小麦秸秆还田量对水稻生长、土壤微生物生物量及酶活性的影响. 农业环境科学学报, 31(11): 2192-2199.

何昕楠, 林祥, 谷淑波, 等. 2019. 微喷补灌对麦田土壤物理性状及冬小麦耗水和产量的影响. 作物学报, 45: 879-892.

河南省统计局. 2015. 河南统计年鉴 2014. 北京: 中国统计出版社.

胡春胜, 陈素英, 董文旭. 2018. 华北平原缺水区保护性耕作技术. 中国生态农业学报, 26(10): 118-126.

劳秀荣, 孙伟红, 王真, 等. 2003. 秸秆还田与化肥配合施用对土壤肥力的影响. 土壤学报, 40(4): 618-623.

李纯燕, 杨恒山, 萨如拉, 等. 2017. 不同耕作措施下秸秆还田对土壤速效养分和微生物量的影响. 水土保持学报, 31(1): 197-201, 210.

李格, 白由路, 杨俐苹, 等. 2019. 华北地区夏玉米滴灌施肥的肥料效应. 中国农业科学, 52: 1930-1941.

李俊良, 张瑞清, 赵荣芳, 等. 2003. 华北地区冬小麦-夏玉米轮作体系的农田养分平衡模式. 中国农业科技导报, 5(s1): 40-44.

李亚鑫, 张娟霞, 刘伟刚, 等. 2018. 玉米秸秆还田配施氮肥对冬小麦产量和土壤硝态氮的影响. 西北农林科技大学学报(自然科学版), 46(7): 38-44.

李轶冰, 逄焕成, 杨雪, 等. 2013. 粉垄耕作对黄淮海北部土壤水分及其利用效率的影响. 生态学报, 33(23): 7478-7486.

李永梅, 陈学东, 李锋, 等. 2018. 我国水肥一体化技术发展研究. 宁夏农林科技, 59: 51-53.

李月华, 郝月皎, 李娟茹, 等. 2005. 秸秆直接还田对土壤养分及物理性状的影响. 河北农业科学, 9(4): 25-27.

刘戈. 2014. 水肥一体化在河南推广应用情况分析. 农业科技通讯, 9: 48-50.

马芳霞, 王忆芸, 燕鹏, 等. 2018. 秸秆还田对长期连作棉田土壤有机氮组分的影响. 生态环境学报, 27(8): 1459-1465.

马颖卓. 2019. 充分发挥农业节水的战略作用助力农业绿色发展和乡村振兴——访中国工程院院士康绍忠. 中国水利, 1: 6-8.

马永良, 宇振荣, 江永红, 等. 2003. 曲周试区玉米秸秆不同还田方式对土壤氮素影响的探讨. 土壤, 1: 62-65.

孟宪民. 2006. 我国泥炭资源的储量、特征与保护利用对策. 自然资源学报, 4: 567-574.

彭新华, 张斌, 赵其国. 2004. 土壤有机碳库与土壤结构稳定性关系的研究进展. 土壤学报, 41(4): 618-623.

舒馨, 朱安宁, 张佳宝, 等. 2014. 保护性耕作对潮土物理性质的影响. 中国农学通报, 30(6): 175-181.

宋日, 吴春胜, 牟金明, 等. 2000. 深松土对玉米根系生长发育的影响. 吉林农业大学学报, 22(4): 73-75, 80.

孙星, 刘勤, 王德建, 等. 2007. 长期秸秆还田对土壤肥力质量的影响. 土壤, 39(5): 782-786.

谭德水, 金继运, 黄绍文, 等. 2007. 不同种植制度下长期施钾与秸秆还田对作物产量和土壤钾素的影响. 中国农业科学, 40(1): 133-139.

王慧军, 李英杰, 张建斌. 2010. 河北省粮食综合生产能力研究. 石家庄: 河北科学技术出版社.

王志霞, 于芳. 2010. 玉米产区超深松联合整地方法. 农机使用与维修, (3): 122.

徐富安, 赵炳梓. 2001. 封丘地区粮食生产水分利用效率历史演变及其潜力分析. 土壤学报, 38(4): 491-497.

徐忠山, 刘景辉, 逯晓萍, 等. 2019. 秸秆颗粒还田对黑土土壤酶活性及细菌群落的影响. 生态学报, 39(12): 1-8.

杨雪, 逄焕成, 李轶冰, 等. 2013. 深旋松耕作法对华北缺水区壤质黏潮土物理性状及作物生长的影响. 中国农业科学, 46(16): 3401-3412.

杨勇, 邓祥征, 李志慧, 等. 2017. 2000-2015 年华北平原土地利用变化对粮食生产效率的影响. 地理研究, 36(11): 2171-2183.

詹其厚, 顾国安. 1996. 淮北砂姜黑土的母质特性对其生产性能的影响. 安徽农业科学, 24(3): 251-255.

战厚强, 颜双双, 王家睿, 等. 2015. 水稻秸秆还田对土壤磷酸酶活性及速效磷含量的影响. 作物杂志, 2: 78-83.

张光辉, 费宇红, 王金哲, 等. 2012. 华北灌溉农业与地下水适应性研究. 北京: 科学出版社.

张海林, 高旺盛, 陈阜, 等. 2005. 保护性耕作研究现状、发展趋势及对策. 中国农业大学学报, 10(1): 16-20.

张海林, 秦耀东, 朱文珊. 2003. 耕作措施对土壤物理性状的影响. 土壤, 2: 140-144.

张金涛, 卢昌艾, 王金洲, 等. 2010. 潮土区农田土壤肥力的变化趋势. 中国土壤与肥料, 5: 6-10.

张卫峰, 马林, 黄高强, 等. 2013. 中国氮肥发展、贡献和挑战. 中国农业科学, 46(15): 3161-3171.

赵峥, 周德平, 褚长彬, 等. 2018. 不同施肥和秸秆还田措施对稻麦轮作系统碳氮流失的影响. 水土保持学报, 32(3): 36-41.

郑延云, 张佳宝, 谭钧, 等. 2019. 不同来源腐殖质的化学组成与结构特征研究. 土壤学报, 56(2): 138-149.

中国科学院南京土壤研究所. 1994. 席承藩与我国土壤地理. 西安: 陕西人民出版社.

中华人民共和国国家统计局. 2020. 中国统计年鉴 2019. 北京: 中国统计出版社.

周文新, 陈冬林, 卜毓坚, 等. 2008. 稻草还田对土壤微生物群落功能多样性的影响. 环境科学学报, 28(2): 326-330.

朱兆良. 2008. 中国土壤氮素研究. 土壤学报, 45: 778-783.

朱兆良, 张福锁. 2010. 主要农田生态系统氮素行为与氮肥高效利用的基础研究. 北京: 科学出版社.

Abu-Hamdeh N H. 2003. Compaction and sub-soiling effects on corn growth and soil bulk density. Soil Science Society of America Journal, 67(4): 1212-1218.

Chen X, Zhang F, Römheld V, et al. 2006. Synchronizing N supply from soil and fertilizer and N demand of winter wheat by an improved N_{min} method. Nutrient Cycling in Agroecosystems, 74: 91-98.

Cui Z L, Zhang F S, Chen X P, et al. 2010. In-season nitrogen management strategy for winter wheat: Maximizing yields, minimizing environmental impact in an over-fertilization context. Field Crops Research, 116: 140-146.

Derpsch R, Franzluebbers A J, Duiker S W, et al. 2014. Why do we need to standardize no-tillage research? Soil & Tillage Research, 137(3): 16-22.

Ding W X, Chen Z M, Yu H Y, et al. 2015. Nitrous oxide emission and nitrogen use efficiency in response to nitrophosphate, N-(n-butyl) thiophosphoric triamide and dicyandiamide of a wheat cultivated soil under sub-humid monsoon conditions. Biogeosciences, 12: 803-815.

Ding W X, Yu H Y, Cai Z C. 2011. Impact of urease and nitrification inhibitors on nitrous oxide emissions from fluvo-aquic soil in the North China Plain. Biology and Fertility of Soils, 47: 91-99.

Dong W X, Hu C S, Chen S Y, et al. 2009. Tillage and residue management effects on soil carbon and CO_2 emission in a wheat-corn double-cropping system. Nutrients Cycling in Agroecosystems, 83: 27-37.

Fang Q X, Ma L, Green T R, et al. 2010. Water resources and water use efficiency in the North China Plain: Current status and agronomic management options. Agricultural Water Management, 97: 1102-1116.

Gentile R M, Vanlauwe B, Six J. 2013. Integrated soil fertility management: aggregate carbon and nitrogen stabilization in differently textured tropical soils. Soil Biology and Biochemistry, 67: 124-132.

Heitkamp F, Wendland M, Offenberger K, et al. 2012. Implications of input estimation, residue quality and carbon saturation on the predictive power of the Rothamsted Carbon Model. Geoderma, 170: 168-175.

Huang P, Zhang J B, Zhu A N, et al. 2015. Coupled water and nitrogen (N) management as a key strategy for the mitigation of gaseous N losses in the Huang-Huai-Hai Plain. Biology & Fertility of Soils, 51: 333-342.

Lin Y M, Ren H Z, Yu J J, et al. 2000. Blance between land use and water resources in the North China Plain. Journal of Natural Resources, 15: 252-258.

Liu X J, Ju X T, Zhang F S, et al. 2003. Nitrogen dynamics and budgets in a winter wheat-maize cropping system in the North China Plain. Field Crops Research, 83: 111-124.

Mannering J, Schertz D, Julian B. 1987. Overview of Conservation Tillage//Effects of Conservation Tillage of Groundwater Quality. Chelsea, MI: Lewis Publishers.

Martin-Rueda L, Muno-Guerra L M, Yunta F. 2007. Tillage and crop rotation effects on barley yield and soil nutrients on a Calciortidic Haploxeralf. Soil & Tillage Research, 92: 1-9.

Mo X G, Liu S X, Lin Z H, et al. 2009. Regional crop yield, water consumption and water use efficiency and their responses to climate change in the North China Plain. Agriculture, Ecosystems and Environment, 134(1-2): 67-78.

Owens L B. 1981. Effects of nitrapyrin on nitrate movement in soil columns. Journal of Environment Quality, 10(3): 308-310.

Page K, Dang Y, Dalal R. 2013. Impacts of conservation tillage on soil quality, including soil-borne crop diseases, with a focus on semi-arid grain cropping systems. Australasian Plant Pathology, 42(3): 363-377.

Powlson D, Riche A, Coleman K, et al. 2008. Carbon sequestration in European soils through straw incorporation: Limitations and alternatives. Waste Management, 28: 741-746.

Regelink I C, Stoof C R, Rousseva S, et al. 2015. Linkages between aggregate formation, porosity and soil chemical properties. Geoderma, 247-248: 24-37.

Schertz D. 1988. Conservation tillage: An analysis of acreage projections in the United States. Journal of Soil and Water Conservation, 33: 256-258.

Singandhupe R B, Rao G G S N, Patil N G, et al. 2003. Fertigation studies and irrigation scheduling in drip irrigation system in tomato crop (*Lycopersicon esculentum* L.). European Journal of Agronomy, 19: 327-340.

Uri N D. 1999. Factors affecting the use of conservation tillage in the United States. Water, Air, and Soil Pollution, 116(3): 621-638.

Wang X B, Cai D X, Hoogmoed W B, et al. 2007. Developments in conservation tillage in rainfed regions of North China. Soil and Tillage Research, 93(2): 239-250.

Xu Y H, Fan J L, Ding W X, et al. 2016. Stage-specific response of litter decomposition to N and S amendments in a subtropical forest soil. Biology and Fertility of Soils, 52(5): 711-724.

Zhang B, Horn R. 2001. Mechanisms of aggregate stabilization in Ultisols from subtropical China. Geoderma, 99(1): 123-145.

Zhang X F, Zhu A N, Xin X L, et al. 2018a. Tillage and residue management for long-term wheat-maize cropping in the North China Plain: I. Crop yield and integrated soil fertility index. Field Crops Research, 221: 157-165.

Zhang Y T, Wang H Y, Lei Q L, et al. 2018b. Optimizing the nitrogen application rate for maize and wheat based on yield and environment on the Northern China Plain. Science of the Total Environment, 618: 1173-1183.

Zhao B Z, Zhang J B, Yu Y Y, et al. 2016. Crop residue management and fertilization effects on soil organic matter and associated biological properties. Environmental Science and Pollution Research, 23(17): 17581-17591.

Zhao R F, Chen X P, Zhang F S, et al. 2006. Fertilization and nitrogen balance in a wheat/maize rotation system in north China. Agronomy Journal, 98: 938-945.

Zhu Z L, Chen D L. 2002. Nitrogen fertilizer use in China-Contributions to food production, impacts on the environment and best management strategies. Nutrient Cycling in Agroecosystems, 63: 117-127.

第4章 黑土区资源保护与可持续土壤管理

4.1 黑土资源和农业利用

4.1.1 黑土资源和分布

黑土是地球上最珍贵的土壤资源之一，主要分布在世界四大区域：乌克兰大平原、北美洲密西西比河流域、我国松辽流域的东北黑土区、南美洲阿根廷至乌拉圭的潘帕斯大草原。

阿根廷的典型黑土主要分布在湿润和半湿-半干旱的潘帕斯草原，黑土面积为 89 万 km^2（Liu et al., 2012）。黑土分布区的年降水量为 1000～2000mm，由东北向西南递减。夏季温暖，最热月平均气温为 26～30℃；冬季温和，最冷月平均气温高于 0℃。阿根廷黑土区是世界重要的粮仓和肉仓，也是世界最大的后备耕地区。乌拉圭的黑土面积为 13 万 km^2，约占其全国总土地面积的 81%。乌拉圭属于温带亚湿润气候，全国年平均降水量为 1200mm，夏季日平均气温为 25℃，冬季日平均气温为 13℃。

在北美洲，黑土主要分布在加拿大草原、美国中部平原和墨西哥东部半干旱草原，其中加拿大黑土面积为 40 万 km^2，美国黑土面积为 200 万 km^2，墨西哥黑土面积为 50 万 km^2（Liu et al., 2012）。美国黑土区位于密西西比河流域的大平原，向北一直延伸到加拿大。北美洲黑土区是重要的农业区，也是美国和加拿大最重要的粮食生产和出口基地。

在 2000 年前后，乌克兰和俄罗斯黑土总面积约为 184 万 km^2，被誉为"欧洲的粮仓"。乌克兰和俄罗斯大平原黑土带的降雨主要集中在夏季。整个黑土带的气候特点是：夏季高温，冬季寒冷，温度波动范围较小。从北到南和从东到西气候呈带状分布，导致该区域黑土也呈带状分布。越往南气候越干旱，北部年均降水量为 400～500mm，南部地区降至 250～350mm；相反，从北到南无霜期时间逐渐增加，有效积温增加。从东到西黑土带的大陆性气候逐渐增强，表现为年平均温度降低，有效积温减少，年降水量减少，植物生长周期缩短（张兴义等，2018）。

我国的黑土分布在东经 115°31′～135°05′（1400km）和北纬 38°43′～53°33′（1600km）的东北地区，素以肥力高著称，不仅是东北农业发展的基础，也是我国的重要粮仓，粮食产量和调出量均占全国的 1/4，在保障国家粮食安全中具有举足轻重的作用（赵玉明等，2019）。东北黑土主要分布在北起大兴安岭，南至辽宁省中北部，西到内蒙古东部的大兴安岭山地边缘，东至乌苏里江和图们江，行政区域涉及辽宁、吉林、黑龙江和内蒙古东部的部分地区（张新荣和焦洁钰，2020）。据 1979 年开始的全国第二次土壤普查资料，黑龙江省典型黑土面积为 482.5 万 hm^2，吉林省黑土面积为 110.1 万 hm^2，内蒙古自治区三市一盟黑土面积为 85.7 万 hm^2，辽宁省黑土面积 1.4 万 hm^2，总计 679.6 万 hm^2。

4.1.2 黑土区自然环境概况

4.1.2.1 气候条件

我国东北黑土区基本属于温带大陆性季风气候。其特点是四季分明，夏季温热短暂，冬季寒冷漫长。夏季，大陆明显增热，在东北低压控制下，太平洋高压脊西部边缘延伸到我国大陆东部，东南季风增强，南来暖湿空气向北输入，降雨量急剧增加，形成雨季。春秋两季是过渡季节，处在变性的极地大陆气团影响之下，春季变性极地大陆气团不断减弱而秋季不断增强，高压形势与夏季相似，但低层形势发生了较大变化。通常从 9 月中旬开始，受较强的冷空气影响，天气逐渐转凉（常丽君，2007）。

黑土区年平均降水量通常为 400～700mm，主要集中在 4～9 月的作物生长季，尤以 7～9 月为最多，占全年总降水量的 60% 以上（贺伟等，2013）。作物生育期水分较多，有利于作物的正常生长，并能促进土壤有机质的形成。黑土区年平均气温为 1～8℃，由南向北递减。3～9 月份气温较高，平均在 18℃ 左右；6～8 月份大部分地区平均气温达 19～23℃。1 月份最冷，平均气温为 -16～-30℃，极端最低气温接近 -40℃。在冬季，土壤冻结深度可达 100～280 cm。黑土区积温由南向北递减，在 1700～3200℃ 之间，相差较大（刘实等，2010）。

4.1.2.2 地形地貌

东北地区的地貌形似山环水绕的马蹄，东、北、西三面都被低山、中山环绕，东面为长白山脉，北面为小兴安岭山脉，西部为迁西山地和大兴安岭山脉（崔明等，2008）。东北平原包括黑龙江、松花江和乌苏里江冲积形成的三江平原，辽河侵蚀冲积而成的辽河平原，松花江和嫩江冲积而成的松嫩平原。东北平原没有高海拔的山岭，海拔一般在 800～1500m。总体上，区内除隆起的大小兴安岭外，地势相对平坦，地貌特点是丘陵漫岗，地形坡缓且长，坡度一般小于 7°，坡长约 1000～2000 m，最长可达 4000 m。肥沃的土壤，加上平坦的地势，使东北地区从清朝开始便成为理想的开荒之地（刘猛，2010）。

4.1.2.3 植被类型

黑土区自然植被为草原化草甸植物，以杂草类群落为主，植物组成以瘤囊薹草、大叶野豌豆、翅果唐松草、东风菜、早熟禾、问荆、落草、柴胡和小白花地榆等为主 (张晓平等，2006)。在地势较高排水良好的地段，有榛子等植物；在含水量较多的地段则出现沼柳等植物（谷思玉等，2012）。黑土养分和水分条件较好，杂类草植物生长茂盛，植被高度一般为 40～50cm，高的可达 80～120cm，覆盖率可达 100%（韩贵清和杨林章，2009）。

从大的植物地理格局来看，东北黑土区位于欧亚大陆草原的最东端，寒温带针叶林最南端，温带夏绿林的最北缘，这些植被类型交汇于此。受夏季季风的影响，植被分布的经向地带性非常显著。东北最高山脉长白山海拔 2500m 以上，辽河平原入海口海拔近于零，高差大，形成了植被垂直地带分布规律（刘丹和于成龙，2017）。山地的最高处为高山荒漠带、高山苔原带、岳桦林带、针叶林、落叶阔叶林,台地上分布着稀树和灌丛,草原群落介于疏林与平原草甸之间的狭窄地带,低平原上分布着草甸,再低处则出现湿地植被(谢建华等,2017)。

4.1.2.4 水文特征

黑土区地下水埋藏较深,大约在 5~20m,最深可达 30m。含水层以上更新统灰白色粗沙层为主。地下水的矿化度不高,一般为 0.3~0.7g/L,化学组分以碳酸氢钙和二氧化硅为主。由于地下水埋藏深,且大多数旱地为雨养模式,土壤水分来源主要是降水。黑土具有季节性冻层,土壤和母质的质地比较黏重,夏季降雨集中,在土层内部有时出现滞水,上层滞水一般深度为 50~70cm。这层支持重力水不断向上层补给水分,直接影响黑土的形成、发育和利用(魏丹和孟凯,2017)。黑土农田年蒸发量平均为 1200~1700mm,地面蒸发量为 440~450mm。蒸发量最大值出现在 4~6 月,占全年蒸发量的 50%左右,最小值在冬季的 11 月至次年 2 月,蒸发量仅占全年总量的 10%(常丽君,2007)。

4.1.2.5 黑土形成和类型

黑土腐殖质含量丰富,具有较厚的暗色表层,反映了该区气候冷凉,天然植被生长茂盛,土壤有机质来源丰富且分解缓慢的成土过程。黑土具有深厚腐殖质层,通体无石灰反应。黑土质地黏重,结构良好,土壤容重为 1.0~1.5g/cm^3,孔隙度和持水量大,通气性较差,pH 为 5.5~6.5,有机质含量为 3%~6%(张新荣和焦洁钰,2020)。

东北耕地共有 4 个黑土亚类,即典型黑土、白浆化黑土、草甸黑土和表潜黑土(谢建华等,2017)。根据母质类型,每个土壤亚类可以进一步划分出土属,共 13 个土属。土种主要根据腐殖质层厚度(A 层)进行划分:厚层>50cm,中层 20~50cm,薄层 10~20cm,破皮黄<10cm,共 32 个土种(魏丹和孟凯,2017)。

1. 典型黑土

典型黑土亚类是各亚类中最接近土类概念的亚类,主要分布在波状起伏的漫川漫岗上中部,地形较高,排水条件较好,生物小循环规模较大。典型黑土表层为松软的暗色腐殖质,向下逐渐过渡,下部淀积层发育良好,为核块状结构或者棱块状结构。从剖面形态可以看出,黑土亚类土体由黑土层、过渡层、淀积层和母质层组成。由于淋溶作用,土体内的可溶性盐类及碳酸盐受到淋溶下渗,全剖面没有石灰反应,呈中性至微酸性。在淋溶和季节性过湿的条件下,硅酸失水而呈白色粉末状,沉淀在下层的结构体表面。在淀积层内可见到铁锰结核、胶膜和二氧化硅粉末。典型黑土主要包括三个土属:黄土质黑土、泥沙质黑土和暗沙质黑土(崔明等,2008;赵玉明等,2020)。

2. 白浆化黑土

白浆化黑土为黑土向白浆土过渡的类型,主要分布在长白山低山丘陵区向松辽平原过渡的山麓台地地带。主要特征为:在腐殖质层以下可见发育不好的白浆层,干时颜色近乎灰白色,湿时颜色为灰黄色;轻壤,层状结构;pH 为 6.5 左右;盐基饱和度较黑土的其他亚类低；具有白浆土白浆层的特征，说明受到还原漂洗的淋溶作用。此外，由于淋溶作用较强，三氧化物有一定分异，黏化淀积层发育明显，可见到大量的铁锰淀积物。白浆化黑土是白浆化过程叠加黑土成土过程而形成的，主要分布在母质较黏重的岗地，地形部位较高，主要土属包括黄土质白浆化黑土（张之一，2010）。

3. 草甸黑土

草甸黑土潜育化部位居中，处于干湿交替状态，湿润时间较多，为黑土向草甸土过渡的亚类，在黑土形成过程中，附加草甸化过程，广泛分布于台地向河谷平原过渡的坡麓地带及台地间局部低平原。草甸黑土地势平坦，地下水位适中，水分充足，自然植物生长繁茂，腐殖质层深厚，多大于 50cm，个别达到 100cm 以上。分布于坡麓沟口地带的草甸黑土，由于受坡积、淤积的影响，上层可见厚度不一且具有黏性的淤土层。该亚类土层上部具有黑土特征，土体受到一定的淋溶作用，腐殖质和可溶性物质下移，并在下部积淀。土体下部因受地下水毛管上升的作用，经常处于氧化还原交替的状态，有铁斑锈纹，具有半水成土的特征。草甸黑土主要土属包括黄土质草甸黑土和泥沙质草甸黑土（赵玉明等，2020）。

4. 表潜黑土

表潜黑土为黑土向沼泽土过渡的亚类，分布在波状起伏的漫岗坡地下部或平坦漫岗顶部的碟状洼地。土壤上层滞水多，耕层过湿，潜育化部位较高，水分以表层湿润为主，并可见明显的锈斑层。亚表层内有潜育化现象，可见大量锈斑。淀积层以下有潜育化特征。

4.1.3 黑土区农业生产概况

4.1.3.1 黑土农业利用现状

东北地区黑土和黑钙土的耕地面积共约 904 万 hm^2，其中黑龙江省占 57.44%，吉林省占 21.86%，辽宁省为 0.15%，内蒙古呼伦贝尔市为 20.55%（表 4-1）。2014 年黑龙江省耕地总面积为 1586.6 万 hm^2，以此计算黑土耕地面积约占该省耕地总面积的 32.7%。2014 年吉林省耕地总面积为 408.5 万 hm^2，黑土耕地面积占 48.4%。从以上数据可见，黑龙江和吉林两省的黑土面积比例较大，黑土资源垦殖指数比较高。

表 4-1　东北黑土区黑土和黑钙土的耕地面积　　　　（单位：万 hm^2）

土壤	黑龙江省	吉林省	辽宁省	呼伦贝尔市
黑土	360.6	83.2	1.37	26.08
黑钙土	158.9	114.5	0	159.78
合计	519.5	197.7	1.37	185.86

数据来源：依据李然嫣（2017）资料制。

据 2015 年中国统计年鉴，东北地区生产粮食约 11973.5 万 t，占全国粮食总产量的 19%，商品粮食约占全国的三分之一，是我国玉米、水稻、大豆等粮食作物的主产区，也是我国最具增产潜力的地区。以黑龙江省为例，总播种面积、水稻和玉米的播种面积及产量呈增加的态势，但是大豆播种面积和产量近年呈降低趋势，这与大豆种植成本增加及大豆效益降低有关（图 4-1）。2014 年黑龙江省粮食作物播种面积为 1422.7 万 hm^2，其中玉米播种面积达到 664.2 万 hm^2，占总播种面积的 46.7%；水稻播种面积为 399.7 万 hm^2，占 28.1%；大豆播种面积为 314.6 万 hm^2，占 22.1%。2014 年黑龙江省粮食总产量为 6242.2 万 t，约占全国粮食产量的十分之一，是我国第一产粮大省。从结构来看，在三大粮食作物中，玉米、水稻和大豆的产量分别为 3343.4 万 t、2251.0 万 t 和 460.4 万 t。

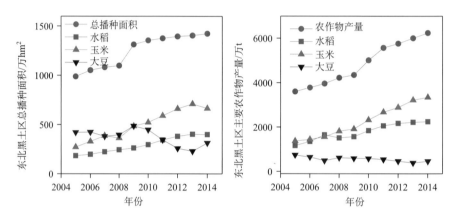

图 4-1　黑龙江主要作物播种面积和产量

数据来源：依据《黑龙江统计年鉴（2015）》数据绘制

4.1.3.2　黑土区耕地地力等级

东北地区土壤等级普遍较高，耕地质量较好，一、二、三等地的面积达 960 万 hm^2，占耕地总面积的 43.1%，这部分以黑土和草甸土为主；四等耕地面积为 540 万 hm^2，五至六等耕地面积为 580 万 hm^2，没有七到十等的土壤。从东北地区 24 个国家级监测点的数据来看，黑龙江省 12 个监测点的土壤地力均为中等；吉林省 6 个监测点中，4 个为高等地力，2 个为中等地力，没有低等地力的耕地（唐健，2006）。黑龙江和吉林两省监测土壤类型主要为黑土、黑钙土、暗棕壤等。

4.2　黑土肥力演变特征

黑土农田由森林、草地等自然生态系统演替而来，人类活动尤其是农业开垦主导了这一过程。松嫩平原黑土开垦始于 19 世纪初期，由北向南垦殖时间逐渐增加，南部有 200 多年，中部开垦 100 年左右，北部只有 50 多年的垦殖历史。总体上，黑土开垦历史较短，土壤还没有完全达到新的平衡，外加重用轻养，黑土肥力稳定性降低，抗逆能力减弱，土壤各项肥力指标处于下降的过程。

4.2.1 黑土物理性状变化

黑土通常具有良好的结构，>0.25mm 水稳性团聚体比例达到 70%以上。黑土开垦后，团聚体的水稳性明显下降。如图 4-2 所示，开垦 15～20 年后下降幅度变小，基本达到平衡。从表 4-2 可见，黑土开垦 20 年后，0～20cm 深度耕层>0.25mm 水稳性团聚体总量由原来的 72.2%下降至 30.7%，下降幅度达到 60%。水稳性团聚体的质量变化也相当明显，随开垦年限增加，大团聚体比例迅速减少。开垦 20 年后，>2mm 的团聚体近乎完全消失，0.25～2mm 的团聚体占比约为开垦前的一半。很明显，黑土开垦后，人类活动与生态环境的改变使大团聚体不断破碎，土壤有机质的物理保护减弱，微生物活动加剧，导致土壤有机质分解速率加快。作为土壤团聚体主要胶结物质的腐殖质减少，土壤团聚体水稳性进一步降低（沈善敏，1981）。

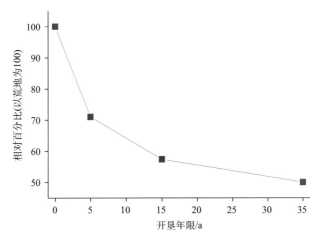

图 4-2 黑土中>0.25mm 水稳性团聚体随开垦年限的变化

数据来源：依据庄季屏（1985）数据绘制

表 4-2 土壤团聚体比例随开垦年限的变化

开垦年限	各级团聚体占干土重/%					>0.25mm 团聚体比例/%	相对百分比
/a	>5mm	5～2mm	2～1mm	1～0.5mm	0.5～0.25mm		
0	29.7	11.4	9.8	11	10.3	72.2	100
4	2.6	5.4	5.9	9.8	19.6	43.3	60
20	0	1.1	4.5	5.9	19.2	30.7	42.5

数据来源：庄季屏（1985）。

由表 4-3 可知，随开垦年限增加，表层黑土（0～20cm）机械组成没有发生明显变化，但是亚表层黑土（20～40cm）细砂含量降低，且黏粒含量有增加的趋势，表明长期耕作的确会使黑土细小颗粒增加，可能会降低土壤通透性，造成土壤板结。同时，长期耕作活动可能导致黏粒化学组成发生演化，从而改变土壤矿物类型，如作物收获带走土壤中的钾素，导致土壤缺钾，进而使伊利石向蒙脱石混层和蛭石转化。

表 4-3　土壤机械组成随开垦年限的变化

开垦年限/a	土壤深度/cm	粒级/（g/kg）		
		细砂	粉粒	黏粒
0	0～20	184.6	570	245.5
5	0～20	134.7	611.9	253.4
10	0～20	167.7	595.2	237.1
20	0～20	159.1	601.3	239.5
40	0～20	130.2	626.1	243.7
60	0～20	210.4	554.1	235.5
100	0～20	238.9	473.1	288
0	20～40	247	509.7	243.3
5	20～40	297.5	416.6	285.9
10	20～40	189.8	512.1	298
20	20～40	157.8	580.4	261.9
40	20～40	194.5	566.7	238.9
60	20～40	120.5	526.1	353.5
100	20～40	156.7	526.5	316.8

数据来源：汪景宽等（2002）。

东北黑土区是典型的雨养农业区，降水是土壤水分的主要来源，地下水对上层土壤没有直接供给，从而形成了大气-土壤-作物的水气循环方式。黑土黏粒含量高，具有较好的蓄水功能。农田黑土 1m 深度土体的田间储水量为 350～400mm，相当于全年降水量的 70%左右；土壤饱和储水量为 460～610mm，相当于全年储水量的 105%左右；土壤有效储水量约为 240mm，相当于全年降水量的 45%左右（韩晓增和李娜，2011）。

黑土开垦为农田后，1m 土层储水量呈下降的趋势。开垦 2 年、8 年、15 年、30 年、50 年和 100 年后，1m 土层储水量分别下降 20.4%、20.6%、22.6%、27.2%、29.3%和 27.3%。开垦活动导致土壤孔隙结构改变，大团聚体含量降低，土壤容重增加，孔隙度减小，使土壤导水性能减弱，降低了土壤水分供蓄能力（韩晓增和李娜，2018）。

4.2.2　黑土有机质变化

土壤有机碳库是陆地生态系统最大的碳库，其微小的变化将对大气 CO_2 浓度产生巨大的影响。开垦以后，黑土有机质含量呈不断下降的趋势。由图 4-3 可见，在开垦的最初 20 年，黑土有机质含量下降大约 30%，开垦 40 年后下降 50%左右，70～80 年后下降了 65%左右，进入一个相对稳定期，此后黑土有机质含量下降缓慢，年下降速度低于 2‰，每 10 年下降 0.6～1.4g/kg（C）（魏丹等，2016；韩晓增和李娜，2018）。

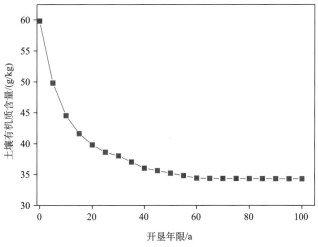

图 4-3　土壤有机质含量随开垦年限的变化

数据来源：依据韩晓增和李娜（2018）数据绘制

　　不同区域黑土有机质含量及其下降速度也有差异（表 4-4）。从全国第二次土壤普查到 2002 年的 20 年间，黑龙江省典型县市土壤有机质含量略有下降，个别县市略有增加。北部黑土有机质含量高于南部。下降幅度最大的有海伦市、克山县和巴彦县，分别下降 11.8g/kg（C）、11.3g/kg（C）和 11.9g/kg（C），年平均下降 0.585g/kg（C），年均下降速率（20 年间 SOC 平均下降量除以初始 SOC 含量）超过 10‰。变化小的县市主要有嫩江市、庆安县、五常市和依安县，每年平均下降 0.07g/kg（C）。

表 4-4　黑龙江省典型县农田黑土有机质随开垦年限的变化

县市	有机质含量/（g/kg）（C）			第二次土壤普查以来年均下降速率/‰
	开垦前	第二次土壤普查	2002 年	
嫩江	120	51.6	50.6	1.0
五大连池	112	75.0	74.0	0.7
北安	150	69.6	67.7	1.4
海伦	106	56.8	45.0	10.4
拜泉	120	30.0	44.0	−23.3
绥棱	100	44.5	41.7	3.1
望奎	83	42.9	37.1	6.8
克东	120	55.0	47.2	7.1
克山	120	55.0	43.7	10.3
讷河	—	46.3	40.3	6.5
兰西	70	—	33.9	—
明水	—	43.6	37.4	7.1
青冈	—	35.0	36.1	−1.6
依安	—	41.4	39.8	1.9
庆安	88.8	39.6	38.5	1.4
绥化	100	41.8	37.3	5.4

续表

县市	有机质含量/（g/kg）（C）			第二次土壤普查以来年均下降速率/‰
	开垦前	第二次土壤普查	2002 年	
巴彦	107.6	44.5	32.6	13.4
呼兰	118.2	40.0	32.4	9.5
哈尔滨	—	27.2	32.8	−10.3
宾县	100	29.3	36.6	−12.5
双城	65	27.0	38.7	−21.7
五常	93.2	32.6	30.7	2.9
阿城	85.7	23.0	23.8	−1.7

数据来源：张兴义等（2013）。

黑土有机质的稳定性也随开垦年限增加而变化。土壤有机质的稳定性受其自身腐殖化程度及其与矿物的结合形态等影响，稳定性的变化关系到土壤碳的矿化-固存平衡。土壤有机碳的稳定性常用氧化稳定系数（Kos 值）表示，表征土壤中难氧化有机碳与易氧化有机碳的比值。如图 4-4 所示，开垦 20 年内表层黑土 Kos 值呈上升趋势，之后相对稳定；亚表层 Kos 值也有增加的趋势，但变化幅度较小。随开垦年限增加，土壤有机碳稳定性提高，说明土壤有机碳趋于老化，也反映出开垦后，有机质归还量较开垦前减少。

《东北黑土区耕地质量主要性状数据集》显示，目前东北地区土壤有机碳含量平均为 20.10g/kg（C），其中黑龙江省 20.67g/kg（C），吉林省 14.62g/kg（C），内蒙古自治区三市一盟 19.90g/kg（C），辽宁省 10.15g/kg（C）。

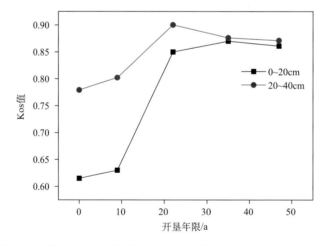

图 4-4　土壤 Kos 值（难氧化与易氧化有机碳比）随开垦年限的变化

数据来源：依据孟凯和黄雅曦（2006）数据绘制

4.2.3　黑土 pH 变化

在自然生态系统中，东北地区黑土以中性和碱性居多，开垦后黑土呈酸化的趋势。

根据全国第二次土壤普查资料，20 世纪 80 年代耕层黑土 pH 在 6.5 左右，属中性或微酸性。黑土、草甸黑土和白浆化黑土耕层土壤 pH 为 6.4～7.02，下层土壤 pH 为 5.7～6.5。自全国第二次土壤普查以来，黑土 pH 处于下降之中。2000 年黑龙江省中部地区土壤 pH 较 20 世纪 80 年代平均下降了 0.5 个单位（汪景宽等，2007）。由于长期大量施用氮肥，哈尔滨地区长期定位试验黑土 pH 在 27 年间由 7.1 下降至 5.7（张喜林等，2008）。

长期连作也会促进土壤酸化。作物在生长过程中体内积累了大量有机阴离子，通过分泌 H$^+$ 归还于土壤。作物被移出农田，带走大量碱性阴离子，破坏了作物-土壤之间的离子平衡体系。不同施肥措施对土壤 pH 也有较大影响，长期定位试验数据表明，15 年不施肥处理土壤 pH 仅下降 0.2 个单位，而施用化肥使土壤 pH 从 6.14 下降至 5.69，降低了近 0.5 个单位，秸秆还田或配施有机肥则可以阻缓土壤酸化（表 4-5）。

表 4-5　不同施肥措施对土壤 pH 的影响

处理	1989 年	1991 年	1997 年	1998 年	2001 年	2005 年
不施肥	6.14	6.00	5.80	5.79	5.75	5.89
化肥	6.14	5.84	5.70	5.81	5.77	5.69
化肥+秸秆还田	6.12	5.88	5.71	5.77	5.71	5.81
化肥+有机肥	6.14	5.77	5.82	5.89	5.87	5.84

数据来源：乔云发等（2007）。

4.2.4　黑土养分变化

黑土全氮的变化趋势类似于有机质，耕层土壤全氮含量随开垦年限增加而逐渐降低。开垦后的最初 10 年，全氮含量下降速率较大，之后趋于平缓；开垦 100 年后，下降至开垦前的 35% 左右。亚表层土壤全氮含量也有下降趋势，但统计差异不显著（孟凯和黄雅曦，2006）。

土壤铵态氮和硝态氮含量取决于土壤有机氮的矿化和植物的吸收利用。不施肥条件下，铵态氮含量在开垦后的最初 20 年下降 21.68%，而硝态氮含量则增加近 1 倍；在施肥条件下，铵态氮含量下降 7.58%，硝态氮含量则增加近 2 倍。表层黑土碱解氮含量在开垦后呈下降趋势。在不施肥情况下，土壤碱解氮含量在开垦后的最初 20 年降低 8.64%；施用化肥缓解了碱解氮的损失，下降幅度仅为 3.21%（朱霞和韩晓增，2008）。开垦年限增加和作物产量的提高，从土壤中带走大量养分，导致土壤速效氮含量降低。

磷是植物必需的营养元素之一，是植物重要的结构元素，对植物的生长发育和品质有重要影响。土壤磷素来自成土矿物、有机质和所施用的肥料，主要来源是成土矿物。土壤 pH、有机质含量和熟化程度、轮作制度等都会影响土壤磷的有效性。黑土开垦后，土壤全磷含量无明显的变化规律，如图 4-5 所示，表层土壤全磷含量平均为 0.84g/kg（P），亚表层为 0.729g/kg（P）。

表层和亚表层土壤无机磷含量随开垦年限增加呈明显上升的趋势，有机磷则呈下降趋势。表层土壤无机磷含量由开垦前的 169mg/kg（P）上升至 391mg/kg（P），有机磷含

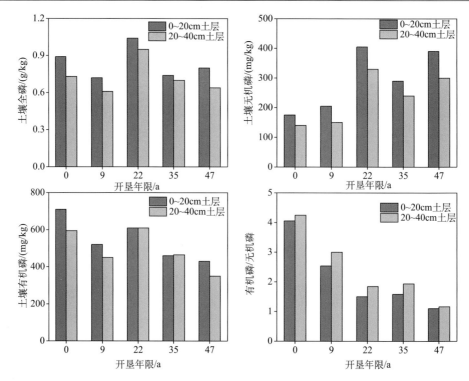

图 4-5　土壤全磷、无机磷和有机磷含量随开垦年限的动态变化

数据来源：依据王宁娟（2014）数据绘制

量则由 714mg/kg（P）下降至 419mg/kg（P）；亚表层土壤无机磷含量由开垦前的 140mg/kg（P）上升至 299mg/kg（P），有机磷含量则由 591mg/kg（P）降至 348mg/kg（P）。表层有机磷/无机磷比例由 4.06 降至 1.10，亚表层由 4.25 降至 1.17。开垦后持续施用磷肥，使土壤无机磷大量累积，土壤有机质的分解则降低了有机磷含量。

土壤无机磷可细分为 O-P、Al-P、Fe-P、Ca_{10}-P、Ca_8-P 和 Ca_2-P 六种形态，有效性为 Ca_{10}-P < O-P < Ca_8-P < Fe-P < Al-P < Ca_2-P。Ca_2-P 用碳酸氢钠溶液浸提，可以代表速效磷；Ca_8-P、Fe-P 和 Al-P 通常被认为是作物的第二有效磷来源；Ca_{10}-P 和 O-P 非常难以被植物吸收利用，通常被认为是潜在磷源。由图 4-6 可见，黑土无机磷中，Fe-P 和 O-P 含量最高，其次为 Al-P 和 Ca_{10}-P，含量最少的为 Ca_2-P 和 Ca_8-P。Ca_2-P 和 Al-P 占无机磷的比例随开垦年限增加而显著升高，开垦 47 年后，Ca_2-P、Al-P 和 Ca_8-P 占比分别增加了 164%、89% 和 39%，O-P 占比则下降了 35%。随开垦时间增加，土壤潜在磷源逐渐转化为有效磷。

土壤有机磷包括活性有机磷、中等活性有机磷、中等稳性有机磷和高稳性有机磷。活性有机磷易矿化，产生可被作物吸收利用的磷，可溶于碳酸氢钠溶液；中等活性有机磷较易矿化，可溶于硫酸溶液；中等稳性有机磷较难矿化，可溶于氢氧化钠溶液，在 pH 为 1.0～1.5 时不会沉淀；高稳性有机磷很难被矿化或直接被作物吸收利用，可溶于氢氧化钠溶液，在 pH 为 1.0～1.5 时沉淀。随黑土开垦年限的增加，四种形态的有机磷含量均呈先升高再降低的趋势，变化强度为中等活性有机磷>活性有机磷>中等稳性有机磷>

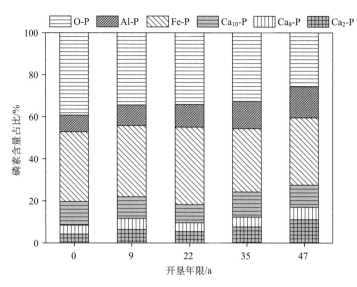

图 4-6　不同组分无机磷占比随开垦年限的变化

数据来源：依据王宁娟（2014）数据绘制

高稳性有机磷。随着黑土开垦时间增加，活性有机磷和中等活性有机磷占总有机磷的比例下降。

黑土全钾含量总体呈下降的趋势，自全国第二次土壤普查至 2002 年，东北农田黑土全钾含量年均下降 0.16g/kg（K）；速效钾含量也有所下降，如黑龙江嫩江、五大连池、克山和北安分别下降了 110.08mg/kg（K）、100.48mg/kg（K）、249.07mg/kg（K）和 112.11mg/kg（K），降幅分别高达 34.08%、33.49%、54.26% 和 39.61%，主要是长期重氮磷肥轻钾肥令钾素过度消耗所致。

2011 年黑龙江省数据表明，100% 农田黑土的氮素库容处于亏缺状态，磷素和钾素库容亏缺的面积比例分别为 57.7% 和 42.0%。氮磷钾三要素成为黑土养分的限制因子（周宝库，2011）。

4.2.5　黑土肥力退化的主要驱动因素

东北黑土区是我国农业生产规模化、机械化程度最高的区域，每年提供的商品粮占全国商品粮总量的三分之一。然而，在粮食连年丰收的背后，也隐藏着黑土肥力逐年下降的危机，主要表现为水土流失加剧、有机质含量下降、土壤养分库容降低和土壤酸化（魏丹等，2016）。

4.2.5.1　过度开垦

在尚未对东北地区黑土进行大规模开垦时，黑土的植被覆盖率较高。随着东北人口增长，大量草地、林地等被开垦为农田，原有生态系统的平衡被打破，形成稳定性较低的农田生态系统。自然黑土开垦后，地表植被遭到破坏，降低了黑土区生态系统对降雨、径流、风等自然侵蚀营力的抵抗力。土壤有机质和养分损失量高于归还量，土壤结构变差，增强了自然侵蚀营力的有效性。在这种降低抵抗力、增强侵蚀力的双重效应下，农业开垦成了干扰黑土区生态系统、加速土壤肥力下降的决定性因素。因此，科学配置农田、林地、草地、湿地等生态系统的比例显得尤其重要。

4.2.5.2　严重的土壤侵蚀

目前，东北黑土区水土流失面积占总面积的 40%（刘丙友，2003）。每年流失约 1cm 厚度的黑土层，总流失量达到 1 亿～2 亿 m³，而形成 1cm 黑土需要 200～400 年。典型黑土区地形多为地势平坦的波状平原和台地低丘区，地形特征为坡长长、坡度缓。一般坡度为 3°～5°，坡度 5°～15° 的坡耕地面积为 76.5 万 km²，15°～25° 的坡耕地面积为 12.5 万 km²。

东北黑土区多处于温带或寒温带季风气候区，冻融和集中降雨交替作用，导致土壤水蚀严重。冬春季节，土壤冻融增大了表层土壤的孔隙度和透水性，夏季降水量大且多暴雨，产生的地表径流冲刷疏松的表层土，促进了侵蚀沟的蔓延发展，形成强烈的流水侵蚀作用。每年 4～5 月干旱大风，加之表层植被破坏，加剧了黑土风蚀。黑土区西部风蚀区风速较大，降水稀少。年平均风速为 4.0m/s，春季平均风速达 5.1m/s。全年降水仅 300～450mm，且干旱季节和起沙风在时间上同步，为风蚀的发生创造了条件，导致该区春季风蚀强烈。

据 2013 年《第一次全国水利普查水土保持情况公报》显示，东北黑土区水土流失总面积为 25.88 万 km²，占总土地面积的 25.13%。内蒙古 0.75 万 km²，黑龙江 8.78 万 km²，吉林 4.83 万 km²，辽宁 1.51 万 km²；水蚀面积 16.48 万 km²，风蚀面积 8.81 万 km²。据第一次全国水利普查资料，东北黑土区有侵蚀沟近 60 万条，主要分布于漫川漫岗和低山丘林区，黑土水土流失有进一步扩张的趋势。

4.2.5.3　不合理耕作和栽培

除大型农场外，东北大部分农田依然使用小型农机具进行翻耕，深度仅为 10cm，耕层变浅，犁底层上移，造成土壤物理性状恶化，保蓄水分能力降低。目前，大多数黑土区采用顺坡起垄种植方式，又易造成黑土在雨后大量流失。

长期以来，东北黑土区粮食种植结构单一，大多为单一作物多年连作或两种作物轮作，造成土壤中某些元素严重缺乏，营养元素比例失调，土壤微生物群落遭到破坏，增加了病害发生的概率。

4.2.5.4　过量施用化肥和农药

在作物生长过程中过量施用化肥，轻视有机肥的施用，短期内维持了经济效益，但忽视了环境效益和生态效益，造成黑土理化性质变差，自然肥力降低。同时，造成土壤污染，危害人类身体健康。

4.3 黑土肥力维持和提升技术

位于东北的黑土素以肥力高著称，但是受土壤侵蚀、物料还田量少等影响，近几十年来黑土有机质含量和肥力水平不断下降；其次，黑土农田普遍存在耕作层变浅并形成"犁底层"，成为黑土生产力提升的"障碍层"；再者，作为传统的雨养农业区，黑土肥力发挥还受降水等因素的制约。针对上述问题，本小节重点讨论有机肥、秸秆还田、保护性耕作、深耕深松、灌溉等技术措施维持和提升黑土肥力的效应。

4.3.1 有机肥提升黑土肥力的效应

东北地区 12 个肥力监测点的数据表明，1988~2006 年化肥投入量基本不变，但是有机肥投入量由 269kg/hm² 降为零，虽然玉米产量不断上升，基础地力的贡献率却由 79% 降至 63%（高静等，2009）。土壤基础地力下降主要是由于有机质含量降低。最新研究表明，20 世纪 80 年代至 2011 年，我国主要农业土壤有机质含量均表现为上升趋势，但是黑土则表现为下降（Zhao et al.，2018）。施用有机肥不仅能够直接提高土壤有机质和养分含量，而且通过改善土壤结构和保蓄水养能力，增强微生物数量和活性，实现土壤肥力提升（图 4-7）。

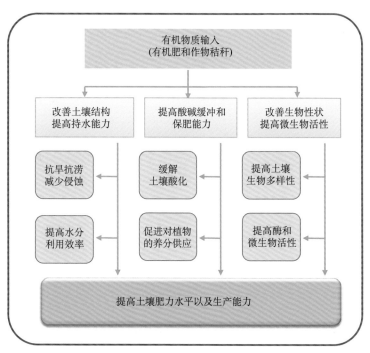

图 4-7 外源有机物质输入对土壤肥力的影响效应

数据来源：依据 Lal（2006）资料绘制

中国科学院海伦农业生态实验站 20 多年的长期试验表明，与单施化肥相比，有机肥无机肥混施处理使玉米、大豆和小麦的产量分别增加 3.2%、13.1%和 5.6%（Qiao et al.，

2014）。黑龙江省农业科学院在哈尔滨 30 多年的长期定位试验显示，化肥+马粪有机肥处理的小麦和玉米产量分别比单施化肥增加 2.8%和 0.8%（郝小雨等，2015）。位于吉林省公主岭市的国家黑土肥力与肥料效益长期试验也表明，14 年后等氮的有机肥+无机肥处理产量逐渐高于化肥单施，高量有机肥+化肥混施则显著提高了玉米产量，也显著提高了产量的稳定性和土壤肥力对产量的贡献率（高洪军等，2015）。

4.3.1.1　有机肥在黑土中的分解

有机肥碳的分解控制着土壤有机质的提升效果。长期以来，人们比较关注有机肥施用的效应，忽视了有机肥转化为有机质的过程及其机制。通过田间原位试验，利用 CO_2 排放通量实测、降解袋和室内培养等技术，课题组系统阐明了黑土中有机肥分解的动态过程，明确了不同种类和用量有机肥的分解差异及氮肥对有机肥分解的作用机制（Xu et al., 2017a; Chen et al., 2018, 2019a, 2019b）。

1. 有机肥种类

在海伦站建立田间试验，设有机肥氮和化肥氮对半施用的 4 个处理，有机肥分别为牛粪+稻壳（CMRH）、中药渣+芦蒿秸秆（HRAS）、菇渣（SPMU）和糠醛渣+米渣（BPFS）。在不种作物区域测定全年土壤 CO_2 排放速率，计算有机肥碳分解率（C_{min}，%）。结果（图 4-8）发现，前两个月 BPFS 有机肥分解最快，C_{min} 为 16.3%，显著高于其他有机肥。从第三个月开始，CMRH 有机肥分解最快并逐渐高于其他有机肥，全年 C_{min} 最高（48.1%），BPFS 则最低。

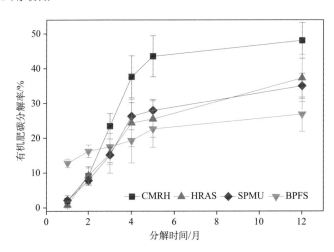

图 4-8　不同种类有机肥碳分解率随时间的变化

测定有机肥的易分解化合物（溶解性酚、碳水化合物、蛋白质）、可溶性有机碳（DOC）及其芳香度（SUVA）、高锰酸钾氧化态活性有机碳（ROC）及钙、镁和锰三种金属的含量；并利用氧化铜-气相色谱法测定木质素结构单体肉桂基（cinnamyls）、紫丁香基（syringyls）和香草基（vanillyls）（可分解性为肉桂基>紫丁香基>香草基）；用 ^{13}C 核磁共振技术测定有机碳（SOC）构成（Chen et al., 2019a）。

在前两个月，有机肥分解主要与 DOC、蛋白质、碳水化合物、碳水化合物指数（根据核磁共振图谱计算）、溶解性酚、木质素肉桂基单体、酚基碳和钙含量相关（表 4-6）。这些指标在 BFPS 有机肥中最高，因此其前期分解最快。随后，ROC、木质素紫丁香基和香草基单体、烷氧碳和双氧烷基碳（表征纤维素）成为主导的分解组分，而且有机肥分解率与锰含量呈正相关关系。牛粪+稻壳有机肥含有最多的木质素紫丁香基和香草基单体、烷氧碳、双氧烷基碳和锰，而烷基碳含量最低，因此全年分解率最大。表明木质素（尤其是易分解的肉桂基单体）和水溶性酚类化合物在前期即可分解，此时活性底物（如蛋白质和碳水化合物）充足，木质素通过微生物的共代谢机制被降解；随着活性底物被消耗，微生物开始分解紫丁香基和香草基类木质素并"进攻"与其铰链的纤维素类有机物。与传统观点不同，本书发现木质素并非难以降解，而是通过共代谢途径可以与其他有机物共同被降解。金属元素也是有机肥分解的重要影响因子，钙和锰分别在前期和后期对有机肥分解有促进作用。脂肪族化合物（烷基碳）含量、有机碳的疏水性和芳基度则与分解率呈负相关关系，说明疏水的长链脂肪族化合物是最难分解的组分。

表 4-6　有机肥分解率（CO_2 排放量）与有机肥性质的关系

分解时间	1 月	2 月	3 月	4 月	5 月	12 月
C/N	0.24	0.38	0.52*	0.53*	0.59*	0.59*
pH	−0.79**	−0.50*	0.07	0.29	0.28	0.33
DOC	0.61*	0.44	0.04	−0.06	−0.07	−0.07
SUVA	−0.05	0.12	0.36	0.46	0.47	0.51*
ROC	−0.11	0.11	0.43	0.54*	0.57*	0.59*
碳水化合物	0.84**	0.57*	−0.01	−0.21	−0.20	−0.24
蛋白质	0.77**	0.49	−0.10	−0.27	−0.29	−0.31
溶解性酚	0.85**	0.60*	0.06	−0.16	−0.13	−0.19
肉桂基木质素	0.80**	0.66**	0.30	0.11	0.17	0.12
紫丁香基木质素	−0.34	−0.06	0.41	0.56*	0.59*	0.62**
香草基木质素	−0.20	0.09	0.55*	0.64**	0.71**	0.71**
烷基碳	−0.38	−0.48	−0.55*	−0.47	−0.56*	−0.52*
甲氧基碳	−0.83**	−0.66**	−0.24	−0.04	−0.09	−0.04
烷氧基碳	0.45	0.52*	0.55*	0.46	0.54*	0.50*
双氧烷基碳	0.35	0.47	0.58*	0.53*	0.61*	0.58*
芳基碳	−0.13	−0.21	−0.27	−0.33	−0.33	−0.36
酚基碳	0.78**	0.56*	0.12	−0.10	−0.05	−0.12
羰基碳	−0.39	−0.48	−0.52*	−0.43	−0.52*	−0.47
碳水化合物指数	0.71**	0.64**	0.40	0.23	0.31	0.25
疏水性	−0.40	−0.50*	−0.56*	−0.51*	−0.59*	−0.56*
芳基度	0.04	−0.13	−0.37	−0.47	−0.49	−0.52*
总钙含量	0.71**	0.49	−0.01	−0.15	−0.16	−0.17
总镁含量	−0.58*	−0.46	−0.14	−0.06	−0.07	−0.07
总锰含量	−0.74**	−0.42	0.21	0.40	0.42	0.45

*$P < 0.05$，**$P < 0.01$。

2. 有机肥用量

在海伦站建立田间试验（图 4-9），设置 5 个等氮施肥处理[150kg/hm^2（N）]。尿素氮与鸡粪有机肥氮的配比分别为 100∶0（OM0）、75∶25（OM1）、50∶50（OM2）、25∶75（OM3）和 0∶100（OM4），形成 5 个有机肥用量梯度，占氮量的比例分别为 0、25%、50%、75% 和 100%。在不种作物区域测定土壤 CO_2 排放速率，计算有机肥碳的分解率（Chen et al., 2018）。

图 4-9　黑土有机肥试验小区（陈增明摄）

有机肥碳的全年分解率随用量增加而下降（图 4-10），从 42.9% 下降到 11.0%。黑土的传统耕种方式是垄作种植（垄台+垄沟），有机肥作为基肥在垄台上开沟后条施。有机肥用量增加后，在垄台上更容易形成"肥料堆体"，氧气的通透性下降，使肥料与土壤接触减少，不利于微生物定殖和生长，抑制了有机肥的分解。不同处理对土壤有机质的提升

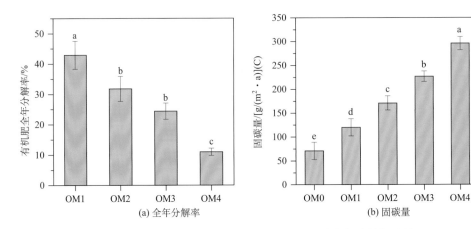

图 4-10　不同用量有机肥碳全年分解率和对土壤有机碳的提升量

量随有机肥用量增加而增加，最终构建了有机肥碳输入量[X, g/（m^2·a）]与有机肥碳全年分解率（Y_1, %）和土壤有机碳提升量的关系方程[Y_2, g/（m^2·a）]：$Y_1 = -0.25\,X + 53.3$（$R^2 = 0.99$, $P < 0.001$），$Y_2 = 1.35\,X + 65.6$（$R^2 = 0.99$, $P < 0.001$）。

3. 氮肥施用的影响

Chen 等（2019b）在海伦站建立降解袋分解试验，在低氮（N1）和高氮（N2）施肥条件下测定猪粪（PM）和鸡粪（CM）的分解速率，利用固态 ^{13}C 核磁共振技术测定有机肥碳结构特征的变化。结果发现，猪粪的分解速率（k）显著高于鸡粪（图 4-11）。全年有机碳的分解比例分别为低氮猪粪 46.3%，低氮鸡粪 33.6%，高氮猪粪 43.4%，高氮鸡粪 32.7%。

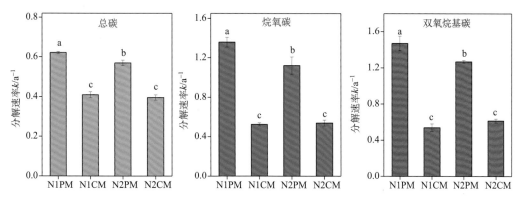

图 4-11　不同处理有机肥总碳、烷氧碳和双氧烷基碳的分解速率

N1PM 为低氮下猪粪；N1CM 为低氮下鸡粪；N2PM 为高氮下猪粪；N2CM 为高氮下鸡粪

通常认为 C/N 值与有机物分解率呈负相关关系，但是最新发现分解过程中有机肥总碳的 k 值随 C/N 值增加而增加，并与甲氧基碳、酚基碳、羧基碳，尤其是烷氧碳和双氧烷基碳的 k 值存在显著正相关关系，与其他碳组分没有显著关系。因此，全年有机肥中分解的碳主要来自烷氧碳和双氧烷基碳（表征纤维素等碳水化合物）。出乎意料的是，猪粪的分解速率大于鸡粪，但是高氮抑制猪粪而非鸡粪的分解，主要是由于高氮下猪粪中烷氧碳和双氧烷基碳的分解速率下降。通常认为，高氮抑制真菌及其分泌的氧化酶（如多酚氧化酶）活性，抑制惰性物质（如木质素）的分解，从而抑制分解速率低的有机物分解（Cusack et al., 2010）。

利用核磁共振图谱计算有机肥中木质素的含量，发现氮用量对猪粪木质素含量的变化没有显著作用（图 4-12）。进一步计算三种木质素单体紫丁香基（S）、肉桂基（G）和羟苯基（H）的比值，三种木质素单体的结构复杂性和分解难易程度为 S>G>H，因此 S/G 和 S/H 值随分解而下降。与低氮相比，高氮下猪粪的 S/G 和 S/H 下降更慢，表明木质素紫丁香基单体的分解受高氮的抑制。与其他两个单体不同，紫丁香基单体苯环 C3-和 C5-位置上均连有甲氧基，更易与碳水化合物形成复合体，使它们的分解存在密切的偶联关系（图 4-13）。因此，高氮抑制了猪粪木质素中紫丁香基单体的分解，降低了纤维素分解，导致总碳的分解速率显著下降。

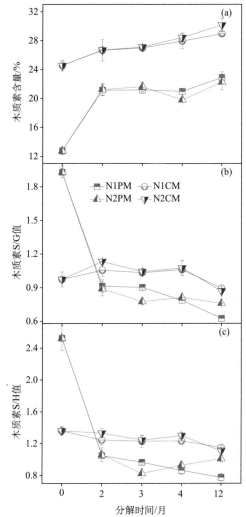

图 4-12 有机肥分解过程中木质素 S/G 和 S/H 值的动态变化

4.3.1.2 有机肥提升黑土肥力的作用

1. 对土壤物理性质的影响

大量研究表明，施用有机肥可显著改善土壤物理结构和水文性状。牛粪有机肥纤维丰富，施用 1 年后黑土容重下降 2.8%；鸡粪有机肥也具有降低黑土容重的作用，但是不如牛粪明显（孙勇等，2018）。团聚体是土壤结构的基本单元，是土壤有机碳稳定存在的主要场所，对土壤功能发挥着重要作用。随着用量增加，有机肥促进团聚体形成的效果更加明显。化肥配施 7.5t/（hm²·a）、15t/（hm²·a）和 22.5t/（hm²·a）（处理代码 OM1、OM2 和 OM3）的腐熟猪粪有机肥，10 年后土壤>0.25mm 大团聚体显著增加，并与有机肥用量呈线性关系；14 年后 OM0（单施化肥处理）、OM1、OM2 和 OM3 处理土壤团聚体平均重量直径分别为 0.46mm、0.53mm、0.58mm 和 0.62mm，而且大团聚体中有效孔隙度显著增加，土壤总孔隙度由 OM0 处理的 58.7%增加到 OM3 处理的 63.5%（Jiang et al., 2018）。

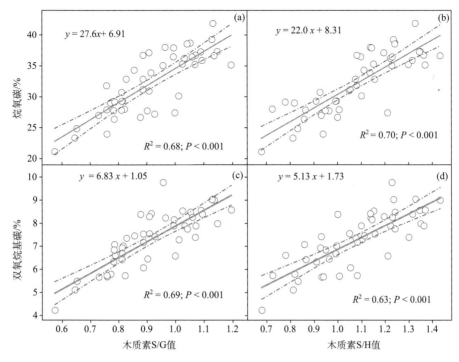

图 4-13　有机肥木质素 S/G 和 S/H 值与烷氧碳和双氧烷基碳的关系

与单施化肥相比，有机肥与化肥混施显著增强了土壤导水性（Jiang et al., 2018），提高了黑土对玉米和大豆的供水量及其水分利用效率（邹文秀等，2012a）。黑土区普遍采用雨养，降水是作物水分的主要来源，在干旱年份或者降水分布不均的情况下，可以通过施用有机肥提高土壤保水供水能力，达到充分利用水分资源，缓解作物干旱胁迫，达到维持产量的目的（邹文秀等，2012a）。

2. 对土壤化学性质的影响

尽管当前对土壤酸化产生的原因尚存争议，但是长期施用化肥导致土壤不断变酸是一个不争的事实（Guo et al., 2010）。施用有机肥能够维持土壤酸碱平衡，有效避免酸化诱导的土壤肥力衰退。哈尔滨长期定位试验结果表明，有机肥单施（OM）略提高黑土pH，与化肥配施（NPK+OM）则显著减缓土壤 pH 的下降（表 4-7）。

表 4-7　哈尔滨长期定位试验第 35 和 36 年不同施肥处理土壤 pH 和养分含量

年限	处理	pH	全氮 / （g/kg）	硝态氮 / （mg/kg）	铵态氮 / （mg/kg）	有效磷 / （mg/kg）	速效钾 / （mg/kg）
35 年	CK	6.48±0.06cd	1.18±0.02a	2.36±1.02a	34.8±0.6b	2.9±0.9a	157±29bc
	OM	6.59±0.05d	1.23±0.06ab	4.44±0.62bc	37.5±6.4b	13.8±1.0a	190±1c
	NPK+OM	5.88±0.16b	1.33±0.05bc	6.84±0.63c	41.3±4.8b	103.1±20.5c	172±9bc
	NPK	5.53±0.03a	1.42±0.08c	4.7±1.1d	35.8±7.5b	94.6±7.0c	167±15bc

续表

年限	处理	pH	全氮 / (g/kg)	硝态氮 / (mg/kg)	铵态氮 / (mg/kg)	有效磷 / (mg/kg)	速效钾 / (mg/kg)
36 年	CK	6.42±0.2cd	1.34±0.01bc	2.381±0a	9.8±0.3a	8.9±0.3a	140±2ab
	OM	6.52±0.09cd	1.35±0.02bc	2.49±0.13ab	8.5±0.1a	10.4±1.0a	115±12a
	NPK+OM	6.29±0.05c	1.41±0.08c	6.76±0.64d	10.2±0.1a	69.1±2.2b	134±19ab
	NPK	5.89±0.03b	1.48±0.06c	3.27±0.71abc	11.3±0.4a	66.7±13.b	142±6ab

注：在同一列中不同字母表示差异达到显著水平；数据来源：丁建莉等（2016）。

尽管与单施化肥相比，有机肥无机肥混施没有显著提高作物产量，但是显著减缓了黑土氮素和钾素的亏缺，显著提高了磷素盈余（郝小雨等，2015）。有机肥施用对土壤全氮没有显著影响，但是对无机氮、有效磷和速效钾含量均有一定程度的提升，这是因为施用有机肥显著提高了黑土中氮素的矿化和硝化（王斯佳等，2008）及稳定态磷含量并且促进了稳定态向活性态磷转变（陈欣等，2012）。

公主岭长期试验显示，26 年后，与单施化肥相比，化肥配施 15000kg/hm² 和 60000kg/hm² 有机肥分别提高土壤有机碳含量 20.2%和 101.6%（曹宏杰和汪景宽，2011）。哈尔滨长期试验中，与 NPK 处理相比，额外配施 18600kg/hm² 马粪有机肥，37 年后土壤有机碳含量仅增加 3.7%（丁建莉等，2016）。海伦长期试验也表明，与化肥单施相比，化肥配施 2250kg/hm² 有机肥 17 年后，有机碳含量仅提高 5.9%（王斯佳等，2008）。有机肥对土壤有机碳提升效果的差异不仅与气候、管理等因素有关，也受有机肥种类和用量等因素的影响。在海伦站开展的不同有机肥用量试验结果表明，与化肥相比，额外配施有机肥后土壤有机碳的增加量（Y, g/kg）随有机肥用量（X, kg/hm²）表现为指数增加模式：$Y = 1.956 \exp (0.0302X)$。随着有机肥用量的增加，其分解速率在下降（Chen et al., 2018）。

有机肥施用不仅改变黑土有机碳含量，也影响其性质和构成。施用有机肥后，土壤活性碳和惰性碳（利用酸解方法评估）增加，并随有机肥用量增加而增加，但是惰性碳（10.5%~29.5%）的增加幅度显著高于活性碳（5.6%~10.2%）（图 4-14）。对土壤有机质

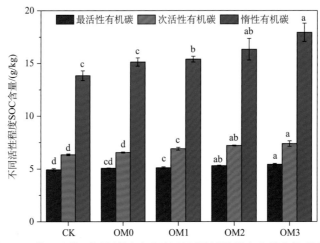

图 4-14　化肥配施不同剂量有机肥处理不同活性程度土壤有机碳含量

数据来源：依据 Ding 等（2012）资料绘制；不同字母表示处理间差异显著

进行密度和腐殖质分组，发现高量而非低量有机肥配施化肥促进闭蓄态轻组和重组中有机碳的积累；低量有机肥有利于富里酸的积累，高量有机肥则有利于胡敏酸和胡敏素的积累（梁尧等，2012）。利用固态 ^{13}C 核磁共振技术发现，施用有机肥可提高黑土胡敏素中烷基碳的比例，降低烷氧碳的比例，提高有机质的疏水性，这种效果随有机肥用量增加而增强（张晋京等，2009）。上述结果表明，有机肥促进黑土有机质的腐殖质化，有利于其在土壤中的累积，高量有机肥效果尤为明显。

3. 对土壤生物学性质的影响

有机肥将大量的有机物质和各种养分元素带入土壤，有效改善了土壤通气等物理性状，能够显著提高土壤微生物活性。贺美等（2017）报道，化肥单施提高黑土微生物呼吸 37.4%，有机肥无机肥配施则提高 71.8%~88.5%，并且对 β-葡萄糖苷酶、木聚糖酶、纤维素酶和乙酰基 β-葡萄糖胺酶等活性的促进作用均显著高于化肥单施。施用有机肥也显著提高了黑土脲酶、磷酸酶、过氧化氢酶、脱氢酶和转化酶活性（焦晓光和魏丹，2009）。

有机肥不仅可以提高黑土微生物的数量和活性，而且显著改变了微生物群落结构。分析土壤微生物磷脂脂肪酸结构发现，有机肥长期施用导致黑土微生物向着真菌而非细菌主导的方向发展（白震等，2008）。Ding 等（2013）发现，长期施用有机肥显著提高了真菌来源氨基糖-氨基葡萄糖（GluN）与细菌来源氨基糖-氨基半乳糖（GalN）的比值，在高量有机肥处理中更加显著。真菌比细菌具有更多的功能，例如分解复杂有机物、促进团聚体形成等。因此，施用有机肥后更高的真菌/细菌比表明土壤生态功能更加稳定。

利用定量 PCR 方法和 MiSeq 高通量测序技术，王慧颖等（2018）发现，与单施化肥相比，有机肥无机肥混施使黑土细菌数量和多样性分别增加 2 倍和 7.7%~46.6%；相反，真菌的数量降低 14.2%，但其多样性提高 62%~237%。有机肥对真菌群落结构影响较小，但是增加了细菌中 α-Proteobacteria、Acidobacteria_Gp1 和 Gp3 以及 Acidobacteria_Gp4、Gp6 和 Plancomycetes 的丰度。

4.3.2　秸秆还田

与我国其他农区相比，东北地区气温低，作物秸秆秋季还田在土壤中分解较慢，残茬较多，影响来年春季播种作业，而且秸秆会导致土壤跑墒跑水。秋季秸秆还田后通过翻耕将秸秆与土壤充分混匀则会极大地促进秸秆分解，但是却增加了经济成本。因此，长期以来，农民对秸秆还田积极性并不高。近年来，随着国家对大气环境保护和秸秆资源利用等的重视，以及农业集约化经营、农业机械综合配套措施的发展，东北黑土区秸秆焚烧现象得到有效控制。秸秆还田培肥土壤或者焚烧发电是当前黑土区秸秆利用的主要途径（图 4-15）。

秸秆还田也是公认的提高土壤肥力的有效措施（Lal，2006）。然而，与有机肥相比，秸秆还田提高土壤肥力和作物产量的效果存在着很大的不确定性（Zhao et al., 2015; Alvarez et al., 2017）。查燕等（2015）分析了 1989~2011 年公主岭国家黑土肥力和肥料效益长期监测试验的数据，发现不施肥处理（CK）土壤基础地力产量随时间呈下降趋势，

图 4-15　农田联合收割机作业后形成秸秆覆盖层和打包机作业后的秸秆堆（陈增明摄）

化肥处理（NPK）增加 53.4%，化肥+秸秆还田处理（NPK+S）进一步提升到 69.4%；还发现，每增加土壤有机质含量 1g/kg（C），玉米基础地力产量提高 220kg/hm²。朱兴娟等（2018）利用内梅罗指数法计算发现，秸秆还田显著提高了黑土有机碳含量和固定氮能力，进而提高了土壤肥力，玉米秸秆全量还田效果明显好于 50%半量还田。然而，有研究发现了不一致的规律。张彬等（2010b）研究了不同秸秆还田量对土壤肥力和玉米产量的影响，发现秸秆还田显著提高了玉米产量，2/3 秸秆还田（5000kg/hm²）玉米产量最高（7034kg/hm²），显著高于 1/3 秸秆还田和 100%全量玉米还田。这可能是因为全量还田情况下，秸秆分解速率下降，同时固定了更多无机氮，降低了土壤对作物的氮素供应。因此，进一步阐明黑土中秸秆的分解过程及其与氮素的互作机制是有效实施秸秆还田的重要前提。

4.3.2.1　秸秆在黑土中的分解

植物凋落物在土壤中的分解不仅受气候、土壤等环境因素的影响，也受自身性质、施肥等管理措施的控制。长期以来，C/N 比被认为是表征凋落物可分解性的有效指标，但是 C/N 比仅仅考虑了总碳含量而忽视了碳本身的结构特征。经典观点认为，在凋落物的分解过程中，极易利用的可溶性糖、有机酸等率先被微生物分解，随后是纤维素类物质，而结构复杂的木质素类物质则不断累积（Berg and Matzner, 1997）。但是，最近有研究证实木质素也可以被微生物分解并且发生在前期（Klotzbücher et al., 2011）。关于土壤中植物来源有机物质分解的研究目前主要集中在森林凋落物等自然生态系统，这些理论在农田系统是否适用并不清楚。

Xu 等（2017b）采用国际上通用的降解袋法，在海伦站建立玉米、大豆和小麦秸秆原位分解试验。利用固态 ^{13}C 核磁共振技术，研究秸秆碳化学特征对分解过程的调控机制。发现大豆和玉米秸秆的分解主要发生在前 3 个月，小麦秸秆则为前 5 个月（图 4-16）。大豆秸秆分解最快，其次是玉米和小麦秸秆，1 年后质量残留率分别为 43%、48% 和 55%，差异显著。秸秆 C/N 比在前 5 个月由 41～57 迅速下降至 23～32，之后小麦秸秆 C/N 比变化较小，大豆和玉米秸秆 C/N 比略呈上升趋势。传统观点认为，C/N 比大于 25 时，微生物分解秸秆时将利用土壤氮，导致氮的净固定。然而，该研究中三种秸秆均表现为氮的净释放，释放比例为 21%~31%。因此，C/N 比不能定量刻画有机物质结构，难以正确预测秸秆分解和氮素的矿化。

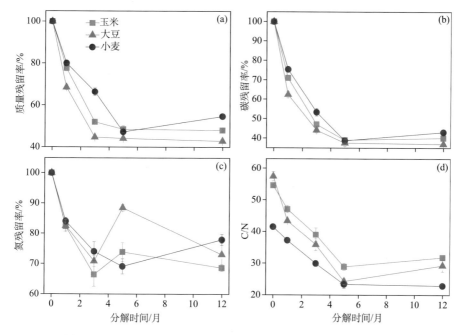

图 4-16　分解过程中作物秸秆质量、有机碳、总氮和碳氮比的变化

不同官能团碳的分解速率（k）呈如下递减规律：烷氧碳>双氧烷基碳>羧基碳>烷基碳>甲氧基碳>芳基碳>酚基碳（图 4-17）。相关分析表明，烷氧碳、双氧烷基碳和羧基碳与总有机碳 k 值的关系最为密切，是控制秸秆分解的关键组分。这三种组分的分解速率

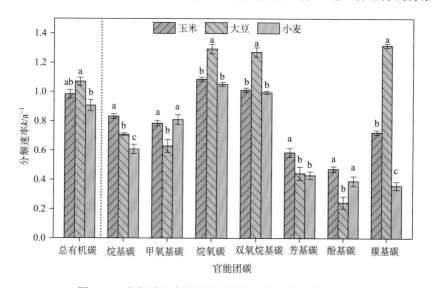

图 4-17　分解过程中作物秸秆不同官能团碳的分解速率

在大豆秸秆中最高。木质素构成中，紫丁香基（S）比愈创木基（G）更易分解。因此，随着分解，木质素的 S/G 比值不断下降。与玉米和小麦秸秆相比，大豆秸秆的木质素 S/G 初始值更高，因此更易被分解，对纤维素（烷氧碳和双氧烷基碳）的阻隔保护作用更弱，使其在大豆秸秆中分解速率更快。上述结果表明，有机碳特征的差异是导致不同秸秆在黑土中分解速率不同的关键因素；秸秆还田不仅有利于黑土有机质提升，还能为当季作物生长提供氮素。

4.3.2.2 秸秆还田提升黑土肥力的作用

1. 对土壤物理性质的影响

秸秆直接还田显著降低了黑土容重，降幅为 12.5%，微生物菌剂腐解后的秸秆可以降低容重 13.2%；土壤孔隙度由 38.6%增加至直接还田处理的 55.3%和腐解还田的 52.0%（赵伟等，2012）。因此，秸秆直接还田对土壤通透性的促进作用更加明显。然而，江恒等（2013）在海伦站开展的秸秆还田试验发现，连续 4 年秸秆还田对土壤容重并没有产生显著影响；0～10cm 深度土壤孔隙度、饱和含水量、田间持水量略有增加，但是并不显著。这可能是由于秸秆还田年限较短所致。秸秆还田 8 年后，土壤容重显著下降（You et al.，2017）。

除还田年限外，秸秆对土壤肥力的提升效果还受还田方式、秸秆粉碎程度等的影响。林琳等（2017）模拟秸秆不同粉碎程度，从土壤力学角度研究了秸秆长度对黑土物理性质的影响，发现秸秆还田可以明显改善黑土的力学特性（尤其是有机质含量低、黏粒含量高的黑土）；秸秆长度与土壤压缩指数和回弹指数分别表现为负相关和正相关关系，长度为 1.5cm 的秸秆还田后土壤抗压能力及压实后自然恢复能力最强，能够有效缓解机械压实对黑土物理结构的破坏。秸秆还田还可以有效促进黑土团聚体结构的形成，尤其是显著提高>2mm 的大团聚体的比例，提高各粒径团聚体的水稳性（李艳等，2019）和团聚体平均重量直径（郝翔翔等，2013）。良好的团聚体结构，不仅有利于作物根系生长，而且为土壤有机质形成和养分固持提供场所，有效提高土壤肥力。

2. 对土壤化学性质的影响

土壤酸化产生的一个重要原因是收获时作物秸秆移除带走了大量的碱基离子，而秸秆还田可以有效维持土壤 pH。公主岭长期试验结果表明，施用化肥 22 年后，土壤 pH 由 7.6 降至 6.2，但是施用化肥+秸秆还田土壤 pH 仍然维持在 7.5（Li et al.，2018）。秸秆连续 8 年还田提高了黑土中氮、磷、钾含量，但是仅全氮达到效果显著（表 4-8），碱解氮、有效磷和速效钾则均表现为显著增加（郝翔翔等，2013）。朱兴娟等（2018）发现这种效果仅在全量秸秆还田处理中达到显著（表 4-9）。

表 4-8 连续 8 年秸秆还田对土壤有机质和养分含量的影响

处理	有机质 / (g/kg)	全氮 / (g/kg)	全磷 / (g/kg)	全钾 / (g/kg)	碱解氮 / (mg/kg)	有效磷 / (mg/kg)	速效钾 / (mg/kg)
不施肥	46.1±0.1b	1.80±0.10b	0.81±0.00b	19.7±0.2a	197±41b	27.3±1.6d	141±1c
化肥	45.9±0.8b	1.80±0.00b	0.83±0.00a	20.0±0.1a	199±5b	36.2±1.0b	150±7b
化肥+秸秆	50.2±1.5a	2.00±0.10a	0.83±0.01a	19.9±0.0a	217±1a	42.8±1.3a	172±2a

注：同一列中不同字母表示差异达到显著水平；数据来源：郝翔翔等（2013）。

表 4-9 秸秆还田量对土壤有机质和养分含量的影响

处理	有机质 / (g/kg)	全氮 / (g/kg)	碱解氮 / (mg/kg)	速效磷 / (mg/kg)	速效钾 / (mg/kg)
化肥	28.8±0.4b	1.25±0.05b	107±2b	104±8a	184±4b
化肥+50%秸秆	30.1±0.4b	1.31±0.06ab	107±1b	108±6a	187±7b
化肥+100%秸秆	33.9±2.6a	1.36±0.06a	119±7a	114±9a	213±3a

注：同一列中不同字母表示差异达到显著水平；数据来源：朱兴娟等（2018）。

　　秸秆还田能够促进土壤氮素的矿化作用，有效提高黑土无机氮的供应能力（朱兴娟等，2018）。赵伟等（2012）测定了黑土农田玉米生长期土壤无机氮含量的动态变化，发现秸秆还田对铵态氮含量的提高作用大于硝态氮。这很可能是因为与硝态氮相比微生物更倾向于利用铵态氮（Chen et al., 2015），秸秆施入提高黑土微生物活性，促进对铵态氮而非硝态氮的同化。利用 ^{15}N 示踪技术，Li 等（2018）证实秸秆还田显著提高了土壤有机氮（尤其是惰性有机氮）的矿化速率及铵态氮被同化为有机氮（尤其是活性有机氮）的速率，略降低了硝态氮的同化速率（图 4-18）。因此，秸秆还田后，黑土氮素转化过程更趋向于"紧凑闭合（tight）"，从而实现在无机氮有效供给的同时避免损失。

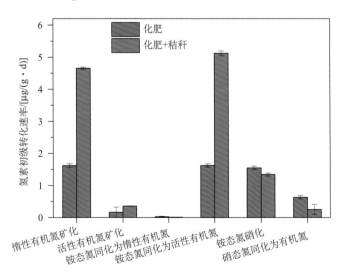

图 4-18 秸秆还田对土壤氮素转化过程的影响

数据来源：依据 Li 等（2018）资料绘制

秸秆是否能够提高黑土有机质含量的研究结果并不一致，与秸秆还田年限、还田量等因素有关。连续 4 年玉米秸秆还田提高了黑土有机碳，但是仅在全量还田处理中显著（表 4-9）。You 等（2017）评估了不同作物秸秆部位和还田量对黑土有机碳的提升作用，发现有机碳储量随秸秆碳输入量增加而增加，施用化肥同时保留作物根茬时黑土固碳速率为 0.02mg/（hm^2·a）（C），仅地上部秸秆和地上地下秸秆均还田时固碳速率分别增加至 0.65mg/（hm^2·a）（C）和 0.83mg/（hm^2·a）（C）。因此，作物秸秆全量还田才能实现黑土有机碳含量的有效提升。

Ding 等（2014）发现，连续 11 年低量[855kg/（hm^2·a）（C）]秸秆还田并没有改变有机碳的活性，但是高量[1710kg/（hm^2·a）（C）]秸秆还田显著增加了惰性有机碳的含量及比例。于锐等（2013）分析了公主岭长期试验土壤有机碳的结构特征，发现化肥+秸秆处理土壤颗粒有机碳（POC）与化肥单施没有显著差异，但是显著低于化肥+有机肥处理；秸秆提高了土壤各腐殖质组分含量，但是增加效果不如有机肥无机肥混施，秸秆降低了腐殖质的胡富比，表明有机质活性下降，趋于稳定。类似地，贺美等（2017）报道，长期施用秸秆不改变黑土 POC 和 DOC 含量，但是显著提高了高锰酸钾氧化态活性碳（ROC）含量。

3. 对土壤生物学性质的影响

秸秆含有大量生物有效性有机碳（蛋白质、水溶性物质和纤维素等），施入土壤后为微生物提供了大量底物，进而提高微生物数量和活性。与化肥单施相比，化肥+秸秆还田[7.5t/（hm^2·a）]15 年后增加了土壤微生物生物量，但不显著；乙酰基 β-葡萄糖胺酶活性显著增加 77.1%，纤维素酶活性增加 34.9%，木聚糖酶活性增加 60.3%（贺美等，2017）。矫丽娜等（2015）发现，秸秆添加显著提高了黑土脲酶和蔗糖酶活性，并随秸秆添加量增加而增加。因此，秸秆还田能够显著提高黑土微生物碳氮代谢活性。

Li 等（2015）报道，秸秆还田提高了黑土微生物磷脂脂肪酸 PLFA 和微生物残留物（氨基糖）含量，增幅分别为 14.8%～17.4%和 80.8%～82.9%，显著提高了革兰氏阳性菌和革兰氏阴性菌 PLFA 含量，但是不改变真菌 PLFA 含量，显著提高了真菌残留物氨基葡萄糖和细菌残留物氨基半乳糖含量。与真菌相比，秸秆输入更多地促进细菌生长，但是更有效地提高了真菌残留物对土壤有机碳的贡献。武俊男等（2018）利用 Illumina MiSeq 测序平台分析了长期秸秆还田对黑土真菌群落的影响，发现施用化肥造成了土壤酸化，真菌数量增加，丰富度和多样性降低，秸秆与化肥配施可以增加真菌物种丰度和群落多样性。

秸秆还田不仅改变黑土微生物数量和群落结构，而且影响土壤动物群落组成。秸秆还田提高了黑土甲螨群落结构多样性和密度，对甲螨具有重要的保育作用，但是这种作用并不随秸秆施用年限增加而增强（连旭等，2017）。玉米秸秆富含土壤动物所需的食物，显著提高了黑土农田地面节肢动物数量，尤其是优势类群蟋蟀总科和步甲科，分别增加 34.1%和 70.4%（刘鹏飞等，2019）。秸秆与有机肥配施后对土壤动物群落的促进作用更加显著，进而提升黑土肥力和生态功能（王文东等，2019）。

4.3.3　耕作和管理措施提升黑土肥力的作用

4.3.3.1　保护性耕作

保护性耕作起源于美国。1934 年"黑风暴"从西部开始横扫北美，之后美国政府组织开发实施保护性耕作。在美国保护性耕作已经研究和发展了 60 多年，形成了一整套非常复杂的操作体系。保护性耕作被认为可以控制土壤侵蚀，节省人工时间和成本，增加土壤有机质和生物多样性，从而实现土壤资源的可持续管理和利用（杨学明等，2004）。但是，目前在具体实践中，保护性耕作仍存在诸多问题，如病虫害难以有效控制，在寒冷黏湿的土壤进行免耕可能会导致土壤温度低，影响作物出苗和生长。

我国东北地区与北美大平原处于相同纬度，同属世界四大黑土农业区，面临同样的水土流失、土壤肥力退化等问题。从 2008 年起，我国政府开始在黑龙江和吉林两省推广保护性耕作，主要包括少耕、免耕、玉米宽窄行高留茬交替耕作、玉米根茬行侧免耕播种等模式（贾洪雷等，2010）。保护性耕作对黑土肥力的影响研究目前已经取得一些成果，但是尚显薄弱，很多问题仍不明确。

始于 2001 年的吉林德惠黑土农田免耕长期试验包括免耕、秋翻和垄作三种耕作处理，免耕和秋翻包括玉米连作、玉米-大豆轮作和玉米-玉米-大豆轮作，垄作只有玉米-大豆轮作（周桂玉等，2015）。所有处理中作物秸秆均还田，免耕处理秸秆覆盖在土壤表面，秋翻处理进行秋季翻耕（18～20cm）和春季整地（7～10cm），秸秆被翻入土中。垄作处理只在每年 6 月份进行中耕起垄作业。研究发现，不同耕作方式对 12 年玉米和大豆产量的影响并不显著，免耕略降低玉米-玉米-大豆和玉米连作体系中玉米的产量，略增加玉米-大豆轮作体系中玉米的产量，对大豆产量的影响则更不明显。

海伦站的不同耕作试验始于 2003 年，包括免耕（秸秆粉碎覆盖地表、无任何耕作）、少耕（秋季留根茬、春季耙茬、夏季中耕起垄）和旋耕（秋季移走所有地上部后旋耕起垄）三个处理，采用玉米-大豆轮作制度。与旋耕相比，免耕显著提高了大豆产量，增幅为 10%，少耕略增加大豆产量，增幅为 3.7%；相反，两种保护性耕作均降低了玉米产量，尤其是免耕，平均减产 28%，少耕平均降幅为 7%（刘爽和张兴义，2011）。Pittelkow 等（2014）对全球 610 个试验数据整合分析发现，免耕总体上降低作物产量，免耕与秸秆还田或作物轮作结合可能缓解产量下降，在干旱条件下则能够提高雨养作物的产量。很明显，免耕对不同作物产量的影响效应不同，不利于大量吸收养分的作物生长。

土壤水热条件改变是保护性耕作影响作物产量的主要因素。与翻耕相比，免耕后土壤硬度和容重显著增加，孔隙度下降，土壤含水量增加，因此免耕对于干旱地区作物增产效果可能更加明显。但是，在春季播种期，保护性耕作可能显著降低黑土温度，低温对玉米出苗和苗期生长的影响尤其明显，可能造成玉米减产（刘爽和张兴义，2011）。

尽管免耕可能降低黑土的饱和含水量、毛管含水量和田间持水量，但是能够显著提高黑土的团聚体稳定性，促进大团聚体形成，有利于土壤保水（江恒等，2012）。团聚体的形成也有利于土壤有机质的累积。与翻耕相比，黑土免耕 6 年后，0～5cm 深度有机碳含量在种植大豆和玉米情况下显著提高 8.7% 和 13.7%，但是 5～30cm 深度土层有机碳含量显著下降（李文凤等，2011）。黑土免耕后土壤碱解氮、有效磷和速效钾等养分含量也均表现出明显的"表聚现象"（李文凤等，2011）。这主要是因为免耕条件下秸秆覆于土壤表面，微生物活性增强，养分周转速率快，但是由于不翻动土壤，有机物和养分难以进入下层，从而发生分层现象。马春梅等（2012）测定了不同层次黑土酶活性，发现与传统耕作相比，免耕并不影响土壤脲酶、蔗糖酶、酸性磷酸酶和过氧化氢酶活性，只有在免耕+秸秆还田情况下，土壤酶活性才显著增加，而且只是发生在表层（0～10cm）。当测定 0～20cm 深度土层时，Li 等（2012）发现免耕不改变土壤 pH、有机碳、DOC、总氮、总磷、微生物量、微生物呼吸和呼吸熵。

不同于细菌和放线菌，免耕不仅提高表层也显著提高 5～10cm、10～20cm 和 20～30cm 深度层次黑土真菌数量（贾淑霞等，2015）。这是因为真菌具有菌丝结构，下层真菌也可能触及表层土壤，利用覆盖在土表的秸秆和肥料。然而，张彬等（2010a）发现，免耕仅提高表层（0～10cm）而不影响下层土壤真菌数量及真菌/细菌比值。

综上，黑土区气温普遍较低，免耕对于土壤肥力和作物产量的提升作用并不显著。对位于低洼部位或者质地黏闭的黑土，免耕可能造成玉米产量下降。因此，在黑土区推广保护性耕作需要因地制宜，并且需要更多的试验研究支撑。评估保护性耕作效果时，需要利用长期试验结果，考虑整个土体的效应，避免因为"表聚"高估免耕对土壤有机碳和养分含量的提升作用。

4.3.3.2　深耕深松

开垦初期，黑土通常具有 30～70cm 的黑土层，但是由于水土流失、机械压实和培肥措施缺乏，黑土层不断变薄、土壤板结严重；特别是近年来由于农村劳动力外流、人工成本增加，散户经营的黑土农田管理日渐趋于简单粗放，秋季翻耕操作减少，春季旋耕灭茬逐渐成为首选方式，甚至出于节约成本的目的盲目选择少耕、免耕等耕作方式，土壤耕层由原来的约 20cm 逐渐减少为当前的约 15cm，犁底层的出现导致土体通气透水性能下降，严重制约了作物产量的提升，尤其是在降水异常的春旱或夏涝年份。打破犁底层已经成为维持和提升黑土肥力的必然要求。

王秋菊等（2017）采用深耕犁将 0～20cm 与 20～40cm 深度的土进行转换深耕，研究深耕对黑土物理性状、养分含量、作物生长和产量的影响。发现深耕 2 年后各层次土壤容重降低，通气系数、饱和导水率和体积含水率增加，对下层土壤的影响更加明显（表 4-10）。与对照相比，上层土壤有机碳、碱解氮、速效磷和速效钾含量下降；但是下层土壤则升高。短期内，深耕导致表层土壤养分下降可能会影响作物生长，但是深层土壤养分的增加则显著提高了作物的根系长度和生物量。深耕 2 年后马铃薯和玉米分别增产 27.0%和 5.2%。

由于秸秆施在土壤表面，分解后无法达到提高土壤肥力的效果。因此，在实际生产中，秸秆还田需要与深耕操作联合进行。邹文秀等（2016）设置秸秆还田和不还田处理，并耦合 0～15cm、0～20cm、0～35cm 和 0～50cm 四个耕作深度。结果发现，秸秆不还田情况下，增加翻耕深度显著提高了玉米和大豆产量，但是耕作深度为 50cm 时产量出现下降趋势；秸秆还田情况下，耕作深度小于 20cm 时，作物产量比秸秆不还田降低

表 4-10 深耕对黑土物理性质的影响

处理	土层/cm	容重/（g/cm³）	通气系数/（10⁻²cm/s）	饱和导水率/（10⁻³cm/s）	含水率（体积分数）/%	温度/℃
对照 上翻 12cm 下松 10cm	0～10	1.21±0.11	43.67±4.24	51.21±6.25	13.41±1.02	22.13±0.43
	10～20	1.36±0.12	21.03±2.03	15.36±2.14	26.72±1.45	22.03±0.22
	20～30	1.58±0.03	10.25±1.22	8.64±1.77	45.43±2.21	21.78±0.26
	30～40	1.59±0.04	13.46±2.24	4.59±0.86	48.56±2.33	21.14±0.23
	平均	1.44±0.08	22.10±2.43	19.95±2.76	33.53±1.75	21.75±0.29
深耕 四铧分层犁 耕 40cm	0～10	1.18±0.13	56.13±4.11	61.54±5.13	23.11±2.01	22.32±0.82
	10～20	1.27±0.08	28.36±3.67	20.14±2.44	40.56±3.04	22.14±0.57
	20～30	1.41±0.06	14.13±2.02	21.56±2.15	43.78±2.45	21.78±0.34
	30～40	1.45±0.05	49.65±4.58	20.34±1.97	46.42±2.13	21.33±0.31
	平均	1.33±0.08	37.07±3.60	30.90±2.92	38.48±2.41	21.88±0.51

数据来源：王秋菊等（2017）。

10.6%～16.8%，深度大于 35cm 时，作物产量则提高 2.2%～7.3%。秸秆深还不影响作物出苗并且显著提高了土壤的供水能力。与秸秆表施相比，秸秆深还可以有效提高下层土壤有机质含量和活性，从而提高通体土壤的肥力（谭岑等，2018）。

与深耕不同，深松不翻转和打乱原有耕层土壤，只对土壤进行一定深度的松土作业，同样具有打破犁底层、改善肥力的作用，在一定程度上来说是一种保护性耕作措施（贺美等，2020）。研究表明，深松可以降低犁底层的紧实度和 0～40cm 深度土壤容重，提高土壤孔隙度，有效改善黑土物理结构，改善效果随深松年限延长和深度增加更明显（张博文等，2019）。夏季垄沟深松显著提高了水分的入渗速率，缓解了夏季暴雨后土壤的滞水渍害（于同艳等，2007）。贺美等（2020）报道，25cm 深度深松并不提高表层（0～20cm）黑土有机碳、DOC、POC、ROC 和微生物生物量碳含量以及木聚糖酶、纤维素酶、乙酰基 β-葡萄糖胺酶和 β-葡萄糖苷酶的活性，可能与松土深度较浅和年限较短有关。长期深松，尤其是 45cm 深度深松有利于下层有机碳含量提升，维持表层酶活性的同时，提高了下层土壤脲酶、蔗糖酶和过氧化氢酶活性，增加了玉米根际土壤细菌群落的多样性和丰富度，提高了酸杆菌门、芽单胞菌门、浮霉菌门和奇古菌门的相对丰度，降低了放线菌门、厚壁菌门等具有致病菌种菌门的相对丰度（张博文等，2018）。因此，深松可以通过优化土体水热条件，改善土壤结构和通气状况，提高微生物功能，促进作物出苗和生长，实现产量的提升。例如，秋季深松 30cm 可以提高玉米产量 11.8%（王俊河等，2014）。

4.3.4 灌溉技术

作为传统雨养农业区，黑土农田水分主要来自大气降水。降水年际波动是黑土区作物产量年际变异的重要因素（刘鸿翔和沈善敏，2001）。降水分布不均会导致季节性缺水，东北是我国春旱发生频率最高的地区之一；近年来，在气候变化背景下，夏旱也时有发生。水分不足严重制约了黑土肥力对作物产量的贡献及肥力水平的提升。有少量研究初步探讨了灌溉对旱作黑土水分特征和作物产量的影响。结果表明，黑土具有很强的储水功能，能够有效地将灌溉水保存在土体中（0～110cm），在干旱发生时能够满足作物生长需要（杨春葆等，2014）。邹文秀等（2012b）设置不同水分处理，包括自然降水、过量灌溉（土壤含水量在田间持水量的80%～90%）、适宜灌溉（土壤含水量在田间持水量的60%～70%）和少量灌溉（土壤含水量在田间持水量的40%～50%），发现适宜灌溉能够提高大豆的百粒重和每株粒数，降低瘪荚数，与过量灌溉、自然降水和少量灌溉相比，大豆产量分别增加13.7%、12.4%和24.1%。同时指出，除灌溉量外，合理的灌溉时间也是影响大豆生长、提高水分利用率的重要因素。采用滴灌方式能够更好地匹配大豆生长需水，产量显著增加38.8%（刘伟卓等，2013）。

　　东北地区水稻品质高、经济效益好，近几年随着种植结构的调整，黑土区旱地转水田（旱改水）的面积不断增加。旱改水后，土壤环境条件发生巨大改变，理论上来说，厌氧程度的增加能够抑制微生物的分解活性，促进有机质的提升。关于旱改水对黑土肥力的影响研究较少。贾树海等（2017）报道，0～60cm深度土壤有机碳和全氮在旱改水前3年迅速下降，3～25年随年限延长呈增加的趋势，旱改水17～25年稻田土壤有机碳和全氮含量均高于旱田土壤。在不同水分条件下，黑土微生物的代谢活性不同，旱作条件下微生物更倾向于利用多聚物类碳源，淹水后初期演变为利用酚酸类为主，黑土有机碳的矿化量显著下降（张敬智等，2017）。因此，旱改水提高了黑土有机质和养分含量，但是其长期效应及内在机制亟待研究。

4.4　黑土资源管理策略

4.4.1　低产黑土农田肥沃耕层构建

　　黑土区是我国农业规模化、机械化程度发展最高的地区，在农业可持续发展目标下，由以前"一家一户"发展起来的土壤肥力保育或提升技术亟待创新。随着种植结构的多元化和农业机械的不断完善和更新，在应用土壤耕作层培育技术时，需要综合考虑作物轮作、秸秆还田、有机肥施用、耕作强度和频度，以及需要培育的耕作层厚度和土壤肥力等。根据作物高产根系生长发育需要的土壤空间、大气降水特征和土壤类型，韩晓增等（2009，2015）提出了以改造0～35cm深度土层为核心的肥沃耕层构建理论，即以农田耕层土壤培肥为目的，采用机械的方法，将能培肥土壤且无害化的农业废弃有机物深混于0～35cm深度土层，形成一个深厚肥沃的耕作层。

　　黑土心土混层三元补亏调盈技术。针对白浆土的白浆层，在"心土混层"技术的基础上，通过秸秆、有机肥和化肥三元物料一次性作业，改造白浆层。

　　熟土心土混层二元补亏增肥技术。针对薄层黑土（包括侵蚀后的薄层黑土）以及棕壤、暗棕壤和黑钙土的黑土层薄、养分贫瘠、物理性状差等问题，将熟土层与心土层混合，配合混入秸秆和有机肥，改善因熟土层和心土层混合后导致的土壤肥力下降。

　　秸秆深混耕层扩容技术。针对中厚黑土及草甸土有机质和黏粒含量高、耕作层浅、犁底层厚、水热传导差等影响根系生长的问题，采用秸秆粉碎技术和玉米秸秆深混还田技术,将玉米秸秆均匀深混于 0～35cm 深度土层,耕作层深度由 15～17cm 扩容到 35cm。

4.4.2 雨养农田水分调控

地处我国北部温带半湿润半干旱气候带的东北黑土土层厚,地下水埋藏深,降水几乎是土壤水的唯一补给途径(孟凯等,2003)。降水的多少直接影响土壤水分含量和运移,加之黑土质地黏重,凋萎湿度比较大,降低了土壤有效水含量,水分已经成为农作物生长的重要限制因素之一(韩晓增等,2003)。土壤中 25%～30%的持水孔隙和其较好的入渗能力,使大部分降水能原地入渗进入土壤,并蓄存于土壤,形成微土壤水(赵聚宝等,2000)。农田黑土 0～100cm 深度土层的田间持水量、最大土壤蓄水量和有效蓄水量分别为 387.3mm、575.9mm 和 242.7mm,相当于多年平均年降水量的 73%、108%和 46%(孟凯等,2003),这为深松蓄水建立"土壤水库"奠定了基础(肖继兵等,2011;张丽等,2015)。主要技术途径有:

(1)实施深松耕,提高土壤蓄水保墒能力。传统农业生产模式促使黑土耕层变浅薄(0～15cm),吸水容量降低,并在下层形成厚度 12～15cm 的犁底层。深松打破犁底层的同时疏松表层,增加耕层厚度和土壤孔隙度,改善土壤渗透性,增强土壤对大气降水的蓄存能力,营造"土壤水库",使更多的雨水贮存在深层土壤中以供作物利用,提高雨水资源利用效率和旱地蓄水保墒性能。

(2)加强水土保持,减少径流损失。一般来说,大部分农田处于起伏的漫岗地区,有不同程度的坡度。因此控制和减少降水的径流损失,对增加农田水分收入具有重要意义。在财政容许的条件下,合理规划并调整现用农田,开展农田基本建设,修筑截水沟、地中埂和草带,营造窄行防护林网,实行水平耕作。

(3)开展春旱预测预报,降低干旱危害。在生产指挥体系中,建立全自动的农田春旱预测预报系统,做到春旱发生与严重程度的早前预警,并结合抗旱保墒的农业技术措施,如薄膜覆盖、免耕等,确保生产不受或者少受损失。

(4)构建经济有效的农田水分循环模式,实现水资源最佳配置。要建立适合当地条件的农田水分高效循环利用耕作栽培模式。基于不同作物条件下的水分状况、耗水进程、总耗水量和作物收获后的水分条件等,合理调控作物生育期叶面积指数,减少地面蒸发量,提高水分利用效率。建立的模式需要遵循经过一个轮作周期后,农田水分收支状况应该保持平衡而略有盈余,如大豆-小麦-玉米轮作的水分循环比小麦-小麦-大豆轮作经济有效。

4.4.3 坡耕地水土流失综合治理

黑土坡耕地主要分布在漫川漫岗和低山丘陵,由于夏季单峰集中降水,加之特有的垄作等,坡耕地极易发生严重的水土流失。20 世纪 50 年代黑土厚度平均为 60～70cm,目前下降至 20～30cm,有些区域已露出成土母质(李发鹏等,2006)。坡耕地水土流失综合治理,对促进区域经济社会可持续发展、推进新农村建设和保障国家粮食安全、生态安全和防洪安全等都具有十分重要的意义（李立新，2009；田立生等，2011）。主要措施有：

（1）保护性耕作。保护性耕作是以保持水土、减少生产投入、持续利用土地为目标的耕作技术体系，以机械化作业为主要手段，采取少耕或免耕方法，用农作物秸秆及残茬覆盖地表，减少土壤表面风蚀和水蚀。

（2）横坡改垄。坡耕地起初为了耕作方便，多采用顺坡起垄。降雨沿着垄沟流淌，造成对表土的冲刷。推广横坡改垄技术，可利用垄台阻挡雨水，延长雨水下渗土壤的时间，有效地减少雨水流失。

（3）深松耕法。适用于耕作层薄和土壤质地为中、重壤土或黏土的坡耕地。在每年秋季农作物收割完成后或第二年春季播种前，对坡耕地进行深耕，也可以在最后一次中耕封垄完成后实施苗期垄沟深松，可打破犁底层，提高土壤入渗能力，减小根系下扎阻力。

（4）坡式条田。坡式条田是在总体不改变原有坡面参数的情况下，依据水土保持原理在坡面上相隔适当距离修建，并利用田坎沟做育肥沟，沟内种植绿肥植物，沟边埂种植牧草或经济作物。育肥沟不仅可以拦截泥水，还可以在沟内利用微生物菌剂促使绿肥植物或农作物秸秆发酵形成肥料，为坡耕地提供有机肥。

（5）改善耕作制度，增施有机肥。改变不合理耕作制度，调整农业产业结构，优化资源配置，不仅可以降低土壤侵蚀程度，而且可以有效提高土壤肥力。为了保持和提升黑土肥力，采用增施有机肥、秸秆还田和种植豆科绿肥等措施，部分替代化肥，减少化肥用量。

（6）建设农田水保林网。在坡地周围种植水土涵养林，主带 5～7 行，以杨树与松树混交，副带 3～5 行，种植胡枝子、沙棘等灌木。在坡度 5°以上的坡耕地每隔 30～50cm 沿横坡种植一条生物隔离带，主要种植多年生牧草、石刁柏、胡枝子等。

4.4.4　黑土资源持续利用对策

黑土资源是土地资源中的稀缺资源，具有高肥力、高产出、高性状的优点，对于提升单位面积生产力起着重要的作用。由于受知识水平限制，过去黑土资源出现了不合理利用的现象，重开发轻管理，重产出轻投入，重利用轻培育，搞单一的粮食生产模式，广种薄收，掠夺式经营，使黑土资源出现急剧退化，生产能力和利用效率不断降低。为了保护黑土资源，必须强化对当前黑土资源存在问题的分析，实现黑土资源利用与保护的有效平衡，保障东北地区乃至全国的粮食安全。在总结黑土退化的生态复原和综合治理经验的基础上，提出以下建议和对策（孟凯和黄雅曦，2006）：

（1）强化土地政策和立法，加强对黑土耕地资源的保护。禁止对林地和草地的开垦；对丘陵岗坡地要强化农林生态系统建设，增加林地和种草面积，调整用地结构，坡度 15°以上的坡地坚决实施退耕还林，有效控制水土流失。

（2）完善黑土耕地补偿机制，实现治理资金高效利用。从国土资源管理角度进行黑土资源保护，完善黑土耕地补偿机制，不断整合黑土资源治理资金。在贯彻落实中央耕地保护补偿标准的层面上，对农户进行直接补偿。

（3）加强农业发展规划，保护好黑土耕地。在黑土耕地划定为基本农田保护区后，根据黑土的退化程度进行保护等级分类，因地制宜地制定农业措施，提高耕地质量。

（4）培肥地力，提高黑土生产能力。通过有机培肥、秸秆还田、碳氮平衡、水热协调、平衡施肥等措施，不断提升黑土耕地质量及其稳定性。

（5）加强农田基本建设，改善农田生态环境。从治理区域大环境出发，加强农田防护林建设，以林划方，实现大地林网化、方田化。加强黑土区灌排水利设施建设，提高农田灌溉率；实施旱改水，扩大水稻面积，增强农田抵御旱涝的能力。在粮食生产中，保证一定玉米等高产作物比重外，适当提高大豆和其他禾谷类作物面积比例。

参 考 文 献

白震, 张明, 宋斗妍, 等. 2008. 不同施肥对农田黑土微生物群落的影响. 生态学报, 28(7): 3244-3253.

曹宏杰, 汪景宽. 2011. 长期不同施肥处理对黑土不同组分有机碳的影响. 国土与自然资源研究, (3): 39-41.

常丽君. 2007. 我国东北黑土区粮食综合生产能力研究. 北京: 中国农业科学院.

陈欣, 韩晓增, 宋春, 等. 2012. 长期施肥对黑土供磷能力及磷素有效性的影响. 安徽农业科学, 40(6): 3292-3294.

崔明, 张旭东, 蔡强国, 等. 2008. 东北典型黑土区气候、地貌演化与黑土发育关系. 地理研究, 27(3): 527-534.

丁建莉, 姜昕, 关大伟, 等. 2016. 东北黑土微生物群落对长期施肥及作物的响应. 中国农业科学, 49(22): 4408-4418.

高洪军, 彭畅, 张秀芝, 等. 2015. 长期不同施肥对东北黑土区玉米产量稳定性的影响. 中国农业科学, 48(23): 4790-4799.

高静, 马常宝, 徐明岗, 等. 2009. 我国东北黑土区耕地施肥和玉米产量的变化特征. 中国土壤与肥料, 29(6): 28-31.

谷思玉, 郭爱玲, 汪睿, 等. 2012. 中国与乌克兰黑土成土因素分析. 东北农业大学学报, 43(5): 152-156.

韩贵清, 杨林章. 2009. 东北黑土资源利用现状及发展战略. 北京: 中国大地出版社: 6-10.

韩晓增, 李娜. 2011. 中国东北黑土农田关键生态过程与调控. 哈尔滨: 东北林业大学出版社: 230-265.

韩晓增, 李娜. 2018. 中国东北黑土地研究进展与展望. 地理科学, 38(7): 1032-1041.

韩晓增, 王守宇, 宋春雨, 等. 2003. 海伦地区黑土农田土壤水分动态平衡特征研究. 农业系统科学与综合研究, 19(4): 252-255.

韩晓增, 邹文秀, 陆欣春, 等. 2015. 旱作土壤耕层及其肥力培育途径. 土壤与作物, 4(4): 145-150.

韩晓增, 邹文秀, 王凤仙, 等. 2009. 黑土肥沃耕层构建效应. 应用生态学报, 20(12): 2996-3002.

郝翔翔, 杨春葆, 苑亚茹, 等. 2013. 连续秸秆还田对黑土团聚体中有机碳含量及土壤肥力的影响. 中国农学通报, 29(35): 263-269.

郝小雨, 周宝库, 马星竹, 等. 2015. 长期不同施肥措施下黑土作物产量与养分平衡特征. 农业工程学报, 31(16): 178-185.

贺美, 王立刚, 朱平, 等. 2017. 长期定位施肥下黑土碳排放特征及其碳库组分与酶活性变化. 生态学报, 37(19): 6379-6389.

贺美, 王迎春, 王立刚, 等. 2020. 深松施肥对黑土活性有机碳氮组分及酶活性的影响. 土壤学报, 57(02): 446-456.

贺伟, 布仁仓, 熊在平, 等. 2013. 1961-2005 年东北地区气温和降水变化趋势. 生态学报, 33(2): 519-531.

贾洪雷, 马成林, 李慧珍, 等. 2010. 基于美国保护性耕作分析的东北黑土区耕地保护. 农业机械学报, 41(10): 28-34.

贾淑霞, 孙冰洁, 梁爱珍, 等. 2015. 耕作措施对东北黑土微生物呼吸的影响. 中国农业科学, 48(9): 1764-1773.

贾树海, 张佳楠, 张玉玲, 等. 2017. 东北黑土区旱田改稻田后土壤有机碳全氮的变化特征. 中国农业科学, 50(7): 1252-1262.

江恒, 韩晓增, 邹文秀, 等. 2012. 黑土区短期免耕对大豆田土壤水分物理性质的影响. 大豆科学, 31(3): 374-380.

江恒, 邹文秀, 韩晓增, 等. 2013. 土地利用方式和施肥管理对黑土物理性质的影响. 生态与农村环境学报, 29(5): 599-604.

焦晓光, 魏丹. 2009. 长期培肥对农田黑土土壤酶活性动态变化的影响. 中国土壤与肥料, (5): 23-27.

矫丽娜, 李志洪, 殷程程, 等. 2015. 高量秸秆不同深度还田对黑土有机质组成和酶活性的影响. 土壤学报, 52(3): 665-672.

李发鹏, 李景玉, 徐宗学. 2006. 东北黑土区土壤退化及水土流失研究现状. 水土保持研究, 13(3): 50-54.

李立新. 2009. 东北黑土区水土流失综合防治模式及效益分析. 水土保持通报, 29(3), 225-228.

李然嫣. 2017. 我国东北黑土区耕地利用与保护对策研究. 北京: 中国农业科学院.

李文凤, 梁爱珍, 张晓平, 等. 2011. 短期免耕对黑土有机碳、全氮和速效养分的影响. 土壤通报, 42(3): 664-669.

李艳, 李玉梅, 刘峥宇, 等. 2019. 秸秆还田对连作玉米黑土团聚体稳定性及有机碳含量的影响. 土壤与作物, 8(2): 129-138.

林琳, 张程程, 王恩姮. 2017. 秸秆长度对黑土力学特征的影响. 南京林业大学学报(自然科学版), 41(5): 128-134.

连旭, 隋玉柱, 武海涛, 等. 2017. 秸秆还田对黑土农田土壤甲螨群落结构的影响. 农业环境科学学报, 36(1): 134-142.

梁尧, 韩晓增, 丁雪丽, 等. 2012. 不同有机肥输入量对黑土密度分组中碳氮分配的影响. 水土保持学报, 26(1): 174-178.

刘丙友. 2003. 典型黑土区土壤退化及可持续利用问题探讨. 中国水土保持, 12: 28-29.

刘丹, 于成龙. 2017. 气候变化对东北主要地带性植被类型分布的影响. 生态学报, 37(19): 6511-6522.

刘鸿翔, 沈善敏. 2001. 黑土长期施肥及养分循环再利用的作物产量及土壤肥力质量变化 I. 作物产量. 应用生态学报, 12(1): 43-46.

刘猛. 2010. 东北黑土区土地开垦历史过程研究. 中国科技信息, (2): 77-78.

刘鹏飞, 红梅, 美丽, 等. 2019. 玉米秸秆还田量对黑土区农田地面节肢动物群落的影响. 生态学报, 39(1): 235-243.

刘实, 王勇, 缪启龙, 等. 2010. 近 50 年东北地区热量资源变化特征. 应用气象学报, 21(3): 266-278.

刘爽, 张兴义. 2011. 保护性耕作对黑土农田土壤水热及作物产量的影响. 大豆科学, 30(1): 56-61.

刘伟卓, 董守坤, 赵恩龙, 等. 2013. 滴灌条件下黑土水分湿润特征及对大豆产量的影响. 大豆科技, 2013 (2): 13-16.

马春梅, 庄倩倩, 龚振平, 等. 2012. 保护性耕作对寒地土壤酶活性的影响. 东北农业大学学报, 43(11): 40-44.

孟凯, 黄雅曦. 2006. 黑土生态系统. 北京: 中国农业出版社: 69-73, 186-198.

孟凯, 张兴义, 隋跃宇, 等. 2003. 黑龙江海伦农田黑土水分特征. 土壤通报, 34(1): 11-14.

乔云发, 苗淑杰, 韩晓增. 2007. 不同土地利用方式对黑土农田酸化的影响. 农业系统科学与综合研究, 23(4): 468-470.

沈善敏. 1981. 黑土开垦后土壤团聚体稳定性与土壤养分状况的关系. 土壤通报, 12(2): 20-32.

孙勇, 曲京博, 初晓冬, 等. 2018. 不同施肥处理对黑土土壤肥力和作物产量的影响. 江苏农业科学, 46(14): 45-50.

谭岑, 窦森, 靳亚双, 等. 2018. 秸秆深还对黑土耕层根区养分空间分布的影响. 吉林农业大学学报, 40(5): 603-609.

唐健. 2006. 我国耕地保护制度与政策研究. 北京: 中国社会科学出版社: 5-18.

田立生, 谷伟, 王帅, 等. 2011. 东北黑土区水土流失与耕地退化现状及修复措施. 现代农业科技, (21): 308-309.

汪景宽, 李双异, 张旭东. 2007. 20 年来东北典型黑土地区土壤肥力质量变化. 中国生态农业学报, 15(1): 19-24.

汪景宽, 王铁宇, 张旭东, 等. 2002. 黑土土壤质量演变初探 I——不同开垦年限黑土主要质量指标演变规律. 沈阳农业大学学报, 33(1): 43-47.

王慧颖, 徐明岗, 周宝库, 等. 2018. 黑土细菌及真菌群落对长期施肥响应的差异及其驱动因素. 中国农业科学, 51(5): 914-925.

王俊河, 郝玉波, 姜宇博, 等. 2014. 黑土区深松改土对玉米产量形成和土壤性状的影响. 黑龙江农业科学, (12): 33-35.

王宁娟. 2014. 不同开垦年限对农田黑土磷素形态及有效性的影响. 哈尔滨: 东北农业大学: 11-28.

王秋菊, 高中超, 张劲松, 等. 2017. 黑土稻田连续深耕改善土壤理化性质提高水稻产量大田试验. 农业工程学报, 33(9): 126-132.

王斯佳, 韩晓增, 侯雪莹. 2008. 长期施肥对黑土氮素矿化与硝化作用特征的影响. 水土保持学报, 22(2): 170-173.

王文东, 红梅, 赵巴音那木拉, 等. 2019. 不同培肥措施对黑土区农田中小型土壤动物群落的影响. 应用与环境生物学报, 25(6): 1344-1351.

魏丹, 匡恩俊, 迟凤琴, 等. 2016. 东北黑土资源现状与保护策略. 黑龙江农业科学, 16(1): 158-161.

魏丹, 孟凯. 2017. 中国东北黑土. 北京: 中国农业出版社: 19-29.

武俊男, 刘昱辛, 周雪, 等. 2018. 基于 Illumina MiSeq 测序平台分析不同施肥处理对黑土真菌群落的影响. 微生物学报, 58(9): 1658-1671.

肖继兵, 孙占祥, 杨久廷, 等. 2011. 半干旱区中耕深松对土壤水分和作物产量的影响. 土壤通报, 42(3): 709-714.

谢建华, 李荣, 辛景树, 等. 2017. 东北黑土区耕地质量评价. 北京: 中国农业出版社: 27-29.

杨春葆, 邹文秀, 江恒, 等. 2014. 黑土区不同水分处理对大豆田土壤含水量动态变化的影响. 大豆科学, 33(1): 73-78.

杨学明, 张晓平, 方华军, 等. 2004. 北美保护性耕作及对中国的意义. 应用生态学报, 15(2): 335-340.

于锐, 王其存, 朱平, 等. 2013. 长期不同施肥对黑土团聚体及有机碳组分的影响. 土壤通报, 44(3):

594-600.

于同艳, 张兴义, 张少良, 等. 2007. 耕作措施对农田黑土入渗速率的影响. 水土保持通报, 27(5): 71-74.

查燕, 武雪萍, 张会民, 等. 2015. 长期有机无机配施黑土土壤有机碳对农田基础地力提升的影响. 中国农业科学, 48(23): 4649-4659.

张彬, 白震, 解宏图, 等. 2010a. 保护性耕作对黑土微生物群落的影响. 中国生态农业学报, 18(1): 83-88.

张彬, 何红波, 赵晓霞, 等. 2010b. 秸秆还田量对免耕黑土速效养分和玉米产量的影响. 玉米科学, 18(2): 81-84.

张博文, 杨彦明, 李金龙, 等. 2018. 连续深松对黑土水热酶特性及细菌群落的影响. 生态学杂志, 37(11): 3323-3332.

张博文, 杨彦明, 张兴隆, 等. 2019. 连续深松对黑土结构特性和有机碳及碳库指数影响. 中国土壤与肥料, (2): 6-13.

张晋京, 窦森, 朱平, 等. 2009. 长期施用有机肥对黑土胡敏素结构特征的影响——固态 ^{13}C 核磁共振研究. 中国农业科学, 42(6): 2223-2228.

张敬智, 马超, 郜红建. 2017. 淹水和好气条件下东北稻田黑土有机碳矿化和微生物群落演变规律. 农业环境科学学报, 36(6): 1160-1166.

张丽, 张中东, 郭正宇, 等. 2015. 深松耕作和秸秆还田对农田土壤物理特性的影响. 水土保持通报, 35(1): 102-106.

张喜林, 周宝库, 孙磊. 2008. 黑龙江省耕地黑土酸化的治理措施研究. 东北林业大学学报, 39(5): 48-52.

张晓平, 梁爱珍, 申艳, 等. 2006. 东北黑土水土流失特点. 地理科学, 26(6): 687-692.

张新荣, 焦洁钰. 2020. 黑土形成与演化研究现状. 吉林大学学报(地球科学版), 50(2): 553-568.

张兴义, 刘晓冰, 赵军. 2018. 黑土利用与保护. 北京: 科学出版社: 104-105.

张兴义, 隋跃宇, 宋春雨. 2013. 农田黑土退化过程. 土壤与作物, 2(1): 3-6.

张之一. 2010. 黑龙江省土壤开垦后土壤有机质含量的变化. 黑龙江八一农垦大学学报, 22(1): 1-4.

赵聚宝, 徐祝龄, 钟兆站, 等. 2000. 中国北方旱地农田水分平衡. 北京: 中国农业出版社: 11-19.

赵伟, 陈雅君, 王宏燕, 等. 2012. 不同秸秆还田方式对黑土土壤氮素和物理性状的影响. 玉米科学, 20(6): 98-102.

赵玉明, 程立平, 李加加, 等. 2020. 东北典型黑土区的土类界定依据分析. 中国水土保持科学, 18(4): 123-129.

赵玉明, 程立平, 梁亚红, 等. 2019. 东北黑土区演化历程及范围界定研究. 土壤通报, 50(4): 765-775.

周宝库. 2011. 长期施肥条件下黑土肥力变化特征研究. 北京: 中国农业科学院.

周桂玉, 张晓平, 范如芹, 等. 2015. 黑土实施免耕对玉米和大豆产量及经济效益的影响. 吉林农业大学学报, 37(3): 260-267.

朱霞, 韩晓增. 2008. 不同土地利用方式下黑土氮素含量变化特征. 江苏农业学报, 24(6): 843-847.

朱兴娟, 李桂花, 涂书新, 等. 2018. 秸秆和秸秆炭对黑土肥力及氮素矿化过程的影响. 农业环境科学学报, 37(12): 2785-2792.

庄季屏. 1985. 东北黑土区生态系统的演变对土壤结构性质的影响. 生态学杂志, (6): 7-11.

邹文秀, 韩晓增, 江恒, 等. 2012a. 施肥和降水年型对土壤供水量和大豆水分利用效率的影响. 大豆科学, 31(2): 224-231.

邹文秀, 韩晓增, 江恒, 等. 2012b. 黑土区不同水分处理对大豆产量和水分利用效率的影响. 干旱地区农业研究, 30(6): 68-73.

邹文秀, 陆欣春, 韩晓增, 等. 2016. 耕作深度及秸秆还田对农田黑土土壤供水能力及作物产量的影响. 土壤与作物, 5(3): 141-149.

Alvarez R, Steinbach H S, De Paepe J L. 2017. Cover crop effects on soils and subsequent crops in the pampas: A meta-analysis. Soil and Tillage Research, 170: 53-65.

Berg B, Matzner E. 1997. Effect of N deposition on decomposition of plant litter and soil organic matter in forest systems. Environmental Reviews, 5(1): 1-25.

Chen Z, Ding W, Xu Y, et al. 2015. Importance of heterotrophic nitrification and dissimilatory nitrate reduction to ammonium in a cropland soil: Evidences from a ^{15}N tracing study to literature synthesis. Soil Biology and Biochemistry, 91: 65-75.

Chen Z, Xu Y, Castellano M J, et al. 2019a. Soil respiration components and their temperature sensitivity under chemical fertilizer and compost application: The role of nitrogen supply and compost substrate quality. Journal of Geophysical Research: Biogeosciences, 124(3): 556-571.

Chen Z, Xu Y, Cusack D F, et al. 2019b. Molecular insights into the inhibitory effect of nitrogen fertilization on manure decomposition. Geoderma, 353: 104-115.

Chen Z, Xu Y, He Y, et al. 2018. Nitrogen fertilization stimulated soil heterotrophic but not autotrophic respiration in cropland soils: A greater role of organic over inorganic fertilizer. Soil Biology and Biochemistry, 116: 253-264.

Cusack D F, Torn M S, McDowell W H, et al. 2010. The response of heterotrophic activity and carbon cycling to nitrogen additions and warming in two tropical soils. Global Change Biology, 16(9): 2555-2572.

Ding X, Han X, Liang Y, et al. 2012. Changes in soil organic carbon pools after 10 years of continuous manuring combined with chemical fertilizer in a Mollisol in China. Soil and Tillage Research, 122: 36-41.

Ding X, Han X, Zhang X, et al. 2013. Continuous manuring combined with chemical fertilizer affects soil microbial residues in a Mollisol. Biology and Fertility of Soils, 49(4): 387-393.

Ding X, Yuan Y, Liang Y, et al. 2014. Impact of long-term application of manure, crop residue, and mineral fertilizer on organic carbon pools and crop yields in a Mollisol. Journal of Soils and Sediments, 14(5): 854-859.

Guo J H, Liu X J, Zhang Y, et al. 2010. Significant acidification in major Chinese croplands. Science, 327(5968): 1008-1010.

Jiang H, Han X, Zou W, et al. 2018. Seasonal and long-term changes in soil physical properties and organic carbon fractions as affected by manure application rates in the Mollisol region of Northeast China. Agriculture, Ecosystems and Environment, 268: 133-143.

Klotzbücher T, Kaiser K, Guggenberger G, et al. 2011. A new conceptual model for the fate of lignin in decomposing plant litter. Ecology, 92(5): 1052-1062.

Lal R. 2006. Enhancing crop yields in the developing countries through restoration of the soil organic carbon pool in agricultural lands. Land Degradation & Development, 17(2): 197-209.

Li G, Meng F, Zhu P, et al. 2018. Fertilizer type and organic amendments affect gross N dynamics in a Chinese Chernozem. European Journal of Soil Science, 69(6): 1117-1125.

Li L J, You M Y, Shi H A, et al. 2012. Short-term tillage influences microbial properties of a Mollisol in

Northeast China. Journal of Food Agriculture and Environment, 10(3-4): 1433-1436.

Li N, Xu Y Z, Han X Z, et al. 2015. Fungi contribute more than bacteria to soil organic matter through necromass accumulation under different agricultural practices during the early pedogenesis of a Mollisol. European Journal of Soil Biology, 67: 51-58.

Liu X, Burras C L, Kravchenko Y S, et al. 2012. Overview of mollisols in the word: Distribution, land use and management. Canadian Journal of Soil Science, 92: 383-402.

Pittelkow C M, Liang X, Linquist B A, et al. 2014. Productivity limits and potentials of the principles of conservation agriculture. Nature, 517: 365.

Qiao Y, Miao S, Han X, et al. 2014. The effect of fertilizer practices on N balance and global warming potential of maize-soybean-wheat rotations in Northeastern China. Field Crops Research, 161: 98-106.

Xu Y, Chen Z, Ding W, et al. 2017a. Responses of manure decomposition to nitrogen addition: Role of chemical composition. Science of the Total Environment, 587-588: 11-21.

Xu Y, Chen Z, Fontaine S, et al. 2017b. Dominant effects of organic carbon chemistry on decomposition dynamics of crop residues in a Mollisol. Soil Biology and Biochemistry, 115: 221-232.

You M, Li N, Zou W, et al. 2017. Increase in soil organic carbon in a Mollisol following simulated initial development from parent material. European Journal of Soil Science, 68(1): 39-47.

Zhao X, Zhang R, Xue J F, et al. 2015. Management-induced changes to soil organic carbon in China: A meta-analysis. Advances in Agronomy, 134: 1-50.

Zhao Y, Wang M, Hu S, et al. 2018. Economics- and policy-driven organic carbon input enhancement dominates soil organic carbon accumulation in Chinese croplands. Proceedings of the National Academy of Sciences of the United States of America, 115(16): 4045-4050.

第 5 章　盐碱障碍土壤治理与高效利用

5.1　我国盐碱障碍土壤类型与特征

盐渍土广泛分布于世界上 100 余个国家和地区，全世界盐渍土面积近 10 亿 hm²。我国盐渍土总面积达 3630 万 hm²，占我国可利用土地的近 5%，其中有 576.6 万 hm² 被开垦种植，仍有大面积盐渍土尚待有效利用。盐渍土广泛分布在我国滨海、西北内陆、黄淮海平原、东北松嫩平原、甘肃、宁夏、内蒙古等地区。盐碱障碍土壤，具有土壤理化和生物学性质不良、资源质量差、土地生产力水平较低、土壤资源的利用受限、利用难度较大等特点。运用综合技术措施对盐碱障碍土壤进行治理和改良，可改善其理化和生物学特性，提高土壤质量和生产力水平。科学、合理和有效地利用这部分土壤资源，在国家的耕地保障与质量提升、粮食安全与生态建设等方面具有重要的现实意义和战略意义。

5.1.1　盐碱障碍土壤的形成及其障碍特征

盐碱土是指存在较高浓度易溶性盐分离子，并对土壤的物理、化学、生物等特性和植物生长造成不利影响的各种类型土壤的统称，包括盐化土壤、碱化土壤、盐土和碱土等（王遵亲等，1993）。盐碱土分布区域一般具有地面蒸发量强烈和降水量较少、地形地貌低洼平坦、成土母质含盐或受海水浸渍影响、地下水埋深浅和地下水矿化度高等特点。盐碱土在世界各国都有广泛分布，我国盐碱土广泛分布于滨海、西北内陆、黄淮海平原、东北松嫩平原、甘肃、宁夏、内蒙古等地区。人类生产活动也可造成土壤次生盐渍化，引起土壤退化。不当生产活动可能影响水盐运动规律，改变原有土壤水盐平衡，造成土壤易溶盐的积累，形成次生盐碱土壤，严重影响土壤质量、生态功能和土地生产能力。在干旱和半干旱地区，以下生产活动常容易引起土壤次生盐渍化，造成土壤退化：灌溉过程中设施不配套和管理不合理、采用咸水和碱性水等劣质水进行灌溉、修建大中型水工程（如平原水库）而缺乏盐渍化防控措施、发展规模化土地设施栽培、大水面养殖等。盐碱土中可溶性盐分含量高，或土壤 pH 高，大量盐分物质常聚集在土壤表层。盐碱土的孔隙特性、渗透性等物理特性差，土壤板结、结构遭到破坏，土壤肥力低，供肥和保肥性能差。土壤中存在的大量电解质造成植物的生理干旱，降低了土壤水分利用效率；土壤中盐分还造成植物养分吸收障碍，严重抑制植物生长；特定的盐分还会造成离子毒害，直接危害植物根系，使植物死亡。

5.1.2　我国盐碱障碍土壤类型及其分布

目前我国拥有各类可利用盐碱地资源约 5.5 亿亩，其中具有农业利用前景的盐碱地总面积为 1.85 亿亩，包括各类未治理改造的盐碱障碍耕地 0.32 亿亩，以及尚未利用和新形成的盐碱荒地 1.53 亿亩。目前具有较好农业开发价值、近期具备农业改良利用潜力的盐碱地面积为 1 亿亩，集中分布在东北、中北部、西北、滨海和华北五大区域，其中东北盐碱区 3000 万亩，西北盐碱区 3000 万亩，中北部盐碱区 1500 万亩，滨海盐碱区 1500 万亩，华北盐碱区 1000 万亩。从分布省份来看，主要集中连片分布在吉林、宁夏、内蒙古、河北、新疆、江苏等 18 个省、市和自治区。

滨海盐碱障碍土壤分布区域涉及沿海 11 个省、直辖市，主要分布于长江口以北诸省。土壤中盐分主要来源于成土母质，即海相沉积物，或是海水浸渍。土壤含盐量的等值线基本与海岸线平行，离海岸线越远，海浸频率少，地势相对高，脱盐强度大，土壤含盐量越低。滨海盐碱障碍土壤具有土体盐分重，盐分组成以氯化物为主，对作物生长抑制和危害明显的特点。东北苏打盐碱障碍土壤主要分布于松辽平原地区和三江平原局部地区。该区地形平坦，年降水量适中，降水主要集中在 5～10 月，干湿季节非常明显。地下水矿化度不是特别高，但以重碳酸盐或碳酸盐质水为主。土壤盐碱障碍的特点是土体中苏打的累积、土壤 pH 和碱化度高，土壤苏打盐化和碱化。该区盐碱障碍土壤大多属苏打型，土体总含盐量并不特别高，但碳酸根离子或碳酸氢根离子含量高，对植物的危害大，常呈现较大面积斑块状光板地。我国中北部盐碱区地处黄河上中游地区，主要包括内蒙古、宁夏、甘肃、陕西等省区，黄河贯穿该盐碱区，分布有大面积的黄河灌区。该区年降水量少，在 150～500mm 之间，蒸发量大，达 1800～2400mm。相当部分地区地形平坦，径流不畅，地下水位高，矿化度为 2～20g/L，土壤积盐严重，以硫酸盐-氯化物或氯化物-硫酸盐类型的盐碱障碍土壤为主，也有碱化土壤分布。内蒙古河套平原和银川平原分布有大面积盐碱障碍土壤，河套平原和银川平原两大灌区内常出现灌溉管理不当引起的土壤次生盐渍化情况。我国西北盐碱区以新疆、青海等省区为主，该区气候干旱至极端干旱，降水量少到极端稀少，蒸降比值非常高。在气候、母质、地形和水文地质等环境条件的综合作用下，盐碱障碍土壤在该区广泛分布，盐分化学组成以硫酸盐-氯化物或氯化物-硫酸盐为主，土壤积盐量高，盐分表聚明显，不少地区地表还会形成厚且硬的盐结壳。该区的土壤盐碱障碍对农业生产和生态建设造成巨大影响。黄淮海平原降水较少而蒸发较强烈，蒸降比为 2.5～3。降水量分配不均，旱涝交替发生，土壤水盐运动过程活跃，既有盐化过程又有碱化过程。该区古河道和各种岗、坡、洼交错的中小地形影响了水盐的重新分配，盐渍土多分布在洼地四周或洼地中的高地。受地下水随毛管上升和地表水侧向运动蒸发的双重影响，盐分表聚性较强，盐碱障碍土壤常呈斑块状分布于农田土壤中。

5.1.3　盐碱障碍土壤的治理与利用原则

盐碱障碍土壤的治理利用工作，要针对不同的土壤盐碱类型和盐碱障碍程度、土壤盐碱发生与演变的环境要素和人为要素特征来因地制宜开展。不但要做好现实的盐碱土壤的治理改良，还要做好土壤次生盐碱化的防控。盐碱土壤的治理与改良既要做好土壤盐碱障碍的消减，也要同步做好土壤质量的改善和土地地力的提升工作。治理盐碱土壤和防控土壤盐碱退化的核心，是根据土壤盐碱状况的动态变化特征，实现土壤水盐的优化调控，消除或消减土壤盐分，阻止盐分的积累，提升土壤肥力质量。盐碱土壤治理与改良的基本原理，一是脱除表层土壤中过量的盐分离子，或调控土壤酸碱平衡；二是阻控底层土壤或者地下水中的盐分上移积累；三是排除地下水携带的过量盐分；四是改良盐碱带来的土壤结构和耕作等方面的障碍；五是提升土壤肥力抑制盐碱对植物的危害。我们可以通过以下方法与手段，实现盐碱土壤的治理与改良：一是通过不同覆盖手段抑制或者减轻土表蒸发；二是通过工程或生态排水手段降低地下水位；三是通过土壤结构改善和隔层手段控制土壤毛管水分运动；四是通过土壤调理与特色耕作措施结合优化水分管理促进盐分淋洗和碱性危害消减；五是通过培肥地力和耐盐植物种植手段抑制盐碱危害和提升土壤质量。盐碱障碍土壤的治理要与利用密切结合，突出盐碱地分类治理与农业高效利用的理念，因地制宜分类治理，以治为用，以用促治。建立和践行"盐碱障碍土壤治理和利用关键技术研发-治理与利用工程示范-盐碱地产业发展"相结合的发展思路，实现我国盐碱障碍土壤的高效治理改造和盐碱区的土、水、生物等农业资源的可持续利用，发挥盐碱障碍土地资源作为耕地后备资源的潜力和粮食增产的潜力，挖掘、培育和壮大盐碱地产业，提升盐碱障碍土壤生产力水平，推进现代农业产业结构调整，改善盐碱区生态环境。

5.1.4　我国盐碱障碍土壤的农业利用潜力及其关键治理技术

在我国，近期具备良好农业改良利用潜力的 1 亿亩盐碱地中，有 3500 万亩盐碱障碍耕地在治理改良后可实现较大幅度增产，有 6500 万亩尚未农业利用的盐碱地经开发改造后可实现农业利用（李彬等，2005）。对上述 1 亿亩盐碱地合理改造和利用后，可新增耕地面积 6500 万亩，可大幅度提升 3500 万亩盐碱地的农业生产能力，每年可增加 200 亿斤以上的粮棉油产量，治理利用的潜力巨大。我们可以根据土壤盐碱类型和程度、自然条件特点和治理利用需求，有选择地或者综合利用下文介绍的技术，进行盐碱土壤的治理与恢复。在实践过程中，我们可以利用多种治理技术优化构建集成应用模式，实现盐碱土壤的规模化工程化治理与恢复（杨劲松和姚荣江，2015）。目前已形成一批较为成熟的盐碱障碍土壤治理的关键技术。

（1）盐碱土壤长效阻盐技术：该技术以创建淡化的土壤表层（耕作层）为核心，通过植株或地膜覆盖降低土面蒸发，控制积盐，在耕作层底部建立物理或生物隔离层，抑制毛管活动，阻控盐分表聚并防止土壤返盐（赵永敢等，2013）。旱作盐碱土壤"上覆下改"控盐培肥技术和次生障碍盐碱土壤"上膜下秸"控抑盐技术，均可有效实现耕层土壤盐碱障碍的阻控。

（2）盐碱土壤增强脱盐技术：该技术施用土壤质地调节类、土壤良性结构促生类、土壤黏闭障碍消除类、土壤生物活性激发类改良调理制剂与生物材料，改善土壤结构和通透性，有效增强灌溉季节和降水季节土壤盐分淋洗效率，加速脱除土壤盐分。作物秸秆材料、生物质材料、微生物制剂材料、复合有机肥、明砂、部分生态友好型有机聚合物和矿质材料等，都有改善盐碱土壤特性，促进土壤盐分脱除的功效。

（3）盐碱土壤高效排水排盐技术：该技术主要采用建立合理的田间排水设施和优化的排水排盐技术参数的手段，有效降低地下水位，实现土壤盐碱的高效排除（于淑会等，2016）。暗管排水排盐设施在地下水位浅、土壤质地适宜、具备一定灌溉条件的盐碱区域排盐效果明显。优化暗管铺设埋深和暗管间距设计，暗管排水技术与明沟排水技术的结合可以提高排水排盐效率。对由平原水库和大水面养殖引起的次生土壤盐碱的区域，可采用周边截渗措施配合排水技术治理和防控土壤盐碱危害。

（4）盐碱土壤水分管理调盐技术：该技术采用膜下滴灌节水控盐、根区水分优化调控、高效雨水利用、灌溉水质改良、沟灌抑盐、咸水结冰冻融灌溉等方法，实现土壤根区局部的盐分脱除和水盐平衡，在实现多水源水资源高效利用和非常规水资源安全利用基础上，为植物生长创造淡化的根区环境，实现盐碱土壤的治理、恢复和利用。

（5）盐碱土壤耕作栽培控盐技术：该技术采用深松技术和黏板层破除技术，消除盐碱障碍层对土壤降盐、耕作和作物生长的不利影响。对具板结不透水层、阻碍盐分淋洗的盐碱土壤，采用机械破黏板层技术可以促进水分快速下渗和盐分淋洗，以达到土壤脱盐控盐效果。土壤深松技术的松翻深度目前可达到 $50\sim60\mathrm{cm}$，对深层和连续分布的盐碱土壤黏板障碍层有良好改良效果。粉垄深松技术在耕作层和犁底层土壤结构改善和控盐方面具有较大潜力。盐碱土壤运用高垄、垄作、平作等种植手段和垄作平栽、垄膜沟灌、覆膜穴播等栽培方法，结合轮、间、套作种植方式，可以实现作物生育期控盐种植与增产增效。

（6）盐碱土壤调理改碱技术：该技术通过施用化学类和生物类改良调理制剂，运用离子代换、水解中和与酸碱平衡等原理，实现碱化土壤的治理改良。改碱类的土壤改良调理制剂主要包括石膏类、有机酸类、硫酸铝、有机物料等。石膏和硫酸铝改良调理制剂施用于碱性土壤后，利用二价和三价阳离子置换土壤胶体中的钠离子，加速钠离子的淋洗脱除，降低土壤胶体钠离子水解造成的碱化程度（王静等，2016）。其中，利用有机物料含有的羟基、羧基等官能团中和土壤碳酸根、重碳酸根，降低土壤残余碱度和 pH，以治理和改良碱性土壤。

（7）盐碱土壤生物改土与利用技术：该技术筛选和驯化耐盐碱作物或盐生经济植物品种，实现中、重度盐碱土壤的直接利用，在种植利用过程中，实现土壤盐碱障碍的消减和土壤肥力的提升。目前，已有水稻、小麦、大麦、油菜等大田耐盐作物品种，以及甜高粱、菊芋、盐地碱蓬、盐角草等耐盐或盐生经济植物品种可以应用。另外，抗盐微生物筛选和生物制剂的应用，改善了盐碱土壤的生物活性和养分供应能力，提升了植物抗逆性能，实现盐碱土壤的高效利用。部分盐生植物还具有吸收土壤中盐分，促进土壤盐碱程度减轻的潜力。

（8）盐碱土壤养分管理培肥抑盐技术：该技术通过加大有机补偿、土壤增碳培育、农用废弃物资源化利用、根际养分调控等方法和手段，实现盐碱土壤的生物有机农艺培肥与抑制盐害。盐碱土壤绿肥翻压增碳熟化增肥、盐碱土壤根际营养调控、盐碱土壤秸秆快速腐解改土培肥、农牧结合改良农田碱斑等技术对盐碱土壤具有良好培肥抑盐效果（朱海等，2019）。

（9）土壤盐碱障碍评估和利用规划技术：利用该技术进行点、田间和区域尺度土壤盐碱动态的调查与监测，并开展土壤盐碱的分类与分级和利用适宜性评估，根据土壤盐碱特性、自然条件特点和修复、利用需求，筛选适宜的盐碱土壤治理改良技术并形成若干优化适用的集成技术模式，优化盐碱地治理改良和利用规划，进行工程化实施。

5.1.5　盐碱障碍土壤的生态治理与利用

我国的盐碱障碍土壤存在与人为利用和灌溉长期并存、局部盐碱化减缓和长期性的盐碱反复与加剧并存的现状，运用生态理念综合治理改良是实现盐碱地持续利用的长效途径和发展方向（杨劲松等，2016）。开展盐碱土壤的生态治理，一是要注重利用生物适应性开展治理恢复；二是要充分利用自然条件开展治理，减少人为扰动；三是要兼顾土壤的生产功能和生态功能；四是要保证盐碱土壤治理恢复的持续性；五是要注意治理过程中各类农业资源的节约和高效；六是要避免治理恢复过程中对环境造成污染或压力；七是要对现有盐碱土壤治理恢复技术进行生态化改造。

盐碱土壤的生态治理与恢复应强化以下几个方面研究与技术研发工作：

（1）明晰盐碱障碍生态调控、地力加速培育与养分增效机制。分析盐碱土壤形成及其驱动特征，研究盐碱障碍生态调控机制，分析外源秸秆、覆盖、绿肥、有机肥等生态化措施对盐碱地土壤水盐运移过程的调节和盐碱阻控的效果，阐明其在促进土壤脱盐、植物生长及耕层土壤熟化等方面的作用机制，研究不同调控措施下盐碱障碍土壤的生态反馈机理。

（2）建立生态导向型盐碱障碍土壤长效治理、培育与修复关键技术体系。研究盐碱地微生物治理与修复技术，筛选出具有耐盐、抗逆、促生等多功能的微生物菌株与生物制剂（孔涛等，2014；邱并生，2014），开发盐碱障碍土壤改良生物专用肥并建立配套的优化施用技术。建立盐碱障碍土地地力加速培育和养分增效技术，提升土地生产力和资源利用效率。收集和筛选生态型特色耐盐碱林果、饲草、农作种质（郭洋等，2015），并有针对性地研发耐盐植物的配套种植技术，建立耐盐植物品种抗盐种植生态修复技术体系。研究次生盐碱障碍土壤节水控盐与生态工程治理技术，研发高效节水灌溉植物适宜生境快速构建、高成活率微区生境营造、高效干排盐生态工程等盐碱土壤治理技术。

（3）研制控盐排盐型工程装备与改良制剂产品。研发新型高效排盐暗管铺装机、新型控盐滴灌装备与自走式深松破土机等控盐排盐型盐碱土壤治理装备，开发集成控制、过滤、注肥、土壤墒情监测等关键系统的低压管道式节水控盐灌溉装备。开发生态友好型、节本高效型复合改良调理制剂，研制以石膏为主料、添加高价阳离子等材料的复合高效土壤调理剂，研发由土壤盐基离子敏感高分子材料与石膏耦合的高分子吸附型土壤调理剂，研发优化热裂解与工艺流程、生物质炭定向修饰的生物质炭基盐碱地调理剂。

（4）建立盐碱障碍土壤综合治理技术体系与生态产业发展技术模式。根据当地盐碱障碍和自然条件特点、地方的社会和产业发展需求，构建因地制宜的盐碱土壤生态治理与产业发展集成技术模式。运用生态理念，集成运用盐碱土壤生态治理技术，构建基于盐碱地生态治理的粮食经济作物生态产业、林业与果蔬生态产业、草业与畜牧业生态产业发展技术模式，实现盐碱土壤的工程化和规模化生态治理与高效利用。

5.2　我国盐碱障碍土壤分类治理原理与技术

20 世纪 50 年代以来，我国就组织国内优势技术力量开展了盐碱地资源调查工作，掌握了不同区域和类型的盐碱地状况、土壤水盐特征、水文气象条件、开发利用方式等基础数据。90 年代后期，启动实施了"黄淮海平原旱涝碱综合治理试验示范农业综合开发重大专项"，粮食增产成效显著。2009 年起，中国科学院联合国内相关力量，组织实施了国家公益性行业（农业）科研专项经费项目"盐碱地农业高效利用配套技术模式研究与示范"，系统地开展了国内外盐碱地治理和农业高效利用实用技术的筛选、改进与新技术研发，并在我国主要盐碱地区建立了适合不同类型盐碱地治理改造的成熟配套技术模式，推广应用面积逾 1000 万亩。2012 年，中国科学院联合科技部启动实施了"渤海粮仓科技示范工程"项目，针对环渤海湾低平原地区盐碱障碍耕地和盐碱荒地开展了治理改造与农业高效利用工作。2014 年，由中国科学院报送国务院的"中国科学院建议开展全国盐碱地分类治理技术示范"的报告，获得了重要批示；据此，国家发展改革委联合科技部、农业部、财政部等十部委共同颁布实施了《关于加强盐碱地治理的指导意见》（发改农〔2014〕594 号），推动了全国范围内盐碱地的治理与农业利用（杨劲松等，2015）。通过对我国土壤盐碱障碍消减与盐碱地治理主要技术的梳理，目前有成熟的分类治理技术 40 多项，按照其治理原理分为六大类，包括土壤管理控抑盐类、增强土壤脱盐类、土壤节水灌溉控盐类、土壤农艺生物治盐类、盐土农业利用类和土壤化学治盐改碱类。其主要原理与技术如下。

5.2.1　土壤管理控抑盐类技术

该类技术以创建相对独立的"水肥保蓄层"为主要目标。技术原理是通过对表层土壤进行松土，打破毛细管，并在地面覆盖地膜、液态地膜、秸秆等材料，降低土面蒸发，减缓盐分向地表积聚的速率；或者在耕层下（30～50cm 处）铺设秸秆、砂石、生物质炭和木质素纤维等材料，打破土壤水分和盐分上升通道，阻断耕层与地下水的水盐联系，形成疏松的隔离层（张建兵等，2013）。其技术原理如图 5-1 所示。

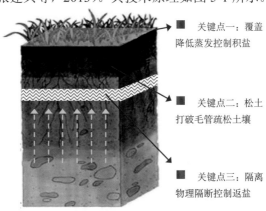

关键点一：覆盖降低蒸发控制积盐

关键点二：松土打破毛管疏松土壤

关键点三：隔离物理隔断控制返盐

图 5-1　土壤管理控抑盐技术原理图

该类技术主要适用于土壤质地、降雨季节性分布不均,旱作雨养条件及灌区的中、重度盐碱地,已在我国滨海、沿黄灌区、黄淮海平原次生盐碱区等进行了成功应用。具有代表性的技术如下。

5.2.1.1　旱作盐碱土壤"上覆下改"控盐培肥技术

该技术通过秸秆粉碎旋耕直接还田到耕层,同时施用农家有机肥,旋耕混匀后在地表覆盖可降解地膜,创建稳定的"水肥保蓄层"。其主要技术原理是:①地表覆膜降低了无效棵间蒸发,减缓了深层土壤盐分向表层聚集;②施用有机肥增加土壤水养容量,为作物生长创造稳定的"水肥保蓄层";③地表覆膜有利于维持"水肥保蓄层",避免了盐碱区夏季降雨集中造成的耕层土壤养分淋失、土壤板结等情况(图 5-2)。

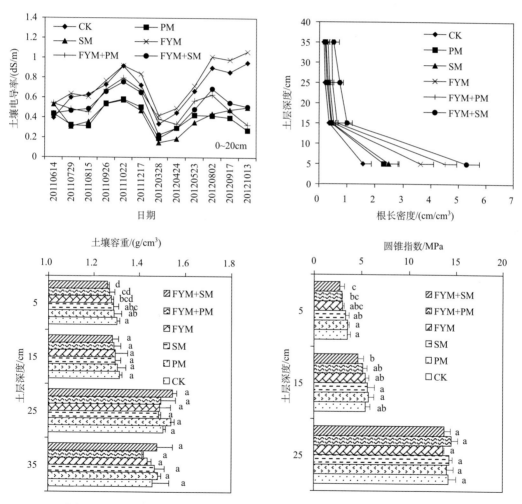

图 5-2　"上覆下改"技术对控制土壤盐分、疏松土壤和作物生长的促进效应

CK:对照;PM:薄膜覆盖;SM:秸秆覆盖;FYM:有机肥;FYM+PM:有机肥+薄膜覆盖;
FYM+SM:有机肥+秸秆覆盖

该技术实施的要点有：①秸秆全量还田。将上茬作物秸秆粉碎成 15～20cm 的长度后，覆于地表。②施用有机肥与基肥。施用农家肥有机物料 800～1000kg/亩，同时根据不同作物的需肥特点施用适量复合肥，这两种肥料均作为基肥施入。③旋耕松土拌肥。对 15～20cm 深度土层进行旋耕，将含盐量较低的表土层与有机肥、基肥搅拌混匀。④开墒覆膜播种。机械开沟营造高垄，垄高 15cm，垄背宽 20cm，畦面宽 2.8～3.6m，畦上播种。针对大麦、小麦等麦类作物推荐使用覆膜穴播机一次完成播种和覆膜，对于玉米、棉花等推荐机械覆膜后，在膜面打孔播种。⑤该技术适用于秸秆腐解速率较快的区域，可在不同种植季循环使用，其中基肥需单季单施。

5.2.1.2　次生障碍盐碱土壤"上膜下秸"控抑盐技术

该技术将上茬作物秸秆粉碎覆于地表，利用机械耕翻将土壤翻压于秸秆上，在地下 30～40cm 处形成秸秆层，旋耕后在地表覆膜。其主要技术原理是：①在土壤表面铺设地膜，能起到保墒、抑盐的效果；②在地表以下 30～45cm 处铺设 3～8cm 厚秸秆层，有利于灌水淋盐，切断土壤毛细管，阻隔盐分向上运移。该技术针对土壤次生盐渍化的特点，尤其适用于内蒙古、宁夏等引黄灌区的中、重度盐碱地（逢焕成和李玉义，2019）。

该技术实施的要点：①秸秆还田。对于上茬种植作物的盐碱地，将作物秸秆粉碎成 15～20cm 长度后，覆于地表；对于异地来源的秸秆，将其均匀摊铺于地表，用量为 500～1000kg/亩；如上茬作物秸秆量较少，可补充异地来源的秸秆。②隔层创建。利用秸秆翻埋犁首先开一条深度 30～45cm 的墒沟，在开沟的同时利用翻转犁辅助装置将地表覆盖的秸秆推入墒沟，使原来秸秆覆盖处留出一条 30～40cm 宽的空白裸露带；然后下一个耕翻作业时，秸秆翻埋犁沿着空白裸露带耕翻土壤，将土壤翻压在上一次推入墒沟的秸秆上；如此往复作业，可形成秸秆隔离层。③薄膜覆盖。隔层创建后地面平整度不够，将地面平整后施用基肥再覆盖薄膜。④该技术使用一次的有效期为 2～3 年，对于秸秆腐解速率较快的区域有效期为 1～2 年。该技术在粉砂壤质中重度盐碱地的调控指标见表 5-1。

表 5-1　"上膜下秸"技术在中、重度盐碱地上的调控指标——以粉砂壤土为例（河套灌区）

盐碱地类型	地下水控制埋深/cm	秸秆埋设厚度/cm	秸秆埋设深度/cm	秋浇要求/m³	生育期灌溉
中度	>100	3	30～35	120～150	灌溉
中重度	>100	5	35～40	150～180	不灌
重度	>100	8	>40	180～200	不灌

5.2.2　增强土壤脱盐类技术

该类技术以增强土壤盐分的淋洗与排出、创建稳定的"淡化表层"为主要目标。技术原理是通过延迟排水增加压盐时间，施用钙剂加速盐分离子的代换与淋洗，打破板结不透水层，加速淋盐，在深层土壤埋设暗管增强排水洗盐等方法，增加土壤盐分的脱除并将其排出种植区域以外（Yao et al., 2017）。其技术原理如图 5-3 所示。

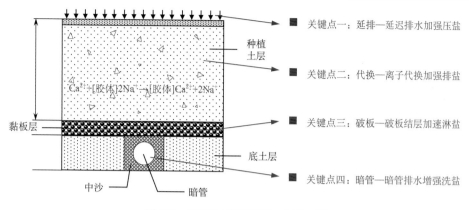

图 5-3　增强土壤脱盐类技术原理图

该类技术主要适用于土壤质地黏重或在剖面 1m 深度以内存在黏板层（不透水层）、地势低洼的中、重度盐碱障碍耕地和盐碱荒地，已在我国滨海、西北内陆盐碱区重度盐碱地的治理利用中得到大面积成功应用。具有代表性的技术如下。

5.2.2.1　机械破黏板层技术

该技术采用开沟机开沟破除板结层，通过优化宽链条、窄链条的沟宽、沟距参数，促进水分快速下渗和盐分淋洗，以达到土壤脱盐的效果。其主要技术原理是：①利用开沟机沿着地块开挖间距和深度不等的墒沟，通过墒沟打破深层土壤不透水层，提高农田渗水速度；②在墒沟底部垫入 5cm 厚度的沙子或秸秆，形成透水层，灌溉后土壤盐分被淋洗并沿着透水层入渗，加速土壤盐分的淋洗与脱除（叶建威等，2016）。

该技术实施的要点有：①开墒沟破土。利用开沟机对盐碱地开出平行方向的墒沟，当不透水层的厚度在 1.0m 以内时，采用宽链条开沟，宽度 30cm，间距 5～10m；当不透水层的厚度在 1.0～1.2m 时，采用窄链条开沟，宽度 20cm，间距 3～5m。②物料施用。在墒沟底部垫入 5cm 左右厚度的细沙或秸秆，形成较为稳定的透水下垫面，然后将土壤回填。③灌溉压盐。将土地旋耕耙平后，灌水洗盐；宽链条开沟深度稍浅，但渗水速度更快；窄链条开沟深度更深，其渗水速度较宽链条稍慢；窄链条开沟的间距可以适当小于宽链条，总体上开沟破土农田的渗水速度将提高 4～6 倍（表 5-2）。④该技术一次使用有效期达 3～5 年，适用于灌溉依赖性较强的干旱、半干旱盐碱区。

表 5-2　机械破黏板层对农田渗水时间的影响

链条类型	沟宽/cm	沟深/cm	沟间距/m	开沟速度/（m/h）	渗水时间/d
宽链条	30	110	5～10	25	2.5
窄链条	20	120	3～5	35	3.5

5.2.2.2　暗管治理顽固性碱斑技术

该技术通过在地面以下一定深度铺设一定间距、包裹滤料的多孔 PVC 管，排出土壤淋洗盐分至种植区域外，达到土壤排盐脱盐的目标。其主要技术原理是"盐随水来，盐随水走"：①在地表以下 1～2m 深度沿着排水方向布置一定间距、平行或相互联系的吸水管系统，可以排出浅层地下咸水，控制地下水位；②灌溉后含盐水被淋洗至深层土壤并收集于吸水管中，通过吸水管排出种植区外（韩立朴等，2012）。该技术尤其适用于黏板、低洼和顽固性盐碱地的治理。

该技术实施的要点有：①暗管布局。采用吸水管或"吸水管+集水管"的两级暗管排盐系统，吸水管为直径 80～110mm 的单臂打孔波纹管，集水管为直径 200mm 的 PE 管；当剖面土壤质地为黏土时，吸水管的铺设的间距为 15～30m；当土壤剖面质地为壤土时，吸水管的铺设的间距为 20～50m。②滤料选择。采用细沙作为吸水管的外包滤料，外包滤料的稳渗系数应控制在土壤的 10 倍以上。③开沟铺管。采用开沟铺管机进行自动化暗管铺设，当剖面土壤质地为黏土时，吸水管的铺设深度为 100～140cm；当剖面质地为壤土时，吸水管的铺设的间距为 130～160cm；吸水管的坡度为 0.4‰～0.6‰，集水管的坡度为 0.5‰～0.8‰。④灌溉洗盐。暗管铺设后将土壤回填，灌溉洗盐，后期排水需与当地灌溉制度相结合，通过控制排水提高水资源的利用率。⑤该技术使用有效期达 20～30 年，前期一次性投入成本较高，后期管理维护成本较低。距暗管不同距离各土层的脱盐率见表 5-3。

表 5-3 距暗管不同距离各土层脱盐率表

取样点 土层深度/cm	距暗管 5m 处 脱盐率/%	距暗管 10m 处 脱盐率/%	距暗管 15m 处 脱盐率/%	两暗管中间处 脱盐率/%
0～20	30.50	28.10	24.73	43.88
20～40	38.24	31.72	20.39	49.41
40～60	39.94	23.40	23.69	57.21
60～80	49.01	32.36	22.31	62.11
80～100	34.45	29.16	16.56	40.45
100～120	59.20	39.77	36.21	52.99
120～140	53.88	49.91	36.17	42.43
140～160	49.08	46.79	34.01	30.94
160～180	30.72	35.56	8.70	—

5.2.3 土壤节水灌溉控盐类技术

该类技术以土壤根系层水盐运动调控、剖面非充分灌溉与局部饱和灌溉为主要目标。该技术原理是通过雨水资源高效利用、微咸水-咸水等非传统水资源的安全利用、膜下滴灌节水抑盐、磁化水增强淋盐、咸水结冰冻融灌溉等方法，实现土壤根区位置水盐平衡，为作物生长创造局部淡化的根区环境（张越等，2016）。其技术原理如图 5-4 所示。

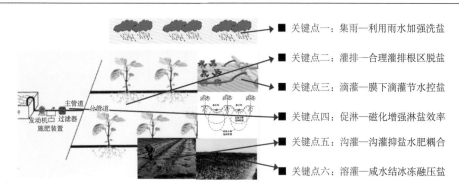

图 5-4　土壤节水灌溉控盐类技术原理图

该类技术主要适用于淡水资源紧缺、边际水资源较为丰富、具备一定气候资源（高纬度地区）的半干旱、干旱区重度盐碱障碍耕地和盐碱荒地，已在我国新疆、内蒙古、河北、辽宁等内陆和沿海省区的盐碱区得到大面积应用。具有代表性的技术如下。

5.2.3.1　盐碱地棉花精量灌水控盐技术

该技术针对传统的灌溉方法在灌水时机、灌水量等技术参数的确定方面进行了改进。传统的灌溉方法根据作物根区平均土壤水分状况确定灌溉时机，但在绝大多数情况下，根区平均土壤含水量或根区土壤可利用水量不能真实代表根区土壤水分状况，且判断灌水时间时都忽略了土壤盐分对水分的影响。该技术根据作物根系生长及水分亏缺指数（PWDI）更加精准地判断灌溉时机和灌溉量，显著提升了节水控盐效果（图 5-5）。该技术尤其适用于干旱区膜下滴灌盐碱农田，在新疆滴灌棉田得到了成功应用（Shi et al.,2015）。

该技术实施的要点有：①确定作物水分亏缺指数（PWDI）。根据作物实际蒸腾速率和作物潜在蒸腾速率，计算作物水分亏缺指数（PWDI），其综合考虑了土壤含水量对作物造成的直接水分胁迫，以及盐分通过降低土壤水分有效性对作物造成的间接水分胁迫。②土壤水盐胁迫修正。基于作物根区相对根长密度分布计算根区加权平均土壤含水量、加权平均土壤水渗透势，明确土壤含水量、盐分、根系分布对作物水分胁迫的主

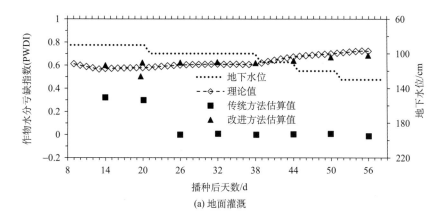

(a) 地面灌溉

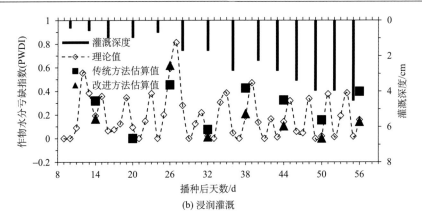

(b) 浸润灌溉

图 5-5　不同灌溉方式下采用不同方法估算的植物水分亏缺指数（PWDI）与理论值之间的对比关系

控因素。③灌溉控制系统调整。根据上述 PWDI 计算结果，实时响应和反馈于灌溉控制系统，主要是中央决策子系统，用于确定灌溉时机、灌水定额和理论灌水量，并通过灌水控制子系统进行实时灌溉。④该技术依据土壤水盐监测数据、作物根系分布状况确定精量灌溉参数，技术参数因盐碱地的不同作物类型与需水规律而异。

5.2.3.2　咸水结冰冻融淋盐保苗技术

该技术是极具特色的非常规水资源利用方法，通过咸水结冰冻融后咸淡水交替灌溉的方式实现耕层局部淡化的目标。其主要技术原理是咸淡水溶点差异：①利用北方冬季的低温资源，将咸水灌入盐碱地后使其结冰；③在春季气温升高后，咸水冰冻融，咸淡水分离，先溶解的是咸水，其后是微咸水，最后是淡水，梯次入渗，实现咸淡水的交替灌溉（刘小京，2018）。该技术适用于地表或地下咸水资源丰富的内蒙古、新疆、河北、辽宁等北方地区的重度盐碱地。该技术原理见图 5-6。

该技术实施的要点有：①起堰耕翻。盐碱地在冬前进行土地整理，视地下水位情况修建条田或台田，并在其四周修建围堰和埋设塑料暗管，并耕翻土壤。②咸水灌溉。在 1 月上中旬，当日均温低于–5℃后，利用明渠或地下高浓度咸水（不高于 15g/L）进行灌溉；总灌溉量为 120m³/亩，分成两次灌溉，以形成稳定的咸水冰层。③咸冰冻融。春季

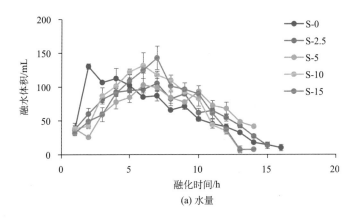

(a) 水量

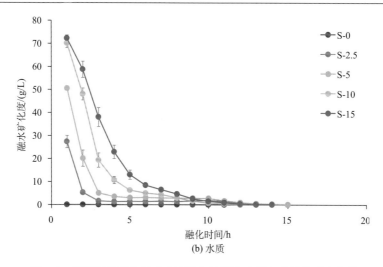

图 5-6　不同初始矿化度咸水冰融化过程中水量与水质的动态变化

S-0：初始矿化度为 0g/L；S-2.5：初始矿化度为 2.5g/L；S-5：初始矿化度为 5g/L；S-10：初始矿化度为 10g/L；S-15：初始矿化度为 15g/L

咸冰在融化过程中，咸水在前，淡水在后，最后融化的 1/2 部分，盐分含量降到 2.0g/L 以下，达到灌溉水标准，起到春季淋盐保苗效果。④覆膜控盐。春季 3 月初，待咸水冰完全入渗土壤后，及时进行地膜覆盖抑制返盐；4 月下旬至 5 月初，采用机械化覆膜播种棉花、油葵等耐盐作物。⑤该技术的应用对冬季低温要求较高，灌溉咸水的矿化度越高其冰点越低，对低温的要求也越高。

5.2.4　土壤农艺生物治盐类技术

该类技术以作物根区培肥快速形成盐碱地原始肥力"驱动力"、肥盐优化耦合、作物和土壤盐分异位调控为主要目标。该技术原理是通过盐碱地有机培肥形成初始肥力，驱动作物生长并加速盐碱地改良，或者通过不同耐盐特征作物的间、套和复种生物治盐，或者通过作物与土壤盐分的立体调控实现土壤降盐与地力提升（王婧等，2017）。其技术原理如图 5-7 所示。

该类技术主要适用于具有一定淡水或降雨资源、有机肥资源较为丰富的半湿润、半干旱盐碱区的中度、轻度盐碱障碍耕地，已在我国河北、辽宁等内陆和江苏、山东等沿海省份的盐碱区得到大面积应用。具有代表性的技术如下。

5.2.4.1　盐碱地秸秆快速腐解改土培肥技术

该技术将催腐剂与氮素增施联合运用，通过氮肥（C：N=25：1）与催腐剂优化运筹促进作物秸秆快速分解与土壤培肥。其主要技术原理是：①通过催腐剂促进上茬作物秸秆的腐解，改善土壤理化性状并培肥土壤；②优化氮肥运筹，调节 C：N（25：1），激发微生物活性，促进秸秆腐解与养分释放，避免苗期微生物与作物争氮造成作物因缺肥而长势弱。该技术目前已进入产业化阶段，生产出腐解秸秆-肥料包膜缓控肥。

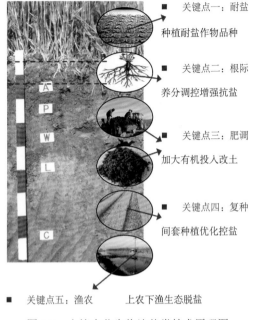

■ 关键点一：耐盐
种植耐盐作物品种

■ 关键点二：根际
养分调控增强抗盐

■ 关键点三：肥调
加大有机投入改土

■ 关键点四：复种
间套种植优化控盐

■ 关键点五：渔农　上农下渔生态脱盐

图 5-7　土壤农艺生物治盐类技术原理图

　　该技术实施的要点有：①秸秆粉碎还田。将上茬作物秸秆粉碎成 10～15cm 长度，覆盖于地表；或者将秸秆粉碎后统一堆放，以便集中处理。②喷施秸秆腐解剂和氮肥的混合液。在田间摊铺的秸秆上喷施腐解剂与氮肥的混合液，集中堆放的秸秆可掺拌腐解剂和尿素；尿素的用量按照秸秆 C∶N 计算，要求调节至 25∶1。③保持高温高湿。对于田间摊铺的秸秆，喷施腐解剂和尿素后进行耕翻，将秸秆翻压至 15～20cm 深度；对于集中堆放的秸秆，覆膜保持高温高湿，促进作物秸秆的分解（图 5-8）。④秸秆腐熟过程控制。采用 pH、温度和发芽指数（GI）作为秸秆腐熟度评价指标，当 pH 在 8～9 之间、堆体温度在 50℃以上并维持 10 天以上、GI>80%时即认为腐熟过程完成。⑤该技术适用范围广，尤其适合秸秆资源丰富并具备较好光热资源的盐碱区。

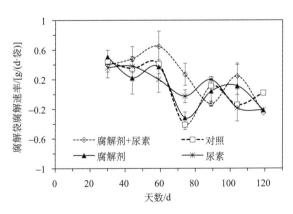

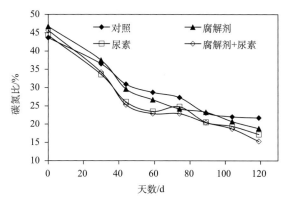

图 5-8　不同处理下堆腐过程中秸秆腐解速率与碳氮比变化

5.2.4.2　盐碱地"有机肥+绿肥"双肥驱动增碳培肥技术

该技术通过施用有机肥为绿肥生长提供原始肥力，结合绿肥种植还田加速土壤有机质周转与累积，达到双肥接力驱动土壤培肥的目标。其主要技术原理是：一次性大量使用有机肥，使盐碱地具备原始肥力，然后种植耐盐性较强的绿肥品种，在绿肥的旺盛生长期全量还田，促进土壤有机质的周转、累积与库容提升（朱小梅等，2018）。该技术原理如图 5-9 所示，适用于水分、光温资源较为丰富的半湿润、半干旱盐碱区的中、重度盐碱地。

该技术实施的要点有：①有机肥施用。在盐碱障碍耕地或盐碱荒地一次性大量施用经发酵的有机肥，以牛粪发酵有机肥最佳，有机肥的施用量根据土壤本底有机质状况确定，一般 3～5m³/亩。②绿肥种植。有机肥施用后与 0～15cm 土壤旋耕混匀，种植耐盐的绿肥品种，如田菁、黑麦草、苜蓿等。③绿肥还田。在绿肥的盛花期前选择生物量鲜重最大的时期适时翻压，将整株全量还田，还田深度 20～30cm。④针对重度盐碱障碍耕地与盐碱荒地，该技术可连续使用 2～3 次，如"有机肥+秋播绿肥+有机肥+夏播绿肥"；针对中、轻度盐碱地，使用该技术 1 次后土壤有机质可提升 2～3g/kg，即可进行正常种植。⑤该技术主要适用于具备一定灌溉条件、光温资源较好或者旱作雨养的盐碱区。

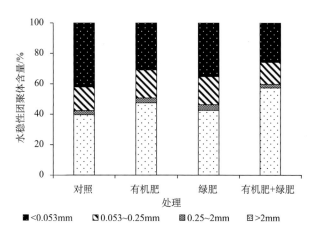

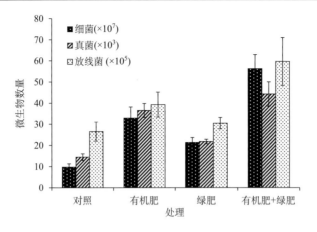

图 5-9　该技术对大颗粒团聚体与微生物数量的促进效应

5.2.5　盐土农业利用技术

　　该类技术以发掘作物的耐盐抗逆性能、优化耕作管理实现作物"抗盐、躲盐、避盐"种植为主要目标。该技术原理是发掘耐盐植物种质资源，筛选具有"泌盐、稀盐和拒盐"功能的高抗盐植物品种，通过盐土和咸水的安全直接利用，结合合理耕作"避盐、躲盐"达到植物抗盐性与土壤盐分的协调，同时通过抗盐植物的收获移除部分土壤盐分（刘兆普等，1998）。其技术原理如图 5-10 所示。

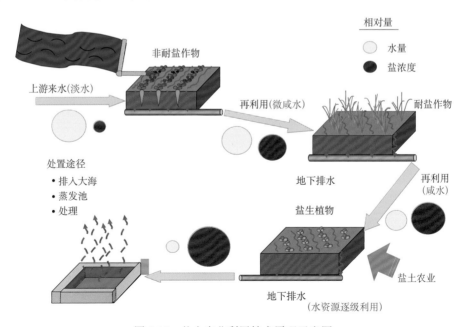

图 5-10　盐土农业利用技术原理示意图

该类技术主要适用于水资源条件较为匮乏、盐生植物资源较为丰富、光热资源较好的半干旱、干旱区的重度盐碱地与盐碱荒地，已在我国新疆、内蒙古等内陆盐碱区及江苏、山东等沿海滩涂盐碱区得到成功应用。具有代表性的技术如下。

5.2.5.1　盐生/吸盐植物品种筛选、扩繁与生物排盐技术

该技术通过征集、引进和筛选高耐盐或盐生经济植物品种，如甜高粱、野榆钱菠菜、盐角草、碱蓬、油葵、苏丹草等，利用盐生或高耐盐经济植物（主要是泌盐和稀盐类）对土壤盐分的吸收与储蓄功能，提高盐生植物的生物量与盐分吸储量，结合植物收获将这部分盐带出土壤，实现消减盐碱障碍的目标（赵振勇等，2013）。该技术尤其适用于新疆、内蒙古等内陆干旱盐碱区盐碱荒地的治理和利用。

该技术实施的要点有：①盐生/吸盐植物品种确定。以干旱区作为耐盐植物品种的引种来源，一般选择具有高抗盐性、高盐分吸附能力，且具备较好开发应用前景的盐生植物和耐盐牧草，包括盐地碱蓬、盐角草、滨藜、野榆钱菠菜等品种。②盐生植物种植。考虑到盐生植物一般在苗期耐盐性较差，同时其萌发对水分较为敏感，因而在播种前进行灌溉压盐补墒，提高其出苗率。③生育期管理。苗期后盐生植物的耐盐性逐步提升，但过高的土壤盐分含量易形成盐结晶并对植物造成伤害，应加强生育期水肥管理，避免含水量过低形成盐结晶。④植物收获。在盐生植物生物量鲜重最大，体内储存盐分量最高时收获，将这部分盐分移出土壤（表5-4）。⑤该技术主要适用于地下水位较深、地下水补给较弱的内陆干旱盐碱区。

表 5-4　盐生植物在盐土的出苗率、生物量和带出盐分

植物名	出苗率/%	生物量/（kg/hm^2）	带出盐分/（kg/hm^2）
盐地碱蓬	90	9663	2126
盐角草	75	3775	1057
草木樨	25	2288	312
鞑靼滨藜	60	3466	416
红叶藜	60	—	—
苏丹草	40	—	—
芨芨草	70	—	—
四翼滨藜	0	—	—
罗布麻	35	—	—

5.2.5.2　耐盐植物耕作管理抗盐种植技术

该技术以水-肥-盐耦合调控与优化运筹作为核心，通过种植耐盐经济植物品种，在苗期结合咸水和微咸水灌溉压盐、薄膜覆盖蒸发抑制保墒等方法，达到控盐保苗的目标，后期利用垄作、微地形构造等"控盐、避盐、躲盐"型的耕作管理措施，以及垄作平栽、垄膜沟灌、覆膜穴播等栽培方法，促进植物安全生长（雷玉平和山崎素直，1995）。该技术尤其适用于滨海盐碱区中、重度盐碱地的治理与直接利用。

　　该技术实施的要点有：①播前灌溉补墒。耐盐和盐生植物在苗期耐盐性较差，且萌发期对水分较为敏感，因此在播种前灌溉压盐补墒，为植物出苗创造良好环境。②土壤耕作管理。根据不同耐盐植物的栽培特点，机械起垄；对于夏播垄作种植的耐盐植物，垄上种植，垄下洗盐和聚盐，达到避盐的目的；对于秋播植物，垄下种植，垄上引盐，达到躲盐种植的效果。③抗盐栽培。通过垄膜沟灌、覆膜穴播等栽培方法，减少生育期土壤无效蒸发，或者膜下铺设滴灌带调控根层土壤水盐运动（表 5-5）。④种植制度。采用盐生植物-耐盐作物（大麦、棉花等）的轮、间、套作制度，实现土壤盐分和耐盐植物在时间、空间上的优化耦合。⑤该技术主要适用于西北内陆的灌区次生盐碱地及滨海中、重度盐碱地。

表 5-5　垄作平栽方式下两种盐生植物田间盐分变化情况

月份	0～30cm 土壤含盐量/（g/kg）			相对 4 月（种植前），0～30cm 盐分变化/%		
	裸地	盐地碱蓬小区	盐角草小区	裸地	盐地碱蓬小区	盐角草小区
4 月	22.2	22.2	24.2	0.0	0.0	0.0
7 月	22.4	14.9	22.9	1.0	−32.9	−5.5
10 月	21.3	19.9	19.1	−4.9	−10.3	−21.1
平均	22.0	19.0	22.1	−1.9	−21.6	−13.3
月份	30～60cm 土壤含盐量/（g/kg）			相对 4 月（种植前），30～60cm 盐分变化/%		
	裸地	盐地碱蓬小区	盐角草小区	裸地	盐地碱蓬小区	盐角草小区
4 月	21.8	15.0	17.1	0.0	0.0	0.0
7 月	16.6	13.3	11.2	−23.6	−11.4	−34.6
10 月	15.9	15.6	9.7	−4.4	4.0	−43.1
平均	18.1	14.6	12.6	−14.0	−3.7	−38.9

5.2.6　土壤化学治盐改碱类技术

　　该类技术主要通过酸碱平衡、水解中和、提升土壤缓冲容量等化学手段实现治碱改土的目标。该技术原理是利用有机物料含有大量的羟基、羧基等官能团，或者是易水解类化学材料产生的酸，中和土壤碳酸根、重碳酸根，降低土壤残余碳酸盐或 pH；或者利用含钙类的材料，与土壤胶体上的 Na^+ 进行置换，将交换性 Na^+ 交换到水溶液中并被淋洗或排出农田，降低土壤碱化度（孙宇男等，2011）。其技术原理如图 5-11 所示。

图 5-11　土壤化学治盐改碱类技术原理图

该类技术主要适用于土壤 pH 较高（＞9.5）、残余碳酸钠或碱化度较高的碱土、盐化碱土或碱化盐土，已在我国东北松嫩平原苏打盐碱地及滨海、黄淮海平原的碱化盐土得到成功应用。具有代表性的技术如下。

5.2.6.1　盐碱地水田淡化表层创建技术

该技术通过施用铝离子材料，利用 Al^{3+} 水解产生大量的酸根离子，中和土壤溶液中碱性离子，降低土壤 pH。其主要技术原理是：苏打盐碱土中添加 Al^{3+} 以后，Al^{3+} 的水解产生大量的 H^+，一方面可中和土壤溶液中的 OH^-、HCO_3^-、CO_3^{2-}；另一方面促进了碳酸盐溶解，使溶液中 Ca^{2+}、Mg^{2+} 的数量增加，促进 Ca^{2+}、Mg^{2+} 与土壤胶体上吸附的 Na^+ 发生交换作用，使 Na^+ 进入土壤溶液，进而降低土壤的碱化度（图 5-12）。该技术适用于我国东北苏打盐碱区的中、重度碱土与碱化盐土。

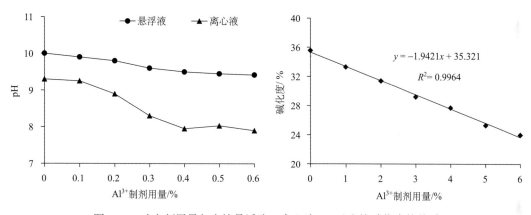

图 5-12　改良剂用量与土壤悬浮液、离心液 pH 及土壤碱化度的关系

该技术实施的要点有：①灌溉泡田。修筑灌排系统，将盐碱地平整后，四周起埂，然后灌水泡田，保持水面在 8～15cm。②施用 Al^{3+} 制剂。在盐碱地撒施铝离子制剂，用量根据土壤初始的 pH 和碱化度及最后拟降低的目标进行确定，用量一般为根层土壤重量的 0.5%～3%，碱化度越高用量越大。③旋耕搅拌。利用水田旋耕机将 Al^{3+} 制剂与 0～20cm 深度土壤搅拌混合，使 Al^{3+} 充分水解并与土壤碱性离子中和，旋耕 2～4 次。④农田排水。旋耕达到要求后静置 2～3 天，待土壤颗粒沉淀且上清液清亮时，将上清液排出农田。⑤增施有机肥。施用有机肥以提升和稳定土壤酸碱缓冲性能，用量 2000～4000kg/亩。⑥该技术使用 1 次的有效期为 3～5 年，考虑到 Al^{3+} 的毒害性，后期需根据土壤碱化度状况酌情使用。

5.2.6.2　增强洗盐改碱生物型调理剂

该技术利用载体促进活性有机酸与土壤碱性离子的中和，提升反应效率，加速土壤治盐改碱。其主要技术原理是：通过组合矿物质载体、氨基酸生物活性组分等配方，交换盐碱土中的盐害离子、改善土壤物理性状，提升土壤微生物活性，降盐除碱、松土，并增加作物抗逆性。该技术原理如图 5-13 所示，目前已在黄淮海平原、滨海盐碱区的中度碱化盐土上成功应用。

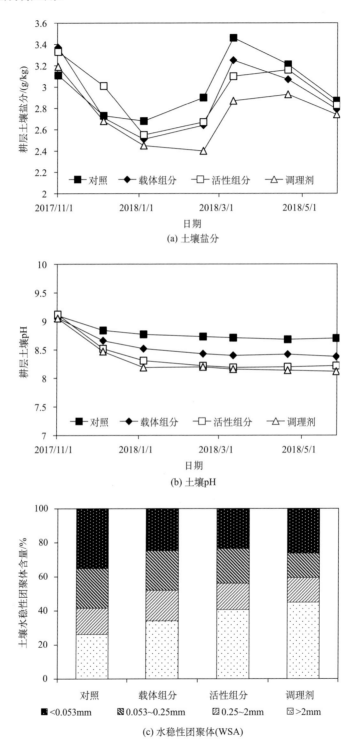

(a) 土壤盐分

(b) 土壤pH

(c) 水稳性团聚体(WSA)

图 5-13　不同调理剂组分对土壤盐分、pH 和水稳性团聚体含量的影响

该技术实施的要点有：①主要成分。由载体组分和微生物活性组分组成，载体组分由浮石粉、麦饭石粉、蛭石粉、脱硫石膏、炼钢钢渣组成，微生物活性组分由烟酸、对氨基苯甲酸、肌醇、丝氨酸、维生素 B1、维生素 B2 和葡萄糖组成。②调理剂制备。将载体组分按比例投入搅拌机搅拌均匀，待载体组分搅拌均匀后，按比例加入微生物活性组分并搅拌均匀得到该调理剂。③田间施用。调理剂在播前与基肥一起施入土壤，用量因土壤 pH、盐分含量不同而异，重度盐碱地在 300～500kg/亩，中轻度盐碱地在 200～300kg/亩，可撒施或条施入土壤。④该技术尤其适用于碱化盐土，对重度碱化盐土，每季作物使用 1 次，连续使用 3～4 次；对中、轻度碱化盐土，连续使用 1～2 次。

总体来看，现阶段我国已经全面具备了开展全国范围盐碱地分类治理和农业高效利用的工作基础和技术储备，关键技术总体较为成熟，前期已在我国五大盐碱区进行了示范推广，可直接进行规模化应用。目前，工程-农艺结合增强土壤排盐技术体系、节水灌溉优化灌排管理控盐技术体系、盐碱地控盐改土培肥型调理制剂与高效专用肥仍有待深化、熟化和区域化配套，待相关的技术参数、系统设备和产品配方进一步完善后，可在全国范围内进行大规模推广应用。

5.3 盐碱农田地力加速培育与养分增效技术

盐碱农田土壤由于盐碱障碍突出、养分含量低、结构性差，同时，障碍因子间相互作用，并处于一个恶性循环中，如土壤盐碱障碍导致土壤黏粒分散、表层结皮、容重增大等土壤结构性问题（Tejada and Gonzalez, 2006; Shainberg and Letey, 1984; Sumner, 1993; Quirk, 2001），进而影响土壤水气环境、土壤养分的释放与有效性及土壤的耕性和作物生长（Naidu and Rengasamy, 1993; Qadir and Schubert, 2002）；同时，结构性差的土壤，导水性能差，不利于盐分的淋洗，导致盐分在表土中聚积，加剧土壤的盐渍化程度（Lauchli and Epstein, 1990）；土壤障碍因子的持续恶化将导致土壤生态系统的破坏，降低土壤质量与生产力。反之，如果上述土壤障碍因子得到改善，将提高滩涂围垦农田的土壤质量，进而提高盐碱农田的养分利用效率。例如，土壤结构的提升（团粒化），一方面能使表土疏松，增大土壤孔隙度，抑制盐分随毛管孔隙上升到地表的过程；另一方面由于土壤团黏化造成的大孔隙便于渗吸降水，有利于淋盐，进而有利于土壤盐碱障碍的消减，降低土壤盐渍化程度（吕军，2011；Raychev et al., 2001），改善植物生长根区环境。因此，采取适当的调控措施对土壤障碍因子进行有效改善，促使土壤性质朝着良性方向发展，是障碍性耕地土壤质量提升和养分增效的基础。本节首先介绍盐碱农田氮素迁移转化特征和磷素利用特征，接着分别以案例的形式介绍盐碱农田地力培育技术对土壤地力指标的影响和盐碱农田养分增效技术对作物产量及氮磷吸收利用的影响。

5.3.1 盐碱农田氮磷养分利用的作用特征分析

土壤盐碱障碍严重制约了农田氮磷养分的有效性。一方面，土壤盐碱使土壤物理、化学性状受到不良影响，表现为土壤结构差、养分释放能力与有效性差，增加了作物根系生长所受阻力；另一方面，土壤中过多的盐分离子使土壤渗透势升高及某些盐分离子对作物细胞的毒害作用严重限制了作物的生长。本小节从盐分影响氮素迁移转化过程和磷素形态入手，以滨海盐碱土为例，探讨盐碱农田土壤养分有效性及其影响因素。

在滨海地区，将大麦收获时表层土壤盐分含量与大麦吸氮量、吸磷量及大麦氮磷利用效率做回归分析（图 5-14 和图 5-15），发现当土壤盐分大于 3g/kg 时，盐分含量与吸氮（磷）量、氮（磷）肥利用效率存在显著负相关关系，随盐分含量的上升，吸氮（磷）量和氮（磷）肥利用效率下降，决定系数分别为 0.7244、0.7485、0.758、0.7108（$P<0.05$）。由此可知，盐分显著降低了作物的氮磷吸收量及氮磷养分利用效率。为了进一步说明盐分如何降低氮磷养分利用效率，我们接下来通过一系列室内培养试验、盆栽试验、大田监测试验的方法进行了研究。

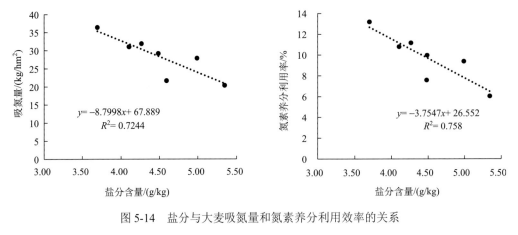

图 5-14　盐分与大麦吸氮量和氮素养分利用效率的关系

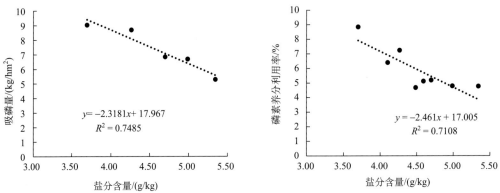

图 5-15　盐分与大麦吸磷量和磷素养分利用效率的关系

5.3.1.1　盐分对氮素迁移转化过程的影响

由各盐分梯度下土壤总矿质氮（硝态氮和铵态氮）的动态变化（图 5-16）可以看出，各处理土壤氮累积矿化量均随培养时间的延长而不断升高，培养结束时，各添加有机肥处理的土壤氮累积矿化量均显著大于对照土壤。在培养的第一周，各处理总氮含量迅速升高，随后总氮含量增速明显降低，氮矿化呈现缓慢释放的过程。不同含盐量土壤及有机肥添加处理，总氮累积矿化量存在显著性差异。其中，非盐化土对照和添加有机肥处理的总氮累积矿化量明显高于其余两者，轻度和中度盐化土总氮累积矿化量差异不明显。

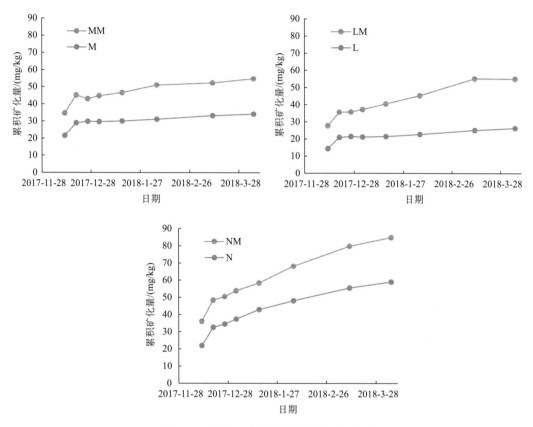

图 5-16　盐分对土壤氮累积矿化量的影响

N：非盐化土；NM：非盐化土添加有机肥；L：轻度盐化土；LM：轻度盐化土添加有机肥；M：中度盐化土；MM：中度盐化土添加有机肥

　　较低盐分的三种土壤（NS、LS 和 MS）和较高盐分的两种土壤（HS 和 SS）的硝化过程存在较大差异（图 5-17）。在较低盐分的三种土壤中，铵态氮和硝态氮的变化规律相似。表现为第一周铵态氮含量达到峰值，由于硝化作用，铵态氮含量在第二周急剧下降，同时硝态氮含量在第二周达到峰值，其后保持稳定。三种土壤硝态氮含量在第一周表现为 NS > LS > MS，铵态氮含量在第一周表现为 MS > LS > NS。

　　在较高盐分的两种土壤中，铵态氮和硝态氮的变化规律相似。但与上述三种土壤存在明显差异，在这两种土壤中，硝化过程明显延长。重度盐化土中硝态氮含量一直处于缓慢上升趋势，铵态氮含量在前 3 周呈上升趋势，之后开始下降。盐土中硝态氮含量也一直处于缓慢上升趋势，但其在各周的含量均低于重度盐化土。盐土中铵态氮含量在前 4～5 周呈上升趋势，之后开始下降。培养试验结束时，重度盐化土和盐土中的硝态氮含量明显低于前三种土壤。

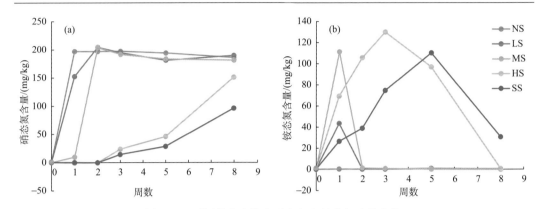

图 5-17　不同盐分土壤中硝态氮和铵态氮含量变化

NS：非盐化土；LS：轻度盐化土；MS：中度盐化土；HS：重度盐化土；SS：盐土

　　由图 5-18（a）可知，各盐分梯度下氨挥发速率随时间变化呈现一致性，均表现为随时间增加，氨挥发速率先增加，当到达峰值后开始下降。但不同盐分梯度下，氨挥发速率及时间变化存在一定程度的差异。就非盐化土而言，其氨挥发速率前 3 天呈现增加趋势，在第 3 天达到峰值，约为 0.4mg/（kg·d），之后开始下降；到第 6 天，氨挥发速率已经降低到极低水平，低于峰值的 1/10，之后仍存在较低的氨挥发速率；到第 16 天时，氨挥发速率基本接近于 0。就轻度盐化土而言，其氨挥发速率前 4 天持续增大，在第 4 天达到峰值，第 5 天氨挥发速率也很高，与峰值相差不大，约为 0.94mg/（kg·d），之后开始下降；到第 11 天，氨挥发速率已经降低到极低水平，但仍存在较低的氨挥发速率；到第 16 天时，氨挥发速率基本接近于 0。就中度盐化土而言，其氨挥发速率前 7 天持续增大，在第 7 天达到峰值，约为 0.73mg/（kg·d），之后开始下降；到第 16 天，氨挥发速率已经降低到极低水平，之后继续缓慢下降；到第 22 天时，氨挥发速率基本接近于 0。就重度盐化土而言，其氨挥发速率前 13 天持续增大，在第 13 天达到峰值，约为 1.07mg/（kg·d），之后较长一段时间（到第 25 天）氨挥发速率维持在很高水平，均高于 1.00mg/（kg·d），之后开始下降，到第 44 天，氨挥发速率已经降低到极低水平。就盐土而言，其氨挥发特征与重度盐化土较为接近，氨挥发速率升高持续时间较长，其氨挥发速率在前 25 天持续增大，第 25 天达到峰值，约为 0.96mg/（kg·d），之后几天（到第 29 天）氨挥发速率维持在很高水平，之后开始下降；到第 44 天，氨挥发速率仍在很高水平。综合不同盐分梯度的氨挥发速率，随盐分升高氨挥发速率逐渐增大，且到达氨挥发峰值所用时间逐渐增加，相应的氨挥发持续时间增长。累积氨挥发量随盐度增加而增加，NS、LS、MS、HS、SS 的累积氨挥发量分别为 1.50mg/kg、4.16mg/kg、5.03mg/kg、27.71mg/kg、37.73mg/kg，差异显著（$P<0.05$）[图 5-18（b）]。对累积氨挥发量和土壤盐分的相关性分析结果表明，土壤盐分与累积氨挥发性呈线性正相关关系（$R^2 = 0.977$, $P<0.05$）（图 5-19）。

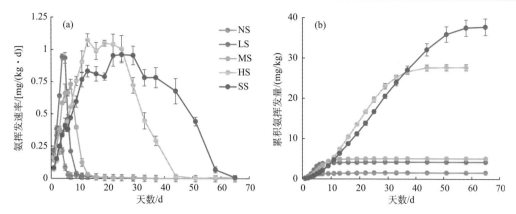

图 5-18　盐分对土壤氨挥发速率和土壤累积氨挥发量的影响

NS：非盐化土；LS：轻度盐化土；MS：中度盐化土；HS：重度盐化土；SS：盐土

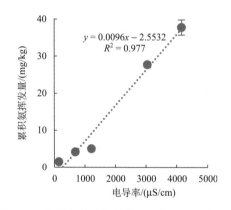

图 5-19　土壤电导率与土壤累积氨挥发量的关系

5.3.1.2　盐分对磷素有效性的作用特征

土壤速效磷能够直接被作物吸收利用，一直是判断土壤磷素丰缺的重要指标。图 5-20 为大麦-玉米轮作两季盆栽试验收获后根区和非根区土壤速效磷的变化情况。由图 5-20 可知，盐碱障碍显著降低了根区/非根区的土壤速效磷含量。在大麦季，轻度、中度盐渍土根区/非根区速效磷含量显著低于非盐渍土，DCK0（轻度）、ZCK0（中度）处理下根区速效磷含量较 SCK0（非盐渍土）分别降低 45.17%、69.15%。不同盐分梯度下大麦根区与非根区速效磷含量差异不大。在玉米季，与 SCK0 相比，DCK0、ZCK0 处理下根区速效磷含量分别降低 56.04%、86.28%。在玉米收获后，非盐渍土和轻度盐渍土根区速效磷含量下降较快，其中根区速效磷较非根区分别降低了 25.19%、21.14%，作物对根区磷素的吸收增加。中度盐渍土根区与非根区的速效磷含量差异不显著。

在 Hedley 磷素分级中，H_2O-Pi、$NaHCO_3$-Pi 和 NaOH-Pi 被认为是相当有效的无机磷源，而 HCl-Pi 难以转化成有效磷被植物利用，被认为是低活性磷（张鑫等，2018；许艳等，2017）。图 5-21 为大麦-玉米轮作两季盆栽试验收获后根区土壤各形态磷的占比。两季的试验结果表明，滨海盐渍土土壤磷库以稳定性无机磷（HCl-Pi）为主，占总磷的

62.74%～78.25%，其次为残留磷，约占16.34%～22.46%。而活性无机磷、中等活性无机磷和有机磷的比例较少。在大麦季，DCK0 和 ZCK0 处理下活性无机磷比例较 SCK0 分别降低 40.27%、75.25%，中等活性无机磷较 SCK0 分别降低 26.58%、56.32%，而稳定性无机磷较 SCK0 分别提高 9.24%、24.42%。有机磷（包括活性有机磷和中等活性有机磷）和残留磷的比例无明显差异。在玉米季，DCK0 和 ZCK0 处理下活性无机磷比例较 SCK0 分别降低 54.89%、80.32%，中等活性无机磷较 SCK0 分别降低 30.97%、67.55%，有机磷较 SCK0 分别降低 27.15%、42.99%，而稳定性无机磷较 SCK0 分别提高 6.40%、14.15%，残留磷的比例无明显差异。也就是说，随着作物的生长，盐碱障碍下土壤磷库中活性无机磷、中等活性无机磷的比例较非盐渍土逐渐降低，而稳定性无机磷的比例不断升高，这一磷素形态转化过程限制了滨海盐渍土磷素的有效性。

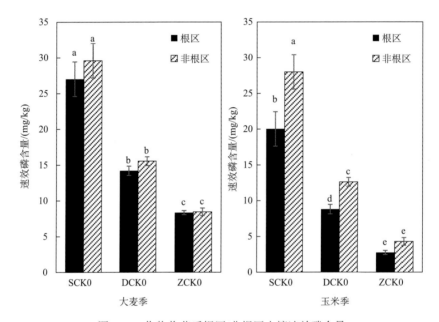

图 5-20 作物收获后根区/非根区土壤速效磷含量

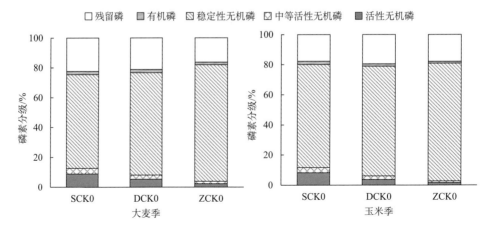

图 5-21 盐分对根区磷素形态占比的影响

5.3.2　盐碱农田地力加速培育技术

本小节以在滨海滩涂开展的盐碱农田地力加速培育工作为例，综合分析盐碱农田有机肥、覆盖及其集成措施等地力培育技术对滩涂围垦农田地力关键因子（容重、土壤结构、土壤养分特征等）的改善效应，探明调控措施对滩涂围垦农田地力关键因子的调控机制。

以江苏省东台市黄海原种场南场作为典型滨海盐碱障碍农田，其年平均气温为14.6℃，相对湿度为81%，风速为3.3m/s，全年无霜期达213d。该区常年平均降水量为1042mm，小于年平均蒸发量（1417mm），同时，降水量季节波动性大，雨季特征明显，约70%的降水量分布于6～9月。试验地土壤整体上属轻—中度盐渍化程度，且土壤 pH 高、养分含量低，试验田块表层土壤（0～20cm）基本性质如表 5-6 所示，试验处理设置及其实施细则见表 5-7。

表 5-6　试验田块土壤基本性质

土壤性质	EC / (ds/m)	pH	SWC /%	P_{Sa} /%	P_{Si} /%	P_{Cl} /%	OMC / (g/kg)	TN / (g/kg)	AN / (mg/kg)	AP / (mg/kg)	AK / (mg/kg)
平均值	0.48	9.04	20.19	3.48	75.76	20.76	7.66	0.48	63.00	10.20	112.32

注：EC-电导率；SWC-土壤含水量；P_{Sa}-砂粒百分比；P_{Si}-粉砂百分比；P_{Cl}-黏粒百分比；OMC-有机质含量；TN-全氮；AN-碱解氮；AP-速效磷；AK-速效钾。

表 5-7　试验处理设置及其实施细则

试验处理	实施细则
对照（CK）	研究区常规旱作模式——玉麦轮作。耕地方式为机器旋耕（深度为15cm左右），施用肥料均为化肥
薄膜覆盖（PM）	在作物播种后，采用当地常用地膜（聚乙烯薄膜，宽 3m，厚 0.025mm）进行全小区覆盖。出苗后在苗处掏一直径 10cm 左右的洞，以便作物生长、追肥操作及雨水入渗，其余操作及管理方式同 CK
秸秆覆盖（SM）	在作物播种后，沿播种方向全小区条覆秸秆，用量为 1kg/m²，其中玉米季使用秸秆为大麦秸秆，麦季为水稻秸秆，其余同 CK
有机肥（FYM）	在对照基础上加施有机肥（当地常用鸡粪堆肥），用量为 2kg/m²（当地习惯使用量为 1.5kg/m²），使用方式为基肥。在旋地之前，均匀撒施于试验小区，利用旋地机将其混匀于 15cm 土层，其余同 CK
有机肥+薄膜覆盖（FYM+PM）	操作同 FYM、PM
有机肥+秸秆覆盖（FYM+SM）	操作同 FYM、SM

5.3.2.1　土壤团粒结构对调控措施的响应特征

常规耕作措施下，滩涂围垦农田土壤 0～10cm 深度的水稳性团聚体含量较低，仅为29.22%，且其组成中主要以大于5cm和0.25～0.5cm为主，两者所占比例为58.99%（图 5-22）。薄膜覆盖和秸秆覆盖措施有利于增加水稳性团聚体含量，其提升比例分别为

55.90%和25.37%。覆盖措施对土壤团聚体增加效应主要集中在小粒级团聚体中，即0.5～1.0cm和0.25～0.5cm团聚体。薄膜覆盖（PM）和秸秆覆盖（SM）对这两种粒级团聚体的增加量为7.28%、6.99%和1.62%、3.64%。有机肥（FYM）的施用极大地促进了土壤团聚体形成，其含量达到了46.18%，增长比例为58.03%；同时，这种促进作用在各个粒级上均有明显反映，粒级由大到小，有机肥的促进比例依次为84.03%、49.26%、25.83%、50.72%、70.17%、35.21%。集成有机肥与覆盖对团聚体的促进作用，FYM+PM、FYM+SM对土壤团粒结构改善效果更为显著，对各粒级团聚体均有显著增加作用。前者＞0.25mm团聚体含量为50.27%，后者的为48.99%，增长比例分别为72.05%和67.66%。

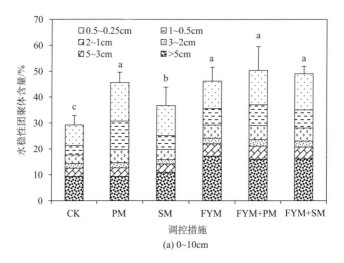

(a) 0～10cm

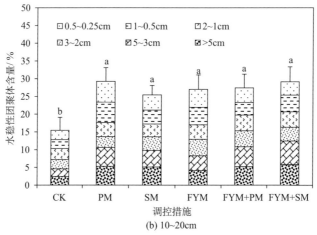

(b) 10～20cm

图 5-22　调控措施对土壤水稳性团聚体含量的影响

随着土壤深度的增加，滩涂围垦农田土壤团聚体含量迅速下降。对照 10～20cm 深度土壤团聚体含量的减少比例为47.05%，其余调控措施下的团聚体含量也均有较大幅度减少，PM、SM、FYM、FYM+PM、FYM+SM 分别由 0～10cm 的45.56%、36.63%、46.18%、50.27%、48.99%降至 10～20cm 的29.26%、25.45%、27.03%、27.44%、29.13%。相较于对照（含量为 15.47%），各试验调控措施对 10～20cm 土壤团聚体含量具有显著的促进效果。

5.3.2.2　土壤有机质对调控措施的响应特征

滩涂围垦农田土壤有机质含量极低，在常规耕作制度下，其 0～10cm 深度的有机质含量仅为 5.38g/kg，并且随土壤深度的增加，有机质含量减小，在 10～20cm 深度为 5.15g/kg。除薄膜覆盖对滩涂围垦农田土壤有机质含量的提升作用不显著外，秸秆覆盖、有机肥及其与覆盖的集成措施均显著地增加了土壤有机质含量。而在促进效果上，添加有机肥整体上优于覆盖。滩涂围垦农田 0～10cm、10～20cm 深度土壤有机质含量在各调控措施之间分布均表现为 FYM+SM > FYM > FYM+PM > SM > PM > CK，对 0～20cm 深度有机质含量均值的提升比例分别为 69.99%、52.96%、39.01%、37.75% 和 18.98%，表现出了极大的促进作用（图 5-23）。

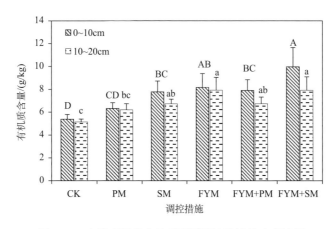

图 5-23　土壤有机质含量对不同调控措施的响应特征

有机肥（本书施用的为鸡粪堆肥）含有大量的有机物质，将其混入土壤，一方面能直接增加土壤有机质含量，另一方面能通过促进作物生长，增加作物归还土壤的残体有机质；而覆盖主要通过后一作用来达到增加土壤有机质含量的目的；但是秸秆覆盖同样能通过自身的降解来增加土壤有机质，这与大部分的研究结果一致（Lal et al., 1980; Khurshid et al., 2006; Pervaiz et al., 2009）。

5.3.2.3　土壤氮对调控措施的响应特征

整体来说，滩涂围垦农田土壤氮素较为缺乏，在常规耕作措施下，其全氮、碱解氮含量在 0～10cm、10～20cm 深度的含量分别为 0.40g/kg、0.33g/kg 和 118.05mg/kg、36.18mg/kg，同样表现出随土壤深度增加，养分含量降低的规律，尤其是碱解氮，降低比例达到了 69.35%（图 5-24 和图 5-25）。滩涂围垦农田的耕作深度通常为 0～10cm，最深可达 15cm，所投入的肥料主要集中在 0～10cm，同时，滩涂农田作物根系主要生长在 0～10cm 深度处，期间聚集了大量的养分，因此该层土壤氮素含量大大高于 10～20cm 土层。因为土壤中氮素的积累，主要来源于动植物残体的分解、有机或无机肥的使用、土壤中微生物的固定。

  滩涂围垦农田土壤碱解氮含量在各调控措施下的分布较为复杂,在 0～10cm 深度土壤整体表现出来的顺序是 CK > FYM > PM > FYM+SM > FYM+PM > SM(图 5-25)。若按施用有机肥与否将 6 种试验处理分为对照系统和有机肥系统,可以发现,在两个系统中,覆盖均降低了土壤的碱解氮含量,这种分布趋势刚好与试验处理中作物生长状况的优劣直接相关。两个系统中,作物生长越好的处理下,土壤碱解氮含量越低,这也许可以解释为,作物生长的好坏直接导致了其吸水碱解氮含量的多少和作物养分利用效率的高低,进而影响了碱解氮在土壤中的残留量。大量的研究结果表明,有机肥、覆盖均能增加氮的矿化速效(Coppens et al., 2006),有效地促进作物生长,提高作物的养分利用效率(Manna et al., 2007),并在作物体内蓄存大量的氮元素(Pervaiz et al., 2009)。在 10～20cm 深度土层中,除秸秆覆盖外,调控措施下的碱解氮含量高于对照,这可能与滩涂农田作物根系主要集中在 0～10cm 深度,而对 10～20cm 深度土壤养分的利用效率较低有关。

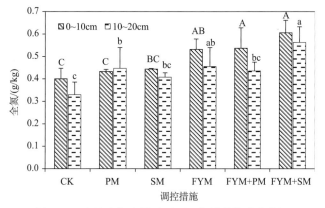

图 5-24 土壤全氮含量对不同调控措施的响应特征

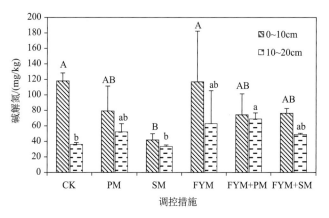

图 5-25 土壤碱解氮含量对不同调控措施的响应特征

5.3.2.4 土壤有效磷对调控措施的响应特征

  薄膜覆盖、秸秆覆盖均明显地提高了滩涂围垦农田土壤 0～10cm 深度中的有效磷含量，增幅分别为 41.98%和 66.11%（图 5-26）。但其促进作用并未体现在 10～20cm 深度中，相反，两者的有效磷含量都有轻微降低。有机肥及其与覆盖的集成措施（FYM、FYM+PM、FYM+SM）对 0～20cm 深度土壤的有效磷含量具有显著的提升作用，三者不仅显著高于对照系统，相互之间也有显著的差异性。有机肥将 0～10cm、10～20cm 深度土壤有效磷含量分别提升至 48.07mg/kg、29.48mg/kg，增长比例达到了 173.29%和 94.83%，而 FYM+PM 在 FYM 的基础上，将 0～10cm 深度土层的有效磷含量提升了 14.12mg/kg，而在 10～20cm 深度降低了 2.89mg/kg。有机肥与秸秆覆盖对土壤有效磷的提升作用最为显著，其 0～10cm、10～20cm 深度土层含量分别为相应对照土层的 4.54 倍和 3.37 倍，是单施有机肥处理的 1.66 倍和 1.73 倍，为作物生长提供了充足的磷元素养分。

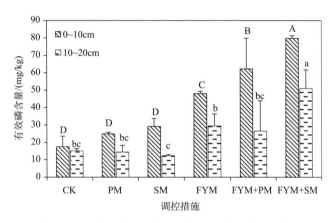

图 5-26　土壤有效磷含量对不同调控措施的响应特征

有机肥、覆盖措施一方面增加了土壤的有机质含量，能有效降低土壤中磷的固定作用，提高土壤磷的有效性；另一方面调控措施对作物的促进作用增加了归还到土壤中的磷素，丰富了土壤有效磷的来源，这也许也是秸秆覆盖措施中土壤有效磷含量高于薄膜覆盖的原因。因为地表覆盖的秸秆在作物生育期内有一定程度的降解，转化了一部分营养元素使其进入土壤。此外，有机肥中本身含有大量的有效态磷素，施入土壤中能直接增加土壤有效磷的含量。

5.3.3　盐碱农田养分增效技术

我国氮磷肥的肥料利用率分别在 30%和 10%左右（娄庭等，2010；赵秉强和梅旭荣，2007），而盐碱农田受盐分、pH 胁迫作用，氮磷肥利用效率更低，如何使盐碱农田肥料利用率达到高效利用成为当下盐碱地改良利用最为迫切关注的问题。已有研究表明，施用生物质炭可提升土壤质量，增大土壤孔隙，能有效降低土壤盐分，同时增加土壤中速效养分，延长肥效，减少土壤铵态氮的淋失量，提高作物养分吸收和利用（赵易艺等，2016；彭辉辉等，2015；李江舟等，2015；杨放等，2014）。石膏施入盐碱土壤后，土壤盐分、pH 随土壤年限延长逐年下降，有机质含量、速效养分则逐年增加，实现了肥料利用率的提高（邹璐等，2012；张伶波等，2017）。腐殖酸对土壤中的脲酶有明显的抑制作用，可维持 3 个月左右，能减少氮素的挥发和淋洗，增加作物对肥料中养分的吸收，满足作物生长初期所需要的大量氮素。腐殖酸中阴离子基团和磷酸根离子存在竞争作用，减少土壤对磷的吸附，增加土壤中游离磷的浓度，促进作物对磷素的吸收（范慧娟，2014）。同时腐殖酸作为一种肥料，可显著改善作物生长状况，增加产量，提高作物吸收氮磷含量及氮磷肥的利用率（袁丽峰等，2014；汪耀富等，2005；陈振德等，2007）。

本小节结合现有研究工作，以滨海盐碱农田为例探讨不同改良剂施用条件对盐碱农田作物养分利用效率的影响。在滨海盐碱农田分别设置了两组田间试验，以便探讨有机无机配施对作物氮素吸收利用的影响和不同调控措施对作物磷素吸收利用的影响。

试验区概况：研究区位于江苏省东台市弶港镇条子泥垦区（32°38′42.01″N，120°54′8.04″E），东距黄海 1km，西临东台市弶港镇。该区地处北亚热带季风气候区，且具有明显的海洋性季风气候特征，四季分明，年平均气温为 14.6℃，相对湿度为 81%，风速为 3.3m/s，全年无霜期达 213d。该区常年平均降水量为 1042mm，小于年平均蒸发量（1417mm），同时，降水量季节波动性大，雨季特征明显，约 70% 的降水量分布于 6～9 月。试验地为新围垦地，围垦时间为 2015 年。土壤为潮盐土亚类，是典型的淤泥质海岸带盐渍土，土壤质地为粉砂壤土，容重 1.37g/cm³ 左右。

5.3.3.1 有机无机配施对作物氮素吸收利用的影响

采用微区试验，微区大小为 3m×4m。按照等氮[225kg/hm²（N）]原则，分别设全有机肥（OM1）、1/4 化肥+3/4 有机肥（OM3/4）、1/2 化肥+1/2 有机肥（OM1/2）、3/4 化肥+1/4 有机肥（OM1/4）、全化肥（OM0）和不施肥（CK）6 个处理，每个处理重复 3 次。供试玉米品种为"长江玉 8 号"，种植密度为 67500 株/hm²，于 2017 年 6 月中旬播种，并于 2017 年 10 月上旬收获。所用肥料为磷酸一铵和尿素，氮肥基肥和两次追肥的比例为 4：3：3，磷肥作基肥全部施入。作物生长季不灌溉。其余管理措施，如除草、病虫害防治等均在需要时进行，且同当地常规管理模式。

由表 5-8 可知，部分处理间产量存在显著性差异，所有施肥处理籽粒产量均高于 CK，但不同处理增产效果存在差异。相较于 CK，OM1、OM3/4、OM1/2、OM1/4 和 OM0 的增产幅度分别为 23.74%、34.76%、32.16%、63.21% 和 31.83%，均实现了较大幅度的增

表 5-8 不同施肥处理下滨海盐渍农田玉米产量、含氮量和吸氮量的差异

处理	产量/（g/株）		含氮量/（g/kg）		吸氮量/（g/株）		
	籽粒	秸秆	籽粒	秸秆	籽粒	秸秆	总量
CK	64.1±19.93b	174.8±7.15	15.08±0.67ab	10.05±1.55b	0.84b	1.76b	2.60b
OM1	79.3±19.01ab	205.5±10.14	14.60±1.45b	13.08±5.25b	1.01b	2.69ab	3.70ab
OM3/4	86.4±19.22ab	197.9±20.75	16.25±1.46ab	14.84±0.87a	1.22ab	2.94a	4.16a
OM1/2	84.7±28.73ab	193.9±1.51	16.56±1.42ab	14.50±3.58a	1.22ab	2.81ab	4.03a
OM1/4	104.6±22.47a	205.1±44.80	16.63±1.28a	13.68±2.57ab	1.51a	2.81ab	4.32a
OM0	84.5±9.08ab	200.4±13.81	16.35±0.59ab	14.33±3.81a	1.20ab	2.87a	4.07a

注：同列数字后不同小写字母表示不同处理间在 0.05 水平差异显著，未标注则差异不显著。

产。其中 OM1 增产幅度相对较小，OM1/4 增产幅度最为显著。就有机无机肥配施处理与单施化肥 OM0 对比来看，OM1 处理产量略低于 OM0 处理，OM3/4 和 OM1/2 处理与 OM0 相差不大，OM1/4 处理产量高于 OM0。同时，所有施肥处理秸秆量也均高于不施肥处理。OM3/4、OM1/2 处理秸秆量略低于 OM0 处理，OM1/4 处理秸秆量略高于 OM0 处理。

籽粒含氮量，除 OM1 处理外，其他处理均高于不施肥处理。就有机无机肥配施处理与 OM0 对比来看，OM3/4 处理籽粒含氮量与 OM0 籽粒含氮量基本一致，OM1/2、OM1/4 处理籽粒含氮量接近，均略高于 OM0 处理。施肥处理秸秆含氮量均高于 CK。就有机无机肥配施处理与 OM0 对比来看，OM3/4 和 OM1/2 处理秸秆含氮量高于 OM0 处理，OM1 和 OM1/4 处理秸秆含氮量低于 OM0 处理。

综合植株不同部位的质量和含氮量，计算不同处理间作物的总吸氮量。可以看出，施肥处理均高于 CK。就有机无机肥配施处理与 OM0 处理对比来看，OM1 处理作物吸氮量较低，其他处理作物吸氮量相对较高，单株作物吸氮量均超过 4g，其中 OM1/4 处理作物吸氮量最高，单株作物吸氮量为 4.32g。

选取常用指标氮肥当季回收率、氮肥农学效率、氮肥偏生产力来表征农田肥料利用效率（表 5-9）。整体来看，与常规非盐渍化农田的氮肥利用效率（高洪军等，2015；侯云鹏等，2015）相比，相关指标均呈现较低水平。从表 5-9 可知，OM1/2 和 OM1/4 处理的氮收获指数较高，均超过 30%。就氮肥当季回收率来看，OM3/4 和 OM1/4 处理氮肥当季回收率较高。就氮肥农学效率来看，有机无机肥配施处理均高于 OM0 处理，OM3/4 和 OM1/2 与 OM0 处理相差不大，OM1/4 处理显著高于其他处理。氮肥偏生产力差异与氮肥农学效率差异相一致。综合相关指标来看，OM1/4 处理氮肥利用效率最好。

表 5-9　不同施肥处理下滨海盐渍农田玉米氮肥利用效率

处理	氮收获指数 /%	氮肥当季回收率 /%	氮肥农学效率 / (kg/kg)	氮肥偏生产力 / (kg/kg)
CK	32.37	—	—	—
OM1	27.25	32.94	4.57	23.79
OM3/4	29.37	46.81	6.68	25.91
OM1/2	30.27	43.04	6.18	25.41
OM1/4	35.04	51.65	12.15	31.38
OM0	29.50	44.25	6.12	25.35

注：各指标不同处理间差异不显著。

5.3.3.2　不同调控措施对作物磷素吸收利用的影响

试验以滨海轻度盐渍土（D）和中度盐渍土（Z）为研究对象，土壤基本性质见表 5-10。施磷量为当地常规磷肥施用量（150kg/hm²），设三种改良剂处理（生物质炭、腐殖酸、石膏），同时设置一个对照处理（CK，仅施氮肥）。每个处理重复 3 次，共计 30 个微区。微区各试验处理及肥料、改良剂的施用量见表 5-11。试验处理按照完全随机的方式排列，微区面积为 2.8m×2.8m=7.84m²，微区周围设有 0.2m 宽的排水沟。

表 5-10　微区试验土壤基本性质

土壤类型	含盐量 / (g/kg)	pH	有机质 / (g/kg)	全氮 / (g/kg)	碱解氮 / (mg/kg)	全磷 / (g/kg)	速效磷 / (mg/kg)
轻度盐渍土	1.57	8.94	16.3	3.97	33.12	0.72	25.43
中度盐渍土	2.63	9.17	8.8	2.41	21.55	0.64	15.63

表 5-11　微区试验处理设计

土壤类型	代码	试验处理	肥料及改良施用量
轻度盐渍土	DCK	对照，仅施氮肥	—
	DP	常规磷	尿素：225kg/hm²
	DPC	常规磷+生物质炭	过磷酸钙：
	DPH	常规磷+腐殖酸	150kg/hm²
	DPG	常规磷+石膏	生物质炭：27t/hm²
中度盐渍土	ZCK	对照，仅施氮肥	腐殖酸：0.6t/hm²
	ZP	常规磷	石膏：3t/hm²
	ZPC	常规磷+生物质炭	—
	ZPH	常规磷+腐殖酸	—
	ZPG	常规磷+石膏	—

　　各试验处理下作物产量见表 5-12。可以看出，轻度盐渍土上 DPC、DPH 和 DPG 处理均能显著提高大麦季和玉米季作物产量。在大麦季，各改良措施下大麦的产量较 DP 分别提高 13.14%、20.26%、12.56%。在玉米季，各改良措施下大麦的产量较 DP 分别提高 23.43%、21.11%、21.19%。中度盐渍土上 ZPC 和 ZPG 处理均能提高作物产量。在大麦季，ZPC 处理下大麦产量显著提高，较 ZP 提高了 24.16%。在玉米季，ZPC 和 ZPG 处理均显著提高玉米产量，较 ZP 提高了 44.37%、31.57%。而 ZPH 处理下作物产量略低于对照处理，添加腐殖酸处理对作物的增产效果在轻度盐渍土上更好。

　　作物地上部吸磷量和两季的磷肥利用率见表 5-12。在轻度盐渍土上，在大麦季，DPC、DPH 处理能显著促进大麦地上部吸磷，而 DPG 处理的效果不显著。在玉米季，DPC、DPH 和 DPG 处理均能显著促进玉米地上部吸磷，较 DP 处理分别提高 60.58%、30.29%、12.20%。在中度盐渍土上，ZPC、ZPG 处理能显著促进大麦季和玉米季作物地上部吸磷。在大麦季，ZPC、ZPG 处理下大麦地上部吸磷量较 ZP 分别提高了 41.79%、22.29%。在玉米季，ZPC、ZPG 处理下玉米地上部吸磷量较 ZP 分别提高了 62.06%、34.16%。而 ZPH 处理对作物吸磷的促进作用不显著，这也与盆栽试验的结果一致。Alvarez 等（2004）的研究表明，在 pH 为 7.5 的条件下腐殖酸可有效减缓有效磷向难溶性磷的转化。本试验中可能由于中度盐渍土 pH 较高，影响了腐殖酸对土壤磷素的转化，从而限制了作物对磷素的吸收利用。

表 5-12　不同改良措施对作物产量、磷素吸收利用的作用情况

土壤类型	处理	大麦季			玉米季			累积磷肥利用率/%
		产量/(kg/hm²)	地上部吸磷量/(kg/hm²)	当季磷肥利用率/%	产量/(kg/hm²)	地上部吸磷量/(kg/hm²)	当季磷肥利用率/%	
轻度盐渍土	DCK	12988.95b	19.43b	—	18181.83b	39.37e	—	—
	DP	13611.22b	20.78b	0.9b	18533.65b	48.27de	5.93c	6.83c
	DPC	15399.66a	31.95a	8.35a	22876.80a	77.51a	25.43a	33.77a
	DPH	16369.05a	31.58a	8.10a	22446.74a	62.89b	15.68b	23.78b
	DPG	15320.58a	22.90b	2.31b	22460.61a	54.16bc	9.86c	12.17c
中度盐渍土	ZCK	9899.25b	13.12c	—	12081.00d	33.12b	—	—
	ZP	11043.86b	14.67bc	1.03b	14445.76cd	40.93b	5.22b	6.26c
	ZPC	13712.59a	20.80a	5.12a	20854.63a	66.33a	22.14a	27.27a
	ZPH	10723.21b	16.27bc	2.10b	16319.76bc	36.91b	2.53b	4.63d
	ZPG	11093.75b	17.94ab	3.21ab	19006.22ab	54.91a	14.52a	17.74b

注：不同字母表示不同处理在 0.05 水平上差异显著。

生物质炭施入土壤中除了改善土壤理化性质外，对作物的生长有积极的促进作用。Rogovska 等（2012）的研究结果表明，与去离子水相比，由不同原料、生产工艺和温度制成的生物质炭的浸提液均可显著促进玉米种子的萌发和胚根的生长。李思平等（2019）的研究表明，不同配方生物质炭能提高小白菜的叶绿素含量和净光合速率，提高棉花叶片中的过氧化氢酶活性和丙二醛含量，增强作物在盐渍土上的抗逆性。综上，在盐渍土上施加生物质炭可通过促进作物生长、提高植物生理活性等方式来促进作物对磷素的吸收利用，提高磷肥的利用效率。综合两季的数据可以看出，生物质炭能显著提高轻度和中度盐渍土磷肥的累积利用率，分别为 DP 处理、ZP 处理的 4.9 倍和 4.4 倍。斯林林（2018）研究了生物质炭配施化肥对稻田养分利用的影响，结果表明连续两年生物质炭与磷肥配施显著提高了土壤有效磷含量，促进了水稻对磷素的吸收和内部磷利用率，这也与本书的结果一致。

5.4　盐碱地农业高效利用技术模式

本节重点从东北、西北内陆（南疆和北疆）、滨海、黄河上中游和黄淮海平原五大盐碱区，阐明目前较为成熟且得到大面积应用的盐碱地农业高效利用技术模式。

5.4.1　东北盐碱地治碱排盐农业高效利用技术模式（水田+旱地）

本小节介绍针对水田的松嫩平原盐碱地水田快速改良水稻高产栽培配套技术模式，以及针对旱地的松嫩平原盐碱化旱地精准改良玉米高效栽培综合技术模式。

5.4.1.1　松嫩平原盐碱地水田快速改良水稻高产栽培配套技术模式

　　针对松嫩平原西部水田区苏打盐碱地土壤通透性差、土壤肥力低、碱性强、治理难度大等瓶颈问题，创新和集成了以风沙土、石膏、硫酸铝、有机肥、生物肥、高分子盐碱改良剂为主体的苏打盐碱地种稻治碱排盐综合技术模式并将其示范推广应用，取得了显著成效。

　　标志性技术包括盐碱土壤物理改良技术、磷石膏和硫酸铝化学改良技术、盐分高效淋洗技术、盐碱地平衡施肥技术、抗盐碱水稻品种选育及其配套高产技术。对这些关键技术进行组合，形成了具有显著区域特色的松嫩平原苏打盐碱地种稻治碱排盐技术模式。在苏打盐碱地集中区的吉林大安、镇赉示范区大面积示范推广，重度苏打盐碱地改良当年比未改良处理水稻产量最高提高 300.9%，平均达到 450kg/亩以上，最高可达 571kg/亩（表 5-13）。改良后土壤含盐量、ESP 和 pH 均显著降低（表 5-14）。

表 5-13　技术模式应用对水稻的增产效果

示范田地点	年限	示范面积/亩	平均产量/（kg/hm²）		增产率/%
			示范田	农民生产田	
前郭县套浩太乡碱巴拉村	第一年	120	6013	1500	300.9
	第二年	450	6891	3300	108.8
	第三年	1500	8565	4500	90.3
大安市安广镇	第一年	300	2500	无产量	100
	第二年	450	5850	2500	134.1
镇赉县哈吐气蒙古族乡	第一年	900	3500	1200	92.0
	第二年	1500	5600	3100	80.7

表 5-14　技术模式应用对土壤改良效果

示范田地点	年限	含盐量/%		ESP/%		pH	
		示范田	农民生产田	示范田	农民生产田	示范田	农民生产田
前郭县套浩太乡碱巴拉村	第一年	0.55	0.62	57.6	63.2	9.8	10.3
	第二年	0.43	0.51	40.1	45.0	9.2	9.5
	第三年	0.24	0.48	33.2	40.9	8.8	9.3
大安市安广镇	第一年	0.60	0.68	58.5	67.3	10.1	10.5
	第二年	0.40	0.52	43.7	54.5	9.4	9.7
镇赉县哈吐气蒙古族乡	第一年	0.65	0.74	60.2	69.9	10.4	10.8
	第二年	0.45	0.58	44.5	51.5	9.4	9.8

5.4.1.2　松嫩平原盐碱化旱地精准改良玉米高效栽培综合技术模式

　　针对松嫩平原北部、中部和东部盐碱地旱田普遍存在盐碱化犁底层、土壤结构不良、淋洗排盐困难、作物根系生长发育受限、作物持续低产的严重问题，以土壤改良和玉米高产为核心，开展关键技术创新与集成，形成具有特色的松嫩平原盐碱地旱田高效改良技术模式并进行示范，取得了显著成效。

标志性技术包括盐碱旱田深松淋洗改良技术、秸秆深埋机械改良盐碱土技术、农牧结合有机改良盐碱地技术和耐盐玉米品种高产高效栽培技术。对上述关键技术进行组合，形成的旱田高效改良技术模式在黑龙江、吉林开展了针对性示范，土壤紧实度显著降低（图 5-27），平均增产幅度达 8%以上（表 5-15），促进了盐碱地治理技术的进步，社会效益显著。

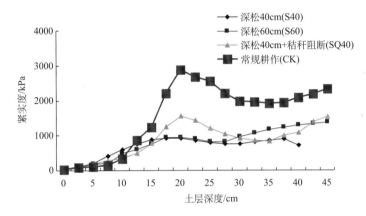

图 5-27　机械深松对土壤紧实度的影响

表 5-15　耕作方式对玉米产量的影响

耕作方式	2011 年		2012 年	
	产量 / （kg/hm²）	相对产量 /%	产量 / （kg/hm²）	相对产量 /%
土层置换+秸秆阻断 2 年	—	—	8906.74±124.86a	107.83
土层置换+秸秆阻断 1 年	8185.6±72.03a	112.66	8581.47±74.89b	103.89
常规耕作	7265.85±259.75b	100.00	8260.03±84.18c	100.00

5.4.2　西北内陆（南疆）盐碱地农业高效安全利用配套技术模式

本小节介绍针对南疆水稻种植、膜下滴灌棉花种植的内陆干旱区盐碱地农业高效安全利用配套技术模式，包括种稻压盐＋明沟排盐技术模式、覆膜抑盐＋滴灌抑盐＋土壤深松耕作技术模式。

5.4.2.1　种稻压盐＋明沟排盐技术模式

针对南疆盐碱地传统水田区土壤质地黏板、渗透性能差、脱盐效率低、蒸发强烈、返盐快速等问题，创新和集成了以盐碱地种稻压盐、明沟排盐系统构建为主体的内陆盐碱地种稻洗盐技术模式。标志性技术包括种稻压盐技术、宽深明沟排盐技术、冬灌和春浇压盐技术等。对这些关键技术进行组合，形成具有区域特色的内陆盐碱地种稻压盐＋明沟排盐技术模式，在南疆的岳普湖县、农一师沙井子灌区等进行了示范推广。需说明的是，该技术模式主要适用于水资源较为丰富的南疆局部区域或者是新垦盐碱地，不适合长期或大规模应用。

从图 5-28 中可以看出种植水稻压盐后种植棉花第一年春播前各土层含盐量均为最低，其中，表层 0～20cm 最低，只有 638.55μS/cm，耕层土壤平均电导率只有 764.74μS/cm；随着种植棉花年限的增加，各土层含盐量均明显增加，耕层土壤平均电导率在第二年增加到 1318.10μS/cm，在第三年则增加到 1720μS/cm。说明种稻压盐后随种植棉花年限的增加，虽然每年都有冬春灌，但由于灌溉水矿化度较高，各土层含盐量继续增加，冬春灌效果逐年减弱。

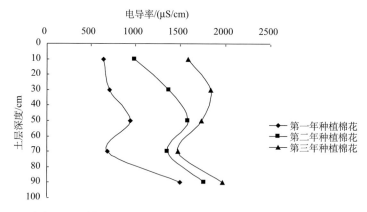

图 5-28　种植水稻压盐后棉花不同年限春播前各土层含盐量

从图 5-29 中可以看出，种植水稻压盐后随种植棉花年限的增加，每年秋收时各土层含盐量均明显增加，耕层土壤平均电导率在第一年秋收时增加到 1328μS/cm，在第二年则增加到 1439μS/cm；其中，第三年增加较为明显，表层 0～20cm 最高，达到了 1958μS/cm，

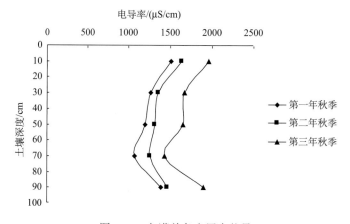

图 5-29　冬灌前各土层含盐量

耕层土壤平均电导率达到了 1763μS/cm。说明由于灌溉水矿化度较高，种稻压盐后随种植棉花年限的增加，每年通过灌溉水进入农田的盐分较多，排出盐分要比带入盐分少，盐分总体还呈增加趋势。

由图 5-30 可以看出，种植水稻压盐后同一地块 0～20cm 土层含盐量均较前一年年春播前有所上升，而返盐率在前三年较高，最高可达 39.82%，然后逐年开始下降，第四年下降到 22.76%；从第五年开始，土壤返盐率开始趋于平缓，种植水稻压盐后第五年和第六年的返盐率分别为 12.60% 和 10.03%，在 20～40cm 和 40～60cm 土层也体现出相同的趋势。说明种稻压盐后种植棉花在前三年有较高的返盐率，第四年开始逐年下降，到第五年以后土壤返盐率趋于平缓，每年返盐率变化不大，而各地块土层含盐量均呈上升趋势。

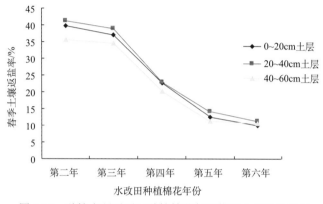

图 5-30　种植水稻后不同种植棉花年限耕层土壤返盐率图

种稻压盐后随着种植棉花年限的增加，虽然每年都有冬、春灌，但由于灌溉水矿化度较高，各土层含盐量还呈增加趋势。并且种稻压盐后种植棉花在前三年有较高的返盐率，最高可达 39.82%，第四年开始逐年下降，到第五年以后土壤返盐率趋于平缓，每年返盐率变化不大，而各地块土层含盐量均呈上升趋势。因此有必要在连续种植棉花 5 年左右再种植水稻轮作，降低土壤盐分。

5.4.2.2　覆膜抑盐＋滴灌控盐＋土壤深松耕作技术模式

针对南疆盐碱地膜下滴灌棉田土壤入渗慢、淋盐效率低、蒸降比高、盐分周年不平衡等问题，集成了以膜下滴灌、深松破板、加速淋盐为主体的内陆盐碱地滴灌控盐技术模式。标志性技术包括覆膜抑盐技术、滴灌控盐技术、土壤深松破板技术等。将这些关键技术进行组合，形成具有区域特色的内陆盐碱地覆膜抑盐＋滴灌控盐＋土壤深松耕作技术模式，在南疆的阿拉尔垦区、沙井子灌区等进行示范推广，土壤脱盐速率提高了 8%～20%，棉花产量提高了 4.7%～12.4%。

根据膜下滴灌农田盐分运移规律，确定了优化水盐调控措施：生育期优化灌溉制度，2～3 年深翻一次，深度 45～50cm，结合冬灌进行压盐。

从表 5-16 可以看出，深松的棉田其根长和侧根数均比对照多，在苗期、蕾期、花铃期主根分别比对照长 3.4cm、11.6cm、18.3cm；在苗期侧根数比对照多 4 条，蕾期多 5 条，花铃期多 10 条，所以深松对棉花根系的发育具有一定的促进作用。

表 5-16 不同处理对棉花根系的影响

处理	苗期		蕾期		花铃期	
	根长/cm	侧根数/条	根长/cm	侧根数/条	根长/cm	侧根数/条
深松	15.7	11	57.8	21	84.6	72
对照	12.3	7	46.2	16	66.3	62

从表 5-17 可以看出，深松棉花株高比对照高 5cm，叶片数增加 2 片，蕾数增加 2.9 个，果枝数增加 2.1 苔，花数增加 2 个，铃数增加 0.7 个，因此深松能促进棉花的生长发育。

表 5-17 不同处理对棉花生长发育的影响

处理	株高/cm	叶片数/片	蕾数/个	果枝数/苔	花数/个	铃数/个
深松	66	11	11.4	10.3	9.7	3.8
对照	61	9	8.5	8.2	7.7	3.1

从表 5-18 可以看出，深松株铃数比对照多 0.21 个，单铃重比对照增加 0.04g，单产比对照高 15.4kg，可见深松能促进棉花增产，对提高棉花产量有一定作用。

表 5-18 不同处理对棉花产量的影响

处理	亩株数/株	株铃数/个	单铃重/g	单产/kg
深松	13520	4.68	4.80	303.7
对照	13550	4.47	4.76	288.3

使用该技术模式后，膜下滴灌条田根层盐分年增幅达 15%～30%。根据干旱区气候特点和土壤盐分积聚、膜下运移特点及棉花的耐盐指标，制定出棉花膜下滴灌调控土壤盐分的指标及方法：滴灌田使用 2～3 年后要深松 45～50cm，赤地灌一次或结合冬春灌进行压盐，赤地灌或冬灌结合深松第二年春季土壤盐分有大幅度的降低。经应用证明，深松能打破犁底层，改善土壤通透性，加速土壤脱盐。试验前土壤含盐量为 0.52%，经冬灌后来年春季取土调查，深松处理的土壤含盐量为 0.42%，减少了 19.2%，而对照的土壤含盐量为 0.48%，只减少 7.7%，说明深松有利于土壤脱盐。土壤深松还能促进棉花根系的生长发育，增强根系吸收土壤营养的能力，促进棉花的生长发育，株高、叶片数、蕾数、铃数、产量等均比未深松的有所增加。

5.4.3 西北内陆（北疆）盐碱地农业高效安全利用配套技术模式

以北疆内陆干旱区膜下滴灌棉花为对象，形成主要针对土壤长效控盐与棉花抗盐种植的农业高效安全利用配套技术模式，包括盐碱地棉花节水灌溉抗盐增产栽培技术模式、盐碱地工程排盐水-肥-盐综合管理技术模式。

5.4.3.1 盐碱地棉花节水灌溉抗盐增产栽培技术模式

针对新疆北部盐碱地土壤含盐量高、播种期与苗期温度低，导致大田作物与盐生植物都普遍存在出苗率低、成活率低、产量低等实际问题，集成了以灌溉压盐、耐盐品种、种衣剂、双膜覆盖等为主体的盐碱地棉花节水灌溉抗盐增产栽培技术模式，并进行示范推广应用。

标志性技术包括冬灌和春浇压盐技术、耐盐品种筛选技术、棉花种子抗低温技术、双膜增温抑盐技术等。将这些关键技术进行组合，形成具有区域特色的盐碱地棉花节水灌溉抗盐增产栽培技术模式，在北疆的玛纳斯县、呼图壁县等进行示范推广。该技术模式主要适用于新疆北部盐碱地膜下滴灌棉田，该区域土壤含盐量高、播种期与苗期温度普遍较低。使用该技术模式后，盐碱地棉花出苗率提高了 21%～39%，保苗率提高了 19%～47%，棉花产量提高了 39%～142%。

主要技术环节如下：

（1）洗盐、压盐技术。每隔 3～5 年结合冬灌进行一次压盐。冬灌要做到均匀一致，以达到较好的洗盐效果。对于盐碱较重的农田，应先深松 50～55cm，然后犁地灌水，每亩灌量达到 180m³ 以上，积水时间超过 24h，洗盐效果显著。

（2）耐盐品种筛选技术。通过筛选，新陆早 50 号、新陆早 26 号、新陆早 36 号为当前北疆早熟棉区适宜品种中抗盐能力最强的 3 个棉花品种；迪卡为抗盐能力最强的油葵品种；KWS2409 为抗盐能力较强的甜菜品种。

（3）棉花种子抗低温技术。新疆北疆早春气温偏低且不稳定，容易造成烂种等问题，采用抗低温、促早发的棉花种衣剂，提升出苗率的效果显著（表 5-19）。

（4）双膜增温、抑盐技术。铺双膜、增地温、防碱壳、保墒、保苗。

（5）农艺管理技术。为防止返盐，整地质量应达到"齐、平、松、碎、净、墒"；及时中耕破板结、破碱壳；雨后及时破碱壳，头水前适时中耕，可有效防止积盐。

表 5-19 不同种衣剂应用对不同盐度棉花出苗、保苗及产量的影响

处理	不同盐分土壤出苗率/%			不同盐分土壤保苗率/%			不同盐分土壤棉花产量/（kg/亩）		
	0.4%	0.8%	1.2%	0.4%	0.8%	1.2%	0.4%	0.8%	1.2%
种衣剂 1 号	94.2	73.2	63.6	93.4	85.0	79.0	380.3	310.2	216.0
种衣剂 2 号	92.7	77.8	70.5	95.3	90.8	85.3	448.1	348.6	230.7
种衣剂 3 号	82.7	65.1	55.1	88.8	82.7	73.0	394.2	270.5	190.3
CK	77.6	58.9	38.4	79.0	59.8	40.9	326.5	196.3	114.6

5.4.3.2 盐碱地工程排盐水-肥-盐综合管理技术模式

针对新疆北部盐碱地土壤含盐量高、水资源非常短缺，作物生长容易受到水分、盐分或养分的胁迫，导致水分与养分利用效率低、产量低等实际问题，集成了以化学-工程

改良、有机堆肥、双膜滴灌、根基平衡施肥等为主体的盐碱地工程排盐水-肥-盐综合管理技术模式并进行示范推广应用。

标志性技术包括盐碱土化学改良或工程改良技术、盐碱土堆肥培肥技术、双层可降解膜地下滴灌技术、盐碱地棉花根际营养调控技术等。将这些关键技术进行组合，形成具有区域特色的盐碱地工程排盐水-肥-盐综合管理技术模式，在北疆的玛纳斯县、乌鲁木齐市、昌吉市等进行示范推广。该技术模式主要适用于新疆北部盐碱地膜下滴灌棉田，该区域土壤含盐量高、养分含量低，水资源十分短缺。使用该技术模式后，棉花根区土壤含盐量降低了 20% 以上，发芽率提高了 30% 以上，棉花产量提高了 30% 以上，控盐增产效果显著。

主要技术环节如下：

（1）盐碱土化学改良或工程改良技术。采用两种滴施型土壤改良剂，其对 0～40cm 深度土层土壤的脱盐（20% 以上）与棉花增产（10% 以上）具有显著效果。采用暗管排盐技术、根区铺砂隔盐技术、根区铺砂与表层覆砂技术等，解决土壤含盐量较高、地下水位埋藏比较浅、蒸降比高返盐强烈等问题。

（2）盐碱土堆肥培肥技术。采用改良盐碱土的堆肥培肥方法，使用该方法后，土壤有机质、碱解氮、速效磷和速效钾含量均呈现增加的趋势，土壤脱盐率显著提高，棉花保苗率从 30% 提高到 70% 以上，棉花产量也显著提高。

（3）双层可降解膜地下滴灌技术。针对传统单层薄膜覆盖导致的一系列问题，如苗孔覆土裸露，低温天气条件下幼苗容易受到伤害，尤其是降雨过后表层土壤干燥结壳，阻碍幼苗生长，降低出苗率；大量地膜残留造成环境污染；地面滴灌条件下棉花根系总量少且分布浅，导致植株抗性弱、易早衰等。采用可降解膜进行双膜覆盖，并与地下滴灌技术相结合，对目前广泛应用的膜下滴灌技术模式进行改进，可提高出苗率，有效避免地膜环境污染和植株根系浅、抗性弱等缺陷。

（4）盐碱地棉花根际营养调控技术。高盐碱条件下作物苗期根系对养分的吸收能力普遍降低，为克服作物苗期因营养缺乏所导致的抗盐能力减弱这一难题，采用一种提高棉花苗期抗盐碱能力的根际营养调控技术，在施肥总量不变的前提下，通过分批条施磷肥，变部分基肥为种肥，不仅能提高苗期的抗逆能力，还能降低土壤对肥料的固定和分解作用（表 5-20）。

（5）盐碱地棉花灌水控盐技术。采用新的适用于盐碱地的自动灌溉控制技术与系统。该技术根据作物根系生长及其水分亏缺指数（PWDI）能更加精准地判断作物所受到的水分、盐分胁迫程度，确定灌溉时机和灌溉量，显著提升节水控盐效果。

表 5-20 磷肥作种肥条施对棉花生物量和产量的影响

处理	苗期	蕾期	铃期	吐絮期	株数 /（株/亩）	单株铃数 /个	单铃重 /g	籽棉产量 /（kg/亩）	磷肥效率（PFP） /（kg/kg）
CK	1.9a	12.7a	41.1a	30.2b	14118.4a	3.1a	4.8a	210.1a	—
传统施磷方式	2.7a	15.7a	59.8a	50.3a	14353.7a	4.2a	5.6a	337.6a	13.5
种肥条施	2.5a	20.3a	65.6a	61.3a	14667.4a	4.4a	6.1a	393.7a	15.7

5.4.4　滨海盐碱地农业高效利用与盐土农业技术模式

针对滨海盐碱区的稻麦轮作和玉麦轮作两种种植制度，形成适用于不同程度盐碱地的滨海盐碱区水旱轮作制度的肥密耦合与控盐高产栽培技术模式，以及针对旱作雨养的上覆下改控盐培土技术模式。

5.4.4.1　苏北滨海盐碱地稻麦轮作系统肥密耦合与控盐高产栽培技术模式

针对滨海盐碱地土壤含盐量高、肥力贫瘠、降雨较丰沛但难蓄积、地下水埋深浅等实际问题，集成了以种子抗盐锻炼、养分平衡优化施用、合理密植等为主体的滨海盐碱地稻麦轮作系统肥密耦合与控盐高产栽培技术模式并进行示范推广应用。

该技术模式由水稻种子盐分锻炼技术、有机无机平衡施肥改土技术、肥密耦合氮肥优化运筹技术、微咸水安全利用节水控盐技术、黄熟期延期排水技术集成。该技术模式播前采用水稻种子咸水浸泡抗盐锻炼，苗期应用有机-无机平衡施肥提升土壤地力，推广应用水稻密植技术，基本苗较传统大田增加 15%～20%，生育期优化施肥，重施基肥和穗肥，对水稻生育全程加强水浆管理，采用不高于 2g/L 的微咸水补充灌溉，黄熟期延期排水。

主要技术环节如下：

（1）水稻种子盐分锻炼技术。盐分胁迫对植物的伤害与植物体内活性氧积累引起的生物大分子损伤有关，而植物体内的保护酶活性和抗氧化能力直接影响活性氧（ROS）的水平及干旱损伤。在轻度盐分胁迫下，植物会适当激发自身酶的活性，使 SOD、CAT 和 POD 活性升高（表 5-21）。将水稻种子在 2.3～3g/L 的盐水中浸泡，使水稻植株有了一定的抗盐能力，给后期的生长发育打下良好基础，进而提高水稻的产量。

表 5-21　在不同浓度 NaCl 溶液中水稻种子发芽特性的变化

品种	盐浓度/%	发芽势/%	相对发芽势/%	发芽率/%	相对发芽率/%	发芽指数	相对发芽指数/%	超氧化物歧化酶（SOD）/（U/g）	过氧化物酶（POD）/（U/g）	过氧化氢酶（CAT）/（U/g）
协优63	0	85±3b	100	88±2b	100	12.5±1.4b	100	70.1±3.4b	218±12b	24±2b
	0.25	86±3b	101	89±5ab	101	13.1±2.3ab	105	80.3±3.5a	240±21a	31±3a
	0.50	90±2ab	106	94±4a	107	15.4±2.5a	123	75.6±4.0ab	227±17ab	26±4b
	0.75	94±3a	111	91±3ab	103	15.5±2.0a	124	64.0±3.4c	203±25b	19±7bc
	1.00	91±3ab	107	87±2b	99	13.7±1.8ab	110	65.6±2.8c	183±12c	17±5c
协优205	0	81±2b	100	83±3b	100	10.0±1.9b	100	67.4±3.2	143±14b	23±7a
	0.25	83±3b	102	86±3ab	104	12.2±1.5b	122	82.4±3.0	163±12a	25±4ab
	0.50	87±4a	107	91±4a	110	15.9±2.0a	159	75.6±8.9	156±17a	27±3a
	0.75	92±4a	114	90±4a	108	15.3±2.4a	153	60.6±5.9	122±15c	15±7c
	1.00	90±2a	111	87±2ab	105	14.2±2.7ab	142	55.9±7.1	130±12c	17±4c

（2）盐碱地稻麦轮作系统肥密耦合技术。通过提高水稻种植密度并配套适宜的氮肥施用量，以群体优势提升盐碱稻田水稻的产量。水稻密度与氮肥的响应面趋势分析表明，盐碱地水稻 20000～22000 穴/亩，在施氮量 75～225kg/hm² 范围，水稻增产率随种植密度升高而增加，当超过 225kg/hm² 后，水稻增产率随种植密度升高呈递减趋势（图 5-31）。

（3）滨海盐碱稻田养分平衡施用技术。盐碱地氮肥对产量的形成比磷肥更为关键，这是由于滨海盐碱区土壤整体呈现"缺氮、少磷、富钾"的养分特征，有机质和氮素亏缺较磷素更为严重，使磷肥对水稻产量的影响减弱。滨海盐碱地稻麦轮作系统平衡施肥推荐为 450～500kg/（hm²·a）（N），磷投入量为 180～240kg/（hm²·a）（P），水稻、小麦分配比例为 1：1，其肥料利用效率最高。

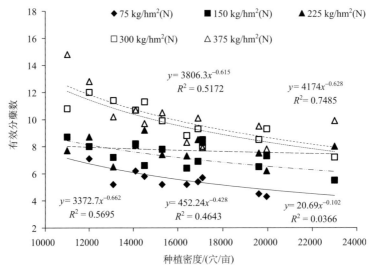

图 5-31　不同施氮量条件下水稻密度与有效分蘖的关系

（4）滨海盐碱地水稻氮肥高效运筹技术。盐碱农田氮肥的施用量越大，其相应的利用率越低，在不同施氮水平下，增施相同数量的氮肥，其利用率变化是不同的。在施氮量 15kg/亩条件下，氮肥利用率仅为 24.3%，因此应施用难溶性或移动性、挥发性较弱的肥料作为水稻基肥，针对追肥，建议 3～4 次较为适宜，且应"后肥前移"，即拔节分蘖期重施，扬花孕穗期轻施。

（5）滨海盐碱地水稻微咸水安全灌溉技术。为保证滨海盐碱区稻麦轮作系统周年土壤盐分平衡，用矿化度高于 3g/L 的咸水灌溉，对土壤盐分与水稻产量影响较为明显；不高于 2g/L 微咸水灌溉仍可保证周年土壤盐分平衡，在此条件下为保证作物稳产，应增施氮肥，提高拔节分蘖肥的用量，将穗肥和籽粒肥前移为拔节肥。

（6）黄熟期延期排水技术。稻田水分管理在乳熟期后需要排水晾干，以为后期收获做准备；考虑到滨海盐碱区水稻收获后期正值旱季，此时蒸发量较大，导致土壤存在返盐趋势，因此在黄熟期后推迟排水 10～15 天，可延长土壤压盐时间，抑制后期土壤表聚。

5.4.4.2　滨海盐碱地连茬旱作系统上覆下改控盐培土技术模式

针对滨海盐碱旱作雨养系统土壤返盐强烈、养分贫瘠且利用率低、培肥周期长等实际问题，集成了以"上膜下改"、覆膜穴播、秸秆还田创建隔层等为主体的滨海盐碱地连茬旱作系统上覆下改控盐培土技术模式并进行示范推广应用。

该技术模式由滨海盐碱地农业废弃物表施旋耕控盐技术、覆膜抑蒸控盐技术、有机-无机培肥改土技术和改良调理剂研制与应用技术集成。该技术主要原理是利用农业废弃物或上茬作物秸秆直接旋耕，形成疏松表土层，有利于在雨季淋盐；地膜覆盖可在旱季控制土壤返盐；同时，运用盐碱地改良调理剂可改良土壤，增施有机肥促进土壤团聚体等结构的形成。应用该技术模式后，中、重度盐碱地玉米-大麦轮作系统平均产量为820kg/亩，较常规增产 20.8%。

主要技术环节如下：

（1）"上覆下改"技术。有机肥+薄膜覆盖可有效抑制盐分上行，形成肥沃耕层并促进作物的生长，施用有机肥增加了土壤有机质，改善了土壤的孔隙结构，促进了土壤团粒结构的形成，降低了土壤容重与紧实度，减轻了作物根系所受阻力（图 5-32 和图 5-33）；覆盖较好地调控了土壤水盐及 pH，减轻了作物生长所受障碍，覆膜较秸秆覆盖具有更好的保温效果。

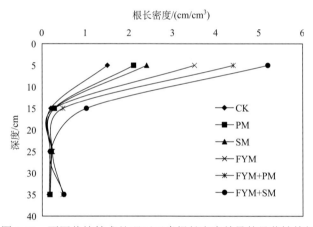

图 5-32　不同栽培技术处理下玉米根长密度差异的显著性特征

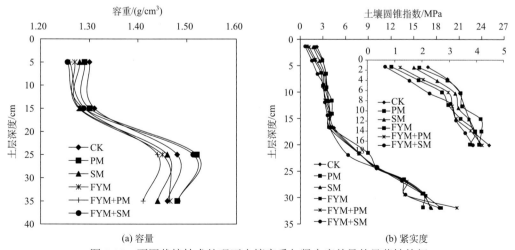

(a) 容量　　　　　　　　　　(b) 紧实度

图 5-33　不同栽培技术处理下土壤容重与紧实度差异的显著性特征

（2）滨海盐碱地旱作大麦上覆下改穴播高产栽培技术。通过机械化覆膜穴播，起到保墒、保温和抑制蒸发积盐的作用，延缓生育期土壤返盐速率。穴播覆膜技术处理和有机肥施用处理下的大麦亩产显著高于其他处理，全量秸秆覆盖技术处理下的大麦产量显著高于对照处理和单一穴播技术处理。主要原因是地膜覆盖对盐碱地土壤具有减蒸抑盐的效果，而有机肥施用技术可以通过改善盐碱地土壤微结构、培肥地力来消减盐碱障碍（表 5-22、图 5-34），秸秆覆盖也具有较好的保墒、保温和抑制蒸发积盐效果。

表 5-22　不同栽培技术处理下大麦试验前后表土（0～20cm）养分含量变化特征

处理	碱解氮提高率/%	速效磷提高率/%	速效钾提高率/%	有机质提高率/%
有机肥	794.0	1163.1	8.2	43.6
秸秆覆盖	37.8	118.8	13.7	23.0
常规条播	234.4	86.7	−10.9	6.3
穴播+覆膜	72.5	283.1	−10.9	16.0
穴播	6.0	67.7	−13.5	−14.9

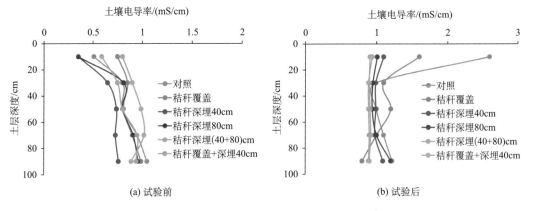

图 5-34　试验前后土壤电导率剖面分布特征

（3）秸秆深埋隔层阻盐技术。在地下 30～50cm 深度铺设秸秆，形成疏松隔离层，打破土壤毛细管，抑制土壤盐分上升，起到阻断盐分积聚的目的。对玉米生育期土壤盐分进行监测，发现试验结束后土壤盐分剖面分布表现为表聚特征，而秸秆覆盖、薄膜覆盖及秸秆覆盖+秸秆深埋处理的土壤盐分表聚特征不明显且剖面盐分含量低于其他处理，具有良好的抑制盐分表聚的作用。秸秆 40cm、70cm、100cm 和（100+40）cm 深埋处理能较好地抑制秸秆下层盐分向上运移，但同时加剧了秸秆上层盐分的运移，表现为表聚现象。

秸秆覆盖、双层秸秆深埋和秸秆覆盖+秸秆深埋处理对作物产量有明显的提高效果，秸秆覆盖和秸秆覆盖+秸秆深埋处理产量显著高于其他处理，秸秆覆盖+秸秆深埋处理，玉米产量达到 6616kg/hm^2，达到轻度盐碱地水平。考虑到滨海盐碱地治理利用规模化、机械化的需求，推荐采用地面地膜覆盖、地下秸秆隔层创建的技术模式。

5.4.5 黄河上中游次生盐碱地农业高效利用技术模式

针对黄河上中游因灌溉导致的土壤次生盐渍化,从耕作抑盐和栽培抗盐的角度,提出中轻度盐碱地的垄膜沟灌节水控盐技术模式、新垦盐碱荒地抑盐改土培肥技术模式。

5.4.5.1 中轻度盐碱地垄膜沟灌节水控盐技术模式

针对黄河上中游次生盐碱地土壤盐分高、次生返盐强烈、灌溉来水与作物需水不一致、地下水埋深浅等实际问题,集成了以垄作覆膜、优化施肥、精准灌溉等为主体的中轻度盐碱地垄膜沟灌节水控盐技术模式并进行示范推广应用。

该模式是垄作高效栽培技术、沟灌高效节水技术和地膜覆盖技术的集成。垄作栽培改变了田间微地形,开沟起垄使土壤表面由平面型变为波浪型,在加厚适宜作物生长的熟土层的同时增加了土壤表面积,扩大了田间受光面积,从而增加了光的截获量,大大提高了作物的光合作用能力和光能利用率,有效协调了土、水、肥、气、热、光、温等的关系,为作物生长创造了一个更加良好的生态环境。沟灌技术是针对甘肃引黄高扬程灌区水资源严重不足和灌溉水利用率不高的现状,将传统的平作大水漫灌改为垄沟内小水渗灌,既减少了田间灌水量,又提高了水分利用率,而且小水渗灌消除了土壤板结现象,增加了土壤透气性,改善了土壤的光、热、水条件和微生物活动环境。地膜覆盖既增温又保墒,多方面地改善了农田生态环境,同时有效降低了地表蒸发,抑制了土壤盐分随毛管水向表土聚集,在甘肃引黄高扬程灌区农业生产中发挥了巨大作用。

该模式适合在有灌溉条件且水资源比较紧缺的北方干旱荒漠绿洲灌区推广应用,特别是甘肃引黄高扬程灌区和河西走廊,适用的盐碱地类型是开垦 5 年以上的中轻度盐碱荒地和次生盐渍化耕地。在该区域,中轻度盐碱地占灌区总面积的 20%左右。因此,该技术模式在甘肃有广泛的推广应用前景。

主要技术环节如下:

(1)起垄覆膜。垄膜沟灌适合种植玉米,于玉米播种前 5~7 天用玉米起垄覆膜机一次性完成起垄覆膜作业。起垄要求垄幅 100cm,垄宽 60cm,沟宽 40cm,垄高 20cm,起垄后垄面平整,无土块、草根等硬物,用幅宽 90cm、厚度 0.005~0.006mm 的地膜覆盖垄面,并在膜面每隔 2m 左右压土腰带(表 5-23)。

表 5-23 不同耕作方式的脱盐率

土层深度/cm	传统耕作/%	秸秆还田/%	垄作沟灌/%	深翻/%
0~10	44.2 a	49.6a	80.3b	74.2b
10~20	8.5a	74.7d	48.5c	40.7b
20~40	−85.8a	77.4d	30.1c	61.4b
40~60	37.5a	69.3b	5.4d	71.2c
60~80	33.7a	75.4b	83.0b	79.6b
80~100	28.5a	67.8b	−0.6c	79.0b

（2）适时播种。玉米于 4 月上、中旬播种，垄面种植 2 行，行距 50cm，株距 25cm，播种密度 6.75 万株/hm²，每穴 2～3 粒种子，播深 4～5cm。

（3）均衡施肥。此项技术采取一膜两年使用，考虑到磷肥的难移动性，在施底肥时加大磷肥的施用，磷肥一次施足两年的用量，即农肥 45t/hm²，全做基施；化肥施 N 375kg/hm²，P_2O_5 300kg/hm²，其中 P_2O_5 全部作基肥，N 肥的 40%做基施，在起垄覆膜时施入；其余 60% N 肥于玉米大喇叭口期结合灌水追施，追肥穴施于垄沟内膜侧。

（4）优化灌溉。全生育期适宜灌水量为 4800m³/hm² 左右，灌水 4 次，灌水分配比例为出苗—拔节 15%、拔节—抽雄 28%、抽雄—乳熟 35%、乳熟—成熟 22%。灌水时，水流强度不宜太大，小水慢灌，灌沟，不漫垄。

垄作沟灌克服了平作漫灌的许多不利因素，增加了土壤的表面积，改变了土壤光、热、水条件和微生物活动环境，增产优势明显（表 5-24）。同等灌溉量下，垄作沟灌增产分别达 19.1%～23.6%、8.4%～12.4%。

表 5-24　垄膜沟灌对玉米产量的影响

灌溉定额 /（m³/亩）	平作漫灌/（kg/hm²）				垄膜沟灌/（kg/hm²）			
	2010 年	2011 年	2012 年	平均	2010 年	2011 年	2012 年	平均
300	12729	11295	9522	11182	15198	12405	10438	12680
350	12941	11775	10225	11647	15922	13230	10706	13286
400	13090	12315	10562	11989	16173	13845	11147	13722
450	13121	12780	10954	12285	16151	14355	11947	14151
500	14597	13620	11233	13150	17372	14760	12290	14807

5.4.5.2　新垦盐碱荒地抑盐改土培肥技术模式

针对黄河上中游新垦盐碱荒地土壤盐分高、养分贫瘠、斑块状分布显著、地力培育周期长等实际问题，集成了以精准平整、优化灌溉、合理轮作等为主体的新垦盐碱荒地抑盐改土培肥技术模式并进行示范推广应用。

该模式的核心是增施有机肥技术，还可以集成土地平整、深耕深翻、适时耕耙、节水控盐、耐盐作物品种、改良剂等技术，是甘肃引黄高扬程灌区新垦盐碱荒地改良利用的主体模式。增施有机肥可改善土壤结构，提高通透性及保蓄性，减少蒸发，促进淋盐，抑制返盐，加速脱盐。同时，有机肥中的有机酸还可中和土壤碱性，活化土壤钙质，减轻或消除碱害。节水控盐是另一项关键技术，合适的灌溉定额及其分配比例既能保证作物正常生长，又可将土壤盐分有效控制在耕层以下，做到有盐无害，也可防止盐分淋溶对下游灌区造成的生态灾难。土地平整可以消除局部洼地积盐的不利因素，使水分均匀下渗，提高冲洗脱盐的效果，防止土壤斑状盐渍化。深耕深翻具有疏松耕作层、破除犁底层、降低毛管作用的效果，并能提高土壤透水、保水性能。盐碱地经深耕后可加速土壤淋盐，防止表土返盐。适时耕耙可疏松耕作层，抑制土壤水及地下水蒸发，阻止底层盐分向上运行，防止表层积盐。耐盐作物品种是盐碱地生物改良的重要手段，本书筛选出了丰产性和抗盐能力较强的小麦、玉米、油葵、啤酒大麦等作物和品种。盐碱地改良剂主要调节土壤 pH、改善土壤结构，置换土壤中交换性 Na^+、Mg^{2+} 和 HCO_3^- 等，为作物生长创造一个良好的根际环境，本书已经筛选出的有磷石膏、糠醛渣及丹路菌剂等。

该模式适合在我国北方有盐碱地分布的移民区推广应用，特别是甘肃引黄高扬程灌区和河西走廊疏勒河流域的移民区，适用的盐碱地类型是开垦 5 年以内的中重度盐碱荒地。

主要技术环节如下：

（1）精准平地。土地平整可以消除盐斑，充分发挥灌排措施的作用，促进土壤脱盐。新垦荒地的地块大小、形状、田间渠系和道路走向控制一定要按工程规划设计进行，尽量保留耕层熟土，平整后的田块应有利于作物生长发育，有利于田间机械化作业，同时满足灌溉排水要求，必须保持一定的田面坡降，纵向（灌水方向）坡降应小于 1/500，横向以水平为宜。

葵花、玉米生育期内各处理表层土壤 0～20cm 深度盐分均呈增大趋势，即积盐，综合两种作物情况下，激光平地、秸秆还田的控盐效果均优于传统耕作（图 5-35）。

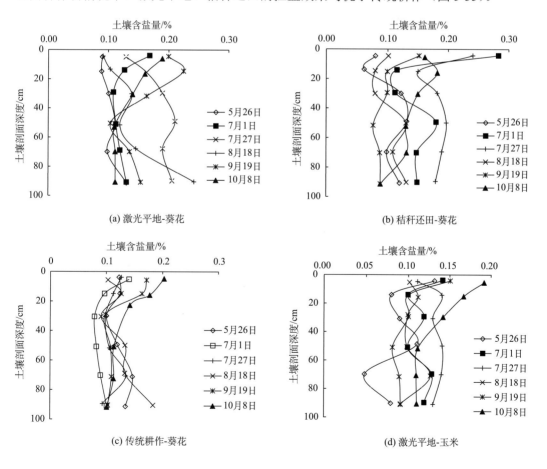

（a）激光平地-葵花　　　　　　　　（b）秸秆还田-葵花

（c）传统耕作-葵花　　　　　　　　（d）激光平地-玉米

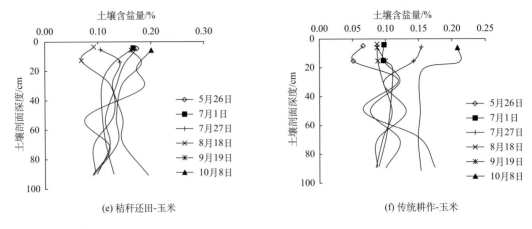

图 5-35　不同处理在生育期内 0～100cm 深度土壤全盐动态变化

（2）平衡施肥。新垦荒地非常瘠薄，春播时结合深耕深翻，每年施入优质纯猪粪 36t/hm²、磷肥（P₂O₅）150.0kg/hm²，氮肥不宜太多，种植玉米、小麦、啤酒大麦、油葵、豆科绿肥的施氮量（N）不能超过 450kg/hm²、150kg/hm²、180kg/hm²、225kg/hm²、120kg/hm²，基肥和追肥比例以 4∶6 为宜。有条件的地方可以配施改良剂，糠醛渣和磷石膏用量分别为 15t/hm² 和 30t/hm²，丹路菌剂、腐殖酸改良剂、DS-1997 用量分别为 750kg/hm²、750kg/hm²、1500kg/hm²，康地宝（商品名）和禾康（商品名）喷施，用量均为 30kg/hm²（表 5-25）。自主研发的新产品营养型盐碱地改良剂和磷石膏改良剂用量分别为 1500～3000kg/hm² 和 3000～4500kg/hm²。

表 5-25　不同土壤改良剂和抗盐碱专用肥产品对葵花出苗率和产量的影响

产品	产量/（kg/hm²）	百粒重/g	公顷花盘数/（个/hm²）	盘粒数/粒
ORYKTA	1564.80	12.12	22980	562
DS-1997	909.45	10.95	19110	435
康地宝	2211.30	12.04	24480	750
地王丹	1499.25	11.16	19815	678
腐殖酸改良剂	2862.60	12.95	25980	851
丹路菌肥	893.70	9.92	23445	384
禾康	743.70	10.35	20760	346
那氏 778	1899.45	12.93	21000	700
丹路菌剂	1627.95	13.19	22665	545
CK	1234.80	10.66	20445	567

（3）耐盐作物品种。玉米品种有长城 706 号、敦玉 2 号、先锋 32D22 和沈单 16 号；小麦品种有陇春 25 号、永良 4 号、陇辐 2 号和石 1269；油葵品种有 S-31、MGS、西域朝阳（NX19012）和矮大头（567DW）；啤酒大麦品种有甘啤 4 号和甘啤 7 号；饲用甜菜品种有陇甜饲 1 号和新甜饲 2 号；豆科绿肥常年留床可选用紫苜蓿，一年生的可选用毛苕子（长柔毛野豌豆）和箭舌豌豆（大野豌豆）。

（4）合理轮作。可供选择的模式有油葵（食用葵）→玉米（旧膜利用）→小麦；甜菜（饲用甜菜、啤酒大麦）→油葵（食用葵）→玉米（旧膜利用）→小麦；一年生豆科牧草（毛苕子、箭舌豌豆）→玉米→油葵（旧膜利用）→小麦；单种紫苜蓿（常年留床）；单种枸杞（幼龄期可与一年生豆科牧草间作）；油葵（饲用甜菜）连作；一年生豆科牧草连作等。

（5）优化灌溉。不同作物的灌水量和灌水次数都不同，总的原则是既要满足作物的正常需水，又要将土壤盐分控制在 1m 土层以下。玉米的灌溉总额以 500m³ 为宜，全生育期灌水 5 次，苗期、拔节期、大喇叭口期、抽雄期、乳熟期的灌水比例以 13%、22%、25%、20%、20% 为宜；小麦和啤酒大麦的灌溉总额以 280m³ 为宜，全生育期灌水 4 次，苗期、拔节期、孕穗期、灌浆期的灌水比例分别为 22%、28%、25%、25%；油葵的灌溉总额以 320m³ 为宜，全生育期灌水 4 次，苗期、现蕾期、盛花期、成熟期的灌水比例分别为 22%、25%、28%、25%；甜菜的灌溉总额以 360m³ 为宜，全生育期灌水 4 次，幼苗期、叶丛快速生长期、块根膨大中期、块根膨大后期的灌水比例分别为 22%、25%、28%、25%。

5.4.6　黄淮海平原盐碱障碍耕地农业高效利用技术模式

针对黄淮海平原不合理利用导致的土壤中轻度次生盐渍化，从作物品种配置、熟制组合和栽培制度出发，以玉米、小麦、棉花、油葵为重点，提出冬小麦-夏玉米种植、油葵双熟制、油葵-荞麦种植等技术模式。

5.4.6.1　中轻度盐碱地冬小麦-夏玉米种植两晚模式

引进、筛选和种植抗逆的冬小麦品种——小偃 60，在中度含盐量土壤、雨养旱作条件下，亩产达到了 229.5kg，比传统的冀麦 32 增产 22%（表 5-26）；而对于夏玉米，其

表 5-26　海兴县小山乡中度盐碱区雨养旱作冬小麦田间检测结果

品种	重复	检测指标					
		样点穗数/穗	亩穗数/（万个/亩）	穗粒数/个	千粒重/g	理论产量/（kg/亩）	实际产量/（kg/亩）
小偃 60	1	262	29.13	22	45	288.34	245.09
	2	247	27.46	20.3	45	250.83	213.21
	3	251	27.9	22	45	276.24	234.8
	4	258	28.68	20.5	45	264.58	224.89
	平均	254.5	28.29	21.2	45	270	229.5
冀麦 32	1	206	22.9	22	40	201.52	171.29
	2	197	21.9	32	40	277.69	236.04
	3	191	21.23	21	40	180.05	153.05
	4	212	23.57	24	40	226.25	192.31
	平均	201.5	22.4	24.75	40	221.38	188.17

注：取样点 1m 双行，平均行距 30cm，面积 0.6m²。

生长期具有雨热同季的优势，一般认为延长玉米生育期是挖掘增产的重要途径。通过不同玉米品种播期和收获期试验（图 5-36），在雨养旱作条件下，对于早熟品种京玉 7 号，推迟玉米播种期，玉米单产变化不明显，而中晚熟品种呈下降趋势。晚收对于各品种均有增产效果，但增产幅度不同。对于早熟品种京玉 7 号，各播期晚收 10 天，单产增加 11%～25%，对于中熟品种郑单 958 在早播条件下，晚收增产只有 3%，而晚播的晚收增产可达 20%～24%；中早熟品种浚单 20，各播期晚收的增产为 2%～5%；中早熟品种中科 11 晚播晚收的增产仅有 0.2%。因此，在雨养旱作条件下，玉米品种的选择要根据播期和收获期而定，尽量选择稳产的品种，如中科 11 等。

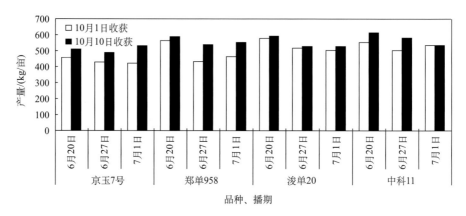

图 5-36　雨养旱作条件下玉米品种、播期、收获期对产量的影响

5.4.6.2　油葵一年两熟种植模式

本书明确了旱碱地油葵一年两熟种植模式，确定了一年两熟油葵适宜的品种搭配和播种时期。

（1）春季油葵种植时间：播种期为 4 月 30 日，播种后均覆膜；在 4300 株/亩的种植密度下，8 月 9 日收获，GC 矮大头 678 可获得 336kg/亩的高产；油葵价格按平均 6.6 元/kg 计算，亩收益 2218 元（表 5-27）。

表 5-27　春季播种的不同品种油葵不同密度种植条件下产量性状比较

品种	密度 /（株/亩）	株高 /cm	叶片数 /片	盘径 /cm	单盘 粒重/g	单盘 粒数/个	百粒 重/g	实际产量 /（kg/亩）
超级矮大头 DW567	4300	116.5	16.9	17.9	87.60	1144	7.69	301.3
	3400	116.4	17.5	19.9	106.30	1364.4	7.80	289.1
	3000	113.4	17.5	20.2	111.50	1426.5	7.82	267.6
GC 矮大头 678	4300	111.5	17.1	19.1	97.68	1293.3	7.55	336.0
	3400	110.0	17.0	19.2	111.47	1401.7	7.95	303.2
	3000	110.2	17.2	19.5	113.58	1412.3	8.03	272.6
GC 矮大头 678 （秋季）	4300	110.5	17.0	15.1	37.20	1458.8	2.55	90.64

（2）秋季油葵种植时间：播种期为 8 月 10 日，密度为 4300 株/亩，11 月 20 日收获，可获得 90kg/亩的产量，亩收益 594 元/亩；也可在 10 月中旬收获鲜花，可获 4300 朵/亩，制成干花等工艺品，收益更大。全年每亩总收益 2812 元。

5.4.6.3 　盐碱地棉花高效增产技术模式

鲁北盐碱地植棉普遍存在的问题是苗期干旱和土壤盐渍化程度较高，针对实际问题并结合试验研究，提出如下技术集成模式——"耐盐碱棉花品种+地膜全覆盖+微咸水冻融+盐碱土壤调理剂"。选择耐盐碱棉花品种，如鲁棉研 28、鲁棉研 36 等，地膜全覆盖抑制土壤水分蒸发和返盐，初花期 8g/L 咸水滴灌补灌 1 次，并施用盐碱土壤调理剂，可以使棉花比农民习惯的雨养旱作模式增产 15%以上。

该技术模式由微咸水结冰冻融技术、土壤调理剂与抗盐菌剂、耐盐棉花品种等集成。主要原理是微咸水冰晶融化时，冰体内盐分在重力作用下首先析出，造成咸淡水分离，并梯次入渗土壤，开始融化的高浓度咸水首先入渗土壤，而后冰融的低矿化度微咸水，甚至淡水对咸水中的盐分和土壤本身的盐分进行淋洗，使其向下迁移，进入土壤深层，从而促进土壤表层脱盐，使土壤根系分布密集层（0~40cm）保持较低盐分水平，缓解盐分对作物的危害。

主要技术环节如下：

（1）微咸水结冰冻融淋盐技术。利用鲁西北地区 1 月份的低温气候，抽取地表或地下的微咸水、咸水资源，以不高于 8g/L 为宜，在第一天下午灌 50mm，夜晚结冰后第二天下午再灌 150mm，结冰后用麦秸覆盖，每亩需干麦秸 450kg（图 5-37）；待气温升高后，咸水冰冻融，咸淡水分离，咸水先融出，后期淡水体积占 1/3~1/2，实现土壤盐分淋洗，且配合秸秆覆盖可达到最优效果，防止后期土层返盐（图 5-38）。

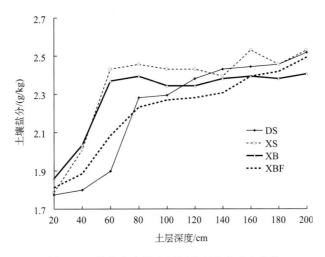

图 5-37 　棉花生育期内不同处理盐分动态变化

DS：矿化度 1.5g/L 微咸水灌溉；XS：矿化度 4g/L 咸水灌溉；XB：矿化度 4g/L 咸水结冰后冻融灌溉；XBF：矿化度 4g/L
咸水结冰后冻融灌溉+秸秆覆盖

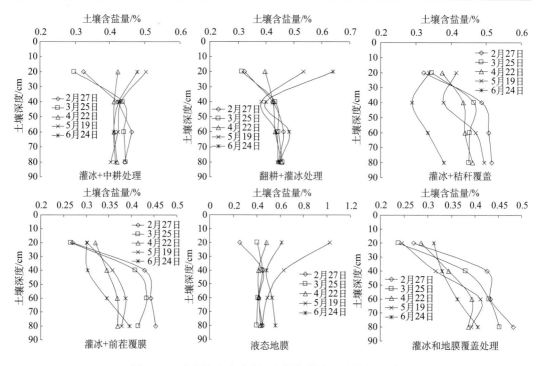

图 5-38　咸水结冰冻融灌溉与其他措施组合的抑盐效果

（2）土壤改良剂。应用基于风化煤制备的土壤盐碱改良剂，以酸性高分子有机物质中和土壤碱性，消除土壤中的碳酸根离子；以活性 Ca^{2+} 和 NH_4^+ 置换土壤胶体吸附的钠离子，使钠离子随降水或灌溉淋洗出土壤；同时能够提高土壤的有机质含量，改善地力；该改良剂应用（CK+GL1）在土壤耕层盐分 EC 值为 1.285dS/m 的盐碱地上，棉花出苗率和保苗率均得到显著提升（表 5-28）。

表 5-28　不同改良剂对棉花籽棉产量的影响

处理	发芽率/%	小区产量/ $(kg/93m^2)$	产量/（kg/亩）	产量/（kg/hm²）	增减产/%
肥料对照（CK）	93.7	28.15	201.8	3027.0	—
CK+保水剂	87.7	28.90	207.2	3107.7	2.67
CK+GL1	95.3	31.20	223.7	3355.0	10.66
CK+GL2	92.5	27.68	198.4	2976.0	−1.69
CK+GL3	94.6	30.10	215.8	3236.7	6.93
CK+GL4	94.0	29.30	210.0	3150.7	4.09
农民习惯（FP）	96.8	27.69	198.5	2977.6	−1.63

注：GL1、GL2、GL3 和 GL4 分别表示四种不同类型的土壤盐碱改良剂。

（3）耐盐棉花品种与多效抗盐碱拌种剂。优选耐盐碱棉花品种，如鲁棉研 28、鲁棉研 36 等，同时种子用多效抗盐碱拌种剂包衣，地膜全覆盖抑制土壤水分蒸发和返盐。对于耕层土壤盐分在 0.1%～0.4% 的土壤，使用 0.5% 的拌种剂显著提高棉花出苗率 37.5%；对于耕层土壤盐分在 0.4%～0.8%的土壤，使用 1.0%的拌种剂显著提高棉花出苗率 12%～32%。

5.5　盐碱地生态治理与修复技术

盐碱地生态治理与修复理论技术研究是当前生态环境建设等领域的重要热点。盐碱土壤广泛分布在全球各地，覆盖面积达 $9.5×10^8 hm^2$。我国盐碱土壤总面积约为 $3.6×10^7 hm^2$，其中滨海盐碱土总面积可达 $5×10^6 hm^2$，分布在沿海 11 个省区市。广泛分布的各种盐碱地均需要生态治理与修复，而辽宁沿海经济带、河北曹妃甸新区、天津滨海新区、江苏沿海经济带和长江三角洲等，都已纳入国家发展战略，这些滨海地区的盐碱地生态治理与修复问题尤为迫切。这些盐碱地区土壤含盐量高，大部分植物无法生长，盐碱地生态治理与修复难度极大。我国盐碱土壤大多为弱碱性，pH 在 7.5～8.5 之间，绝大部分为氯化物盐土类型。治理利用盐碱地，首先应了解盐碱土壤的成因、气候、地形、水文和地质、生物因素及人类经济活动等影响因素。考虑到盐碱土壤成因的不同，盐碱地生态治理与修复应遵循因地制宜的原则。采用传统漫灌洗盐、客土改良等措施无疑起到了比较好的效果，但往往因为生态治理成本高、效果持续时间短，加上对土源地生态的破坏等一系列问题，不宜大面积推广。盐碱土壤的生态治理应具备以下特征：注重生物适应性、人为扰动少、兼顾土壤的生产和生态功能、长效可持续、资源节约高效、环境污染或压力小。原位盐碱土壤调理改良与高效生态利用是盐碱地生态治理与修复的热点与发展方向，而其中的植物抗逆性能提升与应用、微生物修复、生物质炭基型调理材料等方面的研究更为人们所关注。

5.5.1　盐碱地生态治理适生植物的耐盐性能与提升

5.5.1.1　盐碱地生态治理适生植物的耐盐性分析方法

盐碱地适生植物包括盐生植物及耐盐碱植物。盐碱地适生植物耐盐性能研究为盐碱地生态治理、提高盐碱地生产力、改善生态环境及盐碱地综合开发利用提供了理论依据。

实验室盐分胁迫试验和田间耐盐试验均是鉴定植物耐盐性的方法。Niknam 和 McComb（2000）通过对待选植物不同产地的耐盐性、温室和田间耐盐性、幼苗和成株耐盐性的比较，认为温室幼苗的筛选与田间成株耐盐性选择无显著差异。刘昊华等（2011）基于室内盐胁迫处理试验，分析讨论了耐旱桑、果桑、胡杨、柽柳 4 种滨海造林树种的耐盐性差异。魏秀君等（2011）采用分次浇灌方法研究了不同浓度的 NaCl 胁迫对 5 种绿化植物幼苗生长和生理指标的影响，并对其耐盐性进行了综合评价。何丽丹等（2012）以 NaCl 为胁迫因子，研究了 NaCl 胁迫对梭梭种子萌发及幼苗生长的影响。Parida 等（2004）的研究表明，泌盐的红树林桐花树在低盐度条件下能够正常生长繁殖，在高盐浓度下需要 1～2 周的适应。邢尚军等（2003）对黄河三角洲常见树种如沙棘、枸杞、白刺、柽柳、沙枣等进行了耐盐能力研究，并认为柽柳种子发芽时所能忍受的盐浓度理论上不能超过 0.438%。

植物耐盐性生理生化指标是研究植物耐盐机理和耐盐能力的基础。杨升等（2010）综述了耐盐植物的光合作用、叶绿素含量、叶绿素荧光参数、有机渗透调节剂、矿质元素、膜透性、丙二醛、抗氧化酶、抗氧化剂和脱落酸等生理生化指标的研究进展。张华新等（2008）对盐胁迫下日本丁香等 11 个树种的生理特性进行了耐盐性研究，并选取了9 个鉴定指标对树种进行了耐盐性的综合评价。

在盐碱土上的植物种植技术主要包括三个部分——土壤淡化处理、植物设施保护及水肥重点养护。盐碱地分布较为广泛，各地气候、土壤条件差异大，各类植物均有其适生条件，因此耐盐碱植物选育的原则为因地制宜、避免盲目，就某一盐碱地区而言，如果没有适生的耐盐树种，就需要引进或专门培育。常规的选育方法包括从当地适生植物中选择优良品种、从生态环境近似的地区引进优良品种、利用传统与现代育种技术育成新品种等。

基因工程技术的发展及其在育种上的应用打破了传统育种无法实现的种间杂交的限制。国内外学者对植物耐盐生理及耐盐分子机理进行了大量的研究，一些耐盐相关基因被发现、克隆和转入植物体，为耐盐植物选育提供了丰富的种质资源。国内外近 20 年来已分离克隆出许多耐盐基因，但是目前仅有少量基因被用于转化工作转入少数几种植物，单基因的导入可在某种程度上提高植物的耐盐性，但是并没有获得真正意义上的转基因耐盐植物新品种，尚有待依托科技进步进一步研究。

5.5.1.2　盐碱地生态治理适生植物的耐盐性能提升

种子能够在盐胁迫下萌发成苗，是植物在盐碱条件下生长发育的前提。盐浓度影响种子萌发主要有三方面效应，即增效效应、负效效应和完全抑制效应，不同盐分类型、植物品种影响种子萌发的效应不同。一般来讲，低浓度盐分对种子萌发没有显著影响或有一定促进作用，而随着盐分浓度的升高，种子发芽率、发芽指数和活力指数等均下降，盐浓度过高会完全抑制种子萌发。盐分主要从两个方面影响种子萌发：一是建立渗透势阻止水分吸收，二是为对胚或发育着的幼苗有毒离子的进入提供条件。低浓度盐分促进植物种子萌发的主要原因可能是离子的渗入可以激活代谢过程中的某些酶，使发芽所需物质合成的更加充分，从而使发芽更加迅速，而盐分过高则会破坏细胞质的完整性，导致细胞选择透过性下降，甚至丧失，Na^+、Cl^- 等在细胞内大量积累，降低了 K、Ca 等元素的含量，细胞内离子平衡失调，引发一系列功能紊乱，从而影响种子萌发。

盐胁迫会从多方面影响植物的生长发育和生理代谢过程。植物保持细胞间离子浓度的生理平衡是维持活细胞生理功能的基础。在正常生理条件下，植物总是保持细胞内高浓度的 K^+ 和低浓度的 Na^+。但是在盐胁迫条件下，过量的 Na^+ 会破坏植物根部对 K^+ 的吸收。当植物体内的 Na^+ 积累到高水平时，高浓度的 Na^+ 就会对植物体内的生理活性酶产生毒害，导致细胞生长停止甚至死亡。生物量是植物对盐胁迫反应的综合体现，也是植物耐盐性的直接指标之一。盐胁迫机理是一个非常复杂的过程，它会影响植物几乎所有的重要生命过程（杨少辉等，2006）。盐胁迫对影响植物生长的机理主要包括以下四个方面：渗透胁迫、离子胁迫与单盐毒害、膜透性改变和生理代谢紊乱。

提升植物耐盐性能的方法多种多样，此处仅由外源调理物质诱导的角度进行说明以供商榷。常见的外源调理物质主要有水杨酸、甜菜碱、赤霉素、生长素、脱落酸（ABA）、细胞分裂素等。一定浓度范围的外源调理物质可以提升植物的耐盐能力。

1. 外源物质浸种促进植物发芽

水杨酸（salicylic acid, SA）是广泛存在于植物界的一种小分子酚类物质，化学名称为邻羟基苯甲酸。SA 可由植物体自身合成，含量较低，于韧皮部运输，但在植物生热、开花、侧芽萌发、性别分化等生长发育过程中起着重要的调节作用。甜菜碱是一种季铵型的水溶性生物碱，化学名称为三甲基甘氨酸，它的这种独特的分子特性使其既具有极性，又具有非极性，即可以与生物大分子，如酶或蛋白质复合物的亲水区结合，也可以与疏水区结合，是一种有效的非毒性渗透调节剂。

用不同浓度的 $CaCl_2$（Ca）、水杨酸（SA）、甜菜碱（GB）浸泡植物种子进行的发芽与生长试验（何丽丹等，2013；刘广明等，2016）表明：①400mmol/L 的 NaCl 胁迫条件下，盐地碱蓬种子的发芽势、发芽率和发芽指数分别比无盐胁迫处理下降 88.24%、68.38%和80.03%，严重抑制了种子发芽；②不同浓度的 $CaCl_2$ 浸种处理，表现出随 $CaCl_2$ 浓度增加，发芽指数先增加后降低，平均发芽速度值先降低后增加，发芽速度先提高后降低，且 $CaCl_2$ 浓度为 20.0mmol/L（最适宜浓度）时，发芽指数最大，约为单纯盐胁迫处理的 2 倍，种子发芽速度也相应最大；③较低浓度水杨酸处理对盐地碱蓬种子发芽率无显著影响，0.5～2.0mmol/L 水杨酸浸种预处理可不同程度提高盐地碱蓬种子的发芽率和发芽速度，其中 1.0mmol/L（最适宜浓度）水杨酸浸种效果最好；④5.0～20.0mmol/L 甜菜碱浸种预处理可显著提高盐地碱蓬种子的发芽率和发芽速度，并且 20.0mmol/L（最适宜浓度）甜菜碱浸种效果最好。

2. 外源物质浸种促进植物幼苗生长

400mmol/L 的 NaCl 胁迫对盐地碱蓬幼苗生长有显著的抑制作用，较无盐胁迫相比，平均鲜质量下降 27.16%，幼苗芽长降低 17.57%，根长下降 23.02%。$CaCl_2$ 浸种预处理可以促进 NaCl 胁迫下盐地碱蓬幼苗的生长，缓解植物受到的盐胁迫伤害：10.0mmol/L $CaCl_2$ 浸种浓度的根长和幼苗鲜质量促进效应最为显著，其次为 20.0mmol/L；20.0mmol/L $CaCl_2$ 浸种浓度的芽长促进效应最为显著。1.0mmol/L 水杨酸浸种浓度的芽长促进效应最为显著，0.5mmol/L 水杨酸浸种浓度的根长和鲜质量促进效应最为显著；适宜浓度范围的水杨酸可缓解植物受到的盐胁迫伤害，若浓度过高，可能会加重盐害。甜菜碱浸种预处理对 NaCl 胁迫下盐地碱蓬幼苗的生长有促进作用，并且试验浓度范围内，随着甜菜碱浸种浓度的增加，盐地碱蓬幼苗幼芽幼根长、平均鲜质量均呈现先增加后降低的趋势；20.0mmol/L 甜菜碱浸种浓度的芽长、根长和平均鲜质量促进效应均为最显著。

3. 外源物质提升植物耐盐性能的对比分析

在盐地碱蓬种子萌发期，最适宜浸种浓度条件下，甜菜碱与 $CaCl_2$ 处理的种子发芽势有显著差异（$P<0.05$），且甜菜碱处理效果较好，水杨酸与其他两个处理间均无显著差异；盐地碱蓬幼苗根长势情况为甜菜碱和 $CaCl_2$ 处理显著优于水杨酸处理，但两者之间

并无显著差异；幼苗平均鲜质量在各处理间均达到显著差异水平，且甜菜碱处理的效果最好，$CaCl_2$处理次之。综合分析可知，3 种外源物质处于最适宜浸种浓度时，在盐地碱蓬种子发芽和幼苗生长阶段，甜菜碱浸种的综合效果最佳；$CaCl_2$ 和水杨酸处理在盐地碱蓬种子萌发期的综合效果差异不显著，幼苗生长期则是 $CaCl_2$ 处理相对较好。

5.5.2 盐碱地微生物治理与修复技术

5.5.2.1 盐碱地有益微生物菌株筛选

以我国典型的西北内陆盐碱区和次生盐渍化灌区为例，根据盐碱土壤生态环境特征，采集典型盐荒地土壤样品。对盐土土样进行稀释涂布培养，土样稀释梯度分别为 10^{-2}、10^{-3}、10^{-4}。涂布培养后挑取细菌、放线菌和真菌菌落进行纯化，对分离的 54 株菌株进行 16S rRNA 基因测序，与 GenBank/EMBL/DDBJ 数据库中已有的序列做比较，确定其种属。进一步采用平板培养法，利用选择性培养基对土样进行耐盐功能性菌株的筛选和纯化。对进一步筛选出的 10 株耐盐功能性菌株进行 16S rRNA 基因测序与功能性试验，与 GenBank/EMBL/DDBJ 数据库中已有的序列做比较和分析，确定其种属，并保藏，为后续复合微生物菌剂的制备提供条件。

功能性试验有①溶磷实验：溶磷圈法检测溶磷能力；②产 IAA：采用 Salkowski 比色法测定内生细菌分泌的植物生长激素（IAA）；③ACC 脱氨酶活性：2,4-二硝基苯肼比色法检测 ACC 脱氨酶活性；④拮抗实验：平板对峙法检测拮抗病原真菌和细菌能力；⑤产铁载体能力：采用 CAS 法定性和定量检测铁载体。

筛选高耐盐的 MH12 酸黄杆菌和 A833 枯草芽孢杆菌，其主要群落特征、作用功能和发酵最优条件如下。

1. MH12（酸黄杆菌 *Flavobacterium acidificum*）

群落形态特征：菌株功能性鉴定结果见表 5-29，其中菌株 MH12 呈革兰氏阴性，菌落圆形，边缘不规则，表面光滑，湿润，呈黄色，稍突，不透明。

表 5-29 菌株功能性鉴定

菌株编号	属（种）	溶磷能力	IAA 定量 /（mg/L）	铁载体定量 A/Ar	ACC 脱氨酶 /（U/mg）	拮抗试验
RY24	*Curtobacterium luteum*	—	—	—	—	√
YC37	*Enterobacter muelleri*	—	√	—	—	√
ZYY160	*Pseudomonas*	—	√	—	√	—
HMC50	*Paraburkholderia kururiensis*	—	—	—	√	√
YC41	*Herbaspirillum aquaticum*	—	√	—	√	—
A743	*Bacillus velezensis*	—	—	√	—	—
MH12	*Flavobacterium acidificum*	—	√	—	—	√
ACCC06149	*Bacillus paralicheniformis*	—	—	√	—	—
YC67	*Kosakonia oryzendophytica*	—	√	√	√	√
A833	*Bacillus subtilis*	—	√	√	—	—

作用功能：酸黄杆菌具有溶磷和产 IAA 的作用，重度盐胁迫（6g/kg）下葵花长势最好，葵花净光合速率显著高于对照，促生作用明显。

发酵的最优条件：适盐浓度为 1.0%，最适 pH 为 7，最适生长温度为 28℃。

2. A833（枯草芽孢杆菌 *Bacillus subtilis*）

群落形态特征：菌株呈革兰氏阳性、杆状；形成长圆形、中生内生孢子，芽孢囊不膨大。菌落为不透明、不规则的圆形，表面扩展，有褶皱凸起，一般大小为 2.5mm 左右。

作用功能：菌株产铁产酸作用明显，且同时产 IAA，无盐和中度盐胁迫（4g/kg）下葵花长势最好，净光合速率显著高于对照，促生作用明显。

发酵的最优条件：最适盐浓度为 0.5%，最适 pH 为 8，最适生长温度为 25℃。

5.5.2.2　功能性菌株对盐化土壤治理的修复效果

利用筛选出的耐盐碱功能性菌株，结合前期筛选到的耐盐碱功能性菌株，在盐浓度为 0.4%条件下，实验处理采用 CK、MH12、A743、A833、YC37、YC41、ZYY160 菌剂，种植葵花并测定株高、光合特性、微生物多样性及细菌群落结构、矿质离子含量等指标。

1. 不同处理对葵花叶片光合特性的影响

不同菌剂处理对葵花叶片光合特性的影响如表 5-30 所示，不同菌剂处理葵花叶片净光合速率（Pn）、气孔导度（Gs）和蒸腾速率（Tr）均显著高于 CK，其中以 MH12 处理优势最明显，且 A743、A833 和 MH12 处理间差异显著，从而提高了光合能力。

表 5-30　不同处理对葵花叶片光合特性的影响

处理	净光合速率（Pn）/[μmol/（m²·s）]	气孔导度（Gs）/[mol/（m²·s）]	蒸腾速率（Tr）/[mmol/（m²·s）]	胞间 CO_2 度（Ci）/（μmol/mol）	叶片水分利用效率（WUE_L）/（μmol·mol）
A833	8.74b	0.051b	1.30b	161.6c	6.73c
A743	7.20c	0.042c	1.04c	181.8b	6.90b
MH12	9.77a	0.057a	1.36a	158.2d	7.18a
CK	6.39d	0.039d	1.02d	190.3a	6.27d

2. 不同处理对葵花根际土壤 pH 和盐分含量的影响

各菌剂处理均可显著降低葵花根际土壤 pH 和盐分含量，其中以 MH12 处理最为明显，且较 CK、A743、A833 的 pH 分别显著降低了 0.24、0.05 和 0.14 个单位，盐分含量分别降低了 11.79%、7.77%和 0.61%，这可能是因为添加不同菌剂增加了葵花对钠的吸收，从而导致土壤盐分含量的降低（图 5-39）。

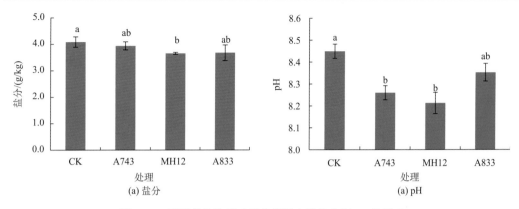

图 5-39　不同菌株处理对葵花根际土壤盐分和 pH 的影响

3. 不同处理对葵花根际土壤细菌多样性与群落结构的影响

MH12 处理下的细菌多样性（香农和辛普森指数）最高，而 A833 处理下的细菌丰富度（chao1 和 ACE 指数）最高，但各个处理下的细菌多样性和丰富度指数均无显著性差异（表 5-31）。

表 5-31　不同处理细菌群落多样性分析

处理	香农指数	辛普森指数	chao1 指数	ACE 指数
MH12	5.544±0.497a	0.070±0.046a	2888.423±186.830a	2828.206±159.916a
A743	5.271±0.467a	0.049±0.030a	2815.656±175.755a	2882.775±36.950a
A833	5.059±0.246a	0.039±0.021a	2945.051±323.089a	3061.637±137.754a
CK	5.078±0.306a	0.021±0.006a	2749.026±144.236a	2745.531±134.382a

各处理土壤细菌群落组成在门和属分类水平上具有较高的多样性，其中 MH12 处理中的放线菌门和绿弯菌门及假单胞菌属和芽孢杆菌属相对丰度最高，A743 处理中的变形菌门和拟杆菌门及纤维弧菌属相对丰度最高（图 5-40）。

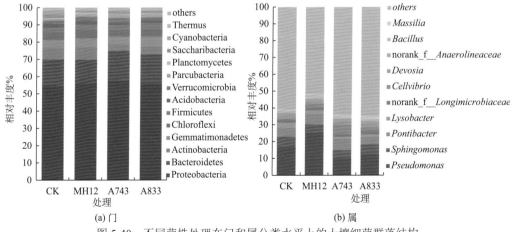

图 5-40　不同菌株处理在门和属分类水平上的土壤细菌群落结构

5.5.2.3　功能性微生物菌剂改良盐碱地田间验证

结合前期筛选的 MH12 和 A833 功能微生物，以不同用量的草炭和微生物菌剂进行复配，共计 7 个处理，并通过田间试验进行验证。具体试验处理见表 5-32。

表 5-32　田间试验处理情况

编号	试验处理
CK	不施菌剂
JJ1	草炭（18kg/亩）+MH12（1295mL）+A833（1295mL）
JJ2	草炭（21kg/亩）+MH12（1511mL）+A833（1511mL）
JJ3	草炭（28kg/亩）+MH12（2015mL）+A833（2015mL）
CT1	草炭（18kg/亩）
CT2	草炭（21kg/亩）
CT3	草炭（28kg/亩）

1. 葵花出苗率

由图 5-41 可知，不同倍量的菌剂和草炭处理对作物出苗率的影响差异不显著，其中 CT3、JJ3 处理的出苗率最高，较 CK 处理分别增加了 0.91%、0.97%。

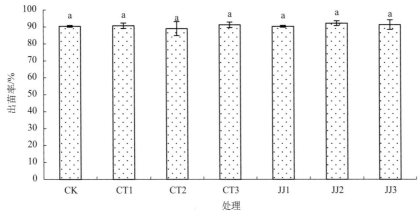

图 5-41　不同处理对作物出苗率的影响

2. 葵花株高

由图 5-42 可知，不同倍量的菌剂和草炭处理对作物的株高有显著影响。与 CK 相比，菌剂和草炭处理的株高均有显著提高，其中都是 2 倍量处理的株高最高，且 CT2 和 JJ2 处理的株高较 CK 处理分别显著提高了 6.83% 和 7.75%；随着菌剂和草炭施用量的增加株高显著增加，但当施用量增加到 3 倍量时，株高显著降低。可见不管是菌剂还是草炭处理，其 2 倍量施用量对作物株高的影响最好。

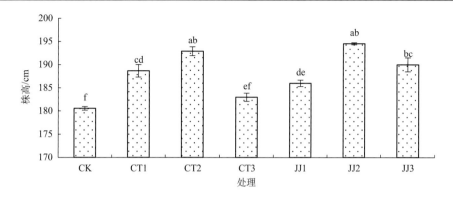

图 5-42　不同处理对作物株高的影响

3. 葵花产量

由图 5-43 可知，不同倍量的菌剂和草炭处理对作物产量的影响与 CK 相比差异不显著，但在不同倍量的草炭处理中，CT1 处理的产量最高，较 CT2 和 CT3 处理分别显著增加了 13.08% 和 18.07%，且 CT2 和 CT3 处理的产量差异不显著；而在不同倍量的菌剂处理中，JJ2 的产量最高，较 JJ1 和 JJ3 处理分别增加了 16.07% 和 6.09%，但 JJ2 和 JJ1 处理间的产量差异显著，JJ2 和 JJ3 处理间的产量差异不显著；就不同处理对作物产量的影响而言，CT1 的效果最好，因为其 1 倍量的产量与菌剂 2 倍量的产量差异不显著。

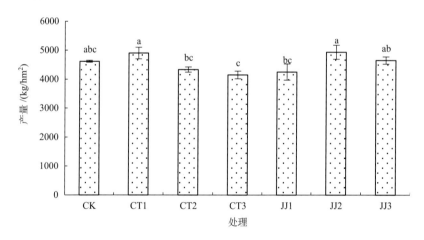

图 5-43　不同处理对作物产量的影响

从西北内陆盐碱区筛选出的 MH12（酸黄杆菌）具有溶磷和产 IAA 的作用，重度盐胁迫（6g/kg）下葵花长势最好；A833（枯草芽孢杆菌）产铁产酸作用明显，且同时产 IAA，中度盐胁迫（4g/kg）下葵花长势最好。试验结果表明，两种菌均能够促进地上部的生长，提高了光合系统性能，增加了根际土壤细菌多样性及丰富度指数，提高了不同门和属水平上的细菌群落组成，维持了钠钾平衡。在此基础上，采用两种菌 1∶1 配比，研制的功能性微生物菌剂在田间表现效果良好，优于同类产品。利用筛选并结合盆栽、小区试验验证的具有产酸、促生、抗病的耐盐菌株（MH12），生产出微生物菌剂。在 10～30cm 土层有机培肥，适当深播促进根系深扎，躲开干旱条件下表层水分养分缺乏、微生物单一、盐分表聚的恶劣环境，并利用 0～10cm 表土层起到一个保护层的作用，一方面可有效降低盐分表层集聚，快速增加土壤有机质和速效养分含量，另一方面可提高土壤优势菌群丰度，为微生物生长提供良好的生存环境。

5.5.3　盐碱障碍生物质炭调理修复技术

5.5.3.1　典型盐生植物生物质炭特性

取高碱蓬（*Suaeda altissima*, SA）、盐地碱蓬（*Suaeda salsa*, SS）、盐爪爪（*Kalidium foliatum*, KF）、芦苇（*Phragmites australis*, PA）、柽柳（*Tamarix chinensis* Lour., TC）的地上部，风干后破碎至 1～2cm，用于制备生物质炭。用扫描电镜（SEM）观察生物质炭孔隙结构及表面盐分状况，用氮气吸附-静态容量法测定比表面积和孔性，采用离子吸附交换法测定表面电荷。

由表 5-33 可知，真盐植物（高碱蓬、盐地碱蓬、盐爪爪）、拒盐植物（芦苇）和泌盐植物（柽柳）的生物质炭物理、化学性状有明显的差异，pH 为 7.86～10.47，EC 为 1.76～23.45mS/cm，灰分为 7.26%～23.64%，真盐植物生物质炭远高于其他盐生植物生物质炭；5 种盐生植物生物质炭的 H/C 差别较大，总体表现为高碱蓬炭>盐地碱蓬炭>柽柳炭>盐爪爪炭>芦苇炭（表 5-33）。此外，真盐植物生物质炭矿质元素 Na^+ 和 Mg^{2+} 等含量及有效阳离子交换量（ECEC）远高于拒盐植物芦苇炭和泌盐植物柽柳炭（表 5-34）。

表 5-33　盐生植物生物质炭化学基础性状

生物质炭	pH	EC /（mS/cm）	产量 /%	C/%	H/%	N/%	O/%	灰分 /%	H/C	O/C	C/N	(O+N) /C
高碱蓬	9.35c	2.64c	32.75b	71.34b	4.25a	0.66d	6.03d	12.81c	0.72a	0.06c	125.56a	17.80c
盐地碱蓬	9.77bc	23.45a	39.20a	58.50e	3.40c	0.92c	8.92b	23.64a	0.70b	0.11a	74.59bc	31.91a
盐爪爪	10.47a	8.10b	34.07b	65.08c	3.40c	1.49a	6.78cd	18.84b	0.63c	0.08b	51.10d	23.84b
芦苇	10.07ab	2.91c	33.37b	61.21d	2.90d	1.03b	7.66bc	23.13a	0.57d	0.09c	69.61c	26.84b
柽柳	7.86d	1.76c	33.05b	71.73a	3.76b	1.03b	11.81a	7.26d	0.63c	0.12a	81.32b	34.02a

生物质炭	Na^+/（g/kg）	K^+/（g/kg）	Ca^{2+}/（g/kg）	Mg^{2+}/（g/kg）	DOC/（g/kg）	DON/（g/kg）	DOP/（g/kg）
高碱蓬	5.48c	1.97d	0.01d	0.98c	3.59a	0.12a	14.20d
盐地碱蓬	33.93a	6.17b	0.03c	1.20b	3.26a	0.09ab	94.04a
盐爪爪	14.64b	5.07c	0.02cd	1.62a	3.28a	0.10a	2.40e
芦苇	3.72d	9.44a	0.09b	0.32d	0.89b	0.06b	41.19c
柽柳	1.06e	1.68e	1.60a	0.88c	0.63b	0.06b	89.74b

表 5-34　盐生植物生物质炭表面电荷

生物质炭	PZNC	AEC/（cmol/kg）	ECEC/（cmol/kg）	PCEC/（cmol/kg）
高碱蓬	5.44	16.99	18.05	6.45
盐地碱蓬	4.26	3.8	39.91	9.89
盐爪爪	5.4	6.05	88.14	19.36
芦苇	5.59	9.3	12.08	5.9
柽柳	4.88	5.05	12.02	7.76

从表 5-34 可以看出，5 种盐生植物炭的等电点（PZNC）pH 都在 4.3～5.6 之间。不同种类盐生植物生物质炭中，真盐植物生物质炭的有效阳离子交换量（ECEC）尤其突出，高碱蓬炭、盐地碱蓬炭和盐爪爪炭的 ECEC 是芦苇炭的 1.49～7.29 倍，比柽柳炭高出 50%～633%，说明真盐植物生物质炭的静电吸附能力远高于拒盐植物炭和泌盐植物炭，施入土壤中更有利于提高土壤 ECEC，增强土壤吸收固持养分的能力。

从表 5-35 可以看出，芦苇和柽柳炭的比表面积都超过了 150m²/g，而盐爪爪等生物质炭比表面积不到 50m²/g。其中，芦苇炭的平均孔径只有高碱蓬炭和盐地碱蓬炭的 1/7 和 2/9，但由于芦苇炭丰富的微孔孔隙，其比表面积远高于高碱蓬炭和盐地碱蓬炭，是高碱蓬炭和盐地碱蓬炭比表面积的 98 倍和 37 倍。

表 5-35　盐生植物生物质炭孔隙参数

生物质炭	比表面积/（m²/g）	孔容积/（cm³/g）	平均孔径/nm	微孔中值孔径/nm	模孔中值孔径/nm
高碱蓬	3.50e	0.01e	19.17a	1.26a	18.80b
盐地碱蓬	9.20d	0.03d	12.13b	0.94c	19.25a
盐爪爪	46.73c	0.07c	5.11c	1.16b	9.67c
芦苇	344.02a	0.24a	2.79e	0.56e	6.38e
柽柳	153.64b	0.10b	5.76d	0.90d	8.52d

5.5.3.2　生物质炭基型调理材料对盐碱地改良的影响

供试土壤是 pH 为 9.05，EC 值为 2.05mS/cm，全盐含量约为 11.27g/kg。Na^+、K^+、Ca^{2+} 和 Mg^{2+} 含量分别为 6.55cmol/kg、0.20cmol/kg、0.54cmol/kg、1.59cmol/kg，CO_3^{2-}、HCO_3^-、SO_4^{2-}、Cl^- 含量分别为 0、0.68cmol/kg、5.10cmol/kg、3.46cmol/kg；土壤黏粒（<0.002mm）、粉粒（0.002～0.05mm）及砂粒（0.05～2mm）的含量分别为 15%、17%、68%，碱化度为 26.93% 的硫酸钠砂质壤土。

配置 8 种生物质炭基调理材料，其中生物质炭来自沙柳气化固体残留物，沙柳黑液来自沙柳造纸废液的沉淀物，羊粪收集于农户，脱硫石膏来自当地火力发电厂（表 5-36）。

表 5-36　不同配方原材料用量

处理	沙柳黑液/g	生物质炭/g	羊粪/g	木醋液-脱硫石膏混合液/mL
B0	2000	0	2000	150
B05	2000	200	1800	150
B10	2000	400	1600	150
B20	2000	800	1200	150
B30	2000	1200	800	150
B40	2000	1600	400	150
B05+	800g B05 加 350mL 脱硫石膏木醋液混合液，搅拌烘干			
B30+	800g B30 加 350mL 脱硫石膏木醋液混合液，搅拌烘干			

供试土壤为重度碱化的硫酸盐-氯化物土壤，pH 和 EC 值分别为 9.05、2.05mS/cm（相当于全盐含量约为 11.27g/kg），碱化度为 26.93%，主要盐分离子为 Na^+、Mg^{2+}、SO_4^{2-} 和 Cl^-（表 5-37）。施加不同配方炭基改良剂后，土壤主要盐分指标，如 EC、Cl^-、SO_4^{2-}、Na^+ 等都有显著性的降低。各用量处理土壤的 Na^+、Cl^-、SO_4^{2-} 和 HCO_3^- 含量显著降低，Na^+ 含量降低 46.4% 以上；Cl^- 含量降低了 45.4% 以上，说明施加炭基改良剂对盐碱地脱盐具有明显效果。用量为 8g/kg 的实验结果显示，配方 B30 和 B40 效果最好。

表 5-37　不同配方炭基改良剂对土壤 pH、EC 值、碱化度和盐分离子含量的影响

处理	pH	EC/(mS/cm)	碱化度/%	Na^+/(cmol/kg)	K^+/(cmol/kg)	Ca^{2+}/(cmol/kg)	Mg^{2+}/(cmol/kg)	Cl^-/(cmol/kg)	SO_4^{2-}/(cmol/kg)	HCO_3^-/(cmol/kg)	CO_3^{2-}/(cmol/kg)
初始值	9.05a	2.05a	26.93a	6.55a	0.20e	0.54d	1.59a	3.46a	5.10a	0.68a	0.00
CK	8.42c	1.41b	19.18b	3.41d	0.36b	0.48d	1.57ab	2.53c	4.70b	0.46b	0.00
B0	8.28d	1.16d	17.52d	3.83b	0.39a	0.78b	1.59a	3.06b	4.16d	0.43b	0.00
B05	8.62d	1.03d	17.37c	2.84e	0.34d	0.81c	1.56b	1.45b	4.02c	0.44b	0.00
B10	8.43d	0.98d	17.24c	3.55c	0.40a	0.77c	1.24b	1.66d	3.85d	0.45bc	0.00
B20	8.35b	1.10e	17.37d	3.63b	0.45b	0.80b	1.58a	1.81c	3.63d	0.47c	0.00
B30	8.41d	1.05c	17.53cd	3.17c	0.36b	0.74c	1.18c	1.89c	3.92c	0.52c	0.00
B40	8.51c	1.15c	16.22c	3.12d	0.35b	0.85c	0.96c	1.78c	3.82c	0.43c	0.00
B05+	8.61b	1.33b	17.55d	3.75c	0.23c	0.70c	1.32b	1.63c	4.15c	0.48de	0.00
B30+	8.66b	0.93e	17.81d	3.37c	0.28c	0.70c	1.31b	1.62d	4.06b	0.61b	0.00

注：炭基改良剂用量均为 8g/kg；CK：施用化肥；同一列不同字母表示处理之间的显著性差异（$P<0.05$）；下同。

施用炭基改良剂显著提高了土壤总有机碳、全氮、有效氮、速效磷、速效钾的含量（表 5-38）。土壤总有机碳提高了 1.22% 以上；全氮含量提高了 31%~78%，B20 处理速效钾含量提升最多，因为 B20 炭基改良剂中的 K_2O 含量比较高。

施加不同配方的炭基改良剂均能促进微小粒径的团聚体向大团聚体转化聚集（表 5-39）。随着化肥和炭基改良剂的施入，土壤的田间持水量也发生了变化。不同配方生物质炭基型改良剂均可提高土壤田间持水量，改善土壤团粒结构，提高玉米地上部的生物量。

表 5-38　不同配方炭基改良剂对土壤养分含量的影响

处理	全氮/（g/kg）	总有机碳/（g/kg）	有效氮/（mg/kg）	速效磷/（mg/kg）	速效钾/（mg/kg）
初始值	0.64d	7.23e	53.67c	6.34d	61.79c
CK	0.82bc	7.78cd	53.08c	13.11c	222.88b
B0	0.84bc	8.15bc	53.08c	14.90bc	227.21b
B05	0.88b	7.92b	55.06b	19.91a	224.88ab
B10	0.92b	7.48b	92.86b	17.23b	228.87a
B20	0.87b	8.75b	107.8a	18.23a	246.85a
B30	0.84c	7.42d	76.06bc	15.50ab	208.23c
B40	0.88b	7.67c	96.83b	16.75ab	217.55b
B05+	0.90c	8.34c	109.90b	9.72b	186.60c
B30+	0.85bc	7.82b	69.3ab	8.91b	123.03d

表 5-39　不同配方炭基改良剂对土壤田间持水量和团聚体质量分数的影响

处理	田间持水量/%	团聚体/%	
		>0.25mm	<0.25mm
初始值	39.12c	26b	74a
CK	40.03c	28b	72a
B0	42.78b	31ab	69ab
B05	47.08a	32a	68b
B10	46.08c	31a	69b
B20	46.73bc	30a	70b
B30	45.96b	31a	69b
B40	46.01b	32a	68b
B05+	45.17a	31a	69b
B30+	46.4ab	31a	69b

5.5.3.3　生物质炭基型调理材料优化用量

1. 配方 B30 炭基改良剂不同用量应用效果分析

当施加炭基改良剂 B30 的用量为 8g/kg 时，土壤 pH 下降幅度最大，与初始值相比下降 0.64 个单位（表 5-40）。各施用量下，土壤的 EC 值均有所下降，与 CK 相比下降幅度为 17.0%～25.5%，平均降低 22.3%。其中施加炭基肥用量为 8g/kg 时效果最为显著，土壤 EC 值从 1.41 降低到了 1.05。

施加不同用量炭基改良剂 B30 之后，土壤中的微团聚体数量显著减少（表 5-41）。当炭基改良剂 B30 用量为 4g/kg、8g/kg、16g/kg 和 40g/kg 时，土壤微团聚体分别减少 6.7%、6.7%、8.1%、10.8%；反之，大团聚体的数量分别提高 19.2%、19.2%、23.1%、30.7%。同时，炭基改良剂 B30 能提高土壤田间持水量，并随着用量的提高，效果越显著。B30 用量以 8g/kg 为宜，即 B30-2 处理。

表 5-40　不同用量炭基改良剂 B30 对土壤 pH、EC 值、碱化度和盐分离子含量的影响

处理	pH	EC /（mS/cm）	碱化度 /%	Na⁺ /（cmol/kg）	K⁺ /（cmol/kg）	Ca²⁺ /（cmol/kg）	Mg²⁺ /（cmol/kg）	Cl⁻ /（cmol/kg）	SO₄²⁻ /（cmol/kg）	HCO₃⁻ /（cmol/kg）	CO₃²⁻ /（cmol/kg）
初始值	9.05a	2.05a	26.93a	6.55a	0.20c	0.54e	1.59a	3.46a	5.10a	0.68a	0.00
CK	8.42d	1.41b	19.18b	3.41b	0.36b	0.48f	1.57a	2.54b	4.70b	0.46d	0.00
B30-1	8.50c	1.17c	17.97a	3.22c	0.35b	0.67d	1.20c	1.71de	3.98c	0.57b	0.00
B30-2	8.41d	1.05d	17.53cd	3.17c	0.36b	0.74c	1.18c	1.89c	3.92c	0.52c	0.00
B30-3	8.54bc	1.07d	15.74d	3.42b	0.36b	0.84b	1.33b	1.61e	3.70d	0.50c	0.00
B30-4	8.63b	1.09d	13.86e	3.50b	0.43a	0.93a	1.58a	1.77cd	3.48e	0.44d	0.00

注：B30-1～B30-4：炭基改良剂 B30 用量分别为 4g/kg、8g/kg、16g/kg 和 40g/kg；CK：施用化肥；同一列不同字母表示处理之间的显著性差异（$P<0.05$）；下同。

表 5-41　不同用量炭基改良剂 B30 对土壤田间持水量和团聚体质量分数的影响

处理	田间持水量 /%	团聚体/%	
		>0.25mm	<0.25mm
初始值	39.12c	26b	74a
CK	40.03c	28b	72a
B30-1	45.24b	31a	69b
B30-2	45.96b	31a	69b
B30-3	47.88a	32a	68b
B30-4	47.86a	34a	66b

2. 配方 B40 炭基改良剂不同用量应用效果分析

施用炭基改良剂 B40 之后，土壤的 pH 下降了 3.9%～7.0%（表 5-42）。B40 施用量为 16g/kg 处理土壤 pH 下降幅度最大，下降 0.55 个单位；土壤 EC 值从 1.41 降低到了 0.91。炭基改良剂用量为 4g/kg、8g/kg、16g/kg 和 40g/kg 时，与初始值相比，土壤中的 Ca²⁺ 含量分别增加 46.3%、57.4%、68.5%和 88.9%，这说明施加炭基改良剂能够提高土壤中的 Ca²⁺ 含量，并且随着用量的增加，有增加的趋势。

表 5-42　不同用量炭基改良剂 B40 对土壤 pH、EC 值、碱化度和盐分离子的影响

处理	pH	EC /（mS/cm）	碱化度 /%	Na⁺ /（cmol/kg）	K⁺ /（cmol/kg）	Ca²⁺ /（cmol/kg）	Mg²⁺ /（cmol/kg）	Cl⁻ /（cmol/kg）	SO₄²⁻ /（cmol/kg）	HCO₃⁻ /（cmol/kg）	CO₃²⁻ /（cmol/kg）
初始值	9.05a	2.05a	26.93a	6.55a	0.20d	0.54e	1.59a	3.46a	5.10a	0.68a	0.00
CK	8.42d	1.41b	19.18b	3.41cd	0.36b	0.48f	1.57a	2.54c	4.70b	0.46bc	0.00
B40-1	8.57c	0.96d	16.67c	2.91d	0.31c	0.79d	1.14b	1.56c	3.99c	0.48b	0.00
B40-2	8.51c	1.15c	16.22c	3.12d	0.35b	0.85c	0.96c	1.78c	3.82cd	0.43c	0.00
B40-3	8.50c	0.91d	14.99d	3.59b	0.39a	0.91b	1.19b	1.69c	3.56d	0.43c	0.00
B40-4	8.70b	0.92d	13.08e	3.53b	0.38a	1.02a	0.88c	2.93b	3.42e	0.34d	0.00

注：B40-1～B40-4：炭基改良剂 B40 用量分别为 4g/kg、8g/kg、16g/kg 和 40g/kg；CK：施用化肥；同一列不同字母表示处理之间的显著性差异（$P<0.05$）；下同。

如表 5-43 所示，施加不同用量的炭基改良剂 B40 之后，土壤中的总有机碳含量显著增加。炭基改良剂用量为 4g/kg、8g/kg、16g/kg 和 40g/kg 时，与初始值相比，总有机碳含量分别提高了 1.0%、6.1%、17.6 和 50.6%，全氮含量分别提高了 34.3%、37.5%、39.1% 和 79.7%。B40-4 处理对土壤养分提升效果最佳。

表 5-43　施用不同用量炭基改良剂 B40 并种植玉米后土壤养分含量

处理	全氮/（g/kg）	总有机碳/（g/kg）	有效氮/（mg/kg）	速效磷/（mg/kg）	速效钾/（mg/kg）
初始值	0.64d	7.23c	53.67d	6.34d	61.79c
CK	0.82c	7.78c	53.08d	13.11cd	222.88b
B40-1	0.86bc	7.30c	57.16a	18.28a	226.21b
B40-2	0.88b	7.67c	96.83b	16.75ab	217.55b
B40-3	0.89b	8.50b	72.56c	15.65b	230.20b
B40-4	1.15a	10.89a	114.33a	14.20c	254.17a

考虑到养分含量、表面特性和比表面积，真盐生植物盐爪爪炭是更适合作为土壤调理剂的盐生植物生物质炭。盐地碱蓬炭虽然产率高、盐分含量高，但比表面积小；芦苇炭虽然比表面积很大，但孔隙集中在微孔，而且 CEC 只有 12.08cmol/kg，远低于盐爪爪炭。

生物质炭、羊粪、沙柳制浆黑液按照一定比例，外加一定量的脱硫石膏-木醋液混合液制成的堆肥对于盐渍化土壤具有一定的改良作用，其中炭基改良剂 B30-2、B40-2 和 B40-4 这 3 种炭基改良剂配方和用量效果较好。施用炭基改良剂可以使土壤 pH 降至 9 以下，降低 EC 值，促进交换性 Na^+ 和 Cl^- 的淋洗作用，降低土壤碱化度，提高 Ca^{2+} 含量；还能减少土壤养分的淋失，提高田间持水量，促进大团聚体的形成。施用炭基调理材料能够起到两个方面的作用：一是脱硫石膏-木醋液混合液，可以产生大量的 Ca^{2+}，能够与 Na^+ 交换，促进其淋洗；生物质炭有丰富的孔隙结构，能够增加土壤的孔隙度和阳离子交换量。二是生物质炭含有丰富的有机碳和钾离子，能够补充随水流失的部分养分，羊粪富含养分，可以提供作物需要的营养元素。

5.5.4　盐碱地生态治理与植被构建技术

盐碱地生态治理与修复须遵循以下原则：因地制宜，不破坏原有生态或者确保原有生态持续向好发展，强调生态效益或者兼顾经济效益，不带入二次污染。依据局地用途定位和可以承受成本等条件，可以分成以生态植被恢复为目标和以景观生态植被体系构建为目标的两种盐碱地生态治理与修复技术类型。

5.5.4.1　盐碱地生态植被恢复

盐碱地生态植被建设的目的在于区域生态保持与保护，比如防风、固沙、牧草生产和水土保持等，往往着眼于较大空间尺度，局地淡水资源缺乏，单位面积的投入成本较低，土壤盐分含量较高，管理较为粗放，植物绝大多数属土著品种。此处以新疆典型干旱地区盐碱地生态植被恢复案例进行说明（王静娅等，2015；李兵等，2014）。

研究区域位于新疆准噶尔盆地南缘，东起玛纳斯河，西迄144～122团一线，南自石河子，北至150团。准噶尔盆地南缘地理位置为84°58′～86°30′E，43°27′～45°20′N，地形分带明显，沿天山北麓是连成一片的冲积洪积扇带，向北是古尔班通古特沙漠。洪积扇上部以砾石为主，下部边缘为细黄土状物质。区域处于极端干旱的荒漠气候区，气候特点是冬冷夏热，昼夜温差大，晴日多，云量少，光照充足，热量丰富，降水稀少且分布不均，蒸发强烈，空气干燥，灾害性气候多。≥10℃的有效积温在2800～3700℃，年平均降水量为146.5mm，年平均蒸发量在1600～2300mm。主要土壤类型为灰漠土，个别地方有栗钙土、棕钙土和草甸土。植被以小乔木盐漠植被、灌木和半灌木盐漠植被为主。研究区土壤盐分的分布状况显示，在0～20cm深度土层，土壤含盐量在10.0～20.0g/kg的盐土类型区，占总面积的1.1%；土壤含盐量6.0～10.0g/kg的重度盐化土壤面积占总面积的20.3%；土壤含盐量3.0～6.0g/kg的中度盐化土壤为主要类型，占总面积的59.7%；土壤含盐量<3.0g/kg的轻度盐化土壤面积占18.9%。选取研究区柽柳、花花柴和猪毛菜为优势物种的群落样地，采取适当的围栏封育、补水、补植等技术措施，进行盐生植被恢复与重建，采用样方法开展植被调查，进行植被多样性测度，分析生态恢复与重建的过程（表5-44）。

表 5-44　植被恢复演替特征

阶段	物种	盖度	优势物种（优势度）	物种丰富度（Ma）	多样性指数（D）
第1年	柽柳、红砂、花花柴、骆驼刺、猪毛菜、绢蒿、梭梭、碱蓬、盐爪爪、白刺、骆驼蓬、黑果枸杞等	15%～20%，植被发育较差	柽柳（0.78） 红砂（0.72） 花花柴（0.69） 猪毛菜（0.52） 绢蒿（0.16）	1.36	0.48
第3年	红砂、柽柳、花花柴、骆驼刺、长刺猪毛菜、绢蒿、骆驼蓬、碱蓬、梭梭、白刺、黑果枸杞、红茎盐生草、大翅霸王、盐爪爪、地肤等	30%～45%，促进了红砂幼苗萌生，增加了物种多样性	柽柳（0.61） 红砂（0.77） 花花柴（0.54） 猪毛菜（0.58） 绢蒿（0.22）	1.74	0.57
第5年	物种组成同第3年，盐生草的优势度增加较大	50%～70%，植被发育良好	柽柳（0.49） 红砂（0.81） 花花柴（0.33） 猪毛菜（0.65） 盐爪爪（0.38） 绢蒿（0.33）	1.74	0.71

结果表明，初次采样调查的第1年，盐生植物柽柳、红砂、花花柴、猪毛菜为优势物种，物种丰富度为1.36，多样性指数为0.48，植被盖度达到15%～20%，植被发育较差；2年后，群落中增加了红茎盐生草、白茎盐生草、大翅霸王、地肤等，物种丰富度指数、多样性指数提高，盖度达到30%～45%；4年后的调查分析表明，盐生植被种类

进一步增加，原优势物种优势度明显降低，盐生草的优势度增加，物种多样性指数达到0.71，植被盖度提高到 50%以上，明显促进了植被发育与生长。4 年中，对柽柳、花花柴和猪毛菜为优势物种的群落样地采取适当的滴灌补水、补植等技术措施，随着恢复时间的增加，促进了植被的生长和发育，丰富了物种多样性，提高了植被生物量，地表盖度均达 50%以上。采用以封育、补水、补植为核心的人工措施进行干旱半干旱区盐碱地生态植被恢复与重建是切实可行的，可以显著提高地表盖度和生物多样性。

5.5.4.2　盐碱地景观生态植被体系构建

盐碱地景观生态植被体系构建的目的在于创建盐碱地区和谐优美的人居环境、保障人们安居乐业，该体系多属于园区、港区、居民生活区的盐碱地上的景观生态植被建设，往往着眼于中小尺度，单位面积投入成本较高，管护精细化要求比较高，植物品种多属景观绿化品种，视觉美化要求高。我国滨海盐碱地区多属于国家战略区，内陆盐碱地区经济发展和人居生活对生态治理的要求也越来越高，在广大盐碱地区开展景观生态植被体系构建是盐碱地生态治理与修复的重要类型。

盐碱地作为国家重要的后备土地资源，广泛分布于我国沿海和内陆，具有盐分含量高、土壤性状低劣、植被成活率低、生态系统脆弱等鲜明特征，是生态治理中最为困难的地段。多年来国家一直对盐碱地的改良与利用十分重视，以景观生态植被构建为目标的改良方法或技术体系多采用人工换土、铺设隔离层或地下管网等措施，如天津滨海研究应用的"砾石隔层+客土"、"暗管排盐+客土"和"台田淋盐"等方法。总体而言，运用客土法具有见效快，即时效果好的特点，但往往存在工程量巨大、成本高等不足，这些工程措施在重度盐碱区的景观生态植被构建成本高达 300 元/m²，所以基于低成本、高适用性的盐碱原土改良的盐碱地景观生态植被构建技术日渐成为国内外的研究热点。对此学者们开展了包括耐盐植物品种的筛选、复合改良剂使用、生物化学措施抑盐控盐等相关研究（李金彪等，2014；张建中等，2016）。作者团队研发出的基于盐碱原土改良的景观生态植被构建技术体系可以概括为"配、抑、调、脱、隔"5 项核心技术：

（1）配——强调景观、兼顾生态，配置适宜的乔灌和地被植物品种，设计合理的不同品种和不同类型植物的空间布局，选用可靠的栽植与管护措施。

（2）抑——地表减蒸抑盐，防止根区残余盐分随蒸发积累到地表影响植物生长，可采用生物或化学等措施通过地表覆盖或喷施实现减少地表蒸发并抑制积盐。

（3）调——根区土壤障碍性状调理，通过施用物理性、生物质和改良剂等物料对盐碱土壤的板结、保水保肥性能差等障碍属性进行调理，并在根区土壤盐分降低到控制阈值后调理土壤瘠薄、生物群落单一等属性，实现根区土壤性状显著改善，适宜植物栽植与生长。

（4）脱——根区土壤脱盐，在调理根区土壤障碍性状后，配置适宜量的淡水对根区土壤进行淋洗脱盐，直至根区土壤盐分降至控制阈值。

（5）隔——立地土壤底部铺设隔离层，隔离层可选用粗砂、粗纤维质秸秆或石子，必要时结合使用土工布等。通过毛管作用上升的地下水遇到隔离层，毛管破裂，携带的盐分滞留在隔离层以下，水汽上升补给根区土壤；隔离层也是根区土壤盐分淋洗向下运移排出的通道。

　　根据盐碱地局地的自然和人为条件，盐碱地景观生态植被体系构建技术的模式会有所差异，如内陆干旱区的盐碱地景观生态植被体系构建往往由于地下水埋深较大而不需要设置隔离层；各项核心技术涉及的物料须综合考量成本、可用量和时效性能等因素而因地制宜。

参 考 文 献

陈振德, 何金明, 李祥云, 等. 2007. 施用腐殖酸对提高玉米氮肥利用率的研究. 中国生态农业学报, 15(1): 52-54.

范慧娟. 2014. 浅议腐植酸肥料在改良土壤及提高肥料利用率中的作用. 中国农业信息, (1): 105.

高洪军, 朱平, 彭畅, 等. 2015. 等氮条件下长期有机无机配施对春玉米的氮素吸收利用和土壤无机氮的影响. 植物营养与肥料学报, 21(2): 318-325.

郭洋, 陈波浪, 盛建东, 等. 2015. 几种一年生盐生植物的吸盐能力. 植物营养与肥料学报, 21(1): 269-276.

韩立朴, 马凤娇, 于淑会, 等. 2012. 基于暗管埋设的农田生态工程对运东滨海盐碱地的改良原理与实践. 中国生态农业学报, 20(12): 1680-1686.

何丽丹, 刘广明, 杨劲松, 等. 2012. NaCl 胁迫对梭梭种子萌发与幼苗生长的影响. 灌溉排水学报, 31(5): 69-72.

何丽丹, 刘广明, 杨劲松, 等. 2013. 外源物质浸种对 NaCl 胁迫下盐地碱蓬发芽的影响. 草业科学, 30(6): 860-867.

侯云鹏, 韩立国, 孔丽丽, 等. 2015. 不同施氮水平下水稻的养分吸收、转运及土壤氮素平衡. 植物营养与肥料学报, 21(4): 836-845.

孔涛, 张德胜, 徐慧, 等. 2014. 盐碱地及其改良过程中土壤微生物生态特征研究进展. 土壤, 46(4): 581-588.

雷玉平, 山崎素直. 1995. 农田耕作与土壤盐分的变化. 生态农业研究, 3(3): 71-74.

李彬, 王志春, 孙志高, 等. 2005. 中国盐碱地资源与可持续利用研究. 干旱地区农业研究, 23(2): 154-158.

李兵, 梁静, 张凤华, 等. 2014. 干旱区盐渍化弃耕地不同恢复模式植被多样性及土壤生物学特性. 排灌机械工程学报, 32(9): 814-821.

李江舟, 娄翼来, 张立猛, 等. 2015. 不同生物炭添加量下植烟土壤养分的淋失. 植物营养与肥料学报, 21(4): 1075-1080.

李金彪, 陈金林, 刘广明, 等. 2014. 滨海盐碱地绿化理论技术研究进展. 土壤通报, 45(1): 246-251.

李思平, 曾路生, 李旭霖, 等. 2019. 不同配方生物炭改良盐渍土对小白菜和棉花生长及光合作用的影响. 水土保持学报, 33(2): 363-368.

刘广明, 李金彪, 王秀萍, 等. 2016. 外源水杨酸对黑麦草幼苗盐胁迫的缓解效应研究. 土壤学报, 53(4): 995-1002.

刘昊华, 虞毅, 丁国栋, 等. 2011. 4 种滨海造林树种耐盐性评价. 东北林业大学学报, 39(7): 8-11.

刘小京. 2018. 环渤海缺水区盐碱地改良利用技术研究. 中国生态农业学报, 26 (10): 1521-1527.

刘兆普, 沈其荣, 尹金来. 1998. 滨海盐土农业. 北京: 中国农业科技出版社.

娄庭, 龙怀玉, 杨丽娟, 等. 2010. 在过量施氮农田中减氮和有机无机配施对土壤质量及作物产量的影响. 中国土壤与肥料, (2): 11-15, 34.

吕军. 2011. 土壤改良学. 杭州: 浙江大学出版社.

逄焕成, 李玉义. 2019. 上膜下秸隔抑盐机理与盐碱地改良效应. 北京: 科学出版社.

彭辉辉, 刘强, 荣湘民, 等. 2015. 稻草覆盖与生态拦截对春玉米光合特性、养分累积及产量的影响. 中国农学通报, 31(21): 58-64.

邱并生. 2014. 盐碱土壤微生物. 微生物学通报, 41(1): 200.

斯林林. 2018. 生物炭配施化肥对稻田养分利用及流失的影响. 杭州: 浙江大学.

孙宇男, 耿玉辉, 赵兰坡. 2011. 硫酸铝改良苏打盐碱土后各离子的变化. 中国农学通报, 27(23): 255-258.

汪耀富, 孙德梅, 叶红潮. 2005. 灌水和腐殖酸用量对烤烟养分含量及烟叶产量品质的影响. 安徽农业科学, 33(1): 96-97.

王婧, 张莉, 逄焕成, 等. 2017. 秸秆颗粒化还田加速腐解速率提高培肥效果. 农业工程学报, 33(6): 177-183.

王静, 许兴, 肖国举, 等. 2016. 脱硫石膏改良宁夏典型龟裂碱土效果及其安全性评价. 农业工程学报, 32(2): 141-147.

王静娅, 王明亮, 刘广明, 等. 2015. 盐渍化弃耕地典型盐生植被抗逆性与恢复重建过程分析. 新疆农业科学, 52(1): 129-136.

王遵亲, 祝寿泉, 俞仁培. 1993. 中国盐渍土. 北京: 科学出版社.

魏秀君, 殷云龙, 芦治国, 等. 2011. NaCl 胁迫对 5 种绿化植物幼苗生长和生理指标的影响及耐盐性综合评价. 植物资源与环境学报, 20(2): 35-42.

邢尚军, 郗金标, 张建锋, 等. 2003. 黄河三角洲常见树种耐盐能力及其配套造林技术. 东北林业大学学报, 31(6): 94-95.

许艳, 濮励杰, 张润森, 等. 2017. 江苏沿海滩涂围垦耕地质量演变趋势分析. 地理学报, 72(11): 2032-2046.

杨放, 李心清, 邢英, 等. 2014. 生物炭对盐碱土氮淋溶的影响. 农业环境科学学报, 33(5): 972-977.

杨劲松, 姚荣江. 2015. 我国盐碱地的治理与农业高效利用. 中国科学院院刊, 30(Z1): 162-170.

杨劲松, 姚荣江, 王相平, 等. 2016. 河套平原盐碱地生态治理和生态产业发展模式. 生态学报, 36(22): 7059-7063.

杨少辉, 季静, 王罡. 2006. 盐胁迫对植物的影响及植物的抗盐机理. 世界科技研究与发展, 28(4): 70-76.

杨升, 张华新, 张丽. 2010. 植物耐盐生理生化指标及耐盐植物筛选综述. 西北林学院学报, 25(3): 59-65.

叶建威, 刘洪光, 何新林, 等. 2016. 土槽模拟开沟覆膜滴灌技术下盐分调控规律. 节水灌溉, (10): 28-33.

于淑会, 韩立朴, 高会, 等. 2016. 高水位区暗管埋设下土壤盐分适时立体调控的生态效应. 应用生态学报, 27(4): 1061-1068.

袁丽峰, 黄腾跃, 王改玲, 等. 2014. 腐殖酸及腐殖酸有机肥对玉米养分吸收及肥料利用率的影响. 中国农学通报, 30(36): 98-102.

张华新, 宋丹, 刘正祥. 2008. 盐胁迫下 11 个树种生理特性及其耐盐性研究. 林业科学研究, 21(2): 168-175.

张建兵, 杨劲松, 姚荣江, 等. 2013. 有机肥与覆盖方式对滩涂围垦农田水盐与作物产量的影响. 农业工程学报, 29(15): 116-125.

张建中, 闫治斌, 王学, 等. 2016. 多功能调理剂对甘肃河西内陆盐渍土理化性质和甜高粱产草量的影响. 土壤, 48(5): 901-909.

张伶波, 陈广锋, 田晓红, 等. 2017. 盐碱土石膏与有机物料组合对作物产量与籽粒养分含量的影响. 中国农学通报, 33(12): 12-17.

张鑫, 马铭鸿, 谷会岩, 等. 2018. 红松人工更新对表层土壤磷有效性及时效性的影响. 东北林业大学学报, 46(6): 63-68.

张越, 杨劲松, 姚荣江. 2016. 咸水冻融灌溉对重度盐渍土壤水盐分布的影响. 土壤学报, 53(2): 388-400.

赵秉强, 梅旭荣. 2007. 对我国土壤肥料若干重大问题的探讨. 科技导报, 25(8): 65-70.

赵易艺, 张玉平, 刘强, 等. 2016. 有机肥和生物炭对旱地土壤养分累积利用及小白菜生产的影响. 中国农学通报, 32(14): 119-125.

赵永敢, 王婧, 李玉义, 等. 2013. 秸秆隔层与地覆膜盖有效抑制潜水蒸发和土壤返盐. 农业工程学报, 29(23): 109-117.

赵振勇, 张科, 王雷, 等. 2013. 盐生植物对重盐渍土脱盐效果. 中国沙漠, (5): 1420-1425.

朱海, 杨劲松, 姚荣江, 等. 2019. 有机无机肥配施对滨海盐渍农田土壤盐分及作物氮素利用的影响. 中国生态农业学报, 27(3): 441-450.

朱小梅, 王建红, 赵宝泉, 等. 2018. 不同盐分土壤环境下绿肥腐解及养分释放动态研究. 水土保持学报, 32(6): 311-316.

邹璐, 范秀华, 孙兆军, 等. 2012. 盐碱地施用脱硫石膏对土壤养分及油葵光合特性的影响. 应用与环境生物学报, 18(4): 575-581.

Alvarez R, Evsns L A, Milham P J, et al. 2004. Effects of humic material on the precipitation of calcium phosphate. Geoderma, 118(3): 245-260.

Coppens F, Merckx R, Recous S. 2006. Impact of crop residue location on carbon and nitrogen distribution in soil and in water-stable aggregates. European Journal of Soil Science, 57(4): 570-582.

Khurshid K, Iqbal M, Arif M S, et al. 2006. Effect of tillage and mulch on soil physical properties and growth of Maize. International Journal of Agriculture and Biological, 8: 593-596.

Lal R, De Vleeschauwer D, Nganje R M. 1980. Changes in properties of a newly cleared tropical Alfisols as affected by mulching. Soil Science Society of America Journal, 44: 827-833.

Lauchli A, Epstein E. 1990. Plant response to salinity and sodic conditions// Tanji K K. Agricultural Salinity Assessment and Management. American Society of Civil Engineers, New York, Mann. Rep. Eng. Pract. 71: 113-137.

Manna M C, Swarup A, Wanjari R H, et al. 2007. Long-term fertilization, manure and liming effects on soil organic matter and crop yields. Soil and Tillage Research, 94(2): 397-409

Naidu R, Rengasamy P. 1993. Ion interactions and constraints to plant nutrition in Australian Sodic soils. Australian Journal of Soil Research, 31(6): 801-819.

Niknam S R, McComb J. 2000. Salt tolerance screening of selected Australian woody species – A review. Forest Ecology and Management, 139(1-3): 1-19.

Parida A K, Das A B, Sanada Y, et al. 2004. Effects of salinity on biochemical components of the mangrove, Aegiceras corniculatum. Aquatic Botany, 80(2): 1-87.

Pervaiz M A, Iqbal M, Shahzad K, et al. 2009. Effect of mulch on soil physical properties and N, P, K concentration in Maize (*Zea mays* L.) shoots under two tillage systems. International Journal of Agriculture and Biological, 11: 119-124

Qadir M, Schubert S. 2002. Degradation processes and nutrient constraints in sodic soils. Land Degradation and Development, 13(4): 275-294.

Quirk J P. 2001. The significance of the threshold and turbidity concentrations in relation to sodicity and microstructure. Australian Journal of Soil Research, 39(6): 1185-1217.

Raychev T, Popandova S, Józefaciuk G, et al. 2001. Physicochemical reclamation of saline soils using coal powder. International Agrophysics, 15: 51-54.

Rogovska N, Laird D, Cruse R M, et al. 2012. Germination tests for assessing biochar quality. Journal of Environmental Quality, 41(4): 1014-1022.

Shainberg I, Letey J. 1984. Response of soils to sodic and saline conditions. Hilgardia, 52(2): 1-57.

Shi J, Li S, Zuo Q, et al. 2015. An index for plant water deficit based on root-weighted soil water content. Journal of Hydrology, 522: 285-294.

Sumner M E. 1993. Sodic soils – New perspectives. Australian Journal of Soil Research, 31(6): 683-750.

Tejada M, Gonzalez J L. 2006. Effects of two beet vinasse forms on soil physical properties and soil loss. CATENA, 68(1): 41-50.

Yao R J, Yang J S, Wu D H, et al. 2017. Scenario simulation of field soil water and salt balances using SAHYSMOD for salinity management in a coastal rainfed farmland. Irrigation and Drainage, 66: 872-883.

第6章 干旱半干旱区节水农业技术模式

6.1 干旱半干旱区农业水土资源现状

6.1.1 我国干旱半干旱区域特点

简单地可定义年降水量界于 200~400mm 的地区是半干旱地区，年降水量小于 200mm 的地区为干旱地区。汤懋苍等（2002）认为应取南北纬 60°之间的中低纬地区平均年降水量≤250mm 作为旱区的标准。按郑景云等（2010），根据干燥度来具体划分：干燥度>16.0 为极端干旱区；4.0~16.0 之间为干旱区；1.5~3.99 之间为半干旱区；1.0~1.49 之间为半湿润区；干燥度<1.0 为湿润区。但是，世界气象组织（WMO）指出干旱划分指数可以多达 50 个，甚至可以将这些指数划分为气象学、土壤水分、水文学、遥感、综合或模拟等六大类。而联合国环境规划署（UNEP）将年降水量与年潜在蒸发量的比值 A 在 0.05~0.65 之间的区域定义为干旱区，这个范围其实涵盖亚湿润干旱地区。不管划分的具体指标是什么，我国西部干旱半干旱地区应大致包括新疆、内蒙古中西部、宁夏的绝大部分和甘肃的河西地区及包括定西在内的中部地区。这个区域的降水、蒸发、土壤水分等都具有干旱区特征。

联合国在《联合国关于在发生严重干旱和/或荒漠化的国家特别是在非洲防治荒漠化的公约》中的亚洲区域执行附件中指出，亚洲受影响国家具有下列具体情况：

（a）它们境内已受或易受荒漠化或干旱影响的地区比例甚大，这些地区的气候、地形、土地使用制度和社会经济制度千差万别；

（b）为维持生计对自然资源的压力甚大；

（c）存在着与普遍贫困直接有关的生产制度，造成土地退化和对稀缺水资源的压力；

（d）世界经济状况和社会问题如贫困、卫生和营养不良、缺乏粮食保障、移民、流离失所者和人口动态等产生的巨大影响；

（e）它们处理国内荒漠化和干旱问题的能力和机构框架虽有加强，但仍然不够；

（f）它们需要国际合作，以争取实现与防治荒漠化和缓解干旱影响有关的可持续发展目标。

我国西部干旱半干旱区其实也具有这些特点：分布范围广、面积大，自然资源压力大、经常与贫困交织在一起。我国西部干旱半干旱区域面积约 250 万 km²，覆盖范围很广，降水量很少，水资源缺乏。该区域各省水匮乏指数 WPI（WPI 值越高指示水贫困程度越严重）为 0.378~0.637，且整个区域 2010~2011 年 WPI 值由 0.524 波动上升至 0.537，说明水贫困的程度呈加重趋势，而且 WPI 的 5 个子系统中资源系统 WPI 值相对最高，说明资源性匮乏是导致区域内水贫困的根本原因（王太祥和王腾，2017）。

由于自然条件约束程度不同，加上资源利用方式和强度的差异，我国西部干旱半干旱区内不同区域农业利用具有不同的特点。因此，农业利用必须综合考虑不同区域自然特性及水土资源的协调性。

6.1.2　区域农业资源现状

我国西部干旱半干旱区覆盖范围很大，横亘我国西北部，纬度跨度大约 20°，经度大约 40°，约占全国陆地面积的 1/4，气候区跨越半干旱区、干旱区、极干旱区。可利用的土壤类型资源较为丰富，主要是黄土区黄绵土和黑垆土、盐碱土及绿洲土壤等。该区域水资源总体缺乏。按陈亚宁等（2012），我国西北干旱区平均年降水量为 230mm，而蒸发能力达到降水量的 8~10 倍。该区域水资源总量约 1979×10^{8}m^3，仅占全国的 5.84%，可利用的水资源量约 1364×10^{8}m^3，人均和地均水资源占有量分别约为全国人均水平的 2/3 和 1/4。

在自然条件分异如此大的区域，农业条件差异也很大。按照张治国（2001），苏尼特左旗—百灵庙—鄂托克旗—盐池一线以东地区，年降水量介于 300~400mm，是可以进行旱作农业的，但作物产量很不稳定；这条线与贺兰山一线之间，年降水量为 200~300mm，属荒漠草原，作为农业用地则必须灌溉；而贺兰山以西的广大荒漠地区年降水量不到 200mm，干燥度大于 4.0，则主要在河滩地进行种植。所以该区域农业利用可以分为以下几大类：在干旱半干旱地区的灌溉平原地区，如陕西关中平原、甘肃河西走廊、宁夏银川平原、新疆伊犁河谷等粮食主产区，主要生产粮食。在黄土高原台塬地和坡耕地、新疆沙漠绿洲等，主要发展方向是林果、经济作物、小杂粮、蔬菜、中草药等。这些区域光照充足，昼夜温差大，湿度小，病虫害少，果品色香俱佳，是优质果品的生产基地（张正斌和徐萍，2017）。

我国西北地区属于一年一熟制地区，复种指数较小（小于 50%），耕地质量较差，以雨养为主（丁明军等，2015）。主要受土地荒漠化、沙化、盐碱化及其他因素影响，该地区耕地不稳定性高。有些区域，比如黄土高原，沟壑发达，不稳定耕地分布偏远，道路网络不完善，甚至无法通行，农业生产受制于天然降雨，干旱发生较为频繁，导致农民种地积极性不高，耕地撂荒现象较为明显（赵爱栋等，2016）。

6.1.3　干旱半干旱区节水农业原理

干旱地区农业水源缺乏是世界性难题，结合区域资源特点，世界各国开发了很多的节水农业模式，可以统称为旱作农业。旱作是指在干旱与半干旱地区，主要依靠降水进行生产的一种农业生产方式。其核心是将有限的降水进行合理的配置，高效地服务于农作物生长，从而获得稳产高产。所以，该农业方式的关键是留住天上水、保住土壤水、用好地表水（魏登峰，2012）。因此，很多技术都是围绕降雨截留、地表覆盖、滴灌等技术，进行各种组合和综合，并结合新的耕作技术进行开发的，以减少土壤水分蒸发，增加土壤入渗，减少地表径流。此外，由于干旱经常伴随高盐分，注重盐碱土的改良技术也同时被不断开发出来。这些技术经过各种综合，形成了一些模式，达到了较好的推广效果。

比如，地中海地区受副热带高压带和西风带季节性交替控制，形成了夏季炎热干燥、冬季温和多雨的地中海气候，导致该地区光热资源丰富、淡水资源缺乏。所以，该区域一些国家一方面在冬季进行生产，充分利用降水资源，且主要通过设施栽培措施有效地解决冬季降水多而温度低的问题，所以很多温室都配备有大型的集雨设施，截留贮存水分以供旱季使用；另一方面，在高温季节利用设施内的植物蒸腾显著减少的特性，提高淡水资源的利用效率（赵尊练和严小良，2003）。

以色列的旱作农业一直领先于其他国家，经过多年摸索，发展出了很多节水农业措施。以色列农田与温室大棚普遍采用喷灌和滴灌的方式，并实现了灌溉的自动化管理，可以根据土壤湿度、作物长势等因素选择系统内部保存的多种灌溉程序，按日期、按次、按电磁阀路线决定灌水起始时间及灌水量，便于小规模农场主操作（赵裕明，2018）。以色列滴灌技术具有节水肥、保湿性好、使用寿命长等同类产品所不及的优越性，与普通滴灌技术相比，使用以色列滴灌系统可节水 70%、节肥 30%（孙晓梅，2019）。我国在西部农业发展上尚不能达到以色列那样的程度，在温室大棚方面体量不大。而且我国干旱半干旱区域较大，气候、地形、土壤、水文等方面区域差异很大，不可能采用一种方式进行农业生产。

总体来说，我国干旱半干旱区降水少，蒸发量大，土壤砂性较强，土壤水分保持较为困难，且在不同区域水土条件有所差异，因此，农业发展必须采取不同的措施。该区域主要有两种模式类型，一种是雨养农业模式，在无补充灌溉水源条件的偏旱地区，采用一些截留降水措施，高效利用自然降水，以达到农作物的增产；另一种则是旱作节水农业模式，这种农业模式是传统旱作农业的升级版，在干旱或半干旱农用地上充分利用降水和补充水源，通过综合运用农艺、工程和生物等技术的配套措施，合理配置水资源，以达到高效的农业生产目的（张坤，2017）。

无论是雨养农业，还是旱作节水农业，核心内容都是水资源的优化配置，一方面通过农业措施，将农业生产布局和种植业结构进行合理化的安排，另一方面采取针对不同土壤的合理的节水保墒技术，布控防旱抗旱措施，将农业资源利用效率发挥到最大，保障农业生产实施和生态环境的改善。

6.2　基于垄沟全膜覆盖的旱作节水农业

地膜覆盖技术自 1978 年引入中国以来，因其具有显著的增温、集雨、保墒效果，极大地促进了旱地雨养农业及节水农业的发展（侯慧芝等，2016）。之后，该项技术历经数次技术更新，得到了大面积推广和应用。

地膜覆盖最早采用的平膜覆盖技术，在春季播种前覆膜，选用 1.5m 宽的超薄膜平膜覆盖，膜面宽度为 1.2m，膜间宽为 0.3m，膜上均匀种植 3 行，行距 0.5m（王立明等，2010）。20 世纪 90 年代，我国西部地区采用农田微集水方法，在垄上覆盖地膜进行集水，将春季属于无效和微效的降水形成田间径流，引入种植沟内，增加种植沟内水量，供沟内作物吸收利用，加上垄上覆膜的保墒效应，二者的叠加效应对于产量提升效果更好（王俊鹏等，1999）。垄沟覆膜微集水方式相比于露地种植方式，在作物生长期 0～2m 土层可以增蓄水分 78.0～136.7mm，非生产（休闲）季节同层多贮水量达 24.8～49.2mm，土壤蓄墒期微集水种植蓄墒率达到 43.3%～62.4%，提高蓄墒效率 51.0%～83.7%（李永平等，2006）。这种垄沟覆膜微集雨栽培技术，因具备集雨、保墒、抑蒸、增温、减少水土流失等优点，被广泛地应用于没有灌溉条件和春季土壤积温不足的半干旱及半湿润偏旱地区。

但是，李军等（2009）也指出，垄沟覆膜在获得显著增产效应的同时，也会造成作物生长后期的土壤干层问题，通常在土壤 1m 深度以下出现干燥化现象。周宏等（2014）对平地无种植、垄沟无覆膜种植、垄沟覆膜种植和裸地 4 个处理实验结果的对比研究发现，在极端气候事件发生时，垄沟覆膜栽培技术具有较好的适应性，尽管产量和地上生物量受到一定影响，但通过提升生育后期土壤水分以缓解土壤干层，结合其他措施可以缓解极端干旱带来的产量下降。

在西北黄土高原地区，近年来发展了很多覆膜的新技术。通过比较全膜覆土穴播、半膜覆土穴播、膜侧条播，发现全膜覆土穴播产量最高，较露地条播增产 53.7%（马强强，2010）。旱地全膜覆土穴播技术是一项集地面全膜+膜上覆土+穴播种植为一体的旱地作物高效栽培技术。据方彦杰等（2019）的研究，在西北黄土高原种植荞麦发现，全膜覆土穴播对 0～25cm 土层土壤温度动态变化的影响较大，平水年和丰水年 0～25cm 土层的土壤温度均高于对照，分别增温 2.27℃ 和 2.20℃。欠水年在播种至苗期阶段比对照增加 2.07℃。由此可见，全膜覆土穴播对 0～25cm 土壤温度调节作用明显。在水分方面，2015～2016 年的研究发现，该覆膜技术在荞麦不同生育阶段均能使农田 0～300cm 土层土壤贮水量高于对照，在平水年和欠水年分别增加 16.9mm 和 25.59mm，提高 2.91% 和 5.79%。因此，全膜覆土穴播种植可提高播前土壤含水量，增加作物生育期的土壤温度，促使提早出苗，为荞麦生长提供了良好的水分环境。该措施使荞麦产量增加 7.26%～95.25%，水分利用效率提高 7.59%～87.08%（方彦杰等，2019）。

全膜覆盖技术在甘肃做得很成功，并被总结成为甘肃模式。这是甘肃的地理位置、地形地貌及土壤特征决定的。甘肃省中东部大部分属于干旱半干旱地区。该区域旱地绝大多数分布在黄土高原区，地形破碎，沟壑纵横，田块坡度很大，土壤松软极易流失。而且该区域降水集中，雨强大，不下雨寸草难生，一下雨山洪肆虐，很难留住高肥力土层，导致土地越来越贫瘠，产出越来越低。因此，农业生产面临困难很多，而且农业生产与生态环境成为"难兄难弟"。解决该区域旱作农业的问题，实际上需要同时解决农业环境问题。因此，甘肃旱作农业经过长期摸索，发展形成了一套比较完整的适合当地的技术体系和生产方式，概括起来叫作"修梯田、打水窖、铺地膜、调结构"。将"梯田、水窖、地膜"等多项旱作技术组装配套和综合运用，形成了一套以"全膜双垄沟播"技术为核心的旱作农业模式，并取得了巨大成功。玉米亩产提高了 30% 以上，土豆提高了 20% 以上，农民因此亩均实现增收千元以上。

其中，修梯田的核心是降低耕作田块的坡度，以利于水分的入渗，减少水土流失，而打水窖则是为了充分收集降水，留住天上来水，这些都是通过工程措施来留住水源。铺地膜则是针对提升土壤水分利用率所采取的措施，该措施通过覆膜，基本切断了土壤水分向大气散失的途径，使作物间蒸发的水分散失降到最低。而且覆膜使土壤深层的水分向上移动，聚集在土壤表层，提高了土壤水分向作物的有效供给率。

　　该模式的核心技术是划行起垄。其中划行是采用划行器（大行齿距 70cm、小行齿距40cm）进行划行，总带宽 110cm，每带分为大小两行，分别为 70cm 和 40cm；起垄则是按大垄宽 70cm、高 10cm，小垄宽 40cm、高 15cm 开沟起垄，在川、台、塬地按作物种植走向起垄，而在缓坡地则沿等高线起垄。然后进行全膜覆盖。覆盖地膜后一周左右，地膜与地面贴紧时，在沟中间每隔 50cm 处打一直径 3mm 的渗水孔，方便垄沟收集的雨水入渗（图 6-1）。

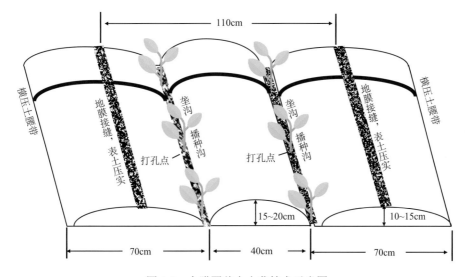

图 6-1　全膜覆盖大小垄技术示意图

　　在西北旱区，全膜覆盖双垄沟播技术的推广越来越多，2017 年仅甘肃省示范推广面积就达到 $1.07×10^6hm^2$ 以上，其次是宁夏回族自治区，示范推广面积超过 $1.3×10^5hm^2$，还在陕西榆林、延安等地示范推广，面积超过 $5.6×10^4hm^2$，并在青海省、内蒙古自治区等地都进行了推广应用（张翠红等，2012；马金虎等，2011）。

　　但大量使用地膜造成的污染严重破坏了生态环境，围绕"不用、少用或循环利用"地膜的生产模式，成为旱地农业研究的热点科学问题。因此，该区域又围绕双垄沟一膜多年用的节能减膜增产生产模式进行了研究，全膜双垄沟玉米一膜一年用亦逐渐从全膜双垄沟玉米一年用＋小宗作物一年用，发展成为全膜双垄沟玉米＋小宗作物一膜三年用生产模式，双垄沟一膜三年用是一种操作简单、节能高效、适合半干旱区推广应用的谷子种植方式（刘天鹏等，2019）。

6.3　覆膜滴灌技术

　　在我国西部极度干旱区，比如新疆，农业必然是灌溉农业。水源来自于冰雪融水、地下水及河流水。而土壤大多是盐碱土，土壤含盐量高，因此，干旱盐碱化灌溉的任务一方面要调节土壤水分，另一方面要调节耕作层土壤盐分，控制土壤溶液浓度，防止过量灌溉引起地下水位上升。只有采用更加合理的节水灌溉技术与有效的排水技术，才能实现干旱地区水盐动态的调控，防止土壤盐碱化及次生盐碱化的发生。

在该区域首要的任务还是推广节水农业，加强用水管理。截至 2017 年底，新疆高效节水灌溉面积为 238.53 万 hm^2，占地方灌溉面积的 48%，其中，滴灌占 95.36%，喷灌占 1.37%，低压管道灌占 3.27%。高效节水面积最大的是塔城地区，面积为 46.16 万 hm^2，其次是昌吉州，面积为 40 万 hm^2（吴春辉，2019）。但是新疆地区在节水的同时还有一项重要任务，就是必须要防盐，需要在尽量节约用水的前提下，按照作物需水规律，考虑不同盐碱地的不同水分特点，调节土壤剖面中的盐分状况，实现对土壤盐分的淋溶，降低土壤盐渍化的风险。

常规的地面灌溉方法，即畦灌和沟灌，耗水量大，水分利用率低。在干旱地区发明了很多新的灌溉技术。比如，近年来发展利用的膜上灌水技术，即在地膜栽培的基础上，把原来的膜侧沟内水流改为膜上水流。膜上灌溉在不增加投入的前提下，减少了灌水的深层渗漏，防止大水漫灌带来的地下水位抬高，而且减少了土壤水分的蒸发，因而可以大大减少盐分向上层土体的积累（郑金丰和陈永新，2000）。

近年来发展的膜下滴灌技术比较成熟，推广范围较大。膜下滴灌技术是地膜覆盖和滴灌两种技术的结合，即通过预埋的灌水器，把水和作物所需的营养同步渗入作物根区土壤中，因而可以实现水分和养分的精准控制，满足不同农作物不同生长时期对水分和养分的不同需求，达到节水、节肥等目的。由于膜下滴灌主要采用地下水灌溉，不受自然降雨的制约，是"雨养农业"和灌溉农业的结合，节水效率可达 60%以上。

膜下滴灌具有增温、减水、松土、增效、防病、压碱等多方面作用，可实现作物的高产栽培目标。一是增温作用，使土壤日均温增加 0.7~2.7℃，有助于提高作物出苗率，还能够减小昼夜温差；二是减水作用，运用滴灌给水的方式可以确保膜下水汽含量均衡，不产生地面径流和深层的土壤渗透；三是松土作用，膜下滴灌主要在根部滴灌，使作物根部位置的土壤内部结构更加疏松；四是增效作用，在施肥期借助地下管道将溶于水的肥料输送至作物根部位置，提高肥料利用率，减少化肥的使用量，降低化肥对生态环境的污染；五是防病作用，直接输送水和养分，有效规避浇灌引发的病虫害问题；六是压碱作用，借助滴灌可促使土壤中盐分下渗、土壤表层盐分减少，抑制盐分的上移（徐吉东，2017；李勇，2018）。该方法可以根据农作物生产的水分需求规律，适时适量的进行供水，可以淡化根区层的盐分，为农作物生产提供一个适宜生长的水分和养分环境。

杨未静等（2019）对新疆石河子某团连作 19 年膜下滴灌棉田盐分积累区进行了分析研究，发现由于地势、降雨、灌溉等原因，在西北部及南部的盐分向更深土层移动；根系吸水导致土壤盐分分布无明显规律，盐分主要积累在 80~100cm 及 100~120cm 深度土层内，垂直方向上，随土层深度的增加，土壤含盐率呈递增趋势。说明根系土壤盐分状况受到滴灌正面影响很大。

在具体实施中，蔡利华等（2019）部署了两种滴灌布管方法：窄行布管和偏置布管，其中，窄行布管是将滴灌带放在棉花窄行中间，而偏置布管是将滴灌带置于棉花窄行外边 10cm 处（图 6-2）。研究发现，在棉花花铃期和盛铃期，窄行布管蕾花铃数和铃数显

著高于偏置布管方式，花铃期棉花叶片、茎秆、蕾花铃的干生物量和叶面积同样显著高
于偏置布管方式，窄行布管方式能够显著降低棉花黄萎病的发病率，窄行布管棉花生育
期消耗耕层土壤水分和氮、磷、钾养分量显著高于偏置布管方式，并且土壤脱盐效果相
对于偏置布管较好，产量比偏置布管增加 14.8%。总而言之，相比于偏置布管，南疆棉
田窄行布管方式更有利于提高根区土壤水分和养分的利用率，降低含盐量，促进棉花营
养生长和生殖生长，提高棉花产量。

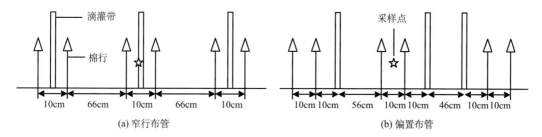

图 6-2　窄行布管和偏置布管试验设计示意图

但是，这种方法也逐渐带来一些问题。如多年之后形成了较厚的盐碱集结的障碍层，
影响了作物生长，成为当前新疆农业中的一个令人头疼的问题，深翻、深松、粉垄深旋
耕等技术对打破盐碱层很有效果，但这方面因为需要大马力拖拉机等，目前还难以普及
推广，需要加大推进力度。

6.4　深旋耕技术

耕作措施是调节土壤性状，尤其是物理性状的最为直接和有效的手段，可使土壤孔
隙度、紧实度、容重、持水率等发生变化。常用的耕作方式包括传统耕作、免耕处理、
秋翻处理等。其中，传统耕作采用小四轮拖拉机和小型农机具，在春季灭茬、起垄、播
种，加上中耕作业（二铲二趟），至 10 月中旬收割秸秆（东北玉米），并在地面保留 10~
15cm 残茬。免耕处理指在收获后至播种前不再搅动土壤，而是利用前作物残留物覆盖地
表，减轻风蚀和水蚀的可能。采用可以联合作业的牵引式免耕播种机播种，播种机前部
装有切刀，在不拖移地表残留物的前提下开沟播种、施底肥、覆土和镇压，一次完成作
业。而秋翻处理则将作物残留物在秋翻时翻扣于地表之下，春季播种过程与免耕相同，
但是牵引力和镇压强度不同，并在夏季中耕起垄及人工除草。

具体的耕作技术包括旋耕、深松、深耕等。旋耕是对土壤表面及浅层进行作业的一
种耕作方式，一般旋耕深度在 15cm 左右，主要是将地表秸秆粉碎、将土块细碎化，以
便于下季的播种等作业。深松是使用深松机进行作业，一般要求深松深度不小于 35cm，
在保持田地表面平整的情况下，能够有效松动深层土壤并打破犁底层，蓄水保墒的效果
更好。这是保护性耕作的一种，最大的好处是节约耕作成本，并最大限度地保护田块，
适用于土壤严重板结的改良，以及在一些干旱地区的农业生产。深耕是使用犁等工具，
将地下的土壤翻过来，使秸秆、草种、病虫等充分置换，深度从 25cm 到 60cm 不等。该

技术同样能够有效打破犁底层，虽对拖拉机的动力要求也高，但能够将草种子等翻到地下，减少除草剂的施撒，秸秆腐烂后也是很好的肥料。

王淑兰等（2016）于2007～2014年，在陕西省合阳县实施了秸秆覆盖或还田条件下免耕/深松、深松/翻耕、翻耕/免耕、连续免耕、连续深松和连续翻耕等6种耕作处理田间定位试验，研究发现与2007年试验开始前相比，经过8年轮耕后，各处理土壤容重均有降低趋势，3种轮耕处理0～60cm深度土层土壤容重显著降低，降幅达6.4%～7.8%，深松和免耕处理平均降低土壤容重2.4%～3.6%，但差异未达到显著水平。在其他地区也有类似的结果。据在吉林省德惠市8年黑土田间定位试验的小区研究，发现免耕显著增加了土壤硬度，且主要表现在2.5～17.5cm深度土层范围内，而在秋翻处理下土壤容重随土壤深度的增加逐渐增大（陈学文，2012）。

而在很多区域采用的深旋松技术显示出了某些优势。深旋松耕作技术（粉垄）是首先应用于山药种植的一项耕作技术，由广西壮族自治区农业科学院创制，采用的新型耕作机械——深旋松机，其特点是利用螺旋犁头，将土壤垂直旋磨粉碎，但不改变土壤的垂直层次结构，结合了深松、旋耕和翻耕3种耕作方法的优点。耕作深度可达40cm以上，能够显著降低土壤容重和提高孔隙度，改善土壤通透性，提高土壤蓄水能力，达到抗旱增产的目的。

免耕/深松轮耕7年后较连续翻耕处理，0～60cm深度土层土壤有机质含量提高了25.3%，有机质总量增加31.6%；而0～60cm深度土层免耕/深松处理较连续免耕土壤全氮含量增加了3.0%，总量减少了2.3%，活化了土壤养分，作物产量增加了9.8%，深旋松耕是适宜于西北黄土高原半干旱区马铃薯种植的增产增效耕作技术，能够实现抗旱和促进土壤-作物体系水肥利用效率的目标（吕薇等，2015）。

张绪成等（2018）在2016年和2017年设置旋耕15cm、深松40cm、深旋松耕40cm等3种耕作方式，发现在干旱年，深旋松耕技术提高了马铃薯生育前期0～40cm深度土层的土壤贮水量，苗期较另外两种（深松和旋耕）分别增加了5.2mm和12.7mm，现蕾期分别增加了12.5mm和14.3mm；在盛花期0～140cm深度土层土壤贮水量分别较深松和旋耕下降了43.0mm和38.3mm，而在块茎膨大期和收获期，在0～200cm深度土层的土壤贮水量显著低于深松和旋耕，其中块茎膨大期下降了71.5mm和52.3mm，收获期下降了74.0mm和53.3mm。在2016年和2017年盛花期—块茎膨大期严重干旱的条件下，深旋松耕显著提高了马铃薯阶段耗水量，分别较深松和旋耕增加了46.7mm、35.7mm和27.2mm、47.3mm，可显著促进马铃薯块茎产量。表明深旋松耕技术能够有效改善土壤水分状况和供水能力，充分利用土壤贮水，促进作物在干旱阶段的耗水，这对增强作物抗旱性有积极作用。

参 考 文 献

蔡利华, 练文明, 邰红忠, 等. 2019. 南疆两种膜下滴灌布管方式对机采棉产量和品质的影响. 干旱地区农业研究, 37(2): 52-58.

陈学文, 张晓平, 梁爱珍, 等. 2012. 耕作方式对黑土硬度和容重的影响. 应用生态学报, 23(2): 439-444.

陈亚宁, 杨青, 罗毅, 等. 2012. 西北干旱区水资源问题研究思考. 干旱区地理, 35(1): 1-7.

丁明军, 陈倩, 辛良杰, 等. 2015. 1999-2013 年中国耕地复种指数的时空演变格局. 地理学报, 70(7): 1080-1090.

方彦杰, 张绪成, 于显枫, 等. 2019. 旱地全膜覆土穴播荞麦田土壤水热及产量效应研究. 作物学报, 45(7): 1070-1079.

侯慧芝, 高世铭, 张绪成, 等. 2016. 西北黄土高原半干旱区全膜微垄沟穴播对冬小麦耗水特性和水分利用效率的影响. 中国农业科学, 49(24): 4701-4713.

李军, 蒋斌, 胡伟, 等. 2009. 黄土高原不同类型旱区旱作粮田深层土壤干燥化特征. 自然资源学报, 24(12): 2124-2133.

李永平, 贾志宽, 刘世新, 等. 2006. 旱作农田微集水种植产流蓄墒扩渗特征研究. 干旱地区农业研究, 24(2): 86-90.

李勇. 2018. 膜下滴灌技术在吉林省半干旱地区应用的优势. 吉林农业, (22): 24.

刘天鹏, 许岩, 何继红, 等. 2019. 半干旱雨养区一膜三年覆盖下的土壤水温特征及对谷子生长发育的影响. 山西农业大学学报(自然科学版), 39(4): 24.

吕薇, 李军, 岳志芳, 等. 2015. 轮耕对渭北旱塬麦田土壤有机质和全氮含量的影响. 中国农业科学, 48(16): 3186-3200.

马金虎, 马步朝, 杜守宇, 等. 2011. 宁夏旱作农业区玉米全膜双垄沟播技术土壤水分、温度及产量效应研究. 宁夏农林科技, 52(2): 6-9.

马强强. 2010. 庄浪县山地梯田冬小麦不同覆膜栽培方式试验. 甘肃农业科技, (11): 20-24.

孙晓梅. 2019. 以色列滴灌技术在清源灌区的应用分析. 水利水电, (13): 98-99, 105.

汤懋苍, 江灏, 柳艳香, 等. 2002. 全球各类旱区的成因分析. 中国沙漠, 22(1): 1-5.

王俊鹏, 马林, 蒋骏, 等. 1999. 宁南半干旱地区农田微集水种植技术研究. 西北农业大学学报, 27(3): 23-27.

王立明, 陈光荣, 张国宏, 等. 2010. 提高旱作大豆水分利用效率的覆膜方式研究. 大豆科学, 29(5): 767-771.

王淑兰, 王浩, 李娟, 等. 2016. 不同耕作方式下长期秸秆还田对旱作春玉米田土壤碳、氮、水含量及产量的影响. 应用生态学报, 27(5): 1530-1540.

王太祥, 王腾. 2017. 西北干旱半干旱区水贫困测度及驱动因素分析. 江苏农业科学, 45(10): 238-241.

魏登峰. 2012. 甘肃模式引领中国旱作农业强势崛起. 农林工作通讯, (17): 22-23.

吴春辉. 2019. 新疆农业节水灌溉现状分析. 吉林水利, (3): 39-41.

徐吉东. 2017. 棉花高产栽培管理技术措施的初步探索. 农业开发与装备, (8): 171-172.

杨未静, 虎胆·吐马尔白, 米力夏提·米那多拉. 2019. 石河子垦区连作膜下滴灌棉田盐渍化土壤盐分空间变异性研究. 节水灌溉, (7): 35-40.

张翠红, 张强, 杜鹃, 等. 2012. 延安玉米全膜双垄沟播栽培技术. 陕西农业科学, (4): 260-261.

张坤. 2017. 阜新地区旱作农业发展趋势. 农业经济, (10): 22-23.

张绪成, 马一凡, 于显枫, 等. 2018. 西北半干旱区深旋松耕作对马铃薯水分利用和产量的影响. 应用生态学报, 29(10): 3293-3301.

张正斌, 徐萍. 2017. 干旱半干旱地区现代农业发展建议. 中国科学报, [2017-06-07], 第 5 版.

张治国. 2001. 我国西部干旱半干旱地区人口分布与经济发展. 西北人口, 3(85): 55-56.

赵爱栋, 许实, 曾薇, 等. 2016. 干旱半干旱区不稳定耕地分析及退耕可行性评估. 农业工程学报, 32(17): 215-224.

赵裕明. 2018. 国外节水灌溉技术. 农村新技术, (2): 37.

赵尊练, 严小良. 2003. 地中海地区节水高效设施农业及其对我国干旱半干旱地区农业发展的借鉴. 农业工程学报, 19(2): 12-17.

郑金丰, 陈永新. 2000. 干旱地区发展节水农业与土壤盐碱化防治. 中国农村水利水电, (10): 26-27.

郑景云, 尹云鹤, 李炳元. 2010. 中国气候区划新方案. 地理学报, 65(1): 3-12.

周宏, 张恒嘉, 莫非, 等. 2014. 极端干旱条件下燕麦垄沟覆盖系统水生态过程. 生态学报, 34(7): 1757-1771.

第7章　城郊区土壤安全利用

7.1　现代城郊农业的发展

城市郊区是城市地域结构与行政区划的重要组成部分，是城市环境向农村环境转换的过渡地带，是一个城市功能和农村功能互为渗透、社会经济发展相互影响，并具时空变异性的地区。大城市和一部分中等城市拥有近郊区和远郊区，前者指紧靠市区的外围地带，以蔬菜、副食品生产为主，同时拥有城市的一些工厂企业、对外交通设施、仓库、绿地等；后者指近郊区外围、远离市区而又在市界以内的地区，以粮食、经济作物生产为主，有的还布有工业和小城镇等。

城郊农业（suburban agriculture）是现代农业的一种特殊类型，是随着城市发展的需要而逐渐形成的一种产业化农业，最终成为城市功能和城市生活的一个重要组成部分。由于具有其他现代农业类型所不具备的地域优势，首先出现在欧、美、日等发达国家和地区，是 20 世纪工业化和城市化高度发展的产物，在农业布局、发展模式和功能上具有一些新的特征。现代城郊环保农业都是城市化进程发展到较高阶段时，为了满足城市的需求，依靠先进的科学技术力量，依托和服务于城市的消费市场，而产生的生产力较高、低碳环保的现代化农业生产体系，是现代城市发展的一个物质基础保障和有机组成部分，既是融合了商品生产、建设、生物技术、休闲旅游、出口创汇等功能为一体的新型农业，又是市场化、集约化、科技化、产业化的复杂的综合农业系统。

改革开放 40 多年，我国农业发展取得了举世瞩目的成就，强有力地支撑了国民经济的发展，特别是代表了我国现代化农业水平的城郊农业取得了长足的发展。伴随着我国城市化的不断扩展，大城市郊区日益成为一个特殊的地理区域和一种与城市发展共生的新型社会形态，城市郊区已从先前主要为相邻城市提供农副产品，发展到与城市功能互补、城乡一体化发展，以及为城市居民提供生态环境保育空间的层次。现代城郊农业的发展经历了从传统农业向现代农业的演替过程，其中包含了各种类型的农业生产模式。除了单一农户分散经营的传统农业生产方式外，现代城郊农业出现了设施农业、生态农业、无公害农业、休闲观光农业、都市农业等多种发展形式。

7.2　我国城郊农业发展面临的主要挑战

现代城郊农业的发展无论是对乡村居民的收入和就业，还是对整个城市的粮食供给、食品保障及生态环境，都起到了不可替代的作用。当然我们也必须意识到，城郊农业和城市化的发展除了相互依存以外，也具有相互排斥的一面，也就使城郊农业的发展面临着一些问题。特别是我国部分城市管理者并未意识到城郊农业的重要性，依然以追求发展工业、第三产业促进城市化的迅速发展，以高经济增长为目的，在他们的观念中，城郊农业与城市文明的建设是冲突的，农业就应该存在于农村，对城郊农业未来的发展起到了阻碍作用。纵观整个世界范围，城郊农业已经逐步地融入城市的风景，越来越多的政府和地方机构已经给予有力的支持，结合我国的基本国情，未来城郊农业的发展面临的主要挑战有以下几个方面。

7.2.1　城乡一体化发展的挑战

我国"大城市、大农村"的特殊国情，决定了城市经济社会发展和农村经济社会发展的巨大差异。长期以来，城乡差异主要是在二元结构和管理体制下，形成了两个社会系统和两个经济系统，两者之间缺少真正的经济联系，两者是彼此分割的，相互缺少沟通和互补。各地重城市工业经济、轻农村经济发展，加上缺少两者之间实现经济发展融合的考虑，使得城乡差别、城乡矛盾、城乡权利隔阂越来越大，影响了国家的整体发展。

近些年来国家虽然强调城乡一体化的发展格局，但很多农村在实践中将它理解为农村城市化，并没有认识到其真正的含义，没有注重农村与城市之间在产业上、功能上的互补，在生态环境保护、社会事业发展上的一体化，以及在经济上、社会关系上的协调。城郊因为受城市化的影响较深，要求城市化的愿望尤为迫切，城郊农业的问题就更加突出。

为了科学合理地推进城乡一体化，需要对城郊农业的功能进行重新定位，明确与城市的关系，避免和消除发展中的误区，在城乡之间实现各自发展中的沟通与融合，走城郊农业高产、高效、生态环保的正确道路。

7.2.2　与城市土地利用之间的竞争问题

土地是一种稀缺资源，既是城市发展的核心要素，又是城郊农业发展的载体，也是两者矛盾冲突的根源。

由于城郊农业一般较主导地位的第二、三产业竞争力上略显不足，同时又对水资源、土地资源的要求较高，在土地占有上处于劣势地位。当城市的发展要求郊区为其提供一定的用地支持时，很多地方政府为了追求经济利益最大化，势必要牺牲一部分农业用地，而首当其冲占用的就是城市周围那些地势平坦、易开发的耕地，使其总量锐减。然而，随着人口的增加和人民生活水平的提高，对农副产品的数量和质量需求不断增大，所以又必须保证一定的耕地数量。

此外，很多厂家、部门和企业提前在城郊大规模征地，但真正启动开发的甚少，征用的土地长期闲置荒废，造成城郊土地资源的严重浪费。同时，土地利用具有单向性，一旦将农用地转变为城市建设用地，很难再转化为耕地，农业生态环境遭到破坏，农民利益受到损失，严重阻碍了城郊农业的有序发展。

因此，城市郊区的土地利用既要保证城市发展的需要，又要实现耕地的动态平衡，城郊农业用地与城市用地之间的竞争关系日益突出。借鉴国外有效的方法，应尽快将城市规划、农村规划、城郊农业规划纳入城乡一体规划的体系当中，真正地做到三者的统一协调，提高土地综合利用效率，保障城郊农业发展的空间，加强土地的多功能性利用。

7.2.3 农产品保障与食品安全问题

从当前的城市食物供给系统分析，我国城市基本处于食物供给的安全阈值以内，粮食、肉奶、禽蛋、水产品等能够保障城市的需要，但是人口数量不断地增加，耕地面积逐步减少，食物安全亟需重视，必须制定计划以提高城郊农业的粮食生产能力，以满足城市对食物的需求。

现代城市居民越来越青睐绿色食品、环保食品、无污染食品，将这些作为食物安全的保证。于是城郊农业应大力发展绿色产业，生产无污染食品，满足市民的需求。但是，其生产规模较小，产业化水平低，而且产品结构单一、品种较少，技术研发滞后，配套服务体系不健全，抗病虫害的能力较弱，有效的生物农药品种匮乏，有机肥料品种少、价格高且质量难以保障。同时，食品安全的认证尚不规范，农产品质量监管亟待加强，种种问题都限制了其良性发展（Konings, 2003; Lynch et al., 2001）。

从城郊区环境容量与保育功能来看，城郊农业置于城市污染、农业本身污染的环境之中，能否真正地生产绿色食品和无污染食品值得商榷，并且城市食品安全的一些不安全因素也逐步地暴露出来，如果不去规范城郊农业的发展、制定相关的食品安全标准，城郊农业也将对人们的健康构成威胁，偏离未来城郊农业的发展方向。

7.2.4 环境污染与风险控制问题

从总体上来看，城郊农业的存在对城市生态环境的改善具有重要的作用，但是由于城郊农业的配套政策体制不健全、管理手段不完善及技术落后等原因，城郊农业的发展也给城市生态环境带来一定的负面影响，如大量使用化肥和农药，未正确处理有机废料、人畜粪等，一些城市郊区的土壤和水源受到严重污染，弱化了城郊农业的生态功能，对未来城市发展产生了消极作用。

同时，由于工业仍然是我国城市郊区发展的主要动力，与西方国家城市以居住生活为主的城市郊区相比，我国目前尚未真正形成居住型的城郊环境。乡镇企业的发展、大量城郊联合企业的出现，以及污染型工业从城市向城郊的转移，都使城郊形成了第二产业占主导地位、第三产业有较大提高的态势，引起了城镇"三废"污染排放加剧，并向广大农村地区扩散，使土壤、水、大气受到严重污染，与农业污染共同成为农业生态环境质量日益下降的主要根源。

为了强化城郊农业对城市生态环境的积极作用，抑制其负面作用，可以提倡农民使用生态种植方式，多给予农户正确的指导，减少农药的使用次数，定量施肥，推动绿色生产。

7.3　城郊区农业土壤退化防控技术

7.3.1　城郊区环境富营养物质来源

城郊区环境富营养化物质的来源与农业生产活动密切相关，其中主要包括化学肥料的过量施用、养殖废物、生产与生活废物、废水的排放等（段亮等，2007；李秀芬等，2010）。

7.3.1.1　化肥的过量施用

我国城郊区，主要发展以城市居民为消费对象的种植业，诸如蔬菜、瓜果、花卉等商品经济作物。这使城郊区农田复种指数相对较高，且长期处于高强度种植状态，化肥施用量通常超过 $10t/hm^2$，部分近郊区甚至超过 $15t/hm^2$，超过环境安全施用量的 $3\sim5$ 倍。

由于化肥的过量和不平衡施用，化肥利用效率低下，一般仅为 $30\%\sim40\%$，而未被利用的化肥会通过各种途径损失或进入环境。如施入农田的氮肥利用率仅有 35% 左右，大部分则以各种形式损失，据估算，其中氨挥发损失占 11%，表观硝化-反硝化损失约 34%，地表径流和淋溶损失分别占 5% 和 2%，另有约 13% 的氮肥损失形式未知（朱兆良，2004）。施入土壤的磷肥，其利用率更低，一般为 $15\%\sim30\%$，因为磷肥极易被固定在土壤中。

化肥的过量施用和低利用率，使大量的氮、磷等"富集"在城郊区土壤中，并通过地表径流、侵蚀、淋溶（渗漏或亚表层径流）和农田排水进入地表和地下水（吕家珑等，2003）。据测算，全国种植业流失氮量为 159.78 万 t，其中：地表径流流失量 32.01 万 t，地下淋溶流失量 20.74 万 t，基础流失量 107.03 万 t；总磷流失量 10.87 万 t（中华人民共和国环境保护部等，2010）。城郊区由于特殊的种植结构与模式而使用了大量的肥料，其氮、磷流失量占总量非常重要的比例。

7.3.1.2　城郊区养殖废弃物排放

近年来，城郊区养殖业发展迅速。集约化、规模化养殖业的不断发展使养殖废弃物排放量也随之增加，成为城郊区环境富营养化的主要贡献者。最新统计显示，全国畜禽养殖业粪便产生量为 2.43 亿 t，尿液产生量为 1.63 亿 t，所带来的总氮流失量为 102.48 万 t，总磷流失量为 16.04 万 t（中华人民共和国环境保护部等，2010）。

大量的畜禽粪便排放所引起的氮、磷流失对局部区域，特别是城郊区的环境质量造成了严重的影响。以北京市为例，2000 年有大规模的养殖场 800 家，年产生畜禽粪尿可达 304.42 万 t，其中总氮 1.8 万 t，总磷 0.7 万 t（徐谦等，2002）。而更为严重的是大量排放的畜禽粪便仅有不足 3% 在排放前经无害化处理，绝大部分直接排入河道或渗入地下，对环境安全造成严重威胁。南京市环保部门对太湖流域的研究表明，畜禽粪便流入水体的氮和磷分别占总污染负荷的 16.67% 和 10.1%。

在一些地方，畜禽粪便常作为有机肥直接施用。由于畜禽粪便所提供的氮磷养分的比例与农作物的需求比例不一致,而农民又习惯从氮含量的角度考虑畜禽粪便的施用量,极易造成过量磷的流失而带来环境问题(沈根祥等,2002)。在上海郊区农业面源污染中,以畜禽粪便直接还田造成的磷流失可占农业面源污染磷流失量的 39.2%,成为上海郊区水环境的主要污染源(张大弟等,1997)。

我国城郊区农田中氮、磷等营养元素的大量富集,导致大部分城郊农业区生产的农产品硝酸盐含量超标严重。目前,我国各城市的粮、果、菜、茶、肉类、奶等主要农产品有害物质综合超标率高达 30%~70%。据农业部 2000 年对 14 个省会城市 2110 个样品的检测表明,蔬菜农药和亚硝酸盐污染超标率分别高达 31.1%和 12.1%。据调查,重庆市 23 种常见的叶类蔬菜,硝酸盐含量在 281~3246mg/kg,平均为 1267mg/kg,除莴笋、西生菜和卷心瓢儿白食用安全外,其他均有不同程度的污染(李宝珍等,2004)。北京市 2006 年对 16 个蔬菜市场的抽样检测结果显示,7 大类 26 个品种蔬菜的硝酸盐平均含量高达 3157mg/kg,最高竟达 7757mg/kg;上海郊区 2002 年设施叶菜类蔬菜硝酸盐超标率高达 51.5%。农产品硝酸盐含量超标已严重影响我国的食物安全,对居民健康构成重大威胁,也严重削弱了我国农产品的国际竞争力。

7.3.2　城郊区农业土壤退化防控技术

城郊区环境富营养化的防治,是一项综合性强、技术难度大的科学问题。城郊区环境污染源头多、分布密集、迁移和扩散途径复杂。因此,研究并建立"防、控、阻、治"多环节相结合的技术体系,是有效控制环境富营养化的对策。

所谓"防"是建立低氮低磷农业体系,从污染源头上控制氮、磷的输入,大幅度削减城郊农业区化肥使用量和建立削减城郊区农田氮、磷的技术。"控"是通过对植物和土壤的物理、化学或生物化学性质的调理,提高氮、磷等营养物质的利用率,减少其在土壤中的截存。"阻"是在城郊农业区尺度范围内控制环境污染物质迁移和扩散,选择在农田、水系等生态系统之间的氮、磷传输主要通道和交汇点,在污染物的运移途径中建立滞留径流、污染物生物过滤带等经济可行的生态技术。"治"是根据城郊农产品加工业和生活小区、小集镇和乡村居民点的污水排放具有分散、水量和水质变化大的特点,利用工程措施处理城郊区的污水问题,达到阻控城郊农业区散点式污染源向农田的排放与扩散。

采取"防、控、阻、治"四项基本技术,修复和提升城郊农业区的环境保障功能,重点削减城郊农业区内部产生的环境污染源,逐步消除城郊农田大量积累的氮磷,阻控环境富营养化物质在城郊环境中的迁移与扩散,构建农业区环境防控体系,形成城郊环境屏障功能圈。在此基础上,优化城郊农业区的生态环境格局和农业结构,以实现恢复与提升城郊区农业的环境保育功能。

土壤调理剂的研究始于 19 世纪末,早期称为土壤改良剂、保水剂,多针对土壤物理结构进行应用,如沸石、粉煤灰、污泥、绿肥、聚丙烯酰胺等,但其存在改良效果不全面的问题或有不同程度的负面影响等。近年来,为进一步提高土壤改良剂的改良效果,降低其负面影响,越来越多的研究者将不同改良剂配合施用,但是配合施用的方法仍是值得探讨的问题。近年来，随着城郊区土壤养分大量累积，土壤健康与退化问题日益突出，新型多功能改良剂的研制和应用逐渐成为研究热点，尤其是针对提高土壤生物活性、改善土壤健康状况的调理剂研究日益增多。

一般而言，按原料来源可将土壤调理剂分为天然调理剂、合成调理剂、天然-合成共聚物调理剂和生物调理剂，其具体分类如图 7-1 所示。

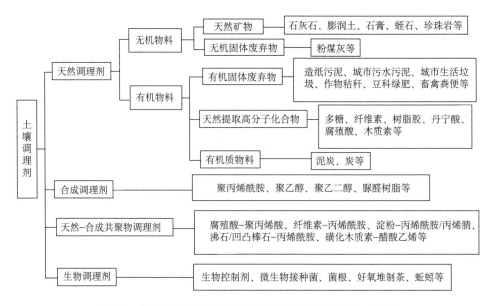

图 7-1　土壤调理剂的分类系统图（陈义群和董元华，2008）

7.3.3　城郊重金属超标土壤的农业安全利用

7.3.3.1　城郊区农产品健康质量现状

人多地少的国情决定了城郊区必须担负重要的农业生产功能，在国家农产品供应体系中发挥不可替代的作用。经过长期演化和发展，城市郊区形成了一个具有自身产业特色和经济社会发展规律的特殊区域。全国城郊区农产品的商品化率已达 75%，大、中城市食品供应的 50%以上来自郊区的农副产品供应（蔬菜、果品、禽、蛋、奶）。在未来50 年中，我国城郊区面积将成倍扩大，其对城市农产品供应的主导地位将更加巩固。

然而，在城市工业和生活废弃物排放不断增加等诸多因素的共同作用下，当前我国城郊区环境污染状况极其严重，已对城市的生态环境与食品健康安全构成严重威胁。目前，大部分城市郊区的土地已经受到不同程度的污染。重金属因其不易被土壤微生物分解但可被带电的土壤胶体颗粒吸附，表现出持久性污染特征，对城郊农产品的质量健康威胁最大。以北京、上海、长沙、沈阳、重庆等为核心的城市带周边土壤的重金属污染状况均有报道。城郊土壤的重金属污染造成了农产品重金属含量超标，我国大部分城市郊区蔬菜受到不同程度的重金属污染，杭州市近郊蔬菜 Cd、Cu、Hg 的超标率分别为 28%、15%、59%（焦荔等，2003）；长沙市蔬菜重金属超标率为 50%（李明德等，2005）；沈阳近郊大白菜 Pb 和 Cd 超标率分别为 100%和 58%，黄瓜 Cd、Hg、Pb 超标率分别为 73%、27%和 18%（罗雪梅等，2003）；上海宝山区蔬菜 Pb 和 Cd 超标率分别高达 82%和 54%（李秀兰和胡雪峰，2005）；成都市 9 种蔬菜 Pb 和 Cd 的超标率分别为 22%和 29%（罗晓梅等，2003）；重庆市水稻 Pb 超标率为 25%～50%，玉米 Pb 超标率为 22%～66%、Cd 和 Hg 超标率为 11%（表 7-1）。就污染程度而言，城郊工矿区周边菜地>城郊设施农业菜地>城郊普通菜地；在污染的重金属元素中，以 Cd 和 Pb 污染最为严重，尤其是 Cd 已经成为我国城市周边普遍存在的污染物。

表 7-1　我国部分城市郊区蔬菜重金属污染现状

城市带	地区	Cd	Pb	Hg	As	Cr	Cu	Zn	Ni
京津唐	北京	▲	▲	—	—	—	—	—	—
	天津	▲	—	—	—	—	—	▲	—
长三角	上海	▲	▲	—	—	—	—	—	—
	南京	▲	▲	—	—	—	▲	▲	—
	杭州	▲	—	▲	—	—	▲	—	—
华中	长沙	▲	▲	—	—	—	—	—	—
	南昌	▲	▲	—	—	—	—	—	—
	武汉	▲	▲	▲	—	▲	—	—	—
东北	沈阳	▲	▲	▲	▲	—	—	—	—
	哈尔滨	▲	▲	—	▲	—	—	—	—
西南	重庆	—	—	▲	—	—	—	—	—
	成都	▲	▲	—	—	—	—	—	—
	贵阳	▲	▲	—	▲	—	—	—	—
	昆明	▲	▲	—	—	—	—	▲	—
其他大中城市	福州	▲	—	—	—	—	—	—	—
	东莞	▲	▲	▲	—	—	—	—	—
	南宁	▲	▲	▲	▲	▲	▲	▲	—
	郑州	—	—	▲	—	—	—	—	—
	西安	▲	▲	—	—	▲	—	—	—

注：▲表示有研究发现污染；—表示未检出或未有报道。

在长期高强度和高投入（特别是化肥、农药）农业生产和经营方式的影响下，城郊区农业生产对生态环境的影响也十分严重。与一般农区相比，城郊区承受生态环境的压力更加沉重。我国大、中城市郊区农田单位面积化肥施用量为一般农区的 2～3 倍，养殖业也主要集中在城郊及周边区域，并有大规模集约化发展的趋势。大规模集约化养殖业的污染排放已成为城郊环境"富营养化"的另一个重要诱因。我国北部、东部和中部地区各大、中城市，城郊土壤普遍存在"富营养化"与养分失衡并存的问题，土壤氮、磷大量积累，导致严重的环境污染与农产品硝酸盐、亚硝酸盐超标。我国大、中城市农产品市场抽样检查发现，蔬菜存在不同程度硝酸盐超标，而亚硝酸盐含量相对较低。未发现蔬菜硝酸盐含量呈地域性差异，但不同种类蔬菜硝酸盐含量随时间变化较大，从几倍到几十倍；同一品种蔬菜硝酸盐含量也如此。新鲜蔬菜亚硝酸盐含量一般低于国家标准限制值，但大量硝酸盐经贮藏后会转化为亚硝酸盐，对人体造成健康危害。

7.3.3.2 城郊区农产品健康质量安全的特殊性

城郊区农产品生产一方面受城市化、工业化产生"三废"的深刻影响，另一方面受肥料高投入而导致的土壤富营养化的影响。因此，与一般农区相比，其农产品健康质量方面表现出明显的特殊性：一是土壤重金属污染常导致农产品重金属含量超标；二是肥料尤其是氮肥过量施用常导致城郊农产品尤其是蔬菜硝酸盐含量严重超标。

我国已开始以县（市、区）为单位，全面开展了耕地土壤环境质量类别划分，建立了优先保护类、安全利用类和严格管控类分类清单，绘制了分类图件，制定并落实耕地土壤环境质量分类管理方案。

7.3.3.3 城郊重金属超标土壤农业安全利用工作原则

1. 科学性原则

以全省农产品产地土壤重金属污染普查（以下简称"普查"）数据结果、全国农用地土壤污染状况详查（以下简称"详查"）数据成果为基础，充分应用农产品质量协同监测数据，进行耕地土壤环境质量类别划分。

2. 相似性原则

综合考虑耕地的物理边界（如地形地貌、河流等）、地块边界或权属边界等因素，原则上将受污染程度相似的耕地划分为同一土壤环境质量类别。

3. 安全性原则

以保障农产品质量安全为出发点，对详查初步确定为优先保护类的耕地，如有明显证据表明种植食用农产品有超标现象，须进一步补充调查监测，基于农产品质量安全状况进行类别判定，确定是否调整。

4. 动态调整原则

优先保护类、安全利用类和严格管控类三类耕地区域划分完成后，依据更新的数据资料、耕地土壤环境质量与食用农产品质量变化（如突发事件等导致的新增受污染耕地或已完成治理与修复的耕地）等情况，及时动态调整类别区域。

7.3.3.4 城郊重金属超标土壤农业安全利用技术路线

城郊重金属超标土壤农业安全利用技术路线主要包括基础资料与数据收集、基于普查和详查结果开展耕地类别划分、边界核实与现场踏勘、划分成果汇总与报送、制定落实耕地分类管理措施、追踪监测与评价、动态调整等。耕地土壤环境质量类别划分流程图见图7-2。

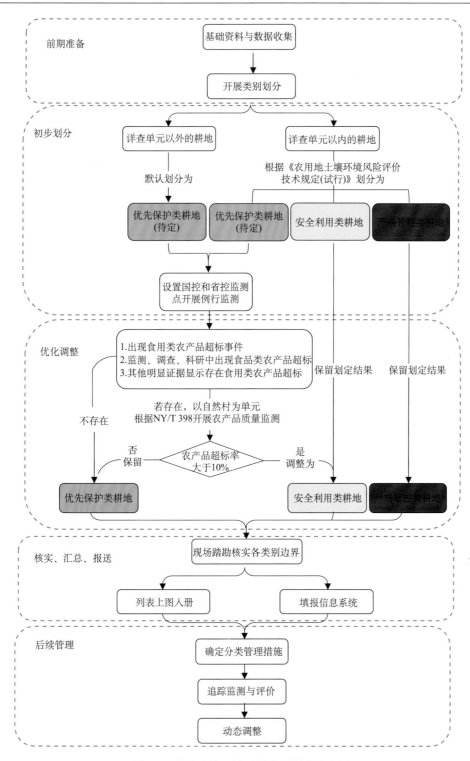

图 7-2　耕地土壤环境质量类别划分流程图

7.3.3.5　城郊重金属超标土壤农业安全利用分类管理措施

耕地类别划分完成后，各县（市、区）应结合当地实际情况，针对每个类别的耕地提出相应的风险管控措施，制定风险管控的目标，细化风险管控的内容，明确风险管控的考核指标。

1. 优先保护类耕地

实施重点保护。依法将符合条件的优先保护类耕地划为永久基本农田，实行严格保护，从严管控非农建设占用永久基本农田，一经划定，任何单位和个人不得擅自占用或改变用途。在优先保护类耕地集中的地区，推动各地优先开展高标准农田建设项目，确保其面积不减少，质量不下降。

切实保护耕地质量。在优先保护类耕地集中区域严格控制新建有色金属冶炼、石油加工、化工、焦化、电镀、制革等行业企业，已建成的相关企业应当按照有关规定采取措施，防止对耕地造成污染。推动加强灌溉水水质定期监测，防止污染物随灌溉水进入耕地。督促农村土地流转受让方切实履行土壤保护的责任，避免因过度施肥、滥用农药等掠夺式生产造成土壤环境质量下降。因地制宜推行种养结合、秸秆还田、增施有机肥、少耕免耕等措施，提升耕地质量，优先发展绿色优质农产品。密切跟踪土壤与农产品协同监测结果，及时排查农产品质量出现超标的优先保护类耕地，即时实施安全利用类措施或调整耕地类别。

2. 安全利用类耕地

通过适当的安全利用类或治理修复类措施实现食用农产品达标。重点关注水田和菜地，加强土壤与农产品协同监测，综合整治周边环境污染，严格控制污染输入、迁移，同时根据当地土壤环境状况、农作物种植状况与工作基础等，因地制宜对受污染耕地实施安全利用类或治理修复类措施，优化农艺生产过程，降低土壤重金属活性，抑制农作物吸收积累，确保农产品质量安全。安全利用类与治理修复类措施可从《轻中度污染耕地安全利用与治理修复推荐技术名录（2019 年版）》中选用。

3. 严格管控类耕地

种植结构调整。根据相关技术导则，将部分重度污染耕地划定为特定农产品结构调整区，在结构调整区内，依据当地特色农业或具有较成熟链条的相关产业，改种油料、十字花科牧草、棉花、多用途桑麻、花卉苗木等农作物或生物质高粱等高富集植物，逐步退出超标食用农产品生产。

退耕还林还草。将部分重度污染耕地纳入新一轮退耕还林还草范围，加强政策、规划引导，因地制宜，宜乔则乔、宜灌则灌、宜草则草，有条件的可实行林草结合，兼顾需要和可能，合理安排规模和进度。

休耕。对部分重度污染耕地实行休养生息，在休耕期间实施施用石灰、翻耕、旋耕、种植绿肥和耕地维护等休耕耕地管护措施，休耕、治理、培肥同步推进，逐步形成"休治培三融合"模式。

7.4　休闲农业的发展现状与展望

7.4.1　休闲农业的一般概念

休闲农业在许多发达国家已有多年的发展,随着社会经济的发展、国民收入的增长和休闲时间的增多,人们的消费观念和生活方式不断改变,休闲农业的概念、内涵也在不断深化,休闲农业活动从最初的观光、采摘逐渐向休闲体验过渡(曾玉荣,2015)。

Edginton 等(1998)定义休闲农业为结合农业产销与休闲游憩的服务性产业。Cordes和 Ibrahim(1999)认为:休闲农业的内涵是呈现农村居民、农村社区、农村环境和农村经济在发展过程中的相对重要性,四者缺一不可。因此,休闲农业是一项农业生产,结合了农村居民教育、组织、训练和农村社区规划、建设与美化等诸多事项,除了传统的农业种植外,涵盖了农村环境或景观创造、维护和保育及农村经济成长的综合性和整体性的发展意义。

Wang 和 Feng (2002)表达休闲农业是以农业或农业区为基础延伸出休闲功能的农村服务业。Beck 和 Ritter(1992)则认为休闲农业是脱不了"在生产性的农村环境基础上,发展观光游憩业"。

台湾学者对休闲农业的定义和内涵做了很多研究和诠释。1989 年在台湾大学举行的"休闲农业研讨会"上,"休闲农业"的涵义解释为"利用农村设备和农村空间,与农业生产的场地、产品、农业经营活动、生态,以及农业自然环境和农村人文资源,经过规划设计,以发挥农业与农村体验,提升游憩质量并提高农民收益,促进农村发展"。农村规划学者刘健哲(2008)指出:休闲农业就是利用农业环境的独特性(含农村的自然资源与景观、湖光山色等)、农业生产的多样性(如农产、园艺、林牧渔业经营场所等)、农村文化的乡土性(如农村文物古迹、寺庙、风俗民情)、农村景观的优美性(农村建筑、聚落、广场、街道、溪流、农耕景象等)等各项农业和农村的丰富资源,提供都市人或旅游者闲暇时调剂身心、享受绿意盎然的田野风光、体验农村的生活乐趣,以达到休闲度假的一项事业。且休闲农业并不限于观光农业、观光果园的发展,或森林游乐区及休闲农场的开辟,而是要结合农村发展规划的方式,以创造农村优美舒适的生活环境,并兼顾自然保育和景观维护,以保持农村风貌与独特风格,提供优美的度假环境,进而使农村成为令人向往的定点或休闲度假区,带动农村经济发展。台湾大学农学院陈昭郎(1996)认为,除了共识的定义外,休闲农业是结合生产、生活、生态"三生一体"的农渔业,也更是集合农渔业生产、加工制造业及生活服务产业的"六级产业"。1990 年,台湾在修订"农业发展条例"时,首次将休闲农业纳入法规条文中,定义:"休闲农业系利用田园景观、自然生态和环境资源,结合农林渔牧生产、农业经营活动、农村文化及农家生活,提供民众休闲,增进民众对农业及农村之体验为目的农业经营。"

大陆在休闲农业发展上,也对休闲农业的定义做了许多讨论。张永贵(1998)提到:"休闲农业是利用田园景观、自然生态和环境资源,结合农林渔牧生产、农业经营活动、农村文化及农家生活，提高市民休闲，增进市民对农业及农村的体验为目的农业经营。休闲农业具有农业生产、生活、生态'三生一体'和第一、第二、第三产业功能特征，是一种高附加值的创新性型农业经营方式。"郭焕成和郑健雄（2004）认为，休闲农业，或称观光农业或旅游农业，是以农业活动为基础，农业和旅游相结合的一种新型交叉型农业。它以充分开发具有观光、旅游价值的农业资源和农业产品为前提，把农业生产、科技应用、艺术加工和游客参加农事活动等融为一体，吸引游客前来观赏、休闲、购物、度假，满足旅行者在其他风景名胜地欣赏不到的大自然农情意趣，并参与新型农业技术和艺术实践的一种旅游形式。

综合国内外学者对休闲农业的释义可以发现，休闲农业是以传统有形的农业与无形的资源为基础引申出来的，休闲农业早已超出传统农业生产、加工的经营范围，进一步利用农业丰富的资源从事观光游憩服务，且在经营休闲农业所需的知识、技术与经验上，也不是传统农业经营所能涵盖的。所以，休闲农业是农业资源、观光游憩及科普教育三者合成的新兴休闲产业，在经营与发展休闲农业的历程中，应把握以农业经营为主、以自然资源保育为重、以农民利益为归、以满足消费者需求为导向等基本原则，是可持续农业发展的愿景。

7.4.2　休闲农业的特征与功能

7.4.2.1　休闲农业的特征

关于休闲农业的特征，许多学者提出了看法。台湾学者陈昭郎（2004）和段兆麟（2005）认为，休闲农业实际上隐含农业和农村有形与无形资源的挖掘与开发利用，不仅是将农业从初级产业提升至三级产业，也不仅是要提高农业所得与维持农民生计，最主要的是为传统农业开辟一片新天地，能从传统生产性的农业，走向休闲服务性的农业。郭焕成和郑健雄（2004）也认为改善农业生产结构、提高农民所得、繁荣农村社会，所实行的农业经营方式，结合了初级产业及三级产业的特性，是近年来发展的农业经营新形态。郭焕成等（2010）指出，休闲农业具有农业和旅游业的双重属性，具有生产、观赏、娱乐、参与、文化和市场等6个特征，并按照区位和功能分别将休闲农业分为不同类型。张占耕（2006）则认为休闲农业具有与自然的交融性和文化综合性的鲜明特点。从以上观点可知，休闲农业具有独特性、乡土性、多样性、优美性等发展特征，是集农业产销、农村景观与农村文化等具有乡土特色的新产业（农业休闲服务业）。

休闲农业作为农业和旅游业交叉形成的新型产业，除了具有农业和旅游业的一般特征外，还具有以下特点。

（1）旅游消费的实惠性。在休闲农业（景）区，游客一般可以就地采摘、就地消费，新鲜又安全、实在又实惠。尽管游客需要花门票费用和旅途费用，而且亲手采摘的农产品可能需要以高于市场的价格来购买，但能满足城市居民精神上的愉悦感和周末休闲的需要，因此，旅游消费的实惠性使游客既喜欢又心甘情愿地支付。

（2）旅游过程体验参与性。这是区别于风景名胜区旅游的一大特点。游客通过亲自参与种植、采集、加工等农业生产活动，体会农业生产的艰辛，体验生产劳动的乐趣，增长农业知识。

（3）旅游产品文化多样性。休闲农业是综合性较强的农业，除具有农业技术和农耕文化外，所涉及的娱乐文化、饮食文化、民族民俗、建筑风格等都具有丰富的内涵，可以满足游客增长见识、开阔视野、陶冶情操的愿望。

（4）综合效应性。休闲农业的农产品，除了实物产品外还有精神产品，是满足人们精神和物质享受需求的综合性产品。休闲农业不仅使农业的经济效益得到实现，而且能通过旅游消费带动农村的通信、交通、餐饮、娱乐、加工等产业的发展，是产业链的延伸与拓展，生产效益较好，增加了农民的收入。休闲农业的发展能将农业资源开发与自然生态环境保护相结合，为游客提供优美幽雅的旅游环境，并改善农民的居住环境，将生产、生活、生态有机结合起来，具有综合效应。

7.4.2.2　休闲农业的功能

依据休闲农业的概念与特征，休闲农业主要承载以下功能：

（1）生产功能。从农业活动角度看，休闲农业具有农业生产的基本功能，可以生产粮、菜、瓜、果、肉、蛋、奶、渔等产品，提供绿色或特色农产品，满足人民的物质需求。

（2）旅游功能。从旅游角度看，休闲农业具有旅游的功能，可以为游客提供休闲场所，为游客提供住宿、购物、娱乐、观赏、品尝、体验参与等服务，满足人民的精神需求，也有利于开拓新的旅游空间和领域，减轻和缓解城市旅游过分拥挤的现象。

（3）经济功能。休闲农业具有双重的经济收入，提供农产品可以获得农业收入，为游客服务可以获得旅游收入，休闲农业的发展有益于提高农业的比较效益，调整和优化农业产业结构，带动农村第二、第三产业的发展，提高农产品的附加值，增加农村就业机会和农民收入。

（4）社会功能。休闲农业的发展，吸引了大批城市游客到农村观光、休闲、度假，有利于增进城乡之间的信息交流，逐步改变农村落后的思想观念，提高劳动者素质；有利于塑造良好的乡村风貌，提高居民的生活质量；有利于社会主义新农村建设，促进城乡文化交流、缩小城乡差别，推进城乡一体化，构建和谐的城乡关系，顺应乡村振兴需求。

（5）生态功能。休闲农业以旅游为主题，属于生态农业、生态旅游的范畴，它的兴起与持续发展有利于改变农村脏、乱、差的局面，有利于保护和改善生态环境，促进生态系统的良性循环，符合国家生态文明建设战略要求。

（6）科普教育功能。休闲农业可对游客进行农业知识和生态环境保护教育，为游客或中小学生提供一个农业生产、生态保育、环境保护的科教园地，让游客了解农作物生长过程、安全无公害农产品的生产管理体系、农田生物多样性构建的意义等，通过体验和参与，让公众更加珍惜自然资源和人文资源，认识农业农村的重要性，激发和促进公众爱护自然、保育生态和保护环境、保护历史文化遗产的积极性和自觉性。

（7）医疗功能。休闲农业可以为游客提供休闲活动场所，让游客呼吸新鲜空气、食用有机无公害食品、瞭望绿色等，缓解工作与生活的压力，达到舒畅身心和健康理疗的功效。

7.4.3　休闲农业的发展历程与趋势

休闲旅游起源于 19 世纪 30 年代的欧洲, 主要形式是休闲型的度假农庄和市民农园。意大利在 1865 年就成立了全国农业和旅游协会, 专门介绍城市居民到农村去体验农业野趣, 与农民同吃同住同劳动, 或者在农民土地上搭帐篷野营, 或者在农民家中住宿。但这时还没有提出休闲农业这个定义, 只是属于旅游业的一个休闲项目, 此时是休闲农业的兴起和萌芽阶段。休闲农业真正进入发展阶段是 20 世纪中后期。当时出现了很多观光农园, 农园内的活动以观光为主, 结合购、食、游、住等多种形式进行经营, 并相应地产生了专职从业人员, 标志着休闲农业不仅从农业和旅游业中独立出来, 而且找到了旅游业与农业共同发展的交汇点, 也标志了新型交叉产业——"休闲农业"的产生。自 20 世纪 70 年代以来, 休闲农业在许多发达国家和地区蓬勃发展, 并形成了产业规模。

随着我国经济和社会发展, 以及乡村振兴和生态文明建设国家战略的实施, 以乡村田园景观、自然生态及人文资源为依托, 以农业产业、乡村文化产业及农家生活为载体, 以农民、专业合作社或企业为建设主体, 为国民提供休闲、体验"三农"、科普的新型农业产业和新型消费业态, 即休闲农业, 将进入快速发展时期。

我国休闲农业发展大致经历了三个阶段:

(1) 兴起和萌芽阶段 (1980~1990 年)。在少数改革开放较早和经济发展较快的地区, 根据当地特有的旅游资源, 发展观光采摘农业, 如举办荔枝节、西瓜节、桃花节等农业节庆活动, 吸引城市游客前来观光旅游, 增加农民收入, 并借此举行招商引资洽谈会, 收到良好效果。如广州深圳的荔枝节活动和河北涞水的"观农家景、吃农家饭、住农家屋"等旅游活动。

(2) 初期发展阶段 (1991~2000 年)。这个阶段正处在由计划经济向市场经济转变的时期, 随着城市化发展和居民收入的提高, 消费结构开始改变, 温饱问题解决后, 有了观光、休闲、旅游的新需求。同时, 农村产业结构需要优化调整, 农民需要扩大就业和增加收入。在这样背景下, 靠近大、中城市郊区的一些农民和农户利用当地特有农业资源和特色农产品, 开办以观光为主的观光休闲农业园, 开展采摘、钓鱼、种菜、野餐等多种旅游活动。如北京的锦绣大地农业科技观光园、蟹岛, 上海孙桥现代农业园区, 广州番禺区化龙农业大观园, 四川成都郫县农家乐, 福建武夷山观光茶园等。这些观光休闲农业园区, 吸引了大批城市居民前来观光旅游, 体验农业生产和农家生活, 欣赏和感悟大自然。

(3) 逐步规范经营阶段 (2001 年至今)。这个阶段是国民生活由温饱型全面向小康型转变的阶段, 人民渴望休闲旅游, 并呈现多样化趋势。一是人们更加注重亲身的体验与参与, 很多"体验旅游"和"生态旅游"项目融入农业旅游项目中, 丰富了农业旅游产品的内容; 二是人们更加注重绿色消费, 农业旅游项目的开发也逐渐与绿色、环保、健康、科技等主题紧密结合; 三是更加注重文化内涵与科技知识性, 农耕文化和农业科技性的旅游项目开始融入观光休闲农业区; 四是政府积极关注和支持, 组织编制发展规划和策划，制定管理条例，使休闲农业开始走向规范化管理，以保证休闲农业的健康发展；五是休闲农业的功能由单一的观光功能拓宽为观光、休闲、娱乐、度假、体验、学习、康养等多功能。

7.4.4　我国休闲农业的主要类型

我国休闲农业呈多元化、多层次、多类型发展态势（郭焕成，2010）。

1. 按经营方式与活动划分

生产手段利用型：让游客直接参与农作物的栽培、收成后的加工等过程，达到"寓教于乐"的效果，如观光茶园可以让游客亲自参与采茶、制茶、品茶等。

农作物采摘型：在农作物收获期开放，让游客自己采摘。在瓜果、蔬菜、花卉采收期，让游客既可享受收获的愉悦、体验丰收的乐趣，又可当场品尝新鲜的美味。

场地提供型：这是在日本和欧美国家比较常见的经营形态，让农园或农场充分发挥游憩的功能，给游客提供休闲住宿的环境，让游客享受田园（野）生活的乐趣，或者成立观光植物园、昆虫园、生态园及观光牧场等，给游客提供认知动植物生态的教育机会，这种方式是未来发展趋势。

综合利用型：兼具前面三种形式的两种或多种形式，目前大型或综合型休闲农场、部分小型或简易型农场都有农业体验与餐饮或住宿的休闲游憩功能。

2. 按区位特色划分

城市郊区型：一般农业基础较好，生态环境好，农业特色突出，市场需求大，交通便利，发展休闲农业条件优越，休闲农业服务方式多元化，强调生态环境保护等理念实践，可促进城乡交流融合。

景区周边型：一般靠近旅游景区，农产品丰富，农村环境好，农民经营意识强，有利于发展休闲农业。

风情村寨型：一般具有民族民俗风情，地域特色鲜明，农业土特产丰富，可吸引游客体验民俗文化，参与农业生产活动。

基地带动型：如农业种养基地、特色农产品基地、农业科技园区等，可让游客采摘、品尝农产品，参与农业活动，购买农产品。

资源带动型：如森林、湖泊、草原、湿地等资源，可发展森林休闲、渔业休闲、牧业休闲、生态休闲等休闲农业。

3. 按产业主题划分

休闲种植业（农场）：指具有观光功能的现代化种植业。利用现代农业科技，开发具有观赏价值的作物品种园地，或利用现代农业栽培手段，向游客展示最新成果。如引进优质蔬菜、绿色食品、高产瓜果、观赏花卉作物，构建多彩多姿多趣的农业观光园、自采摘果园、农俗园等。

　　休闲林业：指具有观光休闲的人工林场、天然林地、林果园、绿色造型公园等。开发利用人工森林和自然森林所具有的多重旅游功能和观光价值。为游客观光、野营、探险、避暑、科考、森林浴等提供空间场所。

　　休闲牧业：指具有观光休闲性的牧场、养殖场、狩猎场、森林动物园等，为游人提供观光、休闲和参与牧业生活的乐趣和风趣。如奶牛观光、草原放牧骑马、马场比赛、猎场狩猎等。

　　休闲渔业：指利用湖面、滩涂、水库、池塘等水体，开展具有观光、休闲、参与功能的旅游项目，如参观捕鱼、驾驶渔船、水中垂钓、品尝水鲜、参与捕捞等活动，还可以让游客掌握养殖技术。

　　休闲艺术：包括与农业相关的具有特色的工艺品及其加工过程，如竹子、麦草、稻秆等多种编织美术工艺品。利用椰子壳、棕榈等制作具有实用和纪念意义的茶具、脸谱及玩具，让游客参与编织和制作活动。

7.4.5　我国休闲农业发展需求展望

　　我国休闲农业起步虽晚，但发展颇快。短短 20 年，从 1.0 版的农家乐，到目前主流的 2.0 版的观光农场，再到很多地方 3.0 版的休闲庄园悄然兴起。休闲农业产业具有很大的发展空间。

1. 城市发展的需求

　　城市化的快速发展导致城市人口规模扩大、交通拥挤、空气污染、人们生活与工作压力大，长期生活在城市的人们希望在假日里到郊区乡村观光旅游、休闲度假，放松自己，恢复精力和体力。物质生活水平不断提高的同时，会产生对精神生活的追求，外出休闲旅游就是选项之一。

2. 农业产业结构调整的需求

　　广大农村发展现代农业，需要调整农业产业结构，延伸农业产业链，发展二、三产业，扩大农民就业，增加农民收入。农村一般远离繁华都市，具有优良的农业自然环境，美好的田园风光，多样的农业生产活动，悠久的农耕文化，丰富的农家生活，这些都为休闲农业发展提供了有利条件。

3. 工业反哺农业的途径

　　从城乡发展的时机来看，中国已进入工业反哺农业、城市支援农村发展的新时期。为了实现全面进入小康社会的目标，从中央大政方略到城市各行各业都在支持支援农业、支持农村发展，而美丽中国、乡村振兴战略的实施，也需要城市的支援和支持，发展休闲农业是把城市人流、物流、信息流、资金流拉向农村最好的途径之一。通过发展休闲农业可以转变农民的思想观念，推动改革开放深化，促进农业和农村可持续发展。

4. 发展休闲农业条件优越

中国是农业大国和乡村大国，发展休闲农业具有优越条件：一是中国农村自然环境优美，景观类型多样；二是农业资源丰富，农业类型多样，地区特色显著；三是农业历史悠久，农耕文化丰富；四是农村民俗民风多彩，农家生活富有乡土特色；五是随着城市化和经济的发展，城里人到农村观光休闲的机会越来越多，休闲旅游的市场需求大；六是国家实施乡村振兴战略、生态文明建设战略，这些都为休闲农业的发展提供了有利条件。

参 考 文 献

陈义群, 董元华. 2008. 土壤改良剂的研究与应用进展. 生态环境学报, 17: 1282-1289.

陈昭郎. 1996. 休闲农业工作手册. 台北: 台湾大学农业推广学研究所.

陈昭郎. 2004. 台湾地区休闲农业发展策略//第二届海峡两岸休闲农业与观光旅游学术研讨会.

段亮, 段增强, 夏四清. 2007. 农田氮、磷向水体迁移原因及对策. 中国土壤与肥料, (4): 6-11.

段兆麟. 2005. 休闲农业理论的探讨——兼论休闲农业理论在台湾地区的实践//休闲农业与乡村旅游发展学术研讨会.

郭焕成. 2010. 我国休闲农业发展的意义、态势与前景. 中国农业资源与区划, 31: 39-42.

郭焕成, 郑健雄. 2004. 海峡两岸观光休闲农业与乡村旅游发展. 徐州: 中国矿业大学出版社.

郭焕成, 郑健雄, 任国柱. 2010. 休闲农业理论研究与案例实践. 北京: 中国建筑工业出版社.

焦荔, 叶旭红, 胡勤海, 等. 2003. 杭州市区蔬菜基地蔬菜重金属含量研究. 环境污染与防治, 25: 247.

李宝珍, 王正银, 李会合, 等. 2004. 叶类蔬菜硝酸盐与矿质元素含量及其相关性研究. 中国生态农业学报, 12.

李明德, 汤海涛, 汤睿, 等. 2005. 长沙市郊蔬菜土壤和蔬菜重金属污染状况调查及评价. 湖南农业科学: 34-36.

李秀芬, 李帅, 纪瑞鹏, 等. 2010. 东北地区主要作物生长季降水量的时空变化特征研究. 安徽农业科学: 375-377+388.

李秀兰, 胡雪峰. 2005. 上海郊区蔬菜重金属污染现状及累积规律研究. 化学工程师: 36-38, 59.

刘健哲. 2008. 农村风貌与乡村旅游//第六届观光农业与休闲产业发展学术研讨会.

罗晓梅, 张义蓉, 杨定清. 2003. 成都地区蔬菜中重金属污染分析与评价. 四川环境: 49-51

罗雪梅, 陈新之, 王侃, 等. 2003. 沈阳市蔬菜生产基地重金属污染及评价. 环境保护科学: 43-45.

吕家珑, 张一平, 陶国树, 等. 2003. 23 年肥料定位试验 0～100cm 土壤剖面中各形态磷之间的关系研究. 水土保持学报: 48-50.

沈根祥, 柯福源, 章家骐. 2002. 上海设施蔬菜主要品种污染物含量调查评估. 上海环境科学, 21: 475-477.

徐谦, 朱桂珍, 向俐云. 2002. 北京市规模化畜禽养殖场污染调查与防治对策研究. 农村生态环境: 24-28.

曾玉荣. 2015. 台湾休闲农业理念·布局·实践. 北京: 中国农业科学技术出版社.

张大弟, 张晓红, 戴育民. 1997. 上海市郊 4 种地表径流污染负荷调查与评价. 上海环境科学: 7-11.

张永贵. 1998. 投资新领域: 城郊休闲农业. 中国投资与建设, 6: 48-49.

张占耕. 2006. 休闲农业的对象. 本质和特征. 中国农村经济: 73-76.

中华人民共和国环境保护部, 中华人民共和国国家统计局, 中华人民共和国农业部. 2010. 第一次全国污染源普查公报.

朱兆良. 2004. 我国土壤氮素研究中的某些进展//中国土壤学会第十次全国会员代表大会暨第五届海峡两岸土壤肥料学术交流研讨会论文集(面向农业与环境的土壤科学综述篇).

Beck U, Ritter M. 1992. Risk society: Towards a new moderniy. Social Forces, 73: 432-436.

Cordes K A, Ibrahim H M. 1999. Applications in Recreation and Leisure: For Today and the Future. McGraw-Hill Book Company Europe.

Edginton C R, Hudson S, Dieser R B, et al. 1998. Leisure Programming: A Service-centered and Benefits Approach . Boston: McGraw-Hill.

Konings E J M. 2003. Committee on food nutrition//Water-soluble Vitamins. Journal of AOAC International.

Lynch K, Binns T, Olofin E. 2001. Urban agriculture under threat: The land security question in Kano, Nigeria. Cities, 18: 159-171.

Wang X H, Feng Z M. 2002. Sustainable development of rural energy and its appraising system in China. Renewable and Sustainable Energy Reviews, 6 (4): 395-404.

第8章 设施土壤管理与障碍修复

8.1 土壤连作障碍现状与成因

8.1.1 连作障碍概念与内涵

连作障碍是指在同一土壤中连续种植同种或同科的植物时，即使正常栽培管理也会出现植物生长势变弱、产量和品质下降的现象，也称为"重茬问题"。我国人口剧增和人民生活水平的提高，对粮食、蔬菜、水果等的需求量与日俱增，可利用土地面积却日益减少，在这种背景下，提高土地利用率和土地高度集约化经营成为现代农业发展的一种趋势。但恰是由于现代农业具有复种指数高、作物种类单一的特点，作物连作障碍也随栽培年限的增加而发生（郑良永等，2005），许多园艺植物（包括瓜果类蔬菜和观赏花卉）、大田经济作物和中草药等都存在不同程度的连作障碍现象（图 8-1）（郭冠瑛等，2012）。尽管人们很早就在农业生产中认识到这一问题，并采用轮作倒茬的耕作方式来避免或减轻这一现象的发生；然而由于耕地有限、经济利益的驱动和生产栽培条件等因素的影响，我国土壤连作障碍现象仍有加剧趋势。

图 8-1　大田作物连作障碍

8.1.2 典型连作障碍区现状与影响

8.1.2.1 我国露天栽培连作障碍现状

根据作物栽培环境差异,我国耕地连作障碍可分为露天栽培连作障碍和设施栽培连作障碍。露天栽培连作障碍主要发生于大规模露天栽培单一作物的主产区。我国各地区分布着一系列区域化、专业化的经济作物种植区,如东北地区的大豆、山东地区的花生、新疆内陆的棉花、云南地区的中草药种植等。在生产实际当中,受种植习惯、市场需求、经济效益等诸多因素的制约,这些地区都存在大面积连年耕作的形式,连作成为一种不可避免的现象。而连作导致的土壤理化性质变化、土传病虫害情况加剧、农田有害物质的逐年积累、作物产量和品质显著降低等问题也日益严重(郭军等,2009)。

黑龙江省是我国大豆主要产区,据统计,2012 年黑龙江省大豆种植面积约为 266.67 万 hm^2,占全省农作物种植面积的 20% 左右,其中重茬面积占大豆种植面积的 40% 以上。与正茬相比,大豆因连作引起的减产幅度高达 10%~40%(郑慧等,2016)。连作已成为大豆生产过程中的重要制约因素,大豆长期连作不仅会导致大豆生长发育受阻,大豆产量及植株生物量降低,根部病虫害加重,而且随着大豆连作年限的增加,土壤 pH 还会呈下降趋势,土壤中氮、磷、钾、镁、锌、硼、钼、有机质等养分含量也均低于正茬(表 8-1)(孙磊,2008)。

表 8-1 大豆根系土壤性状分析

土壤性状	正茬	迎茬	连茬 4 年	连茬 8 年	连茬 12 年
pH	6.58	6.52	6.49	6.45	6.37
有机质/(g/kg)	25.9	25.7	23.8	25.5	26.6
碱解氮/(mg/kg)	163.74	151.37	102.17	112.23	113.02
速效磷/(mg/kg)	56.54	56.33	54.69	55.57	55.18
速效钾/(mg/kg)	180	160	131	142	149
Fe/(mg/kg)	2.74	2.77	2.65	2.87	3.11
Mn/(mg/kg)	9.82	10.41	10.01	10.86	10.86
Zn/(mg/kg)	0.67	0.61	0.62	0.59	0.58
Ca/(mg/kg)	125.76	122.41	124.4	129.74	125.88
Mg/(mg/kg)	25.77	25.66	25.08	24.56	24.33
Mo/(mg/kg)	0.311	0.282	0.208	0.171	0.129
B/(mg/kg)	0.487	0.443	0.415	0.408	0.379

花生是我国重要的经济作物和油料作物,2013 年全国花生种植面积为 471 万 hm^2,总产量为 1700 万 t,主要集中在华北平原、环渤海、华南沿海及四川盆地等地区。近年来,随着全国范围内种植业结构调整的深入,大宗谷类粮食作物生产规模降低,花生生产规模持续增长,轮作倒茬更加困难,有的地方花生连作年限甚至达 10~20 年(李孝刚等,2015)。连作导致的花生病虫害严重、产量降低、品质变劣等诸多生产问题已严重制

约花生产业发展。随连作年限增加，花生根腐病、叶斑病、锈病的发病率成倍上升，青枯病和白绢病也从无到有，花生减产 50%以上（王兴祥等，2010）。连作对花生生长的影响主要表现在花生个体生长发育缓慢、植株矮小、光合作用减弱、结果数少、产量下降等方面，且随连作年限的延长上述症状加重，从而造成花生产量下降、经济效益降低（图 8-2）（张艳君等，2015）。

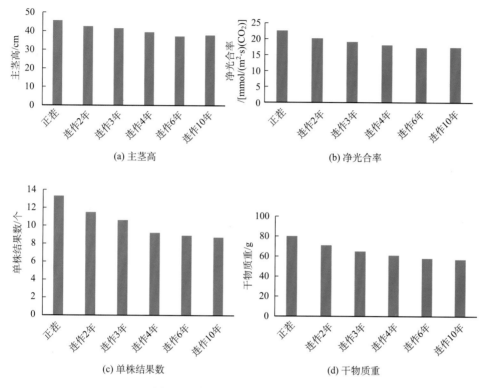

图 8-2　连作对花生生长发育的影响

　　新疆是全国最大的优质商品棉基地，连续 15 年棉花播种面积、单产水平、总产水平等居全国首位，在光热资源丰富的州（县）已实现植棉区域化、生产专业化，但同时也带来植棉区作物结构相对单一、轮作倒茬困难的问题。长期的棉花连作导致土壤板结，土壤质量下降，随着连作年限增加，土壤含盐量呈上升趋势，连作 5 年、10 年、15 年和 20 年土壤含盐量分别是连作 1 年的 122%、132%、124%和 146%，次生盐渍化倾向加剧，土壤中氮、磷、钾比例失调（图 8-3）（刘建国等，2009）。连作还导致棉花生长过程中死苗、生长不良、病虫害发生频繁，棉花品质下降；加上长期以来农膜的使用，残膜在土壤中长期积累，长期连作使棉区地膜污染加剧，带来作物的隔水、隔肥、阻碍根系生长等不良作用，棉花产出减少和投入增加，严重影响了土地的可持续利用和棉花的生长发育，使本来就十分脆弱的生态环境承载能力日益下降（蒋旭平，2009）。

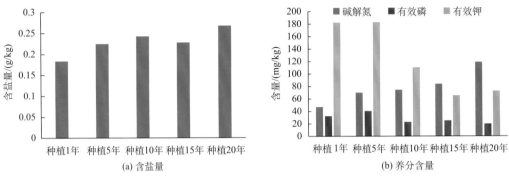

图 8-3　棉花连作对土壤含盐量和养分的影响

　　我国药材生产历史悠久，医药市场的中药材需求超过 60 万 t，且以 15%的年增长率递增，目前常用和大宗药材约有 70%来自人工栽培。而中草药大都讲究道地种植，忌地性极强，难以重茬连作。大面积的中药材栽培一方面造成药粮争田局面的出现，另一方面则导致不少中药材种植过程中出现不同程度的连作障碍。云南省文山壮族苗族自治州为药材三七的主产区，其栽培面积和产量均占全国 90%以上，该地区重茬栽培三七现象普遍（严铸云等，2012）。三七连作最突出的表现是"病多，产量低"，连作地根腐病的发病率平均为 23.9%，相当于新栽地的 3.5 倍，且随着连作年限延长，根腐病发病越重。随着三七种植年限的增加（图 8-4）（孙雪婷等，2015），土壤呈酸化趋势，养分比例失衡，严重影响三七对营养元素的吸收，并削弱土壤对自毒物质的代谢，诱导连作障碍的发生。

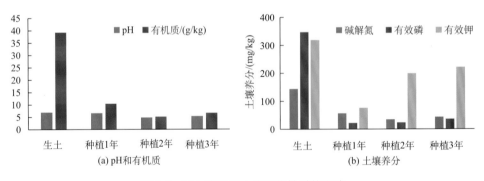

图 8-4　三七连作对土壤理化性质的影响

8.1.2.2　我国设施栽培连作障碍现状

　　我国人多地少，资源与人口矛盾日益严峻，巨大的人口压力和人们对农副产品日益增长的数量和质量需求，要求我国走适合国情的设施农业发展道路。设施栽培弥补了露地生产受季节影响的缺点，延长了蔬菜瓜果等经济作物的生产季节，解决了长期以来作物生产的季节性周年供应的矛盾，极大提高了农民的收入，取得了显著的社会和经济效益，成为我国农业生产中最有活力的新产业之一（王珊，2007）。目前，我国设施栽培的类型主要是塑料中小拱棚、塑料大棚、日光温室和现代化温室，栽培的作物主要以蔬菜、花卉及瓜果类为主。然而，与当前设施栽培迅猛发展所不相适应的是在设施栽培系统中，至今尚无一套与之相适宜的土肥管理措施。温室、大棚等栽培条件下的土壤缺少雨水淋洗，且温湿度、通气状况和水肥管理等均与露地栽培有较大差别，加上设施园艺有着"高投入、高产出、高效益"的特性，追求高产和日益严重的连作障碍现象又促使许多农民企图通过多施肥料和农药来缓解生长障碍，所带来的结果不仅仅是产量的维持，更是农产品和环境的污染，特别是土壤质量的恶化，设施土壤养分累积和次生盐渍化成为我国设施蔬菜生产中普遍出现的问题，日益严重的连作障碍现象不仅直接危害作物的正常生长，在某些地区已导致成片温室的荒废（图 8-5），威胁到我国设施农业的持续、健康发

图 8-5　成片温室荒废

表 8-2　设施蔬菜连作年限、障碍比例及障碍轻重程度

设施种类	项目	5 年以下	5~9 年	10~19 年	20 年以上
大棚	调查点数	10	15	11	3
	点数所占比例/%	25.6	38.5	28.2	7.7
	有连作障碍比例/%	85	96.4	96.4	100
	轻度障碍/%	50	12.5	0	0
	中度障碍/%	50	31.3	37.5	0
	重度障碍/%	0	56.2	62.5	100
日光温室	调查点数	10	19	18	6
	点数所占比例/%	17.2	32.8	31	10.3
	有连作障碍比例/%	54	90.46	97.9	99.3
	轻度障碍/%	50	42.1	22.2	0
	中度障碍/%	25	21.1	44.4	50
	重度障碍/%	25	36.8	33.4	50

表 8-3　设施蔬菜连作障碍发生类型及出现频率　　　　（单位：%）

设施种类	次生盐渍化	养分失衡	酸化	板结	自毒作用
大棚	18	66.7	2.6	7.7	28.2
日光温室	43.1	65.5	6.9	10.3	24.1

展（余海英等，2005；闫炬，2007）。据调查（表 8-2 和表 8-3）（王广印等，2016），目前绝大多数棚室都有连作障碍的问题，不管是大棚，还是日光温室，一般连作 3 年以上即开始表现出连作障碍现象。设施蔬菜连作障碍表现的总趋势是随着连作年限的延长，蔬菜生长势减弱，病害逐渐加重，产量逐渐降低，品质下降；土壤板结、酸化、次生盐渍化等问题严重。

8.1.3　连作障碍主要表现形式与成因分析

8.1.3.1　露地栽培连作障碍主要表现形式与成因分析

1. 露地次生盐渍化

露地次生盐渍化主要发生于干旱或半干旱地区地下水位较高、地下径流不畅、地下水中含有较多可溶性盐的地区。我国新疆地区棉田普遍存在不同程度的盐渍化，随着棉花连作年限的增加，土壤含盐量增加，抑制种子发芽、出苗，影响作物的营养平衡和正常生理功能，最终导致棉花生长不良，并降低皮棉产量和质量，土壤盐渍化已经成为制约新疆棉花生产持续发展的关键因子（梁飞等，2011）。长期以来，露地蔬菜栽培被认为不太可能发生土壤的次生盐渍化，而近年来对珠江三角洲部分地区（南海、惠阳）蔬菜地土壤取样的调查结果却反映出，土壤的次生盐渍化不只发生在设施栽培上（柳勇等，2006）。露地次生盐渍化（图 8-6）形成原因既有自然因素（气候条件、土壤质地、地下水位）的影响，也有人为因素（灌溉方式、施肥方式）的影响，是自然因素和人为因素共同作用的结果。区域气候干旱少雨与强蒸发使土壤盐分表聚，表现出土壤表面结皮或结壳，耕层土壤几乎全年处于积盐状态，而该区域农业生产过程中不合理的灌溉，农药、化肥和地膜的大量使用，都是造成土壤次生盐渍化的重要原因。我国沿海地区露地菜地次生盐渍化的发生则与内陆地区有所不同，农户受经济利益的驱使，为增加单位面积产出，不合理施肥及连作等人为因素是引起沿海菜地土壤次生盐渍化的主要原因。

2. 露地土壤酸化

露地土壤酸化主要分布在长江以南的热带、亚热带地区及西南红、黄壤上，另外北方的菜地、果园及部分旱地农田也存在酸化现象，且随连作年限增加，我国连作土壤的酸化程度及面积均呈上升的趋势。土壤酸化导致土壤微生物减少，营养元素失衡土壤肥力降低，作物病虫害加剧，影响作物生长发育及根系对水、肥的吸收，已经成为影响我

图 8-6　土壤次生盐渍化

国粮食安全及农田可持续发展的主要障碍因素之一。露地栽培土壤酸化是自然因素和人为因素作用的结果。自然酸化是农业生产中普遍存在的一种不可避免的酸化现象，主要是指因降雨而导致的露地土壤中盐基离子大量淋失，交换性氢及铝含量大量增加，这种酸化速度较缓慢。与自然因素相比，人为因素则加速了土壤酸化，主要包括：以酸雨为主要形式的酸沉降；硫酸铵、氯化铵等生理酸性肥料不合理的施用，导致土壤 pH 降低。

3. 露地土传病害

土传病害是指生活在土壤中的病原体或者土壤里的病株残体中的病菌，对作物根部或茎部侵害而引起的植株病害。随着高附加值作物的连年露地栽培，土壤中病原菌、虫卵积累，毁灭性土传病害如枯萎病、根腐病、黄萎病、青枯病及根结线虫病等连年发生，逐年加重，通常栽种 3～5 年后，作物产量和品质将受到严重影响，一般减产 20%～40%，严重的减产 60% 以上，甚至绝收（曹坳程等，2017）。如连作大豆主产区，最为严重的土传病害主要是大豆根腐病、大豆孢囊线虫、根潜蝇和菌核病；新疆棉产区由于多年连作导致棉花枯萎病、黄萎病加剧，棉花产量大幅度下降；华北地区花生连作重茬往往导致花生蚜虫和斜纹夜蛾加剧等；根（根茎）类药用植物表现较为严重的土传病害有根腐病、黑腐病、全蚀病、锈腐病、枯萎病等。土传病害的发生一方面是因为作物在生长过程中不可避免地要发生病虫害；另一方面是发生的病虫害会累积一定的病原基数，成为田间翌年发病的根源，连作提供了根系病虫害赖以生存的寄主和繁殖的场所，使土壤中病原菌数量不断增加，有些寄生和繁殖能力强的有害微生物种群在根际土壤中占优势，导致土壤中的微生物群落发生改变，打破了原有作物根际微生态平衡，土壤微生物区系从高肥的"细菌型"向低肥的"真菌型"转化，而真菌的富集，特别是病原菌数量的增加也是导致作物病虫害的主要原因。

4. 自毒作用

自毒作用是指植物个体通过向周围环境释放一些代谢产物和化学物质，从而对同茬及下茬植物生长产生的抑制现象（陈玲等，2017）。如花生连作产生的酚酸类物质对土壤硝化过程起抑制作用，影响氮素形态的转化，抑制根系对土壤养分的吸收，使作物光合产物减少，叶绿素含量降低；连作大豆根系分泌物对大豆根腐病病原菌有增殖作用，刺激有害微生物的生长和繁殖；连作药用植物中作物根系、地上茎叶及植株残茬腐解分泌的有毒物质，不仅影响根系对水分和养分的吸收，而且引起植株抗氧化系统紊乱，导致植物生长受阻，使药材品质下降。自毒作用的产生途径主要有三个：①挥发和淋溶。作物地上部主要通过挥发和淋溶产生自毒物质。②根系分泌。连作条件下作物根系会分泌具有自毒作用的化感物质到根际土壤中，对作物产生直接毒害作用，有些需要通过与土壤微生物互作间接影响作物生长。③植物残体腐解。植物残体释放自毒物质主要有直接和间接两个途径，直接途径是植物残体腐烂后直接释放出自毒物质，而间接途径是通过土壤微生物的分解作用释放出自毒物质。连作加重了自毒化感物质在植物根际区的积聚，改变了土壤微环境，对植物生长造成很大的影响，最后导致自毒作用的发生。

8.1.3.2　设施栽培连作障碍主要表现形式与成因分析

1. 设施土壤次生盐渍化

设施土壤次生盐渍化是指在设施作物生产过程中，由于化肥的大量使用、栽培管理措施不当，长期高度集约化、高复种指数的生产状态下，土壤含盐量特别是硝态氮含量大量增加的现象。参照表 8-4 中我国设施土壤的次生盐渍化状况和表 8-5 中我国土壤盐化程度分级标准（王媛华，2015），我国 50%以上的设施土壤已轻度盐化，部分土壤甚至达到盐土的级别，严重制约了我国设施农业的可持续发展。调查发现，长期连作下，设施土壤表面均有大面积白色盐霜出现，有的甚至出现块状紫红色胶状物（紫球藻），土壤盐化板结，作物长势差，甚至绝产（张金锦和段增强，2011）。设施土壤次生盐渍化的形成大致可归纳为以下几个方面：①不合理的施肥措施。盲目大量施肥和偏施氮肥是造成设施土壤次生盐渍化的重要因素，氮、磷养分远远超出了蔬菜本身的吸肥量，一些未被作物吸收利用的肥料及其副成分大量残留于土壤中，成为土壤盐分离子的主要来源。②设施环境特殊的水温条件。温室大棚封闭的环境条件使土壤温度和湿度显著高于露地，导致土壤盐分大量表聚，加之设施内长年缺少雨水淋洗，进一步导致盐分的大量积累。另外，高温高湿的环境条件促进了土壤固相物质的快速分解与盐基离子的释放，同时也提高了硝化细菌的活性，使土壤中残留的 $NO_3^-\text{-}N$ 含量增加，从而加重了土壤的次生盐渍化。③不合理的栽培制度。设施土壤次生盐渍化的发生不是一时形成的，而是随着设施使用年限的增加而逐渐显现出来的。设施栽培耕作频繁，灌溉频率比露地土壤高，不合理的灌溉措施会加剧土壤盐分在土壤表层的积累。

表 8-4　我国设施土壤的次生盐渍化状况

省份	市/县/镇	土壤类型	耕层含盐量/(g/kg)	耕层 EC 值(水土比 5：1)/(μS/cm)	主要盐分离子及所占比例	文献来源
安徽	蚌埠市怀远县	潮土	1.280~2.857	501~1176	Ca^{2+} 和 NO_3^- 占 63.8%	邹长明等，2006，2009
	蚌埠市固镇县	砂姜黑土	1.450~5.352	515~1890	Ca^{2+} 和 NO_3^- 占 73.3%	
辽宁	沈阳市于洪区	草甸土	0.47~2.96	—	NO_3^- 占 20.57%~36.61%；SO_4^{2-} 占 17.77%~22.05%；K^+ 占 12.87%~17.59%；Ca^{2+} 占 7.05%~11.77%	范庆锋等，2009b
青海	乐都区碾伯镇	栗钙土	1.72~5.35	—	—	王艳萍等，2011a
	西宁市城北区		1.27~4.34			
山西	临汾市	石灰性褐土	1.80~4.71	390~1080	—	杜新民等，2007
陕西	关中地区	黄土母质	2.23~3.93	—	—	党菊香等，2004
云南	呈贡区斗南镇	—	2.27~3.32	—	NO_3^- 占 24.81%~32.67%	李刚等，2004
山东	寿光市	—	0.68~6.01	260~1560	NO_3^-，SO_4^{2-} 和 Ca^{2+} 为主	李廷轩和张锡洲，2011
辽宁	新民市	—	0.61~2.64	140~800	NO_3^-，SO_4^{2-} 和 Ca^{2+} 为主	
江苏	常州市	—	0.56~6.69	180~1710	NO_3^-，SO_4^{2-} 和 Ca^{2+} 为主	
四川	双流区	—	0.65~2.27	140~500	NO_3^-，SO_4^{2-} 和 Ca^{2+} 为主	

表 8-5　土壤盐化程度分级标准

以含盐量为分级标准		以电导率为分级标准（水土质量比 5：1）		
盐化程度	含盐量/（g/kg）	盐化程度	EC/（μS/cm）	对作物影响
非盐化	<2	无盐度	<250	一般作物生长正常
轻度盐化	2～5	低盐度	250～600	对敏感作物有障碍
中度盐化	5～7	中盐度	600～800	多数作物生长受阻
重度盐化	7～10	高盐度	800～1000	仅耐盐作物能生长
盐土	>10	超高盐度	>1000	仅极耐盐作物能生长

2. 设施土壤酸化

设施土壤酸化是土壤中氢离子增加的过程。从表 8-6（王媛华，2015）可以看出，我国设施耕层土壤均出现了不同程度的酸化，酸化的程度因土壤酸碱缓冲容量、设施使用年限和当地的习惯管理模式而异。设施栽培土壤与露地栽培土壤相比，表现出土壤 pH 下降，土壤酸化的趋势；且随着种植年限的增加，土壤的缓冲性能降低，离子平衡能力遭到破坏，土壤 pH 下降而酸化加重。设施土壤酸化的成因可归纳为以下几个方面：①复种指数高。设施农业产量高、效益好。为了追求利润，菜农往往增加大棚复种指数，导致大棚内土壤有机质含量下降，土壤缓冲能力降低，加重土壤酸化。土壤酸化后又加速了钙、镁、钾等元素的溶解，造成营养成分流失。②大量施用化肥。蔬菜大量吸收利用肥料中的铵离子，释放出氢离子，与大量残留在土壤中的硫酸根或氯离子结合生成硫酸或氯酸。随着栽培年限的增加，土壤缺少雨水冲刷，酸根离子不能淋溶到土壤深层，只能残留在耕作层，造成耕作层土壤酸根离子累积严重，加剧了土壤的酸化。③肥料施用比例不合理。高浓度氮、磷、钾复合肥的投入比例过大，而钙、镁等中微量元素投入相对不足，造成土壤养分失调，使土壤胶粒中的钙、镁等碱基元素很容易被氢离子置换，使其随土壤水分移动而流失。

3. 设施土壤土传病害

设施蔬菜常见土传病害有十字花科的软腐病；茄果类、瓜类的立枯病、疫病、根腐病、枯（黄）萎病；番茄、辣椒的青枯病及线虫。其中番茄枯萎病、根腐病，茄子枯（黄）萎病，黄瓜枯萎病、疫病等最为普遍，一般棚室在栽培 2～3 年后，会出现植株生长缓慢、矮化、叶片黄化等较明显的土传病害症状。甜瓜、西瓜对土传病害枯萎病最敏感，连茬 3 年，发病率即可达 20%以上；连茬五年发病率可达 60%～70%；而且，结瓜后瓜秧几乎全部枯死。其他作物如茄子、辣椒连茬 5 年以下的发病率在 20%～30%，产量损失达 30%，连茬 5 年以上发病率可达 50%～60%，产量损失达 60%（赵荥彤，2013）。设施土壤土传病害的发生主要是因为：①连作栽培条件下，作物根系分泌物和植株残茬腐解物给病原菌提供了丰富的营养和寄主，同时长期适宜的温湿度环境，使病原菌具有良好的繁殖条件，从而使病原菌数量不断增加。②设施栽培条件导致病虫害多发，大量施用农药导致作物生长环境被破坏，对土壤中的微生物种群乃至土壤中的固氮菌、根瘤菌和有

表 8-6 我国设施土壤的酸化状况

省份	市/县/镇	土壤类型	露地酸度	相对露地的酸化状况	文献来源
安徽	蚌埠市怀远县	潮土	pH: 7.3	20 年下降 0.5	邹长明等, 2006
安徽	蚌埠市固镇县	砂姜黑土	pH: 6.9	9 年下降 0.8	邹长明等, 2006
辽宁	沈阳市于洪区	—	pH: 6.53	6 年下降 1.03	范庆锋等, 2009b
辽宁	沈阳市于洪区	草甸土	pH: 6.50; 交换性酸: 0.15cmol/kg; 非交换性酸: 2.75cmol/kg; CEC: 14.7cmol/kg; 盐基饱和度 80.4%	调查平均下降: pH 下降 0.9; 交换性酸上升 0.37 cmol/kg; 非交换性酸上升 0.93cmol/kg; CEC 上升 3.2 cmol/kg; 盐基饱和度下降 9.5%	范庆锋等, 2009a
青海	乐都区碾伯镇	栗钙土	pH: 7.92	8 年下降 0.53	王艳萍等, 2011a
青海	西宁市城北区	栗钙土	pH: 7.90	30 年下降 0.80	王艳萍等, 2011b
山西	临汾市	石灰性褐土	pH: 7.82	8 年下降 0.77	杜新民等, 2007
陕西	关中地区	黄土母质	pH: 8.57	10 年及以上下降 0.67	党菊香等, 2004
山东	寿光市	潮土	pH: 7.68	11 年下降 2.18	曾希柏等, 2010
云南	昆明晋宁县	红壤	pH: 6.71	7 年下降 1.72	陈晓冰和王克勤, 2014
辽宁	沈阳法哈牛镇	—	pH: 7.00; 水解性酸: 2cmol/kg; 交换性酸: 0.18cmol/kg	10 年 pH: 下降了 1.50; 水解性酸: 增加了 1.80cmol/kg; 交换性酸: 增加了 0.27cmol/kg	李廷轩和张锡洲, 2011
辽宁	锦州中安镇	—	pH: 6.70; 水解性酸: 3.4cmol/kg; 交换性酸: 0	12 年 pH: 下降了 0.70; 水解性酸: 下降了 0.60cmol/kg; 交换性酸: 增加了 0.17cmol/kg	李廷轩和张锡洲, 2011

机质分解菌等有益微生物产生不利的影响。③设施栽培中化肥的过量施用也导致土壤中病原拮抗菌的减少，助长了土壤病原菌的繁殖，加重了土传病虫害的发生。

4. 自毒作用

设施蔬菜的长期种植会导致植物的自毒作用，从而影响细胞膜透性、酶活性离子吸收和光合作用等多种途径，影响植物生长，造成连作障碍。设施农业生产过程中，如番茄、茄子、西瓜、甜瓜和黄瓜等极易产生自毒作用。目前，已在番茄、黄瓜和辣椒等多种设施园艺作物组织和根系分泌物中分离出包括苯甲酸、肉桂酸和水杨酸在内的 10 余种具有生物毒性的酚酸类物质，这些物质通过影响离子吸收、水分吸收、光合作用、蛋白质和 DNA 合成等多种途径来影响植物生长（孙光闻等，2005）。例如，当黄瓜连续种植时，根系释放的酚类物质积累到一定程度就会抑制下茬作物的生长，并且有证据证明它们可抑制黄瓜根系对 NO_3^-、SO_4^{2-}、K^+、Ca^{2+}、Mg^{2+} 和 Fe^{2+} 的吸收。番茄不仅具有自毒作用，其植株的水提液对黄瓜、萝卜、生菜、白菜、甘蓝的幼苗生长均有显著的抑制作用。作物连作障碍通常是由多个因素引起并相互作用造成的。如土壤养分胁迫对植物造成生理伤害，导致植物生理代谢的异常变化和根系原生质膜透性的增加，从而促进了分泌物的大量增加。这些根系分泌物的大量增加又可能引起植物的自毒作用，同时改变土壤微生物群落结构及土壤 pH，导致土壤物理化学性质的改变，进而对植物生长造成影响。我们认为的土壤病原菌增殖导致连作障碍的发生，其实质可能由植物通过残茬降解和根系分泌等向环境中释放的自毒物质引发的，并协同土传病虫害对植物致害，导致连作障碍的严重发生。

8.2　土壤连作障碍防治技术

8.2.1　露地栽培连作障碍防治

8.2.1.1　露地土壤次生盐渍化

1. 增施有机肥

施用有机肥，有机无机结合，努力补充和平衡土壤中作物所需的各种阳离子，减少对作物生长有毒害的钠离子，通过离子平衡提高作物的抗盐性。土壤培肥后，可以显著促进作物根系发育；根系的发达又能调节离子平衡，使作物能够经受住较高的盐分浓度，减轻盐分毒害作用。

2. 草田轮作

种植耐盐绿肥作物，减少地表水分的蒸发，达到防止土壤表面积盐，降低地下水位和盐分，改良土壤的物理性状，增加有机质和土壤微生物，降低土壤 pH，从而彻底改善周围生态环境。

3. 排水洗盐

通过铺设水平或垂直排水管，降低或控制地下水位，使土壤逐渐脱盐，地下水逐渐淡化，防止土壤返盐。这种方法适用于土壤含盐重、盐化面积大、土质黏重、透水性不良、地下水补给多而排水不畅的地块。

4. 根区隔盐处理

在土壤耕层以下设置盐分隔离层，使土壤水分运行到隔离层下界面时发生停滞，抑制毛管水上升，促进重力水向下渗透，从而使隔离层上层土壤的盐分积累减少，在一定程度上能缓盐分积聚（孙跃春等，2012）。

5. 土层深耕

打破富含盐分的底土层，促使盐分下渗到土壤深层，降低表层土壤溶液浓度，切断土壤毛细管，避免土壤返盐。

8.2.1.2 露地土壤酸化

1. 控制酸沉降

随着现代工业的发展，酸沉降成为导致土壤酸化的重要原因。因此，需从源头上控制二氧化硫、氧化亚氮等污染物的排放。如采用新型的环保能源、采用高效农业废弃物处理技术等。

2. 合理施肥

根据作物的需肥特点适时适量施肥；积极推广与应用新型肥料，如微生物肥料、缓控释肥料等。还应当调整施肥品种和结构，选择生理碱性肥料，防止土壤进一步酸化。另外，秸秆还田对减少土壤中碱性物质的流失有重要作用，同时施用腐熟有机肥，也有利于增强土壤对酸碱的缓冲能力（王海江等，2014）。

3. 施用化学改良剂，提高土壤的 pH

施用石灰中和土壤酸度，从而提高土壤养分有效性，提高作物的产量和品质。此外，生物质炭具有较高的 pH，添加到酸性土壤中可以提高土壤的 pH，降低土壤酸度。

8.2.1.3 土传病害

1. 培育抗病品种

因地制宜选用抗病品种，适时播种，培育壮苗，及时移栽，合理施肥，为植株创造一个适合生长发育的环境条件，是预防土传病害的有效措施。

2. 改善栽培制度

通过不同作物轮作、间作、套作，减少土壤中病原菌的数量，增加拮抗菌数量，改善土壤的微生物种群结构，改善土壤的理化特性，增强植物的抗病性，从而减轻连作症状的发生。

3. 土壤灭菌

包括高温灭菌、空间电场法的物理消毒技术和通过土壤化学药剂熏蒸消灭病原微生物的化学消毒技术。如对葡萄连作土壤进行蒸汽灭菌，结果发现灭菌可改变根系分泌物的成分及含量，促进植株的生长，减轻葡萄的连作障碍（周娟等，2013）。

4. 生物防治

在连作区土壤中接种生防菌活菌制剂，使拮抗菌在根际微环境中大量繁殖，抑制土壤中特定病原菌的生长，减少病原菌数量，从而达到"以菌治菌"的效果。

8.2.1.4　自毒作用

1. 培育自毒次生代谢物抗性品种

通过遗传育种手段选育在生长早期就具有对自毒次生代谢物有抗性的品种。

2. 异位育苗

利用异位育苗，如营养钵育苗、无土育苗（漂浮育苗）等，诱导幼苗合成抗性赋予蛋白，及早获得对自产毒性次生代谢物的抗性。

3. 合理密植

降低植物密度，减少作物自毒次生代谢物的合成。

4. 生物防治

可以应用不同农作物之间的化学他感作用来提高作物的产量和品质，并减少根部病害。

8.2.2　设施栽培连作障碍防治

8.2.2.1　设施土壤次生盐渍化

1. 改善施肥方法，进行综合的肥料管理

①避免盲目施肥。要根据蔬菜作物的需肥特性及土壤养分含量状况进行配方施肥。②慎选肥料种类。尽量施用不带 SO_4^{2-}、Cl^- 等副成分的肥料，如尿素、磷酸铵、硝酸钾等。施用缓效氮肥在降低土壤 NO_3^--N 累积上有很好的作用。③多施半腐熟的有机肥料。

2. 合理的水分调控措施，以水洗盐

具体措施主要有：①揭棚洗盐。利用换茬空隙揭膜淋雨溶盐或灌水洗盐，洗盐前先翻耕土壤，然后灌水，并且在设施地周围挖好排水沟，使盐随水排出设施地外，灌水量一般在 200mm 以上。②合理灌溉。每次浇水不宜小水勤浇，而应浇足灌足，将传统的沟灌和大水漫灌改为滴灌、渗灌等方式。

3. 覆盖土壤调理剂

将稻草、锯末等有机物物料做成调理剂，通过覆盖降低土壤的蒸发量，减少土壤中的盐分表积。经测定，覆盖木屑能明显降低月季花温室土壤的盐分含量，尤其在春季、初夏及晚冬等季节效果明显。覆盖稻草也可以降低土壤的盐分含量，防止土壤盐分表积，而且随着覆盖时间的延长除盐效果越明显。

4. 合理耕作栽培

①选择耐盐、吸肥能力强的植物（如苏丹草、玉米和田菁等），在夏季温室休闲期栽培，进行生物洗盐。②通过深耕可把积聚在耕层表面的盐分与下层土壤相互混合，以达到稀释设施土壤表层盐分浓度的目的。③水旱轮作，使土壤中多余的养分被水生作物吸收，通过灌水使表土养分、盐分下渗，解决栽培中土壤次生盐渍化问题。

5. 客土改良

用附近的露地农田土壤或者其他质地相近且没有发生次生盐渍化的土壤掺混入盐渍化土壤中，以起到降低盐渍化土壤中盐分的目的。

8.2.2.2　设施土壤酸化

1. 合理施肥

①合理施用大量元素肥料，增施中微量元素肥料。根据设施用肥的特点，不同生长期应选用不同配比的肥料，生长期以氮磷肥为主，品质形成期以磷钾肥为主，进行配方施肥；同时适时增施中微量元素肥料。②施用腐熟的有机肥和生理碱性肥料。设施栽培中不宜过量施用硫酸铵、氯化铵、普钙等酸性肥料。③施用生物肥料。生物肥料含有大量的有益微生物菌群，对土壤理化性质及生物群落有良好作用，同时使用微生物肥料可减少化肥用量，有利于无公害蔬菜的生产，避免发生土壤酸化。

2. 施用土壤酸性调理剂

土壤调理剂能调节土壤酸碱度、缓解土壤板结、改善土壤环境。施用氰氨化钙可调节土壤酸性。同时应用花生壳、碳化稻壳等改良剂于设施土壤，也能有效缓解设施土壤酸化。

3. 合理轮作与灌溉

利用不同蔬菜对养分需求的差异,进行合理的轮作倒茬;在施肥方式上应避免大水大肥漫灌,并逐步采用滴灌、喷灌等方式,提高水肥一体化水平和肥料利用率(郑镇勇,2017)。

8.2.2.3　土传病害

1. 合理轮作和间作

通过倒茬轮作、水旱轮作及间、混、套作来抑制病原菌的繁殖,进而减轻土传病害的发生。轮作不仅是普通蔬菜的轮作,也包括同水稻、对抗植物和净化植物等的轮作。如黄瓜与大葱,大蒜、韭菜与辣椒等轮作(赵荧彤,2013)。

2. 嫁接技术

通过嫁接,重茬地栽培防病效果可达 90%以上。据统计,黄瓜用黑籽南瓜做砧木嫁接栽培,对枯萎病的防治效果可达 95%~98%;茄子利用高抗或免疫的砧木进行嫁接对黄萎病的防治效果可达 96%(武泽民等,2013)。

3. 土壤消毒灭菌

翻耕前在土壤耕作层每亩撒施石灰 80~100kg,可以起到杀菌和调节土壤酸碱度的作用,对青枯病、枯萎病、黄萎病、软腐病和根腐病有明显的防治效果。有条件的地方可利用作物休闲之季,将水堵起来浸泡土壤,浸泡时间越长,效果越明显。在土壤太阳能热处理中,由于事先施入有机肥和灌水,土壤湿润、温度高,微生物呼吸十分旺盛,在覆膜封闭条件下,土壤中氧气逐渐消耗,呈缺氧还原状态,大多数好气的病原菌在缺氧和高温条件下死亡。目前,熏蒸法在育苗床及设施蔬菜栽培中应用较广泛。蒸气热消毒土壤是用蒸气锅炉加热,通过导管把蒸气热能送到土壤中,使土壤温度升高,杀死病原菌,以达到防治土传病害的目的。

4. 生物防治

施用生物有机肥、菌肥、生物农药,引入拮抗性微生物或提高原有拮抗微生物的活性,通过营养和空间的竞争等降低土壤中病原菌的密度,抑制病原菌的活动,以达到减少病原菌的数量和根系的感染的目的。

5. 无土栽培

无土栽培使用的是人工基质或者营养液,因此能够避免土传病害带来的影响。

8.2.2.4　自毒作用

1. 选择抗化感作用强的品种

由于作物品种间抵抗自毒作用的能力存在显著差异,选择没有自毒作用或自毒作用低、抗性强的作物种类或品种，对减轻或克服自毒作用意义重大，尤其对于易发生连作障碍的作物，采用该方法的效果更为明显。

2. 建立合理休耕轮作制度

选择具有促进生长作用的相生作物进行合理的轮作，不仅可以提高作物产量，而且可以有效改善土壤理化性质和微生态环境，从而避免连作障碍的发生。两次作物种植之间给予耕地以适当的休耕期，利用土壤中存在的大量微生物降解其中的化感物质，使其浓度下降到不能危害作物的水平（苏世鸣等，2008；郝文雅等，2011）。

3. 增施有机肥

有机肥含有丰富的微生物和各种养分，其中的腐殖酸成分是消除植物毒素的自然装置，可改善根际土壤微生物环境，减轻作物的自毒作用。

4. 采用嫁接技术

化感物质大部分是通过根系分泌物传到土壤中的，因此，采用嫁接技术对减轻和克服作物的自毒作用意义较大。黄瓜、番茄和茄子等作物采用嫁接技术可克服土传病害，增加作物的抗病性。

8.2.3 温室土壤次生盐渍化防治案例

8.2.3.1 研究背景

我国设施蔬菜栽培生产面积占我国设施栽培总面积的约90%和世界设施园艺总面积的一半以上，是世界上设施面积最大的国家。但不合理的肥料施用和设施蔬菜栽培特有的环境特点，使我国设施土壤次生盐渍化状况日趋严重，严重制约设施蔬菜产量和品质的提高。同时，设施土壤次生盐渍化导致大量设施菜地被废弃，造成巨大的土地资源浪费。上海设施蔬菜生产一直处在我国的龙头地位，现有设施蔬菜面积约10万亩，极大地满足了上海市民对蔬菜的消费需求并显著提高了本地农民的收入。上海作为特大型城市，土地资源极为短缺，蔬菜需求量巨大，设施蔬菜复种指数更高，肥料的过量施用加上设施蔬菜处于低地温和高湿的栽培环境不利于养分吸收，上海各区县包括奉贤、松江、浦东和青浦等都出现较为严重的设施土壤次生盐渍化问题，设施蔬菜产量和品质持续恶化。随着种植年限增加，上海设施土壤次生盐渍化程度持续加深，难以实现设施土壤的可持续利用。目前设施土壤次生盐渍化问题已经成为制约上海设施蔬菜产量和质量的关键因素。

目前，上海设施土壤改良针对性不强，土壤次生盐渍化的精准改良研究对减少或避免种植户因设施土壤次生盐渍化造成的损失以及保证设施土壤的可持续利用有积极的意义。只有实现设施土壤盐分离子的精准改良，才能有效指导种植户根据土壤盐分组成和浓度进行土壤改良和修复、高效利用土壤盐分（养分）资源并减少生态风险。设施菜田土壤主要盐分离子为 SO_4^{2-}、NO_3^- 和 Ca^{2+}，而土壤中硫酸根占土壤中各盐分离子含量的

35%，且硫酸根氧化还原电位比硝酸根更低，由此创造的强还原环境，促进了硫酸根离子还原，消耗 H^+，减轻了盐渍化和酸化，对于温室土壤改良具有重要指导意义。

8.2.3.2 研究进展

1. 设施蔬菜生产经营情况调查

为弄清楚设施土壤使用情况，推进设施蔬菜生产水平和农户设施种植经济效益，通过问卷调查我们发现，研究区主要种植的蔬菜为叶菜和辣椒。基肥主要为复合肥（NPK比例为 15∶15∶15，50kg/亩）和商品有机肥（1~2t/亩），追肥以水溶肥滴灌为主（30kg/亩）。当地土壤存在板结盐渍化现象，蔬菜种植过程中常出现霜霉病，也有根结线虫等虫害。总体来说，设施土壤问题较为突出，其中土壤盐渍化及其诱发的土传病害最为严重。

2. 田间土壤样品采集

土壤样品采集主要包括两部分（图 8-7）。第一部分是土壤分层样品采集：分别在大棚选取分层土壤样品，包括 0~5cm、5~10cm、10~15cm、15~20cm、20~40cm，共65 个大棚样品；第二部分是于代表性区域采集培养和盆栽试验用土，铲去表层 1cm 土壤，挖出耕层 15cm 土壤，土壤混合，然后装入编织袋内，共计 2000kg。

图 8-7 设施土壤采样点位置和现场采样

3. 田间土壤样品的测试

对分层土壤样品进行风干研磨后，完成土壤酸碱度和电导率的测试。对数据进行分析发现，大部分采样大棚的土壤 pH>7，呈偏碱性状态；电导率由表层向下呈下降趋势，多数土壤电导率>400μS/cm，设施土壤有轻度盐渍化现象，少数土壤 0～10cm 电导率>1000μS/cm，处于重度盐渍化状态（图 8-8）。同时，绝大部分盐分积累在表层 0～5cm 和 5～10cm 内。

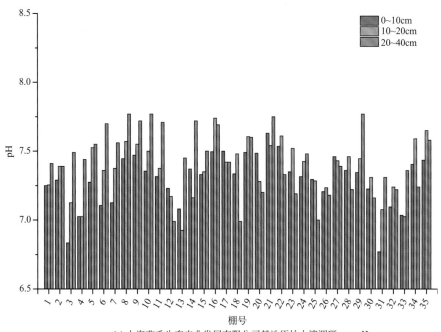

(a) 上海燕秀生态农业发展有限公司基地原始土壤调研——pH

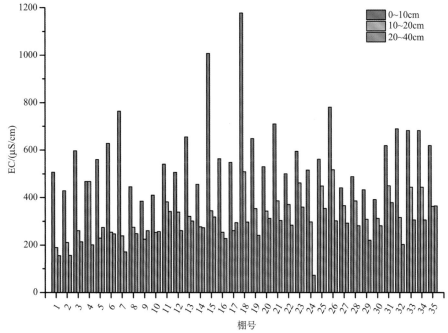

(b) 上海燕秀生态农业发展有限公司基地原始土壤调研——EC

图 8-8 设施大棚各层次土壤酸碱度和电导率变化

4. 设施土壤修复材料筛选研究

利用采集的土壤,同时进行了次生盐渍化土壤修复用配方的研发工作。添加黑麦草和细铁粉能够显著降低土壤中的硝态氮,由原始土的 2355mg/kg 最低降至 102mg/kg,仅提高铵态氮含量约 400mg/kg,有利于土壤中的硝酸盐还原去除,减轻盐害(图 8-9)。

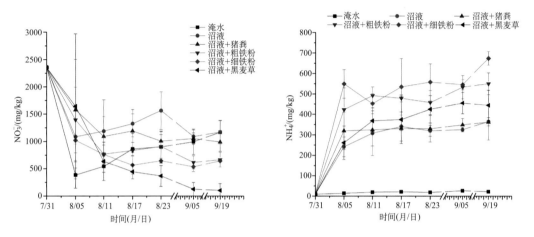

图 8-9　淹水还原条件下不同土壤添加物对土壤硝酸根离子和铵根离子的影响

8.2.3.3　研究结果

添加黑麦草和铁粉均能有效降低土壤中硝酸盐含量,铁粉能促进硝态氮转换成铵态氮,将氮更多地保留在土壤中,当土壤再度落干,铵态氮逐渐氧化成硝态氮供作物利用,可减少氮损失。利用物料配比及水分管理等手段,可以为土壤创造较低的氧化还原电位环境,有效降低土壤中的硝态氮含量,并尽可能将硝态氮转化成铵态氮保留于土壤中,有效降低土壤中的硫酸根含量,减轻土壤盐害。

8.3　设施土壤管理的对策与建议

8.3.1　加强生产者技术培训及农用投入品使用的监管和指导

加强设施农业清洁生产技术的推广和培训,提高从业人员的环保意识,尤其要加强设施蔬菜生产企业环保意识的引导。执行严格的肥料、农药、农膜使用标准及灌溉水质标准,从源头防止化肥、农药等化学品及农用废弃物污染环境。在生产环节建立各种污染物投入总量控制标准,加强污染物含量监测,实施总量控制。如目前农业部门实施的"减化肥、减农药"和"保产量、保质量、保增收"的农业生产措施,可以根据污染物的积累和效应确定减量和保证的目标。

8.3.2　完善设施土壤相关环境质量标准体系

尽快制定设施土壤污染防治专门法规和部门规章，构建设施种植条件下农业投入品安全使用与污染控制标准，完善设施农业环境标准体系，规范相应的评价方法，为设施土壤环境管理提供依据。首先，要尽快通过设施蔬菜生产基地土壤重金属积累状况调查和重金属在设施土壤中的环境化学行为、迁移转化规律等修订现行的设施土壤重金属环境质量标准。其次，针对目前缺乏反映设施农业农药、肥料和农膜高投入污染的土壤环境质量指标，尽快完善设施农业中常规使用农药、氮磷养分、农膜、抗生素等污染物的含量限值。最后，根据设施蔬菜生产体系的特点，规范相应的土壤环境质量评价方法。

8.3.3　完善设施土壤环境监管体系

我国设施农业的发展规模不断扩大，不同区域设施类型、生产模式、管理水平不一，其耕地土壤资源与环境保护尤应加强，设施农产品产地环境监管体系和机制亟待建立。必须进一步发挥环境标准的监管效能，开展设施土壤环境质量状况的系统调查与定位监测，逐步建立设施产地土壤环境质量监测与评价体系，实时了解区域设施土壤环境问题，及时反馈至规划和决策部门，逐步建立土壤环境质量监测与评价制度。

8.3.4　加强区域土壤宏观调控

根据国家各个地区的资源和区位优势，制订有指导性的设施农业土壤污染防治规划，明确设施农业发展的优势区域、重点领域和重要项目。各地区环保部门应参与设施农业的发展规划，进行监管和指导，把节约资源和保护生态环境的理念落实在设施农业发展的各个环节。为了保障一个地区的资源合理利用，在合理规划的基础上制定设施产地的准入、退出制度，保护区域土壤资源合理利用。

8.3.5　加大设施农业受污染土壤治理和科研的投入

对规模化设施基地建设确立设施土壤环境保护责任制，按照"谁污染、谁治理"的原则建立污染问责机制，有效保障设施土壤资源的可持续利用；按照"谁投资、谁受益"的原则，充分利用市场机制，引导和鼓励社会资金投入设施土壤环境保护和综合治理工作中。加强设施农业环境保护与污染防治研究的国际合作与交流，从设备、技术、品种、管理等多方面充分学习和借鉴发达国家的经验和方法，转变设施生产主要依赖农业投入品高量、高频使用获取高效益的发展理论与模式，有待开发出具有自主知识产权的设施农业环境技术设备和污染控制技术。

参 考 文 献

曹坳程, 刘晓漫, 郭美霞, 等. 2017. 作物土传病害的危害及防治技术. 植物保护, 43(2): 6-16.

陈玲, 董坤, 杨智仙, 等. 2017. 连作障碍中化感自毒效应及间作缓解机理. 中国农学通报, 33(8): 91-98.

陈晓冰, 王克勤. 2014. 西南红壤区保护地土壤次生盐渍化状况研究. 西南农业学报, 27(3): 1207-1211.

党菊香, 郭文龙, 郭俊炜, 等. 2004. 不同种植年限蔬菜大棚土壤盐分累积及硝态氮迁移规律. 中国农学通报, 20(6): 189-191.

杜新民, 吴忠红, 张永清, 等. 2007. 不同种植年限日光温室土壤盐分和养分变化研究. 水土保持学报, 21(2): 78-80.

范庆锋, 张玉龙, 陈重. 2009a. 保护地蔬菜栽培对土壤盐分积累及 pH 的影响. 水土保持学报, 23(1): 103-106.

范庆锋, 张玉龙, 陈重, 等. 2009b. 保护地土壤盐分积累及其离子组成对土壤 pH 值的影响. 干旱地区农业研究, 27(1): 16-20.

郭冠瑛, 王丰青, 范华敏, 等. 2012. 地黄化感自毒作用与连作障碍机制的研究进展. 中国现代中药, 14(6): 35-39.

郭军, 顾闽峰, 祖艳侠, 等. 2009. 设施栽培蔬菜连作障碍成因分析及其防治措施. 江西农业学报, 21(11): 51-54.

郝文雅, 沈其荣, 冉炜, 等. 2011. 西瓜和水稻根系分泌物中糖和氨基酸对西瓜枯萎病病原菌生长的影响. 南京农业大学学报, 34(3): 77-82.

蒋旭平. 2009. 新疆棉农连作行为分析——基于棉花替代作物可选择空间的思考. 中国农业资源与区划, 30(6): 47-50.

李刚, 张乃明, 毛昆明, 等. 2004. 大棚土壤盐分累积特征与调控措施研究. 农业工程学报, 20(3): 44-47.

李廷轩, 张锡洲. 2011. 设施栽培条件下土壤质量演变及调控. 北京: 科学出版社.

李孝刚, 张桃林, 王兴祥. 2015. 花生连作土壤障碍机制研究进展. 土壤, 47(2): 266-271.

梁飞, 田长彦, 尹传华, 等. 2011. 盐角草改良新疆盐渍化棉田效果初报. 中国棉花, 38(10): 30-32.

刘建国, 张伟, 李彦斌, 等. 2009. 新疆绿洲棉花长期连作对土壤理化性状与土壤酶活性的影响. 中国农业科学, 42(2): 725-733.

柳勇, 徐润生, 孔国添, 等. 2006. 高强度连作下露天菜地土壤次生盐渍化及其影响因素研究. 生态环境, (3): 620-624.

闵炬. 2007. 太湖地区大棚蔬菜地化肥氮利用和损失及氮素优化管理研究. 杨凌: 西北农林科技大学.

苏世鸣, 任丽轩, 霍振华, 等. 2008. 西瓜与旱作水稻间作改善西瓜连作障碍及对土壤微生物区系的影响. 中国农业科学, 41(3): 704-712.

孙光闻, 陈日远, 刘厚诚. 2005. 设施蔬菜连作障碍原因及防治措施. 农业工程学报, (S2): 184-188.

孙磊. 2008. 不同连作年限对大豆根际土壤养分的影响. 中国农学通报, 24(12): 266-269.

孙雪婷, 龙光强, 张广辉, 等. 2015. 基于三七连作障碍的土壤理化性状及酶活性研究. 生态环境学报, 24(3): 409-417.

孙跃春, 陈景堂, 郭兰萍, 等. 2012. 轮作用于药用植物土传病害防治的研究进展. 中国现代中药, 14(10): 37-41.

王广印, 郭卫丽, 陈碧华, 等. 2016. 河南省设施蔬菜连作障碍现状调查与分析. 中国农学通报, 32(25):

27-33.

王海江, 石建初, 张花玲, 等. 2014. 不同改良措施下新疆重度盐渍土壤盐分变化与脱盐效果. 农业工程学报, 30(22): 102-111.

王珊. 2007. 不同种植年限设施土壤微生物学特性变化研究. 雅安: 四川农业大学.

王兴祥, 张桃林, 戴传超. 2010. 连作花生土壤障碍原因及消除技术研究进展. 土壤, 42(4): 505-512.

王艳萍, 李松龄, 秦艳, 等. 2011a. 不同年限日光温室土壤盐分及养分变化研究. 干旱地区农业研究, 29(3): 161-164.

王艳萍, 李松龄, 秦艳, 等. 2011b. 不同年限日光温室土壤盐分及养分动态研究. 中国土壤与肥料, (4): 5-7.

王媛华. 2015. 设施土壤酸化与次生盐渍化的相互影响研究. 北京: 中国科学院大学.

武泽民, 于振茹, 卢立华, 等. 2013. 设施蔬菜土传病害的诊断与综合防控措施. 安徽农业科学, 41(31): 12320-12323.

严铸云, 王海, 何彪, 等. 2012. 中药连作障碍防治的微生态研究模式探讨. 中药与临床, 3(2): 5-10.

余海英, 李廷轩, 周健民. 2005. 设施土壤次生盐渍化及其对土壤性质的影响. 土壤, (6): 581-586.

曾希柏, 白玲玉, 苏世鸣, 等. 2010. 山东寿光不同种植年限设施土壤的酸化与盐渍化. 生态学报, 30(7): 1853-1859.

张金锦, 段增强. 2011. 设施菜地土壤次生盐渍化的成因、危害及其分类与分级标准的研究进展. 土壤, 43(3): 361-366.

张艳君, 郭丽华, 于涛, 等. 2015. 花生连作对植株生长发育及主要农艺生理指标的影响. 辽宁农业科学, (6): 17-20.

赵荧彤. 2013. 黑山县设施蔬菜土传病害发生状况与防治对策. 科技传播, 5(4): 95, 92.

郑慧, 杨继峰, 董汉文, 等. 2016. 轮作和连作对大豆农艺性状及产量的影响. 大豆科技, (5): 14-17.

郑良永, 胡剑非, 林昌华, 等. 2005. 作物连作障碍的产生及防治. 热带农业科学, (2): 58-62.

郑镇勇. 2017. 连作蔬菜大棚土壤酸化成因及防治措施. 现代农业科技, (16): 160-162.

周娟, 袁珍贵, 郭莉莉, 等. 2013. 土壤酸化对作物生长发育的影响及改良措施. 作物研究, 27(1): 96-102.

邹长明, 孙善军, 张晓红, 等. 2009. 蚌埠地区设施土壤盐分累积特征研究. 安徽科技学院学报, 23(3): 8-13.

邹长明, 张多姝, 张晓红, 等. 2006. 蚌埠地区设施土壤酸化与盐渍化状况测定与评价. 安徽农学通报, 12(9): 54-55.

第9章 农田温室气体排放与固碳减排技术

9.1 农田温室气体排放

稻田生态系统不仅是重要温室气体 CO_2 的主要吸收者，也是大气重要温室气体 CH_4 和 N_2O 的主要排放者。本章首先介绍稻田生态系统的 CH_4 排放特征，着重描述稻田排放 CH_4 的稳定性碳同位素组成（$\delta^{13}CH_4$）的变化规律，并将 $\delta^{13}CH_4$ 作为判断指标清晰地解译稻田 CH_4 排放的各个过程，进而采用稳定性碳同位素自然丰度法定量评估稻田 CH_4 的产生、氧化和传输等过程及其对水肥管理的响应；最后概述稻田温室气体的减排措施，并针对我国全年淹水稻田和双季稻田，集成提出了兼顾产量且易于操作的减排对策。

9.1.1 稻田生态系统的 CH_4 排放特征

稻田生态系统的 CH_4 排放具有高度的时空变化特征。从时间尺度上讲，可以区分为日变化、季节变化和年际变化；从空间尺度上讲，可以区分为试验小区或田块尺度、行政区域尺度、全国和全球尺度等。鉴于 CH_4 排放的高时空变异特性，田间通量观测在时间上应该足够长，通常要连续观测三年以上，而空间上的采样点应该足够多，同一处理通常至少设置三个重复，这样获得的观测数据才具有时空代表性，研究结果才能真实反映 CH_4 排放的实际情况。

全球首例稻田 CH_4 排放通量原位观测始于美国（Cicerone and Shetter, 1981），研究结果表明：种水稻与不种水稻、施氮肥与不施氮肥、白天与夜间及切割植株与保留植株之间的 CH_4 排放通量存在明显差异。随后，西班牙、意大利、中国、日本相继报道了水稻生长季的 CH_4 排放通量及其对水肥管理的响应（Seiler et al., 1984; Holzapfel-Pschorn and Seiler, 1986; Wang et al., 1987; Wang et al., 1990; Yagi and Minami, 1990）。Seiler 等（1984）首次报道了单季持续淹水稻田水稻生长期的 CH_4 排放通量及其日变化规律：CH_4 排放通量存在明显的季节变化趋势，水稻移栽后，CH_4 排放通量逐渐增加并在水稻扬花成熟期间达到峰值，随后急剧减少，这与水稻生长及土壤温度变化有关（Cai et al., 2000; Cai et al., 2003; Xu et al., 2003; Zhang et al., 2011b）；CH_4 排放通量也存在明显的日变化，且与土壤温度的日变化显著相关（Seiler et al., 1984）。意大利、日本和中国的研究也均发现水稻生长季 CH_4 排放通量的昼夜变化与表层土温的昼夜变化具有显著相关性（Schütz et al., 1989; Yagi and Minami, 1990; Yagi et al., 1994; 徐华和蔡祖聪, 1999）。

鉴于稻田 CH_4 排放对全球气候变化影响的重要性，联合国于 1988 年成立了政府间气候变化专门委员会（The Intergovernmental Panel on Climate Change，IPCC），旨在对气候变化科学知识的现状，气候变化对社会、经济的潜在影响以及如何适应和减缓气候变化的可能对策进行评估。自此，关于稻田 CH_4 的研究在国际上受到越来越多的关注，特别是在中国，出现了连续多年、多地、多种植类型的 CH_4 排放通量观测报道（上官行健等，1993; Wang and Shangguan, 1996; Cai et al., 2000）。他们发现：CH_4 排放不仅存在明显的日变化和季节变化，还表现出较大的年际变化，且认为施肥、气候（温度和降水）及水分状况是产生年际变化的重要因素；施肥对 CH_4 排放通量季节变化的影响较小，但稻田水分状况会较大程度地改变 CH_4 排放的季节变化规律。

通过测定大气 CH_4 的稳定性碳同位素组成（$\delta^{13}CH_4$）和不同来源的 $\delta^{13}CH_4$，再结合大气的 CH_4 排放总量，即可评估不同排放源 CH_4 的总排放量，从而能进一步估算出稻田的 CH_4 排放总量（Miller, 2005）。有关稻田生态系统 CH_4 排放的稳定性碳同位素组成（$\delta^{13}CH_{4\,(排放)}$）的观测研究于 20 世纪 80 年代开始就得到国际上的广泛关注（张广斌等，2009）。Stevens 和 Engelkemeir（1988）首次观测了美国加利福尼亚州稻田的 $\delta^{13}CH_{4\,(排放)}$，结果为–67‰，较生物质燃烧和佛罗里达州 Everglades 沼泽释放的 $\delta^{13}CH_4$ 明显偏负。随后，肯尼亚、意大利、日本、中国相继报道了水稻生长季的 $\delta^{13}CH_{4\,(排放)}$（Tyler et al., 1988; Bergamaschi, 1990; Uzaki et al., 1991; 李金华等，1995），发现由于稻田 CH_4 排放通量具有高度的时空变异性，其 $\delta^{13}CH_{4\,(排放)}$ 也存在较大的日变化和季节变化，且存在一定的年际变化和空间变化，并受水稻品种、水分管理、秸秆还田等诸多因素影响（Zhang et al., 2011a 以及文中参考文献）。

Tyler 等（1994）首次报道了日本持续淹水稻田的 $\delta^{13}CH_{4\,(排放)}$ 及其对秸秆还田的响应，连续两年的结果显示：随着 CH_4 排放通量的逐渐增加，排放的 CH_4 先富集 ^{12}C，而后富集 ^{13}C，$\delta^{13}CH_{4\,(排放)}$ 值先减小至–70‰左右，后又增大到–65‰～–60‰；秸秆施用不改变 CH_4 排放通量和 $\delta^{13}CH_{4\,(排放)}$ 的时间变化趋势，但总体增加 CH_4 季节排放总量，降低 1991 年 $\delta^{13}CH_{4\,(排放)}$ 值达 2‰～5‰。他们进一步分析发现，$\delta^{13}CH_{4\,(排放)}$ 值的季节变化是稻田 CH_4 产生、氧化和传输的季节变化作用于 $\delta^{13}C$ 的综合结果（Tyler et al., 1994）。

Chanton 等（1997）同时研究了美国路易斯安那州持续淹水稻田的 CH_4 排放通量及其 $\delta^{13}CH_{4\,(排放)}$ 值的日变化规律，发现随排放通量的升高，$\delta^{13}CH_{4\,(排放)}$ 值也明显增大，并均在 14 时左右达到峰值；伴随着 CH_4 排放通量迅速降低，$\delta^{13}CH_{4\,(排放)}$ 值显著减小，在 23 时达到最小值。可见，$\delta^{13}CH_{4\,(排放)}$ 的日变化与 CH_4 排放通量的日变化有密切关系。Marik 等（2002）在意大利的观测结果也表明，稻田持续淹水期间 CH_4 排放通量的日变化与其对应的 $\delta^{13}CH_{4\,(排放)}$ 值的日变化具有很好的正相关关系（$R^2=0.78$）。

关于中国稻田 $\delta^{13}CH_{4\,(排放)}$ 的观测研究开始于 1993 年（李金华等，1995）。他们测定了贵州三个不同试验点的 $\delta^{13}CH_{4\,(排放)}$ 值，发现一天之内不同采样时间获得的 $\delta^{13}CH_{4\,(排放)}$ 存在一定差异，其中上午的最小，为–63.8‰，中午次之，下午达到最高值–60.7‰。1995 年，Bergamaschi（1997）采用静态箱法系统研究了江苏苏州稻麦轮作稻田整个水稻生长季的 $\delta^{13}CH_{4\,(排放)}$，结果发现：稻田淹水 20 天时，$\delta^{13}CH_{4\,(排放)}$ 值高达–50‰，随后逐渐减小至最低值–70‰，稻田淹水约 70 天后，$\delta^{13}CH_{4\,(排放)}$ 值又缓慢增加；稻田淹水 0～55 天期间，气泡中的 $\delta^{13}CH_4$ 相对于 $\delta^{13}CH_{4\,(排放)}$ 偏负，随后（淹水后 55～97 天）排放的 CH_4 较气泡中的 CH_4 富集 ^{12}C，水稻收割前（淹水后 97～104 天），两者均达到–65‰左右，并认为这种变化与差异和水稻生长所导致的稻田 CH_4 产生、氧化和传输的 $\delta^{13}CH_4$ 变化有关。

　　Zhang 等（2017）系统研究了中国三大典型稻田的 CH_4 排放通量、$\delta^{13}CH_{4（排放）}$ 及其对田间管理措施的响应，结果表明［图 9-1（a）和图 9-1（b）］：稻麦轮作稻田的 CH_4 排放通量随水稻移栽后天数的增加而逐渐增大，第一次 CH_4 排放峰出现在中期烤田（水稻移栽后 30 天）后的首次观测，烤田后第四天 CH_4 排放急剧降低，稻田覆水期间 CH_4 排放通量逐渐增大并形成第二排放峰，但远低于第一次的峰值，后期稻田干湿交替，CH_4 排放通量一直处于较低水平，这与前期大量文献报道的田间观测结果一致（Cai et al., 1997; Zou et al., 2005; Ma et al., 2007; Zhang et al., 2013a）；与间隙灌溉稻田不太一致的是稻田持续淹水使 CH_4 排放峰推迟约 15 天出现，随后保持相对较高的 CH_4 排放水平，水稻收获前稻田排水也能观测到大量 CH_4 排放。氮肥施用对稻田 CH_4 排放通量的季节变化与排放总量无明显影响，这与以往研究结果类似（Cai et al., 1997; Zou et al., 2005; Ma et al., 2007; Ji et al., 2014）。

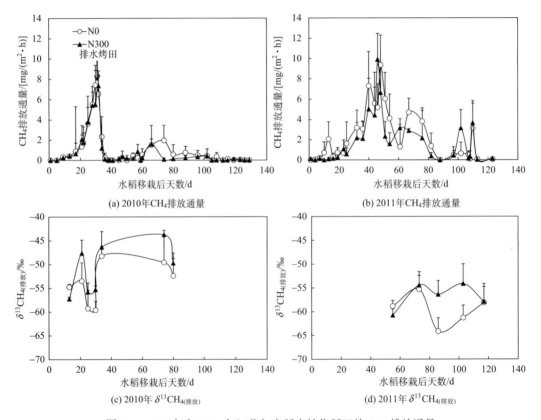

图 9-1　2010 年和 2011 年江苏句容稻麦轮作稻田的 CH_4 排放通量
及其对应的 $\delta^{13}CH_{4（排放）}$（Zhang et al., 2017）

N0 和 N300 表示氮肥施用量分别为 0 和 300kg/hm^2（N）；2010 年和 2011 年水稻主要生育期水分管理分别为间隙灌溉和持续淹水

　　中期烤田使排放的 CH_4 急剧富集 ^{12}C，$\delta^{13}CH_{4（排放）}$ 值从 –53.5‰～–47.6‰ 减小至 –59.6‰～–55.3‰，烤田后第四天 $\delta^{13}CH_{4（排放）}$ 值迅速增大至 –48.2‰～–46.3‰，稻田覆水及干湿交替期间，$\delta^{13}CH_{4（排放）}$ 值又趋于减小，至 –50‰ 左右［图 9-1（c）］。施氮对间隙灌

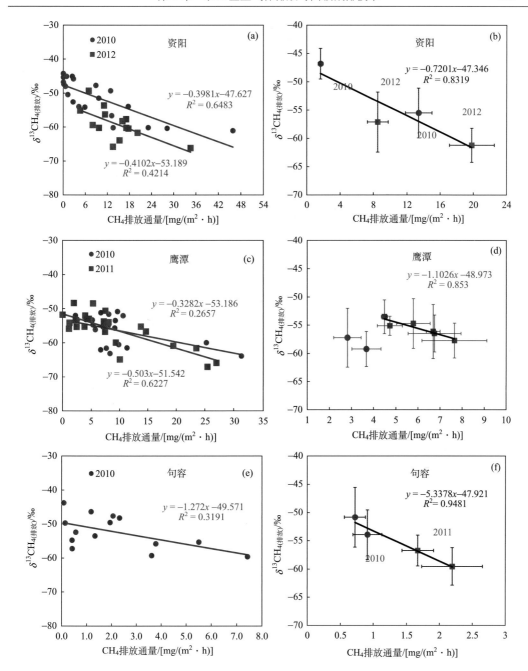

图 9-2　中国三大典型稻田水稻生长期的 CH_4 排放通量与其对应的 $\delta^{13}CH_{4(排放)}$ 的相关性（Zhang et al., 2017）

（a）和（b）分别表示全年淹水稻田的 CH_4 排放通量季节变化与 $\delta^{13}CH_{4(排放)}$ 季节变化的相关性及稻季 CH_4 平均排放通量与平均 $\delta^{13}CH_{4(排放)}$ 的相关性；（c）和（d）分别表示双季稻田的 CH_4 排放通量季节变化与 $\delta^{13}CH_{4(排放)}$ 季节变化的相关性及稻季 CH_4 平均排放通量与平均 $\delta^{13}CH_{4(排放)}$ 的相关性；（e）和（f）分别表示稻麦轮作稻田的 CH_4 排放通量季节变化与 $\delta^{13}CH_{4(排放)}$ 季节变化的相关性及稻季 CH_4 平均排放通量与平均 $\delta^{13}CH_{4(排放)}$ 的相关性

溉稻田 $\delta^{13}\text{CH}_4$ (排放) 的季节变化影响很小，但排水显著降低了 $\delta^{13}\text{CH}_4$ (排放) 值，这是由于排水导致土壤闭蓄态的 CH_4 瞬间释放至大气而未来得及被氧化（Zhang et al., 2011a）。随着烤田的推进，CH_4 排放通量显著减小，从而使 $\delta^{13}\text{CH}_4$ (排放) 明显增加，这是因为大量 CH_4 被氧化导致未被氧化且释放到大气的 CH_4 急剧富集 ^{13}C（Whiticar, 1999）。Zhang 等（2012b）的前期观测结果也表明，排水烤田较持续淹水获得的 CH_4 显著富集 ^{13}C。

与不施氮肥相比，氮肥施用在一定程度上改变了持续淹水稻田 $\delta^{13}\text{CH}_4$ (排放) 的季节变化趋势[图 9-1（d）]：$\delta^{13}\text{CH}_4$ (排放) 值从约–60‰增加到–55‰左右，随后施用氮肥的 $\delta^{13}\text{CH}_4$ (排放) 值保持相对稳定，但不施氮肥的值急剧减小至–64.1‰。可见，$\delta^{13}\text{CH}_4$ (排放) 的变化与 CH_4 排放通量的变化趋势恰好相反。统计发现，两者之间存在显著的负相关性[图 9-2（e）和图 9-2（f）]。连续两年的结果均表明，氮肥施用使排放的 CH_4 更富集 ^{13}C，总体上提高平均 $\delta^{13}\text{CH}_4$ (排放) 值达到 3‰。

就双季稻而言（Zhang et al., 2017）：早稻中期烤田之前观测到第一次 CH_4 排放峰，随后显著减小，水稻收获前出现第二次排放峰；晚稻移栽后即观测到较高的 CH_4 排放，烤田前后出现第一次 CH_4 排放峰，随后急剧减小，稻田覆水期间观测到第二次排放峰，稻田干湿交替期间 CH_4 排放通量较小并保持相对稳定[图 9-3（a）和图 9-3（b）]；冬季

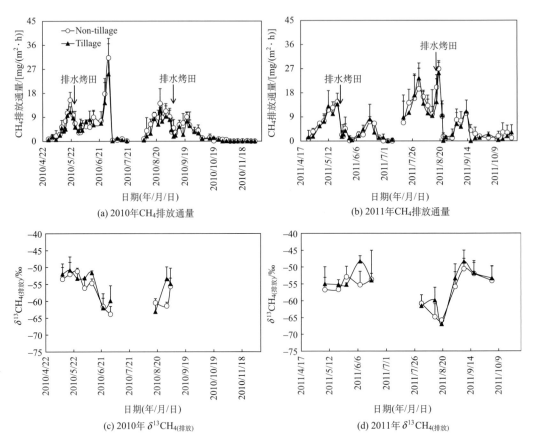

图 9-3　2010 年和 2011 年江西鹰潭双季稻田的 CH_4 排放通量及其对应的 $\delta^{13}\text{CH}_4$ (排放)（Zhang et al., 2017）

Non-tillage 和 Tillage 分别表示稻田冬季不翻耕和冬季翻耕；2010 年和 2011 年水稻主要生育期水分管理均为间隙灌溉

翻耕对后续早晚稻 CH_4 排放通量的季节变化及其排放总量影响不大。连续两年早晚稻的 $\delta^{13}CH_{4(排放)}$ 均存在一定差异[图 9-3（c）和图 9-3（d）]：随水稻移栽后天数的增加，2010 年早稻的 $\delta^{13}CH_{4(排放)}$ 从–53.5‰～–52.0‰逐渐减小至–59.9‰～–63.9‰，而 2011 年早稻的 $\delta^{13}CH_{4(排放)}$ 则有所增加；2010 年晚稻仅获得排水烤田前的三次观测结果，总体上 $\delta^{13}CH_{4(排放)}$ 从约–62‰增大至–55‰。有所不同的是，2011 年晚稻排放的 CH_4 先富集 ^{12}C，烤田后急剧富集 ^{13}C，$\delta^{13}CH_{4(排放)}$ 值在约–65‰与–50‰之间。总体上，冬季翻耕对后续早晚稻 $\delta^{13}CH_{4(排放)}$ 的季节变化及其平均 $\delta^{13}CH_{4(排放)}$ 值无显著影响。统计分析结果表明：早晚稻的 $\delta^{13}CH_{4(排放)}$ 与 CH_4 排放通量的季节变化以及季节平均排放量均存在显著的负相关性[图 9-2（c）和图 9-2（d）]。

有关全年淹水稻田的 CH_4 排放通量观测研究已有大量文献报道（魏朝富等，2000；Cai et al., 2000, 2003; Zhang et al., 2018; Zhou et al., 2018），CH_4 排放通量的季节变化趋势总体上是[图 9-4（a）和图 9-4（b）]：水稻移栽后即能观测到较大的 CH_4 排放，随后逐渐增加，在水稻拔节孕穗期间出现最大排放峰，水稻生长后期排放通量逐渐减小，但仍有较高的 CH_4 排放。与传统栽培相比，覆膜栽培一定程度上改变了 CH_4 排放的出峰时间，并显著降低了 CH_4 排放总量。两年的 $\delta^{13}CH_{4(排放)}$ 季节变化趋势相似[图 9-4（c）和图 9-4（d）]：随着水稻移栽后天数的增加，排放的 CH_4 先逐渐富集 ^{12}C，$\delta^{13}CH_{4(排放)}$ 值在水稻分蘖至拔节孕穗期达到最小（2010 年：–61‰～–54‰；2012 年：–66‰）；水稻生长后期

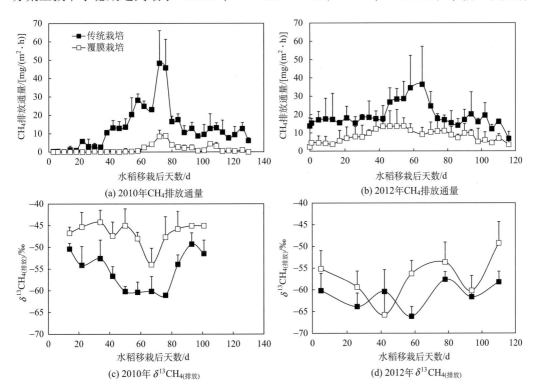

图 9-4　2010 年和 2012 年四川资阳全年淹水稻田的 CH_4 排放通量及其对应的 $\delta^{13}CH_{4(排放)}$（Zhang et al., 2017）

传统栽培，稻田全年持续淹水；覆膜栽培，稻田冬季自然排水，稻季湿润灌溉

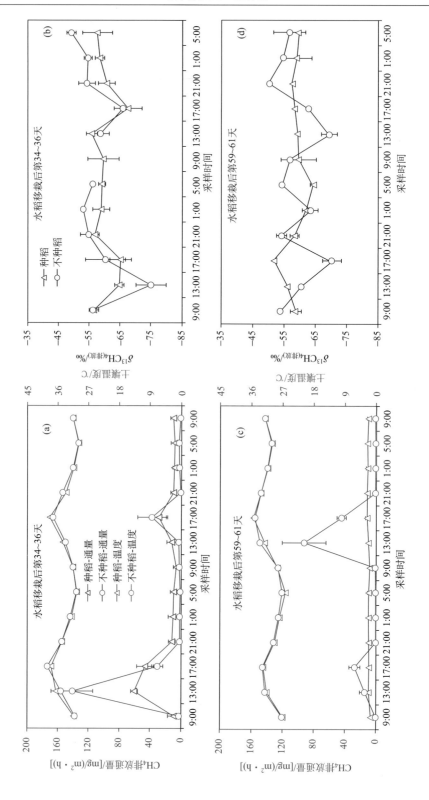

图 9-5　水稻生长季土壤温度、CH_4 排放通量与 $\delta^{13}CH_{4(排放)}$ 的日变化

明显富集 ^{13}C，$\delta^{13}CH_{4（排放）}$ 值分别增大到–50‰～–45‰（2010 年）和–58‰～–49‰（2012 年）。与传统栽培相比，覆膜栽培提前了 $\delta^{13}CH_{4（排放）}$ 达到最低值的时间，并使其排放的 CH_4 明显富集 ^{13}C。相关分析发现，CH_4 排放通量的季节变化及其平均排放通量与对应的 $\delta^{13}CH_{4（排放）}$ 均呈显著负相关关系[图 9-2（a）和图 9-2（b）]。

温室盆栽试验进一步研究了全年淹水稻田土壤种稻与不种稻的 CH_4 排放通量及其 $\delta^{13}CH_{4（排放）}$，结果表明（图 9-5）：CH_4 排放通量随土壤温度的变化存在明显的日变化趋势，土壤温度在午后 17 时达到最高值，CH_4 则在 13 时和 17 时出现最大排放峰，其他时间 CH_4 排放相对比较平稳。统计分析发现，除了水稻移栽后 34～36 天不种稻处理，土壤温度的日变化与 CH_4 排放通量的日变化显著正相关（$r=0.601～0.762$，$P<0.05$）；随着 CH_4 排放峰值的出现，$\delta^{13}CH_{4（排放）}$ 值急剧变化，特别是不种稻处理的 $\delta^{13}CH_{4（排放）}$ 迅速减小至最低值，相关分析结果表明 CH_4 排放通量的日变化与 $\delta^{13}CH_{4（排放）}$ 的日变化显著负相关（$R=-0.909～-0.738$，$P<0.01$），但种稻处理水稻移栽后 59～61 天除外。这一研究报道与以往的文献结果恰好相反（Chanton et al., 1997; Marik et al., 2002）。

全年淹水稻田不光在水稻生长季排放大量 CH_4，在非水稻生长季也有相当量的 CH_4 排放。据统计，这类稻田非水稻生长季的 CH_4 排放量高达全年 CH_4 总排放量的 28.9%（蔡祖聪，1999）。魏朝富等（2000）首次报道了中国西南地区冬水田非水稻生长季的 CH_4 排放通量，连续两年的结果显示：在非水稻生长期开始和结束期间均能观察到明显的 CH_4 排放峰，其余大部分时间里 CH_4 排放相对稳定。由于非水稻生长期没有作物生长，CH_4 排放主要受土壤温度的影响，统计分析发现非水稻生长期的 CH_4 排放和土壤温度显著相关（Cai et al., 2000, 2003）。

与非水稻生长季相比，全年淹水稻田的 CH_4 排放主要集中在水稻生长季（Cai et al., 2000, 2003; Zhang et al., 2011a, 2018; Zhou et al., 2018）。就 $\delta^{13}CH_{4（排放）}$ 而言[图 9-6（a）]，非水稻生长季（–56‰～–44‰）明显大于水稻生长季（–68‰～–48‰）：随淹水后天数的增加，非水稻生长季的 $\delta^{13}CH_{4（排放）}$ 值先从–51‰增大至–44‰，水稻移栽前又迅速降低到–55‰左右；水稻生长季的大部分时间里，$\delta^{13}CH_{4（排放）}$ 值在–65‰～–60‰，水稻收获前稻田排水导致排放的 CH_4 显著富集 ^{13}C，使 $\delta^{13}CH_{4（排放）}$ 值急剧增大至–50‰左右（Zhang et al., 2011a）。统计结果表明，持续淹水稻田全年 CH_4 排放通量的时间变化与相应 $\delta^{13}CH_{4（排放）}$ 的时间变化显著负相关[图 9-6（b）]。

进一步研究发现（图 9-7）：非水稻生长期秸秆还田不改变持续淹水稻田当季 CH_4 排放通量与 $\delta^{13}CH_{4（排放）}$ 的时间变化趋势，但显著增加稻田 CH_4 排放量，增幅达 411%～520%；秸秆还田使排放的 CH_4 相对富集 ^{12}C，其平均 $\delta^{13}CH_{4（排放）}$ 值较秸秆不还田的小 5‰～8‰；综合统计发现，两处理 CH_4 排放通量的时间变化与相应 $\delta^{13}CH_{4（排放）}$ 的时间变化显著负相关（$r=-0.619$，$P<0.01$）。

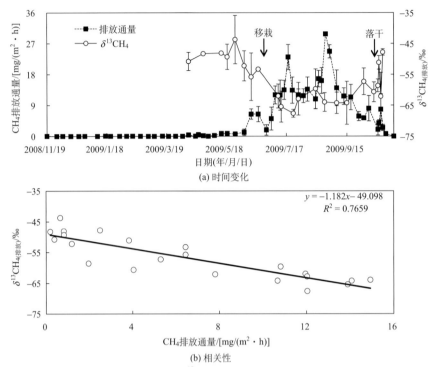

(a) 时间变化

(b) 相关性

图 9-6 持续淹水稻田全年 CH$_4$ 排放通量与 δ^{13}CH$_{4(排放)}$的时间变化及两者的相关性（Zhang et al., 2011a）

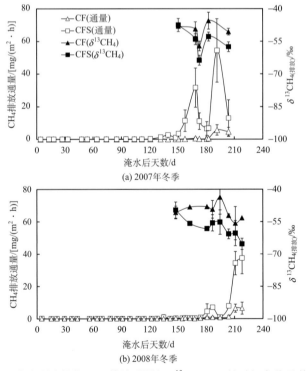

(a) 2007年冬季

(b) 2008年冬季

图 9-7 持续淹水稻田非水稻生长期 CH$_4$ 排放通量与 δ^{13}CH$_{4（排放）}$的时间变化及其对秸秆还田的响应

（Zhang et al., 2015a）

CF 为持续淹水；CFS 为持续淹水+秸秆还田

非水稻生长期 CH_4 排放通量也存在较明显的日变化。温室盆栽试验观测结果表明（蔡祖聪等，2009）：非水稻生长期淹水休闲土壤 CH_4 排放通量呈脉冲式增长的模式，只在下午 2:00～4:00 时大量排放，和土壤温度的昼夜变化关系密切。田间原位观测发现（Zhang et al., 2015a）：持续淹水条件下秸秆还田与不还田的 CH_4 排放峰值均出现在中午 12:00 时，且与土壤温度的昼夜变化显著正相关（$r=0.798～0.844$，$P<0.05$）；伴随着 CH_4 排放通量的显著变化，$\delta^{13}CH_{4（排放）}$ 也发生较大幅度的波动（图 9-8），其中秸秆还田的 $\delta^{13}CH_{4（排放）}$ 值在–61‰～–48‰，明显小于秸秆不还田的–50‰～–43‰；相关分析结果表明，CH_4 排放通量的日变化与 $\delta^{13}CH_{4（排放）}$ 的日变化显著负相关（$r= -0.889$，$P<0.01$）。

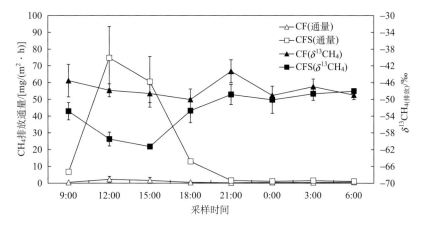

图 9-8　非水稻生长期 CH_4 排放通量与 $\delta^{13}CH_{4（排放）}$ 的日变化（Zhang et al., 2015a）

CF 为持续淹水；CFS 为持续淹水+秸秆还田

稻田 CH_4 排放除了日变化和季节变化外，还存在较大的年际变化。不同地区稻田 CH_4 排放年际变化大小不同，如在长江中下游地区与西南地区观测到的稻田 CH_4 排放年际变化明显大于在华中地区观测到的稻田 CH_4 排放年际变化（上官行健等，1993）。即使对同一块稻田，施肥、灌溉、作物品种及耕种方式均保持一致，实际观测的 CH_4 排放量仍表现出较大的年际变化（表 9-1）。可见，稻麦轮作稻田 CH_4 排放的年际变化显现大于双季稻田和全年淹水稻田的年际变化。康国定（2003）统计了我国单季稻田 CH_4 排放的年际变化也发现，江苏苏州稻麦轮作稻田 CH_4 排放的年际变化（99.5%）明显大于重庆和四川乐山稻田 CH_4 排放的年际变化（14.1%～62.7%）。尽管气候的年际变化被认为是导致同一处理稻田 CH_4 排放年际变化的主导因素，但不同区域、不同种植类型稻田 CH_4 排放的年际变化为何有如此大的差异，其原因尚有待深入研究。

表 9-1　实测点位水稻生长期稻田 CH_4 排放的年际变化

年份	江苏句容稻麦轮作稻田	江西鹰潭双季稻田		四川资阳全年淹水稻田
		早稻	晚稻	
2006 年/[kg/（hm²·a）]	123.0	—	—	—
2007 年/[kg/（hm²·a）]	31.7	—	—	—
2008 年/[kg/（hm²·a）]	—	—	—	—

年份	江苏句容稻麦轮作稻田	江西鹰潭双季稻田		四川资阳全年淹水稻田
		早稻	晚稻	
2009 年/[kg/（hm²·a）]	—	139.0	140.9	—
2010 年/[kg/（hm²·a）]	10.9	133.1	102.1	407.1
2011 年/[kg/（hm²·a）]	—	84.9	179.6	483.1
2012 年/[kg/（hm²·a）]	30.5	136.7	167.8	556.7
2013 年/[kg/（hm²·a）]	—	136.4	91.7	576.7
2014 年/[kg/（hm²·a）]	—	169.9	107.3	535.0
2015 年/[kg/（hm²·a）]	—	—	—	358.5
2016 年/[kg/（hm²·a）]	—	—	—	571.3
2017 年/[kg/（hm²·a）]	66.2	—	—	398.4
2018 年/[kg/（hm²·a）]	24.2	—	—	414.5
平均/[kg/（hm²·a）]	47.8±41.2	133.3±27.3	131.6±36.8	477.9±84.8
年际差异（CV）/%	86.2	20.5	27.9	17.8

注：江苏句容稻麦轮作稻田稻季与麦季均不施用氮肥，无秸秆还田，稻季间隙灌溉；江西鹰潭双季稻田冬季抛荒不排水，根茬早稻移栽前翻耕还田，晚稻无根茬还田，早晚稻均间隙灌溉，当地常规施氮量；四川资阳稻田全年淹水，无秸秆还田，当地常规施氮量。

由于稻田土壤的复杂性和不均一性，且 CH_4 排放受诸多因素影响，即使同一田块同一试验处理不同采样点也能观测到较明显的排放差异。比如，Khalil 等（1998）观测了四川乐山相邻 4 个田块的 CH_4 排放通量，每一个田块多点测定的结果表明，每一测定点得到的平均排放通量差异很大，最小值与最大值之间有近 3 倍的差异。对比 4 个田块的 CH_4 平均排放通量可进一步发现，不同田块之间的 CH_4 平均排放通量也存在一定差异，但变化幅度明显小于单一测定点的平均排放通量（Khalil et al., 1998）。因此不难理解，不同区域稻田由于水稻生长的气候、土壤、环境条件及水肥管理方式等不同，其 CH_4 排放量肯定也存在较大的空间变异。Khalil 和 Christopher（2008）对比研究了广东双季稻田和四川单季稻田的 CH_4 排放通量，结果表明：同一地区不同观测点的 CH_4 排放通量差异显著，其中广州试验区的差异最大；不同地区稻田的 CH_4 排放通量也明显不同，其中四川乐山的 CH_4 平均排放通量显著高于广东清远。Cai 等（2000）观测了中国三大典型稻田（双季稻田、稻麦轮作稻田及全年淹水稻田）的 CH_4 排放通量，结果发现稻田 CH_4 排放量为 0.3～205g/（m²·a）。由表 9-1 也可知，全年淹水稻田的 CH_4 年排放量几乎是稻麦轮作稻田的 10 倍，这充分表明了不同区域稻田的 CH_4 排放通量空间变异相当大。可见，空间变异的客观存在使得在某一特定地区测定的 CH_4 排放量难以直接外推至测定区域以外的地区，因而对更大尺度的 CH_4 排放量估算提出了挑战。认识稻田生态系统 CH_4 排放量的空间变化规律，是基于实际测定结果，外推至全国以至全球尺度 CH_4 排放量的基础。

目前，有关同一稻田 $\delta^{13}CH_{4(排放)}$ 值的连续多年（3 年以上）观测研究尚未见报道。Tyler 等（1994）在全球率先报道了日本持续淹水稻田连续两个水稻生长季的 $\delta^{13}CH_{4(排放)}$，结果表明：1990 年和 1991 年的 $\delta^{13}CH_{4(排放)}$ 差异并不大，分别为 –71‰～–56‰和 –72‰～

–58‰；随后，Marik 等（2002）研究了意大利间隙灌溉稻田连续两个水稻生长季的 $\delta^{13}CH_4$ （排放），发现 1998 年稻季的 $\delta^{13}CH_4$ （排放）值在–67‰～–47‰，1999 年稻季的为–65‰～–53‰，两年 $\delta^{13}CH_4$ （排放）值的差异并不显著；Zhang 等（2017）连续两年对比观测了中国三大典型稻田的 $\delta^{13}CH_4$ （排放）及其对田间管理措施的响应，结果表明（表 9-2）：江西鹰潭双季稻田 $\delta^{13}CH_4$ （排放）的年际变化明显小于江苏句容稻麦轮作稻田和四川资阳全年淹水稻田 $\delta^{13}CH_4$ （排放）的年际变化；施肥与翻耕对相应的 $\delta^{13}CH_4$ （排放）的年际变化影响较小，而改变种植模式对 $\delta^{13}CH_4$ （排放）的年际变化影响相对更明显。

表 9-2　中国三大典型稻田平均 $\delta^{13}CH_4$ （排放）的年际变化及其对田间管理措施的响应（Zhang et al., 2017）

年份	江苏句容 稻麦轮作稻田		江西鹰潭双季稻田				四川资阳 全年淹水稻田	
			早稻		晚稻			
	不施氮肥	施用氮肥	冬季翻耕	冬季抛荒	冬季翻耕	冬季抛荒	常规栽培	覆膜栽培
2010 年/‰	–53.9	–50.8	–54.7	–56.1	–57.2	–59.2	–55.5	–46.8
2011 年/‰	–59.5	–56.7	–53.5	–55.1	–56.5	–57.7	—	—
2012 年/‰	—	—	—	—	—	—	–61.2	–57.1
平均/‰	–56.7±4.0	–53.8±4.2	–54.1±0.8	55.6±0.8	–56.8±0.5	–58.5±1.1	–58.3±4.0	–51.9±7.3
年际差异 (CV) /%	7.0	7.8	1.5	1.4	0.8	1.8	6.9	14.1

注：江苏句容稻麦轮作稻田稻季均间隙灌溉、无秸秆还田，不施氮肥为 0kg/hm²，施用氮肥为 300kg/hm²；江西鹰潭双季稻田冬季翻耕为根茬晚稻收割后翻耕还田，冬季抛荒为稻田冬季不翻耕，根茬在早稻移栽前翻耕还田，其他管理措施一致，即冬季不排水，晚稻无根茬还田，早晚稻均间隙灌溉、当地常规施氮量；四川资阳全年淹水稻田即为常规栽培，稻田冬季自然排水，稻季覆膜、湿润灌溉为覆膜栽培，均无秸秆还田、当地常规施氮量。

稻田 CH_4 排放通量的空间变异导致其 $\delta^{13}CH_4$ （排放）在空间分布上也存在一定差异。目前，有关同一试验小区、同一田块以及不同田块、不同区域的 $\delta^{13}CH_4$ （排放）的对比研究尚未见报道。由表 9-2 可知，不同区域稻田由于水稻种植模式、水肥管理措施及气候环境等不同，其 $\delta^{13}CH_4$ （排放）值存在较大差异。但总体上，由于稻田 CH_4 排放是一个生物物理过程，且 $\delta^{13}CH_4$ （排放）受稻田 CH_4 产生、氧化和传输过程 $\delta^{13}C$ 变化的综合影响，其大小将在一个较小的范围内波动，变幅不会太大。纵观全球现有稻田 $\delta^{13}CH_4$ （排放）的观测结果可知（图 9-9）：$\delta^{13}CH_4$ （排放）值为–70‰～–45‰，平均值主要集中在–65‰～–55‰；同一地区的 $\delta^{13}CH_4$ （排放）差异较小（Tyler et al., 1988, 1994, 1997; Bergamaschi, 1990; Bilek et al., 1999; Dan et al., 2001; Marik et al., 2002; Rao et al., 2008），而不同区域的 $\delta^{13}CH_4$ （排放）差异相对较大（李金华等，1995; Bergamaschi, 1997; Chanton et al., 1997; Krüger et al., 2001; Krüger and Frenzel, 2003; Zhang et al., 2012b; Zhang et al., 2017）；中国稻田排放的 CH_4 较国外的相对富集 ^{13}C，其 $\delta^{13}CH_4$ （排放）值的波动范围主要为–60‰～–50‰，这可能与其特殊的水肥管理及气候环境有关。

9.1.2　稻田 CH_4 排放的过程机理

稻田 CH_4 排放是土壤 CH_4 产生、氧化和传输三个过程综合作用的结果，但上述各过

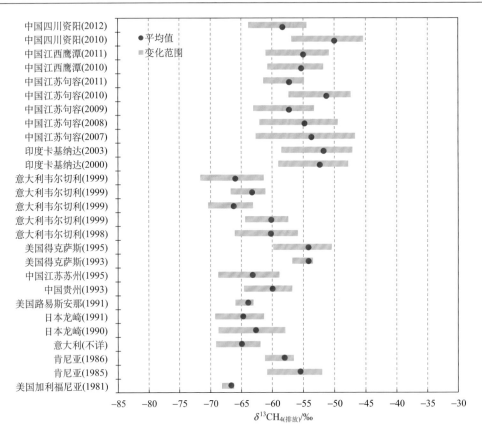

图 9-9　全球稻田水稻生长季的 $\delta^{13}CH_{4(排放)}$ 观测值汇总

纵坐标为试验观测地点（观测年份）

程几乎同时发生，如何有效区分每一过程是探清 CH_4 排放过程机理的难点。通过测定 CH_4 的 $\delta^{13}C$ 值在 CH_4 产生、氧化和传输各过程中的变化可为解决此难题提供科学依据，如 Chanton 等（1997）首次对比了美国路易斯安那州稻田生态系统中不同来源的 $\delta^{13}CH_4$ 观测值，结果表明：深层土壤（12.5cm）孔隙水（pore water）中的 $\delta^{13}CH_4$ 值最小，约为 −70‰；随着孔隙水中的 CH_4 向大气释放，越接近水土界面，CH_4 越富集 ^{13}C，于是表层水（flood water）中的 $\delta^{13}CH_4$ 达到最大值−44‰，这意味着 CH_4 从产生区域逐渐迁移至了氧化区域，因为氧化作用会导致残留下来的 CH_4 富集 ^{13}C（Whiticar, 1999）；植株通气组织（plant gas）中的 $\delta^{13}CH_4$ 为−53.4‰，而排放（flux）的 $\delta^{13}CH_4$ 为−65.5‰，这暗示 CH_4 通过植株传输时发生了明显的碳同位素分馏，分馏系数 $\varepsilon_{传输}$ 为−12.1‰。综上可见，通过系统分析稻田 CH_4 排放各个过程的 $\delta^{13}CH_4$ 值就能清晰描绘 CH_4 产生、氧化和传输等过程。

此外，对于如何定量评估 CH_4 产生途径和氧化百分率由于测定技术和研究方法的限制，国际上还相对缺乏系统研究。稻田生态系统中，CH_4 主要通过乙酸（CH_3COOH）发酵和 H_2/CO_2 还原产生（Takai, 1970）：

$$CH_3COOH \longrightarrow CH_4 + CO_2 \qquad\qquad (9\text{-}1)$$

$$CO_2 + 4H_2 \longrightarrow CH_4 + 2H_2O \tag{9-2}$$

根据式（9-1）和式（9-2），可推出：

$$4H_2 + CH_3COOH \longrightarrow 2CH_4 + 2H_2O \tag{9-3}$$

目前，研究 CH_4 产生途径的主要方法有碳同位素示踪技术、CH_4 产生途径抑制剂方法及稳定性碳同位素法（张广斌等，2009）。其中，碳同位素示踪技术和添加 CH_4 产生途径抑制剂方法在早期研究中应用比较普遍，且测定及操作相对简单（Conrad, 2005），但放射性示踪剂可能对产甲烷细菌存在一定的辐射作用，而添加的乙酸产 CH_4 途径抑制剂氟甲烷有可能抑制 H_2/CO_2 还原产 CH_4（Conrad and Klose, 1999; Conrad et al., 2002），严格意义上讲，这两种方法所得结果并不能很好地代表田间实际状况。

应用稳定性碳同位素自然丰度法测定稻田土壤 CH_3COOH 和 H_2/CO_2 对产 CH_4 的相对贡献率始于 20 世纪 90 年代（Sugimoto and Wada, 1993），它是对碳自然丰度的不扰动、非破坏性测定（Sugimoto and Wada, 1993），既无任何辐射作用，也不需对环境中的样品添加任何物质，避免了各种处理可能带来的偏差（Conrad et al., 2002）。它假设产 CH_4 总量等于 CH_3COOH 产生的 CH_4（$CH_{4\,(ac)}$）与 H_2/CO_2 产生的 CH_4（$CH_{4\,(H_2/CO_2)}$）之和，用 F_{ac} 来表示 $CH_{4\,(ac)}$ 占总 CH_4 量的百分率，可得（Hayes, 1993; Sugimoto and Wada, 1993; Tyler et al., 1997）

$$F_{ac} = CH_{4\,(ac)} / （CH_{4\,(H_2/CO_2)} + CH_{4\,(ac)}）\times 100\% \tag{9-4}$$

根据同位素质量守恒有（Sugimoto and Wada, 1993; Tyler et al., 1997）

$$\delta^{13}CH_4 = \delta^{13}CH_{4\,(ac)} \times F_{ac} + \delta^{13}CH_{4\,(H_2/CO_2)} \times （1 - F_{ac}） \tag{9-5}$$

CH_4 氧化百分率是指在土壤中产生的 CH_4 在排放进入大气之前被土壤甲烷氧化菌氧化（消耗）的百分率。目前，测定土壤 CH_4 氧化百分率的方法主要有 CH_4 产生－排放差值法、CH_4 氧化抑制剂和稳定性碳同位素自然丰度法。由于完全厌氧条件与田间实际情况比较，在抑制 CH_4 氧化的同时，也可能增加 CH_4 的产生（Wang et al., 1993），因而会使稻田 CH_4 氧化百分率的计算结果偏高（马静等，2007; Groot et al., 2003）。添加 CH_4 氧化抑制剂不仅会抑制 CH_4 的氧化，同时也可能会减少（Oremland and Culbertson, 1992; Frenzel and Bosse, 1996; Janssen and Frenzel, 1997; Watanabe et al., 1997）或促进 CH_4 的生成（Holzapfel-Pschorn et al., 1985; Denier and Neue, 1996），这与添加的 CH_4 氧化抑制剂的性质和浓度有关。稳定性碳同位素自然丰度法通过测定 CH_4 氧化过程中 $\delta^{13}C$ 的变化，计算出 CH_4 氧化百分率，它较前两种方法具有灵敏度高、可在自然条件下测定 CH_4 的氧化百分率、无破坏性等优点（马静等，2007）。

Stevens 和 Engelkenmeir（1988）在 1988 年提出 CH_4 氧化百分率 F_{ox} 的计算公式：

$$\delta^{13}CH_{4\,(氧化前)} = \delta^{13}CH_{4\,(氧化后)} + \{F_{ox}[（1/\alpha_{ox}）-1]（1+\delta^{13}CH_{4\,(氧化后)}/1000）\}\times 1000 \tag{9-6}$$

式中，$\delta^{13}CH_{4\,(氧化前)}$ 是土壤产生但还未被甲烷氧化菌氧化的 $\delta^{13}CH_4$，通常为厌氧培养产生的 $\delta^{13}CH_4$（Krüger et al., 2002）；$\delta^{13}CH_{4\,(氧化后)}$ 是已被甲烷氧化菌氧化但还未排放到大气中的 $\delta^{13}CH_4$，主要根据排放的 $\delta^{13}CH_4$ 推算获得（Tyler et al., 1997; Bilek et al., 1999; Krüger et al., 2002; Krüger and Frenzel, 2003）；α_{ox} 为 CH_4 氧化过程的同位素分馏系数，通

过好氧培养试验测得（Liptay et al., 1998）

$$\alpha_{ox}=1+[\lg(\delta^{13}CH_4{}_{(开始)}+1000)-\lg(\delta^{13}CH_4{}_{(结束)}+1000)]/\lg f \qquad (9\text{-}7)$$

式中，$\delta^{13}CH_4{}_{(开始)}$ 是开始培养时的 $\delta^{13}CH_4$；$\delta^{13}CH_4{}_{(结束)}$ 是培养一定时间（t）后的 $\delta^{13}CH_4$；f 是培养一定时间（t）后剩余的 CH_4 占开始培养时的 CH_4 的比值。

　　国际上，Tyler 等（1997）首次采用稳定性碳同位素自然丰度法系统研究了美国得克萨斯州持续淹水稻田的 CH_4 产生途径和氧化百分率，结果表明：乙酸产 CH_4 的贡献率 F_{ac} 从稻季前期的 67%～80% 下降到后期的 29%～60%，而 CH_4 氧化百分率 F_{ox} 从前期的约 20% 上升至后期的 60% 左右；并发现不同土壤类型且种稻与不种稻的 CH_4 产生途径和氧化百分率均存在一定差异。随后他们进一步对比研究了不同水稻品种的 CH_4 产生途径和氧化百分率（Bilek et al., 1999），结果发现稻季 F_{ac} 为 62%～81%，F_{ox} 为 12%～71%，不同水稻品种的 F_{ac} 和 F_{ox} 分别在水稻生长中后期差异明显。意大利的田间试验结果却表明（Krüger et al., 2002）：乙酸产 CH_4 仅在水稻生长后占主导地位（F_{ac} 为 67%），其余大部分时间里 F_{ac} 均小于 50%，水稻根的 CH_4 产生则主要以 H_2/CO_2 还原为主；稻田 CH_4 氧化在水稻生长前期最强，此时 F_{ox} 最大为 36%，随着水稻的生长，F_{ox} 逐渐降低至 16%。随后，意大利和中国的大量研究均观测到了类似的 CH_4 产生途径和氧化百分率的季节变化趋势（Krüger and Frenzel, 2003; Zhang et al., 2013a, 2013b, 2016a）。

　　据统计，水分管理和有机肥施用（本节主要指秸秆还田）是调控稻田 CH_4 排放最重要的两个因子（Yan et al., 2009）。与持续淹水相比，水稻生长期间隙灌溉能显著降低稻田的 CH_4 排放量（徐华等，2000; Sass et al., 1992; Cai et al., 1994; Yagi et al., 1996），这是由于间隙灌溉显著减少了土壤的 CH_4 产生，并一定程度上促进了 CH_4 氧化（Zhang et al., 2012b）。与此同时，CH_4 产生途径和氧化百分率也受到重要影响。Zhang 等（2012b）在江苏句容的田间实验结果表明：与持续淹水相比，烤田（水稻移栽后第 37 天）后间隙灌溉明显降低乙酸产甲烷的贡献率 8%～10%，这可能与排水烤田导致土壤 Eh 升高，高 Fe^{3+} 浓度和低乙酸浓度使乙酸营养型产甲烷菌因铁还原物质竞争而受到更大程度的抑制有关（Krüger et al., 2001）；烤田后间隙灌溉显著提高甲烷氧化百分率 45%～63%，这是因为烤田显著减少了甲烷的产生且在一定程度上提高了甲烷氧化，导致被氧化的百分率进一步增大。

　　非水稻生长期水分管理对后续稻季的 CH_4 产生途径和氧化百分率也有明显的影响。连续两年的田间与培养实验结果表明（Zhang et al., 2013b）：冬季排水较淹水明显降低后续稻季土壤乙酸产 CH_4 的贡献率，降幅达 5%～10%，总体上乙酸产 CH_4 在水稻生长后期占主导地位[图 9-10（a）和图 9-10（b）]。Krüger 等（2001）研究认为，稻季排水次数增多会使土壤 Eh 升高，土壤中 Fe^{3+} 或硫酸盐等氧化物质增多，进而导致土壤中氢营养型产甲烷菌的生长和活性受到抑制，但乙酸营养型产甲烷菌的生长和活性在更大程度上被抑制。尽管此时 CH_4 产生速率很低，但绝大部分 CH_4 由 H_2/CO_2 还原产生。也就是说，土壤 Eh 越高，乙酸营养型产甲烷菌受 Fe^{3+} 或硫酸盐等氧化物质抑制的可能性就越大，乙酸产 CH_4 的贡献率就越低。冬季排水的稻季平均土壤 Eh 显著高于淹水，其土壤中乙酸产 CH_4 可能受到了更大程度上的抑制，导致其乙酸产 CH_4 的贡献率比淹水的低。

间隙灌溉明显降低土壤中乙酸产 CH_4 的贡献率也很好地证实了这一点（Zhang et al., 2012b）。

就水稻根而言，H_2/CO_2 还原产 CH_4 在整个生育期占绝对主要地位（60%～100%），水稻生长后期水稻根乙酸产 CH_4 的贡献率有所增大，但也不超过 40%，不仅显著低于同时期的土壤且受冬季水分管理的影响很小[图 9-10（c）]。这一方面表明土壤和水稻根表的产甲烷优势菌可能存在明显差异，另一方面也说明土壤的产甲烷优势菌受冬季水分管理影响的程度较水稻根表可能更为强烈。Conrad 等（2002）通过培养意大利水稻土和新鲜水稻根也发现，土壤乙酸产 CH_4 的贡献率明显高于水稻根，且认为这可能与水稻根表和其四周土壤的产甲烷优势菌不同有关（Großkopf et al., 1998a, 1998b; Lehmann-Richter et al., 1999）。已有研究证实，水稻根表的 CH_4 主要来源于 RC-I 产甲烷生物对 H_2/CO_2 的还原（Lu and Conrad, 2005; Lu et al., 2005）。

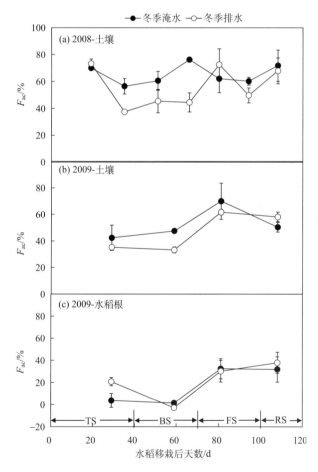

图 9-10 冬季水分管理对乙酸产 CH_4 贡献率 F_{ac} 的影响（Zhang et al., 2013b）

TS、BS、FS、RS 分别是水稻分蘖期、孕穗期、灌浆期、成熟期

土壤中产生的 CH_4 绝大部分在根际被氧化。从图 9-11（a）和 9-11（b）中可知，稻田根际的 F_{ox} 值在前期高达 60%～90%，后期相对较小（10%～30%）。意大利田间实验

也得到类似的研究结果（Krüger et al., 2001）。冬季排水稻田稻季 F_{ox} 值平均为 35%～55%，比淹水的高 5%～15%。冬季排水显著降低后续稻季土壤的 CH_4 产生能力而未同步降低土壤氧化的 CH_4 能力应该是其 CH_4 氧化百分率相对提高的主要原因。

土水界面是氧化 CH_4 的另外一个重要场所。室内模拟实验发现，土表的 F_{ox} 值随时间的变化规律与根际的一致[图 9-11（c）]，总体表现为水稻前期高（50%左右），后期明显降低（5%左右），但受冬季水分管理影响很小。水稻根本身具有很强的 CH_4 氧化能力（Bosse and Frenzel, 1997; Dan et al., 2001; Krüger et al., 2002），水稻根表的 CH_4 氧化百分率的时间变化和土壤的相似且大部分时期里 F_{ox} 值均在 100%以上[图 9-11（d）]。整个稻季，冬季排水的水稻根平均 CH_4 氧化潜力明显低于淹水可能是其平均 F_{ox} 值比淹水的小 15%的主要原因，这说明水稻根几乎能氧化本身产生的所有 CH_4，且冬季排水较淹水降低了水稻根氧化 CH_4 的百分率。

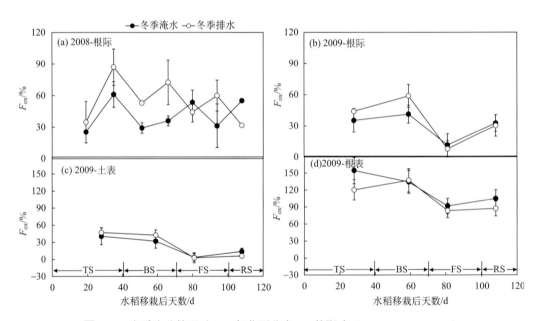

图 9-11　冬季水分管理对 CH_4 氧化百分率 F_{ox} 的影响（Zhang et al., 2013b）

TS、BS、FS、RS 分别是水稻分蘖期、孕穗期、灌浆期、成熟期

稻季秸秆还田显著影响了稻田的 CH_4 产生、氧化和传输各过程。Zhang 等（2013a）的研究结果表明：施用秸秆较不施秸秆显著促进 CH_4 产生，并提高土壤中乙酸产 CH_4 的比例约 10%～30%，却降低水稻根中乙酸产 CH_4 的贡献约 5%～20%；与相应水稻根的乙酸产 CH_4 的贡献率相比，土壤的平均偏高 34%（施用秸秆）和 8%（不施秸秆）。这可能是由于：①秸秆的降解为稻田土壤提供了丰富的产甲烷前体，促进了乙酸产 CH_4。施用有机肥明显增加了土壤中有机酸含量，且有机酸含量与 CH_4 排放速率显著正相关（王卫东等，1995）。②施用秸秆促进了水稻根表 RC-I 产甲烷生物的生长和活性，从而更有利于 H_2/CO_2 还原产 CH_4（Lu and Conrad, 2005; Lu et al., 2005）。

与不施用秸秆相比，施用秸秆明显增强了土壤的 CH_4 氧化潜力但减少稻田氧化 CH_4

的百分率 40%～70%（表 9-3）。这是因为施用秸秆同时提高了土壤的 CH_4 产生潜力和 CH_4 氧化潜力，但 CH_4 增加的幅度可能更大，所以总体上被氧化的比例却在下降（Zhang et al., 2013a）。这种现象在高 CH_4 产生潜力、低 CH_4 氧化潜力的情况下更为突出；施用秸秆也同时提高了水稻根的 CH_4 产生潜力和氧化潜力（Zhang et al., 2013a），但 CH_4 被消耗的幅度可能更大，于是被氧化的比例平均上升了 14%（未发表数据）。这种情况在强 CH_4 氧化潜力、低 CH_4 产生潜力的条件下更加明显。由此可见，施用秸秆使土壤 CH_4 产生大幅增加较水稻根对提高稻田 CH_4 排放的贡献应该更大。

表 9-3 稻季秸秆还田对稻田 CH_4 氧化百分率（F_{ox}）的影响（Zhang et al., 2013a）

水稻生长期	$F_{ox}{}^a$/%		$F_{ox}{}^b$/%		$F_{ox}{}^c$/%	
	不施秸秆	施用秸秆	不施秸秆	施用秸秆	不施秸秆	施用秸秆
分蘖期	101 ± 13	78 ± 1	77 ± 10	60 ± 1	68 ± 8	52 ± 1
孕穗期	86 ± 3	19 ± 2	66 ± 2	15 ± 2	57 ± 2	13 ± 1
灌浆期	50 ± 7	2 ± 9	38 ± 5	2 ± 7	33 ± 5	1 ± 6
成熟期	45 ± 15	−25 ± 2	34 ± 12	−19 ± 1	30 ± 10	−16 ± 1

注：a 表示 CH_4 氧化同位素分馏系数 α_{ox} = 1.025；b 表示 CH_4 氧化同位素分馏系数 α_{ox} = 1.033；c 表示 CH_4 氧化同位素分馏系数 α_{ox} = 1.038。

施用秸秆对水稻植株传输 CH_4 的碳同位素分馏也产生了重要影响[图 9-12（a）]：施用秸秆和不施秸秆情况下植株排放的 $\delta^{13}CH_4$ 值平均分别为–58‰和–55‰，未经植株排

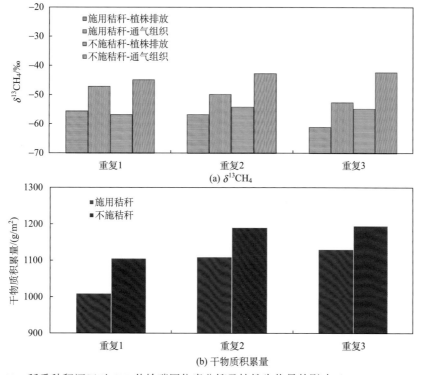

图 9-12 稻季秸秆还田对 CH_4 传输碳同位素分馏及植株生物量的影响（Zhang et al., 2013a）

放的 $\delta^{13}CH_4$ 值平均分别为 $-50‰$ 和 $-43‰$。可见，施用秸秆和不施秸秆情况下水稻植株传输 CH_4 发生的碳同位素分馏分别为 $8‰$ 和 $12‰$，说明施用秸秆在一定程度上抑制了植株传输 CH_4 的能力，进而导致分馏强度降低。这可能与施用秸秆抑制了水稻植株和根系的生长有关（Zhang et al., 2013a）。在水稻四个主要生育阶段（分蘖期、孕穗期、灌浆期和成熟期），施用秸秆稻田的水稻植株和根系干物质积累量均低于不施秸秆稻田［图 9-12（b）］。Ma 等（2008）的田间试验结果也表明，施用秸秆稻田的水稻干物质积累量均低于不施秸秆稻田，并认为这可能是由于高 C/N 比（大于 40）的秸秆还田后（Vigil and Kissel, 1991），微生物在有机矿化过程中会产生不同程度的氮素营养不足，从而吸收同化土壤有效氮，导致土壤氮的微生物固定（蒋静艳等，2003; Tanaka et al., 1990; Jensen, 1997），进而影响水稻的生长。

冬季秸秆还田对后续稻季甲烷产生、氧化和排放的影响取决于冬季的水分管理，比如冬季排水条件下秸秆还田，其对甲烷产生途径、氧化百分率及排放的影响较小（Zhang et al., 2015b）。若淹水条件下秸秆还田，则不仅显著增加冬季稻田的 CH_4 产生和土壤溶液中 CH_4 的含量，还明显降低 CH_4 的氧化百分率，进而显著增加稻田 CH_4 的排放量（Zhang et al., 2015a）；深入分析发现，冬季淹水条件下秸秆还田对乙酸产 CH_4 途径的相对贡献率（F_{ac}）受温度的强烈制约（表 9-4）：低温时（淹水后 43～114 天）施用秸秆略微增加 F_{ac}（0～10%左右），高温时（淹水后 174～204 天）反而明显减少 F_{ac}，达到 10%～20%（Zhang et al., 2015a）。这是由于低温时稻田 CH_4 的产生可能主要来源于土壤有机质不完全分解所产生的乙酸（Kotsyurbenko et al., 1993; Conrad et al., 2009），但施用秸秆能在一定程度上增加乙酸产甲烷底物；温度升高促进土壤有机质的分解，乙酸底物增多，但施用秸秆导致乙酸氧化细菌和乙酸型产甲烷菌竞争消耗乙酸（Noll et al., 2010），使大量乙酸先被氧化为 CO_2 和 H_2，之后在氢营养型产甲烷菌的作用下再生成 CH_4。

表 9-4　冬季秸秆还田对持续淹水稻田当季乙酸产 CH_4 贡献率（F_{ac}）的影响（Zhang et al., 2015a）

DAF/d	$\delta^{13}CH_{4\,(acetate)} = -37‰$				$\delta^{13}CH_{4\,(acetate)} = -43‰$			
	$\alpha_{CO_2/CH_4}=1.06$		$\alpha_{CO_2/CH_4}=1.083$		$\alpha_{CO_2/CH_4}=1.06$		$\alpha_{CO_2/CH_4}=1.083$	
	CF/%	CFS/%	CF/%	CFS/%	CF/%	CFS/%	CF/%	CFS/%
43	17±7	20±6	48±4	48±3	20±9	24±7	54±5	54±3
78	18±7	23±0	47±5	51±0	22±8	28±0	53±6	57±0
99	18±8	22±8	47±6	51±5	21±10	27±10	53±7	57±5
114	15±3	28±7	45±1	54±9	18±3	33±8	51±1	60±10
128	11±0	11±0	43±0	43±0	13±0	13±0	49±0	48±0
142	13±4	12±5	44±3	45±3	15±5	16±6	50±3	50±3
158	24±3	24±2	51±2	51±6	29±4	29±3	57±2	58±6
174	36±0	16±1	59±0	46±8	44±0	20±3	65±0	51±9
195	38±1	9±2	59±1	43±2	45±2	12±3	66±1	48±2
204	33±7	11±2	56±5	44±1	39±4	13±3	62±5	50±1

注：DAF 表示稻田淹水后天数；$\delta^{13}CH_{4\,(acetate)}$ 为乙酸产 CH_4 的稳定性碳同位素组成；α_{CO_2/CH_4} 为 H_2/CO_2 还原产 CH_4 的同位素分馏系数；CF 和 CFS 分别表示淹水不施秸秆和施用秸秆。

Zhang 等（2016a）通过总结我国持续淹水稻田 CH_4 排放各过程的 $\delta^{13}C$，进一步清晰勾勒出了稻田 CH_4 从最初的产生到再氧化以及向大气传输释放的过程图谱，并定量评估了不同来源（土壤和水稻根）的 CH_4 产生途径和不同氧化区域（根际和土水界面）的 CH_4 氧化百分率。结果显示（图 9-13）：作为产 CH_4 底物的土壤有机碳的 $\delta^{13}C$ 较水稻根的相对富集 ^{13}C；严格厌氧条件下，土壤中乙酸产 CH_4 贡献率（10%～60%）较水稻根的更大（0～50%），因此土壤产生的 $\delta^{13}CH_4$ 较水稻根的（平均约–75‰）明显偏正；土壤孔隙水中的 $\delta^{13}CH_4$ 与厌氧培养土壤产生的 $\delta^{13}CH_4$ 相似（平均–60‰左右），在一定程度上可视为稻田最初产生的 $\delta^{13}CH_4$；稻田产生的 CH_4 在根际和土水界面被氧化后较产生的 CH_4 显著富集 ^{13}C，$\delta^{13}CH_4$ 平均值在–55‰～–40‰。室内模拟实验发现，好养培养水稻根的 CH_4 氧化能力较土壤的更强，水稻根的 F_{ox}（大于 73%）也显著高于土壤的（约为 0～45%）；孔隙水中的 CH_4 可能部分已在根际被氧化而被视为氧化后的 CH_4（Chanton et al., 1997; Krüger et al., 2002; Conrad, 2005）；孔隙水中的 CH_4 经扩散传输至表层水时在土水界面发生了强烈的 CH_4 氧化作用，因此表层水中的 CH_4 明显富集 ^{13}C，此过程的 F_{ox} 为 47%～65%；水稻植株通气组织中的 CH_4 是已被根际氧化但还未传输释放到大气中去的那部分 CH_4，因此其 $\delta^{13}CH_4$ 也明显偏正，平均约为–50‰。土壤产生的 CH_4 经扩散或冒泡释放至大气的过程发生的同位素分馏很小（Chanton, 2005），但通过植株传输后发生了明显的同位素分馏，对比植株排放和植株通气组织中的 $\delta^{13}CH_4$ 可知，传输分馏系数 $\varepsilon_{传输}$ 为–14.2‰，于是排放的 CH_4 较植株通气组织中的 CH_4 明显富集 ^{12}C；结合稻田产生与排放的 $\delta^{13}CH_4$ 发现，根际的 F_{ox} 在水稻生长前期高达 61%，随后逐渐降低至水稻生长末期的 19%。图 9-13 清晰揭示了稻田 CH_4 产生、氧化和传输等各个过程，可为未来稻田 CH_4 排放过程机理的模型模拟研究提供科学借鉴和数据参考。

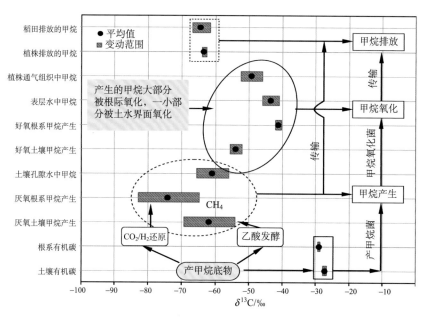

图 9-13　稻田生态系统 CH_4 产生、氧化和传输等过程的 $\delta^{13}C$（Zhang et al., 2016a）

9.1.3　稻田 CH_4 的减排策略

稻田生态系统是温室气体 CH_4 和 N_2O 的重要排放源，尽管稻田 CH_4 排放和 N_2O 排放存在此消彼长的关系（Li et al., 2005; Zou et al., 2005; Ma et al., 2007），但 CH_4 排放对综合温室效应的贡献占绝对主导地位，因此稻田温室气体减排侧重于减少 CH_4 的排放量（Yan et al., 2009; Zhang et al., 2014）。其次，任何减排措施都不能以牺牲水稻产量为代价，具有应用推广价值的减排方案应该同时兼顾产量，即在减少温室气体排放的同时确保粮食安全。

9.1.3.1　稻田水分管理和秸秆还田减排技术

稻田水分管理和秸秆还田是影响 CH_4 排放最为关键的两个因子（蔡祖聪等，2009; Yan et al., 2009），因此，有关这两个调控措施的减排效果与潜力的研究优先受到广泛关注。大量田间观测结果表明，合理的田间水分管理和有机肥施用能显著降低稻田的 CH_4 排放（Johnson et al., 2007; Smith et al., 2008; Hussain et al., 2015）。比如，稻田冬季淹水改为冬季旱作可减少全年淹水稻田 CH_4 排放量 42%~59%（Cai et al., 2003; 江长胜等，2006），间隙灌溉较持续淹水降低双季稻田 CH_4 排放 37%~56%（Ma et al., 2013）; 冬季秸秆还田较稻季秸秆还田减少稻季 CH_4 排放量 75%~88%（Cai and Xu, 2004），与稻季秸秆均匀混施和墒沟埋草相比，秸秆条带状覆盖能显著降低稻麦轮作稻田的 CH_4 排放（Ma et al., 2009）。据估计（Yan et al., 2009），改持续淹水稻田为排水稻田可减少全球稻田 CH_4 排放总量 4.1Tg/a（百万吨每年），若秸秆不还田或秸秆在冬季还田，也可降低全球稻田 CH_4 排放总量达 4.1Tg/a，结合这两个管理措施，全球稻田 CH_4 减排潜力将达到 7.6Tg/a，占 2000 年全球稻田 CH_4 排放总量的 30%; 根据全球稻田 CH_4 排放总量近 40 年的评估结果，Yan 等（2009）进一步分析发现，以往研究过高估计（100~190Tg/a）的重要原因之一是均基于持续淹水稻田的 CH_4 排放通量数据估算，并未考虑稻田排水对 CH_4 的减排效果。综上可知，合理的田间水分管理和秸秆还田措施具有很好的减排效果和巨大的减排潜力，应该是最优先考虑的减排对策。

9.1.3.2　合理施肥和优化田间管理减排技术

合理施肥和优化田间管理长期以来一直是进一步降低综合温室效应、提高其减排潜力的重要研究方向。已有的研究表明，无机肥深施可以减少稻田 CH_4 的排放（Rath et al., 1999; Schütz et al., 1989）; 通常情况下，施用硫酸铵的稻田 CH_4 排放量低于施用尿素或碳酸铵的稻田（Cai et al., 1997）; 与施用颗粒尿素作为唯一氮源相比（Wassmann et al., 2000），选用硫酸铵使 CH_4 排放减少了 10%~67%; 此外，缓控释肥施用可以有效降低稻田 N_2O 的排放（Ji et al., 2012, 2014）。Zhang 等（2014）评估了中国 1980~2009 年的农田净温室气体排放，发现 30 年来净综合温室效应在不断增加，若将秸秆于前茬还田或降低氮肥施用量、改变氮肥施用方式如根际施肥，则可减少农田净温室气体排放 193Tg/a（CO_2-eq），相当于 2005~2009 年的 65%。Pittelkow 等（2014）统计了全球稻田生态系

统的 CH_4 和 N_2O 排放对氮肥施用量的响应，结果表明最佳氮肥施用量时单位产量的综合温室效应最小，较不施氮肥的降低了 21%。根据中国 153 个试验点的年际观测数据，Chen 等（2014）评估了我国三大主要粮食作物水稻、小麦和玉米的温室气体排放与产量，发现与当前实际操作相比，采用土壤-作物系统综合管理操作（integrated soil-crop system management practices）在不增加氮肥施用量的情况下，既可显著增加农作物产量，又能明显降低温室气体排放。

9.1.3.3　生物质炭减排技术

近年来，生物质炭在稻田中的运用为温室气体减排开辟了新的技术手段。Song 等（2016）通过对田间试验数据的整合分析发现生物质炭在旱地中通常会增加甲烷氧化，增幅平均为 114%，这主要得益于生物质炭增加了土壤孔隙度，有利于好氧环境的形成。而生物质炭在水田中对甲烷排放的影响较复杂，往往基于不同的生物质炭和土壤性质而有所不同。有研究观测到生物质炭增加了稻田甲烷排放 26%～68%（Knoblauch et al., 2011; Zhang et al., 2012a），其可能的原因包括：①生物质炭本身会基于某些特定的裂解条件（如快裂解、低温裂解）而存在一些易降解的有机碳成分，从而为产甲烷菌提供了底物（Zhang et al., 2012a）；②生物质炭可能会增加和增强微生物生物量及活性，从而加速原土壤有机质的分解（O'Neill et al., 2009; Steinbeiss et al., 2009）。此外，也有研究发现生物质炭对稻田甲烷有抑制作用，其原因是生物质炭不仅增加了产甲烷菌，也增加了甲烷氧化菌，并且后者增高比例显著高于前者，从而使生物质炭降低了 CH_4 排放（Feng et al., 2012）。也有学者认为，铵根离子和甲烷会竞争甲烷氧化菌的生化反应位点，而生物质炭对 NH_4^+ 有一定的吸附作用（Liang et al., 2006），因此，生物质炭会间接地增加甲烷的氧化量，从而降低净甲烷排放量（Song et al., 2016）。从 meta 分析结果的总趋势来看，生物质炭对稻田甲烷排放有增加的趋势，增幅平均为 19%（Song et al., 2016）。Ji 等（2018）从 61 篇文章中收集了 222 对数据，整合分析结果表明：如果把盆栽、室内培养和田间试验数据综合分析，生物质炭施用可减少稻田 CH_4 排放 12%，室内培养和盆栽减少率远大于田间减少率。如果单独把田间数据拿出来分析，生物质炭施用对稻田 CH_4 排放的减少率仅为 4%。生物质炭减少旱地甲烷排放 72%，主要是因为培养试验生物质炭减少旱地甲烷排放达 226%。盆栽和培养试验中总生物质炭施用可减少 CH_4 吸收，但在田间试验中生物质炭试验稍稍增加了 CH_4 吸收。土壤质地不同，生物质炭对 CH_4 排放的影响不同。细质地土壤生物质炭施用增加 CH_4 排放 34%，中等质地减少 170%，粗质地减少 32%。生物质炭施用减少旱地 CH_4 吸收，在中等质地土壤上减少 129%。土壤 pH 不同，生物质炭施用对 CH_4 排放的影响不同。在中性（pH 6.6～7.5）土壤上，生物质炭施用减少甲烷排放 128%；在碱性（pH>7.5）土壤上基本没有减少；而在酸性土壤上生物质炭施用增加了 CH_4 排放。在旱地土壤上，生物质炭施用在中性土壤上和酸性土壤上都减少 CH_4 吸收，并且中性土壤上减少程度更大，达到 164%；在碱性土壤上微弱增加 CH_4 吸收 11%。当生物质炭用量<20t/hm² 时，生物质炭施用增加 CH_4 排放 28%；当用量>60t/hm² 时，减少 186%。把还田的秸秆转化成生物质炭再还田，我国每年可减少 CH_4

排放 2400 万 t（CO_2-C）（Liu et al.，2016a）。

9.1.3.4 少免耕减排技术

稻田少耕或免耕有利于温室气体的减排。通常情况下，翻耕促进土壤有机质分解，为产 CH_4 提供更多基质，而稻田土壤的 CH_4 氧化速率随翻耕强度的降低而增加。少耕或免耕可降低土壤有机质分解速率，增加土壤 CH_4 氧化能力（郝晓辉等，2005），从而减少稻田 CH_4 排放。Harada 等（2007）研究了日本北部稻田免耕对 CH_4 排放的影响，发现与翻耕相比，免耕减少稻季 CH_4 排放量43%；Pandey 等（2012）在印度稻麦轮作系统的田间观测结果表明，稻田少耕或免耕可导致 CH_4 和 N_2O 排放量显著降低。尽管有研究发现，相对于翻耕稻田免耕可增加 CH_4 或 N_2O 排放（Nyamadzawo et al.，2013; Zhang et al.，2015c），但大量研究结果显示（表9-5），免耕较翻耕能明显减少 CH_4 排放，从而降低综合温室效应。此外，稻田少耕或免耕有利于土壤有机碳的固定（Li et al.，2012; Zhang et al.，2013c），提升土壤肥力，从而有可能提高水稻产量（Harada et al.，2007; Pandey et al.，2012）。因此，这一减排措施具有较大推广价值和应用前景。

表 9-5 稻田免耕对 CH_4 和 N_2O 排放及其综合温室效应 GWP 的影响　　　（单位：kg/hm^2）

观测地点	试验处理	CH_4	N_2O	GWP	参考文献
中国黑龙江	翻耕	3.9	5.84	1657	Liang et al., 2007
	免耕	0.2	5.73	1524	
中国湖北	翻耕	550.0	3.10	16222	Ahmad et al., 2009
	免耕	429.0	4.09	13096	
韩国	翻耕	381.0	—	10668	Ali et al., 2009
	免耕	279.0	—	7812	
中国江西	翻耕	89.0	—	2492	Li et al., 2011
	免耕	63.0	—	1764	
中国湖北	翻耕	69.0	—	1932	Li et al., 2012
	免耕	54.0	—	1512	
中国湖北	翻耕	721.5	—	20202	Li et al., 2013
	免耕	297.0	—	8316	
中国湖南	翻耕	228.3	0.43	6506	Zhang et al., 2013c
	免耕	188.1	0.51	5402	

注：GWP= $CH_4×28+N_2O×265$。

9.1.3.5 种植低排放强度水稻品种技术

与不种稻相比，水稻种植能显著增加稻田 CH_4 排放，且不同水稻品种 CH_4 排放量存在明显差异，因此筛选高产低排的水稻品种是减少稻田 CH_4 排放的重要途径之一。Gutierrez 等（2013）连续两年观测了 8 个水稻品种的 CH_4 排放通量及其产量，结果表明：不同品种之间的 CH_4 排放量（$20.2\sim50.3g/m^2$）与产量（$6.2\sim7.9t/hm^2$）均存在明显差异，其中品种 Junam 的产量最高，品种 Dongjin 的 CH_4 排放量最小且产量与 Junam 的无显著差异；综合来看，品种 Dongjin 单位产量的 CH_4 排放较 Junam 的显著偏低。因此，水稻品种 Dongjin 具有优先种植并推广的价值。Su 等（2015）通过转基因技术将大麦的 SUSIBA2（refs 7, 8）基因植入水稻 Nipp，三年的田间结果表明：SUSIBA2 基因型水稻（SUSIBA2-77）相对于 Nipp 显著减少了 CH_4 排放，并增加了水稻种子与植株茎秆的生物量和淀粉含量。Jiang 等（2017）通过盆栽试验研究了 33 个水稻品种的 CH_4 排放通量与水稻产量的关系，结果发现：在低碳土壤中，累积 CH_4 排放量与水稻产量显著正相关；在高碳土壤中，累积 CH_4 排放量与水稻产量则显著负相关，33 个水稻品种平均生物量增加了 10%，但 CH_4 排放量减少了 10.3%；田间观测结果也表明：高产品种（Yangdao 6）相对于低产品种（Ningjing 1）显著降低了稻田土壤（高碳土壤）的 CH_4 排放。可见，产量高、温室气体排放低的水稻品种在大面积推广种植的情况下将具有相当大的增产潜能和减排潜力。

上述减排措施如稻田实施排水、改稻季秸秆还田为冬季秸秆还田或不还田等操作简单，减排效果良好，且在全球范围内已得到较好推广并获得巨大成效。但这些减排措施相对单一，存在地域上的局限性，导致在减排的同时可能影响水稻产量，进而降低农户收入，影响水稻生产的可持续发展。因此，有针对性的集成多种措施是未来进一步挖掘和扩大稻田温室气体减排潜力、增加土壤固碳、保证水稻高产稳产和提高农户收入的重要途径。中国幅员辽阔，水稻种植面积大，分布广，北至黑龙江，南到海南岛，东到台湾，西至新疆和西藏。由于不同地区水稻生长的气候、土壤、环境条件、种植模式及水肥管理方式等不同，不难理解，稻田生态系统温室气体的减排措施存在一定差异。只有根据不同稻田生态系统（以中国全年淹水稻田和双季稻田为例）的实际情况，才能进一步有针对性地提出科学合理且易于操作推广的减排对策，从而最大限度地挖掘减排潜力。

9.1.3.6　冬季排水旱作和覆膜栽培技术

在中国西南丘陵地区，由于地势低洼导致排水不畅，或因为当地农户为解决来年春季水稻满插满栽而人为冬季蓄水形成的一类特色稻田，称为全年淹水稻田。它是温室气体 CH_4 排放通量最大的一类稻田（Cai et al., 2000），面积仅占中国水稻总种植面积 12% 的全年淹水稻田排放的 CH_4 总量却高达全国稻田 CH_4 排放总量的 45%，其中 13% 来源于冬季稻田的 CH_4 排放（蔡祖聪，1999）。可见，这类稻田的 CH_4 减排潜力相当巨大。早期研究发现，改全年淹水稻田为冬季旱作或垄作、稻季持续淹水垄作可显著减少稻田 CH_4 排放（Cai et al., 2003；江长胜等，2006）。在此基础上，若改稻季持续淹水为排水则能进一步降低稻田 CH_4 排放，但存在促进 N_2O 排放并影响水稻生长的风险。

因此，Zhang 等（2018）通过连续 5 年的大田观测试验，尝试改当地传统栽培（全年淹水或雨养）为覆膜栽培（冬季排水、稻季节水灌溉），并结合控释肥和硝化抑制剂施用，结果表明（表 9-6）：与常年淹水稻田相比，覆膜栽培显著减少了投入和 GWP，并能维持高产，从而使净生态系统经济预估值（NEEB）增加了 2600～8400 元/$(hm^2 \cdot a)$。

覆膜栽培条件下控释肥和硝化抑制剂（DCD 和 HQ）的施用尽管能在一定程度上增加水稻产量并降低 GWP，但同时也明显提高了成本投入，使 NEEB 反而减少 490～960 元/（hm^2·a）。相反，覆膜栽培条件下施用硝化抑制剂 CP 却能进一步增加 NEEB 约 210 元/（hm^2·a），这主要是因为相对于 DCD 和 HQ 以及控释肥，其成本投入增加量最少且 GWP 消耗最低。综上，覆膜栽培是一项减排增收明显的水稻种植技术，且覆膜栽培结合硝化抑制剂 CP 施用能进一步增加 NEEB，在该地区具有推广和应用价值。

表 9-6　2010～2014 年各处理稻田平均净生态系统经济预估值（NEEB）评价（Zhang et al., 2018）

试验地点（年份）	试验处理	产量收入/[元/（hm^2·a）]	投入成本/[元/（hm^2·a）]	GWP 代价/[元/（hm^2·a）]	NEEB/[元/（hm^2·a）]
地点 1（2010～2011 年）	RF	11200	11436	250	−486
	TI	19663	13218	1175	5270
	MC	17988	9680	432	7877
	MC+HQ/DCD	18531	11206	227	7099
地点 2（2012～2014 年）	RF	20297	19687	958	−349
	TI	23147	21470	1483	194
	MC	22602	16023	792	5787
	MC+CP	23355	16706	654	5995
	MC+CRF	22817	16771	750	5296
	MC+DCD	23362	17660	876	4826

注：NEEB 为净生态系统经济预估值，等于产量收入−投入成本−GWP 代价；RF 为雨养，即只有自然雨水灌溉，无任何人为灌溉用水，常规栽培，施用尿素，不覆膜；TI 为全年淹水，常规栽培，施用尿素，不覆膜；MC 为覆膜栽培，湿润灌溉；MC+HQ/DCD 为覆膜栽培加脲酶抑制剂 HQ 和硝化抑制剂 DCD，湿润灌溉；MC+CP 为覆膜栽培加硝化抑制剂 CP，湿润灌溉；MC+CRF 为覆膜栽培加控释肥 CRF，湿润灌溉；MC+DCD 为覆膜栽培加硝化抑制剂 DCD，湿润灌溉。

双季稻是我国最为重要的水稻种植模式之一，主要分布在我国长江以南地区。双季稻种植面积约占我国水稻种植总面积的 40%，其 CH_4 排放量约占我国稻田 CH_4 排放总量的 50%（Zhang et al., 2011c; Chen et al., 2013）。因此，充分挖掘双季稻田的温室气体减排潜力对减少我国稻田综合温室效应具有重要意义。早期研究多侧重于稻季水分管理和有机肥施用量方面（Shang et al., 2011; Ma et al., 2013），且可进一步开发的减排潜力有限。南方双季稻区冬季降水量相对较大，且晚稻收割后秸秆还田量不一致、稻田抛荒（不翻耕、不排水，来年春季插秧之前稻田才翻耕）等现状可能导致稻田温室气体排放量大，因此，深入探讨冬季水分管理及其秸秆还田量尚存在较大的减排空间。

Zhang 等（2016b）研究发现：与冬季稻田不翻耕不排水相比，排水和翻耕均分别显著减少 CH_4 排放，排水和翻耕相结合进一步减少了 CH_4 排放量；但排水增加 N_2O 排放。排水破坏产 CH_4 的极端厌氧环境导致 CH_4 产生受到抑制，从而降低了 CH_4 排放；翻耕明显降低了秸秆的总碳含量可能在一定程度上减少了产甲烷底物，进而减少 CH_4 排放。排水有利于土壤水分急剧变化，能促进土壤中的硝化和反硝化反应，增加 N_2O 排放；翻耕既显著降低了秸秆的总氮含量、减少了参与硝化和反硝化的氮的底物，又明显提高了秸秆的 C/N 值，导致土壤氮的净固定，从而减少 N_2O 排放。总体上，排水和翻耕均分别显著减少 GWP 和单位产量的 GWP（GHGI），且排水结合翻耕进一步减少 GWP 和 GHGI（表 9-7）。进一步研究发现（Yang et al., 2018）：冬季排水条件下，稻田翻耕且 3.5t/hm^2 秸秆还田时的土壤有机碳固碳速率最大，净综合温室效应最低，产量最高，此时的 GHGI 最小（表 9-8）。可见，改冬季稻田抛荒为排水且 3.5t/hm^2 秸秆翻耕还田是双季稻作区土壤固碳减排的有效管理措施。

表 9-7　年平均 CH_4 和 N_2O 排放总量、综合温室效应 GWP、水稻产量及单位产量的综合温室效应 GHGI（Zhang et al., 2016b）

试验处理	CH_4 排放/ [kg/（hm^2·a）] （CH_4）	N_2O 排放/ [g/（hm^2·a）] （N_2O-N）	GWP/ [t/（hm^2·a）] （CO_2-eq）	水稻产量/ [t/（hm^2·a）]	GHGI/（t/t） （CO_2-eq）
TD	151±10d	167±28a	4.29±0.27d	13.3±0.3a	0.32±0.02c
TND	189±15b	113±13a	5.33±0.41b	13.2±0.6a	0.40±0.05b
NTD	168±6cd	158±27a	4.76±0.17cd	12.7±0.6a	0.38±0.02b
NTND	222±9a	115±38a	6.25±0.26a	12.7±0.1a	0.49±0.02a

注：TD 为冬季翻耕排水；TND 为冬季翻耕不排水；NTD 为冬季不翻耕排水；NTND 为冬季不翻耕不排水；同一列不同字母代表 $P<0.05$ 水平上差异显著。

表 9-8　年平均 CH_4 和 N_2O 排放总量、综合温室效应 GWP 和净综合温室效应 Net GWP、水稻产量及单位产量的综合温室效应 GHGI（Yang et al., 2018）

试验处理	CH_4 排放 /[kg/（hm^2·a）] （CH_4）	N_2O 排放 /[g/（hm^2·a）] （N_2O-N）	GWP /[t/（hm^2·a）] （CO_2-eq）	净 GWP /[t/（hm^2·a）] （CO_2-eq）	水稻产量 /[t/（hm^2·a）]	GHGI /（t/t）（CO_2-eq）
WT0	106.5±8.1e	229.4±8.1a	3.73±0.27c	3.68±0.21b	13.0±0.85a	0.28±0.05b
WTL	135.9±11.3cd	158.2±14.8b	4.70±0.36b	0.80±0.42d	13.3±0.29a	0.06±0.09d
WTH	168.8±10.3b	123.9±10.5c	5.80±0.71ab	2.67±0.53c	13.1±0.20a	0.20±0.04c
ST0	112.5±10.2de	219.9±19.2a	3.93±0.33c	3.37±0.27bc	12.7±0.44a	0.26±0.10bc
STL	152.1±13.2bc	160.7±17.8b	5.25±0.46b	4.51±0.28a	12.6±0.70a	0.35±0.10ab
STH	198.2±19.9a	114.4±7.0c	6.79±0.68a	4.92±0.84a	12.6±0.82a	0.39±0.06a

注：WT0 为冬季翻耕秸秆不还田；WTL 为冬季翻耕 3.5t/hm^2 秸秆还田；WTH 为冬季翻耕 5.2t/hm^2 秸秆还田；ST0 为冬季不翻耕秸秆不还田；STL 为冬季不翻耕 3.5t/hm^2 秸秆还田；STH 为冬季不翻耕 5.2t/hm^2 秸秆还田；同一列不同字母代表 $P<0.05$ 水平上差异显著。

9.1.4　旱地 N_2O 排放的过程机制、影响因素与减缓途径

农田土壤通过硝化作用、反硝化作用、硝态氮异化还原成铵作用及化学反硝化作用产生 N_2O，这是农田土壤 N_2O 排放的基础，其中，硝化作用和反硝化作用是 N_2O 排放的两个重要途径，也是产生 N_2O 的关键过程（Bermner, 1997）。硝化作用是在好氧区域中微生物将氨氧化为硝酸根或亚硝酸根或氧化态氮的过程，可以是自养，也可以是异养

（Wood, 1990）。在农业土壤中自养硝化作用是产生 N_2O 的主要过程（Tortoso and Hutchinson, 1990）。硝化作用的第一步是在氨单加氧酶和羟胺氧化还原酶的催化下，将 NH_3 氧化为 NO_2^-（Wood, 1986; McCarty, 1999）；第二步是在亚硝酸氧化还原酶的催化下，将 NO_2^- 进一步氧化成 NO_3^-（Bock et al., 1986）。参与硝化过程的微生物主要有氨氧化细菌（AOB）或古菌（AOA）及亚硝酸盐氧化菌（NOB），其中 AOB 和 AOA 是土壤氮循环的重要驱动者（张晶等，2009）。由于氨氧化细菌很难分离培养，目前的研究多基于微生物分子生态学的方法，通过靶定 16S rRNA 或氨单加氧酶编码基因 amoA 探讨其在生态系统中的分布和丰度等（Kowalchuk et al., 2000; Norton et al., 2002）。对于硝化作用来说，底物和产物浓度高均抑制作用菌的生长，高浓度 NH_4^+ 既抑制亚硝酸菌，也抑制硝酸菌，且后者更敏感，而 NH_4^+ 的氧化往往比由矿化作用产生的 NH_4^+ 的速率快得多。如果此时 O_2 的供应受到限制，NO_2^- 不能被彻底氧化成 NO_3^-，就会导致 N_2O 生成量的增加（Zou et al., 2005）。

反硝化是由细菌进行的，将硝酸或亚硝酸还原为气态 NO、N_2O 或 N_2 的呼吸还原过程，该过程伴有电子传递氧化磷酸化作用。土壤中反硝化过程主要由异养反硝化细菌完成（Payne, 1981）。在厌氧条件下，异养反硝化细菌以氮氧化物为最终电子受体，有机碳为电子供体，进行电子传递氧化磷酸化作用。参与反硝化的酶包括硝酸还原酶、亚硝酸还原酶、一氧化氮还原酶和氧化亚氮还原酶（Hochstein and Tomlinson, 1988）。亚硝酸盐还原作用被含铜离子的亚硝酸盐还原酶（nirK）或含细胞色素 cd1 亚硝酸盐还原酶（nirS）所催化，氧化亚氮还原作用被氧化亚氮还原酶（nosZ）所催化，这三种酶在反硝化路径中起着重要作用（张健伟等，2013）。现已公认，N_2O 是反硝化过程的一种中间产物。根据条件的变化，中间产物可以积累或逸散。反硝化过程是酶促反应，故与底物浓度 NO_3^- 含量呈正相关关系，但反硝化作用中，产物 $N_2O：N_2$ 受以下因素的影响：NO_3^- 或 NO_2^- 浓度增加，$N_2O：N_2$ 值上升，O_2 浓度增加，该比值也增加；可利用碳源增加时比值会下降（Zou et al., 2005）。

硝化和反硝化是土壤中生成 N_2O 的两个主要的微生物过程，而硝化作用所需的好氧条件和反硝化作用所需的厌氧条件受土壤水分含量的调控；氮肥的施用为农田土壤 N_2O 产生和排放提供了可能，但这种可能能否成为现实很大程度上取决于土壤水分状况和水分变化频率（Cai et al., 1997; 蔡祖聪和 Mosier, 1999; 徐华等，1999）；此外，土壤 pH、有机质、质地和温度等因素则影响硝化和反硝化微生物的活性，因此，这些因素都对土壤 N_2O 排放量产生影响。

土壤含水量是通过影响硝化、反硝化细菌酶活性而对 N_2O 的生成和排放产生影响的。Linn 和 Doran（1984）报道，增加水分含量直至充水孔隙的 60%，硝化作用增强，微生物活性提高，进一步增加水分含量直至孔隙全部充满水，硝化作用急剧降低，微生物活性有所降低，反硝化速率逐渐上升。因此，水分含量低时，微生物过程受水分供应的限制，而水分含量高时，土壤通气性就成为最重要的限制因子。

作为硝化和反硝化反应的底物，土壤矿质氮（NH_4^+ 和 NO_3^-）的丰缺对 N_2O 产生和排放的影响是不言而喻的，因此氮肥施用显著影响着土壤中硝化和反硝化反应的进行；此外，氮肥还能通过促进作物生长刺激作物根系生长和根系分泌物的增加，影响土壤中微生物的生长及其活性，最终影响 N_2O 的产生与排放。大量研究表明，N_2O 的排放量随氮肥施用量增加而升高，且氮肥施用时间、施用方式及氮肥品种均对 N_2O 排放具有明显影响（蔡祖聪等，2009）。有机肥施用也对 N_2O 排放有重要影响：如果有机肥的 C/N 过高，则在分解过程中净同化无机氮，引起土壤中氮素的固定，导致土壤有机氮含量下降，从而减少 N_2O 排放；若有机肥的 C/N 过低，则在分解过程中净矿化无机氮，引起土壤中氮素的释放，导致氮素含量升高，从而增加 N_2O 排放。尽管水分状况和秸秆管理对 N_2O 排放存在明显影响，但就旱地的 N_2O 减排而言，提高氮肥利用率，降低肥料施用量是根本。

降低氮肥施用量无疑可以明显减少 N_2O 的排放量，但存在降低作物产量的风险。由于施用氮肥的品种不同，作物对氮素利用的效率也存在一定差异，N_2O 排放也有所不同。因此，相同氮肥施用量条件下，选用高利用率的氮肥品种不仅可以保证农作物高产稳产，还能减少 N_2O 排放。比如与尿素相比，碳酸氢铵和硫酸铵可显著降低湖北菜地的 N_2O 排放（刘真贞，2007），而尿素和磷肥配施或施用硝酸磷肥有助于减少华北玉米地的 N_2O 排放（刘运通，2011）；缓释/控释肥施用能提高养分利用率，从而减少施肥量，减轻施肥对环境的污染，进而降低 N_2O 的排放（张琴和张春华，2005）。大量研究发现，施用控释肥较尿素不仅可增加水稻、小麦、大麦和玉米等农作物产量，提高经济效益，还能减小 N_2O 排放系数，减少 N_2O 排放（黄国宏等，1998; Shoji et al., 2001; Chu et al., 2004; 龚均治等，2005; 徐明岗等，2005; 杨雯玉等，2005; 党建友等，2008; 王典，2009; Ardell et al., 2010; 刘运通，2011; 纪洋等，2011, 2012）。

脲酶抑制剂或硝化抑制剂与氮肥配施也可提高氮肥利用率，达到减少 N_2O 排放的目的。脲酶抑制剂通过减缓土壤中酰胺态氮至铵态氮的水解过程和速度，从而降低 NH_4^+ 的浓度，并减少 NH_3 挥发损失；硝化抑制剂抑制 NH_4^+-N 至 NO_3^--N 的氧化过程，使土壤中 NO_2^- 和 NO_3^- 浓度下降，于是减少 NO_2^- 和 NO_3^- 的径流与淋溶、N_2 与 N_2O 等的气态损失（陈利军等，1995）。若将两者与尿素合理配施，则可使氮素转化全过程得到有效控制，使施入土壤的氮肥尽可能为作物吸收利用，减少 N_2O 和 N_2 等形式的氮损失。稻麦轮作系统的试验结果显示：脲酶抑制剂和硝化抑制剂单独施用时均具有良好的减少 N_2O 排放的效果，若两者同时配合尿素施用，则能显著降低 N_2O 排放量，减排潜力高达 49%~62%（Kumar et al., 2000; Majumdar et al., 2000, 2002; Boeckx et al., 2005; Malla et al., 2005）；优化脲酶抑制剂和硝化抑制剂施用时间能进一步降低稻季的 N_2O 排放：与对照相比，抑制剂与基肥配施减少 N_2O 排放 23.5%，若与分蘖肥配施，则降低 N_2O 排放 55.3%（Li et al., 2009）。与单施尿素相比，硝化抑制剂与尿素或硝酸氢铵配施可显著减少华北玉米地的 N_2O 排放 24.3%~40.3%（刘运通，2011）。

生物质炭对农田 N_2O 排放具有较好减排效果。Cayuela 等（2014）通过数据整合分析发现生物质炭具有降低土壤 N_2O 排放的潜力，平均降幅约为 54%。然而，基于生物质炭制备原料、土壤类型和田间管理方式等条件的不同，生物质炭对土壤 N_2O 排放的效应各异。如畜禽粪便制备的生物质炭对 N_2O 排放没有减少作用，而其他植物性材料（草本和木本）制备的生物质炭能有效减少 N_2O 排放（Nelissen et al., 2014）。生物质炭对强酸性土壤（pH<5）N_2O 减排作用较小，对 pH>5 的土壤 N_2O 减排作用较大（Obia et al., 2015;

Cayuela et al., 2014）。对于水田，生物质炭能有效减少 N_2O 排放（Zhang et al., 2012a），而对于某些旱地，有研究发现生物质炭反而激发了土壤 N_2O 的排放（Chen et al., 2015）。

N_2O 是土壤氮素硝化和反硝化微生物过程的产物（Freney, 1997），生物质炭会调控微生物活性进而影响土壤 N_2O 排放。Sánchez-García 等（2014）发现生物质炭能增加土壤氨氧化菌的数量，促进土壤硝化过程及相应的 N_2O 产生；而 Harter 等（2014）发现，当土壤中反硝化过程占主导时，生物质炭会增加土壤 N_2O 还原菌的数量，从而加速 N_2O 向 N_2 转化，导致 N_2O 排放减少。此外，也有研究报道生物质炭在某些土壤类型中会对硝化菌或反硝化菌产生毒副作用，从而抑制 N_2O 的产生（Spokas, 2010; Anderson et al., 2011）。Liu 等（2017）研究表明，生物质炭施用增加了硝化细菌和反硝化细菌数量，当土壤水分<70%田间持水量时，生物质炭施用增加 N_2O 排放；当土壤水分>70%田间持水量时，生物质炭施用减少 N_2O 排放。

Liu 等（2018）利用数据整合分析技术研究表明，生物质炭施用平均减少 32%的 N_2O 排放。生物质炭用在壤土上对 N_2O 排放的减排作用最大。当土壤有机碳含量<5g/kg 时，生物质炭施用对 N_2O 排放没有显著影响。畜禽粪便生物质炭或制炭温度<350℃时，生物质炭施用不显著影响 N_2O 排放。随着生物质炭用量增加，生物质炭施用对 N_2O 排放的减排作用增强，并当一次生物质炭用量为 $40t/hm^2$ 时，生物质炭施用对 N_2O 排放的减排作用最大。

Liu 等（2019）用机器学习随机森林模型研究显示生物质炭类型、剂量和气候带是控制生物质炭减少 N_2O 排放的关键因素，同时实验室减排效果好于田间效果。$10\sim 20t/hm^2$ 秸秆炭将减少 N_2O 排放 16%，而畜禽粪便炭只减少 9%，木炭减少 13%。在热带、亚热带地区生物质炭施用对 N_2O 的减排作用小于温带地区。在高土壤有机碳、高阳离子交换量和高养分土壤上，生物质炭施用能大幅减少 N_2O 排放。全球农田如果施用生物质炭，每年可减少 N_2O 排放 96 万 t（N_2O-N）（相当于目前全球农田 N_2O 排放的 33%）。

9.2　农田固碳减排技术

土壤是地球碳储量最大的碳库（1550Pg 土壤有机碳和 950Pg 土壤无机碳），土壤碳库是大气碳库的 3.3 倍和生物碳库的 4.5 倍，因此土壤碳库较小的变化就会影响大气 CO_2 浓度（Lal, 2004a）。如果全球土壤有机碳储量增加或减少 1%，大气 CO_2 浓度将增加或减少 7μL/L。由此可见，增加土壤碳储量就可抑制大气 CO_2 浓度升高，减缓全球变暖进程（Smith et al., 2007）。土壤有机碳库可以分为活跃碳库、非活跃碳库和惰性碳库三部分（Dalal and Chan, 2001）。活跃碳库主要由微生物量组成，其周转速率最快，一般仅为数小时至数周。非活跃碳库一般是指与土壤粉粒相结合部分，其周转速率一般为几十年。惰性碳库一般与土壤黏粒相结合，受到物理保护，是土壤碳库中最稳定的部分，其周转速率可以达到数百年至上千年（Christopher and Jonathan, 2000）。因此，植被通过光合作用从大气中吸收固定 CO_2（转化为有机碳），当有机碳输入土壤并转化为土壤碳库，特别是转化为土壤非活跃和惰性碳库，就可以大大减缓碳再次以 CO_2 形式返回大气的速度。Lal（2004a）认为，增加土壤有机碳库将有望抵消 5%～15%全球化石能源的 CO_2 排放量。

充分发挥土壤对碳的固持作用，将有利于全球减缓气候变暖进程。

农田生态系统是主要的陆地生态系统类型之一，与其他自然陆地生态系统相比，农田生态系统受人类活动的干扰最为强烈。因此，农田生态系统是陆地生态系统土壤碳库变化较为活跃的部分，也是陆地生态系统土壤碳库更容易受人类活动调节的部分（Lal，2004b；潘根兴和赵其国，2005）。与其他陆地生态系统土壤固碳潜力相比，农田生态系统土壤固碳潜力最高：据估算，每年全球农田土壤的固碳潜力为 0.4～0.8Pg，其固碳量相当于每年全球大气 CO_2 含量增量的 30% 左右（Lal，2004a）。此外，农田土壤每公顷增加 1t 有机碳，每公顷小麦和玉米的产量将有可能分别增加 20～40kg 和 10～20kg（Lal，2004a）。增加土壤有机碳含量不仅有利于作物增产，而且通过改善水分与矿质营养元素的涵养能力、土壤结构和微生物活性，从而有利于作物产量的稳定。较高的土壤有机碳含量，可增强水分和矿质元素的保持能力，降低土壤侵蚀和退化的风险。此外，土壤有机碳也是一种生物膜，可过滤有毒物质，对于降低河流泥沙沉积和分解污染物及增强 CO_2 和 CH_4 汇功能均具有一定的作用（Lal，2004a）。由此可见，增加农田土壤的有机碳库储量，充分发挥农田土壤固碳潜力，有利用保障粮食安全与全球农业可持续性发展，对缓解全球气候变化具有重要意义，而且土壤有机碳封存是一种经济有效和环境友好型的措施。

土壤有机碳库动态变化主要取决于有机物输入和有机碳输出（包括微生物的氧化分解、淋溶和侵蚀）之间的平衡（图 9-14）。因此，增加农田土壤有机碳库的措施也都是围绕这几个方面展开，即增加农田的有机物输入（增加作物产量和根系生物量、秸秆还田和施用有机肥等）和降低有机碳输出（降低淋溶、土壤侵蚀和增强土壤有机碳的稳定性）。Zhao 等（2018）研究发现，自 1980 年以来中国农田生态系统农田管理措施（如施肥、耕作及秸秆处理）发生了的巨大变化，随着中国农田管理方式的转变，2011 年中国农田土壤表层（0～20cm）平均碳储量从 1980 年的 28.6Mg/hm^2（C）（1980 年中国第二次土壤普查数据）增加到 32.9Mg/hm^2（C），平均每年增加 140kg/hm^2（C）。一般认为，适宜的农田管理措施与耕作方式（主要包括施用化肥、灌溉、秸秆还田、施用有机肥、少耕与免耕、轮作等）有可能促进农田土壤有机碳库的累积，从而充分发挥农田土壤的固碳能力（Smith et al.，2007）。

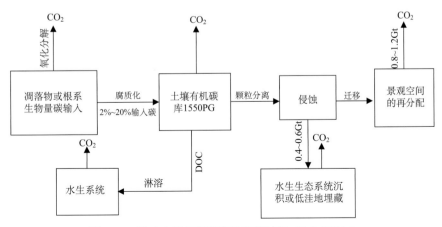

图 9-14　影响土壤有机碳库动态的过程（Lal, 2004a）

9.2.1　土壤有机碳稳定性机制

　　土壤有机碳自身具有热力学不稳定的特点，但能够在土壤中存留几十至上千年，这主要是因为土壤有机碳存在稳定性机制。土壤有机碳稳定性机制是土壤固碳潜力的核心科学问题，而土壤固碳潜力与土壤团聚体的组成及其稳定性息息相关。团聚体的稳定性是指团聚体抵抗外力作用或外部环境变化而保持其原有形态的能力。土壤有机碳稳定性机制可以分为三种：化学保护机制、物理保护机制与生物保护机制（Six et al., 2000a，2000b，2004）。影响团聚体形成与稳定的生物与环境因素分别为微生物、根系、环境变量、土壤动物和无机黏结剂（图 9-15）。探讨土壤有机碳稳定性机制，可为优化农田管理措施和耕作方式、挖掘农田土壤的固碳潜力和提升农田生态系统的生态服务功能提供重要的科学依据。

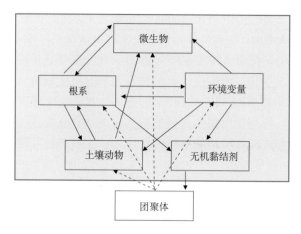

图 9-15　影响团聚体形成与稳定的五大因素及其相互作用（Six et al., 2004）

9.2.1.1　化学保护机制

　　土壤黏粒和粉粒中的金属氧化物（如氧化铁、氧化铝等）、钙镁盐及矿物组分（如蒙脱石、高岭石和伊利石等）具有较大比表面积和含有大量表面电荷，能够吸附有机物。土壤黏粒和粉粒与有机物结合紧密，形成稳定的有机-无机复合体。土壤微生物很难利用有机-无机复合体中的有机物，从而形成土壤有机碳稳定性的化学保护机制（徐香茹和汪景宽，2017）。此外，植物输入的有机物组分中其他有机物的分子结构对于决定有机碳在土壤中的留存时间也起到一定作用。比如腐殖酸较其他有机物组分（如糖类和有机酸等简单有机物分子）在土壤中更加稳定，腐殖酸物质自身的"惰性"对土壤有机碳的稳定具有重要作用。然而，在土壤中输入更加稳定和抗分解的有机物组分（如黑炭或脂肪类物质）是否可以激活土壤有机碳稳定性的物理-化学联合保护机制还尚需进一步研究与明确（Courtier-Murias，2013）。

9.2.1.2　物理保护机制

最近几十年关于土壤有机碳的碳截获及其稳定性的物理保护机制相关研究发现，土壤团聚体的形成是土壤有机碳稳定性的物理保护机制（Lal et al., 2015）。颗粒有机物（POM）在胶结作用下被微团聚体包被，形成大团聚体，压缩了团聚体的内部空间，有机碳与矿物颗粒结合更加紧密，颗粒有机碳受到团聚体的物理保护，其分解速率有所下降。此外，微团聚体在胶结作用下形成大团聚体后，微团聚体有机碳与空气接触的表面积也随之降低，其分解速率也随之下降。一般情况下，微团聚体的有机碳稳定性要比大团聚体内的颗粒状有机碳稳定性高，可长达上百年（徐香茹和汪景宽，2017）。翻耕会破坏土壤团聚体组分，将部分受团聚体保护的有机碳转变为活跃碳库，导致该部分有机碳在土壤中的截留时间从几十年降低到数周（Grandy and Robertson, 2006, 2007）。此外，土壤干湿交替也有可能将土壤团聚体内受物理保护的有机碳暴露出来，进而加速土壤有机碳的分解。土壤有机碳物理保护的强弱取决于土壤质地，一般黏质土壤的土壤有机碳稳定性要高于砂质土壤（Lal et al., 2015）。

9.2.1.3　生物保护机制

不同土壤有机碳库的平均存留时间在数秒到上千年范围内变化，只有截留时间长达几十年至上千年以上的土壤有机碳库才能起到有效的固碳作用。土壤有机碳的分解速率除了受环境因子的控制外，还受到生物因素的影响。土壤动物仅能消耗和利用土壤有机碳能量的 10%～15%，非生物化学氧化分解的有机质（包括形成含铁、铝氧化物和氢氧化物的土壤有机矿质复合体）也达不到 5%，因而通过土壤微生物介导的有机碳分解是土壤有机碳稳定的最重要生物机制（Lal et al., 2015）。因此，通过形成稳定的微团聚体和非水解化合物来隔离有机碳与降解微生物的生物机制对有机碳的稳定性具有重要意义（Six et al., 2004）。通过微生物细胞、根系分泌物和土壤动物分泌物的胶结作用，形成微团聚体，微团聚体结合更大的颗粒有机物，并与真菌菌丝和细根相互交织而形成大团聚体（>250mm）。可见，生物保护机制不是固有或初级保护，而是因微生物自身及其代谢产物和腐殖质聚合物之间相互作用而形成的保护机制（Lal et al., 2015）。此外，土粒之间的胶结物质能否被微生物迅速分解利用或彻底分解，也是影响团聚体和土壤有机碳生物稳定性的重要因素（徐香茹和汪景宽，2017）。

9.2.2　提升农田土壤固碳潜力的农田管理措施和耕作方式

农田生态系统可以通过人为操作，改变农田生态系统的碳吸收与固定、碳排放及不同土壤有机碳库之间的转移（Lal, 2004b）。因此，采取适宜的农田管理措施和耕作方式，可有效降低耕作引起的土壤扰动、减少土壤侵蚀损失和增加作物根系及秸秆还田量，从而增加有机碳输入和降低碳损失，土壤有机碳在土壤中不断累积，使农田土壤碳封存成为一个重要和可行的固碳途径（Post and Kwon, 2000; Lal, 2004b）。

将养分循环、能量收支、无脊椎动物的土壤工程和土壤生物多样性等生态概念应用于农田管理,将有可能改善土壤质量和增加土壤有机碳的封存(Lavelle, 2000)。一般通过加大作物残余物或其他有机废弃物的输入,就可以实现土壤有机碳含量的增加。研究发现,土壤表层有机碳含量通常随有机废弃物投入的增加而增加(Graham et al., 2002),但其效果还取决于土壤水分和温度、养分有效性(N、P、K、S)、土壤质地和气候等因素。除了有机废弃物投入的数量外,有机废弃物的组分对土壤 SOC 的累积也起到重要影响(Lal et al., 2004b)。

土壤生物多样性(包括细菌、真菌和土壤动物)对土壤有机碳库也具有一定的影响。在其他因素相同的前提下,土壤生物多样性高的生态系统比生物多样性低的生态系统的土壤和生物体可以固定更多的碳(Lal, 2004b)。此外,土壤生物多样性高对土壤结构也有良好的影响,真菌菌丝、土壤动物(蚯蚓和白蚁等)活动和微生物分泌的多糖类物质均有助于形成稳定的土壤团聚体,改善土壤结构。因此,农田管理措施和耕作方式对土壤生物多样性的影响,也是提升土壤固碳能力需要考虑的重要因素。

9.2.2.1 保护性耕作

传统翻耕可以破坏土壤结构、增加土壤透气性、引起土壤侵蚀和提高分解微生物活性,从而加速土壤有机碳的分解与流失,可能会引起农田土壤有机碳库的降低(Six et al., 2004;Lal et al., 2004b)。因此,少耕/免耕或在休耕期种植作物等保护性耕作,可减少土壤扰动,增加土壤团聚体稳定性和数量,降低土壤团聚体有机碳的分解和土壤侵蚀,从而促进土壤有机碳的累积(徐阳春等,2002;Lal et al., 2004b)。据 Smith 等(1998)统计发现,将传统耕作方式转变为保护性耕作后,欧洲(包括苏联在内)农田土壤每年可以封存约 43Tg C。全球 200 多个长期定位试验的观测结果表明,传统耕作转变为免耕后,农田土壤有机碳含量每年平均增加 570kg/hm^2(C)(West and Pose, 2002)。Halvorson 等(2002)研究发现,少耕和免耕可使旱地农田土壤每年的固碳量分别达到 25kg/hm^2(C)和 233kg/hm^2(C)。但长期免耕不利用作物根系在土壤中的生长和扩展,从而影响作物产量。因此,免耕数年后,一般需要进行连续几年的翻耕,尽管此时的翻耕会造成约 5%~6%有机碳的损失(Campbell et al., 1996)。此外,传统农田管理(包括施肥、喷施农药与除草剂、灌溉和翻耕等过程)是一个能源消耗和碳排放的过程,因此将传统耕作模式转换为免耕模式,可以降低化石燃料燃烧排放的碳 30~35kg/(hm^2·a)(C)(Lal, 2004a)。

9.2.2.2 养分管理

合理的土壤养分管理是土壤有机碳固定的关键农田管理措施之一。肥料对土壤有机碳库的效应主要取决于其对作物生物量及腐殖质化程度的影响(Lal, 2004b)。2000 年以前,中国开始实施以施用大量化肥(氮肥和其他必需矿质元素肥料)为主导的农田管理措施,作物产量不断增加,进而增加了作物根系或秸秆对土壤的输入量,中国农田土壤有机碳储量也随之不断地增加(Zhao et al., 2018)。在肯尼亚一个持续 18 年的定位试验研究发现,相对于不施肥处理,施肥处理不仅使玉米和大豆产量增加了 3.3 倍,而且 0~15cm 深度土壤有机碳含量也由 23.6t/hm^2(不施肥处理)增加到 28.7t/hm^2(Kapkiyai et al., 1999)。当保护性耕作农田施用有机肥料时,农田土壤的固碳潜力也得以增强(Hao et al.,

2002）。

施用不同类型的肥料对农田土壤固碳潜力也会产生不同的影响。与含有相同量矿质营养的无机肥相比，施用有机肥或堆肥更能有效地提高有机碳库储量（Gregorich et al., 2001）。Vleeshouwers 和 Verhagen（2002）研究发现，农田连续 4 年施用有机肥，每年土壤固碳量约为 1.5t/hm² （C），而少耕农田每年土壤固碳量仅为 0.25 t/hm²（C）。此外，长期施用有机肥不仅增加土壤有机碳库，促进土壤团聚体的形成（Sommerfeldt et al., 1988；Gilley and Risse，2000），而且这种积极的影响还可能持续近百年或更长的时间（Compton and Boone，2000）。但目前人们普遍认为，有机与无机肥料混合配施可能更有利于改善农田土壤质量和增加农田土壤固碳潜力（金琳等，2008；缑倩倩等，2017）。

9.2.2.3　灌溉

在干旱地区水分是作物产量和农田土壤有机碳累积的限制因子。因此，与矿质营养缺乏的土壤中添加肥料类似，合理的水分管理与灌溉是增加干旱地区地上生物量、根系还田量及提升农田土壤有机碳储量的关键性措施之一（Lal，2004b）。国内外很多研究表明，在干旱或半干旱地区，通过灌溉不仅提高了作物产量，而且提升了农田土壤有机碳含量（Bordovsky et al., 1999；Masto et al., 2009；董林林等，2011）。但对于降雨量相对充足的地区，灌溉则可能导致农田土壤有机碳含量降低或影响不大。一些湿润地区的研究表明，灌溉可以改变农田土壤黏粒含量和团聚体结构，增加了农田土壤的 CO_2 排放，从而引起土壤有机碳含量降低（Amezketa，1999；Jackson et al., 2003）。由此可见，灌溉有可能增加干旱地区农田土壤有机碳含量，而在湿润地区，灌溉有可能降低农田土壤有机碳或影响不显著。此外，提高灌溉效率，可以降低隐性碳成本，进一步提升干旱区农田生态系统的固碳潜力（Sauerbeck，2001）。

9.2.2.4　秸秆还田与轮作

全球每年大概产生农作物残余物约 3Gt，而每吨作物残余物含有 12～20kg N、1～4kg P、7～30kg K、4～8kg Ca 和 2～4kg Mg。如果将这些作物残余物还田，不仅增加了农田土壤有机物料输入，而且这些矿质元素将在农田生态系统中循环利用，从而改善土壤质量和增加土壤有机碳库容量（Lal，2004a）。Freibauer 等（2004）研究发现，秸秆还田每年土壤固碳潜力可达 0.7t/hm²。金琳等（2008）通过 meta 分析发现，中国农田秸秆还田的固碳潜力可达 0.6t/（hm²·a）。此外，不同的秸秆还田方式和秸秆种类，对土壤有机碳含量的提升效果也会表现出差异性。王虎等（2014）研究发现，与秸秆不还田相比，连续 3 年不同秸秆还田方式均显著提高了 5.2%～18%的耕层土壤（0～20cm）有机碳含量，但秸秆翻压还田方式的提升效果好于覆盖还田方式，而且玉米秸秆还田的提升效果好于小麦秸秆。此外，秸秆覆盖还田有利于活性土壤有机碳组分的积累，而翻压还田更有利于较稳定有机碳组分的积累。

在轮作周期内轮作覆盖作物，可大大提高保护性耕作对土壤有机碳封存的效果。很多研究发现，休耕期或轮作周期内种植豆科覆盖作物可提高生物多样性、作物残茬的输入质量和有机碳库容量，并降低土壤中的 C 和 N 损失（Drinkwater et al., 1998；Sainju et al.，2002；Lal，2004b；李恋卿等，2000）。然而，也有研究发现，连续 15 年水稻-油菜水旱轮作后，土壤有机碳含量较仅种植水稻的农田下降了 11%（邹焱等，2006）。因此，通过轮作措施提升农田土壤固碳潜力时，需要考虑轮作作物种类的影响。

9.2.2.5　生物质炭固碳技术

气候变暖和粮食安全是当前人类面临的重大挑战。自 1750 年工业革命以来，化石燃料燃烧、土地利用变化等造成了大气中温室气体（CO_2、CH_4、N_2O）浓度持续上升，使地表温度升高了 0.78℃（IPCC，2013）。气候变暖会导致海平面上升、极端气候增加、生态系统恶化，对人类的生产和生活带来重大的影响。同时，世界人口持续增长，粮食安全问题也越来越严峻（Rosenzweig et al.，2014）。

生物质炭（biochar）在巴西亚马孙河流域考古中的发现，引起了人们利用生物质炭来解决气候变化和粮食安全问题的兴趣（Sohi，2012）。生物质炭是由动植物生物质（秸秆、木屑、畜禽粪便等）在完全或部分缺氧的条件下经高温热解炭化产生的一类高度芳香化的物质，其结构稳定，难以被微生物分解（Lehmann，2007）。亚马孙河流域黑土（terra preta）有上千年的历史，在远古人类活动的影响下，积累了大量的因不完全燃烧而产生的生物质炭，这种土壤比周边同样类型但不含生物质炭的土壤具有更高的肥力和碳含量（Glaser et al.，2001；Lehmann et al.，2003）。研究者受此启示，认为向土壤中添加工业化生产的生物质炭可以快速复制出亚马孙河流域黑土，不仅可以提高土壤碳库，增加对大气 CO_2 的固持，而且能改良土壤，促进作物生产（Roberts et al.，2010）。

土壤是陆地生态系统中碳储量最大的有机碳库（1550Pg），是陆地生物圈植被碳储量的 3 倍和大气圈碳储量的 2 倍（Lal，2004c）。因此，增加全球土壤碳库在抑制大气 CO_2 浓度升高和减缓全球变暖中具有重要的意义（Jobbágy and Jackson，2000）。传统的将秸秆等有机物料直接还田的措施对提高土壤碳库的作用微弱，原因是这些物料分解迅速，并且会增加土壤甲烷和 N_2O 等温室气体的排放（Xia et al.，2014）。而将秸秆等生物质转化为生物质炭后性质稳定，难以分解，可以有效地"锁"住碳库，减缓其分解回归到大气的速度（Grutzmacher et al.，2018）。据 Woof 等（2010）估算，每年将全球可利用的生物质转化为生物质炭并还入土壤，最高可固持 1.8Pg CO_2-C，相当于每年人为碳排放的12%。此外，生物质炭具有疏松多孔结构，含有一定量的含氧官能团及矿质元素，能有效提高土壤水分、CEC 及养分（Břendová et al.，2017）。有研究表明，生物质炭对作物生长具有一定的促进作用，产量增幅平均在 10% 左右（Cranedroesch et al.，2013）。鉴于生物质炭潜在的固碳及增产价值，国际上相继成立了不同的生物质炭研究机构（如 International Biochar Initiative），研究并推广生物质炭在土壤中的应用。此外，IPCC 也在 2014 年最新的报告中首次将生物质炭列为一项重要的固碳减排措施（IPCC，2014）。

然而，针对热议的"生物质炭"话题，也有一些科学家发出了质疑，尤其是来自英国、美国等国家的 126 个社会团体不久前联名发表了宣言：《生物质炭，人类、土地和生态系统的新威胁》。他们明确表示反对"生物质炭"，认为其对土地、人类和生态系统构成新的巨大威胁。当前一些反对的观点包括：①亚马孙河流域黑土使贫瘠的土壤变肥沃可能更得益于富含磷元素的骨骼的添加，仅靠生物质炭自身无法做到这一点（Tenanbaum，

2009）；②工业生物质炭与"亚马孙黑土"差异很大，"亚马孙黑土"是土著居民在数百年甚至数千年的时间变迁中创造的，而生物质炭在短期内可能并不能很好地与土壤"融合"，并发挥作用（Mukherjee and Lal, 2014）；③生物质炭是否是有效的碳汇还不明确，有研究表明生物质炭可能会激发原土壤有机质的分解（Luo et al., 2011）。

Liu 等（2016b）等利用 50 篇同行评议文章中的 395 对观察数据，开展了生物质炭对土壤 CO_2 排放、土壤碳库变化和土壤微生物生物量的 meta 分析。研究结果表明：生物质炭施用对土壤 CO_2 排放没有显著影响，而显著增加土壤碳库和微生物生物量碳，并且生物质炭引起的土壤有机碳增加量与微生物生物量的增加量呈显著正相关关系。生物质炭对土壤 CO_2 排放的影响显著受土壤性质、有无植被、是否施肥、制炭原料和生物质炭性质影响。其中土壤质地、pH、有无植物、制炭原料和生物质炭 C/N 是生物质炭影响土壤 CO_2 排放的主要因素。土地利用类型和生物质炭 C/N 是生物质炭影响土壤有机碳含量的主控因素。氮肥施用是微生物生物量碳响应生物质炭施用的最重要因素。

生物质炭施用在旱地、草地和林地上对 CO_2 排放没有显著影响，而施用在稻田显著增加 18%。生物质炭施用增加土壤有机碳 40%，在稻田上增加 60%。粗质地土壤 CO_2 平均增加 24%，细质地土壤减少 7%，在中等粗细土壤上没有显著影响。生物质炭施用显著减少 pH 为 6.6～7.5 土壤的 CO_2 排放，在 pH 为 5.0～6.5 土壤上显著增加 30%，而对 pH<5 和 pH>7.5 的土壤没有显著影响。生物质炭用量<20t/hm² 时，CO_2 排放增加 25%；生物质炭用量超过 40～60t/hm² 时 CO_2 排放减少 12%。土壤有机碳随生物质炭用量增加而增加，增加 23%～59%。木材炭增加土壤有机碳 48%，大于秸秆碳的 39% 和畜禽粪便炭的 24%。

生物质炭对土壤有机碳的提升主要受生物质炭稳定性和土壤原有有机碳激发效应（priming effect）的影响。当生物质炭氮含量<3.8%时，生物质炭施用抑制土壤原有有机碳分解（负激发）；当生物质炭氮含量>3.8%时，生物质炭施用促进土壤原有有机碳分解（正激发）。随着生物质炭碳含量的增加，生物质炭施用引起的土壤原有有机碳分解减少，其激发效应由正变负（<37.6%正激发，>37.6%负激发）。生物质炭施用到潮土中培养 168h 和 720h 时，生物质炭施用分别增加了放线菌和真菌，但减少了微生物生物量，而在 0.5h、24h 和 264h 时没有显著变化（Lu et al., 2014）。生物质炭抑制土壤原有有机碳分解的原因：①生物质炭中的二噁英（dioxins）、呋喃（furans）和酚（phenols）抑制微生物生长（Zimmerman et al., 2011）；②微生物分解的酶被生物质炭吸附而酶活性下降（Zimmerman and Ahn, 2010）；③生物质炭对无机养分的吸附降低了微生物养分有效性，抑制了微生物活性（Asada et al., 2006）。

生物质炭的固碳效应还取决于制炭能耗和裂解气的回收利用。如果裂解气不进行回收利用，生物质炭制备过程中排放的温室气体导致的增温效应将大于生物质炭中所有的碳。如果要实现生物质炭施用产生的水稻生产碳排放强度小于不施生物质炭的处理，那么制炭净能耗必须小于 3.4 MJ/kg（干物料）（Liu et al., 2016a）。我国每年生产秸秆 3.25 亿 t（C），其中还田和田间焚烧占 30%（石元春，2011）。如果把还田和田间焚烧的秸秆作为生产生物质炭的有效秸秆资源，每年可用于制炭的秸秆为 0.975 亿 t（C）。根据 400℃ 条件下秸秆碳转化为生物质炭碳的留存率 58.5%计算，可生产生物质炭碳 5700 万 t。根据制生物质炭能耗 0.0078kg/kg（CO_2-C/原料）、裂解气碳抵消率 0.0151kg/kg（CO_2-C/原料）和 100 年后生物质炭碳稳定率 86.3%计算，我国土壤有机碳将每年增加 5790 万 t（C）（Liu et al., 2016a）。

9.2.3　农田固碳技术研究展望

土壤有机碳封存是 21 世纪前几十年减缓气候变暖的有效策略之一。与此同时，提升土壤有机碳储量对于改善土壤质量、确保粮食安全和改善环境质量具有重要意义。土壤有机碳封存在非化石燃料替代能源充分发挥作用之前，为减缓气候变暖争取了几十年的时间（Lal, 2003）。只要通过一些有效的农田管理措施和耕作方式，就可以充分利用农田土壤的固碳能力，提升农田的土壤有机碳储量。任何农田 CH_4 和 N_2O 温室气体通量的变化，都会改变农田土壤的固碳效应。Xie 等（2010）研究发现，稻季秸秆还田会激发土壤 CH_4 的大量排放，降低了中国农田土壤的固碳效应。减少稻季秸秆还田量，将其转到旱作时还田（旱重水轻秸秆还田模式），中国农田土壤固碳（扣除温室气体排放的 CO_2-C 当量）效果得到了极大提升（表 9-9）。因此，在估算农田管理措施和耕作方式的土壤固碳潜力时，需要将其对温室气体的影响纳入估算体系（Lal, 2004a; Xie et al., 2010）。

表 9-9　旱重水轻模式下（减少稻季还田量，旱作从 30%还田量提高至 50%）中国未来 30 年 CO_2-C 当量减缓潜力（Xie et al., 2010）

参数	30%还田量	50%还田量		
	当前	还田第 10 年	还田第 20 年	还田第 30 年
土壤有机碳表观转化率/（g/kg）	—	230	183.7	156.6
土壤固碳量/（Tg/a）	23.6	41.4	33.1	28.2
稻季 CH_4 排放/（Tg/a）	5.55	2.05	2.05	2.05
CO_2-C 当量/（Tg/a）	26.4	−22.8	−14.5	−9.6

由于受到作物种类、作物栽培方式、土壤类型、水热条件等因素的影响，不同农田管理措施和耕作方式的土壤固碳潜力存在较大的差异。因此，需要因地制宜，综合采取多种农田管理和耕作措施，才能最大程度地提升农田土壤的固碳能力。土壤有机碳含量与土壤黏、粉粒含量呈现紧密的正相关关系，而土壤中黏、粉粒含量有限，因此当土壤有机物碳含量达到饱和后，其含量将不再增加（Gulde et al., 2008）。Zhao 等（2018）研究发现，自 2000 年以来中国施用大量化肥和大规模秸秆还田为主导的农田管理措施，使中国大部分农作区 SOC 均出现了不同程度的增加,而中国东北地区可能已经或接近 SOC 的饱和点，该农作区的 SOC 并未增加。一般适宜的农田管理措施和耕作方式，可使土壤有机碳储量持续增加 20～50 年，直到达到土壤有机碳的饱和（Sauerbeck, 2001; West and Post, 2002）。因此，如何突破土壤有机碳的饱和点，将是今后持续提升农田土壤固碳能力的重点研究方向。

参 考 文 献

蔡祖聪. 1999. 中国稻田甲烷排放研究进展. 土壤, 31(5): 266-269.

蔡祖聪, Mosier A R. 1999. 土壤水分状况对 CH_4 氧化, N_2O 和 CO_2 排放的影响. 土壤, 31(6): 289-294, 298.

蔡祖聪, 徐华, 马静. 2009. 稻田生态系统 CH_4 和 N_2O 排放. 合肥: 中国科学技术大学出版社.

陈利军, 史弈, 李荣华, 等. 1995. 脲酶抑制剂和硝化抑制剂的协同作用对尿素氮转化和 N_2O 排放的影响. 应用生态学报, 6(4): 368-372.

党建友, 杨峰, 屈会选, 等. 2008. 复合包裹控释肥对小麦生长发育及土壤养分的影响. 中国生态农业学报, 16(6): 1365-1370.

董林林, 杨浩, 于东升, 等. 2011. 不同类型土壤引黄灌溉固碳效应的对比研究. 土壤学报, 48(5): 922-930.

龚均治, 胡放, 曹进军, 等. 2005. 香稻施用有机无机缓控释肥试验初报. 湖南农业科学, 32(2): 25-26.

缑倩倩, 王国华, 屈建军. 2017. 农田土壤有机碳库研究述评. 中国农学通报, 33(33): 107-114.

郝晓辉, 苏以荣, 胡荣桂. 2005. 土壤利用管理对土壤甲烷氧化的影响. 云南农业大学学报, 20(3): 369-374.

黄国宏, 陈冠雄, 张志明, 等. 1998. 玉米田 N_2O 排放及减排措施研究. 环境科学学报, 18(4): 345-349.

纪洋, 余佳, 马静, 等. 2011. DCD 不同施用时间对小麦生长季 N_2O 排放的影响. 生态学报, 31(23): 7151-7160.

纪洋, 余佳, 马静, 等. 2012. 控释肥施用对小麦生长 N_2O 排放的影响. 土壤学报, 49(3): 526-534.

江长胜, 王跃思, 郑循华, 等. 2006. 耕作制度对川中丘陵区冬灌田 CH_4 和 N_2O 排放的影响. 环境科学, 27(2): 207-213.

蒋静艳, 黄耀, 宗良纲. 2003. 水分管理与秸秆施用对稻田 CH_4 和 N_2O 排放的影响. 中国环境科学, 23(5): 552-556.

金琳, 李玉娥, 高清竹, 等. 2008. 中国农田管理土壤碳汇估算. 中国农业科学, 41(3): 734-743.

康国定. 2003. 中国稻田甲烷排放时空变化特征研究. 南京: 南京大学.

李金华, 曹景蓉, 洪业汤, 等. 1995. 贵州水稻田甲烷释放通量及碳同位素组成研究. 地球化学, 24 (增) : 98-104.

李恋卿, 潘根兴, 张旭辉. 2000. 退化红壤植被恢复中表层土壤微团聚体及其有机碳的分布变化. 土壤通报, 31(5): 193-196.

刘运通. 2011. 华北春玉米土壤 N_2O 减排措施研究. 北京: 中国农业科学院农业环境与可持续发展研究所.

刘真贞. 2007. 不同施氮措施对菜地 N_2O 排放的影响. 武汉: 华中农业大学.

马静, 徐华, 蔡祖聪. 2007. 稻田甲烷氧化研究方法进展. 土壤, 39(2): 153-156.

潘根兴, 赵其国. 2005. 我国农田土壤碳库演变研究: 全球变化和国家粮食安全. 地球科学进展, 20(4): 384-394.

上官行健, 王明星, 沈壬兴. 1993. 稻田 CH_4 的排放规律. 地球科学进展, 8(5): 23-36.

石元春. 2011. 中国生物质原料资源. 中国工程科学, 13(2): 16-23.

王典. 2009. 控释肥在水稻上的应用效果研究. 现代农业科技, 10: 137-139.

王虎, 王旭东, 田宵鸿. 2014. 秸秆还田对土壤有机碳不同活性组分储量及分配的影响. 应用生态学报,

25(12): 3491-3498.

王卫东, 谢小立, 上官行健, 等. 1995. 南方红壤丘岗区稻田土壤有机酸含量与甲烷排放速率. 环境科学, 16(4): 8-12, 25.

魏朝富, 高明, 黄勤, 等. 2000. 耕种制度对西南地区冬水田甲烷排放的影响. 土壤学报, 37(2): 157-165.

徐华, 蔡祖聪. 1999. 种稻盆钵土壤甲烷排放通量变化的研究. 农村生态环境, 15(1): 10-13, 36.

徐华, 蔡祖聪, 李小平. 2000. 烤田对种稻土壤甲烷排放的影响. 土壤学报, 37(1): 69-76.

徐明岗, 孙小凤, 邹长明, 等. 2005. 稻田控释氮肥的施用效果与合理施用技术. 植物营养与肥料学报, 11(4): 487-493.

徐香茹, 汪景宽. 2017. 土壤团聚体与有机碳稳定机制的研究进展. 土壤通报, 48(6): 1523-1529.

徐阳春, 沈其荣, 冉炜. 2002. 长期免耕与施用有机肥对土壤微生物生物量碳、氮、磷的影响. 土壤学报, 39(1): 89-96.

杨雯玉, 贺明荣, 王远军, 等. 2005. 控释尿素与普通尿素配施对冬小麦氮肥利用率的影响. 植物营养与肥料学报, 11(5): 627-633.

张广斌, 马静, 徐华, 等. 2009. 稳定性碳同位素方法在稻田甲烷研究中的应用. 土壤学报, 46(4): 676-683.

张健伟, 孙卫玲, 邵军, 等. 2013. 温榆河中硝化和反硝化基因的 Real-time PCR 定量. 环境科学研究, 26(1): 64-71.

张晶, 林先贵, 尹睿. 2009. 参与土壤氮素循环的微生物功能基因多样性研究进展. 中国生态农业学报, 17(5): 1029-1034.

张琴, 张春华. 2005. 缓/控释肥为何发展缓慢. 中国农村科技, 3: 28-29.

邹焱, 苏以荣, 路鹏, 等. 2006. 洞庭湖区不同耕种方式下水稻土壤有机碳、全氮和全磷含量状况. 土壤通报, 37(4): 671-674.

Ahmad S, Li CF, Dai G Z, et al. 2009. Greenhouse gas emission from direct seeding paddy field under different rice tillage systems in central China. Soil and Tillage Research, 106(1): 54-61.

Ali M A, Lee C H, Lee Y B, et al. 2009. Silicate fertilization in notillage rice farming for mitigation of methane emission and increasing rice productivity. Agriculture, Ecosystems and Environment, 132(1-2): 16-22.

Amezketa E. 1999. Soil aggregate stability: A review. Journal of Sustainable Agriculture, 14(2-3): 83-151.

Anderson C R, Condron L M, Clough T J, et al. 2011. Biochar induced soil microbial community change: Implications for biogeochemical cycling of carbon, nitrogen and phosphorus. Pedobiologia, 54(5-6): 309-320.

Ardell D H, Stephen J D, Francesco A. 2010. Tillage and inorganic nitrogen source effects on nitrous oxide emissions from irrigated cropping systems. Science Society of America Journal, 74(2): 436-445.

Asada T, Ohkubo T, Kawata K, et al. 2006. Ammonia adsorption on bamboo charcoal with acid treatment. Journal of Health Science, 52(5): 585-589.

Bergamaschi P. 1990. Isotopenuntersuchungen an Methan aus Mülldeponien, Sümpfen und Reisfeldern, diploma thesis. Heidelberg: Inst. für Umweltphysik, Univ. of Heidelberg.

Bergamaschi P. 1997. Seasonal variation of stable hydrogen and carbon isotope ratios in methane from a Chinese rice paddy. Journal of Geophysical Reserach, 102(D21): 25383-25393.

Bilek R S, Tyler S C, Sass R L, et al. 1999. Differences in CH$_4$ oxidation and pathways of production between rice cultivars deduced from measurements of CH$_4$ flux and δ^{13}C of CH$_4$ and CO$_2$, Global Biogeochemical Cycles, 13(4): 1029-1044.

Bock E, Koops H P, Harms H. 1986. Cell biology of nitrifying bacteria// Prosser J I. Nitrification. Oxford, UK: Special Publications of the Society for General Microbiology, 20: 17-38.

Boeckx P, Xu X, van Cleemput O. 2005. Mitigation of N$_2$O and CH$_4$ emission from rice and wheat cropping systems using dicyandiamide and hydroquinone. Nutrient Cycling in Agroecosystems, 72(1): 41-49.

Bordovsky D G, Choudhary M, Gerard C J. 1999. Effect of tillage, cropping, and residue management on soil properties in the Texas Rolling Plains. Soil Science, 164(5): 331-340.

Bosse U, Frenzel P. 1997. Activity and distribution of methane-oxidizing bacteria in flooded rice soil microcosms and in rice plants (*Oryza sativa*). Applied and Environmental Microbiology, 63(4): 1199-1207.

Bremner J M. 1997. Sources of nitrous oxide in soils. Nutrient Cycling in Agroecosystems, 49: 7-16.

Břendová K, Száková J, Lhotka M, et al. 2017. Biochar physicochemical parameters as a result of feedstock material and pyrolysis temperature: predictable for the fate of biochar in soil? Environmental Geochemistry and Health, 39(6): 1381-1395.

Cai Z C, Tsuruta H, Gao M, et al. 2003. Options for mitigating methane emission from a permanently flooded rice field. Global Change Biology, 9(1): 37-45.

Cai Z C, Tsuruta H, Minami K. 2000. Methane emission from rice fields in China: Measurements and influencing factors. Journal of Geophysical Reserach, 105(D13): 17231-17242.

Cai Z C, Xing G X, Yan X Y, et al. 1997. Methane and nitrous oxide emissions from rice paddy fields as affected by nitrogen fertilizers and water management. Plant and Soil, 196(1): 7-14.

Cai Z C, Xu H. 2004. Options for mitigating CH$_4$ emissions from rice fields in China//Hayashi Y. Material Circulation through Agro-Ecosystems in East Asia and Assessment of its Environmental Impact. Japan: NIAES: 45-55.

Cai Z C, Xu H, Zhang H H, et al. 1994. Estimate of methane emission from rice paddy fields in Taihu region, China. Pedosphere, 4(4): 297-306.

Campbell C A, McConkey B G, Zentner R P, et al. 1996. Tillage and crop rotation effects on soil organic C and N in a coarse-textured typic haploboroll in southwestern Saskatchewan. Soil and Tillage Research, 37(1): 3-14.

Cayuela M L, Van Zwieten L, Singh B P, et al. 2014. Biochar's role in mitigating soil nitrous oxide emissions: A review and meta-analysis. Agriculture, Ecosystems and Environment, 191(6): 5-16.

Chanton J P. 2005. The effect of gas transport on the isotope signature of methane in wetlands. Organic Geochemistry, 36(5): 753-768.

Chanton J P, Whiting G J, Balir N E, et al. 1997. Methane emission from rice: Stable isotopes, diurnal variations, and CO$_2$ exchange. Global Biogeochemical Cycles, 11(1): 15-27.

Chen H, Zhu Q A, Peng C H, et al. 2013. Methane emissions from rice paddies natural wetlands, lakes in China: Synthesis new estimate. Global Change Biology, 19(1): 19-32.

Chen J, Kim H, Yoo G. 2015. Effects of biochar addition on CO$_2$ and N$_2$O emissions following fertilizer application to a cultivated grassland soil. PloS One, 10(5): e0126841.

Chen X P, Gui Z L, Fan M S, et al. 2014. Producing more grain with lower environmental costs. Nature,

514(9): 486-489.

Christopher J K, Jonathan A F. 2000. Testing the performance of a dynamic global ecosystem model: Water balance, carbon balance, and vegetation structure. Global Biogeochemical Cyclings, 14(3): 795-825.

Chu H Y, Hosen Y, Yagi K. 2004. Nitrogen oxide emissions and soil microbial activities in a Japanese andisol as affected by N-fertilizer management．Soil Science and Plant Nutrition, 50(2): 287-292.

Cicerone R J, Shetter I D. 1981. Sources of atmospheric methane: Measurements in rice paddies and a discussion. Journal of Geophysical Research, 86(C8): 7203-7209.

Compton J E, Boone R D. 2000. Long-term impacts of agriculture on soil carbon and nitrogen in New England forests. Ecology, 81(8): 2314-2330.

Conrad R. 2005. Quantification of methanogenic pathways using stable carbon isotopic signatures: A review and a proposal. Organic Geochemistry, 36(5): 739-752.

Conrad R, Claus P, Casper P. 2009. Characterization of stable isotope fractionation during methane production in the sediment of a eutrophic lake, Lake Dagow, Germany. Limnology and Oceanography, 54(2): 457-471.

Conrad R, Klose M. 1999. How specific is the inhibition by methyl fluoride of acetoclastic methanogenesis in anoxic rice field soil? FEMS Microbiology Ecology, 30(1): 47-56.

Conrad R, Klose M, Claus P. 2002. Pathway of CH_4 formation in anoxic rice field soil and rice roots determined by ^{13}C-stable isotope fractionation. Chemosphere, 47(8): 797-806.

Courtier-Murias D, Simpson A J, Marzadori C, et al. 2013. Unraveling the long-term stabilization mechanisms of organic materials in soils by physical fractionation and NMR spectroscopy. Agriculture Ecosystems and Environment, 171(5): 9-18.

Cranedroesch A, Abiven S, Jeffery S, et al. 2013. Heterogeneous global crop yield response to biochar: A meta-regression analysis. Environmental Research Letters, 8(4): 925-932.

Dalal R C, Chan K Y. 2001. Soil organic matter in rainfed cropping systems of the Australian cereal belt. Australian Journal of Soil Research, 39(3): 435-464.

Dan J G, Krüger M, Frenzel P, et al. 2001. Effect of a late season urea fertilization on methane emission from a rice field in Italy. Agriculture, Ecosystems and Environment, 83(1-2): 191-199.

Denier van der Gon H A C, Neue H U. 1996. Oxidation of methane in the rhizosphere of rice plants. Biology and Fertility of Soils, 22(4): 359-366.

Drinkwater L E, Wagoner P, Sarrantonio M. 1998. Legume-based cropping systems have reduced carbon and nitrogen losses. Nature, 396(11): 262-265.

Feng Y, Xu Y, Yu Y, et al. 2012. Mechanisms of biochar decreasing methane emission from Chinese paddy soils. Soil Biology and Biochemistry, 46(3): 80-88.

Freibauer A, Rounsevell M D A, Smith P, et al. 2004. Carbon sequestration in the agricultural soils of Europe. Geoderma, 122(1): 1-23.

Freney J R. 1997. Emission of nitrous oxide from soils used for agriculture. Nutrient Cycling in Agroecosystems, 49(1-3): 1-6.

Frenzel P, Bosse U. 1996. Methyl fluoride, an inhibitor of methane oxidation and methane production. FEMS Microbiology Ecology, 21(1): 25-36.

Gilley J E, Risse L M. 2000. Runoff and soil loss as affected by the application of manure. Transactions of the

Asae, 43(6): 1583-1588.

Glaser B, Haumaier L, Guggenberger G, et al. 2001. The "terra preta" phenomenon: A model for sustainable agriculture in the humid tropics. Die Naturwissenschaften, 88(1): 37-41.

Graham M H, Haynes R J, Meyer J H. 2002. Soil organic matter content and quality: Effects of fertilizer applications, burning and trash retention on a long-term sugarcane experiment in South Africa. Soil Biology and Biochemistry, 34(1): 93-102.

Grandy A S, Robertson G P. 2006. Initial cultivation of a temperate-region soil immediately accelerates aggregate turnover and CO_2 and N_2O fluxes. Global Change Biology, 12(8): 1507-1520.

Grandy A S, Robertson G P. 2007. Land-use intensity effects on soil organic carbon accumulation rates and mechanisms. Ecosystems, 10(1): 58-73.

Gregorich E G, Drury C F, Baldock J A. 2001. Changes in soil carbon under long-term maize in monoculture and legume-based rotation. Canadian Journal of Soil Science, 81(1): 21-31.

Groot T T, Van Bodegom P M, Harren F J M, et al. 2003. Quantification of methane oxidation in the rice rhizosphere using ^{13}C-labelled methane. Biogeochemistry, 64(3): 355-372.

Großkopf R, Janssen P H, Liesack W. 1998a. Diversity and structure of the methanogenic community in anoxic rice paddy soil microcosms as examined by cultivation and direct 16S rRNA gene sequence retrieval. Applied and Environmental Microbiology, 64(3): 960-969.

Großkopf R, Stubner S, Liesack W. 1998b. Novel euryarchaeotal lineages detected on rice roots and in the anoxic bulk soil of flooded rice microcosms. Applied and Environmental Microbiology, 64(12): 4983-4989.

Grutzmacher P, Puga A P, Bibar M P S, et al. 2018. Carbon stability and mitigation of fertilizer induced N_2O emissions in soil amended with biochar. Science of the Total Environment, 625(6): 1459-1466.

Gulde S, Chung H, Amelung W, et al. 2008. Soil carbon saturation controls labile and stable carbon pool dynamics. Soil Science Society of America Journal, 72(3): 605-612.

Gutierrez J, Kim S Y, Kim P J. 2013. Effect of rice cultivar on CH_4 emissions and productivity in Korean paddy soil. Field Crop Research, 146(5): 16-24.

Halvorson A D, Wienhold B J, Black A L. 2002. Tillage, nitrogen, and cropping system effects on soil carbon sequestration. Soil Science Society of America Journal, 66(3): 906-912.

Hao Y, Lal R, Owens L B, et al. 2002. Effect of cropland management and slope position on soil organic carbon pool at the North Appalachian Experimental Watersheds. Soil and Tillage Research, 68(2): 133-142.

Harada H, Kobayashi H, Shindo H. 2007. Reduction in greenhouse gas emissions by no-tilling rice cultivation in Hachirogata polder, northern Japan: Life-cycle inventory analysis. Soil Science and Plant Nutrition, 53(5): 668-677.

Harter J, Krause H M, Schuettler S, et al. 2014. Linking N_2O emissions from biochar-amended soil to the structure and function of the N-cycling microbial community. The ISME Journal, 8(3): 660-674.

Hayes J M. 1993. Factors controlling ^{13}C contents of sedimentary organic compounds: Principles and evidence. Marine Geology, 113(1-2): 111-125.

Hochstein L I, Tomlinson G A. 1988. The enzymes associated with denitrification. Annual Review of Microbiology, 42: 231-261.

Holzapfel-Pschorn A, Conrad R, Seiler W. 1985. Production, oxidation and emission of methane in rice paddies. FEMS Microbiology Letters, 31(6): 343-351.

Holzapfel-Pschorn A, Seiler W. 1986. Methane emission during a cultivation period from an Italian rice paddy. Journal Geophysical Research, 91(D11): 11803-11814.

Hussain S, Peng S B, Fahad S, et al. 2015. Rice management interventions to mitigate greenhouse gas emissions: A review. Environmental Science and Pollution Research, 22(5): 3342-3360.

IPCC. 2013. Climate Change 2013: The Physical Science Basis. Contribution of Working Group I to the Fifth Assessment Report of the Intergovernmental Panel on Climate Change. Cambridge: Cambridge University Press: 5-6.

IPCC. 2014. Climate Change 2014: Mitigation of Climate Change. Contribution of Working Group III to the Fifth Assessment Report of the Intergovernmental Panel on Climate Change. Cambridge: Cambridge University Press.

Jackson L E, Calderon F J, Steenwerth K L, et al. 2003. Responses of soil microbial processes and community structure to tillage events and implications for soil quality. Geoderma, 114(3-4): 305-317.

Janssen P H, Frenzel P. 1997. Inhibition of methanogenesis by methyl fluoride: Studies of pure and defined mixed cultures of anaerobic bacteria and archea. Applied and Environmental Microbiology, 63(11): 4552-4557.

Jensen E S. 1997. Nitrogen immobilization and mineralization during initial decomposition of 15N-labelled pea and barley residues. Biology and Fertility of Soils, 24, 39-44.

Ji C, Jin Y G, Li C, et al. 2018. Variation in soil methane release or uptake responses to biochar amendment: A separate meta-analysis. Ecosystems, 21(8): 1692-1705.

Ji Y, Liu G, Ma J, et al. 2012. Effect of controlled-release fertilizer on nitrous oxide emission from a winter wheat field. Nutrient Cycling in Agroecosystems, 94(1): 111-122.

Ji Y, Liu G, Ma J, et al. 2014. Effects of urea and controlled release urea fertilizers on methane emission from paddy fields: A multi-year field study. Pedosphere, 24(5): 662-673.

Jiang Y, Kees Jan van Groenigen, Shan H, et al. 2017. Higher yields and lower methane emissions with new rice cultivars. Global Change Biology, 23(11): 4728-4738.

Jobbágy E G, Jackson R B. 2000. The vertical distribution of soil organic carbon and its relation to climate and vegetation. Ecological Applications, 10(2): 423-436.

Johnson J M F, Franzluebbers A J, Weyers S L, et al. 2007. Agricultural opportunities to mitigate greenhouse gas emissions. Environmental Pollution, 150(1): 107-124.

Kapkiyai J J, Karanja N K, Qureshi J N, et al. 1999. Soil organic matter and nutrient dynamics in a Kenyan nitisol under long-term fertilizer and organic input management. Soil Biology and Biochemistry, 31(13): 1773-1782.

Khalil M A K, Christopher L. 2008. Butenhoff spatial variability of methane emissions from rice fields and implications for experimental design. Journal Geophysical Research, 113(G3): G00A09.

Khalil M A K, Rasmussen R A, Shearer M J, et al. 1998. Measurements of methane emissions from rice fields in China. Journal Geophysical Research, 103(D19): 25181-25210.

Knoblauch C, Maarifat A A, Pfeiffer E M, et al. 2011. Degradability of black carbon and its impact on trace gas fluxes and carbon turnover in paddy soils. Soil Biology and Biochemistry, 43: 1768-1778.

Kotsyurbenko O, Nozhevnikova A, Zavarzin G. 1993. Methanogenic degradation of organic matter by anaerobic bacteria at low temperature. Chemosphere, 27(9): 1745-1761.

Kowalchuk G A, Stienstra A W, Heilig G H, et al. 2000. Molecular analysis of ammonia-oxidising bacteria in soil of successional grasslands of the Drentsche (The Netherlands). FEMS Microbiology Ecology, 31: 207-215.

Krüger M, Eller G, Conrad R, et al. 2002. Seasonal variation in pathways of CH_4 production and in CH_4 oxidation in rice fields determined by stable carbon isotopes and specific inhibitors. Global Change Biology, 8(3): 265-280.

Krüger M, Frenzel P. 2003. Effects of N-fertilization on CH_4 oxidation and production, and consequences for CH_4 emissions from microcosms and rice fields. Global Change Biology, 9(5): 773-784.

Krüger M, Frenzel P, Conrad R. 2001. Microbial processes influencing methane emission from rice fields. Global Change Biology, 7(1): 49-63.

Kumar U, Jain M C, Pathak H, et al. 2000. Nitrous oxide emission from different fertilizers and its mitigation by nitrification inhibitors in irrigated rice. Biology and Fertility of Soils, 32(6): 474-478.

Lal R. 2003. Global potential of soil carbon sequestration to mitigate the greenhouse effect. Critical Reviews in Plant Sciences, 22(2): 151-184.

Lal R. 2004a. Soil carbon sequestration impacts on global climate change and food security. Science, 304(5677): 1623-1627.

Lal R. 2004b. Soil carbon sequestration to mitigate climate change. Geoderma, 123(1-2): 1-22.

Lal R. 2004c. Carbon emission from farm operations. Environment International, 30(7): 981-990.

Lal R, Negassa W, Lorenz K. 2015. Carbon sequestration in soil. Current Opinion in Environmental Sustainability, 15(8): 79-86.

Lavelle P. 2000. Ecological challenges for soil science. Soil Science, 165(1): 73-86.

Lehmann J. 2007. A handful of carbon. Nature, 447(5): 143-144.

Lehmann J, da Silva J P, Steiner C, et al. 2003. Nutrient availability and leaching in an archaeological Anthrosol and a Ferralsol of the Central Amazon basin: Fertilizer, manure and charcoal amendments. Plant and Soil, 249(2): 343-357.

Lehmann-Richter S, Großkopf R, Liesack W, et al. 1999. Methanogenic archaea and CO_2-dependent methanogenesis on washed rice roots. Environmental Microbiology, 1(2): 159-166.

Li C, Frolking S, Xiao X, et al. 2005. Modeling impacts of farming management alternatives on CO_2, CH_4, and N_2O emissions: A case study for water management of rice agriculture of China. Global Biogeochemical Cycles, 19(3): GB3010.

Li C F, Zhang Z S, Guo L J, et al. 2013. Emissions of CH_4 and CO_2 from double rice cropping systems under varying tillage and seeding methods. Atmospheric Environment, 80(12): 438-444.

Li C F, Zhou D N, Kou Z K, et al. 2012. Effect of tillage and N fertilizers on CH_4 and CO_2 emissions and soil organic carbon in paddy fields of central China. PLoS One, 7(5): e34642.

Li D, Liu M, Cheng Y, et al. 2011. Methane emissions from double-rice cropping system under conventional and no tillage in southeast China. Soil and Tillage Research, 113(2): 77-81.

Li X L, Zhang G B, Xu H, et al. 2009. Effect of timing of joint application of hydroquinone and dicyandiamide on nitrous oxide emission from irrigated lowland rice paddy field. Chemosphere, 75(10):

1417-1422.

Liang B, Lehmann J, Solomon D, et al. 2006. Black carbon increases cation exchange capacity in soils. Soil Science Society of America Journal, 70(5): 1719-1730.

Liang W, Shi Y, Zhang H, et al. 2007. Greenhouse gas emissions from northeast China rice fields in fallow season. Pedosphere, 17(5): 630-638.

Linn D M, Doran J W. 1984. Effect of water-filled pore space on carbon dioxide and nitrous oxide production in tilled and nontilled soils. Soil Science Society of America Journal, 48(6): 1267-1272.

Liptay K, Chanton J, Czepiel P, et al. 1998. Use of stable isotopes to determine methane oxidation in landfill cover soils. Journal of Geophysical Research, 103(D7): 8243-8250.

Liu Q, Liu B J, Ambus P, et al. 2016a. Carbon footprint of rice production under biochar amendment-a case study in a Chinese rice cropping system. GCB Bioenergy, 8(1): 148-159.

Liu Q, Liu B J, Zhang Y H, et al. 2017. Can biochar alleviate soil compaction stress on wheat growth and mitigate soil N_2O emissions? Soil Biology Biochemistry, 104(1): 8-17.

Liu Q, Liu B J, Zhang Y H, et al. 2019. Biochar application as a tool to decrease soil nitrogen losses (NH_3 volatilization, N_2O emissions and N leaching) from croplands: Options and mitigation strength in a global perspective. Global Change Biology, 25(6): 2077-2093.

Liu Q, Zhang Y H, Liu B, et al. 2018. How does biochar influence soil N cycle? A meta-analysis. Plant Soil, 426(1-2): 211-225.

Liu S W, Zhang Y J, Zong Y J, et al. 2016b. Response of soil carbon dioxide fluxes, soil organic carbon and microbial biomass carbon to biochar amendment: A meta-analysis. GCB Bioenergy, 8(2): 393-406.

Lu Y H, Conrad R. 2005. In situ stable isotope probing of methanogenic archaea in the rice rhizosphere. Science, 309(5737): 1088-1090.

Lu Y H, Lueders T, Friedrich M W, et al. 2005. Detecting active methanogenic populations on rice roots using stable isotope probing. Environmental Microbiology, 7(3): 326-336.

Lu W W, Ding W X, Zhang J H, et al. 2014. Biochar suppressed the decomposition of organic carbon in a cultivated sandy loam soil: A negative priming effect. Soil Biology Biochemistry, 76(9): 12-21.

Luo Y, Durenkamp M, De Nobili M, et al. 2011. Short term soil priming effects and the mineralisation of biochar following its incorporation to soils of different pH. Soil Biology and Biochemistry, 43(11): 2304-2314.

Ma J, Ma E D, Xu H, et al. 2009. Wheat straw management affects CH_4 and N_2O emissions from rice fields. Soil Biology and Biochemistry, 41(5): 1022-1028.

Ma J, Li X L, Xu H, et al. 2007. Effects of nitrogen fertiliser and wheat straw application on CH_4 and N_2O emissions from a paddy rice field. Australian Journal of Soil Research, 45(5): 359-367.

Ma J, Ji Y, Zhang G B, et al. 2013. Timing of midseason aeration to reduce CH_4 and N_2O emissions from double rice cultivation in China. Soil Science and Plant Nutrition, 59(1): 35-45.

Ma J, Xu H, Yagi K, et al. 2008. Methane emission from paddy soils as affected by wheat straw returning mode. Plant Soil, 313: 167-174.

Malla G, Bhatia A, Pathak H, et al. 2005. Mitigation nitrous oxide and methane emissions from soil in rice-wheat system of the Indo-Gangetic plain with nitrification and urease inhibitors. Chemosphere, 58(2): 141-147.

Marik T, Fischer H, Conen F, et al. 2002. Seasonal variations in stable carbon and hydrogen isotope ratios in methane from rice fields. Global Biogeochemical Cycles, 16(4): 1094.

Masto R E, Chhonkar P K, Singh D, et al. 2009. Changes in soil quality indicators under long-term sewage irrigation in a sub-tropical environment. Environmental Geology, 56(6): 1237-1243.

Majumdar D, Kumar S, Pathak H, et al. 2000. Reducing nitrous oxide emission from an irrigated rice field of North India with nitrification inhibitors. Agriculture, Ecosystems & Environment, 81(3): 163-169.

Majumdar D, Pathak H, Kumar S, et al. 2002. Nitrous oxide emission from a sandy loam Inceptisol under irrigated wheat in India as influenced by different nitrification inhibitors. Agriculture, Ecosystems & Environment, 91(1): 283-293.

McCarty G W. 1999. Modes of action of nitrification inhibitors. Biology and Fertility of Soils, 29(1): 1-9.

Miller J B. 2005. The carbon isotopic composition of atmospheric methane and its constraint on the global methane budget// Flanagan L B, Ehleringer J R, Pataki D E. Stable Isotopes and Biosphere-atmosphere Interactions: Processes and Biological Controls, California: Elsevier Academic Press: 289-311.

Mukherjee A, Lal R. 2014. The biochar dilemma. Soil Research, 52(3): 217-230.

Nelissen V, Saha B K, Ruysschaert G, et al. 2014. Effect of different biochar and fertilizer types on N_2O and NO emissions. Soil Biology and Biochemistry, 70(3): 244-255.

Noll M, Klose M, Conrad R. 2010. Effect of temperature change on the composition of the bacterial and archaeal community potentially involved in the turnover of acetate and propionate in methanogenic rice field soil. FEMS Microbiology Ecology, 73(2): 215-225.

Norton J M, Alzerreca J J, Suwa Y C, et al. 2002. Diversity of ammonia monooxygenase operon in autotrophic ammonia-oxidizing bacteria. Archives of Microbiology, 177: 139-149.

Nyamadzawo G, Wuta M, Chirinda N, et al. 2013. Greenhouse gas emissions from intermittently flooded (Dambo) rice under different tillage practices in chiota smallholder farming area of Zimbabwe. Atmospheric and Climate Sciences, 3: 13-20.

O'Neill B, Grossman J, Tsai M, et al. 2009. Bacterial community composition in Brazilian Anthrosols and adjacent soils characterized using culturing and molecular identification. Microbial Ecology, 58(1): 23-35.

Obia A, Cornelissen G, Mulder J, et al. 2015. Effect of soil pH increase by biochar on NO, N_2O and N_2 production during denitrification in acid soils. PloS One, 10(9): e0138781.

Oremland R S, Culbertson C W. 1992. Importance of methane-oxidizing bacteria in the methane budget as revealed by the use of a specific inhibitor. Nature, 356(6368): 421-423.

Pandey D, Agrawal M, Bohra J S. 2012. Greenhouse gas emissions from rice crop with different tillage permutations in rice-wheat system. Agriculture, Ecosystems and Environment, 159(9): 133-144.

Payne W J. 1981. Denitrification. New York: John Wiley and Sons.

Pittelkow C M, Adviento-Borbe M A, van Kessel C, et al. 2014. Optimizing rice yields while minimizing yield-scaled global warming potential. Global Change Biology, 20(5): 1382-1393.

Post W M, Kwon K C. 2000. Soil carbon sequestration and land-use change: Processes and potential. Global Change Biology, 6(3): 317-327.

Rao D K, Bhattacharya S K, Jani R A. 2008. Seasonal variations of carbon isotopic composition of methane from Indian paddy fields. Global Biogeochemical Cycles, 22(1): GB1004.

Rath A K, Swain B, Ramakrishnan B, et al. 1999. Influence of fertilizer management and water regime on methane emission from rice fields. Agriculture, Ecosystems and Environment, 76: 99-107.

Roberts K G, Gloy B A, Joseph S, et al. 2010. Life cycle assessment of biochar systems: Estimating the energetic, economic, and climate change potential. Environmental Science and Technology, 44(2): 827-833.

Rosenzweig C, Elliott J, Deryng D, et al. 2014. Assessing agricultural risks of climate change in the 21st century in a global gridded crop model intercomparison. Proceedings of the National Academy of Sciences, 111(9): 3268-3273.

Sainju U M, Singh B P, Yaffa S. 2002. Soil organic matter and tomato yield following tillage, cover cropping, and nitrogen fertilization. Agronomy Journal, 94(3): 594-602.

Sánchez-García M, Roig A, Sánchez-Monedero M A, et al. 2014. Biochar increases soil N_2O emissions produced by nitrification-mediated pathways. Frontiers in Environmental Science, 2(7): 25.

Sass R L, Fisher F M, Wang Y B, et al. 1992. Methane emission from rice fields: The effect of floodwater management. Global Biogeochemical Cycles, 6(3): 249-262.

Sauerbeck D R. 2001. CO_2 emissions and C sequestration by agriculture - perspectives and limitations. Nutrient Cycling in Agroecosystems, 60(1-3): 253-266.

Schütz H, Holzapfel-Pschorn A, Conrad R, et al. 1989. A three-year continuous record on the influence of daytime, season, and fertilizer treatment on methane emission rates from an Italian rice paddy. Journal of Geophysical Research, 94(D13): 16405-16416.

Seiler W, Holzapfel-Pschorn A, Conrad R, et al. 1984. Methane emission from rice paddies. Journal of Atmospheric Chemistry, 1(3): 241-268.

Shang Q, Yang X, Gao C, et al. 2011. Net annual global warming potential and greenhouse gas intensity in Chinese double rice-cropping systems: A 3-year fifield measurement in long-term fertilizer experiments. Global Change Biology, 17(6): 2196-2210.

Shoji S, Delgado J, Moiser A, et al. 2001. Use of controlled release fertilizers and nitrification inhibitors to increase nitrogen use effi-ciency and to conserve air and water quality. Commu. Soil Sci. Plant Anal., 32(7/8): 1051-1070.

Six J, Bossuyt H, Degryze S, et al. 2004. A history of research on the link between (micro) aggregates, soil biota, and soil organic matter dynamics. Soil & Tillage Research, 79(1): 7-31.

Six J, Elliott E T, Paustian K. 2000a. Soil macroaggregate turnover and microaggregate formation: A mechanism for C sequestration under no-tillage agriculture. Soil Biology and Biochemistry, 32(14): 2099-2103.

Six J, Paustian K, Elliott E T, et al. 2000b. Soil structure and organic matter: I. Distribution of aggregate-size classes and aggregate-associated carbon. Soil Science Society of America Journal, 64(2): 681-689.

Smith P, Martino D, Cai Z, et al. 2007. Agriculture// Metz B, Davidson O R, Bosch P R, et al. Climate Change 2007: Mitigation. Contribution of Working Group III to the Fourth Assessment Report of the Intergovernmental Panel on Climate Change. Cambridge: Cambridge University Press: 499-508.

Smith P, Martino D, Cai Z, et al. 2008. Greenhouse gas mitigation in agriculture. Philosophical Transactions of the Royal Society B: Biological Sciences, 363(1492): 789-813.

Smith P, Powlson D S, Glendining M J, et al. 1998. Preliminary estimates of the potential for carbon mitigation in European soils through no-till farming. Global Change Biology, 4(3): 679-685.

Sohi S P. 2012. Carbon storage with benefits. Science, 338(6110): 1034-1035.

Sommerfeldt T G, Chang C, Entz T. 1988. Long-term annual manure applications increase soil organic-matter and nitrogen, and decrease carbon to nitrogen ratio. Soil Science Society of America Journal, 52(6): 1668-1672.

Song X, Pan G, Zhang C, et al. 2016. Effects of biochar application on fluxes of three biogenic greenhouse gases: A meta-analysis. Ecosystem Health and Sustainability, 2(2): e01202.

Spokas K A. 2010. Review of the stability of biochar in soils: Predictability of O：C molar ratios. Carbon Management, 1(2): 289-303.

Steinbeiss S, Gleixner G, Antonietti M. 2009. Effect of biochar amendment on soil carbon balance and soil microbial activity. Soil Biology and Biochemistry, 41(6): 1301-1310.

Stevens C M, Engelkemeir A. 1988. Stable carbon isotopic composition of methane from some natural and anthropogenic sources. Journal of Geophysical Research, 93: 725-733.

Su J, Hu C, Yan X, et al. 2015. Expression of barley SUSIBA2 transcription factor yields high-starch low-methane rice. Nature, 523(7): 602-606.

Sugimoto A, Wada E. 1993. Carbon isotopic composition of bacterial methane in a soil incubation experiment: Contributions of acetate and H_2/CO_2. Geochimica et Cosmochimica Acta, 57(16): 4015-4027.

Takai Y. 1970. The mechanism of methane formation in flooded paddy soil. Soil Science and Plant Nutrition, 16: 238-244.

Tanaka F, Ono S, Hayasaka T. 1990. Identifification and evaluation of toxicity of rice root elongation inhibitors in flooded soils with added wheat straw. Soil Science and Plant Nutrition, 36: 97-103.

Tenenbaum D. 2009. Biochar: Carbon Mitigation from the ground up. Environmental Health Perspectives, 117(2): 71-73.

Tortoso A C, Hutchinson G L. 1990. Contributions of autotrophic and heterotrophic nitrifiers to soil NO and N_2O emissions. Applied and Environmental Microbiology, 56(6): 1799-1805.

Tyler S C, Bilek R S, Sass R L, et al. 1997. Methane oxidation and pathways of production in a Texas paddy field deduced from measurements of flux, $\delta^{13}C$, and δD of CH_4. Global Biogeochemical Cycles, 11(3): 323-348.

Tyler S C, Brailsford G W, Yagi K, et al. 1994. Seasonal variations in methane flux and $\delta^{13}CH_4$ values for rice paddies in Japan and their implications. Global Biogeochemical Cycles, 8: 1-12.

Tyler S C, Zimmerman P R, Cumberbatch C, et al. 1988. Measurements and interpretation of $\delta^{13}C$ of methane from termites, rice paddies, and wetlands in Kenya. Global Biogeochemal Cycles, 2: 341-355.

Uzaki M, Mizutani H, Wada E. 1991. Carbon isotope composition of CH_4 from rice paddies in Japan. Biogeochemistry, 13(2): 159-175.

Vigil M F, Kissel D E. 1991. Equations for estimating the amount of nitrogen mineralized from crop residues. Soil Science Society of America Journal, 55(3): 757-761.

Vleeshouwers L M, Verhagen A. 2002. Carbon emission and sequestration by agricultural land use: a model study for Europe. Global Change Biology, 8(6): 519-530.

Wang M J, Shangguan X J. 1996. CH_4 emission from various rice fields in P. R. China. Theoretical and

Applied Climatology, 55(1-4): 129-138.

Wang M X, Dai A G, Shen R X, et al. 1990. CH_4 emission from a Chinese rice paddy field. Acta Meteorolooical Sinica, 4(3): 265-275.

Wang M X, Khalil M A K, Rasmussen R A, et al. 1987. Flux measurement of CH_4 emission from rice fields and biogas generator leakages. Chinese Science Bullet, 21: 1646-1649.

Wang Z P, Lindau C W, Delaune R D, et al. 1993. Methane emission and entrapment in flooded rice soils as affected by soil properties. Biology and Fertility of Soils, 16(3): 163-168.

Wassmann R, Buendia L V, Lantin R S, et al. 2000. Mechanisms of crop management impact on methane emissions from rice fields in Los Baños, Philippines. Nutrient Cycling in Agroecosystems, 58: 107-119.

Watanabe I, Hashimoto T, Shimoyama A. 1997. Methane-oxidizing activities and methanotrophic populations associated with wetland rice plants. Biology and Fertility of Soils, 24(3): 261-265.

West T O, Post W M. 2002. Soil organic carbon sequestration rates by tillage and crop rotation: A global data analysis. Soil Science Society of America Journal, 66(6): 1930-1946.

Whiticar M J. 1999. Carbon and hydrogen isotope systematics of bacterial formation and oxidation of methane. Chemical Geology, 161(1-3): 291-314.

Wood P M. 1986. Nitrification as a bacterial energy source//Prosser J I. Nitrification. Oxford, UK: Special Publications of the Society for General Microbiology, 20: 39-62.

Wood P M. 1990. Autotrophic and heterotrophic mechanisms for ammonia oxidation. Soil Use and Management, 6: 78-79.

Woolf D, Amonette J E, Street-Perrott F A, et al. 2010. Sustainable biochar to mitigate global climate. Nature Communications, 1: 56.

Xia L, Wang S, Yan X. 2014. Effects of long-term straw incorporation on the net global warming potential and the net economic benefit in a rice-wheat cropping system in China. Agriculture, Ecosystems and Environment, 197(12): 118-127.

Xie Z B, Liu G, Bei Q C, et al. 2010. CO_2 mitigation potential in farmland of China by altering current organic matter amendment pattern. Science China-Earth Sciences, 53(9): 1351-1357.

Xu H, Cai Z C, Tsuruta H. 2003. Soil moisture between rice-growing seasons affects methane emission, production, and oxidation. Soil Science Society of America Journal, 67(4): 1147-1157.

Yagi K, Chairoj P, Tsuruta H, et al. 1994. Methane emission from rice paddy fields in the central plain of Thailand. Soil Science and Plant Nutrition, 40(1): 29-37.

Yagi K, Minami K. 1990. Effects of organic matter application on methane emission from some Japanese paddy fields. Soil Science and Plant Nutrition, 36(4): 599-610.

Yagi K, Tsuruta H, Kanda K, et al. 1996. Effect of water management on methane emission from a Japanese rice paddy field: Automated methane monitoring. Global Bigeochemical Cycles, 10(2): 255-267.

Yan X Y, Akiyama H, Yagi K, et al. 2009. Global estimations of the inventory and mitigation potential of methane emissions from rice cultivation conducted using the 2006 Intergovernmental Panel on Climate Change Guidelines. Global Bigeochemical Cycles, 23(2): GB2002.

Yang Y T, Huang Q, Yu H Y, et al. 2018. Winter tillage with the incorporation of stubble reduces the net global warming potential and greenhouse gas intensity of double-cropping rice fields. Soil and Tillage Research, 183: 19-27.

Zhang A, Bian R, Pan G, et al. 2012a. Effects of biochar amendment on soil quality, crop yield and greenhouse gas emission in a Chinese rice paddy: A field study of 2 consecutive rice growing cycles. Field Crops Research, 127: 153-160.

Zhang G B, Ji Y, Ma J, et al. 2012b. Intermittent irrigation changes production, oxidation, and emission of CH_4 in paddy fields determined with stable carbon isotope technique. Soil Biology and Biochemistry, 52: 108-116.

Zhang G B, Ji Y, Ma J, et al. 2013a. Pathway of CH_4 production, fraction of CH_4 oxidized, and ^{13}C isotope fractionation in a straw incorporated rice field. Biogeosciences, 10(5): 3375-3389.

Zhang G B, Liu G, Zhang Y, et al. 2013b. Methanogenic pathway and fraction of CH_4 oxidized in paddy fields: Seasonal variation and effect of water management in winter fallow season. PLoS ONE, 8(9): e73982.

Zhang G B, Ma J, Yang Y T, et al. 2017. Variations of stable carbon isotopes of CH_4 emission from three typical rice fields in China. Pedosphere, 27(1): 52-64.

Zhang G B, Ma J, Yang Y T, et al. 2018. Achieving low methane and nitrous oxide emissions with high economic incomes in a rice-based cropping system. Agricultural and Forest Meteorology, 259(4): 95-106.

Zhang G B, Yu H Y, Fan X F, et al. 2015a. Effect of rice straw application on stable carbon isotopes, methanogenic pathway, and fraction of CH_4 oxidized in a continuously flooded rice field in winter season. Soil Biology and Biochemistry, 84: 75-82.

Zhang G B, Yu H Y, Fan X F, et al. 2016a. Carbon isotope fractionation reveals distinct process of CH_4 emission from different compartments of paddy ecosystem. Scientific Reports, 6: 27065.

Zhang G B, Yu H Y, Fan X F, et al. 2016b. Drainage and tillage practices in the winter fallow season mitigate CH_4 and N_2O emissions from a double-rice field in China. Atmospheric Chemistry and Physics, 16(18): 11853-11866.

Zhang G B, Zhang W X, Yu H Y, et al. 2015b. Increase in CH_4 emission due to weeds incorporation prior to rice transplanting in a rice-wheat rotation system. Atmospheric Environment, 116: 83-91.

Zhang G B, Zhang X Y, Ji Y, et al. 2011a. Carbon isotopic composition, methanogenic pathway, and fraction of CH_4 oxidized in a rice field flooded year-round. Journal of Geophysical Research, 116(G4): G04025.

Zhang G B, Zhang X Y, Ma J, et al. 2011b. Effect of drainage in the fallow season on reduction of CH_4 production and emission from permanently flooded rice fields. Nutrient Cycling in Agroecosystems, 89(1): 81-91.

Zhang H L, Bai X L, Xue J F, et al. 2013c. Emissions of CH_4 and N_2O under different tillage systems from double-cropped paddy fields in Southern China. PLoS One, 8: e65277.

Zhang W, Yu Y, Li T, et al. 2014. Net greenhouse gas balance in China's croplands over the last three decades and its mitigation potential. Environmental Science and Technology, 48(5): 2589-2597.

Zhang W, Yu Y Q, Huang Y, et al. 2011c. Modeling methane emissions from irrigated rice cultivation in China from 1960 to 2050. Global Change Biology, 17: 3511-3523.

Zhang Y F, Sheng J, Wang Z C, et al. 2015c. Nitrous oxide and methane emissions from a Chinese wheatrice cropping system under different tillage practices during the wheat-growing season. Soil and Tillage Research, 146: 261-269.

Zhao Y C, Wang M Y, Hu S J, et al. 2018. Economics- and policy-driven organic carbon input enhancement dominates soil organic carbon accumulation in Chinese croplands. Proceedings of the National Academy of Sciences of the United States of America, 115(16): 4045-4050.

Zhou M H, Wang X G, Wang Y Q, et al. 2018. A three-year experiment of annual methane and nitrous oxide emissions from the subtropical permanently flooded rice paddy fields of China: Emission factor, temperature sensitivity and fertilizer nitrogen effect. Agricultural and Forest Meteorology, 250-251(3): 299-307.

Zimmerman A R, Ahn M Y. 2010. Organo-mineral enzyme interactions and influence on soil enzyme activity//Shukla G C, Varma A. Soil Enzymes, Berlin Heidelberg: Springer: 271-292.

Zimmerman A R, Gao B, Ahn M Y. 2011. Positive and negative carbon mineralization priming effects among a variety of biochar-amended soils. Soil Biology Biochemistry, 43(6): 1169-1179.

Zou J W, Huang Y, Jiang J Y, et al. 2005. A 3-year field measurement of methane and nitrous oxide emissions from rice paddies in China: Effects of water regime, crop residue and fertilizer application. Global Biogeochemical Cycles, 19(2): GB2021.

第 10 章　土壤肥力快速评估与专用肥定制

10.1　土壤肥力概述

10.1.1　土壤肥力与时空变异

土壤支撑着土壤中动物、植物和微生物的繁衍生息。植物通过光合作用将太阳能转换成化学能贮存在光合作用产生的有机物中，为人类提供粮食。1840 年，李比希在伦敦召开的英国有机化学年会上发表了题为《化学在农业和生理学上的应用》的著名论文，正式确立了植物矿质营养学说，否定了当时流行的腐殖质营养学说，即矿物质为植物生长和形成产量提供了必需的营养物质，而这些矿物质主要来源于土壤，植物通过根系吸收，以保障正常生长。因此，土壤中的矿物质是植物必需的营养，对植物生长具有十分重要的作用。土壤中矿物质的含量、形态和有效性制约着植物生长，因而也就构成了土壤肥力的基本要素。土壤由岩石风化而来，由于成土母岩和气候环境的差异，土壤的组成与结构也存在显著的差异，因此土壤中矿物质的含量、形态和有效性存在显著变异，即土壤肥力存在显著变异，这种差异主要表现为空间上的组成结构变异与时间上的演变速率变异。在陆地生态系统长期的进化过程中，土壤选择植物，而植物适应土壤，即土壤与植物相互作用，在演变中形成相对的平衡，在平衡中又不断演变，进而形成了各具特色的生态系统，如草原生态系统、森林生态系统、湿地生态系统、高原生态系统等。

随着人类文明的发展与科技的进步，约公元前 3000 年，人类由游牧阶段进入到有意识的自主种植阶段，开始形成农耕文明，即农田生态系统开始形成。沿江沿河有丰富的生命之源——水，同时沿江沿河因沉积作用而形成的土壤矿物质丰富，成为人类文明的沃土与摇篮。自此，土壤肥力，特别是农田生态系统中的土壤（耕地），除了受自然和环境因素影响外，还显著地受到人为影响。人们对土壤的利用，整体上加重了土壤扰动，导致土壤加速衰退，加剧了农田土壤肥力的变异。例如，我国南方水热资源北方更丰富，土壤开垦利用时间长，所以南方土壤退化显著高于北方。图 10-1 是南京市溧水区土壤肥力图，图中越红的区域代表相对肥力越低，因此该区北部的土壤肥力显著高于南方，表明即便在一个县域尺度，土壤肥力的变异也十分明显，而这种变异的加剧将更加严重地制约植物生长和农业生产。克服这种制约的核心技术是协调矿物质供应，以实现平衡供给。

10.1.2　植物营养与需求特征

要实现协调矿物质的供应以实现平衡供给，首先需要掌握植物对元素的需求。图 10-2 显示了高等植物所必需的营养元素，截至目前，共有 17 种元素被确认为是高等植物所必

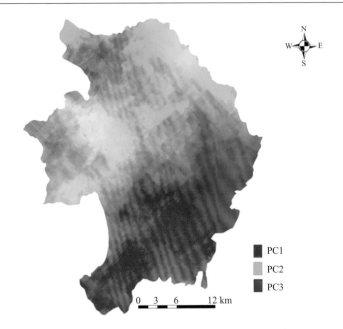

图 10-1　基于红外光谱的南京市溧水区土壤肥力图

PC1、PC2 和 PC3 分别代表土壤红外光声光谱主成分分析的前三个主成分，PC1 主要包含土壤矿物信息，PC3 主要包含土壤有机物信息

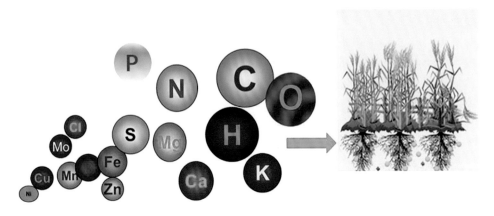

图 10-2　高等植物所必需的营养元素

圆圈越大代表植物的需求量越大

需的，即满足必要性（缺乏某一种元素，植物不能完成生命周期）、专一性（缺乏时出现特有的症状，只有补充缺乏的元素，症状才能减轻或消失）和直接性（起直接营养作用）。在这些必需营养元素中，C、H、O 来自大气和水，其他主要来自土壤，其中 N、P、K 植物需求量大，称为大量元素；Ca、Mg、S 植物需求量较大，称为中量元素；而 Fe、B、Mn、Zn、Cu、Mo、Cl、Ni 需求量相对较小，称为微量元素。所有必需元素尽管含量差异很大，但都具有特定的营养功能，在植物的生命过程中都发挥着不可替代的作用，因而地位同等重要，但在农业生产实践中的重要性不一样，N、P、K 植物需求量大，导致

土壤与植物间供求矛盾大，常需施肥补充，因而被称为"肥料三要素"

必需元素为各种作物所必需，对于植物生长具有必需性、不可替代性和作用直接性。而有益矿质元素能够促进植物生长发育，但不为植物普遍所必需。迄今为止，已经证实植物的必需营养元素有 17 种，大量元素：碳、氢、氧、氮、磷、钾；中量元素：钙、镁、硫；微量元素：铁、硼、锰、铜、锌、钼、氯、镍。在已确认的 17 种植物必需营养元素中，镍元素被确认为必需营养元素的时间不长。植物体内镍的含量一般在 0.05～5.0mg/kg，根据植物对镍的累积程度不同，可分为两类：第一类为镍超积累型，主要是野生植物，镍含量超过 1000mg/kg；第二类为镍积累型，其中包括野生的和栽培的植物，紫草科、十字花科、豆科和石竹科。植物吸收镍的形态：植物主要吸收离子态镍（Ni^{2+}），其次吸收络合态镍如 Ni-EDTA 和 Ni-DTPA，植物体内镍的运输较为迅速，在木质部中的镍可与有机酸或多种肽形成螯合物。镍是脲酶的金属辅基，可以提高过氧化物酶和抗坏血酸氧化酶的活性，促进降解有害微生物分泌的毒素，从而增强作物的抗病能力。豆科植物和葫芦科植物对镍的需求最为明显，这些植物的氮代谢中都有脲酶参与。过量的镍对植物也有毒性，且症状多变，生长迟缓、叶片失绿、变形，有斑点、条纹，果实变小、着色早等。镍中毒表现的失绿症可能是镍浓度过高诱发缺铁和缺锌所致。

与必需营养元素相对，还存在植物非必需营养元素，即某些元素不是植物生长所必需但对某些植物生长有益，如 Na、Si、Co、Se、Al 等。非必需有益元素与植物生长发育的关系可分为两种类型：第一，为某些植物类群中的特定生物反应所必需，如钴为豆科作物根瘤固氮所必需；第二，某些植物生长在该元素过剩的环境中，经长期进化逐渐变成需要该元素，如水稻对硅、甜菜对钠；植物对有益元素的需求量要求十分严格，缺少时影响生长，过多时则有毒害作用。以适宜的含量作为区分有益元素的界限是至关重要的。硅虽然不是必需营养元素，但对作物的产量和质量有重大影响。施用硅肥后，可使表皮细胞硅质化，茎秆挺立，增强叶片的光合作用。硅化细胞还可增加细胞壁的厚度，形成一个坚固的"保护神"，有效抵御病虫害。作物吸收硅肥后，导管刚性加强，有防止倒伏和促进根系生长的作用；此外，在硅肥的调节下，能抑制作物对氮肥的过量吸收，相应地促进了同化产物向多糖物质转化，由此可以调控作物品质。大部分植物体都含有大量硅，如生产 1000kg 稻谷，水稻地上部分二氧化硅的吸收量达 150kg，超过水稻吸收氮、磷、钾的总和。一般植物体内钠的平均含量大约是干物重的 0.1% 左右，但喜钠植物体内的含钠量很高，如甜菜的含钠量可达 3%～4%，滨海沙土上的盐角草体内氯化钠含量可达 30%。喜钠植物主要有藜科、白花丹科、菊科和石竹科植物。钠的营养功能主要有：对于一部分具 C4 光合途径和景天酸代谢途径的植物种类来说，钠是必需的营养元素，可以刺激它们生长，如可以通过调节植物渗透压来促进盐土植物的生长，还可以影响植物水分平衡与细胞伸展。

德国化学家李比希在 180 年前提出了"最小养分律"。最小养分律指出，如果土壤仅是某一种必需养分不足或缺乏的时候，即使其他各种养分都存在，作物的产量也难以提高，这种缺乏或不足的养分就是"最小养分"，它决定了农作物的产量。人们把"最小养分律"形象地用一个装水的木桶来表示，最小养分律决定作物产量的是土壤中相对含量最少的养分。最小养分会随条件变化而变化。如果增施不含最小养分的肥料，不但难以增产，还会降低施肥的效益。因此施肥要有针对性，应科学合理施肥。

10.1.3　肥料定义与发展过程

由于土壤肥力的变异以植物对养分的需求不同，需要通过外源补充养分，以缓解或解决供需矛盾，实现平衡供给，保障作物的正常生长。补充的外源养分即为狭义的化学肥料，即通常所说的大量元素 N、P、K，是第一层次上肥料的定义；第二层次为作物必需的所有元素（17 种）；第三层次为有助于作物必需元素吸收和利用的物质；第四层次为有益于作物生长或农产品品质的元素或物质。因此，广义上肥料的定义为：供给植物养分，保持或改善土壤物理、化学及生物性能，对植物生长、产量、品质、抗逆性起促进作用的无机物、有机物、微生物及其混合物料。包括氮肥、磷肥、钾肥、微量元素肥料、中量元素肥料、微生物肥料、复合肥料、复混肥料、有机肥料、土壤调理剂、床土调酸剂和其他肥料。

纵观人类文明的发展史，肥料的发展大致可分为五个时期：混沌时期、萌芽时期、起步时期、发展时期和应用时期（图 10-3），整体上呈指数状加速，体现为漫长的混沌时期、较长萌芽时期、加速的起步时期、快速的发展和应用时期。

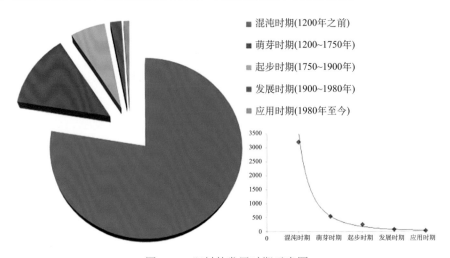

图 10-3　肥料的发展时期示意图

混沌时期是指公元 1200 年之前的时期。这个时期人类对自然界的认识非常有限，对万物生长既好奇又无奈，知识匮乏，只有累积经验，一切依赖经验。中国史料中多有记载，如《荀子》"多粪肥田，是农夫众庶之事也"；《周礼》"掌土化之法，以物地，相其宜而为之种"，明确提出了根据土壤情况施肥，几近于"测土配方施肥"，表明中国在战国时期（百家争鸣）开始施肥，科学理念已经相当先进。而在欧洲，由于基督教禁锢人们的思想，持续了约 1000 年，史称"中世纪的黑暗"，到中国的北宋时期才开始有施肥理念，比中国落后 800 年以上。

萌芽时期大约为公元 1200～1750 年，这个时期以文艺复兴为特征，以但丁的《神曲》为代表。1348 年黑死病流行，席卷整个欧洲的大瘟疫夺走了 2500 万欧洲人的性命，占当时欧洲总人口的 1/3，这促使薄伽丘写出了《十日谈》。《十日谈》与但丁的《神曲》并列，被称为"人曲"，开始打破中世纪宗教的禁锢，开始了欧洲的文艺复兴，制造、农耕、贸易和航海技术都得到改进与发展，大幅超越古代的成就。

起步时期大约为公元 1750～1900 年。这一时期以第一次工业革命（机械代替手工）为特征。文艺复兴所积蓄的巨大力量，引发了 18 世纪 60 年代从英国发起的技术革命，即第一次工业革命，开创了以机器代替手工劳动的时代。这不仅是技术发展史上的一次巨大革命，更是一场深刻的社会变革。第一次工业革命是以工作机的诞生开始的，以蒸汽机作为动力机被广泛使用为标志，英国崛起。时值清乾隆二十五年，虽然史称"康乾盛世"，但世界重心已经从东方转向西方欧洲。在宏大技术变革的背景下，在学习东方有关肥料的施用技术的基础上，李比希（Justus von Liebig）提出了矿质营养学说，在化学发展的巨大推力下，揭开了肥料的面纱，人类对肥料的认识开始从感性走向理性。

发展时期约为公元 1900～1980 年，这一期以第二次工业革命为特征。随着资本主义经济的发展，自然科学研究取得重大进展，由此产生的新技术、新发明层出不穷，并被应用于各种工业生产领域，促进了经济的进一步发展，第二次工业革命蓬勃兴起，人类进入了电气时代。德国化学家弗里茨·哈伯（Haber，1868～1934 年）与卡尔·博施（Bosch，1874～1940 年）合作创立了"哈伯-博施"氨合成法，解决了氮肥大规模生产的技术问题，美国杜邦公司开始生产尿素。哈伯从 1902 年开始研究由氮气和氢气直接合成氨的方法，即"循环法"，形成 Born-Haber 循环合成法，哈伯也因此项发明获得 1918 年诺贝尔化学奖。高压工业化学的先驱博施，于 1906 年利用高压技术，将 Born-Haber 循环合成法工业化，获 1931 年诺贝尔化学奖。西方国家科学和技术的巨大进步，为工农业发展积蓄了强大力量，科技发展远远超越中国。中国直到 1935 年才由实业家范旭东从美国引进了一套硫酸铵生产装置，南京永利宁铔厂（现南京化学工业有限公司氮肥厂）建成，号称"亚洲第一大厂"。中国重化学工业的奠基人、被称为"中国民族化学工业之父"侯德榜任厂长，领导建成了中国第一座兼产合成氨、硝酸、硫酸和硫酸铵的联合企业；20 世纪 40～50 年代，又发明碳化法合成氨流程制碳酸氢铵化肥新工艺，并使之在 60 年代实现了工业化和大面积推广。

应用时期约为公元 1980 年到现在，这一时期，通过大量的经验探索，结合化学和生物学科的发展，人们已深刻认识了植物营养理论，养分平衡和高效利用成为这一时期的主要特征。养分平衡法涉及目标产量、作物需肥量、土壤供肥量、肥料利用率和肥料中有效养分含量五大参数。这一时期也涌现出大量的新型肥料，如有机肥料、生物肥料、缓控释肥料、稳定性肥料及各类土壤调节剂等，不同程度地推动了养分的高效利用。随互联网技术、信息技术和传感技术的发展，以测土配方为理念的高效施肥技术得到更有效地实施，促使精准施肥技术形成并应用，进一步促进了养分的高效利用。

10.1.4　环境变量与信息采集

在农业生产实践中，经常出现这样一种情形：同样的地块、同样的品种、同样的栽培和管理模式，年际间的产量却出现十分显著的差异，这是因为作物生长除了受土壤和作物类型和品种影响外，还受诸多气象要素或环境因素（光照、温度、降雨、风力和地形等）的影响（图 10-4），统称为环境变量，是农业大数据的重要组成部分，如温度过高会使华中地区冬小麦无法完成春化作用，导致减产或绝产；而温度过低则会导致华东地区单季稻无法扬花抽穗而减产或绝产。随着生态环境的恶化，极端天气的出现频率逐渐增加，环境变量的波动更为剧烈，变异更大，不可预测性更强，一方面显著影响作物有关代谢过程，如光合作用、呼吸作用、春化作用等，导致减产甚至绝产；另一方面极端天气直接或间接影响农业病虫害的发生，造成农田受灾，每年受灾农作物占农作物面积比例大，影响农作物生长，轻则降低农产品的质量，重则对农业生产不利，进而造成农产品减产甚至绝收。

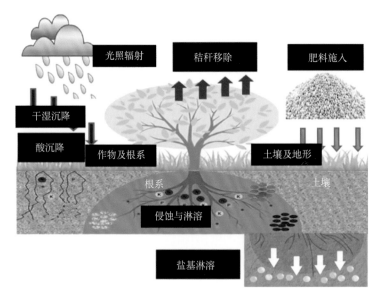

图 10-4　农业生产的主要影响因素

近年来，随着传感技术、装备技术、移动技术和互联网技术等突飞猛进，环境变量的网络推送平台脱颖而出，迅速拓展了环境信息服务传播的渠道。与电视、广播、报纸等传统信息服务渠道相比，网络推送平台有独特的优越性，如获取方式便捷，网络平台较少受时间、空间的限制，通过现代移动智能终端，用户可随时随地根据自身需要获取环境信息，这为农业生产提供了重要的信息支撑，但到目前为止，环境信息的获取或应用还存在明显不足，限制了在农业生产中的应用。

在农业生产中，环境变量需要长期监测，以便于分析和总结环境变量的变异规律，为农业生产环境进行预测并提出应用措施提供支撑。在信息获取方面，尽管各类传感装备层出不穷，监测的环境变量也相当丰富，但监测的连续性和长期性明显不足，导致环境信息孤立或断续。这一方面受制于传感器野外工作的性能和寿命，另一方面也因为缺少规范和专业化管理。此外，受传感器的限制，我国有些环境变量的监测缺失，如地形变量。在美国的农业生产实践中，地形传感器被整合到相关的农业机械中，如联合收割机，其在收割作业的同时，可采集高精度的地形信息，通过物联网技术，可实时高效地指导播种、耕作或收获等农业生产过程。因此，农业生产发展已从机械化向信息化方向发展。

10.2　土壤肥力快速表征

10.2.1　土壤肥力与表征

土壤是农业生产最重要的载体，是植物营养的主要来源，而植物营养的供给能力通常用土壤肥力来表征，因此，土壤肥力直接与作物生长相关联。土壤是十分复杂的复合物：固相、液相和气相共存，有机物和无机物共混，动物、植物和微生物共生；土壤具有相对的稳定性，但也存在明显的时空差异性。因此，土壤信息的获取是土壤学研究及其应用的前提和基础。随着空间信息技术、网络通信技术、高性能计算机的发展，土壤数字化是当前土壤学发展的重要方向，是"数字地球"的重要组成部分，是中国土壤资源管理的迫切需求，也是现代农业和高值农业发展的迫切需要。

获取土壤信息的传统方法是化学分析法，如土壤养分、土壤有机质、土壤矿物等。这些化学分析方法对农业生产具有重大的指导作用，然而大部分化学分析方法是一种破坏性分析，并不能完全真实反映土壤的实际情况，同时化学分析需要投入大量的人力、物力和财力，分析周期较长，且大量的化学分析还可能造成二次污染，所以对于随时空变化而变化的海量土壤信息的采集，化学分析方法难以胜任。在现代农业生产中，土壤信息的采集需要新的分析方法，而红外光谱分析方法为土壤性质的快速获取提供了新的手段。

近二十年来，红外反射光谱在土壤分析中发展迅猛，并在精准农业中得到了广泛的应用，成为土壤数字化的重要手段。传统的红外光谱包括红外透射光谱和红外反射光谱，其中透射光谱可用于土壤定性分性，不适合定量，而且测定周期较长，不利于土壤的数字化，而反射光谱的测定受制于样品颗粒形态；近年来，我们率先将红外光声技术应用于土壤学研究，该光谱所负载的信息明显优于传统红外光谱，定量更为准确，样品不需前处理，样品需要量少，不破坏样品且光谱测定不受样品颗粒大小的影响，重现性好、可比性强、分析成本低，方便快捷，并可实现实时、原位和远程监控，适合用于批量土壤性质的表征；更为重要的是红外光声光谱还能实现原位逐层扫描，能获取土壤表层和亚表层信息，表现出了明显的优越性，在生产实践中具有广阔的应用前景。土壤的红外光声光谱携带着丰富的土壤信息（矿物、有机物、微生物等），建立土壤红外光声光谱库是利用其进行定性与定量分析的前提；通过现代的数学方法进行数学建模，为快速土壤肥力与调控提供了新手段和技术支持（杜昌文，2012）。

10.2.2　土壤肥力信息近感

红外光谱通常应用于化学或材料学的研究，近二十年来，红外光谱开始大量应用于土壤学研究，尤其在土壤 C、N 的评估方面表现出色。在以上研究中最普遍的是采用透射光谱（KBr 压片），这种检测方式的吸收值较大，只适合定性分析，很难做定量分析，同时制样周期过长，同时会因压片不好而重做，不利于大量样品的分析。

　　傅里叶变换红外光谱（FTIR）广泛用于有机物的定性分析，随着分析技术的发展近来也开始大量用于有机物的定量分析；同时也应用于无机养分离子的分析，如 NO_3^-、SO_4^{2-}、NO_2^- 等，这种分析的实现源于衰减全反射技术（attenuated total reflectance, ATR），不但可以应用于固体样品的分析，还可以应用于液体乃至糊状样品的分析。该方法测定简便（测定每样约需 2min），可实现定量分析，极大地推动了红外光谱在各研究领域的应用。然而，应用该方法时，水的吸收干扰很大，样品与晶体头接触的相容性可能不一致，同时由于反射信号小，所以在一些应用中受到限制；虽然这种方法在土壤学研究中得到了广泛的应用，但该光谱反映的土壤肥力信息有限，对土壤肥力信息的采集不够灵敏。

　　近 20 年来人们将光声理论（photoacoustics, PA）应用于红外光谱，并取得了卓越的进展，推动了红外光谱在各研究领域的应用。傅里叶转换红外光声光谱（Fourier transform infrared photoacoustic spectroscopy, FTIR-PAS）是一种新的检测方式，其基本原理（图 10-5）是：待测样品（不需前处理）放进样品室，样品室充进氦气，然后密封样品室，用调制后的红外光扫描样品，样品接受红外扫描后将光能转变成热能并传导给样品周围的惰性气体氦，氦气受热后发生膨胀，不同波长的红外光扫描时其膨胀程度不同，即产生不同的压力波，这种压力波信号产生的震动能被敏感的麦克风检测（光声转换），并传到电脑转换成光谱，即红外光声光谱。该方法几乎能检测所有的固体样品，同时也能检测液体和气体样品，干扰小，吸收丰富且吸收值适中，测定时间短（约需 1min），水分吸收影响小，且可通过控制红外光入射行程（多次反射）来调整测定的灵敏度，使得这种方法适应性强（响应弱的土壤可增加灵敏度，响应强的土壤可降低灵敏度）（Du et al., 2009）。与红外透射与反射光谱相比，红外光声光谱能表现出更多优越性能。

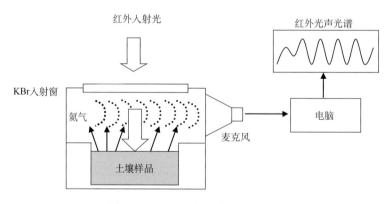

图 10-5　红外光声光谱原理示意图

　　红外光声光谱在材料学、化学工程、生物学等研究中具有很好的应用，但在土壤学中的应用却几乎是空白。中国科学院南京土壤研究所的一系列研究表明，土壤的中红外光声光谱具有独到的特点，可以作为土壤光谱属性，用于土壤的发生与分类研究，同时该光谱在土壤养分监测及土壤肥力评估中具有十分广阔的应用前景（Du and Zhou, 2011）。

10.2.3　土壤化学计量学

土壤红外光谱的解析也是红外光谱定量分析中的核心内容之一。在红外光谱分析中，由于分析信息源的特点，原始光谱中含有与样品组成无关的信息，即噪声，这会使近红外光谱变得复杂、重叠、不稳定，所以首先必须对光谱进行预处理。为了消除噪声干扰，优化光谱信号，提高光谱分辨率和校正模型的分析精度及稳定性，人们提出了许多预处理方法，比如一阶和二阶微分，但是原始光谱经微分处理后，干扰会增大，而光谱经过小波去噪处理后可以使信噪比得到增加，提高分析精度。小波理论是 20 世纪 80 年代后期发展起来的应用数学分支，其思想来源于伸缩与平移，既保持了傅里叶变换的优点又满足局部性要求，具有多分辨率、方向选择性和自动调焦的特点，被誉为数学上的显微镜（毕卫红等，2006）。小波定义为满足一定条件的函数 $\psi(t)$ 通过平移和伸缩产生的一个函数族，即

$$\psi_{a,b}(t) = \frac{1}{\sqrt{|a|}} \psi\left(\frac{t-b}{a}\right) \quad (a,b \in R, a \neq 0) \tag{10-1}$$

式中，a 为尺度参数，用于控制伸缩；b 为平移参数，用于控制位置；$\psi(t)$ 为小波母函数。小波母函数 $\psi(t)$ 必须满足下列两个条件。

条件 1：小，迅速趋向于零，或迅速衰减为零；

条件 2：$\frac{|\psi(w)|^2}{|w|} \int_{-\infty}^{+\infty} \psi(t)\mathrm{d}t = 0$。

在小波分析的基础上，现代化学计量学（chemometrics）和多元校正（multivariate calibration）方法为复杂红外光谱的定量分析测定提供了强有力的数学手段，如偏最小二乘（partial least square, PLS）法、主成分回归（principle components regression, PCR）法、人工神经网络（artificial neural network, ANN）理论等。

多元校正能处理存在干扰的多因素的校正分析，其中应用较多的是偏最小二乘法。主成分分析只通过自变量提取主成分因子，而偏最小二乘法则通过自变量和因变量提取主成分因子（潜变量），能充分利用光谱信息，估算和消除不同物质间的相互干扰，在自变量存在严重多重相关性的条件下进行回归建模。偏最小二乘法允许在样本点个数少于变量个数的条件下进行多元校正分析，更易于辨识系统信息与噪声（甚至一些非随机性的噪声），而且在其回归模型中，每一个自变量的回归系数将更容易解释，因此，偏最小二乘法在红外光谱定量分析测定中得到了广泛的应用。

人工神经网络理论也越来越多地被运用到红外光谱的定量分析中。土壤肥力与土壤的某些化学或物理性质或过程有关，而这些性质或过程几乎不可能精确地去表征，因此 ANN 也很适合土壤肥力研究。ANN 方法可以把这些复杂的过程视为黑箱，这个黑箱由很多层组成，包括输入层、若干个隐藏层和输出层。输入层为携带土壤肥力信息的红外

光谱，以其 PLS 或 PCA（主成分分析）主成分因子为输入参数，通过输入参数的权重连接隐藏层，隐藏层的神经元数可以根据网络的运行情况进行设定（每个神经元可以代表土壤中的某种物理或化学性质或过程，而其权重代表该性质或过程的影响大小）；隐藏层通过传递函数可导出输出层（即土壤肥力参数）；整个网络通过训练函数进行反馈控制。只要网络学习的参数可靠且信息量足够，就可以得到可靠的人工神经网络校正模型。ANN 校正模型具有智能性，即具有记忆、分析和容错功能，十分有利于土壤肥力参数的分析和预测，在我国数字化土壤及精准农业研究中具有极大的发展前景。

人工神经网络理论结构较复杂，本章不作详述，通常应用于化学定量分析的三层 BP（back propagation）神经网络模型，如图 10-6 所示。

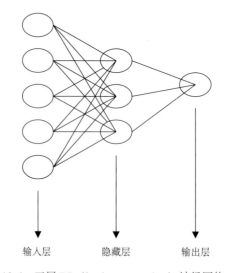

输入层　　　　隐藏层　　　　输出层

图 10-6　三层 BP（back propagation）神经网络模型

PLS 和 PCR 均是线性分析，而 ANN 不仅可以做线性分析，而且可以无限逼近任何非线性函数。土壤中很多过程实际表现为非线性的，ANN 则为这种过程提供了分析手段，通过线性和非线性过程的相互结合，可以获得更为精确的研究结果。对于光谱分析，通常与主成分分析联用，利用主成分得分作为人工神经网络的输入参数，如图 10-7 所示。

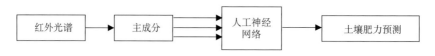

图 10-7　红外光谱评估土壤肥力的基本流程

此外，PLS 和 ANN 可以联合使用，能得到更好的分析结果，在土壤学研究（如试验设计和数据处理）中有很大的应用潜力。以上数学工具的运用涉及大量的数学运算（矩阵运算），手工运算几乎是不可能的。相关的计算机技术的发展及软件为这些数学运算提供了保证，如 Matlab（The MatlabWorks, Inc.）。Matlab 软件几乎是理工科研究中不可缺少的工具软件，随着 Matlab 的不断拓展和完善，正在日益广泛地应用到各个学科的研究中，也可为土壤学研究中的定量分析和监测（信息提取、统计分析、多元校正等）提供强有力的手段。

10.3　植物营养实时诊断

10.3.1　植物营养信息的获取

植物营养与我国的粮食安全密切相关，是关系到国家粮食安全和环境质量的重大科技问题（朱兆良和金继运，2013）。我国的粮食安全大致可分为三个阶段：第一阶段为国民经济发展水平较低时期，大致为 1980 年以前，这一时期的基本特征是粮食还没有满足消费需求，整个社会面临的是温饱问题，因此总量保障是这一时期粮食安全的重点；第二阶段是国民经济快速发展时期，大致为 1980~2000 年，这一时期的基本特征是粮食总量已能满足社会需求，社会已经摆脱粮食短缺的困扰，人们的选择性明显加强，小康社会的种种特征日益明显；第三阶段是国民经济发展到工业化水平时期，大致为 2000 年以后，这一时期的基本特征是粮食生产的潜力得到了较充分的发挥，人们除了关注总量，更关心营养品质，如硝酸盐累积、重金属超标和农药残留等，这与人体健康密切相关，因此国家开始关注和重视农业供给侧改革（周振亚等，2017）。

广义上的植物营养品质涉及诸多方面，除了营养成分外，还包括外观品质和口感味道等，狭义上的植物营养品质主要指植物的营养成分，实际上植物的营养与成分也决定了外观品质和口感味道等，本节主要针对狭义上的植物营养品质。不同的作物、不同的生长环境及不同的管理措施对植物营养品质的影响巨大，因此植物营养品质的表征成为现代社会中人们十分关注的问题。近 60 年以来，传统的植物营养品质分析主要以化学分析为主，即通过各种提取和分离手段，进行显色和比色，这些化学分析方法在植物营养品质的表征中发挥了重大贡献，并还将继续发挥重要作用，但随着社会的发展，人们对分析的时效性和成本提出了越来越高的要求，推动了现代仪器分析技术的发展，而现代光谱技术则是现代仪器分析技术最重要的表现之一。

红外光谱是电磁波谱中的一部分（图 10-8），现代红外光谱分析技术是近十年来分析化学领域迅猛发展的高新分析技术，引起了国内外分析专家的关注，在分析化学领域被广泛应用，被誉为分析"巨人"，它的出现带来了又一次分析技术的革命 （Stuart，2004）。21 世纪以来，红外光谱在各领域中的应用全面展开，在植物营养分析中，有关红外光谱的研究及应用文献几乎呈指数增长[图 10-9（a）]，是当前发展最快、最引人注目的一门独立的分析技术。我国的植物营养品质分析中，红外光谱技术的研究及应用起步较晚，但近十年来发展迅速，将现代光谱测量技术、计算机技术、化学计量学技术与基础测试技术有机结合，呈现出多学科的交叉与融合。相关研究论文已跃居世界第一[图 10-9（b）]，取得了显著的进步，甚至明显超过美国，但在原始创新、研究质量和技术应用等方面与美国等发达国家还存在相当大的距离。

红外光谱反映了样品分子键的振动信息，包括 C—H、O—H、N—H、S—H、C—C、

N—O 等化学键的信息，因此分析范围几乎可覆盖所有含分子键的有机或无机样本。采用化学计量学方法建立校正模型预测未知样品的性质，在植物营养品质分析中开始发挥越来越大的作用（Lu and Rasco, 2012）。

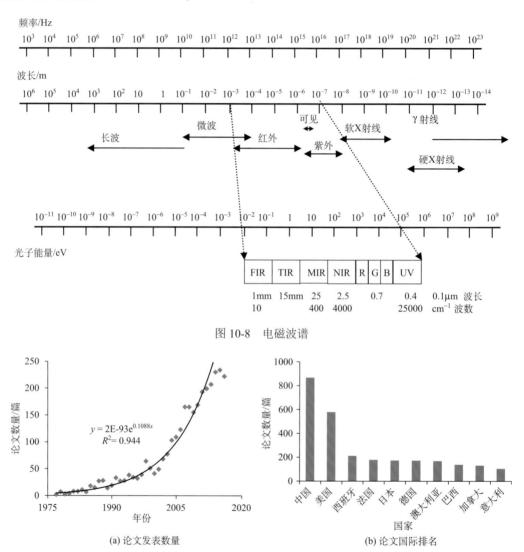

图 10-8　电磁波谱

(a) 论文发表数量　　　　　　　(b) 论文国际排名

图 10-9　近 40 年来植物营养品质分析中与红外光谱技术相关论文发表情况

数据来源：Web of Science；主题词：infrared spectroscopy, plant

10.3.2　植物营养信息遥感与诊断

氮素是限制作物生长与产量的主要因素之一，由于叶片含氮量和叶绿素含量之间的变化趋势相似，所以可以通过测定叶绿素含量来监测植株氮素，通过叶绿素评价作物氮营养。叶绿素测定方法简单，体积小、重量轻，但局限在于每次只能检测很小区域，得到的作物氮肥含量是从测试样本的有限点得到的，是一种接触式测试方法，而在整块田间，氮含量结果只能做粗糙的估算，工作量大且代表性差，要依靠叶绿素监控整块田地作物的氮含量难以在实践中应用。因此，以图像与光谱分析技术为主的快速无损检测方法被应用于作物生长过程中的氮素信息快速获取中。随计算机软硬件技术、图像处理技术的迅速发展。多光谱和高光谱成像技术在农业上的应用，尤其在地面近距离对作物信息进行数据采集研究，有了较大的进展。其中，在作物和土壤的分离以及作物信息含量相关性上较彩色图像有明显的优势，可以将植物与土壤背景分离，表明采用多光谱和高光谱成像技术可以实现作物氮含量的快速无损检测。同样，利用机器视觉等建模方法，可以提取光谱中有关磷钾的信息，快速获取作物中磷钾素营养水平。

近红外光谱中含有 O—H 特征吸收，因此能够有效地用于作物水分信息的获取。在植被指数应用领域，以 NOAA/AVHRR 卫星得到的光谱归一化植被指数（normalized difference vegetation index, NDVI）构建估算水稻产量的模型，反演水稻叶面积指数。在作物形态信息获取领域，通过机器视觉技术获取彩色信息和几何特征并相结合，可用于对叶片、茎秆、主茎等各个部分的识别，通过数字图像处理，获得水稻植株高度和宽度、叶片的伸展度和面积等形态特征信息，可全程监测作物的生长状况，为农业生产管理和决策提供坚实的信息支撑。可见，以近红外为主的光谱遥感技术具有广阔的应用价值，但是光谱信息量相对较少，干扰较大，因此也会产生较大的误差，而近感技术，特别是中红外近感技术，为植物营养诊断和品质分析提供了新的手段。

10.3.3 植物营养信息近感与诊断

在植物营养品质分析应用中，红外光谱已广泛应用于各类植物品质分析，包括各类作物、水果、蔬菜及经济作物（表 10-1）。在这些分析中，绝大部分采用的是近红外光谱，小部分分析也应用了中红外光谱，尽管中红外光谱应用明显较少，但整体上，其效果等同或优于近红外光谱。由于红外光谱分析是多参数分析，往往需要采用多元校正的化学计量学方法，其中偏最小二乘（PLS）法是应用最广泛的一种方法，这种方法表达的主要是一种线性关系，而对于非线性关系则可能出现较大预测误差，因此非线性的方法也经常被用到，如支持向量机（support vector machine，SVM）、人工神经网络（ANN）等。此外，还有很多其他算法及不同算法的联用，在实际应用中可以进行选择和优化。在植物营养品质参数上，红外光谱分析几乎涉及人们所关心的所有参数，如矿质养分、氨基酸、蛋白质、脂肪、有机酸、多糖、淀粉、微量元素、类胡萝卜、纤维、三聚氰胺、油酸、硬脂酸、维生素 E、多酚、黄酮、花青素、植物甾醇、儿茶素、咖啡因、芥酸和硫甙等。不同的植物、不同的手段及不同的算法在分析精度和准确性上表现出显著的差异，因此在实际应用中需要结合需求选择使用。除了以上常见的植物营养参数，红外光谱表达的是样品的整体信息。因此，红外光谱本身能在植物样品品质鉴定、植物样品溯源和道地性上发挥独特的作用，如虫草真假的鉴定（Du et al., 2017）、品种差异的鉴别（Andreia et al., 2011）、中药材的道地性鉴定等（Sun et al., 2010）。同时，融合光谱参数，可以对一些难以直接测定的主观性比较强的指标进行更客观的分析，如茶叶和葡萄酒的口感及品味（Daniel, 2015; Chen et al., 2009; Eva et al., 2015）。

表 10-1　红外光谱在植物营养品质分析中的应用

植物类型	波长范围	化学计量学方法	品质因素
水稻	VIS NIR MIR	PLS/PCR /ICA-ANN SVMR/LDA	矿质养分、氨基酸、蛋白质、脂肪、酸、糖、直链淀粉、淀粉结构、微量元素（Chuang et al., 2014; Siriphollakul et al., 2017; Shao et al., 2011; Shen et al., 2010; Bagchi et al., 2016）
小麦	NIR MIR	PLS ANN	矿质养分、蛋白质、糖、氨基酸、面筋、脂肪、纤维、淀粉（Mutlu et al., 2011; Fontaine et al., 2002; Ingrid et al., 2013; Johannes et al., 2016; Brenna and Berardo, 2004）
玉米	NIR	PLS-DA/SIMCA K-NN/LS-SVM	种子活力、蛋白质、氨基酸、可溶性糖、脂肪、淀粉、类胡萝卜素油酸、毒枝菌素（Agelet et al., 2012; Berardo et al., 2005; Baye et al., 2006; 魏良明等，2004）
土豆	NIR MIR	PLS	植物养分、维生素、粗蛋白、脂肪、淀粉、纤维、丙烯酰胺（Lopez et al., 2013; Adedipe et al., 2016; Mazurek et al., 2016）
大豆	NIR MIR	PLS	矿质养分、蛋白、脂肪、氨基酸、碳水化合物、三聚氰胺、油酸、硬脂酸、维生素 E（Ferreira et al., 2013, 2014; Wang et al., 2013; Zhang et al., 2017）
水果	VIS NIR MIR	PLS/SVM MLR/ELM	维生素、多酚、糖、可溶性固含物、碳水化合物、氮、类胡卜素、酚、黄酮、花青素、抗坏血酸（Pissard et al., 2013; Bei et al., 2017; Cortes et al., 2016; Sinelli et al., 2008; Davey et al., 2009）
蔬菜	NIR MIR	PLS/PCR	氮、硝酸盐、可溶性固含物、可滴定酸、糖分、柠檬酸、单糖、还原糖、氨基酸（Iwona et al., 2011; Li et al., 2016; Vermeir et al., 2009）
向日葵	NIR	PLS	脂肪酸、维生素 E、植物甾醇（Pérez-Vich et al., 1998; Sato et al., 1995）
油菜	NIR MIR	PLS	矿质养分、蛋白质、脂肪、氨基酸、芥酸、硫甙（Chen et al., 2011; Lu et al., 2014, 2015; 陆宇振等，2013）
蜂蜜	NIR	PLS	单糖、多糖、酚、黄酮、维生素 C、抗氧化能力、氧化指数、铜（Escuredo et al., 2013）
茶叶	NIR	PLS	儿茶素、多酚、氨基酸、咖啡因（Jiang and Chen, 2015）
棉花	NIR	PCA/PLS/SVM	纤维结构、棉籽油、棉蛋白（Huang et al., 2013）

注：VIS，可见光谱；NIR，近红外光谱；MIR，中红外光谱；MLR，多元线性回归；PCA，主成分分析；PCR，主成分回归；PLS，偏最小二乘法；ICA，独立主成分分析；SVM，支持向量机；ELM，极根学习机；ANN，人工神经网络；PLS-DA，偏最小二乘判别分析；SIMCA，簇类独立软模式法；K-NN，K-近邻算法；LS-SVM，最小二乘支持向量机。

在自然科学研究中经常要获取各种数据，尤其是各种实验科学，需要根据研究目的采用各种方法获取或测定相关数据，然后在所获取的数据基础上进行分析和总结，提出、证明、修正或推翻某一个结论、假说或理论。在一些实验科学中，如土壤学和生物学，经常会处理海量的数据，因此在数据处理时必须借助计算机利用相关分析软件进行处理，从数据中挖掘目标信息。

10.3.4　数据处理与模型构建

在红外光谱分析中，由于系统或环境干扰，原始光谱中含有与样品组成和结构无关的信息，即噪声，使近红外光谱变得不稳定，并可能发生漂移或重叠，所以有必要首先对光谱进行预处理，以消除噪声干扰，优化光谱信号，提高光谱分辨率和校正模型的分析精度及稳定性。光谱预处理方法有很多，比如光谱平滑，其基本思想是在平滑点的前后各取若干点进行平均或拟合，求得平滑点的最佳估计值，消除随机噪声，这一方法的前提是随机噪声的平均值为零。常用的平滑方法有 Savitzky-Golay 卷积平滑法、傅里叶变换滤波及小波变换滤波（Michel et al., 2002; Chalus et al., 2007）。平滑处理带有一定的经验性，如果平滑处理不合适有可能导致有用信息的丢失，红外光谱多采用小波变换滤波进行平滑化处理，本小节以此为例简要介绍小波分析的方法和原理。

小波理论是 20 世纪 80 年代后期发展起来的应用数学分支，其思想来源于伸缩与平移，既保持了傅里叶变换的优点又具有多分辨率、方向选择性和自动调焦的特点，被称为数学上的显微镜。数据的标准化是将数据按一定比例缩放，使之落入一个特定的区间。由于指标体系的各个指标度量单位不同，为了平衡指标权重，通过函数变换将其数值映射到某个数值区间，使基本度量单位能统一起来，从而有利于进一步的定性与定量分析。常见的标准化方法包括线性标准化方法（linear normalization algorithm）和非线性标准化方法（nonlinear normalization algorithm）两大类。

对于相对复杂的样本如植物样本的红外分析，其红外光谱是很多种不同组分吸收的叠加，因此不同组分之间的相互干扰很强，而将光谱进行微分能提高光谱分析的分辨率和灵敏度，但随着导数阶数的增加，信噪比变低，预测误差增加。微分处理不仅成为解析光谱的强有力工具，而且在相当程度上改善了多重共线性，使校正模型的性能有了显著的改善，但微分处理对微小的噪声具有强调作用，因此在实际应用中，一般采用一阶和二阶微分光谱，三阶或三阶以上的微分光谱则很少采用。此外，反卷积（deconvolution）也可以起到分离光谱信号的作用，但反卷积过程中，随机高频干扰信号可能会被放大，因此需要适当抑制噪声（邹谋炎，2001）。

光谱分析因涉及多元校正，从而依赖于化学计量学。化学计量学是应用数学、统计学与计算机科学的工具和手段，设计或选择最优化学量测方法，并通过解析化学量测数据以最大限度地获取化学及其相关信息。化学计量学是化学、分析化学与数学、统计学及计算机科学之间的"接口"，是多学科融合的产物。化学计量学之所以能迅速发展的主要原因是，计算机科学的发展不仅使大量化学测量仪器操作实现了自动化，还使大量数据的自动采集和传输成为现实。计算机科学的迅猛发展，对近代数学也产生了巨大影响，过去难以适用的复杂数学方法可在计算机上实现，为解决复杂的数据处理与目标信息提取提供了可能。正是有了现代化学量测手段的进步和数学解析手段的发展，多元校正的分析方法成为化学计量学中最活跃、最有生气的一个分支。

植物样品的红外光谱包含了组成与结构的信息，在样品的红外光谱和其理化性质参数间也必然存在内在的关系。使用化学计量学方法对光谱和理化性质进行关联，可确立这两者间的定量或定性关系，即校正模型。进而通过测量未知样品的近红外光谱，选择正确模型或者构建自适应模型，就可以预测样品的理化性质参数。因此，红外光谱分析方法包括预处理、校正和预测三个过程。由于校正模型的复杂性和经验性，红外光谱分析又称"黑匣子"分析技术，即间接测量技术。

化学计量学是综合使用数学、统计学和计算机科学等方法，并结合应用领域专业知识，从测量数据中提取信息的一门新兴的应用交叉学科。大量化学计量学方法被写成软件，并成为分析仪器（尤其是红外光谱仪）的重要组成部分，这些商品软件的出现使应用化学计量学方法解决实际复杂体系的分析问题成为现实。这些方法的基本原理、算法和功能可参考有关文献（Du and Zhou, 2011）。在常规植物营养品质分析中，从每个样本中获取的数据多是具体的和点式的，如蛋白质含量，仅仅就是单个数据点，而每一个植物样本的红外光谱数据是二维的，即含波长和吸收强度，一条数据往往含有数百乃至数千个带式数据点，携带着十分丰富的样本信息，且很多信息蕴藏在众多的信息之中，相互干扰和遮盖，因此需要进行信息提取或数据挖掘（data mining）（Du and Zhou, 2011）。光谱数据挖掘涉及大量运算，其复杂程度远高于点式数据运算，现代计算机技术和化学计量学的发展为复杂的数据挖掘提供了可能的手段。

10.4　专用肥料私人定制

10.4.1　农田信息采集与大数据

农业生产是一个复杂的过程。正常的农业生产，无论生产者意识到或没有意识到，从播种到收获，要做出 40 个以上的决策，如品种、耕作、施肥、植保等，但由于突出单项技术，忽视整体技术集成，导致我国经验种田的本质没得到根本改观，专业知识＋信息是科学种田的基础。对于科学高效施用肥料，在决策时需要知道以下四个要素：①肥料，类型、组成、配比、有效性；②土壤，养分、水分供应水平；③作物，需求规律；④环境，温度、降雨、光照等。这些要素信息越精准则施肥越高效，而在我国生产实践中，相关信息的获取、管理、处理和应用还存在明显的问题，主要体现在信息的获取方式、可靠性、精准度和处理方法上。目前已形成环境变量的四级立体监测体系：以水分、pH 和电导为主要参数的土壤传感，以微型气象站为主的地面监测，以无人机为代表的空中监控和以卫星为代表的天上遥感（图 10-10）。

近三年来，我国在农用无人机技术和应用方面发展迅速，已达到国际先进甚至部分达到国际领先水平，这主要体现在无人机技术上，但在农业生产应用中还存在明显问题，集中体现在数据的管理和处理上，即数据的完整性、统一性及大数据处理限制了在实践中的应用，特别是土壤数据的限制。

10.4.2　智能化自适应预测模型构建与应用

由于遥感（remote sensing）获取土壤信息的误差太大，以至难以在农业生产实践中

图 10-10　环境变量的四级立体监测体系

应用，土壤近距传感（proximal sensing）成为获取土壤信息的有效手段。2008 年国际土壤科学联合会成立了土壤近距传感工作组，并组织召开全球土壤近距传感学术研讨会，其中近红外光谱是应用最广泛的近距传感技术，并正在构建全球土壤近红外光谱数据库（Rossel et al., 2016），数据库中的样点主要分布在北美洲、大洋洲和欧洲，同时由于样品本身的差异和光谱测定的系统误差，所构建预测模型的适应性较差，在实际应用中受到极大的限制（Ma et al., 2016）。

10.4.3　专用肥料高效个性化服务

我国化学肥料的应用整体上可总结为：20 世纪 40～50 年代的氮，60～70 年代的磷，70～80 年代的中微量元素。自中华人民共和国成立以来，我国化学肥料的应用取得了巨大成就，强有力支撑了我国的粮食安全。在化肥应用的过程中，李庆逵先生显著推动了化学肥料施用，朱兆良先生在作物主要限制因子氮肥合理施用中发挥了重大作用，鲁如坤先生推动了磷肥施用，谢建昌先生推动了钾肥施用，而刘铮先生推动了中微量元素施用。

到 20 世纪 80 年代，作物必需的营养元素已得到充分认识并取得了重大的应用效果，但主要营养限制因子的解决导致限制因子的转移，开始衍生新的植物营养问题，因此，自 20 世纪 80 年代以来，平衡施肥技术开始受到重视并被研究和应用。国际肥料发展中心（IFDC）将平衡施肥技术总结为"4R"技术，即选用正确的肥料（right source）、选择正确的施用量（right rate）、选定正确的施用时间（right time）和选好施用位置（right place）。

自 2000 年以来，形成了以高产高效为特征的现代农业生产，而平衡施肥技术难以满足现代农业生产要求，需要在平衡施肥技术的基础上开展养分综合管理。养分综合管理的目标是在稳产或增产前提下提高资源利用效率和保护生态环境，其核心理念是精准施肥、测土配方、新型肥料等。现代传感技术和信息技术不断推动养分管理向精准化和专业化方向发展，如土壤红外光谱信息系统的开发与应用，并开始和其他农业生产技术措施如植保、栽培等融合应用，表现为专业的个性化服务，推动了我国农业由现代化向信息化发展，进而有力支撑了我国新时期的粮食安全观。

10.5　学科交叉融合与技术集成应用

10.5.1　新型光谱传感技术

目前，可见光、紫外光和红外光在植物营养品质分析中得到广泛的应用，相应的仪器设备在分析能力、分辨率、分析精度及便携性上都不断发展。从单样品分析到多样品自动分析，从模拟信号到高精度数字信号，从单通道到多通道，从台式机到手持式机等。同时，随着技术和检测手段的进步，不断产生新型光谱技术，其中开始应用的包括红外光声光谱、拉曼光谱和激光诱导击穿光谱。

Bell 于 1880 年在研究光纤通信时发现了光声效应（Brunn et al., 1988），但直到 20 世纪 80 年代，由于傅里叶红外光谱仪、低噪声高灵敏度微音器及计算机技术的发展（Rosencwaig and Gersho, 1976），光声光谱才开始成为非常有价值的分析方法。一束红外光入射到光声附件，通过 KBr 窗口照射到光声池中的样品，样品受到红外光照射后产生热效应，并将热传导给样品池中的气体（通常为氦气），气体受热后会膨胀与收缩，从而产生热波，热波可被敏感的麦克风（微音器）检测，即为光声信号，光声信号转化成电信号再经过放大就得到红外光声光谱。热波在样品光激发处产生并开始传递，但衰减很快，这个衰减过程也决定了探测深度，因此不同的调制频率可以探测到不同深度的样品，当调制频率增加时，样品探测深度减小，反之增大。红外光声光谱分析不需要或者需要很少的样品前处理，而且能直接获取样品不同深度的信息，这种直接快速的分析方法适用于很弱和很强吸收的样品，同时也适用于不同形态植物样品的分析。

1928 年，印度物理学家拉曼在实验中发现，当用波长比试样粒径小得多的单色光照射气体、液体或透明试样时，还有一系列对称分布的若干条谱线，强度很弱且随入射光频率发生位移，这种现象称为拉曼效应，拉曼也因此获得了 1930 年的诺贝尔奖物理学奖。由于拉曼谱线的数目、位移的大小、谱线的长度均直接与试样分子振动或转动能级有关，与红外吸收光谱类似，通过拉曼光谱可以得到有关分子振动或转动的信息，已广泛应用于物质的鉴定及分子结构的解析（Xing et al., 2016）。目前的拉曼技术包括单道检测的拉曼光谱分析技术、以电荷耦合元件（CCD）为代表的多通道探测器的拉曼光谱分析技术、采用傅里叶变换技术的拉曼光谱分析技术、共振拉曼光谱分析技术和表面增强拉曼效应分析技术。

原子光谱分析利用不同原子的特征光谱进行元素分析，传统的原子光谱分析需要进行样品前处理，通常包括湿消解和干消解，因而无法获得样品本身的原子光谱。而要获得样品本身的原子光谱就要求不能进行复杂的样品前处理，包括消解或提取。激光诱导击穿光谱（laser induced breakdown spectroscopy, LIBS）是一种利用高能量脉冲激光烧蚀样品材料，使材料表面的微量样品瞬间气化形成高温、高密度的等离子体，测量等离子体中原子发射光谱中的谱线波长和强度，进而完成样品材料所含化学元素的定性和定量分析的光谱检测技术（图 10-11）。近十年来 LIBS 的研究得到了快速发展，相关研究论文逐年增多，应用领域也逐渐扩大（El-Deftar et al., 2015）。LIBS 具备许多独特的优点，如样品预处理简单或无须预处理、适用于各种形态的样品分析、激光激发样品无二次污染、近似于无损检测、类似于激光探针、可进行快速实时现场分析、能够完成表面和逐层原位检测、可以实现非接触式远距离探测、能够应对恶劣环境下的在线分析、仪器操作简单方便等，具有广阔的发展前景。

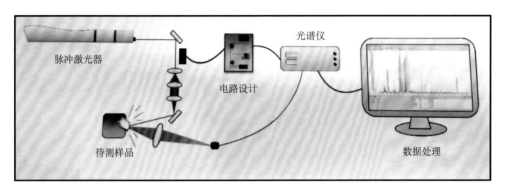

图 10-11　激光诱导击穿光谱（LIBS）工作原理图

除了以上光谱外，还有同步辐射、各类核磁共振（nuclear magnetic resonance, NMR）、质谱（mass spectroscopy, MS）、CT 等，但这些光谱学方法设备昂贵，多用于研究目的，难以在常规植物营养品质分析中应用（Kovrlija and Rondeau-Mouro, 2017; Sezer et al., 2016; Lim et al., 2017）。

10.5.2　光谱融合与现代信息技术

光谱根据波长可分为 X 光、可见近红外光谱和中红外光谱等；根据光的种类可分为红外、拉曼、荧光等；根据振动的类型可分为原子光谱和分子光谱等；从信号获取方法可分为吸收光谱和光声光谱等。以上各种光谱具有各自的特点和优势，如红外光谱主要是响应极性分子振动，而拉曼光谱则响应非极性分子振动，无疑两种光谱数据的融合能获得更多的样品信息，从而为样品的表征提供更好的技术支撑。又如，分子光谱反映分子键的振动，主要表现为结构组成特征，而原子光谱反映原子的特征吸收，主要表现元素组成特征，两者的结合也是信息的互补，因此，光谱融合具有重要应用前景。但光谱数据的融合涉及数据的权重、数据的连接、信息的冗余及干扰或噪声的引入，因此需要选择或优化不同的光谱数据处理方法和模型，否则，光谱的融合不但不能发挥作用，反而可能使分析的精度和准确度降低。

当前信息技术发展迅猛，智能手机广泛使用，互联网和云技术开始应用于诸多行业，如工业、商业和服务业等，虽然在农业已开始运用，但还相当薄弱（Ojha et al., 2017）。现代光谱技术以互联网和云技术（云贮存和云计算）为平台，通过智能终端（如手机），结合植物营养专业知识，将植物营养品质分析与鉴定常规化，在满足人们对植物营养品质信息需求的同时，也能进一步规范市场，促进植物营养品质的提升。

10.5.3 施肥技术集成与应用

农业生产技术集成的实质是要素整合和优化配置的过程，因此其内涵至少应该包括两个方面：一方面指将农业先进适用技术进行组装配套，形成完整的技术体系，即新品种、新技术、新设备的横向整合过程；另一方面是指将技术研发、示范推广、生产实践各环节有机连接起来，实现物质、信息、人才等要素的自由流动和反馈调节，即农业科技研发、推广、应用的纵向整合过程。

肥料是农业生产中投入最大、影响最深刻的生产资料，是整个农业生产环节中的要素之一，毫无疑问，肥料也需要进行集成与应用，单项技术的作用已经非常有限，在现代农业生产中只有多要素协同才能发挥更显著的作用。图 10-12 是养分高效利用的技术集成与应用模式，产量是品种、环境和管理参数的函数，优化产量就是求解这个函数。这是以土壤-植物营养专业技术为基础，以现代传感技术和装备技术为支撑，以现代信息技术为连接，通过集成融合，服务于我国高效农业生产和生态环境保护，将支撑我国可持续农业生产和未来绿色农业发展战略。

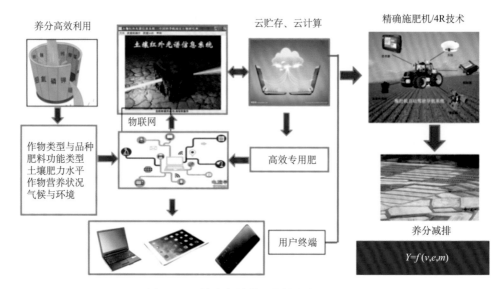

图 10-12　养分高效利用的技术集成与应用

公式中 Y 代表产量参数，v 代表品种参数，e 代表环境参数，m 代表管理参数

参 考 文 献

毕卫红, 陈俊刚, 李林. 2006. 小波分析及其在土壤成分的近红外分析中的应用. 红外, 27(8): 16-19.

杜昌文. 2012. 土壤红外光声光谱原理与应用. 北京: 科学出版社: 79-93.

陆宇振, 杜昌文, 余常兵, 等. 2013. 红外光谱在油菜籽快速无损检测中的应用. 植物营养与肥料学报, 19(5): 1257-1263.

魏良明, 严衍禄, 戴景. 2004. 近红外反射光谱测定玉米完整籽粒蛋白质和淀粉含量的研究. 中国农业科学, 37(5): 630-633.

周振亚, 罗其友, 刘洋, 等. 2017. 中国农业供给侧结构性改革探讨. 中国农业资源与区划, 38(12): 21-25.

朱兆良, 金继运. 2013. 保障我国粮食安全的肥料问题. 植物营养与肥料学报, 19(2): 259-273.

邹谋炎. 2001. 反卷积和信号复原. 北京: 国防工业出版社: 151-156.

Adedipe O E, Johanningsmeier S D, Truong V D, et al. 2016. Development and validation of a near-infrared spectroscopy method for the prediction of acrylamide content in french-fried potato. Journal of Agricultural and Food Chemistry, 64(8): 1850-1860.

Agelet L E, Ellis D D, Duvick S, et al. 2012. Feasibility of near infrared spectroscopy for analyzing corn kernel damage and viability of soybean and corn kernels. Journal of Cereal Science, 55(2): 160-165.

Andreia M S, Mawsheng C, Jeemeng L, et al. 2011. Combining multivariate analysis and monosaccharide composition modeling to identify plant cell wall variations by Fourier transform near infrared spectroscopy. Plant Methods, 7: 26.

Baye T M, Pearson T C, Settles A M. 2006. Development of a calibration to predict maize seed composition using single kernel near infrared spectroscopy. Journal of Cereal Science, 43(2): 236-243.

Bagchi T B, Sharma S, Chattopadhyay K. 2016. Development of NIRS models to predict protein and amylose content of brown rice and proximate compositions of rice bran. Food Chemistry, 191: 21-27.

Bei D R, Fuentes S, Sullivan W, et al. 2017. Rapid measurement of total non-structural carbohydrate concentration in grapevine trunk and leaf tissues using near infrared spectroscopy. Computers and Electronics in Agriculture, 136: 176-183.

Berardo N, Pisacane V, Battilani P, et al. 2005. Rapid detection of kernel rots and mycotoxins in maize by near-infrared reflectance spectroscopy. Journal of Agricultural and Food Chemistry, 53(21): 8128-8134.

Brenna O V, Berardo N. 2004. Application of near-infrared reflectance spectroscopy (NIRS) to the evaluation of carotenoids content in maize. Journal of Agricultural and Food Chemistry, 52(18): 5577-5582.

Brunn J, Grosse P, Wynands R. 1988. Quantitative analysis of photoacoustic IR spectra. Applied Physics B, 47(4): 343-348.

Chalus P, Walter S, Ulmschneider M. 2007. Combined wavelet transform-artificial neural network use in tablet active content determination by near-infrared spectroscopy. Analytica Chimica Acta, 591(2): 219-224.

Chen G L, Zhang B, Wu J G, et al. 2011. Nondestructive assessment of amino acid composition in rapeseed meal based on intact seeds by near-infrared reflectance spectroscopy. Animal Feed Science and Technology, 165(1-2): 111-119.

Chen Q S, Zhao J W, Chaitep S P, et al. 2009. Simultaneous analysis of main catechins contents in green tea (*Camellia sinensis* L.) by Fourier transform near infrared reflectance (FT-NIR) spectroscopy. Food Chemistry, 113(4): 1272-1277.

Chuang Y K, Hua Y P, Yang I C, et al. 2014. Integration of independent component analysis with near infrared spectroscopy for evaluation of rice freshness. Journal of Cereal Science, 60(1): 238-242.

Cortes V, Ortiz C, Aleixos N, et al. 2016. A new internal quality index for mango and its prediction by external visible and near-infrared reflection spectroscopy. Postharvest Biology and Technology, 118:

148-158.

Daniel C. 2015. The role of visible and infrared spectroscopy combined with chemometrics to measure phenolic compounds in grape and wine samples. Molecules, 20(1): 726-737.

Davey M W, Saeys W, Hof E, et al. 2009. Application of visible and near-infrared reflectance spectroscopy (Vis/NIRS) to determine carotenoid contents in banana (*Musa* spp.) fruit pulp. Journal of Agricultural and Food Chemistry, 57(5): 1742-1751.

Du C W, Zhou J M. 2011. Application of infrared photoacoustic spectroscopy in soil analysis. Applied Spectroscopy Reviews, 46(5): 405-422.

Du C W, Zhou J M, Liu J F. 2017. Identification of Chinese medicinal fungus *Cordyceps* sinensis by depth-profiling mid-infrared photoacoustic spectroscopy. Spectrochimica Acta Part A-Molecular and Biomolecular Spectroscopy, 173: 489-494.

Du C W, Zhou J M, Wang H Y, et al. 2009. Determination of soil properties using Fourier transform mid-infrared photoacoustic spectroscopy. Vibrational Spectroscopy, 49(1): 32-37.

El-Deftar M M, Robertson J, Foster S, et al. 2015. Evaluation of elemental profiling methods, including laser-induced breakdown spectroscopy (LIBS), for the differentiation of Cannabis plant material grown in different nutrient solutions. Forensic Science International, 251: 95-106.

Escuredo O, Seijo M C, Salvador J, et al. 2013. Near infrared spectroscopy for prediction of antioxidant compounds in the honey. Food Chemistry, 141(4): 3409-3414.

Eva B, Joan F, Ricard B, et al. 2015. Data fusion methodologies for food and beverage authentication and quality assessment-A review. Analytica Chimica Acta, 891: 1-14.

Ferreira D S, Galão O F, Pallone J A L, et al. 2014. Comparison and application of near-infrared (NIR) and mid-infrared (MIR) spectroscopy for determination of quality parameters in soybean samples. Food Control, 35(1): 227-232.

Ferreira D S, Pallone J A L, Poppi R J. 2013. Fourier transform near-infrared spectroscopy (FT-NIRS) application to estimate Brazilian soybean (*Glycine max* (L.) Merril) composition. Food Research International, 51(1): 53-58.

Fontaine J, Schirmer B, Horr J. 2002. Near-infrared reflectance spectroscopy (NIRS) enables the fast and accurate prediction of essential amino acid contents. 2. Results for wheat, barley, corn, triticale, wheat bran/middlings, rice bran, and sorghum. Journal of Agricultural and Food Chemistry, 50(14): 3902-3911.

Huang Z R, Sha S, Rong Z Q, et al. 2013. Feasibility study of near infrared spectroscopy with variable selection for non-destructive determination of quality parameters in shell-intact cottonseed. Industrial Crops and Products, 43: 654-660.

Ingrid V, Martin E, Nicolas V, et al. 2013. Monitoring nitrogen leaf resorption kinetics by near-infrared spectroscopy during grain filling in durum wheat in different nitrogen availability conditions. Crop Science, 53(1): 284-296.

Iwona S C, Maryse R, Sylvie B, et al. 2011. Mid-infrared spectroscopy as a tool for rapid determination of internal quality parameters in tomato. Food Chemistry, 125(4): 1390-1397.

Jiang H, Chen Q S. 2015. Chemometric models for the quantitative descriptive sensory properties of green tea (*Camellia sinensis* L.) using Fourier transform near infrared (FT-NIR) spectroscopy. Food Analytical Methods, 8(4): 954-962.

Johannes H, Michael P, Lukas D, et al. 2016. A comparison between near-infrared (NIR) and mid-infrared (ATR-FTIR) spectroscopy for the multivariate determination of compositional properties in wheat bran samples. Food Control, 60: 365-369.

Kovrlija R, Rondeau-Mouro C. 2017. Multi-scale NMR and MRI approaches to characterize starchy products. Food Chemistry, 236: 2-14.

Li C Y, Du C W, Zeng Y, et al. 2016. Two-dimensional visualization of nitrogen distribution in leaves of Chinese cabbage (*Brassica rapa* subsp. *chinensis*) by the Fourier transform infrared photoacoustic spectroscopy technique. Journal of Agricultural and Food Chemistry, 64(41): 7696-7701.

Lim S, Lee J G, Lee E J. 2017. Comparison of fruit quality and GC-MS-based metabolite profiling of kiwifruit "Jecy green": Natural and exogenous ethylene-induced ripening. Food Chemistry, 234: 81-92.

Lopez A, Arazuri S, Garcia I, et al. 2013. Review of the application of near-infrared spectroscopy for the analysis of potatoes. Journal of Agricultural and Food Chemistry, 61(23): 5413-5424.

Lu X N, Rasco B A. 2012. Determination of antioxidant content and antioxidant activity in foods using infrared spectroscopy and chemometrics: A review. Critical Reviews in Food Science and Nutrition, 52(10): 853-875.

Lu Y Z, Du C W, Yu C W, et al. 2014. Use of FTIR-PAS combined with chemometrics to quantify nutritional information in rapeseeds (*Brassica napus*). Journal of Plant Nutrition and Soil Science, 177(6): 927-933.

Lu Y Z, Du C W, Yu C B, et al. 2015. Fourier transform mid-infrared photoacoustic spectroscopy (FTIR-PAS) coupled with chemometrics for non-destructive determination of oil content in rapeseed. Transactions of the ASABE, 58(5): 1403-1407.

Ma F, Du C W, Zhou J M, et al. 2016. A self-adaptive model for the prediction of soil organic matter using mid-infrared photoacoustic spectroscopy. Soil Science Society of America Journal, 80(1): 238-246.

Mazurek S, Szostak R, Kita A. 2016. Application of infrared reflection and Raman spectroscopy for quantitative determination of fat in potato chips. Journal of Molecular Structure, 1126(S1): 213-218.

Michel M, Yves M, Georges O, et al. 2002. Wavelet toolbox for use with Matlab. The MathWorks, Inc.: 127-141.

Mutlu A C, Boyaci I H, Genis H E, et al. 2011. Prediction of wheat quality parameters using near-infrared spectroscopy and artificial neural networks. Europe Food Research and Technology, 233(2): 267-274.

Ojha T, Misra S, Raghuwanshi N S. 2017. Sensing-cloud: Leveraging the benefits for agricultural applications. Computers and Electronics in Agriculture, 135: 96-107.

Pérez-Vich B, Velasco L, Fernández-Martínez J M. 1998. Composition in sunflower through the analysis of intact seeds, husked seeds, meal and oil by near-infrared reflectance spectroscopy. JAOCS, 75(5): 547-555.

Pissard A, Pierna J A F, Baeten V, et al. 2013. Non-destructive measurement of vitamin C, total polyphenol and sugar content in apples using near-infrared spectroscopy. Journal of Agricultural and Food Chemistry, 93(2): 238-244.

Rosencwaig A, Gersho A. 1976. Theory of photoacoustic effect with solids. Journal of Applied Physics, 47(1): 64-69.

Rossel R A V, Behrens T, Ben-Dor E, et al. 2016. A global spectral library to characterize the world's soil. Earth-Science Reviews, 155: 198-230.

Sato T, Takahata Y, Noda T, et al. 1995. Nondestructive determination of fatty acid composition of husked sunflower (*Helianthus annuus* L.) seeds by near-infrared spectroscopy. Journal of American Oil Chemistry Society, 72(10): 1177-1183.

Sezer B, Bilge G, Boyaci I H. 2016. Laser-induced breakdown spectroscopy based protein assay for cereal samples. Journal of Agricultural and Food Chemistry, 64(49): 9459-9463.

Shao Y N, Cen Y L, He Y, et al. 2011. Infrared spectroscopy and chemometrics for the starch and protein prediction in irradiated rice. Food Chemistry, 126: 1856-1861.

Shen F, Niu X Y, Yang D T, et al. 2010. Determination of amino acids in Chinese rice wine by Fourier transform near-infrared spectroscopy. Journal of Agricultural and Food Chemistry, 58(17): 9809-9816.

Sinelli N, Spinardi A, Di Egidio V, et al. 2008. Evaluation of quality and nutraceutical content of blueberries (*Vaccinium corymbosum* L.) by near and mid-infrared spectroscopy. Postharvest Biology and Technology, 50(1): 31-36.

Siriphollakul P, Nakano K, Kanlayanarat S, et al. 2017. Eating quality evaluation of Khao Dawk Mali 105 rice using near infrared spectroscopy. LWT - Food Science and Technology, 79: 70-77.

Stuart B. 2004. Infrared Spectroscopy: Fundamentals and Applications. New Jersey: John Wiley & Sons: 1-42.

Sun S Q, Chen J B, Zhou Q, et al. 2010. Application of mid-Infrared spectroscopy in the quality control of traditional Chinese medicines. Planta Medica, 76(17): 1987-1996.

Vermeir S, Beullens K, Meszaros P, et al. 2009. Sequential injection ATR-FTIR spectroscopy for taste analysis in tomato. Sensors and Actuators B, 137(2): 715-721.

Wang L, Wang Q, Liu H Z, et al. 2013. Determining the contents of protein and amino acids in peanuts using near-infrared reflectance spectroscopy. Journal of the Science of Food Agriculture, 93(1): 118-124.

Xing Z, Du C W, Zeng Y, et al. 2016. Characterizing typical farmland soils in China using Raman spectroscopy. Geoderma, 268: 147-155.

Zhang G Y, Li P H, Zhang W F, et al. 2017. Analysis of multiple soybean phytonutrients by near-infrared reflectance spectroscopy. Analytical and Bioanalytical Chemistry, 409(14): 3515-3525.

第 11 章　农业废弃物资源化与循环农业技术模式

11.1　我国农业废弃物资源的现状及其环境影响

11.1.1　农业废弃物资源的现状及特点

农业废弃物是指在整个农业生产过程中产生的被丢弃的有机类物质，主要包括植物类废弃物（农林生产过程中产生的残余物）、动物类废弃物（牧、渔业生产过程中产生的残余物）、加工类废弃物（农林牧渔业加工过程中产生的残余物）和农村城镇生活垃圾等四大类；通常所说的农业废弃物主要指农作物秸秆和畜禽粪便（孙永明等，2005；孙振钧和孙永明，2006）。

我国农作物种植面积常年保持在 1.6 亿 hm^2 左右，畜禽存栏量一直保持增长势头。2017 年，全国生猪存栏 4.4 亿头、出栏 7 亿头，牛存栏 9038.7 万头，羊存栏 3 亿只；禽类约 142 亿只（国家统计局，2018）。农业和畜牧业快速发展的同时，也产生了大量的废弃物。据估算，近年来我国每年农作物秸秆产量稳定在近 10 亿 t；2016 年，全国主要农作物秸秆产生总量达到 9.84 亿 t（表 11-1）（农业部科技教育司和农业部农业生态与资源保护总站，2016）；2017 年，全国秸秆理论资源总量已达 10.2 亿 t，可收集资源量为 8.27 亿 t（丛宏斌等，2019a）；根据武淑霞等（2018）的测算，2015 年全口径统计全国生猪、奶牛、肉牛、家禽和羊的粪污产生量为 $5.687×10^9 t$，其中新鲜粪便产生量约为 $1.019×10^9 t$，尿液约为 $8.9×10^8 t$，冲洗污水约为 $3.778×10^9 t$。2016 年，中国畜禽粪污产生量约 38 亿 t。同期我国蔬菜种植面积为 3.35 亿亩左右，蔬菜残体产生量约 2.5 亿 t。废弃农膜等塑料 2.5 万 t，乡镇生活垃圾和人粪便 2.5 亿 t，肉类加工厂（包括肉联厂、皮革厂和屠宰场）废弃物 0.5 亿～0.65 亿 t，饼粕类 0.25 亿 t，林业废弃物（不包括炭薪林），每年约达 3700 万 t（图 11-1）。

表 11-1　2016 年中国主要农作物秸秆区域产生量　　　　（单位：$10^4 t$）

秸秆种类	华北区	东北区	华东区	中南区	西南区	西北区	全国
玉米秸	8065.76	15647.12	6131.84	4532.24	2344.01	4531.37	41252.34
稻草	97.30	3898.45	7758.81	8321.95	2485.26	301.65	22863.41
麦秆	2535.51	27.15	7217.40	5305.52	620.12	2357.27	18062.97
棉花秆	239.96	0.03	371.17	311.96	5.72	1471.31	2400.15
油菜秆	71.86	0.01	604.89	1084.66	844.90	447.39	3053.70
花生秧	190.06	231.66	469.62	1026.13	75.34	15.73	2008.53
豆秸	426.67	1011.09	502.98	450.12	232.63	168.38	2791.87
薯藤	277.12	58.20	567.08	1079.06	1142.96	552.18	3676.60
其他秸秆	186.06	414.75	299.75	346.70	801.94	241.56	2290.76
总计	12090.30	21288.46	23923.54	22458.33	8552.89	10086.83	98400.33

注：引自石祖梁等，2018。

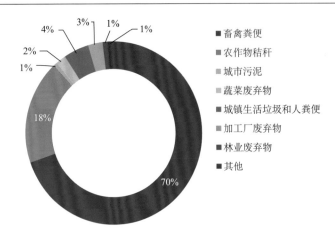

图 11-1 我国有机废弃物总量及其组成

11.1.2 我国农业废弃物资源化利用面临的难题

过去，我国农民将农业废弃物作为有机肥使用，在促进物质能量循环和培肥地力方面发挥了巨大的作用。但是，随着市场经济的发展，农业废弃物转化为有机肥料面临一系列新的问题和严峻的挑战。一方面废弃物成分发生了很大变化，另一方面种植业逐渐转向省工、省力、高效、清洁的栽培方式，传统的有机肥料"积、制、存、用"技术已不能适应现代农业的发展。因此，农业废弃物不再受欢迎，成为严重污染生态环境的污染源。这些未实现无害化处理、资源化利用的农业废弃物量大面广、乱堆乱放、随意焚烧，给城乡生态环境造成了严重影响（孙永明等，2005）。因此，如何有效地处理这些量大面广的有机废弃物是当前农业和环境领域面临的一个重要问题。

因此，近年来国家先后出台了《国务院办公厅关于加快推进畜禽养殖废弃物资源化利用的意见》（国办发〔2017〕48 号）、《关于推进农业废弃物资源化利用试点的方案》、《全国农业现代化规划（2016—2020 年）》和《畜禽粪污资源化利用行动方案（2017—2020年）》等指导性文件，从中央到地方都提出了"加快农业废弃物资源化利用"的政策措施。2018 年中央一号文件《中共中央 国务院关于实施乡村振兴战略的意见》中再次明确提出了"推进有机肥替代化肥、畜禽粪污处理、农作物秸秆综合利用……"，进一步为种养业废弃物资源化利用指明了方向。在各项政策的引导和推动下，农业有机废弃物的资源化利用率持续上升。据报道，截至 2017 年底，全国秸秆综合利用率达 83.68%，其中肥料化 56.53%、饲料化 23.24%、能源化 15.19%、基料化 2.32%、原料化 2.72%，形成以农用为主，农用中以肥料化和饲料化为主的利用格局。全国畜禽粪污综合利用率达到70%，规模养殖场粪污处理设施装备配套率达到 63%，但是，目前全国 70% 以上的农业园区为单一种植业或单一养殖业，粪肥还田"最后一公里"问题仍待解决（董红敏等，2019）。

11.2　农业废弃物的资源化潜力与途径

要解决农业废弃物的环境问题，关键在于资源化利用。能源化、肥料化、饲料化、基料化和原料化是目前农业废弃物资源化利用的主要方式。

11.2.1　能源化

生物质能源作为一种清洁的可再生能源已经受到全球的重视。农业废弃物与煤共燃发电技术、生物质气化替代常规燃料技术、生物质液化替代石油技术正成为常用技术而发展迅速。生物质可通过各种工艺转化为液体燃料，直接代替汽油、柴油等石油燃料，作为民用燃料或内燃机燃料。而我国含农业废弃物在内的生物质资源量达 7 亿 t 标准煤，2020 年的生物质资源量至少可达到 15 亿 t 标准煤。如果将其中的 50%用于生产液体燃料，即可为我国石油市场提供 2 亿 t 液体燃料。另外，如果能采取种植能源植物（能源作物和能源林）等措施发展我国的生物质资源，可促进农业结构的调整，增加农村就业机会和农村居民收入，对振兴农村经济具有重要意义。

当前，人类开发利用生物质资源的技术有六大类，分别是直接燃烧、厌氧消化（沼气）、糖发酵（产生物乙醇）、油料提取及生物柴油、热解（产生物油）、气化（产合成气）。目前，国内大规模利用的主要途径是生产沼气和生物质发电。

1. 生物甲烷的生产

生物甲烷（沼气）的生产是通过沼气发酵过程来实现的，这实质上是微生物的物质代谢和能量转换过程。在分解代谢过程中沼气微生物获得能量和物质，以满足自身生长繁殖，同时大部分物质转化为甲烷和二氧化碳。由于有机物有近 90%可以转化为沼气，因此这是少有的很高效的转化过程。沼气发酵的能量转换效率理论值可达 65%以上。这也是为什么最近国际上极力推崇此技术的重要原因之一。

在当前蔓延全国的"气荒"背景下，发展产业沼气可以有效弥补我国天然气的短缺（程序和朱万斌，2011）。据测算，我国畜禽粪便的沼气潜力介于 963.77 亿～2876.09 亿 m³（石元春，2011；田宜水，2012；张田等，2012；张海成等，2012；陈利洪等，2019）。

畜禽粪便能源化以在较大规模的养殖场所进行的沼气工程为主体，以能源生产为目标，通过对畜禽粪污等养殖废弃物进行厌氧发酵，分解畜禽粪便中的大部分有机物，所生产的沼气可以作为能源用于燃烧发电，沼气工程中的副产品沼渣、沼液可作为肥料还田利用，最终实现沼气、沼液、沼渣综合及有效利用。随着畜禽粪便原料型沼气生产技术的不断发展，在农村能源需求增长、规模化养殖快速发展及环境治理压力加大等驱动因素下，畜禽粪便原料型沼气工程得到了国家政策的大力推动及经费上的大力支持并迅速发展。截至 2017 年 8 月，通过中央投资有效带动地方、企业自有资金，累计改造养殖场 7 万多个，建设中小型沼气工程 10 万多个、大型和特大型沼气工程 6700 多处[①]。已经建设的畜禽养殖场沼气工程中以猪场沼气工程最多，占到 90% 左右。当前在我国规模化畜禽养殖场的畜禽粪便处理模式中，粪便生产沼气的方式与肥料化相比仍然少得多，全国占比仅在 1% 左右（宣梦等，2018），有较大的发展空间。

2. 生物质发电

生物质发电是指利用生物质原料代替煤炭，燃烧后推动火电厂的汽轮机组进行发电。生物质发电之所以较为可行，主要是它能够利用现有火电厂的基础设施，使总投资大幅度降低。生物质发电在我国主要是指生物质（如秸秆、林废资源）直接燃烧发电。据中国产业发展促进会生物质能产业分会统计，截至 2020 年 9 月底，农林生物质发电装机累计达 1180 万 kW，在我国 20 多亿 kW 发电总装机中占比较小。目前，被能源化利用的生物质总量约 9000 万 t/a，不到生物质资源总量的 10%。

11.2.2　肥料化

肥料化利用可以大量、快速地对废弃物资源进行无害化并转化成可利用的优质有机肥源，是废弃物资源化利用的优先选择。有机废弃物如农作物秸秆和畜禽粪便中富含大量的氮、磷、钾等养分。2000 年，我国总有机废物排放量为 41.3～43.4 亿 t，总有机废物 N、P、K 养分总贮量约 8734 万 t，畜禽粪便产生量约占总有机废物排放量的 50%，其中畜禽粪便中 N、P、K 养分总贮量约为 6330 万 t，占 N、P、K 养分总贮量的 72%（李国学和张福锁，2000）。戴志刚等（2013）估算了 2009 年全国主要农作物秸秆产量约 6.64 亿 t，折合纯 N 600.80 万 t、P_2O_5 92.56 万 t、K_2O 940.86 万 t。宋大利等（2018）测算 2015 年中国主要农作物秸秆所含的氮（N）、磷（P_2O_5）、钾（K_2O）养分资源总量分别为 625.6 万 t、197.9 万 t、1159.5 万 t。武淑霞等（2018）利用第一次全国污染源普查成果《畜禽养殖业源产排污系数手册》计算了我国畜禽粪尿中氮、磷的含量，在不计污水的情况下，2015 年我猪、牛、羊、禽粪尿资源中氮、磷产生量分别为 $1.229×10^7$ t 和 $2.046×10^6$ t。而王志国等（2019）估算 2015 年全国畜禽粪尿排放的养分总量为 2573.10 万 t，其中氮（N）、磷（P_2O_5）、钾（K_2O）养分总量分别为 1278.50 万 t、366.16 万 t、928.44 万 t。由此可见，大量种养业废弃物中的养分如能安全、有效地进行肥料化利用，每年大约可节省氮肥 3800 多万 t，磷肥 1300 多万 t，钾肥 1500 多万 t。

当前，中国农业生产中过量化肥施入、耕地的高强度利用带来的耕地质量问题已经逐渐显现，而废弃物肥料化利用既可以将种养业中大量废弃物中的养分资源重新带回土壤，解决"用地养地"矛盾，又可以与其他关键技术形成废弃物资源循环利用模式，促进种养业废弃物安全、高效、循环利用，减轻环境压力，从而实现在废弃物高效利用的同时培肥土壤、改良地力，促进种养结合和产业发展，促进农业绿色发展（牛新胜和巨晓棠，2017；田慎重等，2018）。

---

① http://www.gov.cn/xinwen/2017-08/30/content_5221475.htm#1。

废弃物肥料化过程主要是通过厌氧或好氧方式对畜禽粪便、秸秆等有机废弃物进行高温发酵和无害化处理（或添加不同的发酵微生物），使之成为有机肥料。而根据还田方式的不同，废弃物肥料化利用又可分为直接利用和间接利用。

1. 直接利用

直接利用是一种直接、省力的利用方法，即将废弃物直接还田，在土壤中通过微生物作用将有机废弃物缓慢分解，释放出其中的养分，供作物吸收利用，分解成的有机质、腐殖质能够改善土壤结构、培肥地力、提高农作物产量。但这种利用方式依靠自然分解，速度较慢，易对农作物生长产生不利影响，如秸秆类废弃物腐熟慢，粪便类有机物在自然发酵过程中可能会损害作物根部，影响作物生长。废弃物直接肥料化利用最典型的方式为农作物秸秆直接还田，该方式能够快捷、大量地处理种植业中的剩余秸秆，是秸秆肥料化利用的最有效途径。秸秆直接还田技术主要通过农业机械将收获后的秸秆粉碎并抛撒在田间后耕翻掩埋，或粉碎、整株及高留茬直接覆盖于土壤。目前，秸秆还田模式主要有玉米秸秆深翻养地还田模式、棉花秸秆深翻还田技术模式、麦秸覆盖玉米秸旋耕还田技术模式、少免耕秸秆覆盖还田技术模式、稻麦（油）秸秆粉碎旋耕还田技术模式、秸秆快速腐熟还田技术模式（石祖梁等，2018，2019）。秸秆直接还田与现代农机耕作方式及机械化程度具有重要关系，由于中国南北纬度跨度较大，自然气候条件差异明显，复种制度和耕作模式存在显著的地域性差异，秸秆还田技术的应用具有明显的地域特征，且中国农业机械发展正处在技术生长期，农机设计工艺、生产制造、质量参差不齐，农机农艺融合度差，大规模秸秆还田的农机技术尚不成熟。近年来，随着秸秆产量的逐年增大，大量秸秆还田后土壤湿度增加、地温升高，为某些病虫害的发生和流行创造了适宜的环境条件，并且短期内秸秆无法充分腐解，影响下茬作物播种质量、出苗和苗期生长，还田秸秆的快速腐解技术还没有突破，这些因素都影响了秸秆直接还田技术的应用和发展（张国等，2017；田慎重等，2018）。

畜禽粪便的直接还田一般采用"畜禽养殖—贮存—农田"模式，该模式将粪便和污水全部贮存，全部粪便和污水作为有机肥直接还田利用，这也是我国传沿千年的传统农业的主要畜禽粪便利用方式。当前在自养自种的农户、自有种植基地的大中型养殖场及西北地区、东北地区较为常见。

2. 间接利用

间接利用是将废弃物通过好氧堆肥、过腹、培植食用菌、蚯蚓/昆虫养殖、厌氧发酵、炭化等方式进行还田或生产成商品有机肥的利用方式。

自然好氧堆肥利用是以堆沤腐解的方式将有机废弃物进行腐熟，是数千年来我国农民传统的提高土壤肥力的重要方式，也是农村有机废弃物肥料化利用最常用的途径之一。现代好氧堆肥依靠好氧细菌对秸秆、畜禽粪便等有机废弃物进行分解，在分解的过程中温度较高，可以最大程度地消灭一些病原菌，一般选用槽式或条垛式发酵方式，也可选用滚筒式、立式等好氧发酵设备。随着农业和科技的发展，有机废弃物堆肥已经由传统的小型化、自然堆沤方式向规模化、标准化、设备化、智能化方向发展（王一明和林先贵，2011；曾庆东和刘孟夫，2018）。

过腹还田是将适当处理的废弃物经饲喂后变为粪肥还田，是一种具有悠久历史、效益较高的秸秆肥料化利用方式，对促进种养业可持续发展和生态良性循环有积极作用。

培植食用菌再利用是指将废弃物先用于培育食用菌，而后剩余的菌渣经发酵后进行还田再利用，也可作为畜禽粪便堆肥的辅料。该方式延长了食用菌产业链条，促进了废弃物高值化循环利用（黄东风等，2015）。

蚯蚓/昆虫养殖利用是用有机废弃物先养殖蚯蚓、黄粉虫、黑水虻等，增加产业链、提高附加值；同时对黑水虻、蚯蚓等进行资源化深加工，如开发替代抗生素添加的动物饲料等，虫粪与蚯蚓粪可开发成活性有机肥（李逵等，2017）。

厌氧发酵是采用密闭的发酵反应器，利用厌氧微生物作用将有机废弃物降解，具有耗能低、消除粪臭、获得能源等优点，但发酵周期较长。厌氧发酵技术主要包括湿法厌氧发酵、干法厌氧发酵等。湿法厌氧发酵技术比较成熟，常见的有完全混合式厌氧反应器、升流固体床反应器、内循环厌氧反应器等工艺类型，主要用于废弃物处理，发酵产物为液体沼肥，可以配水浇灌农田，也可以作为叶面肥使用，经过固液分离后的沼渣是商品有机肥的主要原料。干法厌氧发酵工艺主要包括立式罐型、气袋型、渗出液存储桶型等，技术上存在进出料困难、传质传热不均、毒性物质累积等技术瓶颈，目前大规模运行的经验十分有限（吴小武和刘荣厚，2011；李强等，2010；田慎重等，2018）。

炭化利用即制备生物质炭，是利用秸秆、畜禽粪便等有机物在限氧条件下，在一定温度（<700℃）下热裂解后得到的富碳产物，具有改良土壤、增加肥力及吸附土壤或污水中的有机污染物等作用，可直接还田或充当肥料载体，是当今一种新兴的、具有一定发展潜力的肥料化利用方式。而采用生物质热解多联产工艺，即在生产清洁燃气和生物质炭的同时，生产热解油、醋液、电力和热水等多种产品，是当前很具有生命力的废弃物综合利用途径之一，具有良好的推广应用前景。热解气清洁、可再生，可作为农村地区散煤的替代或者工厂的能源，生物质炭可直接还田或者制备炭基肥料，热解油可作为燃烧热源，木醋液稀释后可用作杀虫剂。南京林业大学张齐生院士和沈阳农业大学陈温福院士的团队是我国生物质炭制备及炭基肥料研究领域的主要开拓者（潘根兴等，2010；何绪生等，2011；刘标等，2013；丛宏斌等，2019a，2019b）。

生产商品有机肥是以畜禽粪便、秸秆等废弃物为主要原料，通过添加促进堆肥发酵的微生物菌剂，经过工厂化堆肥发酵腐熟、粉碎、造粒等一系列工艺后制成粉状或者商品有机肥出售，其特点是具有流水线作业、标准化流程、生产周期短、产量高、基本无污染、肥效高、宜运输等优点，是能够实现工业化大生产、商品化大流通的利用方式。

无害化是基础，资源化是目标。畜禽粪便中还含有大量病原体，在使用前需要进行无害化处理。对于有机废弃物的处理尤其是畜禽粪便的无害化，国家先后出台了一系列的标准和技术规范（表 11-2），有机废弃物尤其是以畜禽粪便为主要原料进行资源化利用时，应严格遵循这些标准和技术规范，同时，作为有机肥施用时应与化肥合理配合，避免过量施用，以免对环境、土壤和农产品造成污染。

表 11-2　废弃物肥料化的相关标准和技术规范

标准名称	标准号
粪便无害化卫生要求	GB 7959—2012
畜禽粪便安全使用准则	NY/T 1334—2007
畜禽粪便无害化处理技术规范	NY/T 1168—2006
有机肥料	NY 525—2020
肥料合理使用准则　有机肥料	NY/T 1868—2010
畜禽粪便还田技术规范	GB/T 25246—2010
畜禽粪便农田利用环境影响评价准则	GB/T 26622—2011
畜禽粪便监测技术规范	GB/T 25169—2010
畜禽粪便无害化处理技术规范	GB/T 36195—2018
秸秆腐熟菌剂腐解效果评价技术规程	NY/T 2722—2015

11.2.3　饲料化

秸秆是草食性家畜重要的粗饲料来源，我国农民也一直有秸秆饲喂牛羊等的传统。据专家测算，1t 普通秸秆的营养价值平均与 0.25t 粮食的营养价值相当。但未经处理的秸秆不仅消化率低、粗蛋白质含量低，而且适口性差，单纯饲喂这种饲料，牲畜采食量不高，难以满足维持需要（朱立志，2017）。作物秸秆经过合理加工后，不仅可改善秸秆的营养成分和适口性，还可提升秸秆的饲用价值和转化效率（张玲等，2018）。2008 年的统计结果表明，在我国可收集利用的秸秆中，约 57.14% 的秸秆可直接饲喂，22.11% 的秸秆不适宜直接饲喂，需要加工饲喂或作为工业化生产使用（毕于运，2010）。秸秆饲料加工方法分为物理方法、化学方法和生物方法等。①物理加工方法：主要改变作物秸秆的物理性状，以提升秸秆饲料适口性和消化率。物理加工方法出现最早，主要包括切碎、高压蒸煮、膨化、揉丝和压块等方法。②化学处理方法：目前常用的化学处理方法有稀碱预处理法、稀酸预处理法、氧化剂处理法和复合化学处理法等。碱化处理包括采用氢氧化钠和生石灰等；氨化处理包括液氨氨化、尿素氨化、氨水氨化和硫酸氢铵氨化。③生物方法：主要采用一些微生物或其酶类处理秸秆，包括青贮、黄贮、微贮和酶解。青贮加工是以青绿饲料为原料，在厌氧环境下，利用植株中原有微生物或者外加乳酸菌等菌剂进行厌氧发酵，使植株中的可溶性碳水化合物转化为乳酸、乙酸等有机酸，pH 迅速下降，从而抑制饲料腐败。秸秆青贮流程如图 11-2 和图 11-3 所示。黄贮加工是以干秸秆为原料，通过添加一定比例的微生物菌剂、水等，有效分解秸秆，将木质素等转化为糖类，再经发酵形成乳酸和其他一些挥发性脂肪酸，提高微生物对秸秆的利用率。微生物处理法具有提高营养价值、改善适口性、绿色无污染、能耗低等优点，是当前最具应用潜力和发展前景的秸秆饲料生产技术。

目前，集约化养殖快速发展，集约化养殖畜禽饲喂全价饲料，饲料中的许多营养物质未被消化吸收就被排泄到体外，使得粪便中含有大量未消化的蛋白质、维生素 B、矿物质、粗脂肪和一定量的糖类物质；粪便中营养价值随畜禽种类、日粮成分和饲养管理

条件等因素的不同而不同，如新鲜猪粪中蛋白质的质量分数为 3.5%～4.1%、牛粪为
1.7%～2.3%、鸡粪为 11.2%～15.0%、羊粪为 4.1%～4.7%（张淑芬，2016）。

图 11-2　秸秆青贮一次发酵流程

图 11-3　秸秆青贮二次发酵流程

　　由于畜禽粪便含有丰富的粗蛋白、粗纤维、纯蛋白、粗脂肪，以及矿物质元素如钙、
磷等，畜禽粪便再生饲料化成为畜禽粪便资源利用的途径之一。鸡粪的饲料化价值最高，
一方面是因为鸡饲料营养成分较全，另一方面是鸡的自身结构导致饲料在消化道里停留
时间短，鸡对饲料的消化吸收率低，因而鸡粪的营养物质含量也较高。鸡粪再生饲料可
用于饲喂鸡、猪、牛、羊等多种畜禽。猪粪再生饲料也较多地用于反刍动物，因为反刍
动物特有的消化能力能有效利用这种饲料。用猪粪喂猪通常应该控制在 15% 左右的比例，
太高会影响猪的生长。另外，加工后的畜禽粪便再生饲料还可以用于水产养殖等。有些
鱼类利用动物粪便的能力很强，如热带鱼、鲢鱼、鲶鱼和罗非鱼等，通过控制动物粪便

养分流量,实现繁殖速生鱼的最佳条件(武淑霞等,2018)。畜禽粪便再生饲料的制作方法包括干燥法、发酵法(又可分成厌氧发酵、充氧发酵和青贮发酵等)、热喷处理法、物理方法、化学方法等(张淑芬,2016),有时也可以和其他物质配合,直接用来饲养反刍动物、鱼、蝇蛆等,来增加动物蛋白质饲料资源。

由于畜禽粪便成分复杂并含有病原微生物、寄生虫等易造成传染疾病和爆发性疾病的成分,抗生素和重金属等有害物质超标的现象较多,作为饲料应用时存在较大的安全隐患,所以畜禽粪便饲料化的利用争议较大,目前有些发达国家已不主张利用畜禽粪便作为饲料。因此,畜禽粪便饲料化必须经过适当的加工处理到达无害化后才能作为饲料原料。

11.3　农业废弃物的主要污染物及其环境影响

畜牧业持续稳定发展,为经济社会平稳健康发展和生态文明建设提供了重要支撑。然而,随之而来的畜禽粪便污染问题却给我们赖以生存的环境带来了巨大的压力和威胁。据 2010 年环境保护部等发布的《第一次全国污染源普查公报》数据,农业源污染物排放对水环境的影响较大,其化学需氧量排放量、总氮、总磷分别占各自排放总量的 43.7%、57.2% 和 67.4%。而在农业污染源中,比较突出的是畜禽养殖业污染问题,其排放总量大约是农村生活污染排放总量的 1.5 倍,位居全国重点污染排放领域之首。

畜禽粪便的成分非常复杂,除了含有大量营养物质外,其中还含有很多病原菌、残留抗生素及抗性基因、重金属、尿囊素等有害物质,这些有害物质能够污染环境并对人类健康构成威胁。畜禽粪便在自然堆储的过程中,会产生大量有害气体,其中包括 N_2O、CH_4、CO_2 等温室气体及硫化氢、氨气、硫醇、挥发性有机酸、粪臭素等恶臭气体。研究表明,畜禽粪便在微生物的作用下可产生 168 种臭味化合物,这些有害恶臭气体散布到空气中,对人畜健康造成了严重的影响(赵辉玲等,2004;汪开英等,2009,2019)。N_2O、CH_4 和 CO_2 是引发全球气候变暖的主要温室气体,二氧化硫、氨气是导致酸雨形成的元凶,使土壤酸化,影响植物正常发育。此外,养殖过程中会产生大量粉尘,它们不但是臭味的携带者,同时也是有害微生物与有害气体的主要传播者,是导致大气污染的元凶之一。

由此,为防治畜禽养殖业的环境污染,保护生态环境和人体健康,促进畜禽养殖业健康可持续发展,2010 年 12 月 30 日,环境保护部制定发布了《畜禽养殖业污染防治技术政策》,提出畜禽养殖污染防治应遵循发展循环经济、低碳经济、生态农业与资源化综合利用的总体发展战略……应贯彻"预防为主、防治结合,经济性和实用性相结合,管理措施和技术措施相结合,有效利用和全面处理相结合"的技术方针,实行"源头削减、清洁生产、资源化综合利用,防止二次污染"的技术路线;并提出"污染防治措施应优先考虑资源化综合利用"的技术原则。通过发展新的技术和设备,高效快速实现畜禽粪便无害化、资源化利用,不仅有利于环境污染整治,而且可以变废为宝,实现环境、社会和经济效益共赢。

11.3.1　重金属

在环境领域，造成污染的重金属主要是指具有毒性或生物毒性较强的铜（Cu）、锌（Zn）、锡（Sn）、镍（Ni）以及汞（Hg）、砷（As）、铅（Pb）、镉（Cd）等（杨慧敏，2010）。畜禽粪便农用是土壤与环境中重金属的重要来源之一。

集约化养殖中，畜禽密度比较大，为了预防疾病或促进生长，常常在饲料中加入抗生素或 Cu、Zn 等微量元素。如饲料中加入一定量的 Cu、Zn 和 As 具有促进动物生长、杀菌、提高饲料利用率、改变动物皮毛颜色等作用，Pb、Cd、Cr 等非必需元素会通过伴生矿物、机械工具磨削或大气沉降物进入饲料中，但畜禽对其利用率低，大部分通过粪便排泄物排出体外（张红艳，2019）。黄绍文等（2017）对我国不同粪便的商品有机肥调查表明，按照我国现有的《有机肥料》（NY 525—2012）中重金属限量标准，鸡粪、猪粪和羊粪有机肥的重金属含量均有不同程度的超标，尤其是鸡粪有机肥，Cd、Pb 和 Cr 超标率分别为 10.3%、17.2% 和 17.2%。Luo 等（2009）估计中国畜禽粪便农用输入农田土壤的 Cu、Cd 和 Zn 分别占总输入的 69%、55% 和 51%。表 11-3 对比了我国不同地区规模化养殖场畜禽粪便的重金属含量，可以看出不同地区的畜禽粪便中重金属含量差异很大，Cu 和 Zn 含量普遍较高。

我们于 2018 年 7~10 月对宁夏境内 5 个地区的规模化养殖、养殖园区、养殖散户的不同畜禽种类进行了采样，并进行了不同养殖动物粪便中重金属含量的分析（张红艳，2019）。表 11-4 列出了不同畜禽种类畜禽粪便中重金属的残留状况。不同种类畜禽粪便之间，Cu、Zn 的残留量均为猪粪>鸡粪>牛粪>羊粪，且差异均达到显著水平（$P<0.05$），Pb 的残留量鸡粪、猪粪显著高于牛粪和羊粪，Hg 的残留量羊粪显著高于鸡粪、牛粪和猪粪，Cd 的残留量鸡粪显著高于牛粪、羊粪和猪粪，其他重金属元素在不同种类畜禽粪便之间统计检验差异不显著。蛋鸡粪和肉鸡粪之间仅 Cd 残留量有显著差异，奶牛粪和肉牛粪之间各重金属残留量差异不显著。

按我国《有机肥料》（NY 525—2012）限量标准和德国未腐熟有机肥中重金属限量标准，宁夏各类鲜粪重金属含量超标情况如表 11-4 所示，仅 Cu 和 Zn 超标。对于 Cu 来说，奶牛粪和猪粪超标，超标率分别为 10% 和 50%，其中奶牛粪和猪粪 Cu 含量的最大值分别超出标准 5.97% 和 847.26%，另外，猪粪平均 Cu 含量超出标准 24.92%。Zn 的超标率较为严重，蛋鸡、肉鸡、奶牛、猪的鲜粪 Zn 超标率分别为 33%、20%、10%、70%，其最大值分别超出标准 30.93%、0.40%、27.43% 和 120.77%，其中，猪粪中 Zn 平均含量超出标准 24.92%。根据畜禽《粪便还田技术规范》（GB/T 25246—2010）（pH>6.5）和《畜禽粪便安全使用准则》（NY/T 1334—2007）（pH>6.5），猪粪的 Cu 含量超标，超过水稻田施肥标准（≤300mg/kg）的样品有 20%，超过旱田施肥标准（≤600mg/kg）的样品有10%。

由于重金属具有难降解的特点，将畜禽粪便堆肥发酵后，仍然有较高含量的重金属残留。粪便农用若是通过简单堆肥等处理后还田，重金属非但不能被微生物降解，反而在有机物质消耗的情况下，其含量进一步浓缩，故常在有机肥中检测到重金属的存在。

表 11-3　我国不同地区畜禽粪便中主要重金属平均含量

地区	粪便类型	样本数量	重金属含量平均值/（mg/kg）								参考文献
			Cu	Zn	Pb	Cd	Cr	As	Ni	Hg	
浙江	猪粪（规模化）	65	1044.13	1771.37	2.54	0.53	5.87	16.83	11.32	0.05	单英杰和章明奎，2012
	猪粪（农户）	28	191.62	372.88	2.39	0.39	6.29	6.29	6.14	0.05	
	鸡粪（规模化）	15	271.16	379.59	4.87	0.73	7.06	5.04	5.5	0.05	
	鸡粪（农户）	16	91.6	178.02	3.64	0.44	6.47	3.58	5.99	0.05	
	鸭粪（规模化）	8	198.76	352.1	9.36	0.77	6.6	6.34	8.37	0.06	
	鸭粪（农户）	10	34.68	97.82	10.27	0.34	8.55	6.83	9.53	0.04	
	牛粪（规模化）	4	90.35	175.23	9.3	0.34	6.57	3.3	7.83	0.04	
	牛粪（农户）	9	40.91	48.72	7.37	0.24	6.08	1.75	7.81	0.02	
上海	猪粪	198	466.24	1054.64	3.42	0.21	10.28	17.03	9.77	0.22	朱恩等，2013
	禽类	83	38.81	374.59	2.04	0.15	12.67	12.27	5.83	0.09	
	牛粪	69	95.69	280.38	1.64	2.16	7.96	6.33	4.19	0.09	
	羊粪	5	22.66	215.42	1.74	0.28	22.19	0.59	4.46	2.39	
岳阳	猪粪	67	465.63	2341.1	5.3	1.2	20.93	4.8	10.01	—	
北京	猪粪	46	601.47	1913.05	5.62	0.25	11.81	15.26	9.15	—	贾武霞等，2016
	鸡粪	13	61.68	429.67	8.78	0.35	18.48	11.25	10.34	—	
	牛粪	13	48.03	175.9	5.56	0.26	5.14	1.09	8.02	—	
寿光	猪粪	9	322.64	1108.45	7.43	1.03	29.38	9.81	12.02	—	
	鸭粪	20	80.61	682.1	7.23	0.55	63.61	2.89	9.76	—	
	牛粪	4	31	160.93	18.49	0.72	20.48	2.73	11.51	—	

续表

地区	粪便类型	样本数量	重金属含量平均值/（mg/kg）								参考文献
			Cu	Zn	Pb	Cd	Cr	As	Ni	Hg	
福建	鸡粪	20	33.51	211.29	28.51	2.07	15.48	1.34	—	—	侯月卿等，2014
	鸭粪	10	39.18	220.92	36.76	2.59	35.81	3.34	—	—	
	猪粪	62	962.95	1321.44	17.74	1.43	15.72	21.94	—	—	
	牛粪	14	74.95	234	18.02	1.18	15.55	1.06	—	—	
山东	猪粪	126	472.8	1908.6	2.9	0.9	12.3	36.5	—	—	
安徽	猪粪	12	689.1	298	20.6	0.57	48.2	19.75	—	—	
吉林	鸡粪	8	18.24	276.9	—	—	—	—	—	—	谢忠雷等，2011
	猪粪	8	243.6	381.8	—	—	—	—	—	—	
	牛粪	8	12.28	188.1	—	—	—	—	—	—	

表 11-4　宁夏各类畜禽粪便鲜粪（风干）重金属含量　　（单位：mg/kg）

粪便类型（样本数）	重金属	平均值	标准差	最小值	最大值	超标个数	最大超标量
蛋鸡粪（3）	Pb	5.45a	1.69	3.49	6.51	0	0
	Cr	16.47a	11.60	6.67	29.28	0	0
	Cd	1.16a	0.29	0.84	1.41	0	0
	Cu	32.84a	15.15	17.62	47.93	0	0
	Zn	348.26a	157.33	219.74	523.71	1	123.71
	Hg	0.03a	0.01	0.03	0.04	0	0
	As	2.38a	3.29	0.10	6.15	0	0
肉鸡粪（5）	Pb	4.03a	1.02	2.98	5.44	0	0
	Cr	40.77a	56.60	6.93	138.47	0	0
	Cd	0.82b	0.23	0.62	1.18	0	0
	Cu	29.32a	19.58	7.40	55.83	0	0
	Zn	223.06a	152.96	36.78	401.61	1	1.61
	Hg	0.04a	0.01	0.03	0.05	0	0
	As	2.75a	1.36	1.48	4.48	0	0
奶牛粪（10）	Pb	3.04A	1.18	1.22	4.82	0	0
	Cr	27.49A	39.96	5.06	137.82	0	0
	Cd	0.65A	0.22	0.35	0.98	0	0
	Cu	38.52A	37.27	4.09	105.97	1	5.97
	Zn	148.29A	151.74	8.33	509.70	1	109.7
	Hg	0.04A	0.00	0.03	0.04	0	0
	As	3.16A	2.80	0.16	7.67	0	0
肉牛粪（12）	Pb	2.88A	1.15	1.44	4.54	0	0
	Cr	25.53A	20.23	4.51	79.65	0	0
	Cd	0.65A	0.21	0.39	1.15	0	0
	Cu	15.06A	8.32	5.17	31.67	0	0
	Zn	45.54A	23.10	14.76	92.88	0	0
	Hg	0.04A	0.01	0.03	0.06	0	0
	As	2.86A	2.30	0.07	8.57	0	0
羊粪（13）	Pb	2.48Ⅱ	1.29	0.86	5.73	0	0
	Cr	25.56I	24.03	6.19	90.12	0	0
	Cd	0.76Ⅱ	0.24	0.47	1.31	0	0
	Cu	14.23Ⅱ	5.85	7.68	27.24	0	0
	Zn	54.97Ⅱ	28.61	26.71	122.15	0	0
	Hg	0.05I	0.03	0.03	0.11	0	0
	As	3.33I	3.34	0.53	13.00	0	0
猪粪（10）	Pb	4.03I	2.15	1.74	7.60	0	0
	Cr	8.90I	2.93	6.14	15.17	0	0
	Cd	0.74Ⅱ	0.22	0.40	1.07	0	0

续表

粪便类型（样本数）	重金属	平均值	标准差	最小值	最大值	超标个数	最大超标量
猪粪（10）	Cu	227.46I	298.50	23.55	947.26	5	847.26
	Zn	499.68I	205.65	151.99	883.09	7	483.09
	Hg	0.04II	0.01	0.03	0.05	0	0
	As	3.51I	2.94	0.10	8.43	0	0
鸡粪（8）	Pb	4.56I	1.40	2.98	6.51	0	0
	Cr	31.66I	45.03	6.67	138.47	0	0
	Cd	0.95I	0.29	0.62	1.41	0	0
	Cu	30.64II	16.97	7.40	55.83	0	0
	Zn	270.01II	156.97	36.78	523.71	2	123.71
	Hg	0.03II	0.01	0.03	0.05	0	0
	As	2.61	2.05	0.10	6.15	0	0
牛粪（22）	Pb	2.96II	1.14	1.22	4.82	0	0
	Cr	26.42I	29.99	4.51	137.82	0	0
	Cd	0.65II	0.21	0.35	1.15	0	0
	Cu	25.72II	27.83	4.09	105.97	1	5.97
	Zn	92.25II	113.54	8.33	509.70	1	109.7
	Hg	0.04II	0.01	0.03	0.06	0	0
	As	2.99I	2.48	0.07	8.57	0	0

注：LSD 差异在蛋鸡粪和肉鸡粪之间，奶牛粪和肉牛粪之间，以及羊粪、猪粪、鸡粪、牛粪之间进行，相同字母或数字表示没有差异性，不同字母或数字表示差异性显著，$P<0.05$。

刘荣乐等（2005）调查了我国堆肥化生产的畜禽粪便有机肥中的重金属含量，参照德国腐熟堆肥中部分重金属的限量标准，鸡粪中以 Cd、Ni 超标为主，猪粪中以 Zn、Cu、Cd 超标为主，牛粪中以 Cd 超标为主，羊粪中以 Cd、Ni 超标为主。

重金属随畜禽粪便施入土壤，必然导致农田重金属污染。我们对畜禽粪便中的重金属对厩土的污染情况进行了调查，结果表明（表 11-5），厩土的 Cd、Pb 和 As 的平均含量比未污染土低，厩土的其他重金属含量均比未污染土高，说明重金属通过粪层，在水分等的作用下下渗，在土壤中有所累积。厩土的总 Cr 含量比未污染土的高出 14.08 mg/kg，增幅为 51.86%，其 Cu 和 Zn 含量比未污染土略高。

表 11-5 宁夏地区畜禽养殖厩土及周边土壤重金属含量 （单位：mg/kg）

重金属	土样类型	平均值	标准误差	最小值	最大值	采样数
总 Cd	厩土	1.22	0.07	0.73	1.70	12
	未污染土	1.29	0.08	1.02	1.62	9
总 Cr	厩土	41.23	8.70	1.34	103.12	12
	未污染土	27.15	2.74	13.44	37.46	9
总 Hg	厩土	0.04	0.00	0.03	0.09	12
	未污染土	0.04	0.00	0.03	0.07	9

续表

重金属	土样类型	平均值	标准误差	最小值	最大值	采样数
总 Pb	厩土	7.69	0.74	4.00	11.64	12
	未污染土	8.97	0.56	6.96	11.65	9
总 As	厩土	8.90	0.85	4.35	14.65	12
	未污染土	10.50	0.90	6.47	14.13	9
总 Cu	厩土	5.48	1.02	0.65	13.96	12
	未污染土	3.98	0.71	1.59	9.10	9
总 Zn	厩土	25.95	3.48	5.75	41.14	12
	未污染土	23.73	2.32	14.23	35.04	9

　　长期施用高重金属含量的畜禽粪便，会使土壤中重金属的浓度超过农作物对重金属的需求量，造成作物本身重金属的积累（姚丽贤等，2008）。蔬菜过量吸收这些重金属元素会影响人类的健康，如人们食用汞超标的食品会得"水俣病"，食用镉超标产品会患"骨痛病"等。重金属元素难迁移、易富集、危害大、难以被微生物分解，导致其生态健康风险具有隐蔽性、长期性、累积性和不可逆性等特点，成为影响和限制畜禽粪便在无公害农业上利用的因素之一。例如，重金属（如 Cu^{2+}）不易被降解，可随食物链在生物体内向人体富集，损害人体健康；其次还可在微生物体内诱导出对重金属的运输和毒性起到拮抗与解毒作用的抗性基因，对生态环境和人类造成更深远的影响（贡娇娜，2010）。此外，重金属污染不仅能够引起土壤的组成、结构与功能的变化，还可抑制作物根系光合作用，导致作物的减产以及在作物中富集。更重要的是，重金属通过食物链可积累在水、空气和土壤中，而通过食物链、呼吸和直接接触等方式危害人类健康（蒋登湖等，2016）。

11.3.2　抗生素

　　抗生素是 20 世纪最重要的医学发现之一，对防治人类感染性疾病发挥了巨大的作用。目前，除了用于人类医疗外，抗生素还作为促生长剂、疾病治疗或预防剂用于畜禽养殖业及渔业（罗义和周启星，2008；Looft et al., 2012）。据报道，每年约有 2400 万 t 的抗生素被用于动物饲养业，而这其中 70%以亚治疗剂量添加到饲料中用以促进畜牧生长，只有 300 万 t 的抗生素用于人类医疗（Mellon et al., 2001；罗义和周启星，2008）。2013 年，我国 36 种常用抗生素在养猪场的总使用量达到 48400t，占年总使用量的 52.2%（其中，人 15.6%、鸡 19.6%、其他动物 12.5%）（Zhang et al., 2015）。在美国，也有一半以上的抗生素用于动物养殖（Pruden et al., 2006; Zhao et al., 2010）。

　　实际上，人畜服用的抗生素类药物大多不能被充分吸收利用，动物饲料中添加的抗生素大约有 30%~90%以母体药物或代谢产物的形式随粪尿排出体外（Mackie et al., 2006；王辉等，2009；Wei et al., 2011）。在猪排泄物中最常检出的抗生素有四环素类（tetracyclines）、磺胺类（sulfonamides）、氟喹诺酮类（fluoroquinolones），其最大检出量范围为 23.8～685μg/L（Kumar et al., 2005; Wei et al., 2011; Zhang et al., 2011; Chen et al., 2011）。此外，现代水产养殖业也会使用相当数量的抗生素用于防治鱼类疾病和加快鱼类生长。投放到水中未被食用及食用后又随排泄物进入水体中的抗生素将会形成污染，水产养殖中使用的抗生素至少有 75%会进入水体并在底泥中形成蓄积性污染（Lalumera et al., 2004）。

抗生素及其代谢产物通过粪肥施用被带入农田生态系统，是其进入土壤环境的一个重要途径。抗生素在环境中能保持很长时间的活性，可通过淋溶、渗滤等迁移途径污染地表水、地下水和饮用水源（周启星等，2007），并可通过作物吸收和积累进入食物链，对动物和人体健康构成潜在危害。抗生素一旦进入土壤、水体和空气等环境介质中，可能会发生吸附、水解、光解和微生物降解等一系列转化过程，这些过程直接影响抗生素在环境中的残留量和生态毒性。

抗生素一般具有极性，分子量较大，含有较多的功能性基团，其在土壤中的迁移能力主要取决于其自身的光稳定性、键合、吸附、淋洗和降解速率等。一般来说，弱酸弱碱性和亲脂性类抗生素与土壤有较好的亲和力，在土壤中不易迁移。吸附能力强的抗生素，在环境中较稳定，容易蓄积；而吸附能力较弱的抗生素，则容易被淋溶到附近的河流或地下水中，污染地下水，威胁水体环境安全。除了吸附和迁移之外，抗生素在环境中也可能发生水解、光降解和微生物降解等一系列降解反应，其中生物降解是关键。一般降解过程会降低抗生素的药效，但也有一些抗生素的代谢产物毒性和活性比母体更强，且可能在粪便中重新转化成原来的抗生素。

由于不同抗生素具有不同的特性和吸附迁移能力，故不同类型的抗生素在环境中的半衰期变化很大，从少于一天到几个月不等。抗生素长期暴露于环境中，会对环境中的动植物产生一定的生态毒性（崔皓和王淑平，2012）；此外，抗生素能直接杀死土壤环境中某些微生物或抑制其生长，尤其对细菌的作用最为显著；还可以影响微生物群落的组成、粪便和土壤中有机质的腐烂及分解，从而间接影响土壤肥力、降低土壤微生物对其他污染物的固定或降解能力；或者通过食物链经生物富集、浓缩而传递（即生物放大作用），对人体健康造成危害。

11.3.3　抗性细菌和抗性基因

经过几十年的研究发展，抗生素已经被广泛应用于治疗肺炎、肺结核、脑膜炎、心内膜炎、白喉、炭疽等多种带"炎"的疾病。除了青霉素、链霉素、氯霉素、土霉素、四环素等，新的抗生素也在随后的几十年里不断产生，人类治疗感染性疾病的能力也在持续增强。但是，随之而来的是抗生素耐药问题，以及由于滥用抗生素而导致的大量耐药性致病菌的出现，引起了人们对抗生素抗性基因（antibiotic resistance genes, ARGs）的广泛关注。ARGs 是"超级细菌"产生的根源，它在环境中的持久性残留，以及在不同环境介质中的传播、扩散可能比抗生素本身的环境危害更大（徐冰洁等，2010）。目前，大多数抗生素均被发现存在相对应的抗性细菌和抗性基因。目前为止，人类研发抗生素的速度已经赶不上耐药性细菌的产生速度。在土壤、水体或空气等不同环境介质中均发现有较高比例的抗性细菌或抗性基因存在（Hu et al., 2008; Popowska et al., 2012; Ling et al., 2013）。2000 年，世界卫生组织（WHO）提出 ARGs 是"下个世纪威胁人类健康最重大的挑战"，并宣布在全球范围开展抗性基因的污染调查战略部署（WHO, 2000）。2014 年，WHO 全球抗菌物质耐药性监测报告显示，在提供数据的 129 个 WHO 成员国中，导致普通医疗机构相关和社区获得性感染的致病细菌耐药性水平高（WHO，2014）。有专家预测，在不久的将来人类会再次陷入没有抗生素可用的时代，人类对抗很大一部分疾病的能力可能会倒退回一百年前，一些轻微的、常见的细菌感染都有可能引起致命的后果。

由于养殖业抗生素的滥用，在动物体内及粪便中检测到了大量的抗性细菌，尤其是多重抗性细菌（Yang et al., 2016，2017），这些抗性细菌或 ARGs 可通过施肥转移到土壤甚至是作物中（Wang et al., 2015）；在水产养殖环境中也能够检出大量的 ARGs（Gao et al., 2012）。研究表明，在猪粪储存池下的地下水中能够检测到高含量的抗性基因（Chee-Sanford et al., 2001; Mackie et al., 2006; Koike et al., 2007）；河流底泥中的 ARGs 种类与河流上游建有的动物养殖场相关（Pruden et al., 2012）；此外，Casey 等（2013）的研究结果表明，社区性甲氧西林抗性 *Staphylococcus aureus*（CA-MRSA）感染与社区位置靠近猪粪的施用地点有关。ARGs 在环境中的潜在传播途径如图 11-4 所示，主要包括医用抗生素与饲用抗生素诱导出的抗性基因污染源在不同环境介质中的传播和扩散。

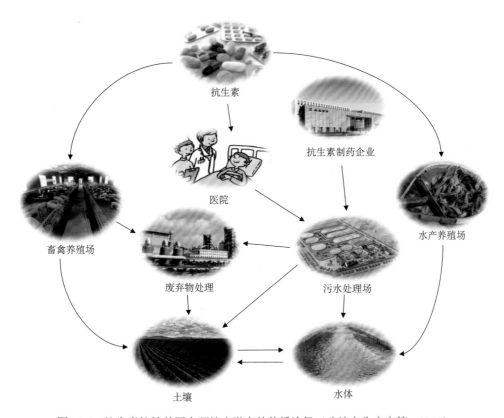

图 11-4 抗生素抗性基因在环境中潜在的传播途径（改编自朱永官等，2015）

　　我们采用高通量荧光定量PCR技术对宁夏地区采集的畜禽粪便中的ARGs和可移动遗传元件（MGEs）种类与含量进行检测（张红艳，2019）。如图11-5所示，抗性基因在不同畜禽粪便中的检出率不尽相同。鸡粪中 *incP-oriT* 的检出率比其他粪便高；*incQ-oriT* 在蛋鸡粪中的检出率最高，为55.17%；奶牛粪和羊粪中的 *intI1* 的检出率比其他粪便略低；肉鸡粪 *IS1111* 的检出率最低。*ermC* 在猪粪的检出率最高。*sul1-01* 仅在羊粪中检出，检出率为4.44%；*tetB*、*tetC* 和 *tetD* 在奶牛粪、肉牛粪和羊粪的检出率比猪粪和鸡粪低。奶牛粪的 *tetG*、*tetM*、*tetO*、*tetW*、*tetZ* 的检出率均低于其他粪便，而 *tetS* 的检出率高于其他粪便。*tetE* 在蛋鸡粪中的检出率比其他粪便稍高，在奶牛粪中未检出。猪粪中 *tetL* 的检出率高于其他粪便。

		蛋鸡粪	肉鸡粪	奶牛粪	肉牛粪	羊粪	猪粪	总检出率
MGEs	*incP-oriT*	93%	90%	74%	76%	73%	74%	79%
	incQ-oriT	55%	37%	22%	28%	13%	24%	28%
	intI1	97%	97%	87%	98%	91%	95%	94%
	intI2-01	0%	0%	0%	0%	0%	0%	0%
	intI3-01	3%	10%	4%	7%	22%	11%	10%
	IS1111	93%	77%	87%	98%	91%	84%	89%
	IS1133	93%	90%	87%	89%	87%	92%	90%
ARGs	*aacC*	0%	0%	9%	9%	9%	0%	5%
	aadA1	97%	97%	100%	98%	93%	95%	96%
	ermB	3%	7%	9%	0%	0%	0%	2%
	ermC	79%	73%	83%	72%	69%	87%	76%
	ermF	93%	97%	100%	98%	96%	95%	96%
	sul1-01	0%	0%	0%	0%	4%	0%	1%
	sulA/folP-01	0%	0%	0%	0%	0%	0%	0%
	tetA	0%	0%	0%	2%	0%	0%	0%
	tetB	93%	90%	65%	63%	82%	97%	82%
	tetC	93%	93%	48%	59%	69%	97%	76%
	tetD	48%	43%	4%	0%	9%	53%	25%
	tetE	41%	10%	0%	2%	7%	5%	10%
	tetG	90%	90%	57%	91%	89%	97%	88%
	tetL	17%	27%	22%	15%	22%	42%	24%
	tetM	93%	97%	87%	96%	98%	97%	95%
	tetO	97%	97%	87%	93%	95%	95%	95%
	tetPB	7%	7%	9%	7%	2%	8%	6%
	tetQ	93%	97%	96%	96%	87%	97%	92%
	tetS	55%	57%	70%	43%	42%	55%	52%
	tetW	93%	97%	87%	96%	98%	97%	95%
	tetZ	93%	97%	78%	96%	96%	95%	94%

检出率/%　0.0　　70.0　　94.7

图 11-5　宁夏地区畜禽粪便中 ARGs 和 MGEs 的检出情况

　　如图11-6所示，散户养殖的蛋鸡鲜粪中 ARGs 的检出率高于规模化养殖和养殖园区；而肉鸡粪情况相反，规模化养殖和养殖园区样品中 ARGs 的检出率相当，均略高于养殖散户。散户养殖奶牛粪 ARGs 的检出率大部分比规模化养殖高；肉牛鲜粪中 ARGs 的检出率则相反，规模化养殖高于散户养殖。羊粪 ARGs 的检出率与养殖规模关联度较小，不同规模样品的检出率相近。规模化养殖和养殖园区猪粪样品中，ARGs 的检出率相似，

除了 *tetL* 和 *tet PB* 外，其他 ARGs 检出率均高于从养殖散户处采集的猪粪样品。简而言之，肉鸡粪、肉牛粪和猪粪的 ARGs 检出率的高低与养殖规模的大小呈正比关系。

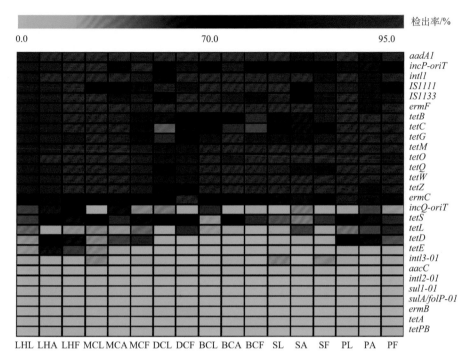

图 11-6 宁夏地区不同养殖规模各类畜禽粪便鲜粪 ARGs 检出率

LH、MC、DC、BC、S、P 分别代表蛋鸡粪、肉鸡粪、奶牛粪、肉牛粪、羊粪、猪粪，下同；L、A、F 分别代表规模化养殖、养殖园区、养殖散户。例如：LHL 为规模化养殖的蛋鸡粪

ARGs 在不同畜禽粪便中的相对丰度明显不同，肉鸡粪 ARGs 相对丰度最大，其次是蛋鸡粪，肉鸡粪 ARGs 相对丰度是蛋鸡粪的 1.60 倍，高出 60%。奶牛粪、肉牛粪和羊粪的 ARGs 相对丰度相近，其中奶牛粪的相对丰度最低，肉鸡粪的相对丰度是其 4.98 倍（图 11-7）。

自然水体和陆地环境也许会充当 ARGs 的储存库，而其中的 ARGs 通过水体或食物链转移到相关病原菌群体中，将会促进抗生素抗性的扩散并对人类健康构成威胁（Zhang et al., 2009）。ARGs 的水平转移（horizontal gene transfer, HGT）是基因组中可移动遗传因子，如质粒、转座子、整合子等，通过接合、转化、传导等方式从一种菌株转移到另一菌株中，从而使后者获得该抗生素抗性的过程（杨凤霞等，2013）。Forsberg 等（2012）从土壤非致病菌中筛选到多种 ARGs 克隆，其中有 16 个抗性基因在核酸水平上与致病菌的抗性基因完全一致，其中许多抗性基因不仅在抗性基因编码区，而且在非编码区及多种基因转移元件区的核酸序列也高度相似，有力地证实了环境细菌和致病菌之间存在着 ARGs 的交换和转移。如 Rhodes 等（2000）发现含有四环素类抗性基因的质粒 DNA 可以在大肠杆菌和气单胞菌属之间进行转移扩散；而且罗碧珊和成敬锋（2010）也发现，耐万古霉素肠球菌（*Enterococcus*）的抗性基因有向金黄色葡萄球菌（*Staphylococcus aureus*）转移的现象。科学家们将四环素敏感型大肠杆菌与具有耐药性的大肠杆菌混在一起培养，结果仅过了 3 个小时，就有 70%的细菌从不耐药变为了耐药（Nolivos et al., 2019）。据报告，美国每年有超过两百万人受到抗性病原体感染，14000 人最终死亡（Pruden et al., 2006），而越来越多的证据显示，致病菌耐药性的扩散与环境抗性微生物和抗性基因紧密相关（Zhang et al., 2009）。

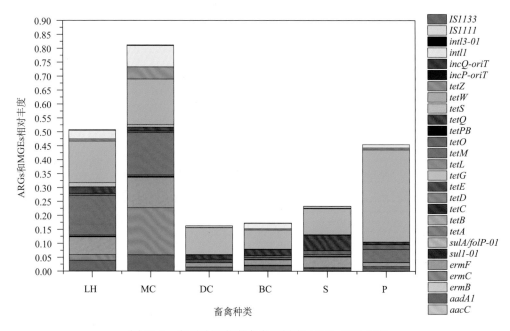

图 11-7　宁夏地区各畜禽粪便鲜粪 ARGs 相对丰度

　　常熟水稻土中，连续 6 年施用畜禽粪肥会增加农田土壤中 ARGs 的种类，也能明显增加土壤中 ARGs 的数量（Peng et al., 2015）。在砂浆黑土中，连续 30 年施用牛粪（NPK+CM）和秸秆（NPK+LS/HS）未对土壤 ARGs 造成明显影响，但连续 30 年施用猪粪（NPK+PM）则导致土壤中 ARGs 相对数量显著升高（图 11-8）（Peng et al., 2017）。在 6 月采集的土壤中，NPK+PM 土壤中的 14 种 ARGs 相对数量总和从 NPK 中的 0.21%上升到 NPK+PM 中的 5.41%，大约增加了 2534%；而在 10 月采集的土壤中，NPK+PM 中的 ARGs 总相对数量从 0.24%增加到 0.39%，增加了 63.3%。Lin 等（2016）研究表明，土壤中的 ARGs 含量与鸡粪的施用量有关，当粪肥的施用量从 4500kg/hm² 增加到 9000kg/hm² 时，会引起 ARGs 的急剧增加。此外，粪肥对不同类型土壤耐药基因的影响也存在差异；如 Tang 等（2015）研究发现，连续 33 年施用 3480kg/（hm²·a）（干重）猪粪对长沙稻田土壤中的 ARGs 数量未造成显著影响，而嘉兴[9 年，12800 kg/（hm²·a）（干重）]、鹰潭[25 年，4500 kg/（hm²·a）（干重）]和南昌[30 年，4200 kg/（hm²·a）（干重）]的稻田土壤中，长期施用猪粪都增加了多种 ARGs 的数量。

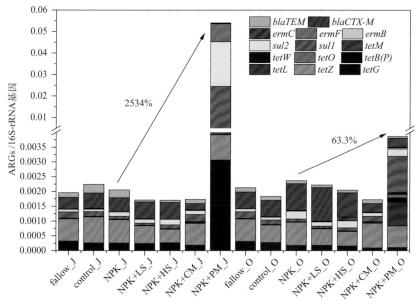

图 11-8　连续 30 年不同施肥方式土壤中 14 种 ARGs 的相对数量

fallow，撂荒；control，不施肥的对照；NPK，施用尿素[180kg/（hm²·a）]（N）、过磷酸钙[90kg/（hm²·a）]（P₂O₅）和氯化钾[86kg/（hm²·a）]（K₂O）；NPK+LS，施加 NPK 肥+低量麦秸，除施用 NPK 外，同时施用 3750kg/（hm²·a）麦秆；NPK+HS，施加 NPK 肥+高量麦秸，除施用 NPK 外，同时施用 7500kg/（hm²·a）麦秆；NPK+CM，施加 NPK 肥+牛粪，除施用 NPK 外，同时施用 30000kg/（hm²·a）新鲜牛粪；NPK+PM，施加 NPK 肥+猪粪，除施用 NPK 外，同时施用 15000kg/（hm²·a）新鲜猪粪；J，6 月份采集的土壤样品；O，十月份采集的土壤样品

11.3.4　病原菌

粪便中现已明确的可引起动物和人类寄生感染的微生物有 150 种（Strauch and Ballarini, 1994）。多种细菌或病毒可引起人类肠胃、呼吸道及其他器官病症（表 11-6）。动物粪便中主要的病原为大肠杆菌（*Escherichia coli*）、沙门菌属（*Salmonella*）、弯曲杆菌属（*Campylobacter*）、耶尔森菌属（*Yersinia*）、隐孢子虫（*Cryptosporidium*）和贾第虫（*Giardia*），这些病原引起的感染导致了大量人群发病或死亡（Guan and Holley, 2003）。此外，其中一些病原具有动物传染性，如沙门氏菌、大肠杆菌、弯曲杆菌及隐孢子虫等（Bicudo and Goyal, 2003），增加了畜禽粪便污染对人类健康的威胁。

表 11-6　动物排泄物中使人致病的部分微生物

细菌	病症	病毒	病症
空肠弯曲杆菌	出血性腹泻、腹痛	腺病毒	眼睛与呼吸道感染
炭疽杆菌	皮肤病	禽肠病毒	呼吸道感染
流产布氏杆菌	肠胃病、厌食症	禽呼肠病毒	感染性支气管炎
大肠杆菌	肠胃病	牛细小病毒	呼吸道疾病
钩绵螺旋体	肾感染	牛鼻病毒	口蹄疫
结核杆菌	肺结核	肠病毒	呼吸道感染

续表

细菌	病症	病毒	病症
副结核杆菌	Johnes 病	呼肠病毒	呼吸道感染
沙门氏菌	沙寒病	鼻病毒	副流感
耶辛尼氏肠炎杆菌	肠胃感染	轮状病毒	肠胃感染
（肠结肠炎耶氏菌）			

注：引自金淮等（2005）。

　　鸡蛋、牛奶和肉类食品中的沙门氏菌，牛肉酱中的大肠杆菌 O157:H7 及牛奶和奶酪中发现的李斯特菌引起的人类感染频频发生，并且有证据表明这些食品中的病原菌污染与畜禽排泄物有关（Pell, 1997; Guan and Holley, 2003）。在英格兰和威尔士，2000 年报道的食源性疾病约为 134 万例（Adak et al., 2002），其中主要由大肠杆菌、沙门氏菌、弯曲杆菌和李斯特菌属（*Listeria*）引起，因此引起世界许多国家对粪便中致病微生物的密切关注。

　　畜禽粪便所携带的致病微生物在环境中能存活很长时间，甚至在田间施用后仍能生存和繁殖，如沙门氏菌在不同的环境条件下可以存活不同的时长（表 11-7），在合适的条件下甚至可存活长达 332 天（You et al., 2006）。而 *Escherichia coli* O157:H7 在 21℃ 环境下可在土壤中存活 200 天以上（Jiang et al., 2002; Franz et al., 2011）。粪便中致病微生物在田间生存时间的长短与土壤及环境因子有关。畜禽粪便中的病原物可以通过污水灌溉、粪肥沥出液、粪肥施用或者其他途径进入土壤、河流或者地下水中，或者附着在植物上，在植物表面生长，甚至深入植物组织内部（Wang et al., 2014）。有研究显示，非伤寒沙门氏菌属（nontyphoidal *Salmonella* spp.）和肠毒性大肠杆菌（enterovirulent *Escherichia coli*）已经进化到可以利用植物作为替代宿主，其在水果蔬菜等植物性食物中的残留，可引起人群爆发胃肠炎（Teplitski and de Moraes, 2018）。因此，在不考虑卫生安全的情况下，直接将畜禽粪便等有机废弃物施用到农田可能会导致病原菌进入食物链而威胁人类健康（Nicholson et al., 2005）。

表 11-7　沙门氏菌在土壤中的存活时间（引自 Holley et al., 2006）

病原菌	土壤类型和浓度/（CFU/g）	存活时间
Salmonella cocktai	湿润土壤（10^8）	20℃ 条件下 45 天后 <10^2
Salmonella sp.	牛粪浆（未知）	夏季施用于田间后存活 300 天以上
Salmonella sp.	液体猪粪施用于砂壤土（SL）和壤砂土（LS）（$10^3 \sim 10^4$）	SL:27 天（夏季，5~30℃）
		LS:54 天（夏季，5~30℃）
Salmonella sp.	SL 和黏壤土（CL）施用牛粪（10^3）	30 天（夏季）
S. anatum	被猪粪污染的壤土（10^5）	7 天（土温：10~16℃）
S. typhimurium	农田土壤（AS）施用猪粪（未知）	自然条件下：14 天
		实验室条件下：299 天
S. typhimurium	农田土壤施用牛粪堆肥（10^7）	自然条件下：203~231 天
S. typhimurium	沙壤土施用猪粪浆（10^4）	56 天（夏季和冬季平均值）

续表

病原菌	土壤类型和浓度/（CFU/g）	存活时间
S. typhimurium	沙壤土施用猪粪（10^4）	120 天（夏季和冬季平均值）
S. typhimurium	施用牛粪的砂质黏壤土和壤砂土（10^7）	春季施用到壤砂土中存留 119 天，施用 63 天后降低至 10^3
S. typhimurium *S. bovis-mobificans*	羊粪（10^7）	夏季施用后可在自然条件下存活 42 天
S. typhimurium	黏土、壤土和砂土（10^4）	46.8 天（14℃），32 天（3.2℃），3.3 天（0.6℃）

11.3.5　温室气体

温室气体排放引起的全球气候变暖是当今国际社会普遍关注的环境性问题，人类社会活动引起的温室气体浓度增加是全球气候变暖的主要原因（IPCC, 2013）。畜禽粪便中的有机物在腐解过程中可能会引起温室气体（CO_2、CH_4 和 N_2O）的大量排放，从而导致环境问题（Wang et al., 2018）。全球人为 CH_4 和 N_2O 排放量的 52%和 84%来自农业活动，尤其是粪便管理（Smith et al., 2008）。根据计算，2005 年动物粪便管理 CH_4 排放量约为 286.4 万 t，N_2O 排放为 26.6 万 t（李艳霞等，2000）。我国畜禽饲养量和排放的畜禽粪便量都很大，因此畜禽粪便管理过程产生的温室气体不容小觑。

11.4　农业废弃物堆肥化技术与过程控制

11.4.1　我国堆肥化技术发展现状与趋势

堆肥利用是以堆沤腐解的方式将有机废弃物进行腐熟，是数千年来中国农民传统的提高土壤肥力的重要方式，也是农村有机废弃物肥料化利用的最常见用途之一。堆肥化处理是利用自然界广泛分布的细菌、真菌、古菌等微生物，在一定的人工条件下，有控制地促进可被生物降解的有机物向稳定的腐殖质转化的生物化学过程，其实质是一种发酵过程，是自然界微生物降解过程的强化（王一明和林先贵，2011；李俊等，2011）。根据处理过程中起作用的微生物对氧气需求的不同，堆肥处理可分为好氧堆肥法（高温堆肥法）和厌氧堆肥法。前者是在通气的条件下借好氧微生物使有机物得到降解，根据各种堆肥原料的营养成分和堆肥过程中对混合堆料碳氧比、颗粒大小、水分含量和 pH 等的要求，将计划中的各种堆肥材料按一定比例混合堆积，在好氧或好氧-厌氧交替的条件下，对粪便进行腐解，进而制成有机肥（吴景贵等，2011；李吉进，2004）。好氧堆肥温度一般在 40～60℃，极限温度可达 70～90℃，因此也称为高温堆肥。厌氧堆肥法则是在缺氧情况下，利用自然界固有的厌氧微生物（如甲烷菌）处理畜禽粪便，在去除有机污染物的同时获得沼气或氢气能源（梁晶，2012），该技术目前主要用于畜禽粪便的能源化利用。相对而言，好氧堆肥后的畜禽粪便具备水分含量少、臭味小、营养物质含量高等诸多优点,一直以来都是人们堆肥的主要方式,应用更为广泛(Smith and Collins, 2007)。

好氧堆肥工艺过程如图 11-9 所示,主要包括前处理、一次发酵(主发酵)、二次发酵(后熟发酵)、后处理、储存等工艺环节。

在堆肥过程中温度不断变化,一般利用堆肥温度变化来作为堆肥过程的评价指标,根据堆肥温度的不同,其内部微生物群落不断进行着自我调整,发生生态位的分离,实现群落的演替。好氧堆肥过程根据温度的不同分成三个主要阶段:升温期、高温期、降温期(李慧杰,2016)。

(1)升温期,即堆肥初期,温度从室温升高至约 45℃,通常需要经历 1～3 天。这个时期,由于粪便中可溶性有机物及易分解有机物较充足,微生物活动旺盛,堆体中有机质被迅速分解,释放热量,使堆体温度不断升高。其中起作用的微生物以细菌、霉菌、放线菌等嗜温性微生物为主,分解底物大多为简单化合物(如糖、淀粉、蛋白质等)。

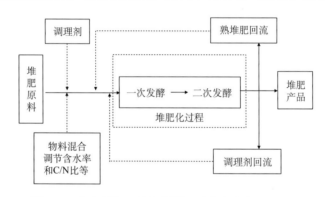

图 11-9　好氧堆肥工艺流程图(引自张广杰,2014)

(2)高温期,即当温度超过 50℃,表示高温阶段开始。此时嗜热性微生物活动增加,逐渐取代嗜温性微生物成为优势菌群,上一个阶段所残余和新生成的复杂的有机物如纤维素、半纤维素、果胶等开始分解生成腐殖质,产生的高温又促进了有机物分解的速率,形成良性循环,畜禽粪便中大部分病原菌和寄生虫也因温度过高被杀死。当温度高于70℃时,大量嗜热性微生物进入休眠状态停止活动,有机物分解也相继停止,导致温度降低;当堆体温度低于 70℃时,休眠的嗜热性微生物又开始活动产热,从而呈现出"活动-休眠"交替出现的现象,腐殖质基本形成,肥料趋于稳定,这一阶段温度一般是 50～70℃,时间一般在一周左右。

(3)降温期,当高温阶段持续一定时间后,畜禽粪便中有机物基本被分解,微生物活动随底物减少而逐渐减弱,温度开始下降,嗜温性微生物开始活动,对剩余难分解有机物进行进一步分解。当温度下降到 40℃以下时,堆肥中的植物性物质大部分已经腐熟,堆肥进入稳定后熟阶段。

根据有无发酵装置,目前常用的堆肥工艺/系统一般分为开放式堆肥系统和反应器堆肥系统。开放式堆肥系统包括条垛式堆肥、槽式堆肥和通风静态垛堆肥系统。

1. 条垛式堆肥系统

一般来讲，条垛式堆肥被认为是堆肥系统中最简单的一种，它是将堆肥物料以一条或者多条平行的条垛状堆置，垛的断面可以是梯形、不规则四边形或三角形，条垛式堆肥的特点是需要通过人工方式或特有的机械设备定期翻堆来保持堆体中的有氧状态。翻堆通气是通过破坏堆体使环境中空气进入物料中，然后重新堆成条垛。条垛式堆肥系统具有①设备简单，投资成本相对较低；②加快水分的散失，堆肥易于干燥；③产品稳定性相对较好的特点，而广泛应用于我国南方地区。图 11-10 是国内常见的几种条垛式翻抛机。

条垛式翻抛机按照工作时骑跨条垛与否，可以分为骑跨式翻抛机和侧翻式翻抛机。骑垮式翻抛机工作时整机骑垮在预先堆置的长条形堆体上，由机架下挂装的旋转刀轴对原料实施翻抛。国内大多数翻抛机生产企业主要生产骑垮式翻抛机。侧翻式翻抛机的工作流程是从梯形堆体的右侧将物料卷进，通过一个无级变速的传送带将物料翻动并传送到翻抛机的左侧，形成一个新的条垛。该类翻抛机可适应复杂的工作环境，主要用于二次发酵。德国巴库斯公司生产的侧翻式翻抛机是典型代表（徐鹏翔等，2013）。

图 11-10 国内常见的几种条垛式翻抛机

2. 槽式堆肥系统

槽式堆肥一般是将堆料混合物放置在长槽式的结构中进行发酵的堆肥方法，槽式堆肥的供氧依靠沿槽的纵轴移行的翻抛机完成，也有部分槽式堆肥同时在堆体底部配有强制通风系统（图 11-11）。翻抛机置于导轨并沿导轨滑行，工作时通过旋转的刀辊对导轨间原料翻动、打碎并向后翻抛，相比条垛式翻抛机，槽式翻抛机具有占地面积小、操作简单、单次处理量大的优点。槽式发酵工艺常采用的翻抛机包括立式螺旋翻抛机、卧式旋刀轴翻抛机、链板式翻抛机、铣盘式翻抛机（图 11-12）。各研究单位主要针对发酵处理关键装备，如翻抛机的配置型式、翻抛部件结构参数、材料及加工工艺等开展研究、升级和优化。近两年，中国农业机械化科学研究院所属中机华丰（北京）科技有限公司在原有链板式翻堆机的基础上研制生产了大跨距宽幅深槽托板式链板翻抛机等（图 11-13）。该设备单槽最宽达 20m，槽深最大可达 3m。设备具有抓取能力强、料层较深、每次翻抛距离大、翻抛过程物料与氧气接触充分、自动化程度高、有利于大规模堆肥发酵和工厂化堆肥生产的特点（梁浩等，2020）。

图 11-11　槽式+通风堆肥系统

(a) 齿式　　　　　　　　　　(b) 螺旋式　　　　　　　　　　(c) 链板式

图 11-12　国内常见的几种槽式翻抛机

图 11-13　宽幅深槽托板式链板翻抛机（引自梁浩等，2020）

3. 通风静态垛堆肥系统

通风静态垛堆肥系统又分为自然通风静态垛堆肥系统和强制通风静态垛堆肥系统。自然通风静态垛堆肥系统是通过自然通风实现的，堆肥中很少进行堆体的翻动；强制通风静态垛堆肥系统的通风是通过堆体下部的一系列与鼓风机连接的管路来实现的。通风静态垛堆堆与条垛式堆肥的不同之处在于通风静态垛堆肥过程不进行物料的翻堆，堆体内的氧气是通过自然通风或者鼓风机向堆体内通风来提供。在强制通风静态垛堆肥系统中需要在通风管路上铺一层木屑或者其他填充料，然后在这层填充料上堆放堆肥物料构成堆体，最后要在最外层覆盖上过筛或未过筛的堆肥产品进行隔热保温。

4. 膜覆盖好氧堆肥发酵技术

膜覆盖技术（membrane cover technology，MCT）指高温好氧发酵过程在功能膜（半透性柔性复合膜）覆盖的环境中进行，可控制料堆与周围环境的物质与能量交换，使料堆排放的污染物（臭气、气溶胶）浓度低于规定的限值。膜覆盖式系统的核心设备是盖在废弃物料堆上的复合膜。GORE 膜由特制的 e-PTEF（膨胀聚四氟乙烯）膜组合而成，它被夹持在两层牢固的聚酯膜中间。e-PTEF 膜上均布 $0.2\mu m$ 孔径的微孔，而聚酯膜具有防紫外线和耐腐蚀的特点。从本质上讲，膜覆盖技术是一种改良的静态条垛式堆肥技术，其主要创新之处在于采用了具有防水、透气功能的半透膜，可防止雨水、大风等天气因素对堆肥过程的影响，并且能阻拦气体挥发，极大地缓解原来开放式堆肥系统臭气对周围环境的影响。该技术主要由德国的 UTV 公司开发（陈佩芝和盛清凯，2016）（图 11-14）。国内对膜覆盖好氧堆肥发酵技术的研究起步较晚，但近年来，膜覆盖堆肥逐渐成为国内有机物好氧处理方向的研究热点。目前，国内已有多个单位及企业研究、开发和生产类似的膜堆肥系统（图 11-15），并在国内多个工程中得到应用（马双双等，2017；孙晓曦等，2018；杨丽楠等，2020）。2010 年 11 月，上海朱家角脱水污泥应急工程作为国内第一座采用膜覆盖工艺的污泥堆肥处理项目投入运行，之后奉贤等上海周边

图 11-14　膜覆盖好氧堆肥系统（国外）

图 11-15　膜覆盖好氧堆肥系统（国内）

郊县的污水处理厂脱水污泥处理项目也采用了该工艺，并且膜覆盖技术作为主导工艺类型被编入上海市《城镇污水处理厂污泥高温好氧发酵处理技术规程》。2013 年 5 月，国内第一座园林绿化废弃物膜覆盖堆肥系统在北京投入使用（王涛，2013）。

5. 反应器堆肥系统

反应器堆肥系统是将物料置于部分或全部封闭的容器内，控制通气和水分条件，使之进行生物降解和转化的体系。反应器堆肥系统与开放式系统的本质差别是该系统在一个或几个容器内进行，是高度机械化和自动化的，整个工艺包括通风、温度控制、无害化控制、堆肥腐熟等几个方面。反应器堆肥系统的堆肥设备必须具有改善、促进微生物新陈代谢的功能，通过翻堆、曝气、搅拌、混合，并且利用通风系统控制堆肥过程的水分、氧气和温度情况，同时在发酵的过程中自动解决物料移动及出料的问题，从而实现缩短发酵周期、提高发酵速率，达到机械化大生产的目的。表 11-8 和图 11-16 列出了国外常见的反应器堆肥系统。

表 11-8　国外常见的反应器堆肥系统（引自王一明 林先贵，2011）

系统名称	设备特征	技术参数
TSC 系统 （英国）	32 个物料舱相连，每个物料舱 4.3m×1.2m×7.3m（L）， 被动通风	每周处理 600t
CSS 系统 （美国）	配置 1 个风机、多个反应器、1 套尾气净化装置	每天处理 150t， 能控制异味散发
Natur-Tech 系统 （美国）	由搅拌机、反应器、风机、通气管路、电脑控制系统和 尾气净化装置组成	堆肥时间 15～20d
CM Pro 系统 （美国）	反应器容积为 1.3m³， 全套系统可配备 16 个反应器和 2 个生物滤池	堆肥时间为≥3 周， 能控制异味散发
Earth Tub 系统 （美国）	反应器全封闭	堆制时间为 3～4 周， 能控制异味散发

续表

系统名称	设备特征	技术参数
Wright 系统 （加拿大）	构造复杂，可进行连续的堆肥生产；内部包含 3 个反应室和若干物料舱	堆制时间约 28d， 处理量 136～1000kg/d
达诺滚筒反应系统 （丹麦）	直径一般为 2.7～3.7m，长度为 45.8m， 转速为 0.1～1.0r/min	堆制时间为 1～5d
Bedminster 滚筒反应系统 （瑞典）	直径为 3.4～3.7m，长度为 36.6～54.6m， 转速为 1.0r/min	每天处理 10～200t， 堆制时间为 3～6d

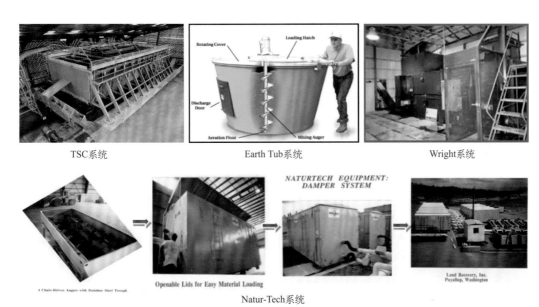

图 11-16　国外的反应器堆肥系统

在对国外堆肥系统引进、吸收的基础上，国内也陆续开发应用了不同形式的反应器堆肥系统，包括塔式反应器（图 11-17）、立式筒式反应器（图 11-18）、卧式反应器、滚筒式反应器（图 11-19）和箱式反应器（图 11-20）（王一明和林先贵，2011；曾庆东和刘孟夫，2018）。

我国的畜禽粪便处理技术是在参照和引进国外先进技术，并针对我国具体国情和经济状况基础上发展起来的；但由于处理难度较大和各地情况差异，目前还没有适合全国各地的高效处理技术。发展投资少、处理效率高，集无害化处理及商品有机肥生产、关键处理加工技术、配套设备于一体的技术设备体系，对于提高我国畜禽粪便处理和商品有机肥生产水平意义重大，也非常适合我国目前有机废弃物处理与优质商品有机肥生产技术的市场需求，具有广阔的推广应用前景。

图 11-17　塔式反应器

图 11-18　立式发酵罐

图 11-19　滚筒式反应器

图 11-20　箱式反应器

11.4.2　新型快速堆肥发酵技术的研发与产业化应用

近年来，针对我国堆肥技术和有机肥生产存在的问题，结合国内外发展趋势，在国家、院省等各级项目的支持下，南京土壤研究所开发了包括堆肥化微生物促腐菌剂、堆肥发酵工艺、物化促腐技术、新型发酵装置、物化促腐设备、造粒工艺及设备等多个专利和设备，在各地示范推广中，均取得了较好的成果。

11.4.2.1　堆肥化微生物促腐菌剂

畜禽粪便含有大量未消化的蛋白、粗脂肪和一定数量的糖类，从畜禽粪便和秸秆的基本成分入手，筛选能够高效分解蛋白类和秸秆类的微生物（包括具有脱臭和一定耐热性能的芽孢杆菌、放线菌、真菌），组成蛋白类降解菌群和秸秆类降解菌群，结合脂肪分解菌群（包括具有脂肪酶活性和乳化能力的功能菌）和解磷菌，通过优选组合将这些降解菌配制成高效腐熟菌剂。研制的菌剂可以加速物料的分解速率和矿化进程，减少腐熟时间，提高腐熟效率（林先贵等，2007）。

当前影响有机肥应用推广的主要问题之一是有机肥起效慢，用量大。如何提高有机肥的当季有效性是有机肥的研究热点之一。有机肥起效慢的原因是有机肥中大部分的有机物质不溶于水，水溶性养分和有机物质少。因此，以降低堆肥 pH、减少氨挥发、提高可溶性氮含量为切入点，通过实验室研究与工厂化堆肥验证相结合，开展了产酸功能菌剂提高有机肥肥效的研究（郭莹，2019）。结果表明，接种产酸菌剂后，堆肥末期 pH（图 11-21）与对照样品相比显著降低，接菌处理 pH 3 号（7.17）<2 号（7.29）< CK（7.44），可能由于微生物产酸，有较多小分子有机酸在堆肥中积累造成。pH 降低有利于抑制 NH₃ 挥发，提高可溶性氮含量，增强硝化作用（图 11-22）。比较盆栽生菜生长情况发现，低量处理组的不同肥料施用之间差异不大，而高量处理组的接菌堆肥产品有较好的促生增产效果。如图 11-23 所示，2 号处理的生菜地上部生物量显著高于 CK，是其产量的 2.64 倍；而 3 号处理地上生物量虽与对照组相比未达到显著差异，但鲜重平均值是对照组的 1.8 倍。将生菜生物量与铵态氮、硝态氮、可溶性氮、总氮含量及其比例进行相关性分析，发现铵态氮含量与作物产量显著正相关（$P<0.01$），相关系数为 0.724，铵态氮可能在生菜增产方面发挥了主要作用。

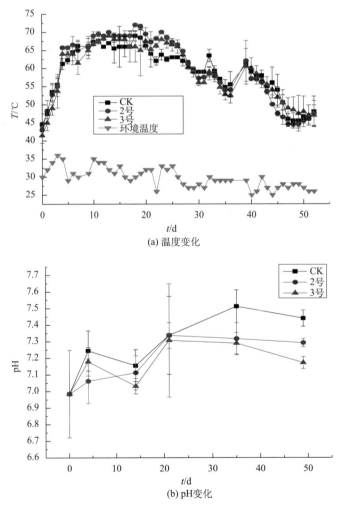

(a) 温度变化

(b) pH 变化

图 11-21　堆肥过程中的温度变化和 pH 变化

其中 CK 为不接种菌剂对照处理，2 号为一次接种菌剂处理，3 号为分次接种菌剂处理

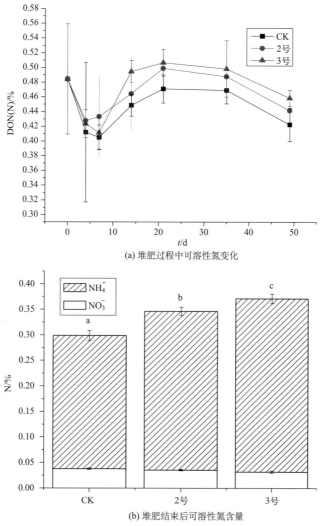

(a) 堆肥过程中可溶性氮变化

(b) 堆肥结束后可溶性氮含量

图 11-22　堆肥过程中的可溶性氮变化和堆肥结束后可溶性氮含量

CK 为不接种菌剂对照处理，2 号为一次接种菌剂处理，3 号为分次接种菌剂处理

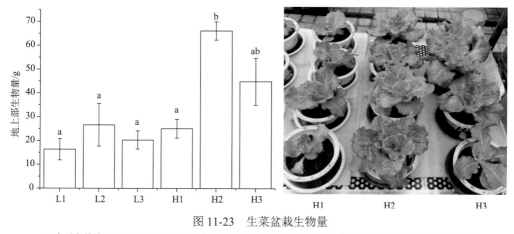

图 11-23　生菜盆栽生物量

H 表示高量施肥（2%）处理，L 表示低量施肥（1%）处理，1、2、3 分别表示 CK、2 号、3 号处理组

目前该菌剂已成功应用于南京土壤研究所的多个合作企业的堆肥生产。

11.4.2.2　一体化好氧连续发酵系统

前期我们在借鉴国外滚筒式反应器的基础上，通过优化抄料板结构和布置型式，研发了转筒式好氧连续发酵装置，并在江苏绿陵化工集团有限公司建成了每小时处理1.5～2.0t畜禽粪便的中试示范线，该发酵转筒为钢制，直径为1.5m，长度为35m（图11-24）。采用优化的工艺参数，发酵24h后的样品无害化效果基本达到《城镇垃圾农用控制标准》（GB 8172—1987）要求，而且出乎意料的是，24h发酵后的物料无论是发芽指数还是盆栽实验均证明其对于植物生长没有抑制作用，相反有促进作用，可不经后熟即可施用。经5～7天后熟稳定后，有机物料可完成二次发酵（王一明和林先贵，2011）。

图 11-24　转筒式好氧连续快速发酵中试线

但在设备运行过程中发现电耗较高，由此进行了第二代一体化好氧连续发酵装置的研发，将筒转改为内部轴承转，以减少电耗（图11-25），并陆续在重庆、广东、江西等

图 11-25　第二代一体化好氧连续快速发酵系统（山西长治）

多个省份建成多条示范线（图 11-26）。发酵效果如图 11-27 所示，快速发酵 24h 的样品外观颜色上优于常规条垛堆肥发酵 1 个月的样品。红外光谱显示（图 11-28），快速发酵 24h 的样品，简单化合物分解理想，脂族分解较快，羧酸类和芳香胺的分解也较快；但木质素芳香族类化合物低于常规条垛发酵 1 个月的样品。

图 11-26　第二代一体化好氧连续快速发酵系统（重庆丰都）

图 11-27　不同处理样品

左：堆肥原料；中：快速发酵 24h；右：条垛堆肥 1 个月

11.4.3　废弃物堆肥化过程环境影响的削减技术

堆肥是一种高效、简单、经济可行的肥料管理方法，可防止肥料中的抗生素、ARGs 和抗性细菌释放到农田土壤中，是一种在土地利用前减少有机废物化学和生物危害的常用有效方法（Xie et al.，2016）。研究表明，堆肥可有效降低畜禽废弃物中的残留抗生素（Selvam et al.，2012）和 ARGs（Wang et al.，2016）；堆肥可以有效去除畜禽粪便中的高浓度金霉素和磺胺嘧啶，堆肥 42 天后无法检测到四环素和磺胺类的抗性基因（Selvam et al.，2012）。Wang 等（2016）也发现堆肥可以有效减少猪粪中的 ARGs 含量。因此，堆肥作为一种稳定有机质、减少病原菌和臭味的成熟技术，在畜禽粪便处理和复垦中得到了广泛的应用（Wu et al.，2011）。

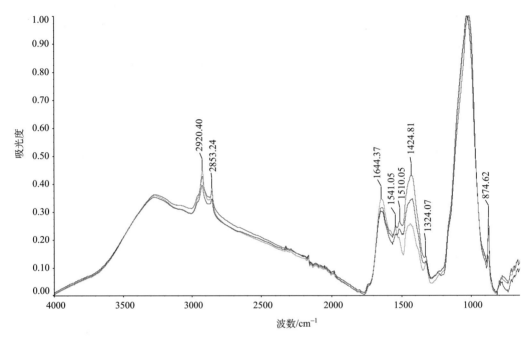

图 11-28　不同样品的红外光谱

红：发酵起始；蓝：快速发酵 24h；黄：常规条垛发酵 1 个月

11.4.3.1　堆肥过程中温室气体排放的削减

高温好氧堆肥是目前实现畜禽粪便资源化利用的最主要手段之一。堆肥过程中微生物活动需要消耗大量的氧气，同时排放出大量的 CO_2，这样才利于有机物质分解和腐殖质形成。但是由于堆肥工艺的限制，发酵过程中难免会出现部分厌氧的状态，CH_4、N_2O 等就会在这个过程中形成并排放出来，成为一个重要的农业温室气体排放源（表 11-9）。这两种气体的排放量占物料的比例很小，但其温室效应较大。我国畜禽饲养量和排放的畜禽粪便量都很大，其废弃物堆肥过程中产生的温室气体不容小觑。

有机物料的堆肥过程有大量微生物参与，是一个复杂的过程，堆肥过程中温室气体的排放受多种因素的影响，主要包括以下几个方面：温度、水分、碳氮比（C/N）、通风、pH 等。

颗粒度也是影响堆肥的重要因素，颗粒度过大，比表面积小，不利于微生物与物料颗粒充分接触，降解后的有机物会在物料颗粒表面形成腐殖化膜，影响物料的充分降解；

物料颗粒过小，间隙减少，氧气供应不足，造成厌氧发酵，产生 H_2S 等臭味气体，且堆体升温慢，发酵周期长。

表 11-9　堆肥中温室气体排放量（CO_2 当量）（引自王悦等，2013）

废弃物类型	堆肥方式	堆肥时间/d	CO_2 干物质/(g/kg)	N_2O 干物质/(g/kg)	CH_4 干物质/(g/kg)	干物质总量/(g/kg)	CO_2 贡献率/%	N_2O 贡献率/%	CH_4 贡献率/%
肉牛粪便	条垛式	99	605.0	37.6	249.8	892.3	67.8	4.2	28.0
肉牛粪便	条垛式	99	270.6	53.6	176.4	500.6	54.1	10.7	35.2
肉牛粪便	条垛式	45	256.7	25.8	39.2	321.7	79.8	8.0	12.2
奶牛粪便	箱式	98	398.6	180.4	31.9	610.9	65.2	29.5	5.2
肉牛粪便	箱式	98	340.1	50.2	2.9	393.2	86.5	12.8	0.7

从甲烷的产生机理中可以发现，堆料中的含氧水平决定了 CH_4 的排放量。加大通风量、增加堆体孔隙度可以减少 CH_4 排放。影响堆肥过程硝化和反硝化作用的诸多因素也是影响堆肥过程 N_2O 排放的因素。大量研究表明，通过调节堆肥工艺参数（如通风时间、物料密度、翻堆频率等）或添加功能菌剂和调理剂等方式可以减少堆肥过程温室气体的排放（Jiang et al.，2011）。

通风率是影响 CH_4 和 CO_2 排放的最主要的因素。通风量与 CH_4 的排放量成反比。高孔隙度能够阻止厌氧微生物的形成从而减少 CH_4 和 N_2O 形成。有研究表明，CO_2 的排放体积分数与温度呈显著的正相关关系，而通风率与 CH_4 呈负相关关系（Szanto et al.，2007）。堆肥中 CO_2 的排放与堆体的表面积和堆肥原料的性质有关。Sommer（2001）发现堆肥过程中微生物能够把 60%～70%的碳转化为 CO_2，CO_2 和 CH_4 在堆肥前期排放速率较高，中后期排放较少。

堆肥过程中，堆肥内部氧气含量是影响 CH_4 产生的主要因子。适当的氧气控制可调节 CH_4 与 CO_2 的产生，而 N_2O 和 CH_4 之间又因为水分的关系此消彼长。N_2O 排放通常随内部水分含量的增加而增加，直到变得非常潮湿时排放量才下降，但 CH_4 的排放量仍增加。当干湿交替时，特别是水分很低时，CH_4 排放量减少，但 N_2O 排放量又升高了。Jiang 等（2011）的统计分析表明，23.9%～45.6%的有机碳以 CO_2 的形式损失，0.8%～7.5%的有机碳是以 CH_4 的形式排放走的。

堆肥过程中减排手段也逐渐被人们关注和探索，尤其是在堆肥原料中添加特殊物质（添加剂）来减少温室气体排放。添加剂是指为了加快堆肥进程或/和提高堆肥产品质量，在堆肥物料中加入的微生物、有机或无机物质。无机添加剂主要有富碳物质、酸性物质、吸附性物质和具有特殊性能的物质。根据添加剂作用可以分为①微生物接种剂：高丹等（2010）在生活垃圾中添加外源菌剂和使用循环热风，结果发现添加外源菌剂可以在整个堆肥进程中减少 CH_4 的排放，并减少后熟期 CO_2 和 N_2O 的排放。②营养调节剂：堆肥过程中的微生物活动导致有机物质的降解，微生物繁殖的快慢和活性决定着堆制时间的长短，而微生物繁殖的快慢又受营养物质丰缺的制约。在堆肥过程中添加木屑、锯末、树皮、秸秆、稻壳等 C/N 值较高的物质将其 C/N 值提高到 25 左右，从而促进微生物的生长繁殖、提高堆肥效率，同时减少堆肥中温室气体的排放。③调理剂或吸附剂：调理剂包括 pH 调节剂（如过磷酸钙、石膏等）、氮素抑制剂和重金属钝化剂等。常见的吸附剂有黏土、沸石、锯末、膨润土、生物质炭、改性赤泥和改性镁橄榄石等。

堆肥添加剂对堆肥的理化过程和微生物群落多样性有显著影响（Wei et al., 2014），从而改变堆肥的产甲烷微生物组成和丰度，减少温室气体排放。例如，Wang 等（2017）发现，在猪粪堆肥过程中，生物质炭和沸石的联合添加可明显减少氮的流失，减轻氨气（63.40%）和 N_2O（78.13%）的排放。在猪粪堆肥中添加生物质炭、沸石和木醋混合物可以减少 64.45%～74.32%的氨损失，降低 33.90%～81.10%的温室气体排放（Wang et al., 2018），而联合添加石灰和生物质炭，大大减少了温室气体排放和 NH_3 损失（Awasthi et al., 2016）。

添加剂在堆肥过程中可以起到提供碳源，减少堆肥温室气体排放，减少氮素损失，调节堆体的孔隙度、物料的温度及湿度和改善堆体结构等作用，已成为现代堆肥生产的关键技术之一。但是，目前实验性的添加剂普遍成本较高或不易获得，大多难以应用在实际生产中。基于中国有机肥产业的发展现状，来源广泛的经济型添加剂仍是有机肥生产企业的首选。因此，如何选择量大易得、廉价高效的堆肥添加剂从而实现添加剂在工厂化堆肥生产中的普遍应用是当前亟需解决的问题之一，而且对添加剂的减排机理有待进一步研究。

我们的实验结果表明在鸡粪堆肥过程中，单独添加或混合添加沸石、过磷酸钙和硫酸亚铁，可在提高堆肥产品氮含量的情况下，分别减少 25.5%、40.1%、26.1%和 44.0%的温室气体增温潜力（global warming potential，GWP）（图 11-29）（Peng et al.，2019）。

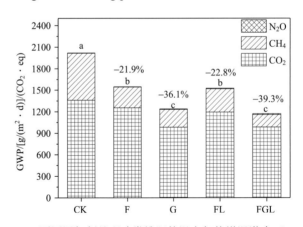

图 11-29　不同添加剂处理鸡粪堆肥的温室气体增温潜力（GWP）

CK，无添加剂；F，沸石；G，过磷酸钙；FL，沸石+硫酸亚铁；FGL，沸石+过磷酸钙+硫酸亚铁；不同小写字母代表处理之间差异显著（$P < 0.05$）

堆肥中 CH_4 的排放是由产甲烷菌活动产生的，产甲烷菌的数量与反应堆肥过程中 CH_4 的排放量直接相关。由图 11-30（a）可以看出，条垛期各处理产甲烷菌的数量较低，到了堆肥后熟期产甲烷菌数量明显增多，产甲烷菌数量变化趋势与 CH_4 的排放通量变化趋势相类似。相关性分析表明，产甲烷菌数量与 CH_4 排放通量之间呈极显著性正相关

（0.894）。

为了比较不同处理间产甲烷菌活性的差异，选择堆肥关键时期同一时间点的甲烷排放量和产甲烷菌数量计算比值，不同处理产甲烷菌的产甲烷活性（比活力）变化如图 11-30（b）所示，不同处理的产甲烷菌活性变化及差异与堆肥过程中甲烷的排放通量变化趋势明显不同。因此，可以推测沸石和过磷酸钙这两种添加剂处理主要是通过降低产甲烷菌的数量来减少甲烷排放的。

结合前面的结果，推测两种添加剂削减甲烷排放的机制可能为：①过磷酸钙主要通过增加堆肥中的 SO_4^{2-} 浓度，影响堆体的氧化还原电位来抑制产甲烷菌数量的增加，从而导致 CH_4 排放降低；②沸石则主要通过增加堆体 pH 至偏碱性（9.0 左右）的环境及提高堆体孔隙度增加局部好氧环境，降低产甲烷菌的数量，从而抑制 CH_4 排放。

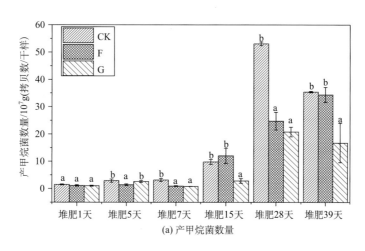

(a) 产甲烷菌数量

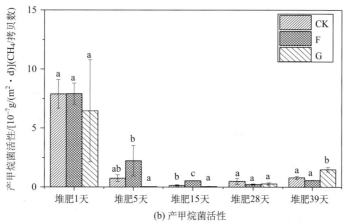

(b) 产甲烷菌活性

图 11-30　添加剂对产甲烷菌数量和活性的影响

CK，无添加剂；F，沸石；G，过磷酸钙；不同小写字母表示同一时间点的不同处理在 $P < 0.05$ 水平差异显著

11.4.3.2　堆肥过程中生物污染物削减——以病原菌和抗性基因为例

1. 提高堆肥温度

温度是影响微生物活性和堆肥进程的重要因素，因为所有有机体都有维持其生物化学性能的温度范围。在许多消化或堆肥系统中，温度是影响病原菌、抗生素和抗性基因/细菌命运的关键变量。为避免粪便中病原微生物直接或间接通过食物链感染人类，美国农业部（USDA）规定露天堆肥必须保持55℃以上高温至少15天，且至少翻堆5次；对于室内封闭堆肥，则要求55℃以上高温连续保持3天以上（金淮等，2005）。研究表明，提高消化温度可以减少多种抗性基因（Ghosh et al.，2009）；当厌氧消化反应器的温度达到37℃、46℃和55℃时，污泥中的 *tetA*、*tetL*、*tetO*、*tetW* 和 *tetX* 的数量显著下降，去除 ARGs 的速度和效率显著增加（Diehl and Lapara，2010）；而且 Sun 等（2016）发现相对于20℃和35℃，55℃高温堆肥在牛粪厌氧消化过程中去除病原菌和 ARGs 的效率较高。与厌氧消化类似，堆肥温度的变化对抗生素、抗性基因及病原菌也有相似的影响。研究表明，将堆肥温度从35℃调高到55℃可以有效减少污泥中的 ARGs 数量（Tian et al.，2016）。一般认为，堆肥高温阶段是抗生素降解和抑制耐药细菌的最佳阶段，高温腐解过程可以将病虫卵、病原菌杀死，使废弃物无害化。Liao 等（2018）发现当堆肥高温期温度达到90℃时，污泥中的 ARGs 和 MGEs 可显著减少。猪粪中磺胺类抗生素浓度随堆肥温度升高而降低，最低为60℃；高温培养比中温培养更能显著降低 ARGs 相对丰度和 *sul* 宿主细菌数量（Lin et al.，2017）。因此，提高堆肥温度是一种减少堆肥污染的有效方式。

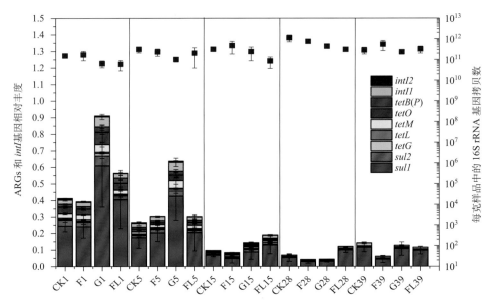

图 11-31　不同处理的鸡粪堆肥中抗性基因相对丰度的动态变化

CK，无添加剂；F，沸石；G，过磷酸钙；FL，沸石+硫酸亚铁；字母后的数字代表堆肥时长（天）

2. 使用堆肥添加剂

堆肥添加剂还能有效降低堆肥中 ARGs 的种类和丰度。例如，在鸡粪堆肥过程中添加蘑菇生物质炭和不同的表面活性剂（鼠李糖脂和吐温 80），能提高 ARGs 和整合基因的去除率（Cui et al., 2016）；在污泥堆肥过程中添加天然沸石，可使 ARGs 总量减少 1.5%（Zhang et al., 2016）。鸡粪堆肥过程中，添加竹炭可以减少 21.6%～99.5%的 ARGs 丰度（Li et al., 2017）。我们的结果表明，单独添加沸石、过磷酸钙或混合添加沸石和磷酸亚铁，可分别降低鸡粪堆肥中 86.5%、68.6%和 72.2%的 ARGs 含量（图 11-31），同时明显降低病原菌的丰度（图 11-32）（Peng et al., 2018）。

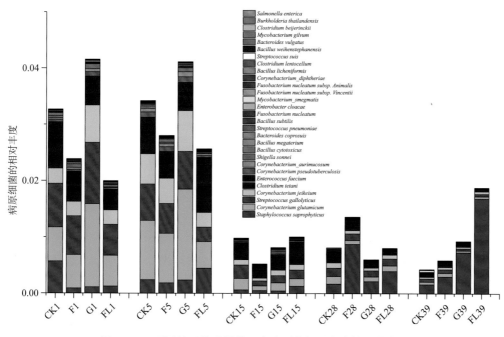

图 11-32　不同处理的鸡粪堆肥中病原菌相对丰度的动态变化

11.5　农业废弃物资源化的发展方向与对策

11.5.1　厘清资源总量，强化区域规划

众所周知，我国的农业废弃物量大面广，但不同研究者和部门采用的统计口径、估算方法和系数的不一致，导致各研究对废弃物的资源总量的估算结果存在较大的差异。同时，由于各地气候条件、种植结构和养殖业发展水平的差异，产生的作物秸秆和畜禽粪尿资源的区域分布很不均衡，秸秆和畜禽粪尿中携带的养分和可资源化潜力也存在较大的分异。因此，需要对农业废弃物的种类、资源量、可利用量等进行科学评价，分析各类废弃物资源的区域分布现状和资源属性，结合农业、畜牧、能源等的发展及相关规

划，科学评估农业废弃物"五化"利用途径的资源潜力。同时，加强对畜禽养殖业的合理规划布局，从省域或市域的层面进行全局性的统筹规划，协调农业种植和畜牧养殖结构布局的匹配性，加大种植与养殖结合力度，推动区域内农业废弃物资源的全量化处理利用，并因地制宜地优化组装集成肥料化、饲料化、能源化、基料化和原料化等"五化"利用技术，构建适合区域特点的技术模式与技术服务体系，推动"全域、全年、全量"利用。

11.5.2 加强政策引导，突出规范标准

近年来，国家先后出台了一系列的指导性文件，从中央到地方都提出了"加快农业废弃物资源化利用"的政策措施。应在进一步强化用地、用电、信贷、税收等优惠政策落地的同时，加大关键政策的创设力度；同时发挥政府的引导作用和市场配置资源的决定性作用，采取政府购买服务、政府与社会资本合作等多种方式，培育一批可市场化运行的经营主体，延伸产业链、提升价值链，推动农业废弃物资源综合利用，优化产业结构、提质增效。

此外，加强各级立法，规范废弃物尤其是畜禽粪污的管理和有机肥监管；开展抗生素、重金属等化学污染物和病原菌、抗生素抗性基因等生物污染的检测，建立污染识别与危险分类分级标准；开展畜禽粪尿还田时的养分和有害物质（如重金属等）的安全限量标准研究，建立一个既考虑作物需求，又兼顾土壤对畜禽粪尿养分承载的最大负荷量，针对不同土壤和作物制定安全施用技术规范。

11.5.3 优化技术装备，多元循环利用

目前，国内农业废弃物资源化技术已经取得长足的进步，基本建立了适合我国国情的废弃物资源化技术体系和循环农业模式。但是，在核心技术和装备上更多的是引进、消化国外技术，原创性的拥有自主知识产权的核心技术少。因此，需要加强对关键技术、工艺和设备的持续攻关，实现废弃物资源的多元化高效高质利用。以好氧堆肥处理技术为例，应该说目前我国的畜禽粪便好氧堆肥处理技术已经很成熟了，但在现有的堆肥设备方面，设备的购置成本和运行维护成本都较高，一般多在大中型养殖场或有机肥企业使用；缺少适合中小型养殖企业或中小型有机肥厂的较好的发酵设备及工艺。因此，应在降低设备堆肥的发酵成本的同时，加强经济型快速堆肥发酵工艺和轻简化小型好氧堆肥设备的研发，从而覆盖大中小型养殖企业和有机肥厂的不同需求；开展堆肥过程的物质循环研究，研发高效低耗的养分保全和污染控制技术，杜绝堆肥过程的二次污染，提升有机肥肥效。此外，还应加大生物质热解气化和炭化技术、生物强化厌氧发酵技术、秸秆就地快速腐解还田技术与装备、适合机械施肥的有机肥造粒技术与装备、有机肥施肥机械等的研发，构建种-养-加/沼-肥的多元化循环新模式，实现农业废弃物的高效综合利用。

参 考 文 献

毕于运. 2010. 秸秆资源评价与利用研究. 北京: 中国农业科学院.

陈利洪, 舒帮荣, 李鑫. 2019. 基于排泄系数区域差异的中国畜禽粪便沼气潜力及其影响因素评价. 中国沼气, 37(2): 7-11.

陈佩芝, 盛清凯. 2016. 德国 UTV-GOR 膜覆盖式畜禽粪便高温好氧发酵法. 猪业科学, 33(6): 52-53.

程序, 朱万斌. 2011. 产业沼气——我国可再生能源家族中的"奇兵". 中外能源, (1): 37-42.

丛宏斌, 姚宗路, 赵立欣, 等. 2019a. 中国农作物秸秆资源分布及其产业体系与利用路径. 农业工程学报, 35(22): 133-140.

丛宏斌, 赵立欣, 孟海波, 等. 2019b. 农林废弃物高效循环利用模式与效益分析. 农业工程学报, 35(10): 199-204.

崔皓, 王淑平. 2012. 土壤中抗生素的生态毒性及其分子生物标志物技术的研究进展. 生态毒理学报, 7(2): 113-122.

戴志刚, 鲁剑巍, 周先竹, 等. 2013. 中国农作物秸秆养分资源现状及利用方式. 湖北农业科学, 52(1): 27-29.

董红敏, 左玲玲, 魏莎, 等. 2019. 建立畜禽废弃物养分管理制度促进种养结合绿色发展. 中国科学院院刊, 34(2): 180-189.

高丹, 张红玉, 李国学, 等. 2010. 余热和菌剂对垃圾堆肥效率及温室气体减排的影响. 农业工程学报, 26(10): 264-271.

贡娇娜. 2010. 猪场内外环境中抗铜肠细菌及其抗性基因的研究. 昆明: 云南大学.

郭莹. 2019. 产酸功能菌在提升堆肥肥效中的应用及其增效机理. 北京: 中国科学院.

国家统计局. 2018. 中国统计年鉴 2018. 北京: 中国统计出版社: 395.

何绪生, 耿增超, 佘雕, 等. 2011. 生物炭生产与农用的意义及国内外动态. 农业工程学报, 27(2): 1-7.

黄东风, 王利民, 李卫华, 等. 2015. 菌渣废弃物循环利用技术模式及研究展望. 科技创新导报, 12(26): 134-135, 138.

黄绍文, 唐继伟, 李春花. 2017. 我国商品有机肥和有机废弃物中重金属、养分和盐分状况. 植物营养与肥料学报, 23(1): 162-173.

侯月卿, 沈玉君, 刘树庆. 2014. 我国畜禽粪便重金属污染现状及其钝化措施研究进展. 中国农业科技导报, 16(3): 112-118.

贾武霞, 文炯, 许望龙, 等. 2016. 我国部分城市畜禽粪便中重金属含量及形态分布. 农业环境科学学报, 35(4): 764-773.

蒋登湖, 路则庆, 吴睿帆, 等. 2016. 生猪养殖粪源重金属污染现状及防治措施. 猪业科学, 33(9): 95-98.

金淮, 常志州, 朱述钧. 2005. 畜禽粪便中人畜共患病原菌传播的公众健康风险. 江苏农业科学, 3: 103-105.

李国学, 张福锁. 2000. 固体废物堆肥化与有机复混肥生产. 北京: 化学工业出版社.

李慧杰. 2016. 添加剂对堆肥温室气体排放影响及其减排机理. 北京: 中国科学院大学.

李慧杰, 王一明, 林先贵, 等. 2017. 沸石和过磷酸钙对鸡粪条垛堆肥甲烷排放的影响及其机制. 土壤, 49(1): 63-69.

李吉进. 2004. 畜禽粪便高温堆肥机理与应用研究. 北京: 中国农业大学.

李俊, 沈德龙, 林先贵. 2011. 农业微生物研究与产业化进展. 北京: 科学出版社.

李逸, 杨启志, 雷朝亮, 等. 2017. 我国利用昆虫转化有机废弃物的发展现状及前景. 环境昆虫学报, 39(2): 453-459.

李强, 曲浩丽, 承磊, 等. 2010. 沼气干发酵技术研究进展. 中国沼气, 28(5): 10-14.

李艳霞, 王敏健, 王菊思, 等. 2000. 固体废弃物的堆肥化处理技术. 环境污染治理技术与设备, 1(4): 39-45.

梁浩, 吴德胜, 赵明杰, 等. 2020. 好氧堆肥技术发展现状与应用. 农业工程, 10(4): 50-53.

梁晶. 2012. 畜禽粪便资源化利用技术和厌氧发酵法生物制氢. 环境科学与管理, 37(3): 52-55.

林先贵, 王一明, 束中立, 等. 2007. 畜禽粪便快速微生物发酵生产有机肥的研究. 腐植酸, (2): 28-35.

刘标, 陈应泉, 何涛, 等. 2013. 农作物秸秆热解多联产技术的应用. 农业工程学报, 29(16): 213-219.

刘荣乐, 李书田, 王秀斌, 等. 2005. 我国商品有机肥料和有机废弃物中重金属的数量状况与分析. 农业环境科学学报, 24(2): 392-397.

罗碧珊, 成敬锋. 2010. 耐万古霉素肠球菌株产生和传播机制的探讨. 中国医学创新, 7(20): 167-169.

罗义, 周启星. 2008. 抗生素抗性基因(ARGs)——一种新型环境污染物. 环境科学学报, 28(8): 1499-1505.

马双双, 孙晓曦, 韩鲁佳, 等. 2017. 功能膜覆盖好氧堆肥过程氨气减排性能研究. 农业机械学报, 48(11): 344-349.

牛新胜, 巨晓棠. 2017. 我国有机肥料资源及利用. 植物营养与肥料学报, 23(6): 1462-1479.

农业部科技教育司, 农业部农业生态与资源保护总站. 2016. 全国农村可再生能源统计汇总表 2016. 北京: 中国农业出版社.

潘根兴, 张阿凤, 邹建文, 等. 2010. 农业废弃物生物黑炭转化还田作为低碳农业途径的探讨. 生态与农村环境学报, 26(4): 394-400.

单英杰, 章明奎. 2012. 不同来源畜禽粪的养分和污染物组成. 中国生态农业学报, 20(1): 80-86.

石元春. 2011. 中国生物质原料资源. 中国工程科学, (2): 16-23.

石祖梁, 李想, 王久臣, 等. 2018. 中国秸秆资源空间分布特征及利用模式. 中国人口·资源与环境, 28(7): 202-205.

石祖梁, 王飞, 王久臣, 等. 2019. 我国农作物秸秆资源利用特征、技术模式及发展建议. 中国农业科技导报, 21(5): 8-16.

宋大利, 侯胜鹏, 王秀斌, 等. 2018. 中国秸秆养分资源数量及替代化肥潜力. 植物营养与肥料学报, 24(1): 1-21.

孙晓曦, 崔儒秀, 马双双, 等. 2018. 智能型规模化膜覆盖好氧堆肥系统设计与试验. 农业机械学报, 49(10): 356-362.

孙永明, 李国学, 张夫道, 等. 2005. 中国农业废弃物资源化现状与发展战略. 农业工程学报, 21(8): 169-173.

孙振钧, 孙永明. 2006. 我国农业废弃物资源化与农村生物质能源利用的现状与发展. 中国农业科技导报, 8(1): 6-13.

田慎重, 郭洪海, 姚利, 等. 2018. 中国种养业废弃物肥料化利用发展分析. 农业工程学报, 34: 123-131.

田宜水. 2012. 中国规模化养殖场畜禽粪便资源沼气生产潜力评价. 农业工程学报, 28(8): 230-234.

汪开英, 魏波, 罗皓杰. 2009. 畜禽规模养殖场的恶臭检测与评估方法. 中国畜牧杂志, 45(24): 24-27.

汪开英, 吴捷刚, 赵晓洋. 2019. 畜禽场空气污染物检测技术综述. 中国农业科学, 52(8): 1458-1474.

王辉, 董元华, 安琼. 2009. 兽药在畜禽排泄物中的残留与降解研究进展. 土壤学报, 46(3): 507-512.

王涛. 2013. 膜覆盖条垛堆肥技术与应用案例. 中国环保产业, 12: 25-28.

王一明, 林先贵. 2011. 有机废弃物新型快速发酵技术研发及产业化//农业微生物研究与产业化进展. 北京: 科学出版社.

王悦, 董红敏, 朱志平. 2013. 畜禽废弃物管理过程中碳氮气体排放及控制技术研究进展. 中国农业科技导报, 15(5): 143-149.

王志国, 李辉信, 岳明灿, 等. 2019. 中国畜禽粪尿资源及其替代化肥潜力分析. 中国农学通报, 35(26): 121-128.

吴景贵, 孟安华, 张振都, 等. 2011. 循环农业中畜禽粪便的资源化利用现状及展望. 吉林农业大学学报, 33(3): 237-242, 259.

吴小武, 刘荣厚. 2011. 农业废弃物厌氧发酵制取沼气技术的研究进展. 中国农学通报, 27(26): 227-231.

武淑霞, 刘宏斌, 黄宏坤, 等. 2018. 我国畜禽养殖粪污产生量及其资源化分析. 中国工程科学, 20(5): 103-111.

谢忠雷, 朱洪双, 李文艳, 等. 2011. 吉林省畜禽粪便自然堆放条件下粪便/土壤体系中 Cu、Zn 的分布规律. 农业环境科学学报, 30(11): 2279-2284.

徐冰洁, 罗义, 周启星, 等. 2010. 抗生素抗性基因在环境中的来源、传播扩散及生态风险. 环境化学, 29(2): 169-178.

徐鹏翔, 王大鹏, 田学志, 等. 2013. 国内外堆肥翻抛机发展概况与应用. 环境工程, 31: 547-549.

宣梦, 许振成, 吴根义, 等. 2018. 我国规模化畜禽养殖粪污资源化利用分析. 农业资源与环境学报, 35(2): 126-132.

杨凤霞, 毛大庆, 罗义, 等. 2013. 环境中抗生素抗性基因的水平传播扩散. 应用生态学报, 24(10): 2993-3002.

杨慧敏. 2010. 畜禽粪便中重金属的去除研究. 北京: 中国矿业大学.

杨丽楠, 李昂, 袁春燕, 等. 2020. 半透膜覆盖好氧堆肥技术应用现状综述. 环境科学学报. 40(10): 3559-3564.

姚丽贤, 李国良, 党志. 2006. 集约化养殖禽畜粪中主要化学物质调查. 应用生态学报, (10): 1989-1992.

姚丽贤, 李国良, 党志, 等. 2008. 施用鸡粪和猪粪对 2 种土壤 As、Cu 和 Zn 有效性的影响. 环境科学, 29(9): 2592-2598.

曾庆东, 刘孟夫. 2018. 好氧堆肥技术与装备在农业废弃物资源化中的应用, 现代农业装备, 2: 53-57.

张广杰. 2014. 添加不同比例橡木碳对猪粪好氧堆肥的影响研究. 杨凌: 西北农林科技大学.

张国, 逯非, 赵红, 等. 2017. 我国农作物秸秆资源化利用现状及农户对秸秆还田的认知态度. 农业环境科学学报, 36(5): 981-988.

张海成, 张婷婷, 郭燕, 等. 2012. 中国农业废弃物沼气化资源潜力评价. 干旱地区农业研究, 40(6): 194-199.

张红艳. 2019. 宁夏畜禽粪便中养分、重金属和抗生素抗性基因分布特征. 银川: 宁夏大学.

张玲, 高飞虎, 李雪, 等. 2018. 秸秆饲料加工技术研究进展. 南方农业, 12(25): 85-87.

张淑芬. 2016. 畜禽粪便饲料化生产利用技术. 饲料研究, (17): 48-50.

张田, 卜美东, 耿维. 2012. 中国畜禽粪便污染现状及产沼气潜力. 生态学杂志, (5): 1241-1249.

赵辉玲, 吴东, 程广龙. 2004. 畜牧业生产中的恶臭及除臭技术的应用. 饲料研究, 1(13): 33-36.

周启星, 罗义, 王美娥. 2007. 抗生素的环境残留、生态毒性及抗性基因污染. 生态毒理学报, 2(3): 243-251.

朱恩, 王寓群, 林天杰, 等. 2013. 上海地区畜禽粪便重金属污染特征研究. 农业环境与发展, 1: 90-93.

朱立志. 2017. 秸秆综合利用与秸秆产业发展. 中国科学院院刊, 32(10): 1125-1132.

朱永官, 欧阳纬莹, 吴楠, 等. 2015. 抗生素耐药性的来源与控制对策. 中国科学院院刊, 30(4): 509-516.

Adak G K, Long S M, O'Brien S J. 2002. Trends in indigenous foodborne disease and deaths. England and Wales: 1992 to 2000. Gut, 51(6): 832-841.

Awasthi M K, Wang Q, Ren X, et al. 2016. Role of biochar amendment in mitigation of nitrogen loss and greenhouse gas emission during sewage sludge composting. Bioresource Technology, 219: 270-280.

Bicudo J R, Goyal S M. 2003. Pathogens and manure management systems: A review. Environmental Technology, 24(1): 115-130.

Casey J A, Curriero F C, Cosgrove S E, et al. 2013. High-density livestock operations, crop field application of manure, and risk of community-associated methicillin resistant Staphylococcus aureus infection in Pennsylvania. JAMA Intern. Med. , 173(21): 1980-1990 .

Chee-Sanford J C, Aminov R I, Krapac I J, et al. 2001. Occurrence and diversity of tetracycline resistance genes in lagoons and groundwater underlying two swine production facilities. Applied and Environmental Microbiology, 67(4): 1494-1502.

Chen H, Gao B, Li H, et al. 2011. Effects of pH and ionic strength on sulfamethoxazole and ciprofloxacin transport in saturated porous media. Journal of Contaminant Hydrology, 126(1-2): 29-36.

Cui E, Wu Y, Zuo Y, et al. 2016. Effect of different biochars on antibiotic resistance genes and bacterial community during chicken manure composting. Bioresource Technology, 203: 11-17.

Diehl D L, Lapara T M. 2010. Effect of temperature on the fate of genes encoding tetracycline resistance and the integrase of class 1 integrons within anaerobic and aerobic digesters treating municipal wastewater solids. Environmental Science and Technology, 44(23): 9128-9133.

Forsberg K J, Reyes A, Wang B, et al. 2012. The shared antibiotic resistome of soil bacteria and human pathogens. Science, 337(6098): 1107-1111.

Franz E, van Hoek A H, Bouw E, et al. 2011. Variability of Escherichia coli O157 strain survival in manure-amended soil in relation to strain origin, virulence profile, and carbon nutrition profile. Applied and Environmental Microbiology, 77(22): 8088-8096.

Gao P, Mao D, Luo Y, et al. 2012. Occurrence of sulfonamide and tetracycline-resistant bacteria and resistance genes in aquaculture environment. Water Research, 46(7): 2355-2364.

Ghosh S, Ramsden S J, LaPara T M. 2009. The role of anaerobic digestion in controlling the release of tetracycline resistance genes and class 1 integrons from municipal wastewater treatment plants. Applied Microbiology and Biotechnology, 84: 791-796.

Guan T Y, Holley R A. 2003. Pathogen survival in swine manure environments and transmission of human enteric illness—A Review. Journal of Environmental Quality, 32: 383-392.

Holley R A, Arrus K M, Ominski K H, et al. 2006. Salmonella survival in manure-treated soils during simulated seasonal temperature exposure. Journal of Environmental Quality, 35(4): 1170-1180.

Hu J, Shi J, Chang H, et al. 2008. Phenotyping and genotyping of antibiotic-resistant Escherichia coli isolated from a natural river basin. Environmental Science and Technology, 42(9): 3415-3420.

IPCC. 2013. Working Group I Contribution to the IPCC Fifth Assessment Report (AR5), Climate Change 2013: The Physical Science Basis.

Jiang T, Schuchardtb F, Li G X, et al. 2011. Effect of C/N ratio, aeration rate and moisture content on ammonia and greenhouse gas emission during the composting. Journal of Environmental Sciences, 23(10): 1754-1760.

Jiang X, Morgan J, Doyle M P. 2002. Fate of *Escherichia coli* O157: H7 in manure-amended soil. Applied and Environmental Microbiology, 68(5): 2605-2609.

Koike S, Krapac I G, Oliver H D, et al. 2007. Monitoring and sourcetracking of tetracycline resistance genes in lagoons and groundwateradjacent to swine production facilities over a 3-year period. Applied and Environmental Microbiology, 73(15): 4813-4823.

Kumar K, Gupta S, Baidoo S, et al. 2005. Antibiotic uptake by plants from soil fertilized with animal manure. Journal of Environmental Quality, 34: 2082-2085.

Lalumera G M, Calamari D, Galli P, et al. 2004. Preliminary investigation on the environmentaloccurrence and effects of antibiotics used in aquaculture in Italy. Chemosphere, 54(5): 661-668.

Li H, Duan M, Gu J, et al. 2017. Effects of bamboo charcoal on antibiotic resistance genes during chicken manure composting. Ecotoxicology and Environmental Safety, 140: 1-6.

Liao H, Lu X, Rensing C, et al. 2018. Hyperthermophilic composting accelerates the removal of antibiotic resistance genes and mobile genetic elements in sewage sludge. Environmental Science and Technology, 52 (1): 266-276.

Lin H, Sun W, Zhang Z, et al. 2016. Effects of manure and mineral fertilization strategies on soil antibiotic resistance gene levels and microbial community in a paddy-upland rotation system. Environmental Pollution, 211: 332-337.

Lin H, Zhang J, Chen H, et al. 2017. Effect of temperature on sulfonamide antibiotics degradation, and on antibiotic resistance determinants and hosts in animal manures. Science of The Total Environment, 607-608: 725-732.

Ling A L, Pace N R, Hernandez M T, et al. 2013. Tetracycline resistance and class 1 integron genes associated with indoor and outdoor aerosols. Environmental Science and Technology, 47(9): 4046-4052.

Looft T, Johnson T A, Allen H K, et al. 2012. In-feed antibiotic effects on the swine intestinal microbiome. PNAS, 109(5): 1691-1696.

Luo L, Ma Y, Zhang S, et al. 2009. An inventory of trace element inputs to agricultural soils in China. Journal of Environmental Management, 90(8): 2524-2530.

Mackie R I, Koike S, Krapac I, et al. 2006. Tetracycline residues and tetracycline resistance genes ingroundwater impacted by swine production facilities. Animal Biotechnology, 17(2): 157-176.

Mellon M, Benbrook C, Benbrook K. 2001. Hogging It: Estimates of Antimicrobial Abuse in Live Stock. Cambridge, MA: Union of Cencerted Scientists (UCS) Publications: 192-230.

Nicholson F A, Groves S J, Chambers B J. 2005. Pathogen survival during livestock manure storage and following land application. Bioresource Technology, 96(2): 135-143.

Nolivos S, Cayron J, Dedieu A, et al. 2019. Role of AcrAB-TolC multidrug efflux pump in drug-resistance acquisition by plasmid transfer. Science, 364: 778-782.

Pell A N. 1997. Manure and microbes: Public and animal health problem? Journal of Dairy Science, 80(10): 2673-2681.

Peng S, Feng Y, Wang Y, et al. 2017. Prevalence of antibiotic resistance genes in soils after continually applied with different manure for 30 years. Journal of Hazardous Materials, 340: 16-25.

Peng S, Li H, Song D, et al. 2018. Influence of zeolite and superphosphate as additives on antibiotic resistance genes and bacterial communities during factory-scale chicken manure composting. Bioresource

Technology, 263: 393-401.

Peng S, Li H, Xu Q, et al. 2019. Addition of zeolite and superphosphate to windrow composting of chicken manure improves fertilizer efficiency and reduces greenhouse gas emission. Environmental Science and Pollution Research, 26(36): 36845-36856.

Peng S, Wang Y, Zhou B, et al. 2015. Long-term application of fresh and composted manure increase tetracycline resistance in the arable soil of eastern China. Science of The Total Environment, 506-507: 279-286.

Popowska M, Rzeczycka M, Miernik A, et al. 2012. Influence of soil use on prevalence of tetracycline, streptomycin, and erythromycin resistance and associated resistance genes. Antimicrob. Agents Chemother. , 56(3): 1434-1443.

Pruden A, Arabi M, Storteboom H N. 2012. Correlation betweenupstream human activities and riverine antibiotic resistance genes. Environmental Science and Technology, 46(21): 11541-11549.

Pruden A, Pei R, Storteboom H N, et al. 2006. Antibiotic resistance genes as emerging contaminants: Studies in northern Colorado. Environmental Science and Technology, 40(23): 7445-7450.

Rhodes G, Huys G, Swings J, et al. 2000. Distribution of oxytetracycline resistance plasmids between aeromonads in hospital and aquaculture environments: Implication of Tn*1721* in dissemination of the tetracycline resistance determinant tetA. Applied and Environmental Microbiology, 66(9): 3883-3890.

Selvam A, Zhao Z, Wong J W. 2012. Composting of swine manure spiked with sulfadiazine, chlortetracycline and ciprofloxacin. Bioresource Technology, 126: 412-417.

Smith J L, Collins H P. 2007. Composting//Paul E A. Soil Microbiology, Ecology, and Biochemistry. 3rd edn. Burlington: Academic Press: 483-486.

Smith P, Martino D, Cai Z, et al. 2008. Greenhouse gas mitigation in agriculture. Philosophical Transactions of the Royal Society of London, 363: 789-813.

Sommer S G. 2001. Effect of composting on nutrient loss and nitrogen availability of cattle deep litter. European Journal of Agronomy, 14: 123-133.

Strauch D, Ballarini G. 1994. Hygienic aspects of the production and agricultural use of animal wastes. Journal of Veterinary Medicine, Series B, 41(1-10): 176-228.

Sun W, Qian X, Gu J, et al. 2016. Mechanism and Effect of Temperature on Variations in Antibiotic Resistance Genes during Anaerobic Digestion of Dairy Manure. Science Reports, 6: 30237.

Szanto G L, Hamelers H V M, Rulkens W H, et al. 2007. NH_3, N_2O and CH_4 emissions during passively aerated composting of straw-rich pig manure. Bioresource Technology, 98(14): 2659-2670.

Tang X, Lou C, Wang S, et al. 2015. Effects of long-term manure applications on the occurrence of antibiotics and antibiotic resistance genes (ARGs) in paddy soils: Evidence from four field experiments in south of China. Soil Biology and Biochemistry, 90: 179-187.

Teplitski M, de Moraes M. 2018. Of mice and men. . . . and plants: Comparative genomics of the dual lifestyles of enteric pathogens. Trends in Microbiology, 26(9): 1-7.

Tian Z, Zhang Y, Yu B, et al. 2016. Changes of resistome, mobilome and potential hosts of antibiotic resistance genes during the transformation of anaerobic digestion from mesophilic to thermophilic. Water Research, 98: 261-269.

Wang F H, Qiao M, Chen Z, et al. 2015. Antibiotic resistance genes in manure-amended soil and vegetables at harvest. Journal of Hazardous Materials, 299: 215-221.

Wang H, Ibekwe A M, Ma J, et al. 2014. A glimpse of *Escherichia coli* O157: H7 survival in soils from eastern China. Science of The Total Environment, 476-477: 49-56.

Wang Q, Awasthi M K, Ren X, et al. 2017. Comparison of biochar, zeolite and their mixture amendment for aiding organic matter transformation and nitrogen conservation during pig manure composting. Bioresource Technology, 245: 300-308.

Wang Q, Awasthi M K, Ren X, et al. 2018. Combining biochar, zeolite and wood vinegar for composting of pig manure: The effect on greenhouse gas emission and nitrogen conservation. Waste Management, 74: 221-230.

Wang R, Zhang J, Sui Q, et al. 2016. Effect of red mud addition on tetracycline and copper resistance genes and microbial community during the full scale swine manure composting. Bioresource Technology, 216: 1049-1057.

Wei L, Shutao W, Jin Z, et al. 2014. Biochar influences the microbial community structure during tomato stalk composting with chicken manure. Bioresource Technology, 154: 148-154.

Wei R C, Ge F, Huang S Y, et al. 2011. Occurrence of veterinary antibiotics in animal wastewater and surface water around farms in Jiangsu Province China. Chemosphere, 82: 1408-1414.

WHO. 2000. Overcoming Antibiotic Resistance. Geneva, World Health Organization.

WHO. 2014. Antimicrobial resistance: Global report on surveillance 2014. https://www.who.int/drugresistance/documents/surveillancereport/en/: 1-257.

Wu X, Wei Y, Zheng J, et al. 2011. The behavior of tetracyclines and their degradation products during swine manure composting. Bioresource Technology, 102(10): 5924-5931.

Xie W Y, Yang X P, Li Q, et al. 2016. Changes in antibiotic concentrations and antibiotic resistome during commercial composting of animal manures. Environmental Pollution, 219: 182-190.

Yang Q, Tian T, Niu T, et al. 2017. Molecular characterization of antibiotic resistance in cultivable multidrug-resistant bacteria from livestock manure. Environmental Pollution, 229: 188-198.

Yang Q, Wang R, Ren S, et al. 2016. Practical survey on antibiotic-resistant bacterial communities in livestock manure and manureamended soil. J. Environ. Sci. Health. part. b Pesticides Food Contam. Agric. Wastes, 51: 14-23.

You Y, Rankin S C, Aceto H W, et al. 2006. Survival of *Salmonella enterica* serovar Newport in manure and manure-amended soils. Applied and Environmental Microbiology, 72(9): 5777-5783.

Zhang D D, Lin L F, Luo Z, et al. 2011. Occurrence of selected antibiotics in Jiulongjiang River in various seasons, South China. Journal of Environmental Monitoring, 13: 1953-1960.

Zhang J, Chen M, Sui Q, et al. 2016. Impacts of addition of natural zeolite or a nitrification inhibitor on antibiotic resistance genes during sludge composting. Water Research, 91: 339-349.

Zhang Q Q, Ying G G, Pan C G, et al. 2015. Comprehensive evaluation of antibiotics emission and fate in the river basins of China: Source analysis, multimedia modeling, and linkage to bacterial resistance. Environmental Science and Technology, 49(11): 6772-6782.

Zhang X X, Zhang T, Fang H H P. 2009. Antibiotic resistancegenes in water environment. Applied Microbiology and Biotechnology, 82(3): 397-414.

Zhao L, Dong Y H, Wang H. 2010. Residues of veterinary antibiotics in manures from feedlot livestock in eight provinces of China. Science of The Total Environment, 408: 1069-1075.

第12章 精准农业及其在中国的实践

12.1 精准农业概述

12.1.1 精准农业产生的背景

农业的发展经历了原始农业、传统农业和现代农业三个不同阶段，其生产方式和技术内涵也在不断地丰富。在农业机械化完成以前，农民依靠个人体力劳动及畜力劳动，通过手工的方式来进行农作管理，主要以小规模的一家一户为单元从事生产，生产规模较小，农业生态系统功效低。随着农田大规模经营和高度机械化，该阶段运用先进适用的农业机械代替人力、畜力生产工具，将落后低效的传统生产方式转变为先进高效的大规模生产方式，大幅提高了劳动生产率和农业生产力水平（李道亮，2018）。机械化农业的主要优势是大幅度提高了农业生产率，同时通过大量高能耗工业产品（机械、化肥、农药、燃油、电力等）的投入来增加产出。但化学物质的过量投入也引起了生态环境和农产品质量下降，高能耗的管理方式导致了农业生产效益低下，资源日显短缺，在农产品国际市场竞争日趋激烈的时代，这种管理模式显然不能适应农业持续发展的需要。

这种农业资源与环境的压力亟须一种在继续维持并提高农业产量的同时，又能有效利用有限资源、保护农业生态环境的新的可持续发展农业生产方式。为破解以上难题，美国 20 世纪 80 年代初提出精准农业（又称精细农业、精确农业，precision agriculture）的概念和设想，并基于一系列先进工业和信息技术在 90 年代初进入实际生产应用。精准农业在已有文献中没有统一的定义，Pierce 和 Nowak（1999）认为精准农业是以提高农作物产量和质量、改善生态环境为目的，综合考虑时间维和空间维的技术和策略，并将其应用在农业生产各个方面的农业生产系统。金继运（1998）认为精准农业是按照田间每一操作单元（区域、部位）的具体条件，精细准确地调整各项土壤和作物管理措施，最大限度地优化使用各项农业投入，以获取单位面积上的最高产量和最大经济效益，同时保护农业生态环境，保护土地等农业自然资源。精准农业技术的核心思想是基于时空变异的农业管理与投入（Zhang et al., 2002；McBratney et al., 2005；Gebbers and Adamchuk, 2010），即通过获取地块中每个小区土壤、水、农作物、光、热等信息，以诊断作物长势和产量空间上存在的差异，并按每个小区做出决策，最终实现三个精准：一是定位的精准，精准确定灌溉、施肥、杀虫等的地点；二是定量的精准，精准确定水、肥、药、种子等的使用量；三是定时精准，精准确定各种农艺措施实施的时间，从而精准地进行施肥、播种、灌溉、杀虫、除草、收获等。

精准农业技术是基于信息技术、生物技术和工程装备技术等发展起来的一种新型农业生产技术，由全球定位系统（GPS）、农田信息采集系统、农田遥感（RS）监测系统、农田地理信息系统（GIS）、农业专家系统、智能化农机具系统、环境监测系统、网络化管理系统和培训系统等组成（Shannon et al., 2018）。其核心技术是"3S"（即 GPS、GIS 和 RS）技术和计算机自动控制系统（金继运和白由路，2004；Pierpaoli et al., 2013）。精准农业充分体现了农业生产因地制宜、合理投入、科学管理的技术思想，实现了在时间维和空间维方面对农业生产的精细管理，提高农业资源的利用效率。作为现代农业发展的重要方面，精准农业是农业步入信息化、机械化、现代化相结合的标志（赵春江，2010；Banu，2015）。

12.1.2　各国精准农业发展现状

20 世纪 90 年代以来，随着"3S"等信息技术的发展，欧美等国陆续开展了精准农业生产模式的研究与实践，着力于研究运用高新技术提高农业劳动生产率和农资利用率，以达到经济效益、生态效益和社会效益的最大统一，最终实现农业生产可持续发展。进入 21 世纪之后，精准农业技术及生产模式已经逐渐成熟，在不同的国家形成了不同的发展特色。但整体而言，精准农业所体现的低投入、高产出、污染少等优点，是农业可持续性发展的方向。根据目前世界各国农业经济发展水平的差异，精准农业发展模式也各不相同。

（1）美国

美国农业以规模化著称，地块种植集中、农作物类型单一，非常适合大规模的机械化作业。美国也是世界上最早研究与应用精准农业技术的国家，1993 年，明尼苏达大学在位于该州的两个农场进行实践尝试，收到了非常明显的成效，在全球定位系统指导下，施用了更少的化肥将农作物产量提高了 30%，从此之后，精准农业开始在美国得到了迅速的推广。美国精准农业发展的核心是技术层面，将现代化的信息技术、农业技术与工程技术进行了有机的结合，体现了精准农业所要求的时间与空间差异。在此基础上，通过农田地理信息系统提供的地理信息确定作物的最佳生产模型，决定依据不同作物的差异，采用卫星定位、智能机械，智能施肥、灌溉、喷洒农药等，最大限度地优化各项农业投入，同时也保护了农业生态环境及土地资源（Neményi et al., 2003）。美国的精准农业追求的不是集约化时代下的高产，而是强调单位面积的投入与产出的最佳比例。因此，更加注重农业投入、农业产出、生态环境以及精准技术等不同要素的互动。

美国的精准农业领先于世界，技术非常成熟，已经建成了完善的现代农业管理系统。通过结合物联网、人工智能（artificial intelligence）等高精尖技术，使用包括智能机器人、温度和湿度传感器、航拍和 GPS 技术等，大幅度提升了美国农场的运营效率（方向明和李姣媛，2018）。截至 2020 年，美国有超过 90% 的农场采用精准农业技术，81% 以上的农场使用了自动导航技术，75% 以上的农业装备使用了辅助导航技术，超过 30% 的农场使用了基于处方图的变量作业技术（Erickson and Lowenberg-DeBoer, 2020）。

（2）欧洲

法国自然气候条件优越，是欧盟最大的农业生产国，也是世界第二大农业食品出口国，其农业专业化与科技化程度处于世界领先地位。法国现代农业生产的经营方式是以家庭农场为基本生产单位，但其份额在逐年减少，同时形成了"农业共同经营集团"、"有限责任农场"等农事社团和公司经营的农场联合体，实现了原有农场资源整合和规模经营。同时，法国政府主导建设了一个集高新技术研发、商业市场咨询、法律政策保障以及互联网应用等为一体的"大农业"数据体系，政府、农业合作组织以及私人企业共同承担农业信息化建设。政府定期公布农业生产信息、管控农产品流通秩序，根据市场价格提供最新生产建议；农业合作组织为生产者提供法律、农业科技、农场管理等领域的信息支持；私人企业提供定制化服务，以达到效率最大化，规模最优化。

德国作为一个高度发达的工业国，其农业生产效率也非常高。德国通过突破农业信息化和智能农业领域关键技术，形成了自身的技术优势，从利用计算机登记每块土地的类型和价值，建立村庄、道路的信息系统入手，到农作物害虫综合治理辅助决策技术应用，逐步发展成为目前较为完善的农业信息处理系统。同时配备"3S"技术的大型农业机械，可在室内计算机自动控制下进行各项农田作业，完成诸如精准播种、施肥、除草、采收、畜禽精准投料饲喂、奶牛数字化挤奶等多项功能，能够实现在同一地块的不同地方进行变量施肥与喷药，确保药、肥的高效利用，避免环境污染（Paustian et al., 2017）。德国重视农业"数字化发展"，提出了"农业4.0"概念，通过利用大数据技术、人工智能技术和云计算技术，将田块的天气、土壤、降水、温度、地理位置等数据传输到云端，在云平台中进行处理，并将处理完毕的数据发送到智能化的农业机械上，以控制其精准耕作。德国还十分注重其基础研究成果的落实，逐步将研发成果导入农业应用，并依地域及作物种类不同进行调整，以提供适当的精准农业解决方案，通过对生产价值链的研究，找出农民生产的实际需求并作为未来的发展方向（方向明和李姣媛，2018）。

（3）日本

日本农田面积较小，农业用地分散，农产品种植多样，农户的农业经营形态、经营规模以及经营动机迥异，导致精准农业技术导入成本较高，无法较好地体现精准农业技术的实效性。同时对于每个农户而言，海量农田信息的管理也是非常困难。因此，日本的学者们结合本国农业特点提出了"精准农业共同体"这一精准农业模式（Sasao and Shibusawa，2000）。精准农业共同体由农业经营团体和技术平台两部分构成，农业经营团体是以农户为主体，主要负责组织农户学习农业经营的信息技术，而技术平台则主要负责提供和推广精准农业技术（温佳伟等，2014）。精准农业共同体还开发了农业技术情报网络系统，负责农田土壤和作物信息采集，农产品生产流通销售和消费信息、技术开发信息等相关信息数据的管理，借助公众电话网、专用通信网和无线寻呼网，把大容量处理计算机和大型数据库系统、互联网网络系统、气象情报系统、温室无人管理系统、高效农业生产管理系统、个人计算机用户等联结起来，为农户提供信息。

（4）以色列

以色列是一个自然环境较为恶劣的国家，耕地面积占国土面积的20%左右。同时，以色列淡水资源极为匮乏，人均可利用的淡水资源只有世界平均水平的1/33。面对如此恶劣的自然环境，以色列发展了以自动化为主要特色的精准农业生产模式（杨盛琴，2014）。主要体现方式为：①发达的自动化温室控制技术，目前已完全实现了智能化与自动化。温室植物从播种开始到收获，全过程电脑控制，并且将滴灌技术引入温室系统，进一步提高了花卉蔬菜等农作物的产量；②先进的节水灌溉技术，通过运用物联网技术设计了一套滴灌节水系统，该系统通过计算机控制，由传感器传回土壤数据，用来决定何时浇水以及浇水量，并通过远程进行检测与判断；③精确化的育种开发技术，利用生物工程技术开发高效无公害及抗病虫害农作物种子，降低作物对农药和化肥的依赖，同时保证能在自然状态下生长；④水肥一体化技术，以色列在节水灌溉技术发展的同时，还开发出水肥一体化技术，灌溉与施肥同时进行，这种精准技术是建立在对土壤品质及作物生长过程的监测之上，实现了节水、灌溉与平衡施肥的统一化。

（5）中国

中国精准农业研究始于 20 世纪 90 年代，经过近 30 年的发展，已经形成了一定的研究基础，取得了一定的成果。在农业数据信息资源建设、"3S"技术、农业模拟模型与专家系统、智能装备与北斗导航自动控制等领域取得了长足进步（罗锡文等，2016；周清波等，2018；赵春江等，2021）。然而相比发达国家，由于长期以来我国农业技术研发和装备制造水平相对落后、土地细碎化问题严重、农业高素质劳动力缺乏等现实因素的制约，精准农业生产经营模式发展较慢，目前仍主要处于试点示范阶段（方向明和李姣媛，2018），目前精准农业的试点示范主要在新疆、黑龙江、吉林等较大规模的农地上开展。同时，我国对精准农业的研究大多局限于对引进概念进行补充和延伸，还没有形成较为系统的学术思想和技术体系。在实践与应用方面，受到技术支持不足、信息收集系统不全、专家系统未完善等因素限制，"精准"程度不高。精准农业在我国农业上的应用远未达到规模化的程度，无论是科研还是产业化都需要做进一步的努力。

12.2 多源异构农业大数据采集与存储

农业土地集约化发展导致农业生产对耕作数据的系统化、精准化需求逐年提升，我国农业正从传统农业逐渐过渡到现代农业。发展现代高效农业，需要解决农业面临的土壤养分失衡、资源浪费、面源污染等突出问题，农业数据由于具有来源广泛、类型多样、结构复杂等特点，利用大数据技术整合农业数据资源，将有利于降低农业投入成本，提高资源利用效率和产品质量，达到提质增效的目标。因此，如何采集动态数据，并融合多源数据类型进行挖掘分析，进而提高农业数据精准服务水平是现代农业发展的重要方向。

经过近几年的快速发展，我国农业大数据建设已经具备了一定的规模，大量的农业大数据研究机构及平台大量涌出，但受限于理念、思维、技术等原因，对农业大数据平台的产业化利用程度不够，亟待开发指导农业精准化管理和现代农业发展的大数据分析及应用技术（许世卫等，2015；何山等，2017）。农业数据可以分为农业自然资源与环境数据（土地资源数据、水资源数据、气象资源数据、生物资源数据和灾害数据等）、农业生产数据（良种信息、地块耕种历史信息、育苗信息、播种信息、农药信息、化肥信息、农膜信息、灌溉信息、农机信息和农情信息等）、农业市场数据（市场供求信息、价格行情、生产资料市场信息、价格及利润信息、流通市场和国际市场信息等）和农业管理数据（国民经济基本信息、国内生产信息、贸易信息、国际农产品动态信息和突发事件信息等）。形式上分为结构化农业数据和非结构化农业数据，结构化农业数据是专业化、系统化的农业领域数据，可存储在数据库中进行统一管理；非结构化数据是数据结构不规则或不完整，没有预定义的数据模型，难以用数据库二维逻辑表来表现的数据，包括文档文本、图片、XML、HTML、各类报表、图像、音频、视频信息以及农户经验等。然而各类数据资源分散在不同的部门，部署在不同的服务器或云平台上，"数据孤岛"现象严重，亟须解决农业多源异构数据整合问题，从而有效实现农业信息数据服务（Wolfert et al., 2017；姜侯等，2019）。对农业数据进行采集汇聚有多种渠道，目前主要获取方法有以下四种。

（1）农业物联网数据

指通过各种仪器仪表实时显示或作为自动控制的参变量参与到自动控制中的物联网，主要设备包括各种类型的传感器、视频监控和自动控制系统等。目前，物联网系统获取的数据涵盖农作物生长环境（大气温度和湿度、土壤温度和湿度、CO_2 含量、营养元素、太阳辐射、日照时数、大气可降水量、环境气压等）、农作物生长历程（动植物的生长、发育、活动规律以及生物病虫害等数据）、农产品生产流通（农产品生产成本、化肥农药使用情况、交通运输承载力、仓储库存、进出口总量、市场价格、市场需求、销售去向、用户喜好等）等各个方面。

（2）农业遥感和农业无人机数据

指通过卫星遥感监测、地面无人机航拍等手段获取的对地面农业目标进行大范围、长时间或实时监测的影像数据，以及经过遥感技术处理后得到的二次产品数据（农用地资源的监测与保护、农作物大面积估产与长势监测、农业气象灾害监测、作物模拟模型等）。

（3）农业网络数据

指利用网络爬虫技术对涉农网站、论坛、微博、博客等进行动态监测、定向采集获得的数据，如互联网上农业相关的各种舆情信息、农产品价格等。

（4）科研及农户生产经验数据

指涉农领域科研院所、高校、科学家个人等从事农业科学研究产生的相关成果，或农户在长期农业生产活动中积累的有关作物育种、精耕细作、作物增产、农业气象等方面的经验。主要适用于农业业务部门内部系统或可以提供数据共享服务的系统平台，如国家农业科学数据共享中心、农业农村大数据平台、地球大数据科学工程数据共享服务系统、国家地球系统科学数据中心等。

针对现代农业精准、高效、生态的需求，以智能化农业数据管理为目标，以网络资源、科研共享数据、遥感资料、物联网数据、调查资料等为信息源，综合考虑农业精准管理相关的各来源数据特点，采用大数据与互联网技术，设计并研发了土壤管理智能服务平台，建立土壤环境、农业气候、作物管理、土壤供肥性能、作物需肥规律、社会经济等数据库，提供海量多源异构农业土壤数据的存储、处理、共享、可视化、应用等服务。

功能方面，平台目的是将各种农业系统和平台产生的农业数据进行汇总和集成管理，提供监控视频、病虫害图片、作物长势测报、农业环境数据（气象、土壤）、天空地一体化（卫星、无人机、地面）遥感数据、农业市场信息数据、作物管理数据以及基础地理信息数据等海量结构化和非结构化数据的整合、存储和处理支持；在结构上应做到高内聚低耦合，以应对随时可能产生的需求变化；并提供简单直观的用户交互界面，根据数据特点实现可视化，形象生动地展示各种信息。

土壤管理智能服务平台整个系统划分为五层（图 12-1）：采集层、网络层、数据层、业务层、应用层。采集层起到平台的数据支撑作用，是平台数据来源中心，其主要组成内容包括物联网、卫星遥感、无人机、网络爬取、野外调查、人工录入等数据；网络层是利用通信网、互联网，结合 5G、卫星通信技术，对采集层获取的数据进行交换和共享，传送到信息处理层进行集中处理；数据层是负责平台整体的数据资源保障，平台数据层包括土壤数据、气象数据、遥感数据、环境数据、作物管理数据、社会经济数据、水资源数据等；业务层包括基础设施、数据平台、应用支撑，主要给平台起到支撑作用，是各平台的运行环境等；应用层设计实现数据管理、数据查询、数据统计分析、田块管理、基础土壤管理建议等相关功能。

为了与其他已有系统实现无缝衔接，土壤管理智能服务平台采用基于云计算的全网络化 B/S 系统架构（图 12-2）。该平台采用关系型数据库如 Mysql、PostgreSQL 等管理结构化数据，使用 Redis 管理非结构化数据，可支持 NoSQL 数据类型（JSON/XML/hstore）以及 GIS 地理信息数据，能够解决单表上亿数据性能平稳问题；另外基于 Hash JOIN 支持高性能多表查询，平台可提供 TB 级以下 OLAP 支持，海量数据通过使用 HybridDB 可进行横向扩展；平台支持多种空间数据类型展示，并可上传自动发布为 WFS、WMS、WMTS 等标准服务接口，并通过 WebService、FTP 等技术，将各业务部门的数据进行汇总，编制资源目录；通过对汇总数据云计算服务，实现数据仓库的构建、数据挖掘、任务调度、数据检索和数据共享等服务。

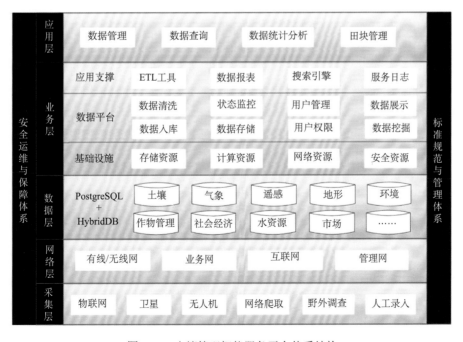

图 12-1 　土壤管理智能服务平台体系结构

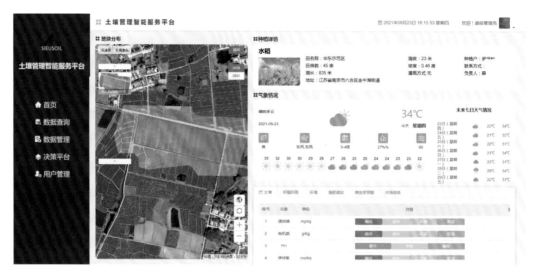

图 12-2　土壤管理智能服务平台可视化界面

12.3　基于无人机数字图像的作物种植关键参数模型构建

12.3.1　基于无人机 RGB 图像的育种水稻物候检测

水稻物候期分为发芽、播种、分蘖、拔节、孕穗、抽穗、扬花、乳熟和蜡熟等阶段，在水稻育种中，准确的水稻物候信息对育种管理和产量评估至关重要。迄今为止，监测植被物候的方法主要有 3 种：地面观测、植被生长模型和遥感估算。地面观测是一项耗时费力的工作，包括取样、目视观察、拍照和撰写报告，适用于在小范围内获取准确的原位物候信息。水稻生长模型（如 CERES-Rice、ORYZA2000、WOFOST 等）可以精确模拟水稻的生长过程，但这些模型需要大量的参数（例如降水、光照、温度、植被品种、施肥和灌溉等），较难用于监测区域尺度植被物候。遥感是一种既省时又省钱的田块和区域尺度植被物候监测方法，避免了采样偏差和繁重的劳动。近年来，许多消费级无人机具有成本低和灵活的特点，能够获取高时空分辨率的图像，可在植被生长季节内收集时间序列图像。

结合无人机 RGB 影像提取的植被指数、颜色空间和纹理特征作为输入数据，利用五种机器学习算法（随机森林，k-最近邻，高斯朴素贝叶斯，支持向量机和逻辑回归）作为育种水稻物候期估计的基础模型，并利用硬投票、软投票和模型堆叠三种方式对基础模型进行集成（图 12-3），对位于湖南省长沙市隆平高科育种基地 437 个水稻育种小区的水稻物候期进行了识别。

结果表明，基于无人机 RGB 图像和机器学习的方法能很好地识别水稻生育期，并且集成模型监测物候的整体精度优于单个机器学习模型。在校准和验证数据集中，软投票模型集成方法监测物候精度最高，平均总体精度分别为 90% 和 93%。与本书中最佳的单个机器学习模型（GNB）相比，总体准度和提高了 5%。因此，无人机数据和机器学习方法在提高水稻育种中物候检测的准确性方面显示出巨大的潜力（图 12-4）。

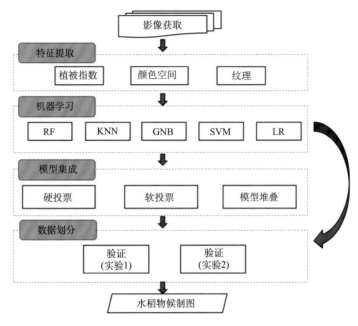

图 12-3　水稻物候监测流程图

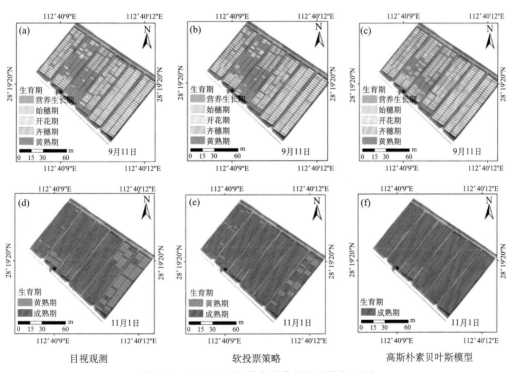

图 12-4　基于无人机数字图像的水稻物候识别

（a）、（d）水稻物候观测值；（b）、（e）基于软投票策略集成算法估算的水稻物候期；（c）、（f）基于高斯朴素贝叶斯算法估算的水稻物候期

12.3.2　基于无人机图像的水稻氮素状况评估

　　水稻氮素状况是土壤氮素供应、作物吸氮量和氮需求量的综合反映，是评价水稻长势、品质和估算产量的重要指标信息。因此，准确、快速、经济获取水稻植株体内的氮素营养状况，可以为氮肥的精准施用提供指导，在保证水稻产量稳定或增产的前提下，实现提高肥料利用率和环境保护的目的。氮营养指数（NNI）是水稻地上生物量与临界氮浓度之间的比值，是一种可以准确反映不同作物氮营养状况的关键指标，NNI 值接近 1，表明水稻具有最佳的氮素供给，NNI > 1，表明氮营养供应过多，NNI < 1 表明氮素缺失或者供应不足。近年来已被众多学者广泛应用和研究，它在诊断作物氮素状况和施肥管理方面有着重要的应用实践。

　　传统的获取水稻氮营养指数的方法是通过人工破坏性采集植株样品，经过实验室内分析测试获得地上干生物量和氮浓度，然后根据氮浓度稀释曲线进行计算所获得；该方法成本高、时效性低，且只能获取单点数据，不利于普及和应用。同时，一些研究通过利用主动式冠层传感器（SPAD、GreenSeeker 等）对作物冠层进行测量，利用特定波段构建与叶片氮含量的关系，被用于叶片氮素获取和营养诊断。这些光学仪器可以快速地获取作物生长信息，但是它们的成本高，短时间内难以开展大范围的应用。无人机遥感可以通过搭载不同的相机传感器实现对较大面积的农田进行拍摄，生成覆盖一定范围的无人机影像栅格图。通过对无人机影像的分析处理，提取可以反映作物氮浓度的波段信息和植被指数信息，可以实现对农作物氮营养状况的动态评估。

　　选择位于江苏省南京市的控制施肥田块作为研究区域，对获取的植株数据和无人机影像数据进行分析，表明无人机影像提取的植被指数与 NNI 具有很好的相关性，可以利用这些植被指数对 NNI 进行估算（图 12-5）。但是由于在不同的生长期，植被指数对 NNI 的表现不同，将不同的植被指数与 NNI 建立估算模型比较复杂，而且简单线性回归模型精度较低。随着人工智能技术的发展，将无人机遥感与机器学习算法进行融合已成为一种发展趋势。机器学习算法（如随机森林、人工神经网络、支持向量机等）是一种非线性算法，可扩展成模块化的数据分析方法，可以综合利用各种植被指数与水稻 NNI 建立一种非线性的估算模型，提取最好的植被指数与对应的作物生长参数进行建模，大大提高了无人机监测水稻氮营养指数的精度，减少工作量、降低生产成本。

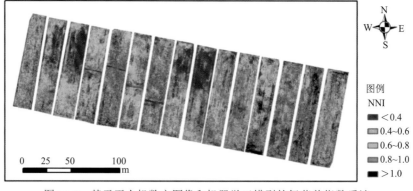

图 12-5　基于无人机数字图像和机器学习模型的氮营养指数反演

12.3.3　基于无人机图像与物候数据融合的育种水稻产量估算研究

水稻是世界上最重要的粮食作物之一，全球一半以上的人口以水稻为主食。市场上的粮食价格波动过大会对水稻成本和产量产生不利影响。因此，农民和政府需要一种方便可靠的技术来预测水稻产量，以便在水稻生产中做出适当的决策。传统上，农民依靠实地调查来获得近似的产量预测。然而，基于经验的估产具有主观性，在区域范围内产量预测能力有限。

研究利用无人机 RGB 影像提取植被指数和物候数据对水稻进行产量估算。研究区位于湖南省长沙市，育种方式包含两系法、三系法及常规稻。从 2017 年到 2019 年，分别对 122 个、127 个和 105 个一季晚籼杂交稻组合进行了研究。这些杂交稻由不同的育种机构和公司开发，并在湖南省申请商业发行。所有杂交种均在随机完全区组中生长，共有三个重复。每个小区共 450 株，间距为 17cm×20cm。所有试验田均施用相同的肥料处理，在 6 月上旬播种；然后根据气候条件和幼苗生长状况，在 6 月底或 7 月初进行移栽。无人机飞行时间分别为 2017 年 9 月 6 日、2018 年 9 月 7 日和 2019 年 8 月 29 日。

以 2017 年和 2018 年数据集作为训练集，以 2019 年数据集作为验证集，利用无人机获取的植被指数和物候数据作为预测变量，采用机器学习算法构建估产模型。发现利用机器学习估算的水稻产量与实测产量分布比较一致（图 12-6）。采用植被指数+物候数据+机器学习方法，在验证数据集中，均方根误差及平均绝对误差都在 30 kg/亩以内，表明该模型能够较好估算水稻产量。

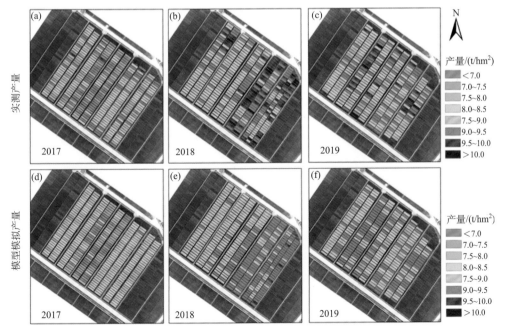

图 12-6　研究区产量制图

（a）～（c）为实测产量，（d）～（f）为模型模拟产量

12.4　基于遥感影像的黑土区农田精准管理分区研究

东北黑土区作为典型黑土区,在我国粮食生产方面有很重要地位,其精准农业的发展对我国实现农业现代化、建设高标准基本农田的目标具有重要的意义。由于地形起伏和水土流失等原因,同一个田块中土壤养分和作物长势均出现不同程度的差异性。利用遥感影像,对裸土时期和作物生长期分区,分别可以指导耕地翻耕时的施肥和作物生长中期的追肥等,同时也是实现耕地资源保护的一项重要手段。传统的空间插值和模糊聚类等分区方法需要大量的实地采样数据,过程不仅消耗大量人力物力,时效性也较差。

选取地处黑土区的红星农场某地块和海伦合作社地块为研究区,进行精准管理分区的研究(邱政超,2018)。首先,通过相关性分析,建立起土壤理化性质与遥感影像反射率之间的相关关系,发现影像反射率与关键土壤理化性质(如有机质、氮素、磷等)具有显著的相关关系,说明裸土期遥感影像能够反映土壤主要养分的含量,基于裸土遥感影像为数据源进行精准管理分区是可行的。其次,利用面向对象分割的方法,对红星农场某地块裸土遥感影像进行精准管理分区(图12-7),同时确保在最优分区尺度下,分区数都适合当地农业生产的耕作管理,符合发展精准农业的要求。与传统的空间插值方法相比,该方法不仅时效性强,同时也降低了生产成本。最后,结合裸土时期的土壤实测数据和生长期作物归一化植被指数(NDVI)对分区结果进行评价,计算得到每个分区单元内部的土壤养分和NDVI的变异性指数和分区之间的变异性指数。通过分析发现,分区之后,土壤养分和NDVI在分区内部的变异系数明显小于分区之间的变异系数,面向对象分割的方法能够较好的将地块内部不同土壤养分含量和作物不同长势的区域分割开来。

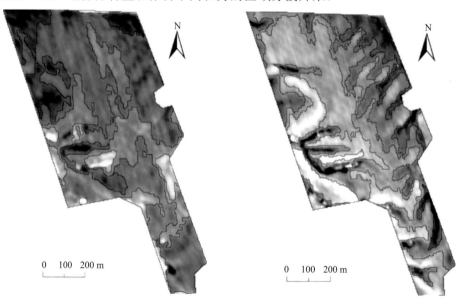

图12-7　2015年4月20日(a)和2015年5月13日(b)裸土影像分区图

图12-8为海伦合作社地块2011~2016年分区结果,通过分析可以看出面向对象分割方法能较好地按NDVI的差异将地块进行分区。2011~2016年各期NDVI分区后田块内

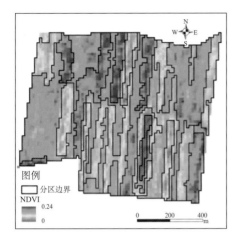
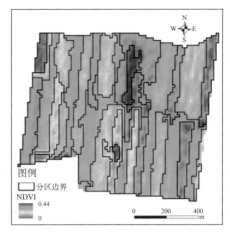
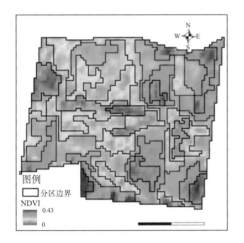
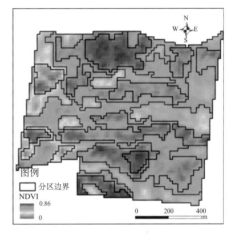
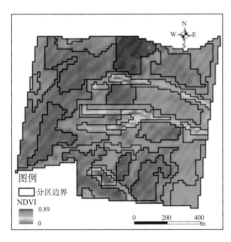
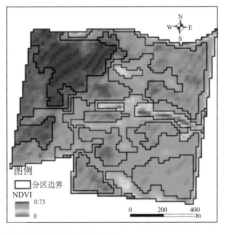

图 12-8　2011~2016 年作物生长期精准管理分区图

（a）2011 年 8 月 18 日；（b）2012 年 7 月 19 日；（c）2013 年 7 月 13 日；（d）2014 年 7 月 29 日；（e）2015 年 7 月 19 日；（f）2016 年 8 月 13 日

变异程度减小，在 2011 年和 2012 年虽然呈中等变异程度，但明显比分区前变异性小。该合作社成立于 2013 年，对比合作社成立前与成立后的分区结果，明显看出合作社成立前，分区结果呈条带状，原因是家庭联产承包责任制条件下，各家各户种植品种、管理方式和施肥施药量的不同，造成不同农户的作物生长状况不同；合作社成立之后，由于作物大面积统一种植、统一管理，2013 年分区结果显示出，作物的生长差异不再以条带状为主，分区边界仍以南北向居多，影响作物生长的主要因素也不再是种植方式、施肥施药量等因素的差异；从 2014 年到 2016 年的分区结果可以看出，整个研究地块不同年份的分区结果基本相同，作物长势差异每年大多都集中在相同的区域，造成这种现象的主要原因是同一个地块中，地形差异导致了不同坡度上作物生长条件的变化和差异。

12.5 数字农业智能管理平台服务案例
——黄岩智慧果园"一张图"

浙江省台州市黄岩区是中国蜜橘之乡，世界蜜橘之源，发展至今已有 180 多个品种品系。目前，黄岩蜜橘产业集聚格局已经形成，规模化生产优势明显，但仍然面临很多问题。例如果园生产管理总体较粗放，水肥药施用没有实现精准管控，影响果品产量与质量；果园管理效率低，费时费工，数字化、机械化管理水平低，生产成本逐年增加，成为制约果农收入增加、水果产业综合竞争力提升的瓶颈。因此，迫切需要加快转变水果产业发展方式，从粗放发展模式向精细管理发展模式转变，走产出高效、产品安全、资源节约和环境友好的现代果业发展道路。

依托于中国科学院南京土壤研究所孵化企业南京数溪智能科技有限公司自主研发的"慧种田"一站式数字农业服务平台，利用 GIS、大数据、人工智能等信息技术，将数字科技与农业科学深度耦合，研发了黄岩智慧果园一张图信息服务平台。平台依托农作物生长模型，通过人工智能算法，全面整合种、肥、药、机、钱等农业生产要素，深度挖掘作物-环境-耕作的耦合关系，为全区果农提供田块级气象服务、土壤数据服务、种植计划制定、作物长势监控、产量分析、植保方案、水肥管理、一田一码等数据和模型驱动的农业服务模块，全方位、便捷高效、精准匹配需求，利用大数据助力农业生产的增产、增质、增效和增收，进而推进果园资源环境数字化，加强果园生产过程监测和智能作业，指导果园生产，推动水果生产数字化、网络化和智能化发展。平台主要由两个实体系统、两项核心工作实现服务支撑和信息落地，两个系统分别是黄岩智慧果园一张图信息管理展示系统与黄岩柑橘市场价格预测与销路分析系统，两项工作分别是黄岩柑橘产区本底数据摸底与定期更新工作、黄岩柑橘产区大数据共用共享和会商决策工作。平台主要内容包括：

（1）柑橘产区本底信息"一张图"

基于卫星遥感和无人机航拍技术，结合地面数据调查采集工作，分析提取黄岩柑橘种植田块位置、面积、品种、数字化水平和规模、柑橘采后加工点位置和服务规模等信息，形成产区本底"一张图"（图 12-9），为产区发展规划、布局优化调整提供可靠的数据支撑。

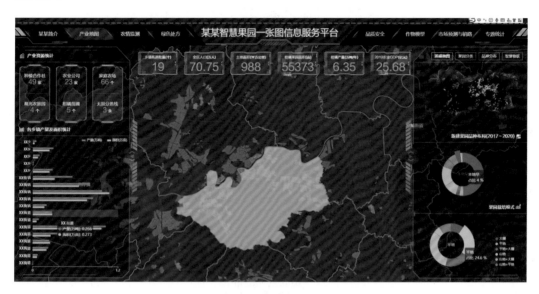

图 12-9　柑橘产区本底信息"一张图"

（2）柑橘农情与农事信息"一张图"

基于地理信息系统技术规划建立多个大田、山地和大棚蜜橘生产监测点，布局多种物联网设备，定点持续观测环境小气候、土壤水分肥力、农事操作等，多源数据通过云传输可视化展示（图 12-10），支持用户通过微信小程序、农场大屏 24h 云端巡田，平台还提供农事信息通知和气象灾害预警，为安全生产、产量品质分析提供数据支持。

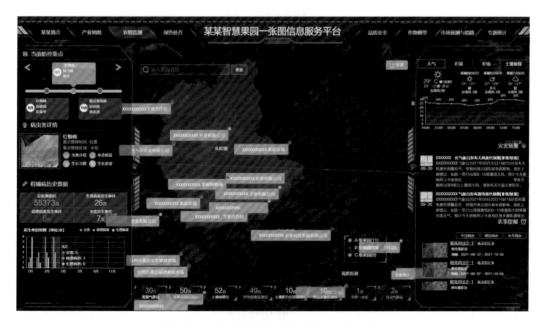

图 12-10　柑橘农情与农事信息"一张图"

（3）柑橘长势与绿色生产处方信息"一张图"

根据不同栽培条件合理布局柑橘标准图像观测点，采集柑橘生长全程高清图片，结合无人机遥感巡田，基于图像 AI 技术提取柑橘树势与病害胁迫信息，重点监测柑橘黄龙病、红蜘蛛、黑点病等发生情况，结合红美人、本地早等品种生长管理模型，形成柑橘长势与施药（肥）处方"一张图"（图 12-11），指导果农精准施肥、精准防控标。

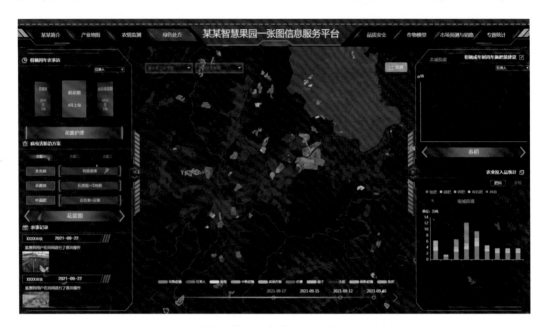

图 12-11　柑橘长势与绿色生产处方信息"一张图"

（4）柑橘品质与质量安全信息"一张图"

基于柑橘品质快速检测数据采集系统，定点定期监测柑橘品质性状，建立土壤肥力、水质、果品农药残留等数据库，形成全区柑橘品质与质量安全信息"一张图"，结合果园生产综合分析，为产区整体种植规划、品种更新、种植技术提升提供决策依据。

（5）黄岩柑橘市场价格预测与销路分析系统

整合全国柑橘市场数据、生产数据、气象数据，融合多种算法模型和机器学习自主研发了柑橘价格行情预测模型。通过短期和中长期两个时间尺度的市场价格预测及销路分析，预测柑橘各品种最佳上市时间、最优供货渠道与包装方式，为柑橘品种优化、栽培技术提升及果实分选设备引进提供决策支持。

黄岩智慧果园一张图信息服务平台全实现了数据整合，使农业服务更精准、更高效，不仅帮助果农降本增效，还有效解决了小农户规模化生产难题，同时有效撬动了社会化服务的积极性，提高了智能农机的应用水平，解决了种不好地的问题。同时，满足了各新型经营主体对大数据的应用需求，有力地带动了农业种植、服务、农业投入品以及农业数字化等产业的发展，提高了农业生产效率，保障了农产品安全和生态健康，具有一定的经济、社会和环境效益，对于促进农业提质增效具有重要意义。对种植户来说，有利于农业的规模化经营，经农业部门测算，通过减少劳动力、精准投入可以降低成本至少 10%，提高农产品产量和质量至少 10%，两者相加等于增收 20%以上；对于消费者来说，通过减少化学农资使用量，以及平台一田一码溯源系统的质量监管，扫码即可查看柑橘种植全程生产数据，享受到更加安全、健康、营养的绿色食品；对社会而言，可优化资源配置，提升农业的竞争力，平台积累的海量信息可以为政府防灾减灾、优化产业结构、粮食储备提供信息依据。

12.6　结论与展望

农业生产是一个复杂的过程，正常的农业生产，无论生产者意识到或没有意识到，从播种到收获，要做出 40 个以上的决策，如品种、耕作、施肥、植保等。突出个性，忽视整体，我国经验种田的本质没得到根本改观。"专业知识+信息"是科学种田的基础，当前的专业知识和信息技术已经得到长足的发展，但在农业信息的获取和应用上还存在明显的不足，这使得农业生产仍显著地受到种田经验限制。因此，利用现代传感技术，获取土壤、作物和环境等信息，构建农业生产大数据，研发决策模型，应用云计算、互联网和智能终端，可显著推动农业数字化和科学种田，促进高效可持续性绿色农业生产（图 12-12）。

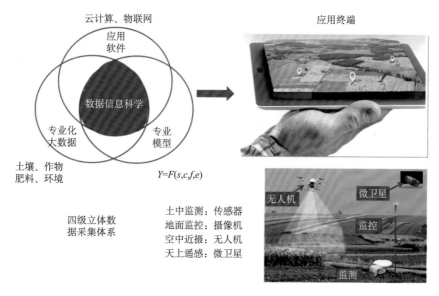

图 12-12　现代信息、传感和装备技术及其融合现代数字农业中的应用

在农业信息获取中，土壤因其组成与结构的复杂性而为农业信息获取的瓶颈。常规的化学分析方法因成本高、耗时长而无法满足现代农业生产的需求，而现代光谱技术可快速全面地获取土壤样本的组成与结构信息，例如，与中红外光谱相结合，可实现土壤有机质的快速测定；与拉曼光谱相结合，实现土壤碳的稳定性分析；与激光诱导击穿原子光谱相结合，可实现土壤主要组成的快速测定（马菲等，2001）。通过建立土壤光谱数据库和预测模型，可构建土壤光谱信息系统，融合现代信息技术和农机装备，可为现代

数字化智慧农业提供技术支撑（图 12-13）。

图 12-13　农田土壤光谱信息系统及其应用

参 考 文 献

方向明, 李姣媛. 2018. 精准农业:发展效益、国际经验与中国实践. 农业经济问题, 11: 28-37.

何山, 孙媛媛, 沈掌泉, 等. 2017. 大数据时代精准施肥模式实现路径及其技术和方法研究展望. 植物营养与肥料学报, 23(6): 1514-1524.

姜侯, 杨雅萍, 孙九林. 2019. 农业大数据研究与应用. 农业大数据学报, 1(1): 5-15.

金继运. 1998. 精准农业及其在我国的应用前景. 植物营养与肥料学报, 1: 1-7.

金继运, 白由路. 2004. 精准农业研究的回顾与展望. 农业网络信息, S1: 3-11.

李道亮. 2018. 农业 4.0——即将到来的智能农业时代. 农学学报, 8(1): 207-214.

罗锡文, 廖娟, 胡炼, 等. 2016. 提高农业机械化水平促进农业可持续发展. 农业工程学报, 32(1): 1-11.

马菲, 周健民, 杜昌文. 2021. 激光诱导击穿原子光谱在土壤分析中的应用. 土壤学报, DOI:10.11766/trxb202012100679.

邱政超. 2018. 基于遥感影像的黑土区农田精准管理分区研究. 哈尔滨: 东北农业大学.

温佳伟, 黄金柏, 徐乐. 2014. 日本精准农业发展现状与展望. 中国农机化学报, 35(2): 337-340.

许世卫, 王东杰, 李哲敏. 2015. 大数据推动农业现代化应用研究. 中国农业科学, 48(17): 3429-3438.

杨盛琴. 2014. 不同国家精准农业的发展模式分析. 世界农业, 11: 43-46.

赵春江. 2010. 对我国未来精准农业发展的思考. 农业网络信息, 04: 5-8.

赵春江, 李瑾, 冯献. 2021. 面向 2035 年智慧农业发展战略研究. 中国工程科学, 23(4): 1-9.

周清波, 吴文斌, 宋茜. 2018. 数字农业研究现状和发展趋势分析. 中国农业信息, 30(1): 1-9.

Banu S. 2015. Precision agriculture: tomorrows technology for todays farmer. Journal of Food Processing & Technology, 6(8): 468.

Erickson B, Lowenberg-DeBoer J. 2020. Precision agriculture dealership survey. Purdue University.

Gebbers R, Adamchuk V I. 2010. Precision agriculture and food security. Science, 327(5967): 828-831.

McBratney A, Whelan B, Ancev T, et al. 2005. Future Directions of Precision Agriculture. Precision Agriculture, 6(1): 7-23.

Neményi M, Mesterházi P, Pecze Z, et al. 2003. The role of GIS and GPS in precision farming. Computers & Electronics in Agriculture, 39(1-3): 45-55.

Paustian M, Theuvsen L. 2017. Adoption of precision agriculture technologies by German crop farmers. Precision Agriculture, 18(5): 701-716.

Pierce F J, Nowak P. 1999. Aspects of precision agriculture. Advances in Agronomy, 67: 1-85.

Pierpaoli E, Carli G, Pignatti E, et al. 2013. Drivers of precision agriculture technologies adoption: a literature review. Procedia Technology, 8: 61-69.

Sasao A, Shibusawa S. 2000. Prospects and strategies for precision farming in Japan. Japan Agricultural Research Quarterly, 34(4): 233-238.

Shannon D K, Clay D E, Sudduth K A. 2018. An Introduction to Precision Agriculture. Precision Agriculture Basics: 1-12.

Wolfert S, Ge L, Verdouw C, et al. 2017. Big Data in Smart Farming—a review. Agricultural Systems, 153: 69-80.

Zhang N, Wang M, Wang N. 2002. Precision agriculture—a worldwide overview. Computers and Electronics in Agriculture, 36(2): 113-132.

第13章　淮北平原砂姜黑土改良技术与可持续农业实践

砂姜黑土是发育于河湖相沉积物、低洼潮湿和排水不良环境，经前期的草甸潜育化过程和以脱潜育化为特点的后期旱耕熟化过程所形成的一种隐域性土壤。砂姜黑土主要分布在黄淮海平原的安徽、河南、山东和江苏等省的 120 个县（市/区），面积约 400 万 hm^2（张俊民，1986；李德成等，2011），土壤质地黏重，黏土矿物主要以蒙脱石为主，湿时膨胀泥泞，干时龟裂僵硬，导致难耕难耙，加上有机质含量低，缺氮少磷，严重影响作物的正常生长，是我国主要的中低产田之一（曾希柏等，2014）。但是，砂姜黑土绝大部分位于淮北平原，集中成片，区域水热条件良好，光照资源丰富，机械化程度高，是我国重要的粮食生产基地。

13.1　砂姜黑土区域概况与障碍特征

13.1.1　区域概况

砂姜黑土主要分布在黄淮海平原的安徽、河南、山东、江苏等地，面积达 400 多万 hm^2，其中绝大部分位于淮北平原，是我国主要的集中连片中低产田之一。区域多为暖温带半湿润气候，年降水量在 750～900mm，大于 10℃的积温在 4600～4800℃，无霜期 200～220d（张俊民，1986）。该区域地处我国季风气候带，降水年际变幅大，年内季节严重不均，雨季 6～9 月 4 个月的降水量占全年降水量的 60%，10 月～次年 2 月 5 个月的降水量占全年降水量的 16.8%（潘文胜等，2008）。夏季暴雨等极端天气频发，易造成渍涝灾害；而在枯水年或少水的月份易发生旱灾，此外在小麦等夏收作物灌浆期常有西南干热风的危害（曹承富，2016）。

砂姜黑土区主要农作物以冬小麦-夏玉米一年两熟的轮作制度为主，间或冬季种植油菜、大麦，夏季种植大豆、花生及红薯等作物，复种指数较高。部分地区存在夏玉米-春花生/大豆/红薯-冬小麦两年三熟轮作制度。耕作方式以冬小麦季旋耕或翻耕，夏玉米季免耕播种为主。先前作物秸秆多做牲畜饲料或焚烧；当前作物秸秆以还田为主，部分地区移除他用。近年来，砂姜黑土区域作物产量得到稳步提升，风调雨顺的情况下，小麦、玉米产量均可达到 500kg/亩以上。

13.1.2　砂姜黑土的障碍特征

砂姜黑土在土体构型上有黑土层和砂姜层，前者上覆后者，黑土层虽然颜色深，但有机质含量低（<1%）；砂姜层一般位于 20cm 以下深度，由粒径大小不一的碳酸钙结核形成（图 13-1）。黑土层是由于河湖沉积物在长期在排水不良的条件下，有机物不断腐

殖化、芳香化，与蒙脱石等黏土矿物相互作用而形成的土壤层次。在开垦耕作以后，黑土层分化为耕作层、犁底层和残留黑土层。砂姜层是富含碳酸盐的地下水受蒸发或 CO_2 分压变化的影响于土体剖面沉积固结，并逐渐形成结核的土层（黄瑞采等，1989）。砂姜大小不同、形态不规则，一般出现在 40～70cm 土层。砂姜的存在显著改变了砂姜黑土的持水能力及水分运动规律，可能使砂姜黑土对旱涝更加敏感（Gu et al., 2017）。砂姜黑土耕作层虽然颜色偏黑，但总体有机质含量偏低，一般低于 12g/kg，氮磷含量也偏低。砂姜黑土耕层质地黏重，黏粒含量多在 30%左右，高者可达 50%以上。黑土层黏土矿物以 2∶1 型蒙脱石为主，胀缩性强，湿时泥泞，干时龟裂僵硬，导致难耕难耙（图 13-2）。砂姜黑土结构性较差，多以棱柱或棱块状为主，水稳性团聚体含量较低。砂姜黑土微孔占比较大，田间持水量为 35%（体积比），而作物能够吸收利用的有效水仅为 15%（体积比）；土壤含水量随水势增加而急剧下降，非饱和导水率较低，毛管水上升速度慢、高度低，导致供水能力低，抗旱能力较弱（孙怀文，1993）。

耕作层

犁底层

残留黑土层

脱潜砂姜层

砂姜层

图 13-1　砂姜黑土剖面（李德成等，2011）

图 13-2　砂姜黑土翻耕形成的大坷垃（左）和收割造成土壤压实（右）

　　砂姜黑土自身主要存在"旱、涝、僵、瘦"等障碍，制约了其生产潜力。干旱一部分原因是降雨季节分布不均匀，另外是由于砂姜黑土结构性差，保水能力弱，干旱时开裂切断毛管，同时砂姜也会阻隔毛管水上升作用。因此有砂姜黑土"五天不雨小旱，十天不雨大旱"之说。涝主要发生在降雨集中的6～8月，且砂姜黑土多分布在地势低洼的区域，地下水位较高，排水不良。另外，蒙脱石等膨胀性黏土矿物遇水膨胀堵塞毛管孔隙，不利于水分下渗，这也是砂姜黑土涝害易发生的重要原因。僵主要指砂姜黑土耕性不良，原因在于砂姜黑土黏粒含量高，有机质含量低，结构不良，导致其干时坚硬，湿时泥泞，适耕期短，难耕难耙（詹其厚等，2003；薛豫宛等，2013）。瘦是指砂姜黑土肥力低下。宗玉统（2013）调查了安徽、河南、山东和江苏等地36个样点的砂姜黑土，耕层有机质含量多低于10g/kg，最高的仅为17.09g/kg，全氮含量多低于1g/kg，最高的仅为1.47g/kg，全磷含量为0.66～3.93g/kg。这就导致砂姜黑土基础地力低下，中低产田面积较大。

　　近年来，由于耕作、施肥、种子和植保等农业技术的推广应用，砂姜黑土的生产潜力逐步提升，但是不合理的耕种措施也导致砂姜黑土出现新的问题。当前，农家肥施用量急剧减少、化肥施用量迅速增加及不合理使用、作物秸秆焚烧不还田等，导致砂姜黑土有机质含量难以提升。大型农业机械在耕作、播种和收获等农事操作中的大量使用，导致耕层以下土壤压实和板结。旋耕机械的广泛使用导致耕层变浅，犁底层上移等耕层结构问题日益严重。作者在安徽省怀远县调查发现，目前砂姜黑土耕层深度多小于15cm，耕层以下土壤紧实度多大于1MPa，稍微干旱条件下耕层以下紧实度可达2MPa，严重阻碍了作物根系生长。

　　针对砂姜黑土土质僵硬、耕层浅薄等障碍问题，谢迎新等（2015）发现，深耕30cm与免耕和旋耕相比可以降低土壤容重，增加土壤有机碳含量，进而提高小麦籽粒产量，可作为砂姜黑土农田适宜的耕作方式。程思贤等（2018）研究表明，深松30～40cm可以降低砂姜黑土土壤紧实度，改善土壤三相比，增加根系生物量和产量，同时提高水分利用效率。但也有研究发现砂姜黑土旋耕加播种后镇压比深翻和深松加播种后镇压小麦产量显著增加（赵竹等，2014）。不同耕作方式各有其优缺点，有学者指出单一的耕作方式在生产中不宜连续使用，应将不同耕作方式组合成适宜的轮耕模式，交替使用。靳海洋等（2016）报道，冬小麦-夏玉米周年耕作方式以免耕-深松组合作物产量和经济效益最优，旋耕-深松次之，免耕-免耕最差。然而，赵亚丽等（2018）发现，冬小麦-夏玉米周年耕作方式以深耕-深松组合作物产量和经济效益最优，深耕-免耕次之，旋耕-免耕效益最差。不同的耕作处理及气候条件等因素的差异可能是导致不同实验结果的原因。结合不同区域砂姜黑土的特点，摸索适宜的耕作模式、培肥模式、轮作模式和改良技术，可为砂姜黑土可持续利用提供理论基础与技术支撑。

13.2　土壤耕作改良砂姜黑土及作物产量提升

　　本小节针对砂姜黑土长期旋耕导致的耕层浅薄、土壤结构紧实等问题，开展免耕、旋耕、深松和深翻等耕作措施（图13-3）对土壤物理性质和作物生长影响的研究，以期提出合理的耕作模式（王玥凯等，2019）。

免耕　　　　　　旋耕　　　　　　深翻　　　　　　深松

图 13-3　砂姜黑土下不同耕作措施的农机具

13.2.1　不同耕作方式对土壤容重的影响

在玉米不同生育阶段，不同耕作方式对不同深度土壤容重的影响存在差异（表 13-1）：玉米苗期深松显著降低 0～10cm 土层容重，其他处理对土壤容重的影响均无显著差异。灌浆期免耕处理 0～10cm 土层土壤容重（1.57g/cm³）显著高于其他耕作处理（$P<0.05$）；旋耕 10～20cm 土层容重（1.52g/cm³）较免耕和深松有所降低（1.58g/cm³、1.59g/cm³）；深翻显著降低 10～20cm 和 20～40cm 土层土壤容重（1.47g/cm³、1.46g/cm³）。玉米收获时在 0～10cm 土层，免耕处理下土壤容重（1.48g/cm³）显著高于其他三种耕作处理（1.35～1.39g/cm³）（$P<0.05$）。在 10～20cm 土层，深翻处理下土壤容重（1.39g/cm³）显著低于其他处理（$P<0.05$）。而在 20～40cm 处，不同耕作处理之间的土壤容重无差异（$P>0.05$）。

表 13-1　不同采样时期耕作方式对土壤容重的影响

采样时间	深度/cm	免耕/（g/cm³）	旋耕/（g/cm³）	深松/（g/cm³）	深翻/（g/cm³）
2017-07-05	0～10	1.50±0.05ab	1.54±0.02a	1.44±0.04b	1.52±0.05a
	10～20	1.55±0.04a	1.56±0.01a	1.55±0.04a	1.51±0.03a
	20～40	1.55±0.01a	1.60±0.03a	1.54±0.03a	1.60±0.03a
2017-09-09	0～10	1.57±0.02a	1.47±0.02b	1.43±0.03b	1.43±0.02b
	10～20	1.58±0.02a	1.52±0.03b	1.59±0.02a	1.47±0.01c
	20～40	1.62±0.02a	1.60±0.02a	1.60±0.02a	1.46±0.03b
2017-10-25	0～10	1.48±0.04a	1.39±0.04b	1.39±0.03b	1.35±0.03b
	10～20	1.54±0.03a	1.52±0.03a	1.50±0.03a	1.39±0.02b
	20～40	1.57±0.03a	1.58±0.03a	1.56±0.02a	1.52±0.02a

注：不同小写字母表示同一土壤深度不同耕作处理间差异显著（$P<0.05$）。

13.2.2　不同耕作方式对土壤紧实度的影响

不同采样时期土壤紧实度在 0～10cm 深度范围随土壤深度增加而迅速上升（图 13-4）。玉米苗期降水少，土壤含水量低，土壤紧实度较高。免耕处理下 10～30cm

深度范围土壤紧实度均显著高于其他三种耕作处理（$P < 0.05$），在 12.5cm 处土壤紧实度高达 2475kPa。其余耕作处理间无显著差异。

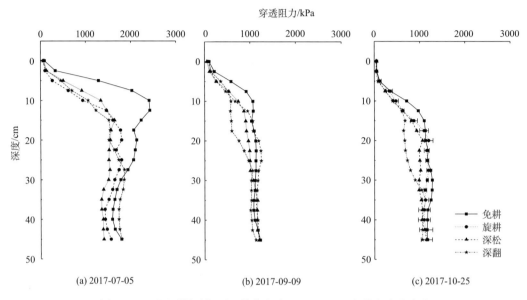

图 13-4　不同采样时期不同耕作方式下 0～45 cm 土壤紧实度变化

2017 年 8 月之后降水量增加，土壤紧实度较苗期明显降低。玉米灌浆期免耕处理下 5～15cm 深度范围紧实度显著高于其他处理；深翻显著降低 10～30cm 深度范围土壤平均紧实度至 725kPa，其他三种耕作处理平均紧实度在 938～1092kPa 之间。

玉米收获期，除深翻处理外，其余三种处理 10～40cm 土层紧实度保持在 1200kPa 左右。在 0～10cm 深度范围，免耕处理下土壤紧实度高于其他耕作处理，其余三种耕作处理土壤紧实度基本一致。在 10～30cm 土层，土壤平均紧实度由低至高依次为深翻（764kPa）、深松（930kPa）、旋耕（1061kPa）、免耕（1158kPa）。在 30～40cm 处，各耕作处理之间土壤紧实度无明显差异。

13.2.3　不同耕作方式对土壤水分和饱和导水率的影响

不同土层土壤含水量对降水响应存在差异。0～10cm 土层土壤含水量较深层低且变异系数较大（图 13-5）。有趣的是，降水过后 10～20cm 和 20～40cm 的土壤含水量在一定时间保持一个"高台"现象，这一现象随土壤深度加深而更加明显，说明该研究区域土壤排水困难。各耕作处理不同土层含水量也表现各异。在 0～10cm 处，深翻处理下土壤含水量（0.20cm³/cm³）低于其他耕作处理（0.22～0.27cm³/cm³）；而在 20～40cm 处，深翻处理下土壤含水量（0.36cm³/cm³）高于其他耕作处理（0.31～0.32cm³/cm³）。在降水较少的 7 月至 8 月上旬期间，0～10cm 土层免耕和深翻处理下含水量低于其他耕作处理。8 月中旬往后，雨量增大，0～10cm 土层旋耕处理土壤含水量明显高于其他耕作处理。

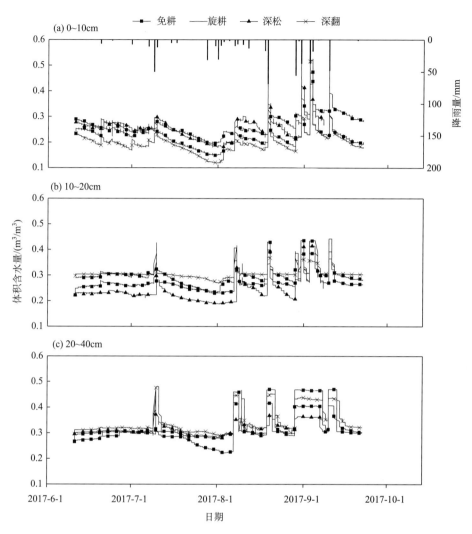

图 13-5　不同耕作方式下土壤体积含水量变化

9 月下半月旋耕处理由于仪器问题而缺少数据

　　土壤有效水分库容随深度增加而降低[图 13-6（a）]，这与土壤容重增加或土壤持水孔隙减少有关（表 13-1）。0～10cm 和 10～20cm 土层深松和深翻处理下土壤有效水分库容较免耕和旋耕处理显著提升 5%～7%（$P<0.05$）。旋耕处理 20～40cm 土层土壤有效水分库容明显降低，这可能与土层容重增加有关。

　　土壤饱和导水率随深度增加呈递减趋势[图 13-6（b）]。0～10cm 土层深松和深翻处理下土壤饱和导水率较高，分别为 $4.15×10^{-2}$mm/min 和 $1.09×10^{-3}$mm/min，显著高于免耕（$3.87×10^{-5}$mm/min）和旋耕处理（$1.48×10^{-4}$mm/min）。而 10cm 深度以下各耕作处理的饱和导水率均较低且无显著差异。

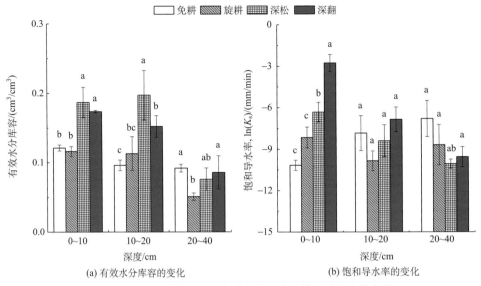

图 13-6　不同耕作方式下有效水分库容和饱和导水率的变化

不同小写字母表示不同耕作处理间差异显著（$P < 0.05$），饱和导水率进行了自然对数转换

13.2.4　不同耕作方式对玉米根系和作物产量的影响

不同耕作处理下 90% 以上的玉米根系集中在 0～10cm 深度范围内（图 13-7）。在 0～10cm 土层，深翻处理下根长密度显著高于免耕和深松处理（$P < 0.05$），较免耕、旋耕、深松分别增加了 117%、34.5%、74.5%；根干重密度分别增加了 73.9%、35.4%、38.9%。10～20cm 和 20～40cm 深度旋耕处理根长密度和根干重密度显著高于免耕和深松处理（$P < 0.05$）。

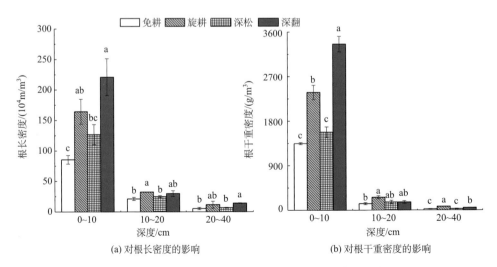

图 13-7　不同耕作方式对根长密度和根干重密度的影响

不同小写字母表示不同耕作处理间差异显著（$P < 0.05$）

　　不同耕作方式对 2016～2017 年周年作物产量的影响未达到显著水平（$P > 0.05$），但产量提升幅度明显（图 13-8）。2016 年玉米季深松和深翻较免耕分别增产 8.22% 和 9.69%，较旋耕分别增产 10.32% 和 11.81%。2017 年小麦季深翻较免耕和旋耕分别增产 12.27% 和 7.21%。2017 年玉米季深松和深翻处理下玉米产量较免耕分别增产 12.2% 和 11.0%，与旋耕产量相当。

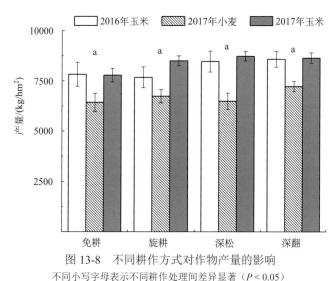

图 13-8　不同耕作方式对作物产量的影响

不同小写字母表示不同耕作处理间差异显著（$P < 0.05$）

13.2.5　土壤物理结构与根系发育及作物产量的关系

　　将玉米生育期内各采样时期及全生育期各小区 0～40cm 深度范围内土壤结构性质与根系密度取平均值后进行相关分析发现（表 13-2）：根长密度随土壤容重和紧实度增长而显著降低。除玉米苗期土壤紧实程度与根系发育相关性未达到显著水平外（$P>0.05$），其余采样时期土壤紧实度和容重均与根长密度呈显著负相关性（$P<0.05$）。全生育期土壤平均紧实度和平均容重与根长密度间达到极显著负相关（$r = -0.74$，$r = -0.73$，$P < 0.01$）。作物产量与土壤紧实度呈弱的负相关（$r = -0.55$，$P < 0.10$）。

表 13-2　2017 年玉米生育期内土壤物理性质与根系发育及玉米产量间相关性

时间	指标	根长密度/（m/m³）	根干重密度/（g/m³）	产量/（kg/hm²）
2017-07-05	紧实度	−0.57	−0.29	−0.42
	容重	0.05	−0.04	−0.07
2017-09-09	紧实度	−0.69[*]	−0.71[**]	−0.51
	容重	−0.79[**]	−0.51	−0.23
2017-10-25	紧实度	−0.73[**]	−0.61[*]	−0.55
	容重	−0.65[*]	−0.53	−0.04
全生育期	紧实度	−0.74[**]	−0.54	−0.55
	容重	−0.73[**]	−0.53	−0.24

注：*，**分别表示在 0.05 和 0.01 水平上（双侧）显著相关。

13.2.6　小结

经过 2016~2018 年三年连续耕作，不同耕作模式下土壤物理结构、养分分布、根系发育及作物产量出现明显差异。与免耕、旋耕相比，深翻显著降低土壤紧实程度，扩大土壤耕层范围，提高土壤有效水分库容和饱和导水率，降低土壤收缩系数，对耕层物理结构具有明显的改善效果。

作物产量显示深松和深翻处理较免耕和旋耕能够提高 10%左右，产量的提升主要依赖于该两种处理下土壤物理结构的改善。旋耕处理下作物产量年际变化较大，这与该地区旱涝交替明显有关。旋耕虽然能够有效疏松表层，但造成了犁底层压实。这对于蓄水容量小且供水强度差的砂姜黑土而言，长期旋耕下作物更易受到旱涝灾害的影响。综上所述，深翻为砂姜黑土区较为适宜的耕作方式。

13.3　有机培肥改良砂姜黑土及作物产量提升

本小节针对砂姜黑土有机质含量低、秸秆还田难等问题，基于长期定位实验开展不同量的秸秆还田，猪粪和牛粪等厩肥培肥，分析有机培肥对土壤理化性质、有机碳组成、团聚体稳定性和作物生长的影响，以期提出合理的培肥模式（王道中等，2015；Guo et al.，2018，2019）。

13.3.1　有机培肥对土壤理化性质的影响

由表 13-3 可知，相对于对照（Control）而言，长期单施化肥（NPK）显著降低了砂姜黑土的 pH，而长期施用猪粪（NPKPM）和牛粪（NPKCM）则缓解了土壤酸化进程。单施化肥相对于对照处理显著提高了土壤的电导率（$P < 0.05$）。相对于单施化肥处理而言，猪粪、牛粪与化肥的配施显著提高了土壤的电导率（$P < 0.05$），而秸秆还田（NPKLS，NPKHS）则没有显著的影响（$P > 0.05$）。除交换性 Mg^{2+} 以外，单施化肥对交换性 K^+、

表 13-3　长期施肥对砂姜黑土土壤化学性质的影响

处理	pH	电导率 / （μS/cm）	阳离子交换量 / （cmol/kg）	交换性离子/（cmol/kg）			
				K^+	Na^+	Ca^{2+}	Mg^{2+}
Control	6.95ab	60d	26.1b	0.22c	0.39b	6.26c	2.00b
NPK	5.20c	113c	27.0ab	0.24c	0.38b	5.67cd	1.67c
NPKLS	5.10c	148c	26.9ab	0.25c	0.37b	5.50cd	1.61c
NPKHS	5.00c	132c	26.5ab	0.28bc	0.34b	5.30d	1.61c
NPKPM	6.66b	222b	28.2a	0.37b	0.47a	7.84b	2.08ab
NPKCM	7.24a	262a	26.7ab	0.91a	0.48a	8.99a	2.21a

注：Control，对照；NPK，单施化肥；NPKLS，化肥+低量秸秆还田；NPKHS，化肥+高量秸秆还田；NPKPM，化肥+猪粪；NPKCM，化肥+牛粪；不同小写字母代表不同施肥处理之间差异显著（$P < 0.05$）。

Na$^+$和 Ca^{2+}没有显著的影响（$P > 0.05$）。相对于单施化肥处理而言，猪粪、牛粪与化肥的配施显著提高了交换性 K$^+$、Na$^+$、Ca^{2+}和 Mg^{2+}的含量（$P < 0.05$），而秸秆还田则没有显著的影响（$P > 0.05$）。

如表 13-4 所示，长期施肥均显著提高了土壤硝态氮、速效磷、速效钾和全氮含量（$P < 0.05$），单施化肥或秸秆还田显著提高了土壤的铵态氮含量（$P < 0.05$），但有机无机配施对铵态氮影响不显著（$P > 0.05$）。总而言之，合理的有机无机肥配施、秸秆还田可以在不同程度上提高土壤养分含量，从而有利于提高作物产量，维持农田土壤生态系统的稳定性。

表 13-4　长期施肥对砂姜黑土土壤养分性质的影响

处理	全氮 / (g/kg)	硝态氮 / (mg/kg)	铵态氮 / (mg/kg)	速效磷 / (mg/kg)	速效钾 / (mg/kg)
Control	0.78e	2.75e	3.49b	2.66d	129d
NPK	0.97d	6.53d	8.00a	22.3c	130d
NPKLS	1.19c	8.58cd	8.88a	25.4c	155c
NPKHS	1.57b	10.7bc	9.16a	27.9c	184b
NPKPM	1.73b	12.8b	3.83b	105.3a	186b
NPKCM	2.27a	15.6a	3.43b	74.3b	508a

注：处理同表 13-3 注释；不同小写字母代表不同施肥处理之间差异显著（$P < 0.05$）。

13.3.2　有机培肥对土壤有机碳库组成的影响

连续 34 年施肥条件下，不同施肥处理的碳投入、碳固定之间的差异如表 13-5 所示。秸秆还田、有机与无机配施处理下碳投入量（3.24～7.45t/km^2）要远远高于单施化肥处理（2.16t/km^2）和对照处理下的碳投入量（0.23t/km^2）。对于特定的施肥处理而言，小麦根茬碳投入量（0.13～1.76t/km^2）远远要高于大豆根茬碳投入量（0.04～0.88t/km^2）。相对于不施处理而言，单施化肥处理下土壤有机碳含量显著提高了 16%（$P<0.05$）。相对于单施化肥处理而言，秸秆还田处理、有机与无机配施处理下土壤有机碳含量显著提高了 16%～132%（$P<0.05$）。与 1982 年初始的有机碳含量（5.86g/kg）相比，这些相当于有机碳储量增加了 3.02～25.02t/km^2。相对于不施处理而言，单施化肥、秸秆还田、有机与无机配施处理均显著提高了有机碳固定速率（$P<0.05$）（表 13-5）。其中，猪粪、牛粪与化肥配施处理下有机碳固定速率最高（分别为 0.57t/km^2 和 0.66t/km^2）。

长期施肥显著改变了有机碳各物理组分（表 13-6）。通过湿筛法、密度悬浮法和六偏磷酸钠分散后，各施肥处理下的碳回收率达到 90%～98%。在有机碳的五个组分中，S + C_mM 组分所占比例最大（42%～50%），其次是 S + C_M 组分（20%～42%），比例最小的是 iPOM 组分（4%～12%）、fPOM 组分（2%～10%）和 cPOM 组分（2%～4%）。相对于不施肥处理而言，除 cPOM 组分以外，单施化肥显著提高了其他几个组分的含量（$P < 0.05$）。相对于单施化肥处理而言，秸秆还田、有机与无机配施处理显著提高了 cPOM

组分（57%～238%）、fPOM 组分（77%～313%）、iPOM 组分（74%～319%）和 S + C_mM 组分（32%～130%）的含量（$P < 0.05$），但是对 S + C_M 组分并没有显著影响（$P > 0.05$）。

表 13-5　不同施肥措施对砂姜黑土碳投入和碳固定的影响

处理	根茬碳投入 /[t/（km²·a）]	有机物料碳投入 /[t/（km²·a）]	总碳投入 /[t/（km²·a）]	有机碳 /（g/kg）	碳固定速率 /[t/（km²·a）]
Control	0.23e¶	0	0.23f	7.52f	0.08f
NPK	2.16d	0	2.16e	8.70e	0.16e
NPKLS	2.24d	1.00	3.24d	10.1d	0.24d
NPKHS	2.39c	2.00	4.39c	11.4c	0.31c
NPKPM	2.49b	2.86	5.35b	14.7b	0.57b
NPKCM	2.70a	4.75	7.45a	17.5a	0.66a

注：处理同表 13-3 注释；不同小写字母代表不同施肥处理之间差异显著（$P < 0.05$）。

表 13-6　不同施肥措施对砂姜黑土土壤有机碳各物理组分碳含量的影响 （单位：g/kg）

处理	cPOM	微团聚体（53～250μm）			S+C_M
		fPOM	iPOM	S+C_mM	
Control	0.12d	0.17e	0.30f	3.37f	3.05b
NPK	0.19cd	0.40d	0.48e	3.81e	3.66a
NPKLS	0.18d	0.62cd	0.61d	4.23d	3.68a
NPKHS	0.28c	0.71c	0.84c	5.03c	3.67a
NPKPM	0.47b	1.01b	1.14b	7.15b	3.43a
NPKCM	0.61a	1.65a	2.01a	8.78a	3.47a

注：cPOM，粗颗粒有机物；fPOM，游离态颗粒有机物；iPOM，闭蓄态颗粒有机物；S+C_mM，微团聚体中粉黏级有机碳；S+C_M，大团聚体中粉黏级有机碳；处理同表 13-3 注释；不同小写字母代表不同施肥处理之间差异显著（$P < 0.05$）。

13.3.3　有机培肥对土壤结构的影响

由表 13-7 可知，各处理下的土壤容重明显低于试验最初始的土壤容重（1.45g/cm³）。其中对照处理下的土壤容重下降了 9.7%，牛粪与化肥配施处理下的土壤容重则下降了 22.1%。长期施肥对砂姜黑土不同粒级团聚体组成的影响也不尽相同。在四种粒级团聚体中，大团聚体（0.25～2.0mm）比例最大，占 40.5%～54.7%；其次是微团聚体（0.053～0.25mm），占 19.9%～37.6%；再次是较大团聚体（>2.0mm），占 4.45%～23.0%；最后是粉黏粒组分（<0.053mm），占 8.55%～11.4%。相对于对照处理而言，单施化肥对砂姜黑土各粒级团聚体组成和团聚体稳定性并没有显著影响（$P>0.05$）。相对于单施化肥处理而言，秸秆还田处理下较大团聚体（>2.0mm）比例显著提高了 151%～171%（$P<0.05$）；而猪粪、牛粪与化肥配施处理下则降低了 22%～48%。牛粪、猪粪与化肥配施、全量秸秆还田和半量秸秆还田处理下大团聚体（0.25～2.0mm）比例分别提高了 35.1%、25.7%、11.6%和 9.9%（$P<0.05$）。牛粪、猪粪与化肥配施、全量秸秆还田和半量秸秆还田处理下

微团聚体（0.053～0.25mm）比例分别下降了 27.1%、13.3%、47.1% 和 41.0%（*P*<0.05）。值得注意的是，相对于单施化肥处理而言，无论是全量秸秆还田还是半量秸秆还田均显著提高了土壤团聚体稳定性（*P*<0.05）；而猪粪、牛粪与化肥的配施则降低了土壤团聚体稳定性（*P*<0.05）。

表 13-7 长期施肥对砂姜黑土土壤结构稳定性的影响

处理	容重 /（g/cm^3）	团聚体组成比例/%				团聚体稳定性（MWD） /mm
		较大团聚体 >2.0mm	大团聚体 0.25～2.0mm	微团聚体 0.053～0.25mm	粉黏粒组分 <0.053mm	
Control	1.31a	11.1b	43.8cd	31.7bc	9.95ab	1.15b
NPK	1.28ab	8.49bc	40.5d	37.6a	11.4a	1.00bc
NPKLS	1.24b	21.3a	44.5c	22.2d	9.42b	1.64a
NPKHS	1.21bc	23.0a	45.2c	19.9d	8.55b	1.72a
NPKPM	1.24b	4.45cd	50.9b	32.6b	9.26b	0.90c
NPKCM	1.13c	6.65c	54.7a	27.4c	8.79b	1.03bc

注：处理同表 13-3 注释；不同小写字母代表不同施肥处理之间差异显著（*P*<0.05）。

在本书中，我们还发现随交换性 Na$^+$ 含量的增加，土壤团聚体稳定性呈现逐渐下降的趋势，如图 13-9 所示。因此，我们推测交换性 Na$^+$ 作为一种分散剂，它的累积可能是长期施用猪粪、牛粪导致砂姜黑土土壤团聚体稳定性下降的一个原因。

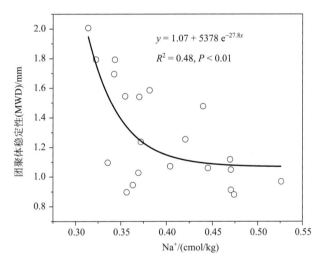

图 13-9 土壤团聚体稳定性（MWD）与交换性 Na$^+$ 之间的关系

13.3.4 有机培肥对作物产量的影响

由图 13-10 可知，2012～2016 年不同施肥处理对小麦和大豆的平均产量有显著的影响。相对于不施肥处理而言，长期施肥显著提高了小麦和大豆的产量（*P*<0.05）。较单

施化肥处理而言，猪粪、牛粪与化肥配施处理下小麦产量分别提高了 8.17% 和 11.3%（$P <$ 0.05）。同样地，在这两个处理下大豆产量也显著提高了 43.0% 和 77.2%（$P < 0.05$）。此外，全量秸秆还田处理下小麦和大豆产量均显著提高了 8.27% 和 19.4%（$P < 0.05$），而半量秸秆还田处理则没有显著影响（$P > 0.05$）。就增加的幅度来看，牛粪与化肥配施处理下的增产效果最明显。

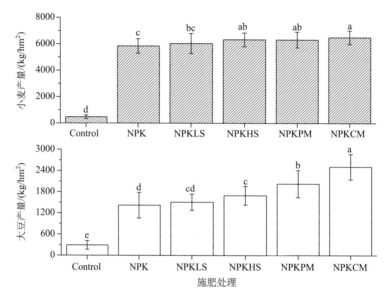

图 13-10　不同施肥处理下小麦和大豆产量（2012～2016 年）

处理同表 13-3 注释；不同小写字母表示不同施肥处理作物产量之间的差异显著（$P < 0.05$）

13.3.5　小结

长期施用有机肥显著提高了有机碳各物理组分，特别是颗粒有机碳（cPOM 组分、fPOM 组分、iPOM 组分）和微团聚体中的粉黏粒组分（S + C_mM 组分）的含量，但是并没有很好地促进团聚体的形成，甚至导致土壤团聚体稳定性下降，这主要与土壤中 Na^+ 的积累有关。相对而言，秸秆还田显著地促进了碳的固定，同时也提高了土壤结构稳定性。因此，如果要同时考虑当地政策（防止秸秆焚烧，减少环境污染）和可持续农业发展（增加土壤有机碳，改善土壤结构，增加作物产量），全量秸秆还田与化肥配施可以作为改善砂姜黑土土壤结构和维持可持续农业发展的一项有效举措。

13.4　覆盖作物改良砂姜黑土及作物产量提升

种植覆盖作物（cover crop）是一种常见的培肥地力和改良土壤的田间管理方式。覆盖作物一般为绿肥，种植目的不是为了收获，而是覆盖裸露的地表，改善土壤结构，其生物量还田可提高土壤有机质，豆科类覆盖作物还可提供氮素，并有助于抑制杂草和病虫害的发生,也有助于后茬作物的生长与品质。覆盖作物除改善表层土壤的物理性质外,还可以通过其发达的根系在土壤中生长、穿插,腐解后在土壤中形成根孔等孔隙结构,进而改善下层土壤结构、缓解土壤压实(Chen and Weil, 2011)。砂姜黑土僵硬、板结、黏闭是限制作物正常生长和水肥高效利用的关键因子,轮作根系发达的覆盖作物是缓解,甚至修复紧实的砂姜黑土的有效措施之一。

13.4.1 覆盖作物对土壤理化性质的影响

目前,砂姜黑土覆盖作物与粮食作物轮作的研究鲜有报道。因此,从 2017 年 11 月开始,在安徽龙亢农场实验地依次间隔设置为不压实和压实两种处理,并分别种植三种不同的覆盖作物(苜蓿、萝卜和毛苕子混播、油菜;此处毛苕子指长柔毛野豌豆),并设置休闲处理作为对照,共 8 个处理,每种处理设置 3 个重复,一共有 24 个田间试验小区,每个小区长均为 10m,宽为 7m。通过大型农业机械连续碾压 3 遍来进行土壤压实处理,不压实处理用深松机深松 35cm,之后旋耕机进行表层 10cm 浅旋,采用人工撒种的方式进行覆盖作物的播种,并在覆盖作物收割移除后分别在不同小区内种植玉米。

压实和不压实处理下不同土层深度的土壤容重如图 13-11 所示。与不压实处理相比,压实显著增加了 0~30cm 土层的土壤容重($P<0.05$),10~20cm 和 20~30cm 土壤容重分别高达 1.65g/cm^3 和 1.60g/cm^3。在压实和不压实条件下,土壤容重变化趋势都是随深度增加先增大后降低,在 10~20cm 达到最大值。0~10cm 压实处理的土壤容重与不压实处理的差距最大,前者为后者的 1.20 倍,而在 10~20cm、20~30cm 和 30~50cm 土层,压实处理的土壤容重分别是不压实处理的 1.07、1.06 和 1.08 倍。

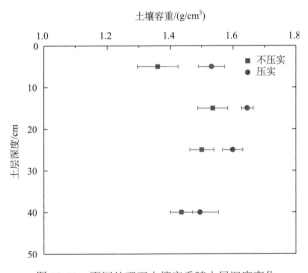

图 13-11 不同处理下土壤容重随土层深度变化

覆盖作物生长季,压实和不压实处理下土壤穿透阻力的均值在 0~75cm 深度土层的变化如图 13-12 所示。表层土壤的穿透阻力最小,压实处理下,0~10cm 穿透阻力急剧增大,在 10cm 处增至 1500kPa;在 10~30cm 穿透阻力逐渐减小,在 30~60cm 穿透阻力逐渐增加。在不压实处理下,0~60cm 穿透阻力随土层深度的增加逐渐增大,没有出现类似于压实处理的峰值。从图 13-12 可知,压实主要显著增加 0~30cm 土壤的穿透阻力。

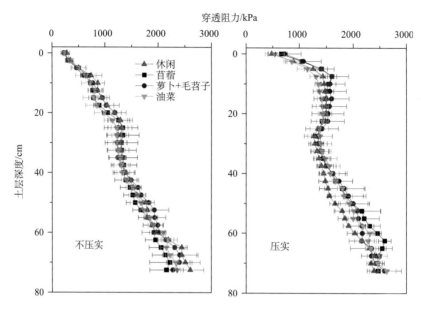

图 13-12　覆盖作物季不同覆盖作物下土壤穿透阻力随土层深度变化(2018 年 3 月 13 日)

在 0~30cm 范围内,不压实处理下休闲、苜蓿、萝卜+毛苕子和油菜的土壤穿透阻力较压实处理的低 34.6%、43.2%、42.8%和 39.6%,压实处理下苜蓿和油菜的土壤穿透阻力分别大于休闲处理的 4.6%和 7.9%,而油菜的土壤穿透阻力小于休闲处理 4.9%。这说明不压实处理下的土壤穿透阻力显著小于压实处理,油菜作为覆盖作物可以降低压实处理下 0~30cm 内的土壤穿透阻力。

由图 13-13 可知,在玉米生长季,由于含水量更低等原因,8 月 24 日测定的土壤穿透阻力显著高于 3 月 13 日的数值。随着土层深度的增加,不同处理下的土壤穿透阻力呈现先升高再降低后又升高的趋势,峰值主要在 10cm 土层。0~30cm 范围内,不压实处理下休闲、苜蓿、萝卜+毛苕子和油菜处理的土壤穿透阻力较压实小 25.2%、51.7%、55.4%和 35.1%,压实处理下苜蓿和萝卜+毛苕子的土壤穿透阻力分别大于休闲 7.9%和 7.6%,油菜的土壤穿透阻力小于休闲 6.4%。这说明不压实处理下的土壤穿透阻力显著小于压实处理,油菜作为覆盖作物后可以降低玉米季 0~25cm 内的土壤穿透阻力。

13.4.2　不同覆盖作物的地上生物量和根系特征

由图 13-14 所示,不同压实处理下,作物覆盖度大小排列为萝卜+毛苕子>油菜>苜蓿。土壤压实处理分别降低了苜蓿、萝卜+毛苕子和油菜覆盖度的 53.6%、29.5%和 50.6%。经方差分析可知,相比不压实处理,压实处理下的苜蓿和油菜覆盖度显著降低($P < 0.05$),萝卜+毛苕子覆盖度差异不显著。

穿透阻力/kPa

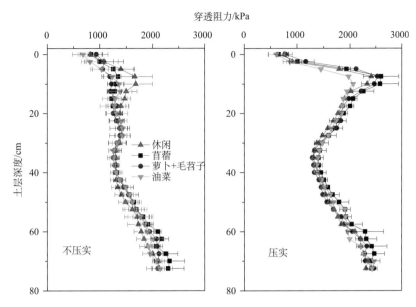

图 13-13　玉米季不同覆盖作物下土壤穿透阻力随土层深度变化（2018 年 8 月 24 日）

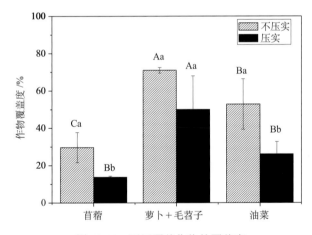

图 13-14　不同覆盖作物的覆盖度

不同大写字母代表相同压实处理不同覆盖物之间差异性显著（P＜0.05）；不同小写字母代表相同覆盖作物不同压实处理之间差异性显著（P＜0.05）

　　不同处理下三种覆盖作物地上部分生物量如图 13-15 所示。不压实处理的覆盖作物地上部生物量都高于压实处理。不压实土壤上，地上部生物量大小排列为油菜>萝卜+毛苕子>苜蓿；压实土壤上，地上部生物量大小排列为萝卜+毛苕子>油菜>苜蓿。压实处理分别降低了苜蓿、萝卜+毛苕子和油菜生物量的 62.5%、15.8%和 67.6%。由方差分析可知，与不压实处理相比，压实处理下苜蓿和油菜的地上部生物量显著降低（P＜0.05），萝卜+毛苕子的变化不显著。

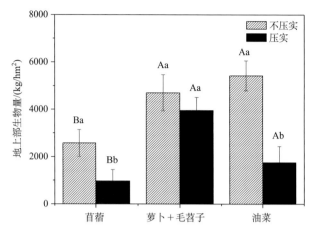

图 13-15　不同覆盖作物的地上生物量

不同大写字母代表相同压实处理不同覆盖物之间差异性显著（$P<0.05$）；不同小写字母代表相同覆盖作物不同压实处理之间差异性显著（$P<0.05$）

13.4.3　不同覆盖作物的根系特征

如图 13-16 所示，覆盖作物的根系主要集中 0～10cm 深度土层内，占全部 0～70cm 土层总根重的 81.9%～97.7%。10cm 深度土层内油菜和萝卜+毛苕子的根重密度迅速降低，而苜蓿根重密度则下降较为缓慢。不压实条件下，除表层（0～10cm）外，苜蓿的根重密度显著高于萝卜+毛苕子和油菜，这表明苜蓿根系更为发达且穿透土壤的能力更强。压实条件下，10～30cm 和 40～50cm 深度内，苜蓿的根重密度明显高于萝卜+毛苕子和油菜；而 50～70cm 深度内，萝卜+毛苕子的根重密度较高。压实会显著降低覆盖作物的根重密度，0～70cm 土层深度范围内，苜蓿、萝卜+毛苕子和油菜分别降低 61.4%、47.8%和 57.7%，表明压实对萝卜+毛苕子根系生长的影响最小。

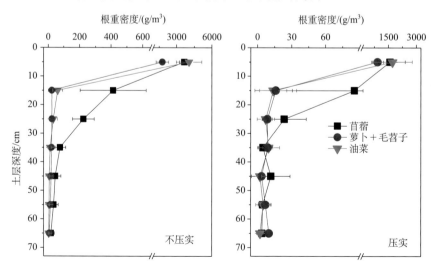

图 13-16　不同覆盖作物根重密度随土层深度的变化

13.4.4　不同覆盖作物对后茬玉米根系的影响

图 13-17 反映出随土层深度的增加，玉米根长密度逐渐减小。其中，0～20cm 土层，根长密度大幅度降低；10～80cm 土层，根长密度降低幅度较为平缓。0～10cm 土层，压实处理下覆盖作物为休闲、苜蓿、萝卜+毛苕子和油菜的玉米根长密度分别高于不压实处理 25.8%、30.5%、26.9%和 33.4%，但不同覆盖作物处理之间差距较小。覆盖作物为苜蓿时玉米根长密度在压实处理下大于不压实处理 31.9%，休闲压实处理小于休闲不压实处理 1.9%，而萝卜+毛苕子和油菜压实处理分别大于不压处理 10.4%和 19.3%。比较不压实处理下不同覆盖作物 0～80cm 的总根长可以发现，只有萝卜+毛苕子作为覆盖作物的玉米根长密度比休闲处理下的大，可以说明，不压实处理下萝卜+毛苕子作为覆盖作物可以促进玉米根系的生长。通过以上的分析可知，覆盖作物并不能缓解压实对玉米根长的影响，但萝卜+毛苕子作为覆盖作物可以增加不压实处理下玉米根系的总长。

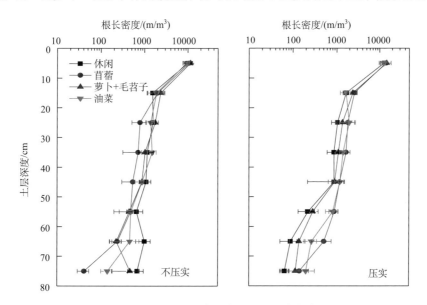

图 13-17　玉米根长度密度随土层深度的变化

图 13-18 反映出随土层深度的增加，玉米根系干重密度逐渐减小。玉米根系绝大部分分布在0～10cm 内。比较0～10cm 深度玉米根系的干重密度占土层内干重密度的比例，可知在不压实处理下覆盖作物为苜蓿和油菜的比例较休闲处理降低 5.3%和 13.4%，萝卜+毛苕子作为覆盖作物比例升高了 7.5%，说明萝卜+毛苕子作为覆盖作物可使玉米根系多分布在表层。由图 13-18 可知，0～10cm 范围内，压实处理时萝卜+毛苕子、油菜、苜蓿作为覆盖作物比休闲处理的根干重密度大 24.4%、10.2%和 0.8%，可以看出萝卜+毛苕子作为覆盖作物可以促进压实处理下玉米根干重密度的积累。

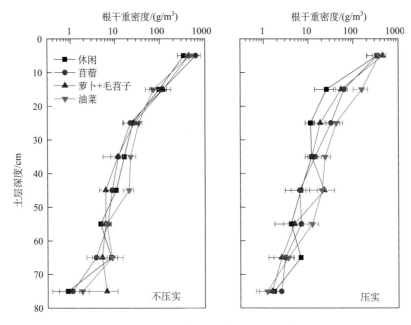

图 13-18 玉米根系干重密度随土层深度的变化

13.4.5 不同覆盖作物对后茬玉米产量的影响

由图 13-19 分析可知，土壤压实下不同覆盖作物处理玉米产量范围为 2.3～3.8t/hm²，而不压实土壤上覆盖作物的玉米产量为 4.3～5.3t/hm²，土壤压实使产量降低了 24%～46%，其中休闲处理降幅的最大（46%），而种植萝卜+毛苕子缓解压实最好（24%），其次为苜蓿和油菜，各降 39%。在不压实条件下，与休闲处理相比，覆盖作物增产依次为苜蓿（23.6%）、油菜（17.7%）和萝卜+毛苕子（17.5%），三者没有显著差异（P>0.05）。在压

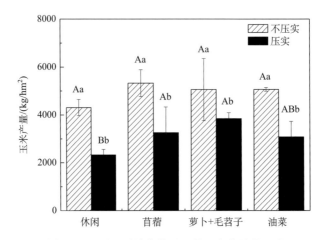

图 13-19 不同覆盖作物对后茬玉米产量的影响

不同大写字母代表相同压实处理不同覆盖物之间差异性显著（P<0.05）；不同小写字母代表相同覆盖作物不同压实处理之间差异性显著（P<0.05）

实条件下，与休闲处理相比，覆盖作物增产依次为萝卜+毛苕子（65.3%）、苜蓿（40.2%）和油菜（32.2%），可见在土壤压实条件下，种植覆盖作物效果远比不压实条件更佳（$P<0.05$）。由此可得，覆盖作物可以显著提高紧实土壤下的玉米产量，其中萝卜+毛苕子效果最佳。

13.4.6　小结

机械压实会导致 0～30cm 深度土层的容重增加，其中对表层 0～10cm 的影响最大，也会导致 0～30cm 范围内土壤穿透阻力显著增大。压实处理下，苜蓿、萝卜+毛苕子和油菜覆盖度较不压实减少了的 53.6%、29.5% 和 50.6%，压实处理显著降低苜蓿和油菜的覆盖度和生物量，对萝卜+毛苕子的影响不显著。压实处理降低玉米产量 24%～46%，而种植覆盖作物后，缓解土壤压实效果显著，提高玉米产量 32.2%～65.3%，其中萝卜+毛苕子效果最佳。可见，在砂姜黑土上种植覆盖作物能够较好地缓解机械压实对玉米产量的影响，但其缓解机制有待进一步研究。

13.5　改良剂改良砂姜黑土及作物产量提升

针对砂姜黑土黏粒含量高（>30%）、容重高（>1.3g/cm³）、紧实黏闭等问题，国内许多学者开展了添加多孔介质如生物质炭（Lu et al., 2014；蔡太义，2017；侯晓娜，2015）或者粉煤灰（马新明等，1998，2001；王小纯等，2002；郑学博，2012）等物质改良砂姜黑土孔隙结构，并分析其对作物生长的影响。

13.5.1　生物质炭改良砂姜黑土结构及其影响作物生长

生物质炭是生物物质在缺氧条件下不完全燃烧的产物，其结构高度芳香化，物理化学性质相当稳定，施入土壤后能长期存留于土壤中，疏松多孔的结构决定了其表面积大，交换密度相当高。Peng 等（2011）研究表明，在 250～450℃不同温度下制备的水稻秸秆生物质炭，随制炭温度的升高，生物质炭总体上含碳量、灰分、pH、N 及可提取的无机养分 P、K、Ca、Mg 含量升高，而挥发物质减少；羟基和脂肪族的 C 功能团减少，而芳香族的 C 功能团增加。生物质炭的高度芳香化结构使其比其他形式的有机碳具有更高的生物化学及热稳定性，因此能长期保存在土壤中不易被矿化，其分解速率相当慢，存在时间可达数百年甚至上千年之久。综上所述，生物质炭对土壤，特别是酸性且质地细的土壤，改善土壤结构和促进作物生长效果明显。

13.5.1.1　生物质炭对土壤理化性质的影响

生物质炭施入土壤能降低土壤容重，其多孔结构有利于保持土壤水分。Oguntunde 等（2008）研究表明，生物质炭疏松多孔，施用生物质炭的土壤容重降低了 9%，总孔隙率从 45.7% 增加到 50.6%，土壤饱和导水率从 6.1cm/h 增加到 11.4cm/h，增加率为 87%，有利于土壤结构的改善。Asai 等（2009）也有类似的报道，表明生物质炭的施用能提高土壤含水量及水入渗量，提高田间持水量。生物质炭的施用显著增加了土壤水分，可能原因在于生物质炭的多孔结构增加了土壤孔隙，使土壤水分滞留，从而提高了土壤涵养水分的能力。生物质炭对砂姜黑土团聚体稳定性的影响结果不一。Rahman 等（2018）的研究表明，玉米秸秆生物质炭对团聚体形成没有影响。而侯晓娜（2015）认为单施生物质炭（花生壳）也没有影响团聚体稳定性。Lu 等（2014）施用水稻壳生物质炭达到4%以上才提高了团聚体稳定性，同时还降低了砂姜黑土内聚力和剪切力，削弱了其收缩膨胀能力。

生物质炭本身 pH 高，呈碱性，施入土壤可缓解土壤酸性。Glaser 等（1998）的研究表明，生物质炭含有丰富的 K、Ca、Mg 等盐基离子，施入土壤后进入土壤溶液，提高了土壤 pH。生物质炭进入土壤中其表面可能会被氧化，形成羧基、酚基、醌基，提高了土壤 CEC。Atkinson 等（2010）认为，CEC 增加是有机质表面阳离子单位面积上交换量增加，相当于更大程度的氧化，或者增加表面阳离子的吸附，或是二者的结合。与其他土壤有机质相比，生物质炭对阳离子的单位吸附能力更强。

13.5.1.2　生物质炭对作物生长的影响

有关生物质炭提高土壤肥力、增加作物产量的原因、途径和方式，不同的研究结论不同。Sohi 等（2009）认为，生物质炭能长期维持土壤中 NPK 对作物生长的促进作用，并且生物质炭中不稳定化合物及 C/N 值高的成分通过一定的方式将植物可利用 N 固定起来以及生物质炭庞大的表面积能增加土壤含水量和 CEC。Zhu 等（2014）研究表明，在不同高度风化的红壤上，生物质炭与化肥配施能促进玉米生长，其主要原因是生物质炭提高了 pH、降低了 Al 毒和提高了有效磷含量，有利于作物生长。Steiner 等（2008）经田间试验也表明，生物质炭能作为吸附剂减少 N 的渗漏，并提高 N 利用率。生物质炭对 NH_4^+、NO_3^- 也有相当强的吸附特性，可有效降低农田土壤氨的挥发，显著减少土壤养分淋失，提高作物产量。另外，生物质炭本身含大量的 N、P、K、Ca、Mg 等可利用养分，进入土壤后显著增加了土壤总 N、有机 C 及可提取态 P、K、Mg、Ca 的含量，提高了土壤肥力。综上所述，生物质炭对恢复土壤肥力，提高土壤生产力有积极作用。但是，生物质炭应用于砂姜黑土主要集中在改善土壤结构方面，而对作物生长的影响研究较少。高学振等（2016）施用小麦/玉米秸秆与花生壳混合制成的生物质炭于砂姜黑土，通过盆栽实验，发现生物质炭对玉米和小麦作物生长没有显著影响（图 13-20）。

13.5.2　粉煤灰改良砂姜黑土结构及其影响作物生长

本小节基于马新明等（1998）发表在河南农业大学学报的论文整理而来。粉煤灰改良砂姜黑土的试验地位于河南省平舆县，设置了 4 个粉煤灰用量水平：不施为对照（CK），施用 $30t/hm^2$、$60t/hm^2$ 和 $90t/hm^2$，分别代表处理 Ⅰ、Ⅱ和Ⅲ。

13.5.2.1　粉煤灰处理对土壤物理性状的影响

与对照相比，施用粉煤灰处理减小了土壤容重，增加了孔隙度（表 13-8），处理 I、II 和 III 分别降低了土壤容重 3.51%、4.05% 和 7.40%。

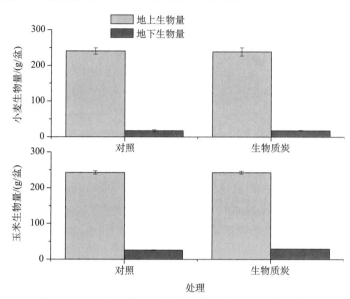

图 13-20　生物质炭对砂姜黑土的玉米/小麦生长的影响

表 13-8　粉煤灰处理对土壤容重和孔隙度的影响

处理	土壤容重/（g/cm³）	土壤孔隙度/%
CK	1.310	50.6
I	1.264	52.3
II	1.257	52.6
III	1.213	54.2

粉煤灰改良砂姜黑土具有明显的增温作用，特别是 5cm 和 10cm 深度的增温效应更加明显（表 13-9）。随着粉煤灰用量的增加土壤温度增加，而 15cm 深度的增温效果不明显。在 5cm 深处，处理 I、II 和 III 分别比对照增温 1.05℃、1.55℃ 和 1.93℃；10cm 深处，各处理的增温值依次为 0.7℃、1.29℃ 和 1.35℃；而 15cm 深处，各处理土壤温度分别比对照降低 0.8℃、1.33℃ 和 0.57℃。

表 13-9　粉煤灰处理对土壤温度的影响　　　　　　　　（单位：℃）

处理	5cm 土层	10cm 土层	15cm 土层
CK	34.07	31.50	30.90
I	35.12	32.20	30.10
II	35.62	32.79	29.57
III	36.00	32.85	30.33

施用粉煤灰对 10cm 和 20cm 土层内土壤含水量有明显的影响。由图 13-21 可知，在一定条件下，向砂姜黑土中添加粉煤灰具有提高土壤保水能力的作用。播种后 15 天，10cm处粉煤灰处理与对照相比，土壤绝对含水量依次增加 23.74%、26.99% 和 36.40%，20cm土层内各处理分别增加 6.08%、11.86% 和 17.64%；播种后 45 天（灌水后 3 天），10cm土层内，处理 I 的土壤含水量与对照基本持平，而处理 II 和处理III分别比对照提高14.15% 和 17.71%，20cm 土层各处理比对照分别增加 11.99%、8.56% 和 5.07%。但是，由于连续的高温干旱，播种后 56 天时，10cm 土层表现出失墒现象，而 20cm 土层土壤含水量则相对稳定。

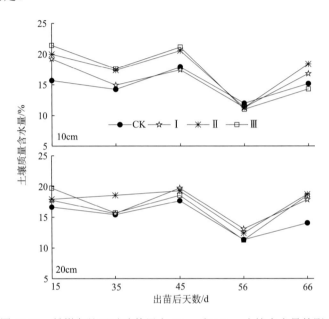

图 13-21　粉煤灰处理对砂姜黑土 10cm 和 20cm 土壤含水量的影响

13.5.2.2　粉煤灰处理对玉米生长的影响

施用粉煤灰促进了玉米根系发育（表 13-10），随着粉煤灰用量的增加，根系在各层次中的总干重也增加。与对照相比，处理 I、II 和III在 0～20cm 土层内分别提高了 16.8%、33.4% 和 36.8%；在 20～40cm，施用粉煤灰促进根系生长更加明显，处理 I、II 和III分别提高了 13.9%、43.5% 和 95.5%。

表 13-10　粉煤灰处理对玉米生长的影响

处理	0～20cm 根系 /g	20～40cm 根系 /g	单株穗粒数 /个	穗粒重 /g	产量 /（t/hm²）
CK	0.935	0.375	327.4	86.3	4.249
I	1.092	0.427	380.7	90.7	4.467
II	1.247	0.538	417.3	100.4	4.939
III	1.279	0.733	418.0	100.3	4.935

　　粉煤灰处理对玉米产量和性状均产生正影响作用（表 13-10）。与对照相比，处理Ⅰ、Ⅱ和Ⅲ分别增加单株穗粒数 16.3%、27.5% 和 27.7%，分别增产 5.1%、16.2% 和 16.1%。综合分析认为，在当地条件下，以处理Ⅱ施用量 60t/hm² 的效果为最佳，处理Ⅲ次之，处理Ⅰ的增产效果不明显。

13.5.3　小结

　　针对砂姜黑土黏粒含量高，土壤容重高等结构不良问题，开展了添加多孔介质生物质炭或者粉煤灰的改良措施，具有明显降低土壤容重，增加土壤孔隙度，提高土壤储水量，并降低土壤剪切力等效果。然而，添加生物质炭和粉煤灰对砂姜黑土小麦和玉米的促进作用还没有一致的结论。此外，生物质炭的成本过高，粉煤灰又含有一定量的重金属元素，因此，在实际应用推广方面还存在局限，目前还缺乏可行的砂姜黑土改良剂技术。

参 考 文 献

蔡太义. 2017. 砂姜黑土全谱孔隙识别及其调控. 南京: 中国科学院南京土壤研究所: 11-39.

曹承富. 2016. 砂姜黑土培肥与小麦高产栽培. 北京: 中国农业出版社: 1-15.

程思贤, 刘卫玲, 靳英杰, 等. 2018. 深松深度对砂姜黑土耕层特性、作物产量和水分利用效率的影响. 中国生态农业学报, 26(6): 103-113.

高学振, 张丛志, 张佳宝, 等. 2016. 生物炭、秸秆和有机肥对砂姜黑土改性效果的对比研究. 土壤, 48(3): 468-474.

侯晓娜. 2015. 生物炭与有机物料配施对砂姜黑土团聚体理化特征的影响. 郑州: 河南农业大学: 11-28.

黄瑞采, 吴珊眉, 高锡荣. 1989. 变性土的腐殖质特性与暗色起源探讨. 南京农业大学学报, 12(4): 72-78.

靳海洋, 谢迎新, 李梦达, 等. 2016. 连续周年耕作对砂姜黑土农田蓄水保墒及作物产量的影响. 中国农业科学, 49(16): 3239-3250.

李德成, 张甘霖, 龚子同. 2011. 我国砂姜黑土土种的系统分类归属研究. 土壤, 43(4): 623-629.

马新明, 高尔明, 杨青华, 等. 1998. 粉煤灰改良砂姜黑土与玉米生长关系的研究. 河南农业大学学报, 32(4): 303-307.

马新明, 郑谨, 董莲心, 等. 2001. 粉煤灰改良砂姜黑土与玉米生长发育的影响. 河南农业大学学报, 35(2): 103-107.

潘文胜, 付青枝, 赵从容. 2008. 洪汝河流域砂姜黑土区旱涝渍灾害成因与防治. 节水灌溉, (5): 25-26.

孙怀文. 1993. 砂姜黑土的水分特性及其与土壤易旱的关系. 土壤学报, 30(4): 423-431.

王道中, 花可可, 郭志彬. 2015. 长期施肥对砂姜黑土作物产量及土壤物理性质的影响. 中国农业科学, 48(23): 4781-4789.

王小纯, 马新明, 郑谨, 等. 2002. 粉煤灰施入砂姜黑土对麦田重金属元素分布的影响研究. 土壤通报, 32(3): 226-229.

王玥凯, 郭自春, 张中彬, 等. 2019. 不同耕作方式对砂姜黑土物理性质和玉米生长的影响. 土壤学报, 56(6): 1370-1380.

谢迎新, 靳海洋, 孟庆阳, 等. 2015. 深耕改善砂姜黑土理化性状提高小麦产量. 农业工程学报, 31(10):

167-173.

薛豫宛, 李太魁, 张玉亭, 等. 2013. 砂姜黑土农田土壤障碍因子消减技术浅析. 河南农业科学, 42(10): 66-69.

曾希柏, 张佳宝, 魏朝富, 等. 2014. 中国低产田状况与改良策略. 土壤学报, 51(4): 675-682.

詹其厚, 袁朝良, 张效朴. 2003. 有机物料对砂姜黑土的改良效应及其机制. 土壤学报, 40(3): 420-425.

张俊民. 1986. 砂姜黑土综合治理研究. 合肥: 安徽科学技术出版社: 2-11.

赵亚丽, 刘卫玲, 程思贤, 等. 2018. 深松(耕)方式对砂姜黑土耕层特性、作物产量和水分利用效率的影响. 中国农业科学, 51(13): 2489-2503.

赵竹, 乔玉强, 李玮, 等. 2014. 自然降水条件下耕作方式对小麦生长、产量及土壤水分的影响. 麦类作物学报, 34(9): 1253-1259.

郑学博. 2012. 施肥措施对沿淮砂姜黑土土壤养分和作物产量的影响. 南京: 中国科学院南京土壤研究所: 22-51.

宗玉统. 2013. 砂姜黑土的物理障碍因子及其改良. 杭州: 浙江大学: 16-37.

Asai H, Samson B K, Stephan H M, et al. 2009. Biochar amendment techniques for upland rice production in northern Laos. Field Crops Research, 111(1-2): 81-84.

Atkinson C J, Fitzgerald J D, Hipps N A. 2010. Potential mechanisms for achieving agricultural benefits form biochar application to temperate soil: A review. Plant and Soil, 337(1-2): 1-18.

Chen G, Weil R R. 2011. Root growth and yield of maize as affected by soil compaction and cover crops. Soil and Tillage Research, 117: 17-27.

Glaser B, Haumaier L, Guggenberger G, et al. 1998. Black carbon in soils: The use of benzenecarboxylic acids as specific markers. Organic Geochemistry, 29(4): 811- 819.

Gu F, Ren T, Li B, et al. 2017. Accounting for calcareous concretions in calcic Vertisols improves theaccuracy of soil hydraulic property estimations. Soil Science Society of America Journal, 81(6): 1296.

Guo Z C, Zhang Z B, Zhou H, et al. 2018. Long-term animal manure application promoted biological binding agents but not soil aggregation in a Vertisol. Soil and Tillage Research, 180: 232-237.

Guo Z C, Zhang Z B, Zhou H, et al. 2019. The effect of 34-year continuous fertilization on the SOC physical fractions and its chemical composition in a Vertisol. Scientific reports, 9(1): 2505.

Lu S G, Sun F F, Zong Y T. 2014. Effect of rice husk biochar and coal fly ash on some physical properties of expensive clayey soil (Vertisol). Catena, 114: 37-44.

Oguntunde P G, Abiodun B J, Ajayi A E, et al. 2008. Effects of charcoal production on soil physical properties in Ghana. Journal of Plant Nutrient and Soil Science, 171(4): 591- 596.

Peng X, Ye L L, Wang C H, et al. 2011. Temperature- and duration-dependent rice straw-derived biochar: Characteristics and its effects on soil properties of an ultisol in southern China. Soil and Tillage Research, 112(2): 159-166.

Rahman M T, Guo Z C, Zhang Z B, et al. 2018. Wetting and drying cycles improving aggregation and associated C stabilization differently after straw or biochar incorporated into a Vertisol. Soil and Tillage Research, 175: 28-36.

Sohi S, Lopez-Capel E, Krull E, et al. 2009. Biochar, climate change and soil: A review to guide future research. CSIRO Land and Water Science Report series ISSN, 5(9): 17-31.

Steiner C, Glaser B, Teixeira W G, et al. 2008. Nitrogen retention and plant uptake on a highly weathered central Amazonian Ferraisol amended with compost and charcoal. Soil Science and Plant Nutrition, 171(6): 893- 899.

Zhu Q H, Peng X, Xie Z B, et al. 2014. Biochar effects on maize growth and nitrogen use efficiency in acidic red soils. Pedosphere, 24(6): 699-708.